学科发展战略研究报告

机械工程学科发展战略报告（2021～2035）

国家自然科学基金委员会工程与材料科学部

科学出版社
北京

内 容 简 介

为了积极应对新时期科研范式变革的新挑战，提高我国基础科学研究水平和原始创新能力，服务科技强国建设，根据国家自然科学基金委员会的统一部署，百余位机械工程领域的资深科学家和一线专家学者，坚持"四个面向"，遵循"源于知识体系逻辑结构、促进知识与应用融通、突出学科交叉融合"的科学基金改革原则，历时两年战略研讨形成了本书。本书瞄准国家重大战略需求，密切结合国际科技前沿发展，立足机械工程学科基本任务，将学科传统内涵与创新发展方向相结合，其内容具有战略性、前瞻性和引领性。全书共 14 章，通过对机械工程学科战略地位和发展态势的分析，确立了未来 5～15 年的整体发展布局与优先资助领域，系统阐述了其科学内涵、研究现状和发展趋势，明确了研究前沿与重大科学问题及优先发展方向。

本书为国家自然科学基金委员会工程与材料科学部工程科学二处遴选未来 5～15 年优先资助方向提供了重要依据，也可供高等院校、科研院所等机构从事自然科学研究工作的科研人员以及参与科技管理和科技政策研究的人员参考。

图书在版编目（CIP）数据

机械工程学科发展战略报告：2021～2035 / 国家自然科学基金委员会工程与材料科学部编著. —北京：科学出版社，2021.11
ISBN 978-7-03-070545-7

Ⅰ.①机… Ⅱ.①国… Ⅲ.①机械工程 - 发展战略 - 研究报告 - 中国 - 2021-2035 Ⅳ.① TH

中国版本图书馆 CIP 数据核字（2021）第 226136 号

责任编辑：刘宝莉 纪四稳 / 责任校对：郑金红
责任印制：霍 兵 / 封面设计：陈 敬

科学出版社出版
北京东黄城根北街 16 号
邮政编码：100717
http://www.sciencep.com

天津市新科印刷有限公司印刷
科学出版社发行 各地新华书店经销
*
2021 年 11 月第 一 版 开本：720 × 1000 1/16
2024 年 3 月第三次印刷 印张：31
字数：625 000

定价：150.00 元
（如有印装质量问题，我社负责调换）

《机械工程学科发展战略报告（2021～2035）》组织委员会

组　长：丁　汉

副组长：雒建斌　赖一楠

成　员：刘辛军　徐　兵　陈雪峰

张显程　田　煜　姜　潮

韩志武　单忠德　姜　澜

朱利民　郜继贵　尹周平

秘书组：叶　鑫　朱利民　刘辛军

尹周平　彭芳瑜　张晨辉

《机械工程学科发展战略报告（2021～2035）》编著委员会

顾问组（按姓氏笔画排序）：

王玉明　王立鼎　叶声华　任露泉　关桥　李培根　李德群　沈志云　宋天虎　林尚扬　赵淳生　胡正寰　柳百成　闻邦椿　徐滨士　曾广商　温诗铸　谢友柏　雷源忠　蔡鹤皋　熊有伦　黎明　潘健生

指导评审组（按姓氏笔画排序）：

王时龙　王岐东　王国彪　王树新　尤政　方岱宁　邓宗全　卢秉恒　冯吉才　朱荻　朱向阳　刘宏　刘胜　刘维民　孙立宁　芮筱亭　李元元　李圣怡　李应红　杨华勇　轩福贞　张广军　张宪民　陈云飞　邵新宇　苗鸿雁　苑伟政　范大鹏　林忠钦　周仲荣　项昌乐　胡海岩　钟掘　钟志华　段宝岩　贾振元　顾佩华　徐西鹏　高金吉　郭万林　郭东明　涂善东　黄田　黄传真　葛世荣　董申　蒋庄德　韩旭　焦宗夏　曾理江　谭久彬　谭建荣　翟婉明　戴振东

撰写组：

第 1 章：丁汉　雒建斌　赖一楠　朱利民　刘辛军　尹周平　彭芳瑜　张晨辉　叶鑫　李宏伟

第 2 章：刘辛军　于靖军　李秦川　陈焱　訾斌　郭为忠　朱延河　姚建涛　丁华锋　刘海涛　丁亮　丁烨　吴跃民　谢福贵　赵慧婵

第 3 章：徐兵　陈兵奎　张军辉　刘银水　欧阳小平　邹俊　姚静　范世珣　艾超　王峰　陈远流　黄洪钟　姚建勇　胡亮

第 4 章：陈雪峰　王开云　雷亚国　毕传兴　曹宏瑞　严如强　李亮　何清波　彭志科　裘进浩　乔百杰　刘金鑫

第 5 章：张显程　袁慎芳　蔺永诚　邱雷　陈刚　石多奇　贾云飞　朱顺鹏　何卫锋　蒋文春　朱明亮　梁秀兵　李东风　顾冬冬　赵军华

第 6 章：田 煜 孟永钢 钱林茂 张晨辉 王立平 周 峰 王海斗
朱旻昊 张俊彦 张德坤 袁成清 郑 婧 古 乐 马天宝
莫继良 常可可 蔡美荣 陈 磊

第 7 章：姜 潮 刘振宇 冯毅雄 刘检华 胡 洁 宋学官 李宝童
王从思 王延辉 孙玉春 刘 杰 裘 辿 倪冰雨

第 8 章：钟 掘 程耿东 翟婉明 虞 烈 王艾伦 段吉安

第 9 章：韩志武 倪中华 谷国迎 贺健康 贺 永 梁云虹 陈华伟
顾忠泽 钱志辉 帅词俊 姜 力 盛鑫军 张 婷 郑 靖
王 玲 刘 燕 张志辉 张俊秋

第 10 章：单忠德 詹 梅 刘黎明 周华民 王新云 赵国群 王海斗
樊晓光 张 云 曹 健 秦国梁 邓 磊 战 丽 张 林
陈剑峰 刘 丰 夏琴香 徐连勇 李文亚 顾冬冬

第 11 章：姜 澜 曲宁松 李 明 刘永红 林 鑫 张明岐 梅雪松
张德远 林 峰 顾 琳 马国佳 曾永彬

第 12 章：朱利民 洪 军 刘战强 陈明君 彭芳瑜 高 亮 戴一帆
康仁科 张开富 孙玉文 李迎光 陶 飞 刘检华 宋清华
李新宇 林起崟

第 13 章：郜继贵 刘世元 刘 巍 杨树明 吴冠豪 刘小康 刘 俭
陈修国 魏振忠 高 阳 邱丽荣 孙岩标

第 14 章：尹周平 黄永安 常洪龙 邵金友 李隆球 郭传飞 刘 磊
桑胜波 张 弛 陈 蓉 段辉高 蒋维涛 王大志 吴 豪
吴志刚 周圣军 丑修建

秘书组：

叶 鑫 朱利民 刘辛军 尹周平 彭芳瑜 张晨辉

序

Preface

当前，新一轮科技创新和产业变革突飞猛进，科技创新成为国际战略博弈的主要战场，科技领域的竞争空前激烈。党的十九大确立了我国 2035 年跻身创新型国家前列的战略目标，党的十九届五中全会明确科技创新在我国现代化建设全局中的核心地位。习近平总书记指出，"基础研究是整个科学体系的源头，是所有技术问题的总机关。"这一深刻论断阐释了基础研究在构建科技创新体系和创新型国家进程中至关重要的作用。基础研究任重而道远！

机械工程学科重点研究机械系统或产品的设计、制造和性能的理论、方法与技术，为维护国家安全、促进社会进步与经济可持续发展和提高人民生活质量提供重要的科学基础保障和技术支撑。在国际竞争格局发生深刻变化、国内高质量发展提出新要求的时代背景下，机械工程学科的基础研究也被赋予了新的历史使命：一方面，必须要探索学科交叉、跨界合作，推动科学研究范式的变革；另一方面，必须为先进制造业与现代服务业的深度融合提供高质量的源头供给。

在国家自然科学基金委员会党组的坚强领导下，工程科学二处作为机械工程学科的主管业务处，按照科学基金深化改革的总体部署，开展了广泛的战略研讨，明确了学科战略规划的总体原则和目标：一是以战略性思维谋划未来，从面向国家重大需求、适应科学研究范式变革、促进学科交叉等方面来考虑学科未来发展战略；二是以颠覆性技术改变未来，牵引推动关乎人类生产生活方式变革乃至人类文明发展的重大技术创新；三是以创新型人才支撑未来，深入贯彻落实新时代人才强国战略，为强化我国战略科技力量、建设世界重要人才中心和创新高地提供重要保障。

经过两年的努力，工程科学二处组织专家撰写出这部具有鲜明学科特色和时代特征的《机械工程学科发展战略报告 (2021～2035)》。报告紧密围绕当前世界科技前沿和国家重大需求，注重均衡协调发展，提出了学科中长期发展的总体目标、战略路径和具体举措，从“优化学科布局”的顶层设计，到“统筹推进科学问题凝练、学科交叉融合、成果应用贯通”的资助机制，再到“分类统筹提高资助效能”的资助布局，充分体现了对科学基金深化改革的系统性支撑作用。报告构筑了内涵明晰的机械工程学科基础知识理论体系，凝练了未来 5～15 年的基础研究前沿与重大科学问题，部署了重点和优先发展方向，旨在引领未来学科发展。

通过此次战略研究，冀望科学家们始终坚持问题导向，从国家急迫需要和长远需求出发，凝练具有战略意义和牵引作用的科学问题，丰富机械工程学科的基础研究内涵，实现更多、更亮的原始创新；构建开放创新生态，以全球视野、全局视野谋划和推动科技创新，积极开展国际合作，同时广纳其他相关学科的创新成果，拓展机械工程学科的基础研究外延，促进更广、更深的交叉融合；激发人才创新活力，吸引更多的青年科技工作者投身机械工程学科的基础研究，大力培养和使用战略科学家，形成该领域人才成长梯队。同时，也希望各位同仁勠力同心，既要有把规划变为计划的坚定决心，又要有把计划变为现实的坚强信心，为实现从“中国制造”向“中国质造”“中国智造”的伟大变革贡献力量。

陆建华

中国科学院院士

国家自然科学基金委员会党组成员、副主任

2021 年 11 月 8 日

前　言
Foreword

机械工程学科（以下简称“机械学科”）从工程实践和应用中发展而来，已成为工程与材料科学的重要组成部分。机械学科以机械装备与系统以及制造过程的机构与结构创新、能量与信息传换、功能创成与运维、几何与物理演变、系统与过程调控等关键问题为研究对象，并以此为基础构建由共性基础理论与核心技术基本原理组成的科学体系。如今，机械学科的基础科学理论逐渐得以完善，这不仅是学科本身不断向前发展的内在驱动力，更是机械学科从“实践中来”、又回到“实践中去”的强大牵引力，让机械学科成为创造物质财富、改善人民生活、保障国家安全的重要基石。

国家自然科学基金委员会（以下简称“自然科学基金委”）成立35年来，机械学科始终坚持面向学科研究前沿和国家战略需求部署各类基础研究项目，有效推动了我国机械科学领域的理论创新、技术突破与成果转化，赋能“中国制造”的崛起。当前，稳步前进的机械学科迎来了难得的历史机遇：高质量发展的时代坐标为学科发展开拓了广阔空间，科学基金的深化改革为学科发展指明了前进方向，世界科技的突飞猛进为学科发展积蓄了变革力量。未来的机械学科要与新时代国家发展同频共进，要围绕科学基金改革目标有序推进，要在引领科技前沿实现领跑的赛道上倍道兼进。因此，在对以往10年规划进行全面总结的基础上，面向未来5～15年乃至更长时间开展学科发展的战略思考与研究，不但重要，而且必要，更是当务之急。

根据自然科学基金委党组的统一部署和工程与材料科学部的统筹安排，机械学科于2019年初启动了面向中长期发展的战略研究工作，成立了《机械工程学科发展战略报告(2021～2035)》（以下简称《战略报告》）顾问组、指导评审组、撰写组和秘书组，着眼机械学科未来布局，按照自然科学基金委部署的学科优先资助领域开展研讨。2019年，机械学科先后组织召开了21次各类专题会议，包括近30位“两院院士”、70余位“国家杰出青年科学基金获得者”和60余位“长江学者”在内的百余位学科专家积极参与，围绕《战略报告》的撰写，为宏观方向研讨、领域细化分工和内容形式把关；2020 年“新冠”肺炎疫情以来，院士专家克服诸多困难，通过网络交流和视频会议等多种形式对《战略报告》进行了总体目标再升华、科学问题再凝练、研究内容再深化、语言表述再推敲。两年来，《战略报告》数易其稿。

《战略报告》共 14 章，60 余万字，包括机械学与制造科学两大核心脉络。第 1 章“总论”，阐述机械学科的战略地位、发展态势与交叉融合，同时结合机械领域科学、技术、工程不断渗透融合的背景，分析学科基础研究范式的变革走向，并由此确立未来 5～15 年的学科整体发展布局，明确面向 2035 年的重点和优先领域部署与保障措施。第 2～14 章分别阐述机械学科 13 个优先资助领域的科学内涵、研究现状、发展趋势、前沿与重大科学问题及重点和优先发展方向。

《战略报告》通过系统梳理我国机械学科基础研究的“供给侧”以及深入分析新时代国家高质量发展的“需求侧”，提出机械学科积极应对科研范式变革和科学基金改革新挑战的路线图。《战略报告》从国家战略需求牵引、跨学科领域集成创新、颠覆性技术三个方面，对未来 5～15 年的学科发展进行了全面部署，力求尊重科学规律、突出目标导向、优化总体布局，旨在激励机械领域的专家学者努力攀登世界科学高峰，为我国建设世界科技强国、实现高水平科技自立自强做出更大贡献。

《战略报告》的撰写专家不忘科学报国初心、牢记科技强国使命，历时两年时间，通过学习、思考、交流、凝练、总结，最终汇总成书。《战略报告》字里行间凝结着几代“机械人”的经验与智慧、传承与担当、情怀与梦想。在《战略报告》付梓之际，衷心感谢老一辈科学家高屋建瓴的学术指导和严谨治学的精神指引；衷心感谢中青年科学家勠力同心的扎实工作和精益求精的反复打磨；也衷心感谢自然科学基金委工程与材料科学部的领导、同事对机械学科《战略报告》撰写工作的亲切关怀、精心指导和热情帮助。本次战略研究还得到了国内数十家高等院校和科研院所的大力支持，在此一并表示感谢。

国家自然科学基金委员会工程与材料科学部

工程科学二处

2021 年 8 月

目　　录

Contents

第1章　总　　论

Chapter 1　Overview

1.1　战略地位及发展趋势

1.1.1　学科内涵

习近平总书记在2018年两院院士大会上强调指出："中国要强盛、要复兴，就一定要大力发展科学技术，努力成为世界主要科学中心和创新高地。我们比历史上任何时期都更接近中华民族伟大复兴的目标，我们比历史上任何时期都更需要建设世界科技强国！"机械学科是当代制造工业体系建设与科技创新的重要基石，它通过对自然科学领域的成果进行综合利用和转化，形成发明创造各种机械装备、功能产品及仪器装置的理论方法和技术体系，为人类生产和生活、认识和改造世界提供高性能物化产品。机械学科的研究水平直接影响国家科技战略的实施。

根据国家自然科学基金委员会的资助体系，机械学科主要包括12个申请代码(E0501～E0512), 如图1.1所示。机器人与机构学(E0501)主要研究机器人等装备的机构与结构学、运动学、动力学、感知信息学、系统设计等理论及方法，集成了机械学、力学、数学、材料科学、信息与计算科学、仿生学、人工智能等多学科的最新研究成果，是各种现代装备创新的源泉。传动与驱动(E0502)主要研究原动机、传动机和执行机等元(部)件的设计、制造和测试，以及由三者构成的系统的能量转换、传递、分配与运动控制的科学与技术，决定了机器的效率、运动控制性能、可靠性与服役寿命等。机械动力学(E0503)主要研究机电系统动力学分析方法与动态性能匹配技术、振动噪声传递机理、机电系统服役性能监测、故障智能诊断与预示技术，是装备性能提升与质量安全保障的核心基础。机械结构强度学(E0504)主要研究机械结构在机械载荷以及热、电、磁、声、化学等广义驱动力作用下产生的变形和性能变化的规律，以及由此导致的结构破坏和功能失效的时空演变机制，包括材料、结构和载荷三个要素，是保障复杂服役环境下机械产品安全运行的理论基础。机械摩擦学与表面技术(E0505)主要研究相互运动表面之间的摩擦、磨损和润滑等相互作用规律及其实践的科学与

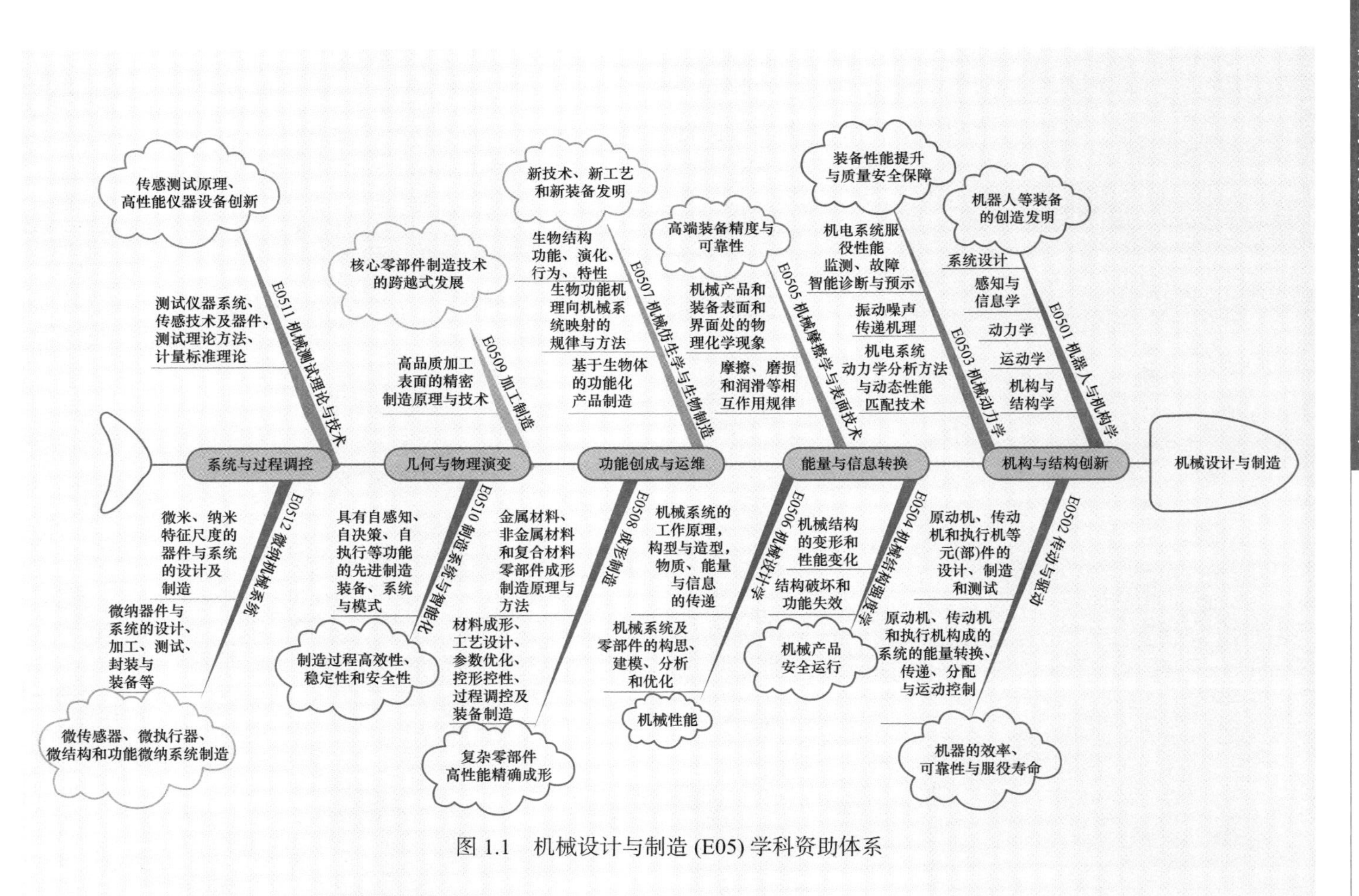

图 1.1 机械设计与制造 (E05) 学科资助体系

技术，揭示机械产品和装备在设计、制造和运行维护过程中发生在表面和界面处的物理化学现象，是解决高端装备精度与可靠性的重要基础。机械设计学(E0506)主要研究机械系统的工作原理，构型与造型，物质、能量与信息的传递方式，对机械系统及零部件进行构思、建模、分析和优化，是决定机械性能最主要与最基本的因素。机械仿生学与生物制造(E0507)主要研究生物模本特殊结构、运行模式、功能原理，设计制造高性能仿生机械产品或装备，或直接利用、改性生物活性组织、生理属性、机能特性，制造具有类生物/生命特征的产品或装备，是机械工程学科交叉创新的重要途径。成形制造(E0508)主要研究金属材料、非金属材料和复合材料零部件成形制造原理与方法，包括材料成形、工艺设计、参数优化、控形控性、过程调控及装备制造中涉及的共性科学问题与应用基础技术，是实现复杂零部件高性能精确成形的理论基础。加工制造(E0509)主要研究通过工具-工件相互作用或使用光、电、声、热、化学等能量去除工件材料并获得高品质加工表面的精密制造原理与技术，是高端装备、生物、医学、信息、新能源等领域核心零部件制造技术创新的重要理论基础。制造系统与智能化(E0510)主要研究由新一代信息技术驱动，具有自感知、自决策、自执行等功能的先进制造装备、系统与模式，为制造过程的高效性、稳定性和安全性提供保障。机械测试理论与技术(E0511)以计量标准理论、测试理论方法、传感技术及器件、测试仪器系统等内容对象为主体，综合运用材料、控制、信息等多学科领域最新成果，研究机械信息的高效获取方法与技术，构建高性能仪器设备，是定量机械科学研究和精准制造过程控制的基础。微纳机械系统(E0512)主要研究微米、纳米特征尺度的器件与系统的设计及制造，涉及微纳器件与系统的设计、加工、测试、封装与装备等，是微传感器、微执行器、微结构和功能微纳系统制造的重要科学基础。

1.1.2 学科战略地位

制造业支撑社会物质财富生产，是立国之本、兴国之器、强国之基。党的十九大报告明确指出“必须把发展经济的着力点放在实体经济上……加快建设制造强国，加快发展先进制造业……促进我国产业迈向全球价值链中高端，培育若干世界级先进制造业集群”。推动制造业高质量发展、加快建设制造强国是我国的一项重大战略任务。

当前，支撑我国制造业发展的主要驱动力正由生产要素大规模高强度投入，转向科技创新和人力资本的提升。科学技术发展史证明，基础研究是科技创新的源头，是产业走向高端的重要基础。要在科学发展的主流方向上取得有重大影响的创新成果，要在产业尤其是高技术产业的国际竞争中占据优势地位，必须高度重视和大力发展基础研究，真正形成以基础研究为支撑的产业技术创新体系。作为引领制造业高质量发展的驱动力，先进制造领域科技创新的作用体现在以下四个方面：① 突破外部制约，确保中国制造业基础支撑行业、战略和支柱型产业发展自主可控；② 升级价值链条，支撑中国制造迈向价值链高端，在附加值较高的研发、设计、创意、标准、系统集成等环节形成核心竞争力；③ 构筑非对称竞争优势，促使中国制造在国际竞争制高点拥有更多的制胜产品，形成中国制造品牌影响力；④ 推进高质量和谐发展，创造适合中国国情的先进制造模式，以绿色、高效支持制造业持续发展，以智能、优质占据市场优势。

在中国大国崛起的时代背景下，机械学科的战略地位主要体现在以下几个方面。

1) 为提升“中国制造”的品质和“中国创造”的影响力，实现竞争致胜提供创新源动力

我国制造业规模世界第一，已建立起门类齐全、独立完整的制造体系，但仍处于工业化进程中，具有大而不强的特点。主要表现在自主创新能力弱、产品质量和附加值不高、资源能源利用效率低、利用信息技术改造传统生产方式和工艺流程的水平较低等方面。总体而言，我国仍处于“工业 2.0”（电气化）的后期阶段，“工业 3.0”（信息化）还待普及，“工业 4.0”（智能化）正在尝试尽可能做一些示范。发展高端制造业，提高产品附加值，推动中国制造迈向价值链中高端，形成中国制造品牌影响力，促进“中国制造”向“中国创造”转变、“中国速度”向“中国质量”转变、“中国产品”向“中国品牌”转变，已成为建设制造强国的迫切需求。

先进制造领域科学技术研究必须明晰产业发展的科技创新需求，加强基础研究、前沿交叉研究和基础性关键共性技术（竞争前技术）研发，着力提升高端制造业发展的核心竞争力——创造新功能产品能力、发明新制造技术能力、突破“卡脖子”问题能力、保证产品“零缺陷”品质能力。重大工程技术的变革源自于基础科学和工程科学的新发现。当今机械设计与制造学科不断吸收信息、物理、化学、材料、生命、管理科学的最新前沿成果，并与之深度融合不断拓展研究尺度、维度和对象，催生出新的设计制造原理、生产方式和新概念产品。通过发掘新的制造资源、揭示新的制造原理、发明新的制造技术、构架新的制造模式，催生变革性技术，服务国家创新驱动发展战略，是当前我国经济高质量发展的大变革中机械学科独有的作用和战略地位。

2) 为保障国家安全、实施重大工程、支撑科学研究提供装备和仪器技术支撑

飞机制造在国防安全建设、国民经济发展和科学技术进步中发挥着重要作用。我国目前正在实施新一代战机、大型运输机、大型客机等一系列重大航空装

备的研制和批量生产。如何实现新型飞机结构件的高精度、高效率、低成本制造与装配已成为航空制造技术发展面临的重大挑战，推动着大型金属整体结构高精度制造、大型复合材料结构制造、基于3D打印的大型整体构件制造、大型轻质合金薄壁蒙皮/壁板制造、高性能数字化集成装配与测试等技术的快速发展。同时，围绕高保真虚拟制造场景建模、大规模多源异构数据同步采集、制造设备与工件状态智能感知、制造工艺自主寻优等关键技术，形成航空制造数字孪生技术体系，通过“虚实映射、以虚控实”的制造新模式，大幅压缩重大航空装备的制造周期与成本。

航空发动机作为飞机的心脏，它的好坏直接影响着飞机的经济性、可靠性、使用性能以及作战性能。在新一代航空发动机综合性能的提高中，材料及工艺的贡献率为50%以上，在发动机减重方面，材料和制造技术的贡献率占70%以上。必须使用先进的制造技术，才能满足新一代先进航空发动机的技术要求。未来我国航空发动机制造技术的发展，既要重视关键零部件制造与总装试车技术，如风扇/压气机、燃烧室、涡轮部件制造等，又要重视关键共性技术的研发，如精密制坯技术、先进切削技术、新型焊接技术、特种加工技术等，深入研究航空发动机先进制造工艺机理，尽快攻克涡轮叶片精密铸造，粉末涡轮盘高效制备，整体叶盘高效、低成本制造以及修复，大型宽弦风扇空心叶片制造，树脂基复合材料、钛合金、高温合金机匣制造等核心制造技术。

航天技术是服务经济社会、探索浩瀚宇宙、保障国家安全的战略性高新技术，航天制造是生产航天产品的重要基础。我国将实施在轨服务与维护、月球及深空探测、载人登月等一系列重大航天任务，将催生地面制造、太空在轨制造、地外天体原位制造三个层次。其中，地面制造亟须发展超大构件的极端制造基础理论与方法，同时聚焦航天电子信息系统，发展微纳制造、近原子尺度制造；太空在轨制造主要针对未来超大航天器在轨构建与维修维护重大需求，突破运载火箭发射时对载荷的尺寸和强度的限制，快捷实现航天器零部件在轨按需即造即用；地外天体原位制造则通过研究星壤颗粒传热传质规律和流变特性，探索星壤材料增材制造技术及原位资源冶炼与材料制备方法，为月球、火星等地外基地建设提供核心手段。

兵器装备是军队现代化的重要标志，是保障军队战斗力和国家安全的重要基石。兵器装备制造面临极端服役环境、高性能轻量化、高效率柔性制造等瓶颈问题与挑战，其未来发展将聚焦在增强面向极端服役环境的装备制造能力，提升装备轻量化制造能力，加快发展高质量、高效率、柔性制造方法，重视发展智能制造理论、方法、工艺与装备等方面。

我国高铁运输规模和运输量持续上升，已居世界首位，高速动车组综合性能指标也已达到国际先进水平。从交通强国发展战略和国外铁路发展态势分析可见，未来高速动车组发展将围绕安全、效能和品质三个维度，实现列车高速、安全、舒适、智能和绿色运行。根据高速动车组探索一代、预研一代、研制一代、装备一代的研发战略，需要解决更高运营速度下轮轨关系、高速磁浮系统耦合机理与控制技术、复杂运行环境下空气动力学、轻量化材料与结构工程化应用、基于新材料的牵引设备研制与高效传动技术、基于结构安全可靠性的主动防护技术、碰撞安全动态能量管理技术、车载边缘计算智能化技术、轻量化低频减振降噪技术、基于人因工程的综合舒适度技术等重大工程技术问题。为此，需要对相关关键技术进行持续深入研究，以科学发现推动技术突破，以技术创新保持产品引领。

包括重大科技专项、大科学装置等在内的大国重器等高端装备是大国间经济和国防竞争的杀手锏，对高新技术发展有重要的引领作用，是制造业科技创新的主战场和制高点。几乎所有重大科技工程的实施都需要由装备与制造技术来保证。例如，绳牵引并联机构在低速风洞支撑系统和大型射电望远镜馈源定位系统中的应用极大地提升了科学装置的性能；激光核聚变工程需要数以万计的大口径平面、非球面、离轴非球面等光学元件；高分辨率对地观测相机的光学元件要求突破轻量化镜体制造、全频段误差纳米精度控制和光学性能天地一致性等关键技术；机器人作为人类不可达的世界科学探索的重要使能工具，对工作于深海、极地、太空、地心、核辐射、纳米世界等极端环境的科学装置和仪器的支撑作用愈发凸显。

当前，我国军、民重大工程所需的高端装备、仪器及其关键零部件的设计制造技术与发达国家还有较大差距。因此，无论是应对国防装备的性能极端化，还是提升国家的经济实力、促进科学前沿的突破，都迫切需要机械学科在复杂装备设计、高性能制造、智能制造等方面进行应用目标导向的战略性前瞻部署，持续开展深层次的基础研究，为解决产业发展的共性关键问题提供坚实的理论与技术支撑。

3) 为基础产业向节能、节资、高效、环境友好型产业变革，实现绿色低碳可持续发展提供解决方案

机械学科既要为核能、太阳能、风能、氢能等新能源规模化应用和深海资源开发创造新装备予以保障和支撑，也要运用新知识、新技术提升传统基础产业，为工业生产提供节能、节资、高效、环境友好的先进装备与制造技术。

绿色制造以产品全生命周期环境友好为目标，推进制造产业与绿色科技创新深度融合，通过基本制造原理与知识创新，解决跨时空多尺度产品绿色设计理论、高效清洁制造工艺机理以及产品多生命周期工程等基础科学问题；通过新材

料、新工艺、新装备的研发，推动基础制造技术创新，向产业资源节约、环境友好变革。

4) 为增进民生福祉创造新产品，提升民众生活的满意度和幸福感，支撑智慧与和谐社会建设

为了构建智能、便捷、舒适、有活力的社会，不仅要利用技术创新来提升制造业生产效率，而且还要通过创建新产业，使每个社会成员都能获得高质量的服务。

当前，物联网、机器人、人工智能、生物医学、脑科学等领域的技术进步催生了新的产业和商业模式，拓展了产业体系的边界，给人们的生活方式带来重大改变。可穿戴设备的出现与发展使人类随时随地感知环境和控制设备成为可能，极大地简化了人 - 机交互方式，模糊了人与机器 / 计算机之间的界面，并成功地将智能设备融入人类生活的方方面面，实现无处不在的信息互联、感知和显示，极大程度提高了人类的生活品质。信息器件在小型化和多功能化要求下呈现出大面积、非平面、可变形、能降解等特征，不断增加制造维度和难度。集成电路 (integrated circuit, IC)、柔性电子、微机电系统 (micro-electro-mechanical system, MEMS)、消费电子等“芯屏器合”(芯片、显示屏、传感器、混合系统) 器件的高性能制造面临巨大的技术挑战和发展机遇。

国民健康的需求牵引促使生物制造与仿生制造成为 21 世纪迅速崛起的新兴制造技术。在未来 10～15 年中，生物制造与仿生制造将在超敏传感器件、智能化医疗康复产品、人造器官、类生命体等方向产生重大突破，并推进相关新兴产业的快速发展。在构建和谐智慧社会的背景下，生物制造与仿生制造将成为多学科融合发展的创新范式，赋予机械制造学科新的科学内涵和历史使命。

1.1.3 发展趋势

机械学科承载着为基础产业升级、人类生活质量提升、能源资源开发、国家安全保障等创造和发展新装备及其制造技术的重任。纵观学科发展，现代机械学科不断吸收电子信息、计算机、材料、物理、化学和现代管理等方面的最新成果，并综合应用于机械产品设计、制造、检测、管理、销售、使用、服务的全生命周期，实现优质、高效、低耗、清洁、敏捷生产。制造技术与信息科学、材料科学、纳米科学、生命科学的交叉融合催生了数字制造、增材制造、纳米制造、生物制造等新的研究领域和方向，使传统制造技术焕发出新的活力；以集成优化为核心的系统科学的思想和方法，不断融入制造过程的各环节，并贯穿整个制造系统，产生出设计、制造与管理的新理念和新方法；人工智能和传感器网络、大

数据技术在制造领域中的广泛应用，促进了制造技术由劳动密集型向知识密集型转变；自动化和智能化制造装备与系统的探索及实践，进一步强调知识的作用，出现了新的人 - 机合作系统理论；“制造即服务”理念与云计算、物联网、移动互联等技术相结合孕育产生了云制造、服务型制造等制造新模式；新的物理化学效应的发现和应用不断丰富着微纳制造、超精密加工、高能束与特种能场加工技术的内涵。反之，新的设计制造原理、工艺和装备不断涌现，促进了大科学装置和精密科学仪器的发展，极大地拓展了物理、化学、天文、生物等自然科学的研究领域。

从产业发展角度看，当今世界正处于百年未有之大变局，其本质是世界秩序重塑，全球治理机制完善。进入 21 世纪的第二个十年，美国、德国、日本等发达国家纷纷实施“再工业化”和“制造业回归”战略，力图抢占高端制造市场并不断扩大竞争优势。近期，美国更是不断挑起贸易摩擦，从加收关税和实施技术封锁等采取了一系列措施，对我国制造业发展的战略遏制将呈常态化。同时，新兴经济体利用更低的人力和资源成本，积极承接劳动密集型产业和低附加环节转移。我国制造业发展受到发达国家与发展中国家的双重挤压。同时，还面临自身能源资源和环境约束不断趋紧，劳动力、土地等生产要素成本不断上升，新增适龄劳动人口增长放缓、人口红利下降的压力。新冠肺炎疫情对全球制造业供应链造成了深刻的冲击，既加剧了我国制造业产业结构升级的紧迫性，又促进了依托互联网等信息技术的新的产业形态的蓬勃发展，以及 3D 打印、人工智能、机器人等技术的商业应用。因此，我国制造业发展亟须加速科技创新，提质增效，提高产品附加值，从制造业创新升级和制造业智能化、服务化两个方面积极应对后疫情时期全球制造业供应链的新变局，推动中国制造迈向价值链中高端，提升中国制造品牌影响力，并在影响我国经济命脉、国家与国防安全的关键领域保证全产业链的自主可控，尽快确立我国制造强国地位。上述制造业科技创新与“卡脖子”技术攻关都对机械工程基础研究提出了新的迫切需求。

面对愈发激烈的制造业全球竞争，在“创新驱动、质量为先、绿色发展”的需求牵引下，机械学科发展呈现如下重要趋势。

1) 传统制造技术纵向深度挖掘空间趋窄、速度趋缓，横向跨学科、跨领域融合发展成为创新源动力，不断孕育着新的设计制造原理和新概念产品

社会需求的日益提升促使产品功能多样化和制造能力极端化，推动制造技术不断为挑战“极限”寻求新的解决方案。在科学技术高度发展的今天，人类的智慧往往是在高度丰富的知识交汇和碰撞中冒出的火花，重大工程技术的变革毋庸置疑是源自基础科学和工程科学的新发现。当今机械学科与物理、化学、材料、生命科学的深度融合正在不断拓展研究尺度、制造手段、产品对象等，不断孕育

着新的设计制造原理和新概念产品，催生新的学科方向。

在微观尺度，摩擦与润滑行为受到界面物理化学行为的重要影响，纳米摩擦学的研究呈现出与表面界面科学的高度交叉[2]。例如，干摩擦过程中的摩擦力产生与表面界面上的范德瓦耳斯力作用密切相关，对一些特定摩擦副，环境气氛或者湿度的变化导致的摩擦副表面气体或水分子吸附的不同，可能导致摩擦系数发生数量级的变化；在润滑过程中，固体表面物理或者化学吸附的单分子层对一些关键装备的润滑效果和装备的精度、可靠性及寿命产生重要影响。

微纳制造、超精密制造、高能束与特种能场制造新方法的涌现很大程度上得益于新的物理化学效应的发现和使用。例如，高能束这一源自物理学的研究成果，为机械制造提供了全新的技术原理和手段，采用超快超强的飞秒激光光源，利用光与物质相互作用的非线性双光子聚合作用可获得突破衍射极限的加工精度，已成为重要的微纳制造工艺方法。近 20 年来，在确定性光学加工思想的引导下，人们不断将新的物理、化学、电化学材料去除方法应用到光学加工中，形成了化学抛光、化学机械抛光、电化学机械抛光、磁流变抛光、离子束抛光、等离子体抛光和应力盘抛光等新的光学抛光技术，丰富了超精密加工学科的内涵[3]。

增材制造自诞生以来就与材料科学密切相关。增材制造是难加工材料制造、新材料高通量设计和制备的重要方法，增材制造专用材料是材料科学新的增长点；新材料、多材料、功能材料与增材制造的交叉融合已经成为国际前沿热点领域，近年来 *Nature* 和 *Science* 上刊登的增材制造研究成果多源于此，如多材料 3D 打印实现 4D 打印智能结构[4]；基于材料固化反应调控的革命性超高效连续液面生产 (continuous liquid interface production, CLIP) 技术[5]；纳米成核剂调控实现高强度铝合金增材制造[6]等。

仿生机械学与生物制造是生命科学与机械工程的有机融合，它将人类与自然生命组织功能和进化过程延伸到了机械工程技术中，通过诠释生物多尺度、自组织复杂结构与功能形成过程中的物质、能量、信息演变与传递规律，解决仿生设计、生物制造、类生命制造、人 - 机融合等关键科学技术问题。其中，生物制造是 21 世纪迅速崛起的新兴制造技术，它以生物组织和器官功能替代装置制造为核心任务，将生命科学、材料科学及生物技术知识融入制造过程之中，可望对生物和医学工程的发展提供全新的科学原理、技术手段和仪器设备。

未来，跨学科、跨领域的融合发展将成为制造领域科技创新的主要源动力，促使传统学科焕发出新的活力。研究新的制造原理的过程规律和承载装备的集成方法，实现制造原理的技术化、工程化，满足国家基础产业和新兴产业的发展需求，是机械设计与制造科学研究的一个重要发展趋势。

2) 新一代信息技术与制造业深度融合，引发制造装备、系统与模式的重大变革，形成智能制造研究热点

制造业与新一代信息技术的深度融合，整体呈现出软件定义制造业，推动研发设计、生产过程、经营决策、供应链协同等业务活动的智能化，以及制造装备与系统、终端产品的智能化[7]。例如，实体产品生产与上下游服务贯通衍生出服务型制造，带来新的价值增值环节；基于信息 - 物理融合的智能制造正在引领制造方式变革；可穿戴智能产品、智能网联汽车等智能终端产品不断拓展制造业新领域。新冠肺炎疫情下凸显的制造业复工难、供应链重构等问题，极大地促进了依托互联网等信息技术的产业形态的发展，以及人工智能、无人系统等的商业应用，加速了生产过程的无人化和智能化，推进了制造业设计、生产、销售由线下向线上转变，由“销售产品”向“销售服务”转变。

机器人是最重要的一类智能装备，在解决制造业升级、健康服务、国防安全、科考与资源开发等方面发挥着重要作用。新一代机器人是能够与作业环境、人和其他机器人自然交互、自主适应复杂动态环境并协同作业的共融机器人[8]，在结构、感知和控制方面的特征是：柔顺灵巧的结构，多模态感知的功能，分布自主、协同作业的能力。共融机器人理论与技术的发展需要通过机械与信息学科的交叉融合，研究解决刚 - 柔 - 软耦合柔顺机构设计与动力学、多模态环境感知与人 - 机互适应协作、群体智能与分布式机器人操作系统等核心科学问题。

智能制造以解决不确定性和不完全信息下的制造约束求解问题为目标，旨在将人类智慧（专家的工艺知识和生产经验等）物化在制造活动中并组成人 - 机合作系统，使得制造装备能进行感知、推理、决策和学习等智能活动，通过人与智能机器的合作共事，提高制造装备和系统对复杂、不确定工况的适应性。现代传感技术与网络技术的发展和普及为大量获取及传输制造数据及信息提供了便捷的手段；高性能计算和人工智能技术的发展为生产数据与信息的分析及处理提供了有效的方法，特别是大数据驱动的建模方法为制造知识的获取提供了崭新的视角。随着射频识别、传感器网络、工业无线网络、MEMS 和传感技术的成熟及发展，以无处不在的感知为代表的新一代泛在信息技术将是促进智能制造发展的新驱动力。在泛在信息驱动下，智能制造装备成为以网络为基础、以感知为核心、以服务为目的、以知识拓展和提升为目标的综合性一体化信息处理单元，并通过不同机器系统间的信息通信、协作执行，形成以人为决策主体、人 - 机协同工作的智能制造系统和智能工厂[9]。

智能制造背景下，工业大数据在制造各业务环节的价值正在凸显，信息数据流贯穿于整个制造过程和产品运维过程[10]。高质量生产要求跟踪制造全过程，进行多状态多参数在线检测与调控，保证制造功能原理的精准实现。高精度检验检

测技术是获取质量信息的前提和保证，不仅要求分辨率高、重复性好、抗干扰强，也需要能溯源到计量基准上。同时，为快速形成测量 - 加工闭环反馈，要求检测方法适于工业现场使用，检测装置便于与制造装备集成，并与周边和上下游检测装置联网组成分布式测量系统，有效监控产品制造全过程中的时 - 空域信息流。在极大、极小、极高精度、形性协同制造过程中针对产品精度、性能、可靠性产生的测量难题是制造质量工程的研究前沿。

智能制造以大数据、人工智能、工业互联网等技术为支撑，以时 - 空域信息流全局监控为条件，以制造知识与监测信息的深度融合（信息 - 物理融合系统）为基础，以复杂、不确定环境下制造装备和系统的自律运行为特征，是实现高效、优质、绿色生产的重要制造模式。随着新一代信息技术的变革，智能制造将迎来飞速发展的黄金期。

3) 为应对装备功能极端化和多样化的挑战，以集成优化为核心的系统科学的思想和方法贯穿复杂装备设计过程，从系统耦合与集成的角度研究复杂机电系统的设计理论和方法，形成复杂装备的设计科学

随着人类对自然世界认识和利用能力及需求的不断增强以及制造技术的持续进步，机电装备的功能、结构越来越复杂，如空天运载工具、大型舰船、高速轧机、高速列车、能源装备和基础制造装备等都是复杂机电装备的典型代表，其复杂性集中体现在感知、控制、驱动、执行系统等多功能单元和机、电、液、光等多物理过程高度集成；装备的功能和性能通过能量流与物质流以及感知和控制系统的信息流的耦合作用实现；装备的结构、功能、物理场动态变化及其耦合关系复杂，非线性因素导致系统宏观行为受微小变化的影响，从而造成装备功能、精度的不确定性。上述种种特点使得复杂装备的设计与集成必须建立在系统科学的基础上，解决装备物理界面、能量界面、功能界面设计，复杂装备的物理集成和功能集成等基础问题[11]。

随着复杂机电系统的功能日趋丰富，承载的物理过程更趋极限，系统内各种物理过程的非线性、时变特征更为突出，过程之间的耦合、交融关系将更为复杂，某些新的科学现象与规律将在更深层次上被激发出来。一些复杂机电系统运行中所出现的复杂现象和问题，依据现有知识无法清晰解释和明确回答。例如，复杂振动几乎是所有高速机械发展的普遍性障碍，Pogo 振动是运载火箭飞行过程中特有的振动现象，是箭体结构与推进系统动力学特性耦合而产生的纵向不稳定振动。从 20 世纪 60 年代开始，Pogo 振动抑制得到了广泛研究，但由于系统的复杂性，其产生机理尚不明晰。目前用于描述 Pogo 振动的数学模型仍无法揭示结构高阶局部振动与推进系统耦合产生的 Pogo 振动机理。复杂机电装备为了高速、高精度、高效服务于各种极大或极小系统工程，正在不断吸收相关学科的最新技

术，不断完善机电装备的多目标功能，挑战人类智力极限，创造复杂机电系统的理想极限功能。例如，航天装备长期运行在高低温、强辐射、真空环境下，需要具有抵抗强冲击载荷的能力、非结构化环境下的自主作业能力以及极端环境下的抗失效能力。一方面，需要通过“材料 - 结构 - 性能”一体化设计与制造来保证关键构件和功能单元的可靠性；另一方面，需要研究机构与结构、感知系统、驱动系统、控制系统的设计和配置方法，使得装备在发生局部功能单元失效的情况下能通过功能重组来维持装备的整体性能。又如，射电天文望远镜、星载可展开天线等工作在几十吉赫兹甚至上百吉赫兹频段和南北极、邻近空间、外太空等极端环境中的大型电子侦测装置，需要在满足结构设计指标的同时满足苛刻的电性能指标。为解决此类高性能电子装备设计中机与电的矛盾，需要研究极高频段、极端环境下的多场耦合理论，结构因素对电性能的影响机理，机电耦合设计方法等关键科学与技术问题，以实现电与结构性能的多目标优化，降低成本、提高成品率、缩短研制周期。

对于复杂智能装备设计，除需解决高性能功能器件、功能单元、功能界面设计等单元技术及相关基础科学问题，在智能设计方法和多学科集成优化方法等方面也需要系统科学的理论支撑，即充分利用各学科间互激励所产生的协同效应，获得复杂装备最优设计与集成方案。在智能网联与大数据驱动下，研究复杂装备多场耦合的数字孪生仿真系统，开展面向全生命周期的复杂装备智能化精益化设计与保质设计成为装备设计的发展新趋势。为此，需要解决复杂装备几何、物理、行为、感知等特性的高精度建模与可信度评价，形成传感数据、制造语义与物理规律复合驱动的装备数字孪生仿真系统；针对复杂机械系统具有高维度、非线性、多尺度、多时空、多目标、工况极端等特征，结合人工智能、虚拟现实和网络云服务等，研究大数据环境下的复杂装备智能化设计理论，在设计阶段充分考虑工艺、制造、服役、维护、回收等过程，分析装备全生命周期内性能退化与失效的不确定性传播与耦合演化机制，构建多层次、多尺度和多物理的复杂装备可靠性模型，实现复杂装备全生命周期全空间域可靠性评估与保质设计，全面提升重大装备的创新设计能力和性能品质。

解决好复杂机电系统的集成科学问题将极大地推动高速列车、大型火电和核电机组、大飞机等重大工程迈出实质性步伐，也将引导机构学、机械动力学、摩擦学、机械结构强度、驱动与传动等设计学科各领域的基础研究向可信性、多场耦合、多尺度效应、非线性奇异等内涵方向发展。

4) 从材料在能量作用下多尺度形性演变的角度研究极端功能产品的形性协同制造原理和制造能场的高精度时 - 空调控方法，突破现有制造极限

我国战略性重大工程和新兴产业，要抢占先机，居于国际竞争制胜的制高

点，需要一批极端功能产品的支撑。例如，未来开展深空探索，需要制造超大型运载火箭（10 米级直径）及大推力发动机（400 吨级推力）；激光武器和惯性约束核聚变装置中服役于极高功率（10 万瓦级）激光辐射环境的非球面强光光学元件需要纳米级面形精度、亚纳米级粗糙度和近无缺陷表面；G11 高分辨率有机发光二极管 (organic light-emitting diode, OLED) 显示屏制造需要在大面积 (3370mm × 2940mm) 上打印微米级薄膜晶体管结构和纳米材料，横跨 9 个数量级；未来生物医学及国防工程需要尺度更小、性能更佳的微纳传感器，以及柔性微纳光电子系统等。这些极端尺度（极大或极小）、极限精度、极高性能 / 功能的结构、器件、系统或装备制造将面临突破现有制造极限的难题[12]。在极端性能要求下制造过程中产生的新现象、新规律研究是当今制造科学研究领域的前沿。

极端制造研究呈现如下特点及趋势：集中于新一代超常新功能产品，研究制造新原理及前沿技术；产品设计制造向材料、结构与功能一体化发展；宏尺度构件向超大尺寸整体化发展，功能结构向极小尺寸高精度发展；微观结构的尺度和宏观表面的精度从纳米量级逐步向原子量级发展；极高服役功能向耐高 / 低温、耐高压 / 磨蚀、高速 / 高密度 / 高保真信息传输、极高能量密度下的物理力学性能适应性等方向发展。为此，需要引入光、电、磁、振动和化学等作用而形成多能场耦合的制造条件，通过探究极端制造环境和多能场耦合作用下材料成形成性及其多尺度调控过程蕴含的新效应和新机理，发展新的制造原理与方法，引领当代制造技术的全新突破。

掌握材料在能量作用下的多尺度形性演变规律，创建制造能场的高精度时 - 空调控方法，挑战并突破现有制造极限，是机械学科发展的一个鲜明特色。

5) 新材料的广泛使用在显著提高产品性能的同时，带来了新材料制造与材料 - 结构一体化制造等新难题，推动着设计和制造方法的变革

装备技术的发展与材料息息相关，正所谓“一代材料，一代工艺，一代装备”。现代高端装备中以微 / 光电子材料为基础的现代信息装备，以纳米材料为基础的现代医疗装备，以高温合金为基础的航空航天装备等均依赖于新材料的研究与应用。新材料包括具有优异性能的结构材料和具有特殊性质的功能材料。发达国家近 20 年来开展了一系列高性能材料设计与制造方面的研究计划，陶瓷基复合材料、碳 / 碳复合材料、碳 / 树脂复合材料、纳米复合材料等在越来越多的工业领域获得成功应用。

新型材料具有独特的组织结构与性能特征，例如，多体多相材料是各类材料的有机组合；单晶材料由单颗晶粒直接构成；纯材料杂质含量仅有百万分之几；新型结构与功能材料具有特定的宏 / 微观组织结构与性能，已有材料本构理论不再适用，且制造过程面临复杂而独特的热、力、光、电、磁乃至化学响应，材料去

除与成形、成性机理复杂，现有工艺技术手段难以实现这些材料的高质高效制造。例如，碳纤维增强高性能热塑性树脂基复合材料不仅具有传统复合材料轻质、高强、可整体制造的特点，更具有高韧性、可回收再造等突出优势[13]。但热塑性复合材料制造时赋形温度高且范围窄、熔融黏度大、纤维与树脂界面易开裂，导致大型构件制造存在以下问题：一是预制件赋形时纤维形态精准控制困难；二是制件固化时形性协同调控困难；三是构件加工装配时机械和热损伤抑制困难。因此，新材料零/构件高性能制造的重大技术需求牵引着相关的基础研究，在新材料的组织结构与性能表征、成形成性的宏/微观机理与调控方法、制造工艺与装备等方面带来一系列新的科学技术问题，赋予传统而又基础的制造技术新的生命力。

材料-结构一体化的思路源自复合材料构件，随着计算力学、增材制造等支撑技术的发展，其内涵也在不断丰富，其核心思路是从宏/微多尺度发掘材料与结构的潜力，通过设计和制造多材料多尺度结构，获得超常性能的构件，在一定程度上与超材料具有同工异曲之处[14]。传统制造工艺多局限于均质材料和单一尺度结构，无法满足高性能构件材料梯度分布和多尺度结构的一体化制造要求。一方面，具有复杂几何结构特征的构件利用传统制造工艺无法整体制造，不得不通过分体制造配以装配连接工艺。例如，具有周期性细观结构的复合材料点阵夹层构件，目前多采用机械切削方式获得微细结构，进而采用手工装配方式形成点阵夹层构件。其细观结构与整体结构制造分离，存在制造效率低、性能难以保证等难题。另一方面，多材料或材料呈梯度分布的复杂构件整体制造更加困难，传统制造工艺无法实现构件内部材料分布可控，目前增材制造技术也难以制造成分呈三维梯度分布的高性能复杂结构。例如，先进的承载-防热耦合的航天薄壁结构，其外表面由陶瓷材料组成耐热层；内部骨架是由整体金属壳体组成的承载结构；中间隔热层由材料和结构双梯度点阵结构组成，且材料组分从内层金属过渡到外层陶瓷。这种由多材料和梯度材料构成的高性能壳体，当前传统单一制造工艺无法实现。多材料多尺度结构的一体化制造需要协调基本制造单元之间以及不同尺度结构之间的组织、变形和性能的连续性，从而实现高性能构件的材料-结构一体化制造，相关研究涉及材料、力学、设计和制造学科的多个方面，目前是一个开放的研究领域，也是一个快速发展的研究领域[15]。

应用新材料（包括人工材料）带动装备创新是各个行业发展的新机遇，同时也是机械学科发展的重要牵引力。研究新材料零/构件高性能制造新原理和新工艺是制造科学与技术的永恒主题。

6) 制造过程和产品更加注重以人为本，追求绿色、低碳、健康、可持续，服务于碳中和碳达峰目标任务

人类对和谐社会与生活的终极追求，是赋予当代制造科学发展的大命题和大

使命。首先，为应对人类社会发展所面临的能源、资源和环境问题，绿色制造将愈发受到重视。绿色制造以产品全生命周期环境负面影响小、资源利用率高、综合效益大为目标，旨在解决产品绿色化设计、高效清洁生产、资源节约与循环利用（再制造）等问题，使得所制造的产品从设计、制造、包装、运输、使用、维护到报废处理整个生命周期符合环保要求，节约资源和能源。绿色制造正成为全球新一轮工业革命和科技竞争的重要关注点[16]，将在实现碳中和碳达峰目标任务方面发挥重要作用。

其次，产品更加注重提高人的生活质量。一方面，是注重提高人的体验，产品设计将不再局限于产品本身和设计者视角，设计过程将由显性功能需求驱动转变为隐性用户需求驱动。好的设计产品在强调具备多样性功能的基础上，更能符合用户的使用期望和主观审美，从而在产品使用过程中更好地满足人的心理和生理需求，使用户体验到使用愉悦感。另一方面，是提升人类生活品质的产品将迅猛发展。例如，可穿戴设备使人能随时随地感知环境和控制设备，极大地简化了人-机交互方式，未来与之相关的智能设备将有更大发展[17]。与此同时，保障人体健康（面向医学和康复工程）的产品创新将更加活跃，最典型的例子是设计和制造人工生物组织或功能替代装置，其中不仅需要解决替代装置的设计与制造问题，还需要解决其与生物体的集成问题。

追求人造系统与自然世界的和谐相容，提升人类生活品质作为当今先进制造科学与技术的重要研究目标和时代特征，对机械学科赋予了新的内涵，必将在新时期得到深入研究和更大发展。

1.2 资 助 现 状

根据《国家中长期科学和技术发展规划纲要（2006—2020年）》[18]的要求，学科从基础、前沿、探索、创新四个方面进行部署，在把握世界科技发展的特点、趋势和机遇的基础上，参照《机械工程学科发展战略报告（2011～2020)》[19]对基础研究领域进行科学布局。

“十二五”以来，学科注重重大前沿领域部署，以纳米科技和机器人革命作为切入点，拓展传统机械学科的资助范围，密切跟踪、科学研判世界科技创新发展的趋势，超前布局、加大投入、抢占先机，“纳米制造的基础研究”和“共融机器人基础理论和关键技术研究”两项重大研究计划立项建议获得通过；学科注重创新人才的培养，通过优秀青年科学基金、国家杰出青年科学基金、创新研究群体科学基金等人才类项目支持优化人才结构；结合工程领域研究特点，利用重大、重点项目部署解决国家重大工程背后蕴含的科学问题；鼓励原创科学仪器等工具的研制，通过自由申请和部门推荐等形式使一批国家重大科研仪器研制项目获得立项；同时，发挥国家自然科学基金的导向、协调作用，促进产学研结合，吸引和调动社会科技资源对某一领域基础研究工作的投入，有针对性地开展联合基金项目的研究。

2010～2020 年，学科资助各类项目共计 12762 项，资助经费总额 72.77 亿元，资助项目分类汇总情况如表 1.1 所示。各年度资助的项目数和批准经费情况如图 1.2 所示。与 2010 年（资助 823 项、经费 3.06 亿元）相比，2020 年（资助 1214 项、经费 6.89 亿元）资助项目数增加了 47.51%、批准经费增加到 2.3 倍 (2018～2020 年数据见文献 [20]-[22])。

表 1.1　学科项目分类汇总（2010～2020 年）

项目类型	项目数	批准经费 / 万元
面上项目	5918	380359
青年科学基金项目	5288	124915
地区科学基金项目	601	25139
国家杰出青年科学基金项目	56	18890
优秀青年科学基金项目	100	11790
重点项目	128	38303
重大项目	6	10221.3
重大研究计划	217	35264.88
创新研究群体科学基金项目	12	13825
国家重大科研仪器研制项目和重大科研仪器设备研制专项	21	34598.6574
航天先进制造技术研究联合基金项目	107	25200
国际（地区）合作与交流项目	114	4761
海外或港、澳青年学者合作研究基金项目	14	608
应急管理项目	93	1076
专项项目	13	241
专项基金项目	74	2475
合计	12762	727666.8374

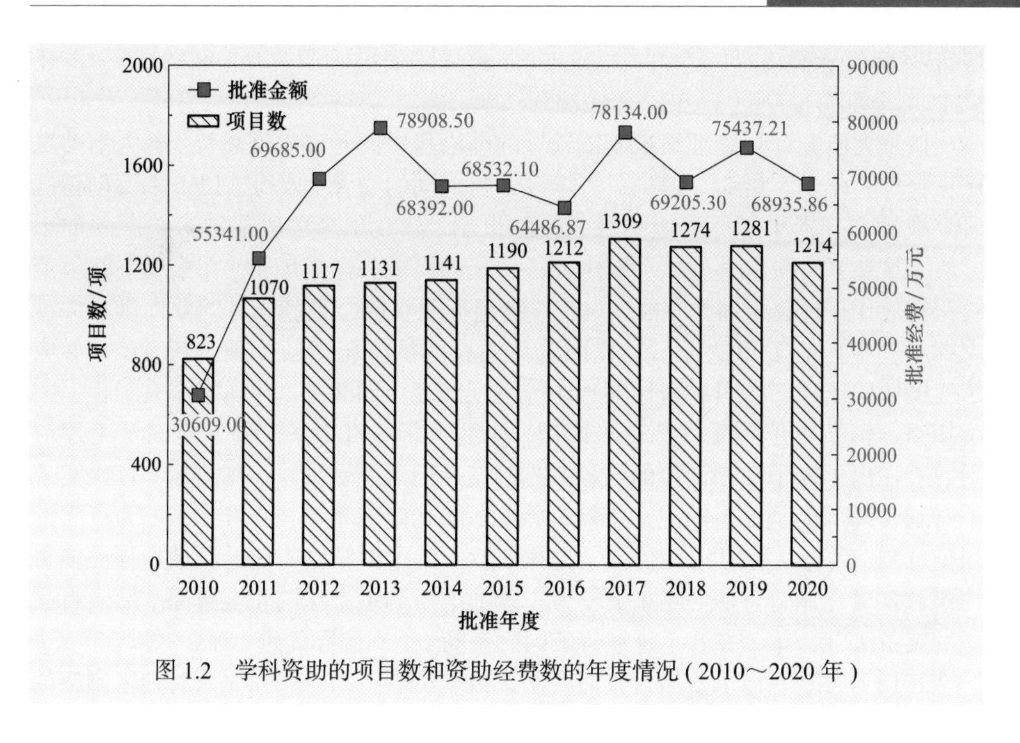

图 1.2 学科资助的项目数和资助经费数的年度情况 (2010～2020 年)

1. 跟踪国际前沿、瞄准国家战略，提升科研集成创造力

围绕纳米科技在机械制造领域的前沿发展，面向机器人革命等国家重大战略及民生需求，学科部署了 2 个重大研究计划 : “纳米制造的基础研究”“共融机器人基础理论和关键技术研究”，通过加强顶层设计，凝练科学目标，凝聚优势力量，形成具有相对统一目标或方向的项目集群，促进学科交叉与融合，培养了两支独具特色的人才队伍，提升我国基础研究的原始创新能力，为国民经济、社会发展和国家安全提供科学支撑。

1) 纳米制造的基础研究重大研究计划

纳米制造是通过纳米精度制造、纳米尺度制造、纳米跨尺度制造为产品和器件提供一定功能的过程。该重大研究计划的目标是通过多学科交叉研究，探索基于物理化学效应的纳米制造新原理与新方法，揭示纳米尺度与纳米精度下加工、成形、改性和跨尺度制造中的表面界面效应、尺度效应等，阐明物质结构演变机理，建立纳米制造过程的精确表征与计量方法，发展若干原创性纳米制造工艺与装备，为实现纳米制造的一致性和批量化提供理论基础。

2009～2016 年共资助研究项目 153 项，资助经费 18958.88 万元，其中集成项目 4 项 (5500 万，占比 29.01%)、重点支持项目 24 项 (6240 万，占比 32.91%)、培育项目 121 项 (6231 万，占比 32.87%) 和战略研究项目 4 项 (987.88 万，占比 5.21%), 全部资助项目于 2017 年底顺利结题。

该重大研究计划瞄准纳米制造领域的前沿科学问题和发展趋势，着力推动机械、物理、化学、生命、信息、力学等学科之间的交叉，取得了以下主要创新性研究成果：① 揭示了原子级材料的去除机制，建立了全频段亚纳米精度的加工方法，形成了晶圆化学机械平坦化装备、光刻机镜头抛光装备，在集成电路生产线获得应用，打破了国外垄断，为芯片制造行业解决“卡脖子”问题提供了关键支撑；② 在国际上首次提出了界面电荷调控的纳米压印新原理、新方法，形成了气电协同压印、卷对卷跨尺度压印等系列纳米压印装备，在国家重大工程、国防军事、消费电子等领域获得了应用，使纳米压印真正从实验室走向了工程应用；③ 提出了电子动态调控的飞秒激光制造新原理、新方法，在国际上首次实现了对瞬时局部电子动态的主动控制，形成了激光微纳制造技术和装备，为点火计划靶球制造等重大科学工程提供了支撑；④ 发展了微结构表面的局域选择性多重构筑和批量化制造方法，建立了较为完善的纳米制造方法与工艺体系，形成自主研发装备 17 台 / 套，在若干领域打破国际垄断，达到国际先进水平。

2018 年 12 月 13 日，国家自然科学基金委员会组织专家在北京对纳米制造的基础研究重大研究计划进行了结束评估，结论为“优秀”。专家组评价，该计划的顺利实施极大地提高了我国在国际纳米制造领域的地位，实现了我国从跟踪到跻身世界先进行列的跨越式发展。

2) 共融机器人基础理论和关键技术研究重大研究计划

共融机器人是能够与作业环境、人和其他机器人自然交互，自主适应复杂动态环境并协同作业的新一代机器人。该重大研究计划通过机械、信息、力学、材料和生物等学科深度交叉与融合，开展面向共融机器人结构与驱动、感知与交互、智能与控制的共性基础研究，预期在理论和研究方法的源头创新上取得突破，提升我国机器人研究的整体创新能力和国际影响力，同时，相关的基础研究进展可为加工制造机器人、特种机器人、康复辅助机器人等的自主研制提供理论和方法支撑。

2016～2020 年，共资助研究项目 107 项 (已结题 63 项，在研 44 项), 其中培育项目 65 项、重点支持项目 35 项、集成项目 5 项、战略研究项目 2 项，资助经费 19902 万元。2021 年 5 月，通过了中期评估，结论为“优秀”。评估专家组认为，该重大研究计划的研究成果在国家战略需求领域获得了重要应用，支撑了航空航天制造装备、星球探测和太空操作装备、运动障碍康复系统、群体无人侦察系统的自主创新。

2. 加强人才培养，提高未来科技竞争力

国家自然科学基金委员会多年来已经形成“青年科学基金—优秀青年科学基金—国家杰出青年科学基金—创新研究群体科学基金”的人才资助格局，促进了创新型青年人才的快速成长。

2010～2020 年，机械学科共资助青年科学基金项目 5288 项，资助金额 124915 万元，其中 2020 年青年科学基金项目 523 项，相比 2010 年 264 项，增加了 98.11%，呈现较大的增长幅度。优秀青年科学基金项目 100 项，资助金额 11790 万元；国家杰出青年科学基金项目 56 项，资助金额 18890 万元。表 1.2 列出了机械学科优秀青年科学基金和国家杰出青年科学基金项目历年获批情况（2010～2020 年）。创新研究群体科学基金项目 12 项，资助金额 13825 万元。

表 1.2　机械学科优秀青年科学基金和国家杰出青年科学基金项目历年获批情况（2010～2020 年）

年份	优秀青年科学基金项目		国家杰出青年科学基金项目	
	项目数	经费 / 万元	项目数	经费 / 万元
2010	—	—	5	1000
2011	—	—	4	960
2012	11	1100	5	1400
2013	11	1100	4	1280
2014	10	1000	5	2000
2015	10	1300	4	1400
2016	10	1300	5	1750
2017	10	1300	5	1750
2018	9	1170	5	1750
2019	15	1840	6	2400
2020	14	1680	8	3200
合计	100	11790	56	18890

机械学科已经形成了从青年科学基金、优秀青年科学基金到国家杰出青年科学基金的梯队人才资助体系：2010～2020 年的青年科学基金项目获得者中，有 56 人获得了优秀青年科学基金项目资助，占其间受资助优秀青年科学基金项目总数的 56%; 2010～2020 年优秀青年科学基金获得者中，有 13 人获得了国家杰出青年

科学基金项目资助，占其间受资助国家杰出青年科学基金项目总数的 23.21%。

2010～2020 年共有 12 人获得了 12 项创新研究群体科学基金项目的资助，其中 4 人（林忠钦、雒建斌、邵新宇、谭建荣）获得了“6 进 9”的滚动资助。需要指出的是，这 12 位创新研究群体科学基金项目负责人全部受到国家杰出青年科学基金项目资助。值得一提的是，2020 年初，郭东明院士领衔的大连理工大学高性能精密制造创新团队荣获国家科技进步奖，成为 2019 年唯一获此殊荣的团队。该创新团队面向高端装备的高性能精密制造需求和挑战，接力攻关 20 多年，凝练并系统研究了相关基础理论和关键技术，解决了一批高端装备研制和批量生产中的高性能精密制造难题，成果广泛应用于近 200 家企业和科研院所，取得显著的社会和经济效益。

据不完全统计，2010～2020 年机械学科有 30 余位学者当选中国科学院院士、中国工程院院士。这表明学科领军人才力量充足，是学科可持续发展的保证。学科的多位院士也已成为国家中长期发展战略规划的高层次战略研究专家，例如：上海交通大学林忠钦院士担任 2021～2035 年国家中长期科学和技术发展规划先进制造领域战略研究专家组组长；大连理工大学郭东明院士担任 2021～2035 年国家中长期科学和技术发展规划颠覆性技术制造交叉前沿方向战略研究专家组组长；清华大学雒建斌院士担任 2021～2035 年国家中长期科学和技术发展规划基础研究制造科学战略研究专家组组长；华中科技大学丁汉院士担任国家自然科学基金委员会机械工程学科 (2021～2035) 发展战略研究专家组组长等。

3. 国家需求牵引、服务国计民生，发展超前源头创新力

1) 重大项目

重大项目面向科学前沿和国家经济、社会、科技发展及国家安全重大需求中的重大科学问题，超前部署，开展多学科交叉研究和综合性研究，充分发挥支撑与引领作用，提升我国基础研究源头创新能力。机械学科设立了 6 个重大项目，资助金额合计 10221.3 万元，2 个已结题，4 个仍在研。

(1) 精准微创手术器械创成与制造基础（天津大学王树新，E0507, 1500 万元，2013-01-01～2017-12-31）。该重大项目以微创手术器械为载体，将精（安全接触、精确制造）与准（准确定位、灵活操作）融入手术器械设计与制造之中，深入开展微创器械系统设计理论与制造新原理研究，为实现器械创新、引导微创手术新理念、提升手术质量、满足未来精准微创手术临床需求奠定良好的科学和试验基础。

(2) 功能形面精确设计与性能保障的科学基础（西安电子科技大学段宝岩，E0506, 1500 万元，2015-01-01～2019-12-31）。该重大项目以超大型相控阵雷达这

一典型电子装备功能形面为载体，针对功能形面的形状、结构、制造精度、服役环境等与装备性能之间的多重非线性耦合关系不清、高维多因素影响机理不明，致使功能形面的精确设计与性能保障困难等重大挑战，开展了系统深入的研究。

(3) 复杂航天薄壁构件材料 - 结构一体化设计与制造（上海交通大学林忠钦，E0508, 1491 万元，2018-01-01～2022-12-31）。该重大项目针对复杂航天薄壁构件超强承载、极端耐热、超高精度和超轻量化的性能目标，面向材料 - 结构的多尺度匹配设计、高性能构件材料 - 结构整体制造以及制造性能的多能场精确调控等挑战，围绕多尺度结构与构件性能的映射规律、多材料多尺度结构的复合制造原理、材料组织演化与结构变形的交互作用机制等科学问题开展研究，旨在变革高性能航天薄壁构件设计制造的传统模式，实现材料从“选择”到“定制”、结构从“组装”到“整体”、性能从“试错”到“精确”的转变，形成材料 - 结构一体化设计与制造基础理论，突破现有设计极限，实现高性能复杂结构的整体制造和性能精确调控。

(4) 智能电静液驱动执行器基础研究（浙江大学杨华勇，E0502, 1976 万元，2019-01-01～2023-12-31）。电静液驱动执行器将机 - 电 - 液测控高度集成，是未来大型客机和先进战机飞行舵面控制的核心部件，是实现高端装备智能驱动的关键。针对复杂工况下高功重比、高效与高性能的特殊需求，该重大项目拟通过研究高效能量转化电静液驱动执行器构型原理、高功率密度电机泵一体化耦合设计、电静液驱动执行器增材制造控形控性、热流固环境多源感知和智能健康监测、电静液驱动执行器系统集成及智能控制，形成智能电静液驱动执行器设计与制造基础理论，实现高性能电静液执行器智能化。

(5) 芯片制造中纳米精度表面加工基础问题研究（清华大学路新春，E0512, 1990 万元，2020-01-01～2024-12-31）。该重大项目面向 7nm 以下节点芯片纳米精度表面制造重大需求，以晶圆平坦化、晶圆减薄和光刻物镜抛光等核心纳米精度制造装备与工艺为研究对象，针对多能场作用下纳米精度异质表面材料去除机理以及装备加工状态对纳米精度表面制造的影响机制等关键科学问题展开研究。通过关键理论与技术的突破，探索高端芯片纳米精度表面制造的新原理与新方法，为纳米精度表面制造装备与工艺性能提升提供理论和技术支撑。

(6) 高性能热塑性复合材料大型构件制造基础（大连理工大学贾振元，E0509, 1764.3 万元，2021-01-01～2025-12-31）。面向我国运载火箭、高超声速飞行器、大飞机等高端装备对热塑性复合材料大型构件高性能制造的重大需求，围绕“熔融态热塑性预浸料粘合变形规律与赋形缺陷产生机理”“高粘热敏感材料温压固化缺陷形成机制与形性演变规律”“力热作用下高韧性热敏感材料去除行为及损伤产生机制”三个关键科学问题，开展热塑性复合材料大型构件赋形缺陷抑制与工艺精准调控、固化缺陷预测与形性协同固化、热塑性复合材料切削机理与大型构件高质高效加工、机器人小余量去除机理与高精度装配等基础理论与工艺技术的研究，形成热塑性复合材料大型构件高性能制造理论体系，突破高性能制造工艺和装备技术瓶颈，在航空航天领域典型热塑性复合材料大型主承力构件上进行集成应用验证，引领我国热塑性复合材料构件高性能制造的前沿方向，为国家高端装备的自主跨越式发展提供新途径。

2) 重点项目

重点项目支持从事基础研究的科学技术人员针对已有较好基础的研究方向或学科生长点开展深入、系统的创新性研究，促进学科发展，推动若干重要领域或科学前沿取得突破。在机械学科 2011～2020 年发展战略研究中，确定了机构学与机械振动学、机械的驱动与传动、复杂机电系统的集成、零件与结构的失效与安全服役、机械表面界面科学与摩擦学、生物制造与仿生制造、高性能精确成形制造、高能束与特种能场制造、高精度和数字化制造、机械的制造与运行参数测量、微纳制造科学与技术 11 个优先资助领域。学科以此为基础形成了近十年重点项目指南，共支持重点项目 128 项，资助经费 38303 万元，11 个优先资助领域获批的项目数和经费如表 1.3 所示。

表 1.3　学科重点项目分类汇总（2010～2020 年）

优先资助领域	项目数	直接费用 / 万元
机构学与机械振动学	22	6565
机械的驱动与传动	6	1795
复杂机电系统的集成	6	1820
零件与结构的失效与安全服役	5	1540
机械表面界面科学与摩擦学	14	4204
生物制造与仿生制造	7	2090
高性能精确成形制造	17	5131
高能束与特种能场制造	21	6272
高精度和数字化制造	9	2679
机械的制造与运行参数测量	12	3700
微纳制造科学与技术	9	2507
总计	128	38303

4. 结合学科特点、创新科研仪器，促进学科前沿发展

国家重大科研仪器项目属于“探索、人才、工具、融合”四大类型中的工具类，面向科学前沿和国家需求，以科学目标为导向，资助对促进科学发展、探索自然规律和开拓研究领域具有重要作用的原创性科研仪器与核心部件的研制，以提升我国的原始创新能力。

学科牵头的部委推荐的重大科研仪器项目有 3 项，资助金额 21575.9 万元。

(1) 材料与构件深部应力场及缺陷无损探测中子谱仪研制 (中南大学钟掘，E0511, 7600 万元，2014-01-01～2020-12-31)。该项目旨在探测材料 / 构件深部残余应力场和宏观应力场、构件损伤缺陷 (裂纹) 及周围应力场以及材料组成相应力与晶体结构 (织构), 服务于工程构件精确设计和制造及服役性能的精确评估，以及材料 - 构件一体化设计、重大装备安全运行的工程需求，同时探索多相材料组成相之间的内应力相互作用与变化、循环应力作用下材料 / 构件的损伤形成机理及其演变等科学规律。

(2) 高分辨原位实时摩擦能量耗散测量系统 (清华大学雒建斌，E0505, 7475.9 万元，2016-01-01～2020-12-31)。该项目突破了万分之一量级超低摩擦系数测量、摩擦过程中声子动力学行为测量、电子伏特级物理射线超宽发射谱的探测、摩擦界面分子结构演变的实时测量等关键技术，并集成这些技术于一体，研制出国际首台原位实时高灵敏度摩擦能量耗散测量系统，实现摩擦能量耗散过程、途径和强度的在线测量，为揭示摩擦起源和超滑本质提供重要手段。目前国际上尚无同类功能的仪器，其成功研制将大幅提升我国大型表面界面领域科学仪器的研究水平，具有重大战略意义，将促进研发出新的超滑材料，使摩擦能耗呈数量级降低，有望对制造、交通、能源等领域产生深远影响。

(3) 薄膜生长缺陷跨时空尺度原位 / 实时监测与调控实验装置 (武汉大学刘胜，E0512, 6500 万元，2018-01-01～2022-12-31)。该项目以飞秒激光 - 等离子体复合增强分子束外延 (molecular beam epitaxy, MBE) 生长薄膜晶体为制造手段，依据薄膜生长跨时空尺度的特征，采用超快电子衍射和跨时间尺度超快连续成像手段，结合多场多尺度建模仿真，研究薄膜生长过程中化学键的形成和断裂、原子和分子的重排、电子和离子的扩散、等离子体形成与消失等超快动力学行为，研制薄膜生长过程跨时空尺度原位 / 实时测量与调控实验装置。建立的实验装置不仅有助于我国在薄膜生长领域跃居世界领先，同时将有力促进物理、化学和生物等学科的发展。

此外，瞄准我国航空航天和深空探测、微纳机电系统和超精密制造、高端制造装备，学科获批自由申请的仪器专项 18 项，资助金额 13022.7574 万元。

5. 面向行业和地区需求、整合社会资源，推动自主创新力

联合基金旨在发挥科学基金的导向作用，引导与整合社会资源投入基础研究，促进有关部门、企业、地区与高等学校和科学研究机构的合作，培养科学与技术人才，推动我国相关领域、行业、区域自主创新能力的提升。2010～2020年，工程与材料科学部共资助联合基金项目1675项，机械学科获批的联合基金有284项，直接经费达64443万元，包括航天先进制造技术研究联合基金、NSFC-河南人才培养联合基金、NSFC-辽宁联合基金、NSFC-山西煤基低碳联合基金、NSFC-深圳机器人基础研究中心项目、NSFC-浙江两化融合联合基金、高铁联合基金、核技术创新联合基金、企业创新发展联合基金、区域创新发展联合基金和中国汽车产业创新发展联合基金，各联合基金的资助项目数和资助金额见表1.4。

表1.4 学科获批联合基金分类汇总表

联合基金类型	项目数	直接费用/万元
航天先进制造技术研究联合基金	107	25200
NSFC-河南人才培养联合基金	19	555
NSFC-辽宁联合基金	25	6189
NSFC-山西煤基低碳联合基金	18	2112
NSFC-深圳机器人基础研究中心项目	29	8966
NSFC-浙江两化融合联合基金	22	4459
高铁联合基金	21	4947
核技术创新联合基金	2	560
企业创新发展联合基金	3	761
区域创新发展联合基金	22	6983
中国汽车产业创新发展联合基金	16	3711
合计	284	64443

航天先进制造技术研究联合基金（以下简称：航天联合基金），由国家自然科学基金委员会和中国航天科技集团有限公司共同设立，旨在发挥国家自然科学基金的导向和协调作用，促进产学研结合，吸引和调动社会科技资源开展以航天先进制造技术发展为背景的相关领域基础研究工作，提高中国航天制造业自主创新能力。从2015年开始执行，由机械学科负责组织评审和管理。

航天联合基金2015～2020年共资助项目107项，其中培育项目31项，重点支持项目67项，集成项目9项。在所有的获批项目中，非工业和信息化部（工

信部)高校和中国科学院研究所作为依托单位的项目数占比 43.93%, 其中获批集成项目占比 11.11%, 重点支持项目占比 41.79%, 培育项目占比 58.06%, 作为合作单位的项目数占比 27.66%, 各类型单位申请和承担项目数占比如图 1.3 所示。航天联合基金达到了设立之初“吸引和调动社会科技资源开展以航天先进制造技术发展为背景的相关领域基础研究工作,提高中国航天制造业自主创新能力”的目的。

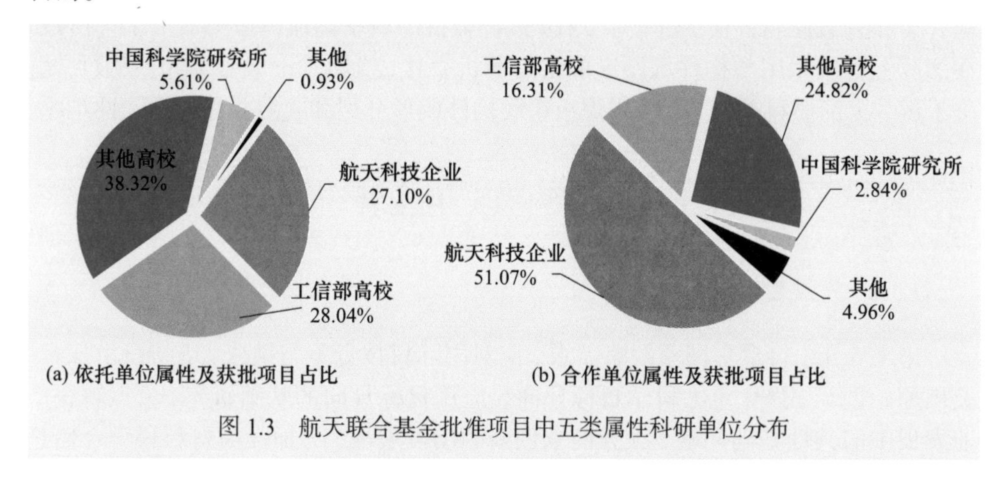

图 1.3 航天联合基金批准项目中五类属性科研单位分布

航天联合基金面向航天大型轻质高强构件制造与检测基础、航天机电产品精密加工与装调技术基础、航天电子产品高可靠制造与电气互联技术基础、航天发动机制造基础工艺等方面的“卡脖子”技术背后的基础科学问题开展研究,在火箭发动机、贮箱、舱段、壁板等关键构件的制造与装调,航天电气系统(电路板、太阳电池、折展天线)、导航系统(陀螺仪、动压马达)的设计与制造等关键问题方面,取得了显著的理论进展,发展了创新方法与技术,解决了航天器及其关键器件的设计、制造难题,非工信部高校与中国科学院研究所发挥了重要作用。

航天联合基金中两个代表性的项目如下:

(1) 重型运载火箭用大型铝合金环件形性协调制造(中国运载火箭技术研究院(航天一院)王国庆, E0508, 680 万元, 2017-01-01～2020-12-31)。航天一院与中南大学、清华大学合作开展的“航天大型 2219 铝合金环件形性精准协同制造的科学基础”研究,揭示了焊接工艺方案对焊缝形貌(余高及过渡)以及接头承载性能的影响规律,研发的 TIG 摆动盖面焊接工艺经过型号鉴定后已经实际应用于 CZ-5 运载火箭 5m 直径低温贮箱的封箱焊接中,为 CZ-5 运载火箭 5m 直径低温贮箱的减重精细设计和质量可靠性提升提供了基础支撑。建立了 2219 铝合金锻环制造过程中组织状态演变规律及其与温度和变形量间的关系,通过超声能场辅助铸造工艺，优化高性能锻环制造的工艺路线，成功研制了国内最大的 9.5m 直径 2219 铝合金锻环，达到了项目指标要求。

(2) 大型贮箱箱底整体液力成形制造（哈尔滨工业大学苑世剑，E0508, 254 万元，2017-01-01～2020-12-31)。哈尔滨工业大学与上海航天技术研究院（航天八院）149 厂联合开展“非均质壳体流体压力成形机理与缺陷控制方法”研究，发明了铝合金拼焊板双向复合加载流体压力成形新工艺，提出了复杂应力状态下拼焊板开裂和起皱控制方法，建立了 2219 铝合金拼焊板整体流体压力成形工艺窗口。在国际上首次采用与构件等厚度的拼焊薄板直接成形出 3m 级整体箱底构件，解决了运载火箭燃料贮箱 3m 级拼焊板箱底构件成形开裂和起皱并存的国际性难题。

1.3 未来 5～15 年发展布局

1.3.1 发展目标

未来 5 年，将聚焦国家战略需求，应对国际科技竞争与挑战，支持自由探索，突出原始创新，强化重大科学目标导向、应用目标导向的基础研究，重点解决产业发展中的共性基础问题，服务国家创新驱动发展战略；加强与材料科学、信息科学、生命科学等的融合发展和集成创新；持续支持具有我国特色和优势的研究方向，推动以我为主的实质性国际合作。到 2025 年，我国机械学科研究整体水平和创新能力显著增强，在关乎国家命脉的战略性重点发展方向取得一批突破性成果；一批中青年学者进入国际学术组织任职，形成若干支具有国际重要影响力的研究群体。

未来 15 年，将面向世界科技前沿、面向经济主战场、面向国家重大需求、面向人民生命健康，前瞻部署和重点支持前沿探索方向和对产业发展产生革命性推动作用的颠覆性技术领域的基础研究，为建设制造强国提供科技支撑；加强跨学科、跨领域的融合发展和集成创新，在一些新兴方向和技术领域构筑长板优势。到 2035 年，我国机械学科基础研究整体水平和技术创新能力进入世界前列，产出一批具有国际重大影响力的原创性科研成果，支撑国家战略需求的关键核心技术的重大突破；一大批学者活跃在国际学术舞台，并进入国际学术组织高层任职，形成若干具有国际学术引领地位的研究群体。

1.3.2 学科优先领域部署

基础科学是国家战略资源，决定自主创新的水平和后劲，关乎科技强国建设的成败。机械学科基础科学问题的研究创新是引领制造业发展的第一动力。学科重点围绕“机械系统创新、零部件与装备制造、服役安全测控、综合交叉前沿”四个发展方向布局学科优先领域，在此基础上提出未来15年（2021～2035年）面向国家重大需求的“三大科学工程”重点布局，学科体系与优先领域关系如图1.4所示。

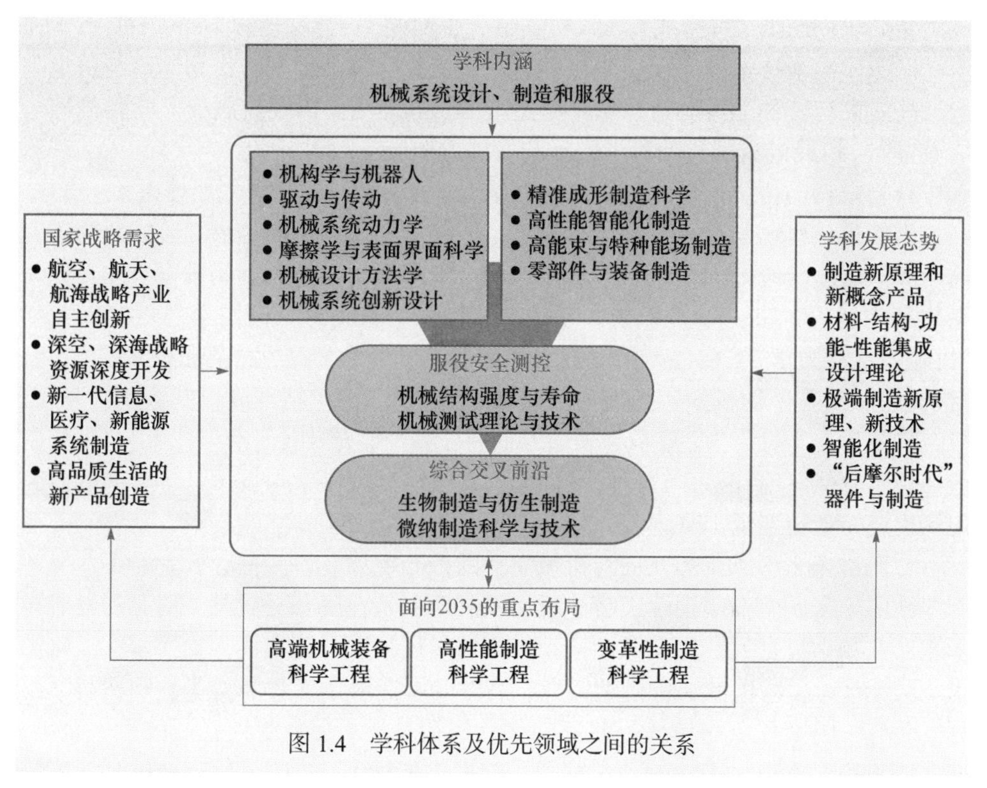

图1.4 学科体系及优先领域之间的关系

优先领域布局的指导思想主要如下。

1) 立足学科基本任务，注重学科均衡发展，建设与发展学科基本体系

机械学科的基本任务是通过先进的设计与制造原理，实现机械系统创新设计、零部件与装备制造和服役安全测控，并通过与不同学科的综合交叉，构建服务于各种功能要求的机械系统，为各行业提供功能强大的制造装备。机械系统需要接收各种信息、承载复杂运动、传递不同能量、完成各类功能，需要机构学、摩擦学与表面界面科学、机械驱动与传动、机械系统动力学、机械设计方法学等学科领域支撑。机械系统的零部件要求高精度、高性能制造，并按照设计要求进行组装、调试和检验，形成产品与装备，从而保障系统的工作品质，需要精准成形制造、高性能智能化制造、高能束与特种能场制造等学科领域支撑。机械系统的安全可靠运行要求其具有足够的结构强度、准确的界面行为和实时在线的测控

系统，需要机械结构强度与寿命、机械测试理论与技术等学科领域支撑。

2) 注重学科的新发展和时代特色，围绕科学发展态势提炼前沿新方向

近年来，学科深层次交叉融合的大发展催生了一系列独具特色、性能卓越、变革性的机械设计与制造新原理、新方法。它们赋予了机械学科新的时代特色，成为新的研究前沿，可望成为人 - 机共融、生命健康、精准医疗、5G/6G/ 量子通信、能源、纳米技术等高科技领域强有力的支撑，如机器人、生物制造与仿生制造、高能束与特种能场制造、微纳制造科学与技术等，需要发展交叉学科领域与前沿方向，拓展机械学科的科学内涵和发展方向。

3) 将学科的传统内涵和创新方向相结合，构架学科的知识创新体系

当代机械科学与技术发展十分迅速，传统学科方向不断拓展，形成新的研究前沿和热点。传统方向是学科发展的基础，本次规划注重其前沿发展，注入创新思想和内涵，例如，将“机构学与机械振动学”拓展为“机构学与机器人”和“机械系统动力学”，将“高精度数字化制造”提升为“高性能智能化制造”，将“机械的驱动与传动科学”拓展为“驱动与传动”，而“精准成形制造科学”“机械结构强度与寿命”“摩擦学与表面界面科学”“机械测试理论与技术”“生物制造与仿生制造”“高能束与特种能场制造”“微纳制造科学与技术”等方向的研究内涵也进一步得到了丰富。

4) 瞄准未来国际形势发展对机械学科的核心挑战，布局优先支持领域

面向未来 5～15 年国际经济、政治发展对制造业的核心挑战，培育和发展对未来产业和学科发展产生革命性推动作用的学科知识与能力。为支撑国家战略需求，重点布局高端机械装备科学工程、高性能制造科学工程和变革性制造科学工程，以解决国家重点领域核心装备的设计制造难题，突破制约我国航空、航天、航海等战略产业自主产业的“卡脖子”技术，并为新一代电子信息、医疗、能源等重大问题解决提供支撑。

1.3.3 未来 5～15 年面向国家重大需求的重点布局

根据未来 15 年（2021～2035 年）国家机械工程领域的重大需求，本次发展战略研究提出高端机械装备科学工程、高性能制造科学工程和变革性制造科学工程三大跨领域交叉方向（见图 1.5），推动科学研究与工程应用的高度融合和发展。

通过这三大交叉方向研究，促使我国高端制造业科技水平和基础理论实现大幅度提升，在一些重要领域迈入世界前列。在此三大科学工程的实施中，以国家重大机械装备研制和应用为背景、以基础科学问题为核心，以未来技术发展需求为目标，以可量化的性能和技术指标为牵引，以新概念、新原理、新方法、新技术、新工艺为突破口，为我国机械制造业实现 2035 年的战略发展目标提供基础支撑。

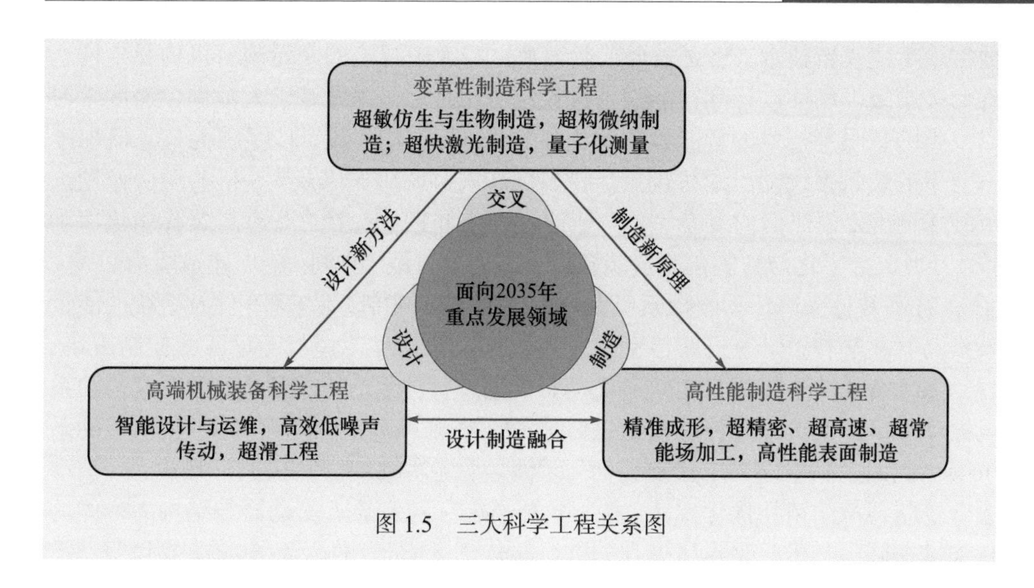

图 1.5 三大科学工程关系图

1. 高端机械装备科学工程

高端机械装备具有功能高度集成、动态性能优越、精度稳定可靠、绿色高效智能等显著特征。与国际高精尖装备产品相比，我国高端机械装备相关的基础理论与核心技术体系缺失，设计引领的集成创新能力薄弱，在先进集成设计技术、精密基础功能零部件制造、数字与智能控制、全生命周期智能运维等方面能力不足。装备普遍存在可靠性不高、精度保持性差、振动和噪声大、能耗高和寿命低等缺点。高端机械装备科学工程旨在发现并解决装备中的前沿基础科学与关键共性技术问题，开展原始基础研究，对复杂机械装备与机电系统的设计制造品质和全寿命服役性能进行全面提升，对于提升中国制造在全球价值链的分工地位，推动中国制造向中国创造的转变具有重大意义。当前，在以信息物理系统为标志的“工业 4.0”驱动下，人工智能、大数据等新一代信息技术正在加速与先进制造装备深度融合，高端机械装备设计与运维的智能化，传动的高效率低噪声以及装备和零部件运行的超低摩擦及超低磨损将为我国高端机械装备自主研发提供新理论、新范式及创新源泉。

未来 15 年，高端机械装备科学工程将围绕装备高端化与提质增效的发展需求，以高端机械装备设计与运维的智能化、传动的高效率低噪声、装备和零部件运行的超低摩擦和超低磨损为牵引，开展基础科学理论研究，突破基础性、引领性、集成性关键共性技术，提升我国高端机械装备设计制造能力和核心竞争力。

(1) 智能设计与运维。发展几何 - 物理 - 行为 - 工况等相结合的复杂机电系统数字孪生建模新技术，建立融合工业大数据与人工智能的高端装备机构及结构全寿命多层级可靠性设计和智能设计理论与方法体系，探索基于大数据、深度学习以及类脑慧眼等技术的智能诊断理论和技术，探讨物质流、能量流与信息流深度融合下的装备系统动力学机理，开展多机器人协调协作以及人 - 机共融协作理论及技术研究，创建面向复杂型面 / 结构 / 材料加工与成形的高速高效智能化控制技术，形成数字化与智能化制造装备以及智能生产线 / 车间 / 工厂建造能力。

(2) 高效低噪声传动。探索复杂载荷工况下机械传动元 (部) 件及系统的能量转换与转化规律，研究机械传动系统高效率混合构型原理与能量匹配控制策略，建立系统全局功率匹配与能效最优动态规划设计体系；探索多源激励复杂传动系统振动噪声产生机理和传递机制，实现多形态噪声激振源耦合作用下机械传动系统噪声溯源及精准定位，建立界面 - 元件 - 系统多维度宽频域振动噪声主 / 被动融合控制与声学拓扑优化方法，探索集传感器、控制器、作动器与结构为一体的智能减振降噪技术，改善和提升关键机械传动元 (部) 件及系统的能效和振动噪声指标。

(3) 超滑工程。开展超滑现象共性规律与机理的研究，建立完善的超滑理论体系，探索适用于高真空、超低温、超重载等极端工况下的超滑新体系，发展以超滑为代表的低摩擦、低磨损应用技术，开发基于超滑原理和技术的新材料和新型零部件，推动超滑技术、超滑材料、超滑零部件在高端装备上的应用，实现装备能效比和服役寿命大幅度提高。

通过高端机械装备科学工程的实施，相关基础理论和关键技术研究成果将在航空装备、卫星系统、智能制造装备、海工装备、航空飞行器、电子信息装备、新能源装备、医疗康养设备、工程与施工机械、轨道交通装备等重大装备及关键部件研制中得到应用，助推我国在高端机械装备方面的原始创新能力。

2. 高性能制造科学工程

高性能制造是指具有高性能指标要求的高端装备及其关键零部件的精密制造，是以精准保证装备或零件的性能要求为主要目标的几何和性能一体化制造技术，体现了由几何尺寸及公差要求为主的传统制造向高性能要求为主的先进制造的跃升。高性能制造的发展由新的物理化学效应驱动、新材料和新结构的应用需求牵引。高性能制造科学工程旨在挖掘物质与能量交互的深层机理，研究多能场耦合作用下材料成形成性及其多尺度调控过程蕴含的新效应和新机理，发明高性能产品的控形控性制造新原理和新技术，支撑新一代国家战略需求装备的自主研制与创新发展。

高性能零部件对内部微观组织、宏观几何精度、表面微形貌与表层性态有苛刻的要求。未来15年，学科将在精准成形，超精密、超高速、超常能场加工，高性能表面制造三方面布局开展深层次研究，构建高性能制造科学工程的理论与技术体系。

(1) 精准成形。研究成形工艺的跨尺度数学建模与数字孪生机理，成形全流程与零部件使用全生命周期中材料形状、组织结构的演化传递机制与精确预测方法以及组织对性能的影响规律，突破短流程成形及超低温成形制造方法及理论、绿色产线/车间/工厂状态模型及评估、绿色成形控形控性基础理论与实现方法、绿色精准成形制造技术及装备等。研究多材料结构功能一体化设计与复合成形机理、功能梯度复合材料宏/细观结构组装优化设计方法、数字成形原理与多材质材料界面融合机制，突破多材料多工序复合成形、多尺度组装、数字化复合成形装备的设计与制造等关键技术。研究高性能材料、超常规结构、极端时空环境(4D、太空、深海等)增材制造基础科学问题，突破材料/结构/功能一体化、高效/精准/智能化、多能场协同/多工艺复合/多构型集成的增材制造关键技术。

(2) 超精密、超高速、超常能场加工。研究多能场作用下，材料表面化学键的形成与断裂、原子级去除量化控制及纳米精度形成机理，突破原子尺度材料的可控去除，装备超精密运动生成与稳定性保持，超光滑加工表面跨尺度测量、表征与再制造等关键技术。研究工具与工件强瞬态交互作用下的工件材料局部绝热剪切去除行为、表层微观组织演变机理与表面完整性形成机制，突破难加工材料和复合材料的超高速加工工艺、超高速加工工具和装备的设计制造等关键技术。研究极端能量密度非平衡态多物理场复合/耦合作用下材料去除机理和表面生成演变机制，创新难切削材料整体结构的高强多能场复合特种加工技术。

(3) 高性能表面制造。突破强韧均衡效果优异的多级/异质微结构表面制造方法及调控技术，拓展非规则曲面自适应、受限局域空间柔性表面制造技术，发展残余应力、表面变形、多尺度缺陷协同调控的可靠性制造方法，探索多能场耦合效应下的表面层微区调控新手段。

到2035年，通过高性能制造科学工程的实施将构筑高性能制造知识体系，引领当代制造技术的重大突破，形成一批制造新技术、新工艺与新装备，使得复杂结构、高性能、高质量的零部件能够造得出、造得精、造得快，更好地服务于国防军工、航空航天、轨道交通等重点领域和国家重大工程，为建设制造强国提供支撑和保障。

3. 变革性制造科学工程

变革性制造是指通过科学或技术的创新和突破，对传统制造技术、工艺、产品进行一种独辟蹊径的创新，对制造行业、模式和性能实现颠覆性创新。变革性制造科学工程以解决国家长远发展需求、引领科技发展趋势为目标，围绕可能产生变革性制造技术的前沿性、交叉性、基础性研究进行部署，服务于国家创新驱动发展战略，是提升国家制造水平、科技创新力和产业竞争力的先导途径。

在未来 15 年，变革性制造科学工程重点在超敏仿生与生物制造[23,24]、超构微纳制造[25,26]、超快激光制造[27,28]、量子化测量[29,30]等方面进行战略布局，开展一批前瞻性基础研究，推进一系列变革性创新，在重要方向取得原创性突破，催生制造新原理、新理论和新模式，带动新知识体系建立。

(1) 超敏仿生与生物制造。突破生物超敏功能原理转化映射规律与仿生再现原理，实现超敏感高效感知、超敏捷低耗运动、超敏锐诊断修复、自适应生命活性等生物制造与仿生制造多元协同设计；实现智能、超敏仿生、高性能装备系统一体化融合设计与可控制造；攻克超敏仿生高性能 / 多功能协同增效原理与智能控制关键技术；突破高相容活性人造组织 / 器官 / 假体 / 类生命体自适应原理与生物制造技术。

(2) 超构微纳制造。拓展原子分子尺度、极端环境与条件下的微纳制造、微纳结构宏量自组装、类生命体系微纳制造、太空 3D 打印微纳制造等研究前沿；突破极端尺度纳米结构制造、异质结构跨尺度制造、复杂曲面微纳三维结构共形制造与集成等关键技术；开展多功能高性能超构材料、超构部件、超构器件、超构系统的产业及工程应用研究，创新超构功能产品并将其应用于国防军工及重大工程。

(3) 超快激光制造。探索超快光场调控对制造过程中电子、声子、离子、等离子体及其对应材料性质、结构及功能的非线性、非平衡态影响机制；建立超快激光与材料相互作用的多尺度理论 / 观测系统，研究超快光场对量子结构、电子动态、原子迁移、晶格变化等的调控机制，构建高效智能化超快激光制造装备等。

(4) 量子化测量。突破纳米标准器、小型化光频梳、量子化频率参考、惯性测量等核心器件及关键技术；构建制造现场时间 - 空间相关的多维度动态溯源方法体系，实现厂房级制造精度整体溯源；开展新一代量子化测量工程应用研究，同时不断探索量子化传感新方法，突破现有物理量传感测量极限。

通过变革性制造科学工程的实施，相关研究成果将在航空航天、能源交通、国防安全、医疗健康、电子信息等重点领域实现工程示范和产业应用，有力提升我国制造技术原始创新能力和核心竞争力，支撑我国迈入世界制造强国。

1.4 学科发展的保障措施

1. 服务国家战略，培育原创成果

着力完善面向国家重大需求和面向世界科技前沿的科学问题凝练机制。突出工程科学特点，注重解决国家重大需求中的“卡脖子”问题，加强重大科学目标导向、应用目标导向的基础研究项目部署。聚焦前瞻性、引领性和颠覆性科学问题，实施原创探索计划，加强对交叉性、变革性研究的支持，培育或产出从无到有的引领性原创成果。

完善重大类型项目的立项机制，将“自上而下”的顶层设计和“自下而上”的自由探索相结合，合理把握项目规模，避免拼盘和打包，保证竞争性和参与度。

2. 完善模式机制，培养创新人才

完善人才资助模式，均衡稳定支持各领域优秀人才成长，培育具有国际影响力的新一代学科领军人才和创新团队。加大对长期承担重点基础研究项目的团队和科研基地的稳定支持，为培育重大原创成果提供人才队伍保障。

创新人才评价机制，克服唯论文、唯职称、唯学历、唯奖项倾向；突出品德、能力、业绩导向，把学术成绩、学科领域影响力、科研创新能力和学术品德等作为重要评价指标。推行代表作评价制度，注重标志性成果的质量、贡献和影响。

3. 优化学科布局，促进交叉融合

适应科学技术发展趋势和科研范式的变革，按照“源于知识体系逻辑结构、促进知识与应用融通”的原则，进一步优化调整学科代码，在取消三级代码的基础上，动态调整研究方向和关键词。

充分考虑分科知识、共性原理、应用领域的相互关系，促进交叉融合，形成以交叉融合为特征的机械学科布局体系。

4. 加强诚信建设，营造清朗氛围

持续加强科研诚信建设，对科研不端行为“零容忍”。严格审查个人信息漏报、瞒报、造假，代表作填报不规范、不真实。全面执行申请书内容相似性筛查，杜绝抄袭、剽窃和重复申报。加大对各类学术不端案件与举报的查处惩治力

度，营造风清气正的科研氛围。

5. 强化专家责任，体现公平公正

推行评审专家责任机制，完善“负责任、讲信誉、计贡献”(responsibility, credibility, contribution, RCC) 的评审机制，探索对评审专家的贡献（包括对资助决策的贡献和对申请人的贡献）进行评测和累积的激励方式，鼓励和引导评审专家通过开展负责任的评审建立长期学术声誉，不断强化科学基金项目评审的公正性。

6. 注重评估导向，提高资助绩效

逐步探索建立更适合机械领域基础研究成果评价的绩效评估体系，充分发挥绩效评价的激励约束效应，将评价结果作为评估后续重大类型项目立项的重要依据。完善成果管理机制，助推新理论、新技术产业化推广和应用，为国家科技计划和重点研究领域的发展提供理论基础和技术支撑。

参考文献

[1] 国家制造强国建设战略咨询委员会 . 中国制造 2025 蓝皮书 (2018). 北京：电子工业出版社，2018.

[2] Vakis A I, Yastrebov V A, Scheibert J, et al. Modeling and simulation in tribology across scales: An overview. Tribology International, 2018, 125: 169-199.

[3] Chen L, Wen J L, Zhang P, et al. Nanomanufacturing of silicon surface with a single atomic layer precision via mechanochemical reactions. Nature Communications, 2018, 9(1): 1542.

[4] Martin J H, Yahata B D, Hundley J M, et al. 3D printing of high-strength aluminium alloys. Nature, 2017, 549(7672): 365-369.

[5] Tumbleston J R, Shirvanyants D, Ermoshkin N, et al. Continuous liquid interface production of 3D objects. Science, 2015, 347(6228): 1349-1352.

[6] Skylar-Scott M A, Mueller J, Visser C W, et al. Voxelated soft matter via multimaterial multinozzle 3D printing. Nature, 2019, 575(7782): 330-335.

[7] Bonvillian W B. Advanced manufacturing policies and paradigms for innovation. Science, 2013, 342(6163): 1173-1175.

[8] Ding H, Yang X J, Zheng N N, et al. Tri-Co robot: A Chinese robotic research initiative for enhanced robot interaction capabilities. National Science Review, 2018, 5(6): 799-801.

[9] Tao F, Qi Q L. Make more digital twins. Nature, 2019, 573(7775): 490-491.

[10] Kusiak A. Smart manufacturing must embrace big data. Nature, 2017, 544(7648): 23-25.

[11] 钟掘 . 复杂机电系统耦合设计理论与方法 . 北京 : 机械工业出版社 , 2007.

[12] Guo D M, Lu Y F. Overview of extreme manufacturing. International Journal of Extreme Manufacturing, 2019, 1(2): 020201.

[13] Chung D D L. Processing-structure-property relationships of continuous carbon fiber polymer-matrix composites. Materials Science and Engineering-R: Reports, 2017, 113: 1-29.

[14] Frenzel T, Kadic M, Wegener M. Three-dimensional mechanical metamaterials with a twist. Science, 2017, 358(6366): 1072-1074.

[15] Xu X, Zhang Q Q, Hao M L, et al. Double-negative-index ceramic aerogels for thermal superinsulation. Science, 2019, 363(6428): 723-727.

[16] Bhatt Y, Ghuman K, Dhir A. Sustainable manufacturing. Bibliometrics and content analysis. Journal of Cleaner Production, 2020, 260: 120988.

[17] Ghomian T, Mehraeen S. Survey of energy scavenging for wearable and implantable devices. Energy, 2019, 178: 33-49.

[18] 中华人民共和国国务院 . 国家中长期科学和技术发展规划纲要 (2006—2020 年). http://www.gov.cn/gongbao/content/2006/content_240244.htm[2006-12-01].

[19] 国家自然科学基金委员会工程与材料科学部 . 机械工程学科发展战略报告 (2011～2020). 北京 : 科学出版社 , 2010.

[20] 赖一楠 , 叶鑫 , 曹政才 , 等 . 2018 年度机械工程学科国家自然科学基金管理工作综述 . 中国机械工程 , 2019, 30(5): 505-513.

[21] 赖一楠 , 李宏伟 , 叶鑫 , 等 . 2019 年度机械设计与制造学科国家自然科学基金管理工作综述 . 中国机械工程 , 2020, 31(8): 883-889.

[22] 叶鑫 , 李宏伟 , 杨志勃 , 等 . 2020 年度机械设计与制造学科国家自然科学基金管理工作综述 . 中国机械工程 , 2021, 32(6): 631-637.

[23] Wang Y P, Yang X B, Chen Y F, et al. A biorobotic adhesive disc for underwater hitchhiking inspired by the remora suckerfish. Science Robotics, 2017, 2(10): 8072.

[24] Wong T S, Kang S H, Tang S K Y, et al. Bioinspired self-repairing slippery surfaces with pressure-stable omniphobicity. Nature, 2011, 477(7365): 443-447.

[25] Chen W T, Zhu A Y, Sanjeev V, et al. A broadband achromatic metalens for focusing and imaging in the visible. Nature Nanotechnology, 2018, 13(3): 220-226.

[26] Ni X J, Wong Z J, Mrejen M, et al. An ultrathin invisibility skin cloak for visible light. Science, 2015, 349(6254): 1310-1314.

[27] Jiang L, Wang A D, Li B, et al. Electrons dynamics control by shaping femtosecond laser pulses in micro/nanofabrication: Modeling, method, measurement and application. Light:

Science & Applications, 2018, 7(1): 17134.

[28] Olakanmi E O, Cochrane R F, Dalgarno K W. A review on selective laser sintering/melting (SLS/SLM)of aluminium alloy powders: Processing, microstructure, and properties. Progress in Materials Science, 2015, 74: 401-477.

[29] Monroe C, Raymer M G, Taylor J. Quantum information The U.S. National quantum initiative: From act to action. Science, 2019, 364(6439): 440-442.

[30] Degen C L, Reinhard F, Cappellaro P. Quantum sensing. Reviews of Modern Physics, 2017, 89(3): 035002.

第 2 章　机构学与机器人

Chapter 2　Mechanism and Robotics

机构学与机器人是机械设计与制造领域的基础学科，承担着创新发明具有不同形态和功能并实现与外界交互的智能机器人及智能化装备的使命，是提升国家高端装备设计水平和国际竞争力的关键。近 30 年，各国学者在机构学与机器人领域进行了系统深入的研究，在前沿探索、基础理论和关键技术攻关取得了重要创新进展，在高端制造、康复医疗、航空航天等领域发挥了积极的作用，得到了广泛应用。目前，作业任务和作业环境复杂度急剧增加，对机器的环境适应能力和交互特性等提出新的要求，机构学与机器人研究进入多学科交叉的新阶段。机构学将面向重大需求，为高性能装备研制提供基础理论支持，以一般机构学和真实机构学为基础，构建行为机构学的理论体系，研究对象的结构特性也由刚性向柔性、软体、刚 - 柔 - 软耦合、变刚度、变形态、高灵活度等方向发展。机器人则面向未来，为改善人类生活和生产方式提供有效解决方案，作业形式将向移动定位局部精细化作业、人 - 机协作、多机协同等方向发展，协作型机器人、连续体机器人、软体机器人、仿生机器人、结构 - 感知 - 控制类生命机器人、生 - 机 - 电一体化系统将成为探索热点。机构学与机器人总的发展趋势是与信息学、计算科学、材料、测量、制造、生命科学等学科深度交叉融合，实现装备的高品质和智能化。未来 5～15 年，建议重点解决如下四方面的重大科学问题：变拓扑、跨尺度、多形态的机构 / 机器人结构交互演变规律，机构与机器人的材料 / 结构 / 驱动 / 传感 / 控制集成设计原理，大型复杂构件原位加工系统全场景精度与集群加工性能保障机制，以及人 - 机智能融合与互助协作及多机协同机理。

2.1　内涵与研究范围

2.1.1　内涵

机构学是研究自然界中承载、传递、缩放运动 / 力的复杂系统组成原理的一门学科，是现代机械装备及产品设计的重要基础和发明创造的源泉。机构创新充分体现了机械装备发明的核心特征[1]。机构学研究的主要目的是根据功能及性能要求发明和设计新机构。

机器人是多输入、多输出、智能化的现代高端装备系统，是现代机构学的重要研究对象之一。机器人集成了多学科交叉融合与技术创新成果，其发展水平已成为衡量一个国家科技创新和高端制造业综合竞争力的重要指标，体现了国家装备业发展战略。21 世纪是机器人时代，是智能机器人时代，是人 - 机共融、和谐发展的时代。机器人进入“海陆空”，融入人类社会，成为人们的万能伙伴，将会改变人类的生产、生活和思维方式[2]。

机构学与机器人是机械工程领域的基础学科，其研究成果可为装备创新和发展提供重要理论基础，是提高国家高端装备开发水平和国际竞争力的关键。近 30 年，各国学者在机构学与机器人领域进行了系统深入的研究，总体态势是从偏重基础理论，到基础前沿，以及与工程应用紧密结合，取得了重大理论突破和应用创新。机构学与机器人在高端制造、工程机械、康复医疗、武器装备、航空航天等领域得到了广泛应用，发挥了不可替代的积极作用。

高端数控机床、微电子制造装备、精密磨削机床、高性能自动变速器等高端制造装备不仅是反映现代装备制造业发展水平的重要标志，而且是基础工业、国防工业强有力的支撑。这些装备在不断追求多功能、高效率、高品质的进程中，随之而来的是一系列挑战：不仅要实现复杂功能运动，还要在各类复杂工况和极端环境（大工作载荷、超高 / 低温度、强辐射、大惯量、微重力、高真空等）下保持高精度和优良性能。如何克服上述挑战，不仅是高端装备性能完善与提升的迫切需要，更为机构学发展带来新的机遇。

空天机构与机器人在工作可靠性、寿命、重量、环境适应性等方面有着近乎苛刻的要求。随着各类军用、民用装备性能要求的不断提升，尤其是外太空探测活动的深入，在天地往返、空间轨道甚至地外天体上实现在轨装配与操作、对接与抓捕、着陆与巡视、自动装配及维修、增材制造或原位制造等需求不断涌现，对复杂空天机构和极端环境服役机器人的需求日益迫切。因此，开展空天机构与机器人的创新设计、服役特性研究、失效演化与抑制研究、特种装备集成制造等，均有重要的现实意义与应用价值。

作为机械工程领域的重要基础学科，传统机构学基础理论与应用技术日趋成熟，相关研究也越来越趋近于边界，机构学研究进入多学科交叉的新阶段，仿生机构与机器人、折展机构与可重构机器人、智能结构与机械超材料等新形态机构及机器人层出不穷，为机构学与机器人的前沿基础研究注入了不竭的动力源泉。

总之，机构学与机器人主要研究自然界生命体和机器的机构组成原理，揭示机构与机器的运动学、动力学及行为规律，综合运用机械学、力学、数学、材料科学、电子技术、计算机技术、自动控制理论、仿生学、人 - 机工程学、大数据、人工智能等多学科理论与技术，创新发明具有不同形态和功能且能与外界交互的智能机器人及智能化装备。

2.1.2　研究范围

机构学与机器人研究主要由结构学、运动学、动力学、感知信息学、系统设计理论及方法等五大部分组成，这五个方面在机器人研究中尤为突出。面向科学前沿和重大工程需求，研究对象十分广泛，包括并联机构与机器人、柔性机构与机器人、折展机构与可重构机器人、仿生机构与机器人、生 - 机 - 电一体化与共融机器人、高端装备等，如图 2.1 所示。

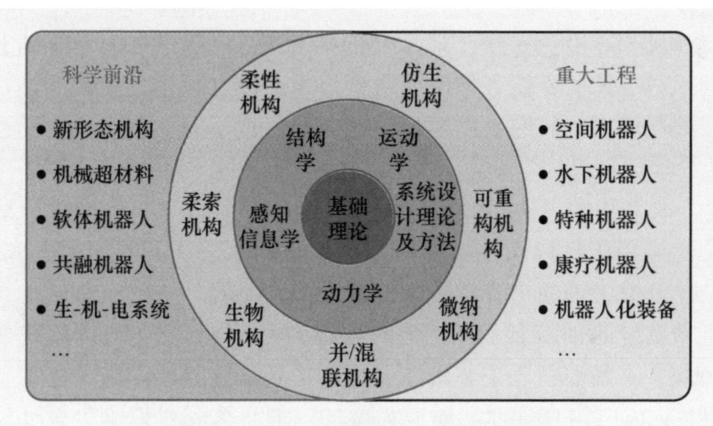

图 2.1　机构学与机器人的研究范围

机构结构学主要研究机构组成原理、拓扑构型的创新。新颖合理的机构设计不仅要有丰富的实践经验，而且要熟悉机构的构型原理。机构构型综合研究主要包括机构在“任务空间”下的基本功能特性与类型的数学描述、机构自由度和约束的配置、运动副与支链和构型的原理等。

机构运动学是从几何角度研究机构的运动规律。性能评价是其中一项重要内容，是机构与机器人分析和设计的基本依据。性能评价指标应具有明确的物理意义，并可以用数学方程来描述，具有可计算性和大小可比较性，如工作空间、奇异性、各向同性、运动与力传递特性、速度、承载、刚度、精度性能评价等，这些指标是机械装备功能和性能设计的评价基础。

随着现代机械向高速、精密、重载方向发展，机构动力学成为直接影响机械产品性能的关键问题。机构及机器人动力学热点研究方向主要包括：机构和机器人系统动力学、弹性连杆机构动力学、柔性机器人动力学、机器人与机构动力平衡、机器人高频响性能设计、机器人动态惯性参数和接触力学行为在线辨识等。

感知信息学是机械与自动化、信息、生物、人工智能等学科相互交叉所产生的新方向，主要研究面向机构及机器人系统的驱传动、信息提取、控制交互等新机理与新技术。

面向重大装备与机器人的设计理论与方法是机构学与机器人领域最具挑战性的问题，人类在相当长的时间内仍难以完全解决该问题，原因在于现代机构、机器人与高端装备的设计是非线性、强耦合且涉及多学科、多领域交叉的问题。

2.1.3 在经济和社会发展、学科发展中的重要意义

1. 学科自身发展的需求

18世纪下半叶，在第一次工业革命的推动下，机构学在力学基础上发展成为一门独立的学科，其主要任务是研究自然界生命体和机器的机构组成原理，形成了以揭示“内在规律”研究为主要目标的一般机构学。如果说机构学是力学的衍生体，那么数学则是机构学诞生与发展的助推器。18～19世纪涌现了多个数学分支，集合论、线性代数、解析几何、微分几何、拓扑与李群、图论、线几何、螺旋理论等广泛应用于机构学领域，促进了机构学的发展。这个阶段，机构学促进了蒸汽机、挖掘机、抽油机等机器的创新发明和应用。

任何机械系统的创新离不开机构的创新，从某种意义上可以说机构创新是机械创新的灵魂[3]。随着机器（如机床、机器人等）性能要求的不断提升，以及应用范围的推广，以“内在规律”研究为主的一般机构学难以满足设计需求。机构自身的运动副等接触界面存在间隙、磨损、迟滞、柔性、突变等特性，从而导致机器性能的非线性和复杂度增加，对高速、高精度机构带来了不可忽视的影响，基于理想模型的机构学不能描述上述特性，从而诞生了以“行为属性”研究为主要任务的真实机构学[4]。机构学的内涵在传统机构学基础上已发生了重大改变，主要体现在机构的广义化和学科的交叉化。机构广义化是指杆件、运动副和机构组成的广义化，例如，从刚性杆件扩展到柔性杆件，从单环机构扩展到复杂多环机构，涌现了并/混联机构、柔性机构等一批新兴研究领域；学科交叉化是指机构学与相关学科如材料、传感、控制、计算机等的交叉融合。真实机构学的研究，促进了多轴联动机床、超精密定位平台、机器人等现代机器的创新发明、性能提升和工业应用。

随着机器人及其他复杂机器的移动需求以及作业任务和作业环境复杂度急剧增加，对机器的环境适应能力和交互特性等提出新的要求，例如，运动/力和能量的传递，变刚度、变形态、变拓扑等机构自身的行为；加工、行走、操作等接触

行为以及机器与人的交互共融、机器与外界的交互行为[5-7]。以机器人为例，轮、足、履等类型的移动机器人与地面的强适应；物品抓取、障碍清除、医疗手术/患者护理、星球采样等作业机器人与环境的频繁强非线性交互；在高端制造和国防领域的机器人集群化作业需求等，不仅要求机器人自身具备单体高性能，而且要求机器人具有机-机、机-人、机-环境的交互能力。这使得基于"交互特性"的行为机构学研究呼之欲出且迫在眉睫，其内涵是：以机构与机器的行为学研究为基础，揭示自然生命体和机器的机构组成原理，研究能够传递运动/力及能量，实现与外界行为的交互，具有特定功能或性能且能够满足特定应用需求的机构分析与设计理论。

2. 经济和社会发展的需求

为推进制造强国战略实施，机构学与机器人已成为高端装备制造业亟待突破的核心方向，相关研究必将支撑或突破高端装备设计、制造及运行瓶颈，提升创新发展能力和国际竞争力。机构学与机器人的发展尤其需要揭示型、性、度之间的内在规律，探索功能→性能→效能→智能的演变发展机制，构建和发展以下三方面理论方法和技术体系：① 具有高适应性的机构与机器人等装备的组成新原理；② 高能效驱传动及交互的新原理与新技术；③ 高性能机器人及制造装备设计的新方法与新技术。

（1）高适应性机构与机器人技术是世界各国竞相争夺领先地位的高技术领域，也是体现国家在装备制造领域能力与水平的重要标志。从深空探测到载人深潜，从空天装备到高铁工程，我国已成功完成的各重大工程背后均有高适应性机构与机器人技术的有力支撑，未来的国防航天任务与国民经济建设对机构与机器人系统的高适应性提出了更加严峻的挑战，包括机构适应性、环境适应性和任务适应性。机构适应性是指通过机构的构型、尺度与结构设计，使之能够根据与其相互作用的对象或环境做出适应性改变，是机构学研究的重要内涵。仿生机构与机器人、连续体机器人、软体机器人、折展机构、变形与可重构机器人、智能结构与机械超材料等均是典型的自适应机构。仿生足式机器人可以作为机器人战士组成无人化军队，重载六足机器人可以作为山地运输和机动作战平台。折展机构可应用于大口径空间天线、大型太阳能帆板、空间太阳能电站等航天任务，并在太空中展开达到数十米甚至千米量级，在对地观测重大专项发挥重要作用。连续体机器人、软体机器人、变形与可重构机器人等能够执行卫星捕获、维修作业等任务，可以应用于"空间飞行器在轨服务与维护系统"等重大工程。环境适应性是指机构与机器人等装备系统能够适应并可靠服役于复杂的运行环境，宇航空间机器人作为我国深空探测领域需要大力发展的重要装备，是环境适应性机器最为典型的案例。未来，火星探测车、火星飞行器、月面钻取采样系统、小行星附着采样机器人系统、月面科考移动作业机器人、软着陆作业机器人、载人月球车、空间机械臂等将相继在“探月工程”“深空探测”等国家重大专项任务中发挥作用。任务适应性是指机器人或机器能够根据任务需求，通过一系列的移动和作业等行为，完成既定的目标。单机作业任务经过多年发展，已经形成了较好的基础。随着操作对象尺度和执行任务复杂度的日益增加，单体机器人越来越难以胜任作业需求，而多机协同是解决这些挑战性问题的重要手段。机器协同包括多机行为协同、多机任务协同、机器集群协同等。

（2）高能效驱传动及交互的新原理与新技术。驱动和传动单元是构造机器人系统的基础部件，直接影响机器人整体性能、可靠性和寿命、精度与动力学品质，要求具有结构紧凑、高精度、低惯量、高刚度、高频响、高功能密度等综合性能。工业机器人性能依赖驱动与传动单元的性能，而在航空、航天、深海等极端环境下服役的特种机器人对驱动与传动单元性能要求更高，对机器人驱动与传动单元的设计、制造、测试及性能评价提出了新的科学与技术挑战。特种机器人与广义机构的发展，出现了包括智能材料驱动、化学反应驱动、光驱动等新型驱动形式，形成了现代机构学研究新的基础性课题。高性能驱动与传动单元的拓扑构造及性能设计理论、精度创成技术、性能测评方法等是机器人驱动与传动技术创新及性能提升的关键，其技术突破将从根本上支撑我国机器人技术的跨越式发展，对国民经济和国防建设有着十分重要的基础性作用。可穿戴机器人通过与人体对接、融合、协作实现对人体肢体的代偿、辅助以及增强，如智能假肢、助力外骨骼、辅助外肢体等，在助老助残、康复医疗、抢险救援、工业装配以及社会公共服务等诸多领域具有广泛需求。人 - 机物理异构性与运动差异性机理分析、刚 - 柔 - 软一体化仿生机构设计、驱 - 传 - 控一体化单元设计、多模态信息理解与融合、低脑负荷自然交互技术等相关基础理论与技术研究的突破，将推进与人共融可穿戴机器人的发展与应用，对提高老弱残人群的生活质量、提高特种生产效率以及改善社会公共服务等方面起到良好的促进作用。多机协同机器人系统具备空间、时间和功能上的分布性，能够利用多个结构简单的机器人来协作处理相对复杂的任务，具备较高的工作效率和柔性。多机协同机器人系统在个体出现故障时，可以直接进行替换或重新确立协作关系，增强了系统的鲁棒性和容错能力，有明显的经济和实用性。生 - 机 - 电一体化系统的研究方兴未艾，近几年随着新材料、生命科学、神经科学等的发展，促进了生 - 机 - 电一体化技术和科学的发展，为智能假肢、康复机器人、神经交互及主动式康复系统等方向注入了活力，提出了新的研究方向。

（3）高性能机器人及制造装备设计的新方法与新技术。载人航天、大型商用客机、轨道交通等高端制造领域，存在对大型复杂构件实施原位局部铣削、制孔、抛磨、焊接、装配等作业需求，如何实现此类构件的高质高效加工是我国高端制造业面临的严峻挑战。近年来，以多轴高效加工机器人为装备执行体的机器人化制造装备正逐渐成为解决这一问题的新趋势[8]。相比于数控机床，机器人具有运动灵活度高、作业空间大、并行协调能力强等优势，且易于集成多模态传感器，能够适应复杂的加工环境。以机器人作为自律作业单元，配以强大的感知与认知功能，实现基于工艺知识模型与多传感器反馈信息的运行参数滚动优化，将突破传统制造装备仅关注各运动轴位置和速度控制的局限，形成装备对工艺过程的主动控制能力，构建出适用于高端制造领域大型构件原位加工的集群制造模式，进而引发生产方式的颠覆性变革。随着机器人系统从实现结构化环境下重复性作业向完成非结构化空间中不确定性任务转变并向高速、高加速、高精度、智能化等方向发展，高性能机器人本体的创新设计、强干扰和复杂几何约束以及多物理量耦合复杂工况下控制、多模态信号综合与多机群控策略等方面均面临严峻挑战。融合机器人学、机械系统动力学和数字化加工技术，开展机器人加工装备设计制造、感知控制、工艺规划及相关试验技术研究，解决其设计与应用中的基础理论、建模手段、评价依据、核心算法等瓶颈问题，是支撑机器人装备实现高质高效加工的核心。攻克高性能机器人加工装备设计与应用的新方法与新技术，对保障机器人综合性能、改善运行品质、提升环境适应性与智能作业能力，以及推动我国智能制造发展具有重要意义。

2.2　研究现状与发展趋势分析

2.2.1　机构学与机器人基础理论

1. 机构学基础理论

机构学基础理论主要包括机构的结构学、运动学和动力学三个方面。其中，结构学主要研究满足使用需求功能的拓扑构型，运动学揭示运动学性能与机构尺度的关系，动力学则讨论机构惯性、刚度与质心等参数匹配方法。这是机械装备设计的三大核心问题[2]。

构型设计是解决机构组成与创新问题的手段，目的是在给定特定功能需求下，研究构件数目、运动副数目及其类型，以及它们之间的连接方式，从而设计出新机构。为了摆脱机构发明对研究者经验和灵感的严重依赖，使机构创新更具理论性和系统性，研究者在机构构型设计方面做了大量卓有成效的工作，形成的理论体系主要包括：基于螺旋理论的末端瞬时运动约束法及图谱法、基于李群理论的位移流形法、基于单开链和方位特征的拓扑综合方法、基于集合论的 G_F 集法等[9-11]。虽然构型设计中所蕴藏的数学和力学问题逐步被揭示和抽象出来，但是仍然缺乏简单实效的构型设计优选方法及工具，按照何种准则从浩如烟海的机构构型中遴选出性能优良者仍是机构学基础理论研究的重要方向。

性能分析与设计的核心在于性能评价指标体系，具有明确物理意义和可计算性的性能评价指标同时也是参数优化设计的建模依据[1,12]。按照运动学、刚体动力学和弹性动力学分类，这些性能评价指标主要涉及工作空间、速度、刚度、精度、功耗及动态特性等，其中部分指标又可作为优化设计的约束条件。尽管关于机构性能评价指标的研究已较为深入，但由于机械装备的复杂性和多样性，且各类指标与构型、尺度及瞬时位姿息息相关，各指标间的内在联系及其对设计参数的耦合影响机理尚不明确，尤其是对多闭环、多自由度等复杂机械系统的性能评价指标的研究还不成熟。因此，从装备服役任务和环境需求出发，提出性能评价指标的选择准则，揭示不同运动学和力学性能指标与机构参数之间的映射规律，建立适应性综合性能评价指标体系，仍是本领域的重要研究内容。

尺度设计是为满足装备的功能和性能需求，而确定其几何、截面、惯性、刚度等参数的过程，通常表现为多目标、多约束、多参数的优化设计问题。由于涉及多种类型的模型（运动学、刚体动力学、弹性动力学、控制 - 多柔体耦合动力学等）、变量（结构、材料、驱动器与控制器参数等）及性能评价指标（速度、精度、刚度、静动态特性、功耗等），给设计过程带来较大的难度，必须通过机构学理论形成合理的机构优化设计方法。近年来，虽然研究者围绕串联、并联、混联机构的参数建模与设计开展了较为系统的研究[13,14]，形成了面向特定任务需求的设计方法和设计流程，但是参数设计与拓扑设计在数学层面上仍然脱节。该领域的主要发展趋势是深入研究拓扑特征的数学描述方法，建立起拓扑功能和机构性能设计的有效途径。

从装备设计的角度看，机构构型、性能、尺度一体化设计的核心问题在于揭示三者之间的映射关系和影响机制[15]。因此，建立机构的数学和力学模型、揭示运动与动力学性能和机构尺度以及惯性参数映射规律、创建面向工程应用的高品质机械装备“构型 - 性能 - 尺度”一体化设计方法是未来研究的重要方向（见图 2.2）。

2. 机器人基础理论

随着机器人的广泛应用，其理论研究也发展迅速，不仅开发出由刚体连接的

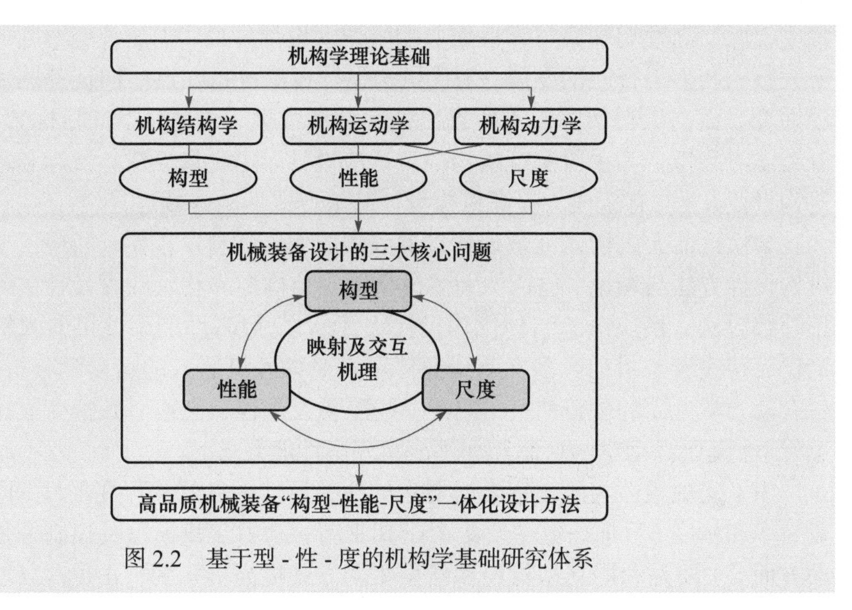

图 2.2　基于型 - 性 - 度的机构学基础研究体系

多自由度、多输出、多末端、多环路等各种类型的机器人，而且发明出柔性机器人新类型[16]。柔性、刚柔耦合机器人的出现成为机器人基础研究的新引擎。

刚性机器人机构研究主要包括机构拓扑综合、运动学、动力学、性能评价、尺度综合等。近年来机器人机构学的研究对象多集中于串联、并联和混联机构。机构综合是机器人机构创新的有效途径，研究者基于线性变换、螺旋理论、虚拟链、位移子群 / 子流型、微分几何、方位特征集、代数几何等方法，系统建立了少自由度并联机构、广义并联机构构型综合方法；运动学和动力学是机器人性能分析和控制建模的基础，刚性机器人机构的运动学和动力学建模方法基本完备，动力学分析多集中于动态静力学分析和动力学响应分析，其力学基础为相当成熟的多刚体动力学；机器人性能评价多集中于工作空间、奇异、刚度、精度等方面；尺度综合是机器人机构学研究的重要内容，主要研究基于各种构型机构的几何特点进行建模，并把特定类型机构的尺度综合问题转化为其对应的数学优化问题。

刚性机器人机构学虽然取得了长足的进步，但仍面临一些核心问题亟待解决。复杂串并混联机构、多环路耦合机构、魔方机构等的分析和综合并没有系统的理论方法。拓扑综合与尺度综合仍属于两个独立的问题，缺乏行之有效的有机方法，其核心问题是如何将尺度综合与构型综合联立起来，使得对拓扑选型的考量在尺度综合的数学模型中得以体现，以更好地增进机构综合理论的完备性。此外，现有机器人设计理论未能同工程应用有效衔接，仅依靠理想化的模型，难以设计出满足工程需求的优质机型。深入系统研究考虑极端服役的极限条件、微纳尺度工况、高频响和高可靠性作业的机器人设计理论，仍需长期不断的探索。随着大数据和人工智能的发展，现代机构设计理论也正在逐步向任务驱动和数据驱动演变。面向工程实际需求所提出的任务和数据，通过对设计目标数据的聚类、分类学习和拟合等手段实现机构的自适应设计，建立基于任务目标和数据知识的机构设计方法，有望成为提高机构设计结果普适性的有效途径。

柔性机器人机构研究是现代机器人领域发展的科学前沿，涌现了一系列柔性机构设计方法与理论，包括伪刚体模型法、结构矩阵法、约束设计法、螺旋理论拓扑综合法、模块法、结构优化设计法等[17,18]，但高性能柔性机器人机构设计理论仍有待完善。目前大多文献研究停留在对柔性机器人的运动学分析及优化上，少有动力学方面的理论研究，但在一些需要大行程、高速、高精度或振动环境的工况下，基于运动学的控制往往不能实现高性能要求。

为了实现柔性与刚柔耦合机器人的高灵活性和良好的可变形性，同时提高作业效率和精度，目前研究主要集中于其驱动、动力学建模以及控制等方面。在驱动方面，主要是利用新型材料和新型驱动方式提高机构的自由度，以增加机器人的柔性；在动力学方面，针对柔性机器人机构研究的突出问题是现有的拓扑学、运动学和动力学的建模方法不能满足柔性机器人强非线性的建模精度要求；在控制方面，主要研究力 / 位混合控制法、关节柔性补偿法等控制策略，解决柔性和刚柔耦合机器人在未知环境下的作业问题；在人 - 机协作顺应性控制方面，探讨不同的人 - 机交互阻抗控制方法，通过实施机器人的阻抗控制或者人的自适应来实现机器人与人的顺应交互，运用多模态和多传感器信息融合技术来预测人类协作者的状态和意图，实现更好的顺应性。随着柔性与刚柔耦合机器人朝着更轻、更柔软、对外部动力依赖程度更低的方向发展，对承载自重比和重复定位精度的要求也就越高，特别是基于仿生机构设计、采用柔软材料制作的柔性机器人，其动态可靠性理论研究薄弱，适应环境的刚度与阻尼匹配和构型变化研究缺乏。现有动力学建模和分析方法多针对机器人本体，未考虑人 - 机交互协作过程中的交互动力学特性，同时基于需求驱动的机构自适应设计和控制时未能充分考虑人 - 机协作过程中的顺应性机制与交互动力学特性，给机器人系统处理复杂人 - 机协作交互任务带来了较大挑战。刚、柔、刚柔耦合机器人机构的研究现状与发展趋势如图 2.3 所示。

2.2.2 高适应性机构与机器人的组成原理

1. 仿生机构与机器人

仿生机构研究由来已久，新形态仿生机构更侧重于仿生机构的变革性、实用

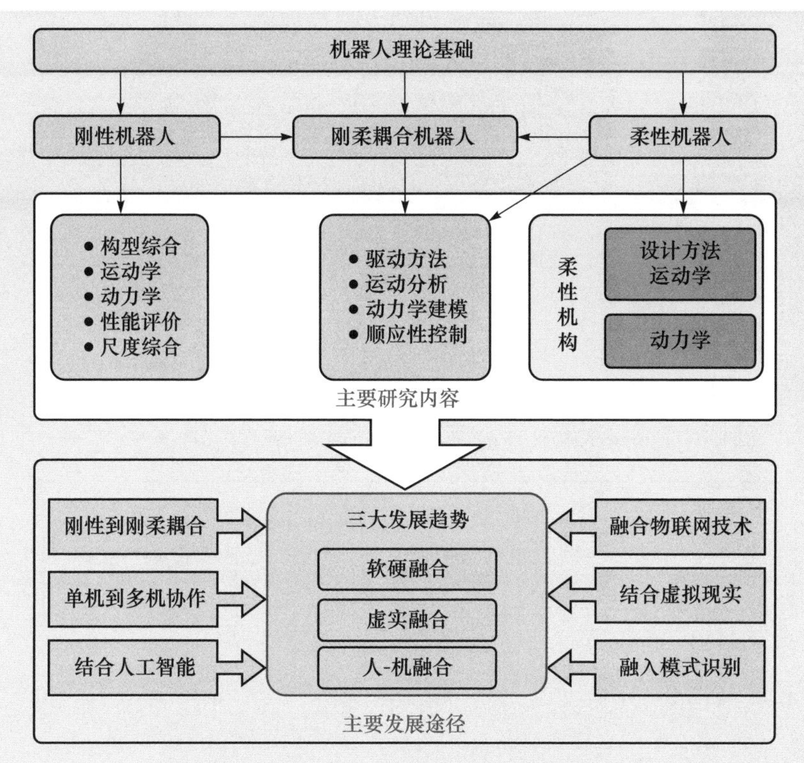

图 2.3 刚、柔、刚柔耦合机器人机构的研究现状与发展趋势

性和突破性发展，以美国 Boston Dynamics、德国 Festo 为代表的高科技公司研发的仿生机器人变革了传统机构，为未来新形态仿生机构的应用做出了重要技术储备。国际知名高校也相继推出仿生机器人机构的创新成果，如美国哈佛大学微型机器人实验室研发的 HAMR 系列四足机器人、美国加利福尼亚大学的 Robotic Galago、法国艾克斯 - 马赛大学的 AntBot。综合来看，仿生机构涉及双 / 多足机器人、蛇形机器人、机器鱼、扑翼飞行器、连续体机器人、软体机器人等多个领域（见图 2.4）[19]。

连续体机器人和软体机器人是目前国际研究热点，其发展始于 20 世纪 50～60 年代。目前，连续体机器人和软体机器人机构已经具备多种通用构型设计，如缆绳 - 多骨驱动类连续体机器人、同心管类连续体驱动器、Pneu-Net 气动软体驱动器、纤维增强型流体驱动器和弹性体驱动器、智能材料驱动器等。在建模与控制方面，从连续体结构方面的物理约束出发，诸多“自下而上”的运动学模型被建立起来，成功实现了连续体机器人的实时形态控制；部分软体机器人结构在连续介质力学的基础上建立了多场耦合的理论模型，用以指导设计和实现

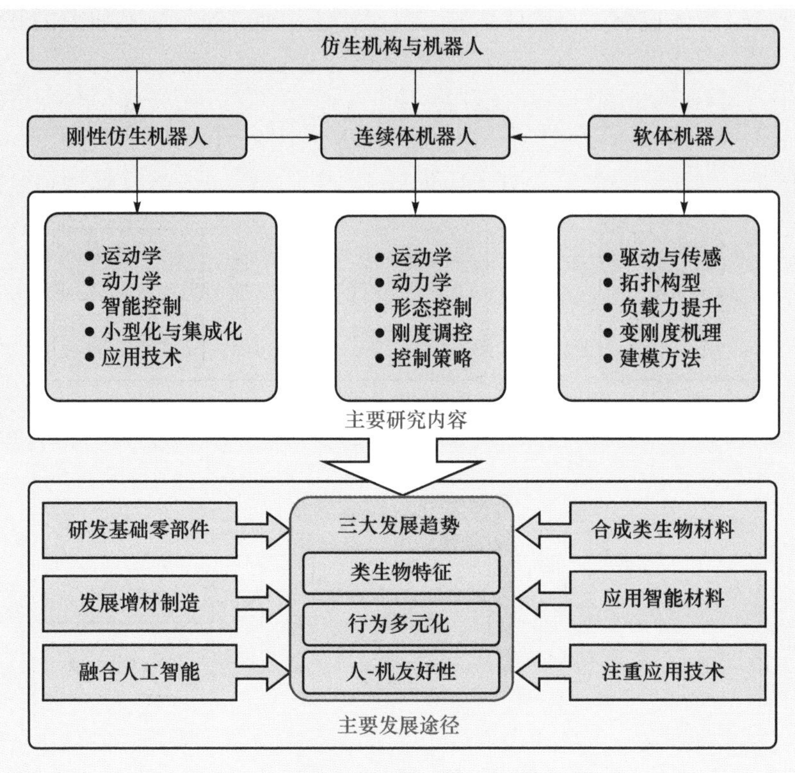

图 2.4　仿生机构与机器人的研究现状与发展趋势

控制。基于以上基础研究，连续体机器人和软体机器人技术应用到高端医疗装备、外太空作业、货物分拣、康复助力、仿生、运动监测等领域，展现出刚性机构不具备的优势，但其发展依然面临着诸多困难。连续体机器人和软体机器人在设计、制造及控制等方面并不十分成熟，其中的大多数还不能达到工程应用水平；多自由度和软材料的复杂非线性特性使得运动分析与力学建模更为复杂；复杂结构或者微型尺度的机器人需要新的制造方法；机器人机构集成化、智能化需要融合新的驱动传感策略和控制理论。在性能方面，由于结构特点以及材料自身的柔性，其结构往往刚度过低，限制了机器人的负载能力；尚缺乏成熟、实用的刚度调控方法，并且可调范围有限、结构复杂等。

连续体机器人和软体机器人在未来呈现以下发展趋势：① 探索新型连续体机器人和软体机器人的拓扑构型，拓展其应用空间；② 创新结构设计，提高其负载能力；③ 开展新型变刚度机构设计理论及精确调控机制研究，提高其环境适应性和人 - 机交互安全性；④ 对生物界连续体、软结构形态和功能机理的进一步深入认识，用于连续体机器人和软体机器人设计。

总之，连续体机器人与软体机器人是对传统机器人机构领域研究的变革，传统的刚性机器人机构理论研究需要向机构柔性化、软体化拓展，突破连续体和软体结构与机构创新，建立连续体和软体机构运动学、动力学模型和性能评价方法，从变形、运动及力学解析的角度深入剖析连续体机构的运动与控制机理，研究机器人机构传感、驱动、控制一体化与集成化方法，探究新型软体功能材料设计及其驱动与传感机理，重点关注刚 - 柔 - 软耦合机构和变刚度机构设计，推动连续体与软体机器人结构设计、加工制造与工程应用快速发展。

2. 折展机构

空间大型折展装备的应用促进折展机构发展，折展机构与结构的空间应用最早始于卫星太阳翼：早期的空间折展机构自由度较少，太阳翼和天线的尺寸也较小。20 世纪 90 年代以来，各国对折展机构开展了大量的研究 [20]，相继出现了空间伸展臂、可展开平面天线和曲面天线等大型折展机构，尺寸从几米到几十米。折纸结构在大折展比的折展机构设计中具有明显的优势，工程折纸模式下结构折痕的平面重复延展特性解决了展开结构的大尺寸问题，但是工程结构的物理厚度阻碍了折纸结构的直接应用，随着厚板折纸机构理论的提出 [21]，基于折纸模式的折展结构将有效地促进超大尺寸航天结构的发展。

空间折展机构与结构的发展尚不成熟，依然存在诸多挑战性问题。折展机构大型化后其刚度和精度难以保证，并且质量显著上升，因此大型化、轻量化、高刚度和高精度等指标相互矛盾却又不可或缺，如何处理这些性能指标以达到最佳匹配度，依然是一个值得研究的课题。折展机构工作在苛刻的空间环境中，高真空、大温差、强辐射等环境都会影响机构的展开运动、工作精度、在轨稳定性和寿命，需要在适应苛刻空间环境的前提下，满足质量、能量、尺度等约束条件，提高其在轨服役性能。此外，大型折展机构在地面进行模拟试验需要进行大范围重力补偿，其精度、刚度、动力学性能的测试要求更为严苛，如何精准模拟测试与真实性能评估也是一个亟须攻克的难题。

折展机构已成为机构学领域的重要分支，可反复折展的新型折展机构的创新设计与分析将是未来航天结构发展的新方向。围绕折展机构的构型创新设计、结构轻量化、驱动控制、运动学与动力学分析、地面试验等方面的理论与技术研究，将丰富机构学理论研究体系，推动机构学学科发展。

3. 可重构机器人

由于可重构机器人的组成结构、实现原理完全不同于传统固定构型机器人，在机器人的硬件构建、规划控制等层面涌现出一系列全新问题。可重构机器人研究面临的挑战主要有：机器人模块的尺寸与数量协调、硬件和能源的限制、多构型转换、移动和操作功能兼顾、自动重构和自动重组、动态拓扑网络、全局同步的困难、集中决策的障碍、模块之间通信的不可靠性等。随着硬件制造技术和智能算法效率的提高，可重构机器人未来将向以下几个方向发展：① 可重构向自重构进化，即模块单元之间自动对接和断开，在无人干预下，完成自动重组；② 系统动力学自动建模，即构型转换将引起系统模型的改变，通过模块单元间连接关系完成系统动力学模型的自动建立；③ 系统结构的分析和优化，即根据理论研究、动力学特性，结合试验分析，对现有的结构进行改进和优化；④ 智能优化算法，即初始构型和目标构型的映射不止一个，通过智能算法来寻找最优解，实现以最少运动步数或者最短时间为目标的映射等。

4. 机械超材料与超结构

机械超材料与超结构是指在不违背基本物理学规律的前提下，通过多种结构上的设计来突破自然规律的限制，从而获得超常的材料功能。其性质不是依赖构成材料的本征性质，而是由人工结构的拓扑与变形特征决定的。随着组成基本胞元的尺度增大、数量减少，超结构的概念逐渐形成。机械超材料与超结构在抗冲击吸能、减振降噪、消声隐身、消除热效应、超导绝热、多级刚度等实际需求方面均有潜在应用。未来航天、军事等战略性工程领域对机械、声学、光热等特性提出了多种需求，如负泊松比、零热膨胀率、多稳态、刚度可调控等材料 / 结构的机械性能要求。

无论是机械超材料还是超结构，其核心——人工拓扑胞元结构的设计与机构设计具有非常直接的关联性，将机构理论与设计方法应用于机械超材料的设计与研究尚处于初级阶段。智能结构依靠材料的特殊性能来实现结构的高度智能性，而机械超材料则依靠结构的特殊拓扑分布来实现材料的超常性能。如何将智能结构与超材料有机结合，以获得更先进的智能机械超材料或超结构，全面提升结构 / 材料的机械性能，服务于航天、军事等战略性工程需求，是机构学未来研究的重要方向之一。

2.2.3 高能效的驱传动及交互原理与技术

1. 高能效的驱动与传动

综合考虑驱动、传动和执行三个环节进行机械系统设计是机构学与机器人研究领域的一个重要方向。作为机器人、高端装备等现代机械系统运动功能及性能的主要载体，各种不同类型的驱动、传动单元与部件已广泛应用于各类现代机械系统中，如工业机器人常用的伺服驱动系统、旋转矢量减速器、谐波减速器等。

随着各类现代机械系统性能需求的日益提升、应用领域的不断拓展以及机构的广义化发展，机构驱动与传动面临着不断提出的诸如大传动比、高功率密度、高传动效率、高刚质比、高精度、高动态品质等苛刻要求，现有驱动与传动单元已不能满足应用需求，尤其是适用于极端环境工况载荷（航空、航天、深海等）的驱动与传动发展滞后，我国在高端驱动和传动单元技术与系统方面仍依赖国外，部分关键技术未实现自主可控，刚柔耦合驱动单元、大承载高精密运动关节、高功率密度模块化关节、新型主被动刚度柔顺仿生关节、多自由度复杂关节等都还存在着比较大的技术难题，智能材料驱动、化学反应驱动、光驱动、新型动力传递单元等驱动和传动新技术、新理论有待进一步研究，对新型高性能驱动与传动单元的构型设计理论、性能与精度创成技术等具有迫切需求，有必要从机构学基础理论层面寻求新型高能效的驱动与传动原理及技术的突破路径，探索驱动与传动的新原理、构型创新设计的新理论，探讨高性能驱动与传动单元的结构与性能设计新方法，建立包含原理、构型、结构、尺度、性能等内涵的驱动与传动一体化正向设计理论体系，开发新型高性能驱动与传动单元；同时，开展高性能驱动与传动单元的性能与精度创成理论研究，提高驱传动单元与系统的综合性能。

2. 高效的人 - 机交互

随着机器人技术的不断发展，机器人的应用场景从传统的工业生产逐渐渗透到军事、医疗、服务等领域，尽管机器人已经具备了一定的人 - 机交互水平，但人与机器人仍停留在使用和被使用、控制与被控制关系中，机器人感知和自主决策能力还远远逊色于人类，无法与人进行高效的交流和协作[22]。为使机器人能够真正成为人类工作、生活中的伙伴，人 - 机协作型机器人应运而生。人 - 机协作型机器人已经在工业生产、健康服务、航空航天、军事、医疗等领域取代传统的机器人甚至人类，尤其是在一些需要与人交互、与人共融的场景下。通过人和机器人的紧密协作，能够实现智能化、定制化的生产，满足多品种、小批量、柔性、快速等传统机器人难以企及的新型制造需求，促进了工业和经济的发展。

协作型机器人研究范围广泛，涵盖机构学、控制科学、传感技术、人工智能等多个学科。机构学方面，协作型机器人要求具备与人相匹配的、可实现灵活运动与复杂对象操作的仿生构型、灵巧机构以及柔性驱动机构；控制科学领域，协作型机器人要求从人 - 机 - 环境三者之间的能量流动与力学作用关系入手，建立交互系统的刚柔耦合动力学模型，实现多元协同控制；传感技术是协作型机器人感知与理解环境信息的基础,研究利用视觉、力觉、红外等多模态信息的机器人外部环境建模与状态感知方法具有较高的价值;人工智能相关理论对于协作型机器人至关重要,基于自然交互与自主学习的人-机高效技能传递与技能增强方法是该领域的研究热点,仍需深入探索。

2.2.4 高性能机器人及制造装备设计的新方法与新技术

1. 高端制造装备与加工机器人

我国在高端制造装备与加工机器人方面已初步具备自主研发与生产能力,但微电子、航空航天、汽车等领域的核心高端制造装备仍主要依赖进口,如高精密机床进口量占国内消费总量80%以上、航空领域某些关键装备尚不能自主设计制造、汽车领域的高性能自动变速器严重依赖进口等。性能上,与国外先进产品的差距主要表现在高速工况下精度低、稳定性差、容易出现性能劣化。

高端制造装备和加工机器人设计需要机构学提供构型和尺度,其中运动学与动力学分析设计是连接机构与工程产品的关键纽带。基于刚体力学的运动学和动力学分析设计在过去的几十年得到了很好的解决,但已经不能满足高速、高精和高可靠性的装备设计需求。例如,由于对机器人装备中的运动副间隙、摩擦和阻尼等因素很难进行真实有效的建模,无法有效研究机构刚度和动力学特性对装备实际性能的影响;在机构性能设计时,无法有效研究机构构型、几何参数等因素对装备整机动态性能的综合影响,进而无法实现根据指定的速度、加速度、刚度、精度以及频率等性能需求进行机构的构型、几何参数等层面的综合优化设计等,容易造成高端制造装备和加工机器人的设计与加工工艺、测量及控制之间相互割裂脱节。

因此,高端制造装备与加工机器人设计需要从整体出发,研究工艺、机构、加工、控制、测量之间的动态联系和内在规律,从组成机构的基本组元出发揭示影响真实机构功能、性能、可靠性及寿命的运动与力传递和转换本源,在构型(定性)和尺度(定量)两个层面将工艺、加工、控制和测量与机构设计之间形成多路闭环反馈,建立能够准确描述和揭示部件/整机运动本质规律与力学物理内涵的参数化模型,同时开展复杂作业环境中面向工艺需求的装备/工件交互机理与加工质量调控机制研究,从设计与控制角度综合保障高端制造装备的运行品质。例如,在构型层面,保证机构输出转动具有确定连续转轴,在实现可测可控以提高运动精度、保持机构末端输出运动不变的条件下,减少铰链数以提高系统可靠度等;在尺度层面,建立"工件-末端执行器-机构"交互动力学模型指导动力学设计以提高机构动态响应和抑制振动。高端制造装备与加工机器人"工

艺 - 机构 - 加工 - 控制 - 测量”一体化设计是实现装备高速、高精和高可靠的重要保障手段和发展趋势[23]。

2. 医疗与康复机器人

医疗器械与机器人是将机器人技术融入医疗手术之中，使之能更好地辅助医生实施高质量的手术，已成为当前医学、机械、自动化、通信以及计算机等领域的研究热点。近年来，欧美国家均已开展立项投资，积极进行医疗辅助机器人的研究，在医疗外科手术规划模拟、微创外科手术辅助操作、无损伤诊断与检测、康复护理、功能辅助等方面得到了广泛研究及应用。我国的医疗器械与机器人技术在国家支持及市场需求的推动下发展迅速，在微创器械、吻合器、骨性植入物、心血管支架、康复辅具等医疗器械以及医疗机器人研发方面取得了长足的发展，但由于起步较晚，与发达国家的医疗机器人发展水平相比仍然存在一定差距。

随着信息技术的快速发展，医疗器械与机器人逐渐朝着小型化、高精化、人 - 机协同智能化发展，例如，在腔镜手术机器人领域，以小型化、集成化的通用性机器人机构完成单、多孔微创精准手术，是手术机器人的下一步发展方向。在机器人手术器械设计领域，兼容单、多孔腔镜术式的全维手术执行臂是新型手术机器人的关键核心部件，涉及针对多种术式的手术执行臂的构型拓扑优化与驱动设计也是亟须解决的问题。

在疾病和损伤的康健恢复领域，亟须可在康复运动中适应临床多样性、与人体运动兼容的康复器械或外骨骼，改变现在中风患者愈后康复仍主要由人工完成、医护人员劳动强度极大、愈后效果参差不齐的现状；也亟须可实现顺应抓取的智能假肢等康复辅具，进一步提高肢残患者的生活便利性。

在康复机器人领域，兼容单、多孔腔镜术式的全维手术执行臂是新型手术机器人的关键核心部件，与人体上下肢共融的康复助力机器人是重要发展趋势，涉及构型拓扑优化、运动学与动力学分析、驱动控制设计等理论与技术。

综上所述，机构学将面向重大需求，为高性能装备研制提供基础理论支持，构建并完善从一般机构学、真实机构学到行为机构学的理论体系，其趋势是由刚性向柔性和软体、刚 - 柔 - 软耦合、变刚度 - 变形态、高灵活度等方向发展。机器人则面向未来，为改善人类生活和生产方式提供有效方案，其发展趋势是人 - 机协作、多机协同和移动定位局部精细化作业；协作型机器人、连续体机器人、软体机器人、仿生移动机器人、结构 - 感知 - 控制类生命机器人将成为研究热点。而机构学与机器人总的发展趋势是与信息、计算机、材料、测量、制造、生命科学等深度交叉融合，实现装备的高品质和智能化（见图 2.5）。

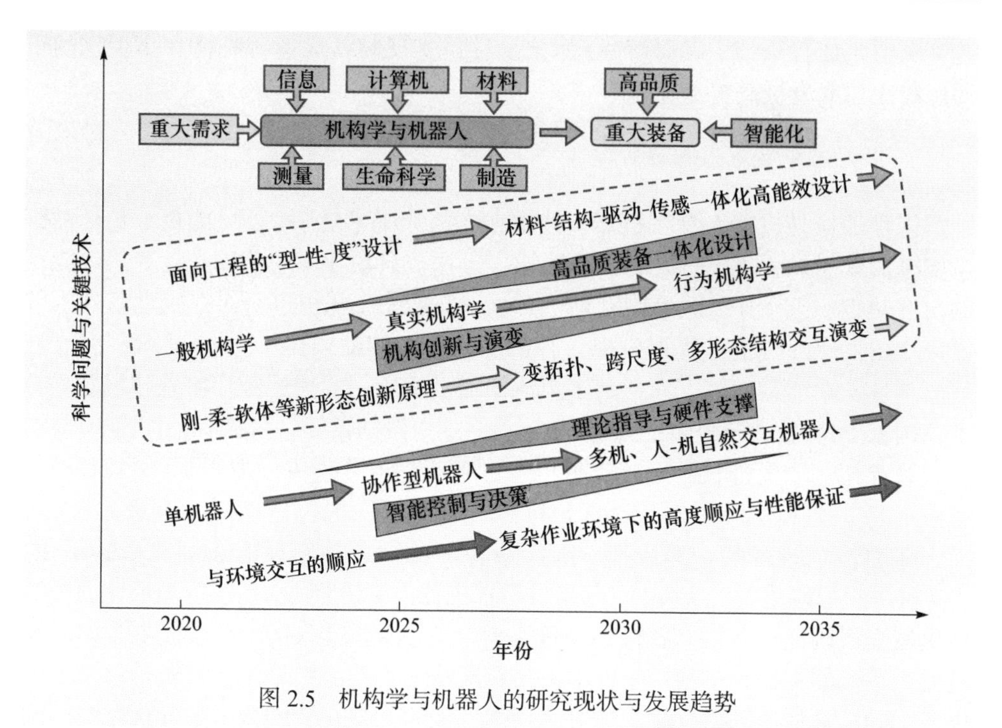

图 2.5　机构学与机器人的研究现状与发展趋势

2.3　未来 5～15 年研究前沿与重大科学问题

2.3.1　研究前沿

1. 折纸工程与新型折展机构

面向航空航天等重大工程，开展折展 / 变形机构新原理及关键技术研究。

(1) 飞行器折展变形机构。现代飞行器需要具有更大的飞行空域和速域，能够高低空、高低速兼顾，飞行器的头锥、机翼、尾翼需要根据不同的飞行速域和大气条件进行变形，以最佳的气动外形来适应复杂的飞行任务。折展变形机构需经受气动热、气动力、机械振动、强噪声等极端苛刻多场载荷的耦合作用，实现大承载、大变形、气动外形光滑连续的目标。

(2) 超大尺寸可展及折展机构。随着航天结构的发展，如何把天线、太阳能板等长宽上百米的薄膜及其支撑结构在发射前折叠成 1m^3 左右的柱体，到达轨道后以最简单方式成功打开到精确的工作构型，同时不破坏膜结构自身的功能，是可展结构领域最具挑战性的问题。另外，在地球同步轨道上迫切需要百米口径的超大型折展天线，以实现空间动目标的跟踪和信号侦测。目前的折展机构形式不适用于百米口径天线，需要解决超大型天线构型创新设计、轻量化、刚度增强、试验验证等理论与技术难题。

(3) 大型柔性薄膜折展机构。柔性薄膜折展机构可用于薄膜天线、薄膜太阳翼、薄膜太阳帆、薄膜遮光罩等方面，具有质量轻、收拢体积小等优点，但存在系统刚度低、动力学特性复杂等问题，需要从构型设计、结构材料、动力学建模、驱动控制等方面开展系统性研究。

(4) 超大型空间结构在轨展开与组装建造。超大型空间天线、太阳电站、空间基础设施等需要通过多次发射，在轨展开并组装建造而构成，需要解决在轨高精度对接、在轨测量、多机器人在轨组装、轨迹规划与控制等问题，是未来空间技术的重点发展领域，也是折展机构的前沿方向之一。

2. 机械超材料与超结构

服务于重大工程需求，将智能结构与超材料、超结构有机结合，目标是获得更先进的智能超材料与超结构，全面提升结构材料的机械性能。

新的可调控与可编程机理的研究目标不再局限于具有单一物理特性的超材料，其研究前沿集中在超材料与超结构的机械性能在使用中随着结构变形进行自我可控的调节，即可调控性，以及在设计中针对不同几何参数的选取，其机械性能可实现预期的变化，即可编程性。

(1) 性能调控。影响机械超材料与超结构的性能调控的关键问题是相应材料的选取。压电材料、磁致伸缩材料、形状记忆合金与聚合物等新型材料为结构变形驱动提供了可能，而将其与机构运动方式相结合是实现结构性能调控的先进手段。

(2) 设计制造一体化方法。超材料与超结构目前的主要瓶颈问题是制造工艺的实现。目前的研究过度依赖 3D 打印技术来加工超材料，不利于大规模的工业应用。基于现有廉价制造工艺，如何实现超材料与超结构的加工是在超材料设计过程中需要同时考虑的核心问题和关键挑战。

3. 共融机器人

瞄准机器人研究前沿，面向智能制造、医疗康复、国防安全等领域对共融机器人的需求，围绕人 - 机 - 环境共融的机器人基础理论和设计方法，通过机械、信息、力学和医学等多学科交叉，开展共融机器人结构、感知与控制的基础理论与关键技术研究。

(1) 刚 - 柔 - 软相结合的新型机器人。如今，机器人的应用需要从基本的机械加工和简单协助演变成通过交互作用完成不同环境下的复杂任务。未来机器人的重要特征之一是刚柔结合，刚性结构可以使机器人具备高速度、高精度、高负载和高性能等特点，柔软结构自由度高度冗余，运动更加灵活，且可根据周围的环境主动或者被动地改变自身的形态，弥补刚性机器人的不足。新一代机器人作业或服务对象拓展到复杂组合体、软性物体甚至生物活体，操作复杂度更高，技巧性更强，动态及不确定性更明显，所以刚柔结合的机器人结构的优势也就更加凸显。需要研究新材料、新传感、新驱动以及相关建模与控制技术，使机器人具有与人相匹配的灵活运动与复杂对象操作能力，从而在医疗外科、抢险救援等领域发挥重要作用。

(2) 面向大型复杂构件的协作加工机器人。机器人作为装备执行体的智能加工正逐渐成为大型复杂构件高效、高品质制造的新趋势。机器人作为执行体，基于工艺知识模型与多传感器反馈信息对运行参数进行优化，将突破传统制造装备仅关注各运动轴位置和速度控制的局限，形成装备对工艺过程的主动控制能力。同时，可根据应用需要配备长行程导轨或轮式自主移动平台，构建形式多样的多机器人移动加工系统，辅以主动感知、自主寻位等技术，在超大构件高效并行加工中展现优势。采用多机器人系统，根据加工对象进行重构，检测传感信息有效互补，自适应实现多种加工需求，基于先进的协作架构和协同策略完成复杂加工任务。因此，多机共融实现自律加工是大型装备关键构件制造的新发展趋势。

(3) 复杂非结构环境人 - 机 - 人与人 - 机 - 环境远程操作机器人。人 - 机 - 人与人 - 机 - 环境远程操作机器人系统是指操作者与人或环境相关联的远程人 - 机交互机器人系统，将打破操作者与复杂非结构现场之间的距离限制，将人类从危险与极端恶劣的作业环境中解放出来。共融机器人技术加快了机器人代替人类在难以到达、危险恶劣等复杂非结构环境中进行作业的步伐，人 - 机 - 人与人 - 机 - 环境远程操作机器人系统可多模态感知作业现场环境、实时反馈现场突发状况，精度高、动作迅速，有望应用于远程精细手术操作、高感染 / 高辐射环境操作、外太空作业等场合，拓展人类涉足领域，显著提升我国航空航天、国防军事、医疗医护、勘探救援等领域的科技水平。

(4) 仿生群体智能与分布式机器人。随着机器人技术的不断发展，人类希望机器人能够完成更加复杂的工作，采用单个机器人难以克服效率过于低下或设计研发成本过高的缺点，基于仿生群体智能的分布式机器人作业系统有望实现机器人作业模式的变革发展。分布式机器人作业系统是由多个具有完全自主感知、自主决策、自主行为的机器人个体组成的，通过群控系统对机器人个体进行协同控制。随着新型传感技术与协同控制理论的发展，机器人协同控制有望冲破传统群体系统控制能力不足的桎梏，实现对机器人个体的全方位控制，综合提升机器人系统的协同作业性能。有望应用于大范围勘探救援、工业制造等领域，大幅提升机器人工作效率，对我国机器人学科的发展具有重大意义。

4. 生 - 机 - 电一体化

瞄准国际研究前沿，面向医学、康复工程、国防安全等领域需求，通过机械、神经科学、信息、材料、力学和医学等多学科交叉，开展生物体神经信息与机电系统一体化控制的耦合机制、生 - 机 - 电一体化机械结构、与生物体相容的材料等基础理论与关键技术研究。

(1) 神经交互与机电系统的耦合机制。神经交互是生 - 机 - 电系统的关键支撑技术，它为生物神经系统与机械系统之间的信息通信提供了更为直接的接口，为人 - 机交互控制、感知与功能融合提供了更为先进的技术途径。目前需要进一步加强认知神经科学研究，发展新型生物相容性的非侵入式和侵入式传感器、发展脑功能定位方法和侵入式传感器精确定位及植入方法，提高生 - 机接口信息传输率及与人体运动感知的匹配度、发展新的人 - 机交互模式，突破生物体与机电装置的集成技术是生 - 机 - 电一体化技术今后的重点发展领域。

(2) 智能假肢。具有仿人手灵巧运动功能、力操作性能、触觉传感功能、重量和尺寸等主要技术指标接近于人手的假肢是智能假肢的发展趋势。另外，软体机器人技术的发展，为驱动、感知、运动功能一体化的类生物体智能假肢机构设计提供了一种全新的思路，软体假肢、传统刚性假肢与软体技术结合的仿人手刚柔假肢是未来智能假肢技术变革的新方向。

(3) 康复机器人机构学。主要研究方向是可穿戴外骨骼康复机器人机构学原理，基于仿生原理进行设计，结合人体工程学和模块化设计，在每个关节上都设置有单独的驱动装置，患者佩戴后可以确保机器人的运动模式和人体自由度同轴，实现更有效的康复训练。可穿戴式的康复机器人是未来发展的前沿方向之一，康复机器人机构学则是其基础。

(4) 主动式康复系统。基于脑 - 机接口驱动的康复机器人是利用患者自身意愿的主动式康复，从生理学意义上其康复效果要优于传统的被动式康复。信息、网络、微电子、生物材料、神经科学、精密加工、柔性加工等各类先进技术和创新成果与康复机器人领域的渗透和融合日益加快，生 - 机 - 电一体化的高效精细控制以及刚 - 柔 - 软耦合智能主动式康复系统的开发将成为未来该领域的国际前沿和热点。

2.3.2 重大科学问题

1. 变拓扑、跨尺度、多形态的机构/机器人结构交互演变规律

航空航天、结构型材料、新型机器人等重要战略领域对折展机构、可重构机构、机械超材料等新形态机构需求迫切，其机构学本质是多个相同或者不同单元所组成的平面或空间复杂、多环路网格。为此，将重点研究平面或空间单个机构及其多环路机构变拓扑、跨尺度、多形态的交互演变规律，包括：

(1) 单个机构基于机构形态与构型变化的机构综合理论与方法以及机构的变拓扑行为，引领机构理论发展新方向。

(2) 多个机构组合的多环路系统中单个机构特性的跨尺度保持、机构拓扑排布的运动协调、多机构网格的层级效应以及系统的折展、重构行为，确立折展机构、可重构机构、机械超材料等相关领域发展的学术前沿。

(3) 机构-结构-驱动一体化的变拓扑、跨尺度、多形态刚柔系统，使其具有较强的工程应用性。

2. 机构与机器人的材料/结构/驱动/传感/控制集成设计原理

面向高端装备、空天机构、极端机械在型、性、度方面的高标准、高质量需求，以及下一代机器人学科前沿，亟待在结构精密设计、精确灵巧运动、智能柔顺控制与人-机安全交互等方向取得突破，为此，需开展机构与机器人的材料/结构/驱动/传感/控制集成设计原理与方法研究，包括：

(1) 新型高能量密度驱动、刚柔混合驱动技术、仿生驱动及类生物驱动技术。

(2) 基于新型材料与结构的刚-柔-软机器人通用轻量化设计理论。

(3) 基于新材料、新驱动、新结构的机器人设计、建模、仿真与控制技术。

(4) 基于生物感知与运动机理的驱动/机构/控制集成技术及多模式仿生机器人及系统。

3. 大型复杂构件原位加工系统全场景精度与集群加工性能保障机制

随着我国载人航天、探月工程及大型飞机专项的全面实施，航空航天战略产品高精度、短流程、高柔性的大型复杂构件制造需求对加工装备机械本体、精准感知与自律控制、工艺均提出了严峻挑战，既是制约加工装备应用的主要因素，也是学术界持续关注的前沿和热点。为此，需要：

(1) 攻克装备本体性能提升和误差补偿、装备与工件基准快速标定、多机/工装高速动态跟踪与定位、工件局部 3D 形貌快速检测等关键技术。

(2) 揭示并行制造模式中多机 / 工件相互作用的动力学机理，探索大型复杂构件加工过程中多机 - 工件系统加工质量综合保障机制。

(3) 研究多机共融的协同加工任务规划及加工过程中多源信息融合与智能协同控制方法，建立智能装备多工序协同加工新原理。

(4) 研究集群加工动力学行为与性能调控机制，建立面向制造对象的机器人集群自主编程、自主寻位机制，形成“全域测量 - 自主操作 - 协同加工”一体化的大闭环多机器人制造理论体系。

4. 人 - 机智能融合与互助协作及多机协同机理

随着机器人功能的拓展与安全性的不断提升以及集群化作业的发展，人和机器人的关系呈现出由物理隔离向和谐共存、人 - 机一体的演变趋势，机器人间也呈现出交互协同的趋势。通过多种形式的人与机器人以及机器人间的共驻空间、共享资源、协同作业，实现人类智慧与机器人技能的最大化，将成为服务于深空 / 深海 / 极地开发、重大工程建设 / 运维等国家战略任务的重要技术手段。为此，需重点解决人 - 机智能融合与互助协作以及多机协同机理的重大科学问题，包括：

(1) 探索人 - 机 - 环境之间运动与力耦合作用的多元系统模型，探明基于自然交互的人 - 机操作技能传授的有效途径，突破人、机、物共享资源的安全状态评估。

(2) 研究机器人对环境信息的获取与融合处理、人行为意图的学习与准确判读、人 - 机交互协作决策与规划控制等，实现人 - 机的深度融合与高效协作。

(3) 探究机器人对人行为意图的理解机制，实现机器人融入人的正常生产、与人合作交互，具备灵巧作业以及智能决策能力，解决机器人等高端装备与人、环境共融的核心问题。

(4) 研究分布式通信、通信协议与架构以及环境感知机制、多机器人协调协作与任务分配机制，解决机器人间交互方法、信息共享、群体智能表现，实现复杂任务高效智能协作。

2.4　未来 5～15 年重点和优先发展领域

1. 机构学与机器人基础理论

1) 行为机构学

行为机构学以机构与机器的行为学研究为基础，揭示自然生命体和人造机器的机构组成原理，研究能够传递运动/力和能量，实现机器人与自然界行为交互，具有特定功能或性能且能满足特定应用需求的机构分析与设计理论；研究机构与机器用以适应环境（任务）变化的各种系统反应的组合，在机构自身层面研究其变刚度、变形态、变拓扑等行为，在机构与外界交互层面研究加工、行走、操作等接触行为，以及与人交互共融等行为，探索以机器行为驱动的机构设计方法。重点突破：

(1) 机构与机器的行为学基础与描述方法。

(2) 考虑环境（任务）适应性的机构与机器设计方法。

(3) 变结构、变拓扑、跨尺度、多形态的机器人机构学理论。

(4) 超材料/超结构设计与制备。

(5) 面向群体行为的机构综合理论与技术。

(6) 机构智能设计系统。

2) 共融机器人

面向作业、定位、避障等多元化任务需求，提高其与人、环境的交互适应性，深入开展共融机器人基础理论研究，通过任务驱动与数据驱动建立相应的设计、分析、控制方法与理论体系。重点突破：

(1) 机构的共融设计思想与理论。

(2) 共融机器人及其机构的自适应设计方法。

(3) 大数据及人工智能方法在共融机器人中的应用。

(4) 共融机器人的驱动/感知/功能一体化设计。

(5) 高效能共融机器人的设计、分析、控制中的基础理论问题。

(6) 生物系统与机电系统的耦合机制以及与生-机接口的设计与制造。

2. 高适应性机构与机器人的组成新原理

1) 极端环境服役机器人与机构

面向空间探测、军事作战、灾难救援、疫情防控等国家重大战略需求方向，开展星球探测机器人、空间在轨维护机器人、软着陆作业装备、军用高性能足式机器人、核电灾害救援机器人、应急检疫与诊治智能作业机器人、传染病房护理多作业模式机器人、情感交互机器人等方面的研究，建立相应的设计方法与理论体系。重点突破：

(1) 极端环境服役机器人构型与尺度设计方法。

(2) 机器人与极端/动态环境相互作用力学行为建模。

(3) 机器人运行状态与工作环境/患者的自主感知及决策。

(4) 基于数字孪生的机器人移动与作业任务远程操控。

(5) 极端环境下的高性能服役机器人智能控制。

(6) 机器人运行可靠性在线评估、预测性维护与远程故障修复。

2) 单 / 少自由度驱动多输出端同步调控联动机构

面向航空发动机、重型燃气轮机、重型气垫船等国家战略需求，开展单 / 少自由度驱动多输出端同步调控联动机构设计理论、方法和技术研究，满足精密调控要求。重点突破：

(1) 多输出端同步调控联动机构构型综合原理与构型创新。

(2) 多输出端同步调控联动机构高效高精度尺度设计方法。

(3) 多输出端同步调控联动机构刚柔耦合多参数精度设计技术。

(4) 多输出端同步调控联动机构动态性能评价方法。

(5) 多输出端同步调控联动机构运动可靠性设计技术。

3. 高能效传动及驱动的新原理与新技术

面向工业机器人、特种机器人、航空发动机、高端制造装备等现代机械系统中对具有大传动比、高功率密度、高传动效率、高刚质比、高精度、高动态品质等特性的驱传动单元的苛刻要求与迫切需求，开展新型高能效驱动与传动的机构学原理及技术研究。重点突破：

(1) 高性能驱动与传动的机构学新原理与新构型、结构与性能设计新方法。

(2) 驱传动一体化机构设计方法与精细调控技术。

(3) 新型复杂关节设计方法、精度控制及机电融合驱动技术。

(4) 智能材料驱动、化学反应驱动、光驱动等新型驱动技术和广义机构原理。

(5) 高能效软体驱动器致动机理与柔顺机构原理。

(6) 大承载高功率密度 / 高精度驱动单元设计与精度创成技术。

4. 高性能机器人及制造装备设计的新方法与新技术

1) 复杂工况作业机器人

复杂零件包括复杂结构和复杂曲面两大类零件，典型代表包括空间站大型舱体结构件、大型风机叶片、重型燃气轮机叶片等。以形位精度与表面质量控制为目标的高效高品质制造是复杂零件加工的“痛点”。将机器人技术和数字化加工技术相结合，设计融合工艺知识与视觉、力觉多传感信息的机器人等智能制造装备。重点突破：

(1) 高速、高精度、高动态特性模块化加工装备创新设计。

(2) 加工、装配机器整机性能提升机理与方法。

(3) 支持自律加工作业的机器 - 工件系统位姿精准调控。

(4) 融合复杂工艺的机器机构创成与优化设计技术。

(5) 面向工艺需求的装备布局及“测量 - 加工 - 监控”系统信息融合与集成。

2) 非结构化环境下的多机协作系统

面向航天、军事、工业等应用需求，以及极端多变的作业环境和复杂艰巨的工作任务，开展非结构化环境下多机协同理论、技术和试验研究，实现典型场景的应用。重点突破：

(1) 面向多任务的多机协作系统群体结构模型与行为力学建模。

(2) 单机控制对多机协作系统群体表现的影响机理。

(3) 机器与非结构化环境、不确定性任务的适应性规律。

(4) 非结构化环境下的任务预测与分解、动态分配和再分配方法。

(5) 多机协同控制策略与群体智能。

参考文献

[1] 高峰 . 机构学研究现状与发展趋势的思考 . 机械工程学报 , 2005, 41(8): 3-17.

[2] 熊有伦 , 李文龙 , 陈文斌 , 等 . 机器人学 : 建模、控制与视觉 . 武汉 : 华中科技大学出版社 , 2018.

[3] 黄真 , 赵永生 , 赵铁石 . 高等空间机构学 . 北京 : 高等教育出版社 , 2006.

[4] 国家自然科学基金委员会工程与材料科学部 . 机械工程学科发展战略报告 (2011～2020). 北京 : 科学出版社 , 2010.

[5] Gilardi G, Sharf I. Literature survey of contact dynamics modeling. Mechanism and Machine Theory, 2002, 37(10): 1213-1239.

[6] Ding L, Gao H B, Deng Z Q, et al. Foot-terrain interaction mechanics for legged robots: Modeling and experimental validation. International Journal of Robotics Research, 2013, 32 (13): 1585-1606.

[7] Ding H, Yang X J, Zheng N N, et al. Tri-Co Robot: A Chinese robotic research initiative for enhanced robot interaction capabilities. National Science Review, 2018, 5(6): 799-801.

[8] 谢福贵 , 梅斌 , 刘辛军 , 等 . 一种大型复杂构件加工新模式及新装备探讨 . 机械工程学报 , 2020, 56(19): 70-78.

[9] Huang Z, Li Q C, Ding H F. Theory of Parallel Mechanisms. Dordrecht: Springer, 2013.

[10] 高峰 , 杨家伦 , 葛巧德 . 并联机器人型综合的 G_F 集理论. 北京 : 科学出版社 , 2011.

[11] Yang T L, Liu A X, Shen H P, et al. Topology Design of Robot Mechanisms. Singapore: Springer, 2018.

[12] Li Q C, Hervé J M, Ye W. Geometric Method for Type Synthesis of Parallel Manipulators. Singapore: Springer, 2020.

[13] Liu H T, Huang T, Kecskeméthy A, et al. Force/motion transmissibility analyses of redundantly actuated and overconstrained parallel manipulators. Mechanism and Machine Theory, 2017, 109: 126-138.

[14] 中国科学技术协会 , 中国机械工程学会 . 2016—2017 机械工程学科发展报告 (机械设计). 北京 : 中国科学技术出版社 , 2018.

[15] 刘辛军 , 谢福贵 , 汪劲松. 并联机器人机构学基础. 北京 : 高等教育出版社 , 2018.

[16] Siciliano B, Khatib O. Handbook of Robotics. 2nd ed. Cham: Springer, 2016.

[17] Zhang X M, Zhu B L. Topology Optimization of Compliant Mechanisms. Singapore: Springer, 2018.

[18] 于靖军 , 毕树生 , 裴旭 , 等 . 柔性设计 : 柔性机构的分析与综合 . 北京 : 高等教育出版社 , 2018.

[19] 王国彪 , 陈殿生 , 陈科位 , 等 . 仿生机器人研究现状与发展趋势 . 机械工程学报 , 2015, 51(13): 27-44.

[20] 邓宗全 . 空间折展机构设计 . 哈尔滨 : 哈尔滨工业大学出版社 , 2013.

[21] Chen Y, Peng R, You Z. Origami of thick panels. Science, 2015, 349(6246): 396-400.

[22] 刘辛军 , 于靖军 , 王国彪 , 等 . 机器人研究进展与科学挑战 . 中国科学基金 , 2016, 30(5): 425-431.

[23] Tao B, Zhao X W, Ding H. Mobile-robotic machining for large complex components: A review study. Science China: Technological Sciences, 2019, 62(8): 1388-1400.

本章在撰写过程中得到了以下专家的大力支持与帮助 (按姓氏笔画顺序):

丁　汉　丁希仑　王树新　邓宗全　朱向阳　刘　宏　谷国迎　张宪民
赵　杰　高　峰　高海波　郭东明　陶　波　黄　田　黄　真　熊蔡华

第 3 章　机械驱动与传动

Chapter 3　Mechanical Drive and Transmission

机械驱动与传动系统由原动机、传动机和执行机三大基本要素构成。机械驱动与传动学科研究原动机、传动机和执行机的元 (部) 件设计、制造和测试，以及由原动机、传动机和执行机构成的驱动与传动系统的能量转换、传递、分配与运动控制相关的科学与技术，改善机器在能量消耗、工作性能、使用寿命和可靠性等方面的性能指标。随着各学科的发展和多学科交叉的不断深入，机械驱动与传动的集成化和一体化趋势明显。由于驱动方式、传动介质和传动原理的多样性，以及不同装备对能量安全高效转换、传递、分配及运动精确调控需求的差异性，本领域的研究范围非常广泛。从研究对象层面来说，机械驱动与传动领域的研究主要集中在“机理 - 元 (部) 件 - 系统”三个层面，在共性机理方面，重点研究高速重载运动副多场耦合建模理论和形性调控技术，以及传动介质的承载、润滑和冷却性能成因和退化机理；在元 (部) 件方面，重点研究高参量齿轮及传动装置、高压大流量液压泵 / 马达、比例 / 伺服阀、重载高速精密轴承、液力变矩器、智能材料驱动器等设计、制造和测试技术，提高元 (部) 件的功率密度、传动精度、传动效率、可靠性等指标；在驱动与传动系统方面，重点研究原动机 - 传动机 - 执行机的系统构型、参数设计、控制策略等，实现能量和运动在元 (部) 件之间高效传递过程中的精确调控。在未来 5～15 年：一方面，围绕我国高端装备制造业的“工业强基”需求，以基础研究支撑国产驱动与传动元 (部) 件行业走出“知其然而不知其所以然”的产品研发困境，实现进口替代和自主可控；另一方面，围绕装备制造业的高可靠、高效化、绿色化和高性能的国际发展趋势及学科发展前沿，加强驱动与传动元 (部) 件及系统构型的创新设计和匹配控制策略理论研究。通过与摩擦学、力学、材料、制造、测量等学科方向的交叉融合，为驱动与传动元 (部) 件和系统的设计 - 制造 - 运维提供理论支撑，推动我国高档数控机床和机器人、航空航天装备、海洋工程装备及高技术船舶、先进轨道交通装备、农机装备、IC 制造装备、新能源装备等战略性高新技术领域装备制造业的健康发展。

3.1　内涵与研究范围

3.1.1　内涵

机械驱动与传动系统由原动机、传动机和执行机三大基本要素构成，其研究内涵如图 3.1 所示。原动机将各种形式的能量转换成基本的动力和运动，执行机是实现机器功能的执行单元，为解决原动机输出单一性和简单性与执行机运动多样性和复杂性之间的矛盾，需采用传动机将原动机输出的动力与运动进行转换，达到执行机的运动要求，满足机器在能量消耗、工作性能、使用寿命和可靠性等方面的要求。

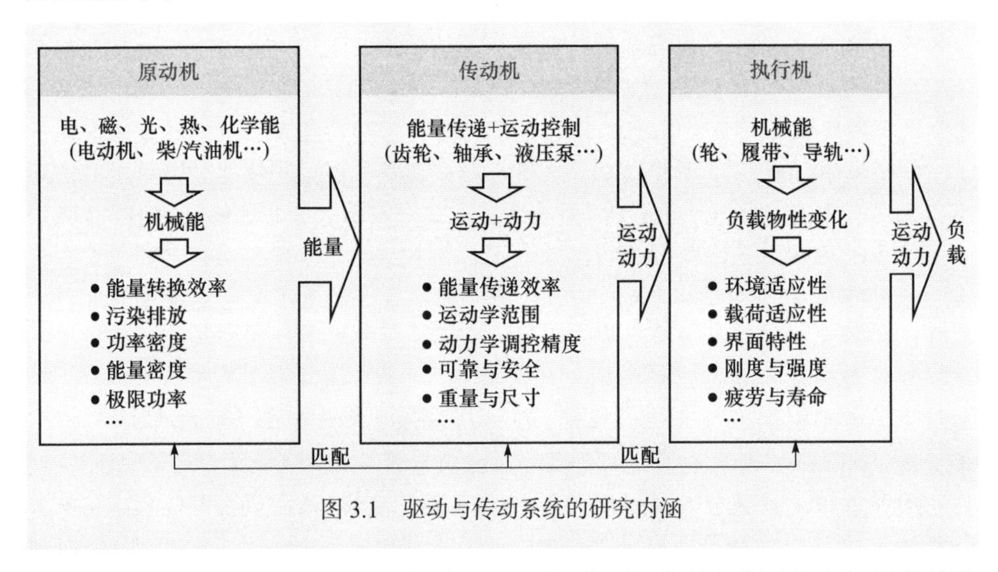

图 3.1　驱动与传动系统的研究内涵

原动机是机械系统中的驱动部分，是泛指利用各种形式能源产生机械能的装置，常见的原动机包括电动机、柴 / 汽油机、水轮机、蒸 / 燃气轮机和航空发动机等，也包括含有两种及以上原动机的混合动力单元，以及各类新型功能材料驱动器，如压电陶瓷、电 / 磁流变液、介电材料、磁致伸缩材料、形状记忆合金、光敏材料等实现电、磁、光、热、化学能向机械能的转化。为实现执行机的不同运动要求，需采用传动机实现原动机的输出与执行机的运动学和动力学匹配。根据功率传递介质的不同，典型机械系统的传动方式可分为机械传动、流体传动和复合传动，其中机械传动是直接将输入的机械能进行传递和调控的传动方式，具有传动效率高、运动误差小和功率范围宽等优点，常见的形式有齿轮传动、链

(带)传动和摩擦传动等;流体传动是将输入的机械能先转化成流体的能量,再转化成机械能输出的传动方式,具有功率密度大、响应快和运动控制灵活等优点,常见形式有液压传动、气压传动和液力传动;复合传动是指将多种传动类型通过串联、并联、混联等构型组合到一起的传动方式,可兼顾不同传动方式的性能优势,常见形式有机液复合传动、机电复合传动、功能材料复合传动等。

随着各学科的发展和多学科交叉的不断深入,机械驱动与传动呈现出一些新的发展趋势。一方面,在电动化趋势的背景下,以电静液作动器为代表的动力单元将伺服电机、高速泵、液压缸等集成在一起,实现了原动机、传动机和执行机的一体化设计与制造 [1]。另一方面,随着新型功能材料的发展,新型微位移驱动器将电/磁/光等能量转化成机械能输出,集原动机和执行机于一体,实现高精度和高频响的运动控制 [2]。随着技术的不断进步,机械驱动与传动的集成化和一体化趋势明显,边界划分日趋模糊。

机械驱动与传动学科研究原动机、传动机和执行机的元(部)件设计、制造和测试,以及由原动机、传动机和执行机构成的驱动与传动系统的能量转换、传递、分配与运动控制相关的科学与技术,改善机器在能量消耗、工作性能、使用寿命和可靠性等方面的性能指标。本领域基础研究主要是通过运用机械、电子、信息、控制、力学、材料等多学科理论,结合先进的建模仿真、优化设计和测试手段,揭示机械驱动与传动过程的物理化学本质,探索其承载、效率、精度、可靠性等性能成因和演变规律,实现驱动与传动性能的测评和调控,为各类机械驱动与传动元(部)件和系统的设计、制造及运行维护等提供科学依据。

3.1.2　研究范围

由于驱动方式、传动介质和传动原理的多样性,以及不同装备对能量安全高效转化、传递、分配及运动精确调控需求的差异性,本领域的研究范围非常广泛,如图 3.2 所示。从研究对象层面来说,机械驱动与传动领域的研究主要集中在“机理 - 元(部)件 - 系统”三个层面 [1]。

1. 驱动与传动的共性机理

通过与摩擦学、力学、材料、制造、测量等学科方向的交叉融合,为驱动与传动元(部)件和系统的设计 - 制造 - 运维提供理论支撑。

(1) 界面。以齿轮箱、轴承、液压泵为代表的机械传动和流体传动元(部)件中存在大量高速重载运动副,研究考虑热变形、应力应变、微观形貌的弹流润滑建模理论,揭示挤压/动压/静压/热楔效应等对运动副润滑、承载、密封、磨

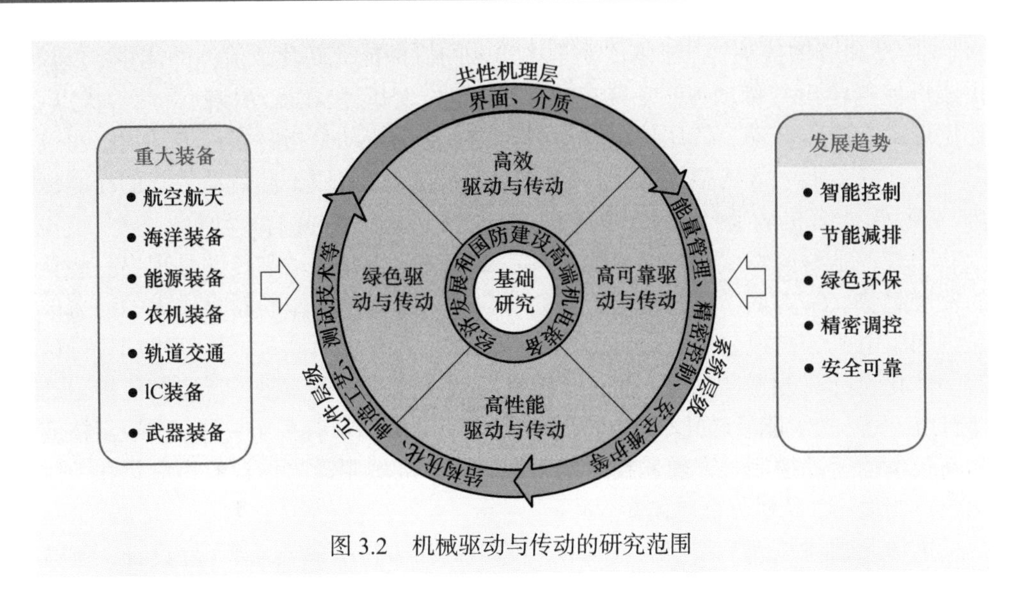

图 3.2　机械驱动与传动的研究范围

损、能耗等特性的影响规律；研究动力传递中的分形接触、弹塑性碰撞、振动激励等多体动力学建模理论，揭示复杂冲击振动激励对运动副的疲劳失效、传动精度、噪声等性能的影响规律。

(2) 介质。介质是驱动与传动元(部)件内部实现承载、润滑、冷却等功能的载体。研究高压高速流动状态下的空化相变气液两相流、磨损颗粒固液两相流、涡激振荡、流固耦合、冲蚀磨损、流型识别、流场可视化测量等基础理论[3]，研究润滑油脂构性关系、可降解生物介质及纯水等介质的润滑腐蚀特性等，为驱动与传动元(部)件的设计提供支撑。

2. 驱动与传动元(部)件

根据我国“工业强基”需求，重点研究高参量齿轮及传动装置、高压大流量液压泵/马达、比例/伺服阀、重载高速精密轴承、液力变矩器、智能材料驱动器等，提高元(部)件的功率密度、传动精度、传动效率、可靠性、环境适应性等指标。

(1) 设计。包括驱动与传动元(部)件的结构、功能、性能等设计，主要研究齿轮传动的齿面齿廓修形、浮动均载设计、多级功率分流、减振降噪、喷射润滑参数调控，轴承润滑设计，流体元(部)件的摩擦副设计、密封结构、电-机械转换器、流致噪声抑制、电液比例/伺服控制等。

(2) 制造。包括驱动与传动元(部)件的制造方法和加工工艺等，主要研究铸造、磨削等制造方法和热处理、喷涂等加工工艺，以及新材料、新制造工艺在驱动与传动领域的探索应用。针对智能材料新型驱动原理，研究功能材料掺杂、多种功能材料复合，改善智能材料驱动器性能。

(3) 测试。包括驱动与传动元 (部) 件的功能测试、耐久性测试和服役测试等，主要研究内源动态参数在线检测与表征技术、流量脉动测试理论、耐久性强化试验方法、状态监测与故障诊断以及传动精度测评等。

3. 驱动与传动系统

驱动与传动系统的研究包括原动机 - 传动机 - 执行机的系统构型、参数设计、控制策略等，实现能量分配与传递，以及元 (部) 件转速 / 扭矩、压力 / 流量等参数调节，满足机器的效率、精度、可靠性等指标要求。

(1) 能量管理。研究驱动与传动系统中各子系统之间的动力匹配、能量转化和传递的全局优化方法，包括系统构型与拓扑优化、参数匹配、能量回收与利用、控制策略等；研究包括多个原动机和传动机的混合驱动与传动系统的多变量输入输出能量调控方法。

(2) 精度调控。研究长链传动过程中的误差传递与累积原理、多自由度运动解耦控制方法、多尺度复合精密驱动与传动系统构型设计、多变量驱动控制技术等，探索超精密驱动与传动新原理。

(3) 安全运维。研究基于多源信息感知与综合的健康监测技术，高可靠驱动与传动系统的拓扑构型设计与风险评估，以及系统的预测性维护与容错控制技术等。

3.1.3　在经济和社会发展、学科发展中的重要意义

围绕装备的高可靠、高效化、绿色化和高性能的发展趋势，机械驱动与传动领域将更依赖与机械学科其他领域及与其他学科的交叉融合，支撑先进的驱动与传动产品研制，保障国民经济健康运行和国防安全。本领域基础研究在我国社会、经济及机械学科发展中的重要意义主要表现在以下三个方面。

1.　支撑关键核心驱动与传动元 (部) 件的自主创新能力

在我国从“制造大国”向“制造强国”转变的时代背景下，以高档数控机床、机器人、新能源汽车、工程与施工机械、民用飞机等为代表的高端装备制造业迅猛发展。国家明确指出关键基础件、关键基础材料、先进基础工艺及相应的产业技术基础，已经成为制约我国工业由大变强的关键，也是制约我国自主创新能力和全球竞争力的瓶颈所在，以精密减速器、高速重载轴承、高压泵 / 马达、精密

电磁阀和伺服驱动器等为代表的驱动与传动元(部)件严重依赖进口，影响国产高端装备的利润率和国际市场竞争力。例如，由于国产驱动与传动元(部)件可靠性无法满足民航飞机故障率小于 10^{-10}/h 的需求，实现首飞的国产大型喷气式客机 C919 的驱动与传动产品全部依赖美国和欧洲。紧密结合高端装备行业需求，本领域基础研究有助于推动机械驱动与传动产品在设计与制造领域取得突破，提升国内产品的市场份额，增强市场竞争力，夯实我国装备制造业发展的根基。

2. 提升大国重器的自控能力和先进性，保障国防安全

我国在航空航天飞行器、舰船以及装甲车辆等领域研制了一批大国重器，极大地彰显了国家综合国力和科技水平，但部分驱动与传动系统的性能指标与国外先进水平还存在一定差距。以直升机机械传动系统为例，国外先进水平直升机齿轮传动系统质量系数低于 0.0058kg/(N·m)，而国内直升机齿轮传动系统质量系数在 0.0067kg/(N·m)；国外先进水平传动系统翻修间隔期达 6000h 以上，国产水平不足 3000h；国外直升机运输能力已达 30t 以上，而我国最大吨位为 13t。由于国外对我国国防军工装备领域严密封锁，相关产品与技术无法依靠进口，因此加强机械驱动与传动技术基础理论研究，实现关键驱动与传动产品的自主可控，对于支撑大国重器的先进性和竞争力具有重要意义。

3. 推动机械学科内部领域和外部学科的交叉融合

本领域致力于探索驱动与传动原理、介质、构型和服役环境等因素对能量、力、运动等特性影响的物理本质和规律，并在此基础上开展性能调控原理与方法的研究。本学科的基础研究能够加强机械学科不同领域之间，以及机械学科与力学、信息、数理等多学科的深度交叉融合。例如，针对驱动与传动产品的可靠性和寿命的问题，需结合设计学、摩擦学、结构强度与寿命等方向基础理论，根据驱动与传动元(部)件服役环境与工况，研究先进的元(部)件和系统的仿真设计方法、摩擦副宏/微观特性测试方法，以及可靠性评估方法和标准等[4]，支撑机械驱动与传动的产业界走出“知其然而不知其所以然”的产品研发困境。又如，驱动与传动元(部)件的智能化需要与机械测试理论、机械动力学领域动态监测、诊断及维护深度交叉融合，通过集成创新设计赋予驱动与传动元(部)件“智能感知-智能决策-智能维护”的新功能，从而推动装备的智能化。此外，以机械驱动与传动领域的技术进步为牵引，有利于引领和增强不同领域和学科的创新发展与交叉融合，使机械学科发展焕发新的活力。例如，驱动与传动元(部)件及系统构型的突破给机器人、精密加工和微纳制造等领域带来了巨大进步。

3.2　研究现状与发展趋势分析

机电装备不断提高的技术需求，以及国际上日益严苛的法律法规约束，是推动机械驱动与传动学科发展的原动力。科学技术的迅猛发展和交叉融合，对机械驱动与传动特性及规律的研究不断深化，一方面，传统的机械传动和流体传动元（部）件及系统构型不断丰富和完善；另一方面，新型驱动与传动原理及系统构型不断涌现。综合分析国际上机械驱动与传动领域领军企业及科研机构的发展动向，本领域的研究现状和发展趋势如下所述。

3.2.1　高可靠驱动与传动

1. 背景与需求

驱动与传动系统的能量和运动传递失控将直接导致机器设备故障与相关人员的生命安全，也是影响装备服役周期内运维成本的主要因素。尤其是高端装备的极端参数（超大功率 / 能量、极大 / 小尺寸等）、极端工况（强冲击振动、重载高速、狭小空间等）、极端环境（高低温剧变、高热流、强腐蚀、强辐射等）对驱动和传动系统可靠性提出严峻挑战。

对高可靠性有迫切需求的应用领域涵盖了以飞机、舰船、坦克等为代表的国防，以卫星、深空探测装置等为代表的航天和以海上风电、深海深地资源勘探、开采与输送等为代表的能源等领域。例如，由于液压阻拦系统失效，美国和俄罗斯航母都有多次舰载机坠海的记录；液压系统是目前我国飞机事故发生率最高，维修保障最为费时、费力、费钱的机载子系统，据统计，民机事故 36.7% 与液压系统有关，军机液压系统故障占总故障的 30%，液压系统的维修工作量占机械维修工作量的 1/3 以上。运载火箭、导弹、载人飞船等飞行器发射对其推力矢量控制伺服结构可靠度提出严苛要求，据统计，伺服机构中 70%～80% 的故障是由液压元（部）件在强冲击、高热流极端环境下无法保持性能引起的[5]。高速列车的齿轮箱传动系统负责将动力及扭矩平稳传递至车轮，来自轨道的不平顺激励以及各种载荷作用下导致传动系统发生疲劳磨损故障，从而引发重大交通事故。风力发电机的运维费用占风力发电机总成本的 25%～35%，风机的极端运行环境导致传动齿轮箱寿命为 6～8 年，无法达到 20 年设计寿命，美国国家可再生能源实验室指出齿轮箱故障中 76% 是由轴承导致的，17% 是由齿轮故障导致的，剩余的 7% 是由润滑和过滤系统导致的。中国散裂中子源的中子束线开关设备采用纯水驱动系统，其可靠运行直接关系到中子束线的利用效率以及实验室大厅的辐射安全，要求将系统的可靠性评价和风险分析融入本质安全设计当中，保证整个工程40年寿命的运行要求。

机器安全法规是未来机器可靠服役的主要驱动力。欧盟发布了机器安全法规，随后ISO/IEC和欧盟标准化委员会等制定了众多的衍生标准，涉及风险评估、安全功能识别、设备安全建模、故障分析及诊断等内容，其中要求装备的驱动与传动元（部）件提供平均无危险故障间隔时间指标，并在驱动与传动系统回路、安全保护模块等设计时考虑可靠性与安全性问题，来降低故障率以及故障发生时的危害程度。此外，提高国产轴承、齿轮、流体等驱动与传动元（部）件可靠性和寿命，解决关系国民经济命脉和国防安全的重大装备“空心化”困境，对提高我国高端装备制造业国际竞争力具有重要意义。

2. 现状与趋势

现代装备的驱动与传动系统构型日趋复杂，系统呈现高度非线性，服役环境极端化和多样化趋势明显，导致驱动与传动元（部）件与系统失效机理复杂多变，故障模式与成因的动态演化过程耦合严重，而且大型装备的驱动和传动系统普遍存在样本量少、试验考核难等问题，失效机理研究不足，性能退化规律及可靠性预测困难。高可靠驱动与传动基础研究的目标是探索复杂环境和载荷工况条件下驱动及传动系统及元（部）件失效的物理、化学本质，研究基于新材料、新结构和新工艺的高可靠性设计方法，为高可靠驱动与传动产品的研制提供理论和技术支撑。高可靠驱动与传动的发展趋势如图3.3所示。

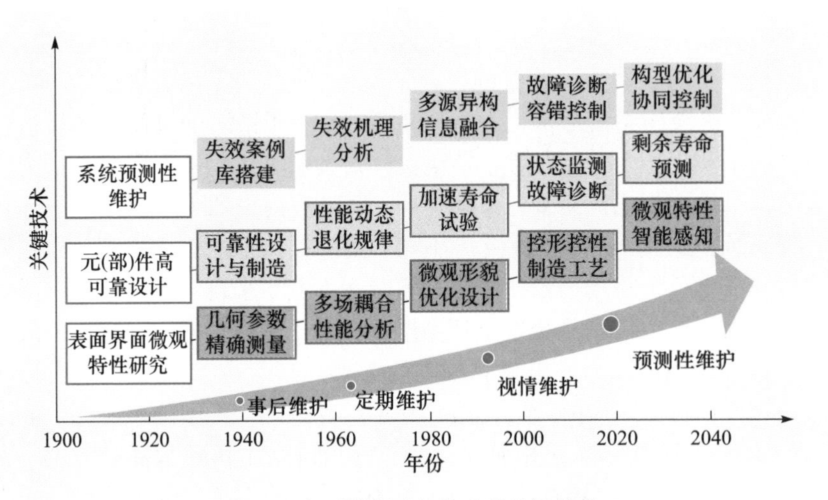

图3.3　高可靠驱动与传动的发展趋势

卫星在轨环境具有强辐射、真空、微重力、高低温交变的特征。1960 年卫星平均寿命只有 0.5～1 年，随着高可靠驱动与传动技术的进步，卫星故障率明显降低，在轨寿命不断增长，目前静止轨道通信卫星的工作寿命已达 12 年以上。早期航空发动机的翻修间隔期不足 300h，战斗机完好率、出动率受限，严重影响部队作战能力，为此美国国家航空航天局 (National Aeronautics and Space Administration, NASA) 提出的“保持美国领先地位的航空计划”开展了先进传动概念、传动系统干运转技术等研究。美国能源部在 2015 年制定的风能研究路线图中把可靠性和能量捕获率作为限制风能成本最重要的两个因素，通过包括变桨系统、齿轮箱、偏航系统在内的核心部件高可靠设计，到 2030 年风电的平准化度电成本降低 33%，从而推动风电的市场占比[6]。当前高可靠驱动与传动的研究主要集中在以下三个方面。

1) 机械驱动与传动元 (部) 件的可靠性设计与制造

设计阶段重点围绕运动副承载、润滑、密封性能，研究宏 / 微观表面界面固 - 液 - 热多场强耦合设计理论；制造阶段重点研究材料累积损伤性能退化规律与加速寿命试验方法，优化材料热处理及加工制造工艺；在服役阶段重视故障模式、失效案例与可靠性数据库的研究，构建反映真实运行工况的试验载荷谱，提高少样本特征下动态可靠性模型的置信度。该方向的研究集中在如下几个方面：研究运动副接触特性测量原理，实现界面几何和润滑参数的精确测量，揭示高速重载摩擦副的服役性能演化机理，探索润滑性能退化、材料累积损伤与服役外特性的关联关系。研究加速寿命试验的等效加速因子，揭示驱动与传动元 (部) 件在复杂工况载荷谱作用下的磨损、疲劳、卡滞、断裂等多种失效动态演化过程及其耦合关系。研究表面界面宏 / 微观形貌设计、高韧性耐磨涂层调控、自润滑添加剂等技术，提升液压泵、齿轮箱及轴承高速重载运动副的抗磨损和抗疲劳特性[7]。美国伊顿公司通过摩擦副界面、密封及材料等优化设计，研制的 PV3 系列高压高速航空柱塞泵服役寿命超过 15000h。研究者针对精密滤波减速器，将刚性与柔性构件复合，并通过对传动界面的改性与优化，使其具有自适应变形协调控制能力，从而实现极端环境下的高可靠精密传动。

2) 驱动与传动元 (部) 件状态监测、故障诊断与寿命预测

研究驱动与传动元 (部) 件内部多物理量综合感知机理，揭示其服役外特性成因及演变规律，实现驱动与传动元 (部) 件在线健康状态评估与寿命预测。围绕驱动与传动元 (部) 件的智能感知、智能决策和智能维护技术，研究固 - 液 - 热多场耦合下的多源信息高精度感知原理、异构信号数据集成与融合的理论以及融合大数据和性能演变模型的故障诊断及寿命预测方法。例如，轴承被视为旋转机械的心脏，德国 SKF 公司将能传递实时工况信息的小型自供电式无线传感器嵌入

轴承，监测导致轴承过早故障的关键参数，如润滑油污染或温度，通过云端健康服务系统的远程诊断，评估潜在故障风险[8]。

3) 驱动与传动系统的风险评估与预测性维护

在难以进一步提升驱动与传动元（部）件可靠性时，可通过优化系统构型、增加系统余度、在线评估系统健康状态、制定预测性运维决策等方式，进一步提高驱动与传动系统的可靠性。目前的研究集中在：研究系统故障演变与性能退化机理，探索系统级的故障诊断、寿命预测和运维管理方法。探索基于分层余度管理和性能降级的可靠性建模新理论与风险评估方法，研究以可靠性为主约束的非相似余度系统拓扑构型体系、异构并行的可靠性分配与综合、容错控制与功能重构方法。由于驱动与传动元（部）件的故障模式和失效进程相互耦合，驱动与传动系统的健康监测、风险评估和故障定位更为复杂，未来重点研究驱动与传动系统数字孪生建模方法、多故障耦合特征的高鲁棒性提取原理、数模联合驱动的健康管理方法、复杂故障逻辑的高效容错管理。

3.2.2 高效驱动与传动

1. 背景与需求

机械驱动与传动在实现执行机功能和运动的同时，将原动机的输入能转化成执行机的输出能。驱动与传动的效率是表征原动机的输入能转化成执行机输出能的比例，是衡量驱动与传动系统的重要指标，也是机械驱动与传动领域一直以来的研究重点。高效的驱动与传动不仅意味着在相同执行机输出时需要的原动机输入能越少，节省能源，还意味着在相同原动机输入时能提供更多的执行机输出，提高系统动力性能。尤其是大功率复杂机电装备的元（部）件数量多、系统构型复杂、运行参数多、工况多变等特征，对驱动与传动系统的高效能量转化提出了更高的要求。

效率是机械驱动与传动的永恒主题，尤其是大功率机器装备对高效驱动与传动的需求更为迫切，包括以车辆、飞机和船舶等为代表的运载装备，以工程机械、农业和森林机械等为代表的非道路作业装备等。一方面，高效驱动与传动可节省储量有限的化石能源，减少排放，美国橡树岭国家实验室 2020 年发布的运输能源报告显示，2018 年美国交通运输消耗的石油量占美国石油消耗总量的 69%，提高车辆驱动与传动效率每年可节省相当可观的石油[9]；国际清洁交通委员会发布的混合动力车辆技术发展报告显示，通过集内燃机动力和电动力于一体的混合动力技术，可节省车辆燃油消耗达 25%～30%[10]。另一方面，高效驱动与传动可提高移动装备的动力性能，以装甲车辆和工程机械为例，高效的驱动与传动系统能够在柴油机功率一定的情况下提供更大的动力输出，提升装甲车辆的机动性能，提高工程机械的作业效率。

国内外节能减排法规是推动道路和非道路移动机器驱动与传动高效化的最大驱动力。以道路车辆为例，美国的企业平均燃油经济性法规 (The Corporate Average Fuel Economy, CAFE) 提出在 2025 年乘用车的百公里燃油消耗达到 4.3L 的目标 [11]，我国针对乘用车设定了 2025 年百公里燃油消耗达到 4L、2030 年百公里燃油消耗达到 3.2L 的目标 [12]，对车辆驱动与传动系统的效率提出了更高的要求。在非道路工程机械领域，美国能源部和美国紧凑与高效流体动力研究中心 (Center for Compact and Efficient Fluid Power, CCEFP) 提出了工程车辆研发计划 (Commercial Off-Road Vehicle R&D Program)，德国提出了移动装备节能驱动研究计划 (Development of Technologies for Energy-saving Drives of Mobile Machinery) 等，这些研究计划都将混合动力技术作为降低工程车辆燃油消耗的重要手段。发展高效机械驱动与传动，已经成为国家能源战略的重要组成部分，对我国发展高效节能装备、提高装备核心竞争力具有重要意义。

2. 现状与趋势

高效机械驱动与传动的研究范围包括两部分：低能耗驱动与传动元 (部) 件和高效率驱动与传动系统。随着现代机器装备的模块化设计要求，驱动与传动系统日趋集成化、紧凑化和一体化，很多机电一体化元 (部) 件实际上是一个复杂的机 - 电 - 液集成系统 [13]。驱动与传动元 (部) 件的能量损失受结构原理、介质特性、制造工艺、工况参数等影响，其内部的能量转换环节多、耦合强；而驱动与传动系统的效率不但与组成的元 (部) 件能耗相关，更受系统构型的影响，尤其是元 (部) 件的效率随工况变化，而多能量源 - 多执行器之间的能量动态匹配困难，导致驱动与传动系统中各元 (部) 件之间的动力耦合和能量传递呈现出高度复杂的特性，给系统效率提高带来巨大挑战。高效驱动与传动基础研究是探索多种驱动方式在复杂载荷工况下的能量转换与转化规律，以及不同构型系统中各元 (部) 件之间的能量传递规律，研究低能耗驱动元 (部) 件、新构型高效传动系统的设计和优化方法，为高效驱动与传动元 (部) 件和系统的研发提供理论基础。

驱动与传动元 (部) 件效率仍有较大提升空间，尤其是可调节的变量传动元 (部) 件，如变速箱、变排量泵 / 马达等，其效率在全工况范围内变化较大，高效区一般在额定工况区域附近。以液压泵为例，其效率与压力、转速和排量等参数密切关联，通过优化液压泵内关键摩擦副的界面轮廓、微观形貌及配对材料性能，可以改善其机械效率和容积效率，使得液压泵在一定运行工况范围内的总效率最优。但要在全工况范围内提升驱动与传动元（部）件的效率，需要设计新的结构原理和传动方案，如采用浮杯结构的 24 柱塞方案替代传统的 9 柱塞设计，显著提高了柱塞泵的机械效率；开始商业化的数字泵 / 马达采用高速开关阀实现各个柱塞的独立配流调节，显著提高了泵 / 马达在中小排量下的效率，在大型风机和工程机械中已得到成功应用。轻量化设计与制造是提高驱动与传动系统效率的重要手段，通过参数提升、流道和结构优化减小元（部）件尺寸和体积，提高系统的有效能量输出。对于移动装备（飞行器、车辆、机器人等），驱动与传动元（部）件的轻量化是减少其系统能耗的重要手段，如空客 A380 飞机液压系统压力提高到 35MPa，减轻飞机 1.5t 的质量，每年因此而节省的燃油成本约为 500 万美元。

驱动与传动系统构型优化及元（部）件的匹配控制策略是提高驱动与传动系统效率的关键，例如，可以通过发动机和变速箱的动力参数优化提高车辆的燃油经济性。近年来，集内燃机动力和电动力于一体的电混合动力车辆，由于能实现制动能量回收、启动辅助和优化内燃机工作点等，显著提高了车辆的燃油经济性[14]，以丰田公司最新一代 Prius 为代表的电混合动力，百公里油耗已低至 4.5L，各大主流汽车厂商都推出了电混合动力车型。

综上所述，高效驱动与传动的发展趋势如图 3.4 所示，相关研究主要集中在以下三个方面。

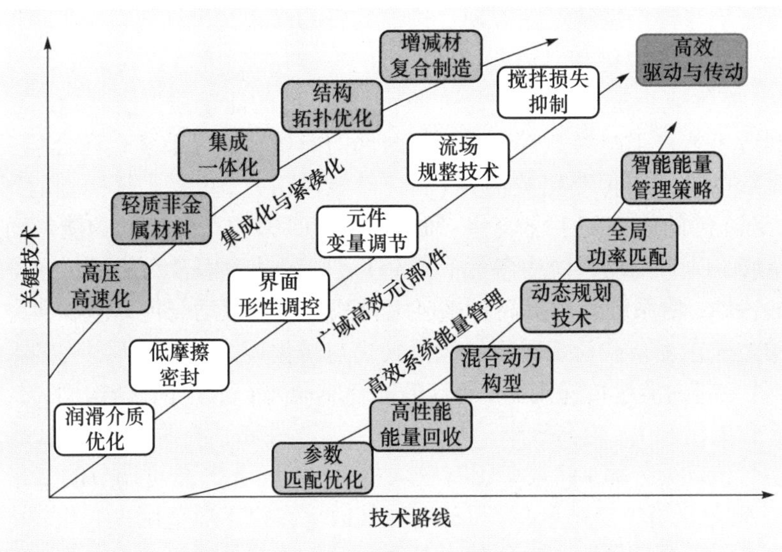

图 3.4 高效驱动与传动的发展趋势

1) 高效驱动与传动元（部）件的设计与制造

高效的驱动与传动元（部）件是保证系统效率的基础。机械元（部）件在能量传递过程中的能耗损失主要来自运动副的摩擦损失，相关基础研究主要是围绕改善运动副的润滑性能来降低摩擦系数，包括齿形设计、润滑脂改性设计、高性能含油多孔保持架设计、表面织构设计等[15]。液压元(部)件能耗损失除了摩擦损失，还包括流体黏性摩擦、湍流能耗、节/溢流损失、泄漏损失等，现有研究主要集中在承载界面拓扑优化、流道优化设计与加工制造、低能耗阀、变排量泵、低摩擦密封、自润滑材料等。随着机器装备的原动机“去内燃机”或“电动化”的趋势，飞机、车辆等配套的齿轮箱与液压泵传动元(部)件日益高速化，传动或润滑介质与高速转子形成了复杂的气液两相流，由此引发的搅拌损失降低了驱动与传动元(部)件的效率，而且高速搅拌形成的非稳态流场不仅产生额外的动态激励源，而且造成运动副间隙油膜压力边界大范围波动，影响高速转子系统的稳定性。现有研究集中在复杂元(部)件的固-液-热耦合多体动力学建模与仿真方法、非等温湍流的高速数值计算方法以及为减小搅拌损失而采取的流场规整和表面涂层等结构优化设计。

2) 驱动与传动系统的能量管理与控制策略

驱动与传动系统构型设计及元件之间的匹配控制是决定系统能耗的关键。随着装备向高功率和高效率方向发展，单一的驱动与传动方式难以兼顾全工况范围的性能要求。混合驱动与传动融合了不同驱动与传动方式的优势，能够实现原动机、传动机和执行机之间的高效能量传输和调节，其研究主要集中在：

(1) 混合构型设计。混合构型是指系统中不同动力源之间的动力耦合方式，如串联、并联、混联等，根据系统中各个元(部)件的不同组合方式可衍生出多种混合构型，由于构型数量多，构型优化复杂，拓扑优化逐渐成为构型研究的重点，尤其是自适应可在线重构的混合构型研究逐步成为热点。

(2) 能量管理策略。混合驱动与传动系统包括多个原动机和传动机，其多控制变量输入为系统的能量优化提供了很强的灵活性，能够根据能量流的传递方向和数值大小，优化内燃机工作区域，降低内燃机的燃油消耗。能量管理策略包括基于规则的策略和基于优化的策略，优化策略又分为基于未来工况信息的全局优化(如动态规划方法)和基于当前工况信息的局部优化(如等效最小油耗法等)，随着混合构型和工况的多样化，能量管理策略研究逐步朝着多维度、多参数、多目标和自适应方向发展。

(3) 储能元件。储能元件是混合驱动与传动系统中的第二动力源，用于实现原动机与执行机之间的高效高性能匹配，现有的机械储能元件有飞轮、弹簧、气体等，单一储能方法无法满足高功率密度和高能量密度的要求，新型储能方法(如开式蓄能器等)的研究提高了储能元件的功率密度和能量密度，近年来，集多种储能元件于一体的混合储能方法(电、机械、液压混合储能)逐步成为研究热点。

3) 驱动与传动系统的集成化与紧凑化

驱动与传动系统的集成化和紧凑化是研究原动机、传动机和执行机的一体化设计与制造。以航空电静液驱动执行器为例，通过对航空泵高压高速流体非稳定流动、高速重载摩擦副固-液-热多场耦合作用规律和旋转组件多自由度复杂动力学行为，以及电机泵一体化高速转子系统失稳机理、转子高速搅拌与热平衡控制技术等的研究[16]，使其功率密度达到 7.3kW/kg；研究电机、泵、液压缸等元(部)件的参数匹配关系，分析其对能效、动态特性的影响规律；研究高功率密度电机泵高效运行机理，以及高能效电静液驱动执行器集成设计优化方法，实现执行器最佳功率匹配。航空电静液驱动执行器由于集成度高、功率密度大、效率高、安装维护性好等优点，可替代传统集中油源分布式阀控作动执行器，是未来飞机的主导机载作动系统，且随着技术发展和成熟，在机器人、工程机械等领域也具有广阔的应有前景。

增材制造技术为驱动与传动系统的集成化和紧凑化设计及制造提供了有效途径，如采用增材制造加工的航空发动机燃油喷嘴，与传统加工方法相比重量可减少 25%，其基础研究包括轻质材料增材制造力学特性、异形流道增材制造工艺、成形质量对沿程阻力系数的影响规律、流道表面未熔融颗粒检测及去除技术等[17]。此外，小型化和空间适应性异形油箱设计在移动机器中备受关注，油箱小型化和异形化对散热、气泡快速析出和杂质高效分离都带来了挑战，迫切需要进行基础理论研究。

3.2.3 绿色驱动与传动

1. 背景与需求

驱动与传动系统在实现能量的转换、传递及分配过程中，伴随着各环节的能量耗散，会产生振动噪声和有害物质，造成环境污染和生态破坏。一方面，随着移动机器电气化的发展趋势，机械传动元(部)件日趋高速化，振动和噪声问题凸显[18]。另一方面，现有驱动与传动系统的传动和润滑介质主要以石油基矿物油为主，泄漏或已达寿命年限的废旧传动和润滑介质如果排放到环境中，将造成地下水和土壤的严重污染。因此，需通过持续的技术创新提升驱动与传动系统在噪声、环保方面的指标。

绿色驱动与传动研究主要关注在驱动和传动系统设计、制造和服役全生命周期内，如何保证机器装备与人和自然的和谐相处，其中静音、环保是近年来两个备受关注的方向。例如，飞机、工程与施工机械、道路和轨道车辆等装备的振动与噪声不但影响驾驶与乘坐舒适感，也对周边居民生活和动物生存环境造成极大影响；又如，潜艇等舰船装备的振动与噪声指标更是直接影响国家的战术和战略能力，潜艇水下辐射噪声每降低 6dB，自身被声呐探测到的距离将增加 1 倍，当前国际先进的潜艇噪声已迈入 110dB 大关，如美国“海狼”级攻击核潜艇噪声约为 95dB。对于传动与润滑介质，全球每年消耗量超过数千万吨，尽管许多国家已制定了废旧传动与润滑介质的回收和利用相关的标准，但仍有约 30% 的废旧传动与润滑介质排放到环境中，造成严重的生态污染。以煤矿机械为例，为了防范火灾，液压传动系统通常采用高水基液压液、油包水乳化液、水 - 乙二醇或无水型合成液作为工作介质，全国每年约 7.5 万 t 这类水基介质排到井下，造成了 200～300m 深的地下水大面积污染。

可持续发展战略和绿色经济是国际社会的共识，国际上出台的日益严苛的机器噪声、污染治理法律法规，给装备制造业带来巨大挑战，同时也是绿色驱动与传动技术发展的原动力。

2. 现状与趋势

绿色驱动与传动的基础研究主要集中在两个方面：一是以减少噪声污染为目标的驱动与传动元（部）件与系统的减振降噪；二是以减小环境污染为目标的环保介质驱动与传动。绿色驱动与传动的发展趋势如图 3.5 所示。

1) 元（部）件与系统的减振降噪

机械系统减振降噪手段主要分为降低噪声激振源强度和降低传递路径贡献率两类。基于多自由度数控齿轮加工机床的齿廓和齿向修形设计方法得到广泛的研究和应用，将航空、船舶及工业中一些重要设备的齿轮传动振动噪声降低了 10dB；另外，电动机与液压泵高度集成的变转速液压动力单元，降低柱塞泵流量脉动和压力冲击，消除电机冷却风扇，使电机泵组的噪声降低 5～10dB。现代装备对驱动与传动系统的振动与噪声提出了更高的要求，如欧洲“地平线 2020 年”计划，提出制造更清洁、更安静的飞机、车辆和舰船；美国海军将潜艇的声隐身技术列为重点发展的关键技术之首；我国“十三五”期间也提出了潜艇齿轮传动噪声小于 75dB 的目标。随着驱动与传动元（部）件朝着高速、高压以及高功率密度方向发展，高参数与低振动噪声之间的矛盾愈发突出，尤其是驱动与传动集成一体化趋势，其机 - 电 - 液耦合增加了振动噪声机理的复杂性。

目前研究重点集中在以下方面：研究高压大流量工况下传动元（部）件内部的高阶旋涡、强剪切流、高速射流、多相流对振动耦合机理与噪声分布的影响规律；研究齿轮传动系统噪声振动的产生机理、摩擦自激振动与噪声耦合传递规律；对于高压流体元（部）件的结构噪声与流体噪声，开展了基于声压级 [19]、振

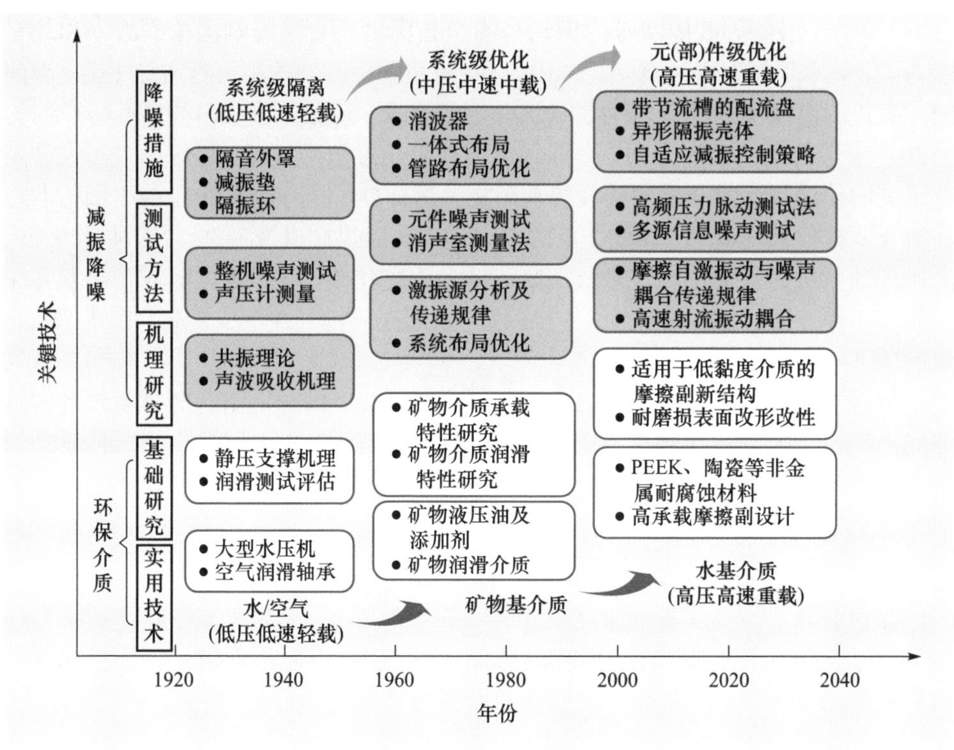

图 3.5　绿色驱动与传动的发展趋势

动和压力脉动等多源信息的噪声测试研究，形成了高阻抗法、伸缩管道法、二次源法和双麦克风法等多种高频流量脉动测试评估方法；针对振动噪声传播路径，通过元（部）件的阻尼等结构模态参数的设计优化，研制各种隔振、吸振装置，取得了较好的效果，尤其是对广域谱的振动噪声，自适应主动和主被动混合减振降噪技术备受重视。

2) 环保介质驱动与传动

驱动与传动系统最早应用的介质是水，后由于矿物油的润滑性能更为出色，代替水作为传动和润滑介质，极大地促进了驱动与传动的技术进步，但同时带来了日益严重的污染问题。新型适应水润滑的工程材料不断涌现，促进了水液压驱动与传动的快速崛起，并被认为是解决传动和润滑介质污染的最佳方案。欧洲“尤里卡计划”将水液压作为重点发展方向；日本对机械驱动与传动的绿色化高度重视，将水液压与油压、气压与功能流体并列为四大流体传动领域方向，推出了 Universal ADS(通用水液压驱动)、Steam Turbine ADS（蒸汽涡轮机水压驱动）、ADS-Robot（水压驱动机器人）三个项目计划，并于 2019 年提交了多项水液压国际标准提案，积极抢占国际水液压传动技术领域的话语权。我国水液压技术研究和应用也取得若干标志性成果，提出了基于化学反应膜的海水润滑摩擦副材料配对方案，研制的水液压元（部）件和系统应用于“蛟龙号”载人深潜器、散裂中子源等国家重大工程。与此同时，以水和可生物降解流体作为润滑介质的轴承、齿轮传动系统也开始得到应用。

目前，研究重点关注两个方面：一方面是研究水基 / 可降解液的新配方，采用乳化液添加剂等手段改善环保介质的润滑性、耐腐蚀性、稳定性等物理化学特性，但成本等问题限制了新型环保介质的推广应用；另一方面是采用水或其他低成本环保介质作为传动 / 润滑介质，重点研发适用于环保介质的轴承、齿轮箱、液压泵、液压阀等传动元（部）件[20]。目前水介质驱动和传动系统的压力等级低，如丹佛斯的水压驱动系统的压力通常为 14MPa，与石油基介质液压传动系统的 35MPa 压力等级相比还有很大差距。为了解决低黏度的环保介质润滑性差、易气蚀等问题，以及可降解生物介质的氧化稳定性和低温流动性差，导致元（部）件的润滑密封副在宽温域范围内的承载稳定性不足，围绕齿轮传动啮合面、柱塞泵关键摩擦副、滚珠保持架等传动接触面的形性调控开展了大量研究工作，通过改进承载结构、优化金属材料表面处理工艺等手段降低传动元（部）件对介质黏度的要求，同时积极探索 PEEK、陶瓷涂层等自润滑耐腐蚀非金属材料的应用。综上，未来的趋势是突破重载摩擦副腐蚀磨损机理、新型复合材料成形工艺、低黏度介质高压密封与润滑以及强气蚀条件下过流部件的长寿命设计与制造等基础研究难题，构建高功率、高负荷、强适应性以及宽温域环保介质驱动与传动的技术体系。

3.2.4　高性能驱动与传动

1. 背景与需求

驱动与传动系统的高性能内涵通常包括传动精度、响应频率、运行平稳性、控制鲁棒性、工况适应性等，近些年的研究主要集中在精度、智能与柔性三个方面。

精度是对执行机速度、力、位姿、位置等准确性的量化评价。精密驱动与传动对于推动精密及超精密加工、微纳制造、光电工程等学科发展，满足高精度数控机床、光刻机等半导体制造装备、航空航天以及生物医疗器械等装备产业需求具有重要意义。执行机的运动和定位精度与驱动原理及传动构型密切相关，通常，在微米级主要通过机械、流体、电磁等传动形式将原动机运动准确地传递至执行机，而在纳米级则主要依靠压电陶瓷驱动器、洛伦兹 / 音圈电机驱动、正应力 /

变磁阻电机驱动、磁致伸缩驱动器等实现精确的定位。精密驱动与传动发展重点是向极限性能指标方向发展，如更高精度、更快速度、更大运动范围、更低的功耗以及适应更复杂工作环境等，这些极限指标之间通常难以兼顾。例如，大飞机自动钻铆托架驱动系统的设计要求额定扭矩 50000N·m 以上，传动精度及回差 0.005rad 以内。在高分辨率的极紫外光刻机定位平台设计中，要求达到米级行程、0.1nm 级精度、1kHz 以上带宽[21]。原子及近原子尺度制造实现原子量级的材料去除、迁移或增加，关键是构建原子及近原子尺度的超高精度驱动与传动机构。

智能化是提高驱动与传动系统性能的“使能”手段。过去 30 年，机电一体化是驱动与传动技术最大的技术进步，机电一体化闭环控制取代机械式主被动控制方式，传动精度和效率逐步提升。近年来，通过与工业互联网、物联网、云计算等深度融合[22]，驱动与传动系统具有自感知、自决策、自调整、互理解和互操作等能力，从而提高装备作业效率、自主性和环境适应性等。以信息化或智能化施工为例，自主或遥操作的机器需自主完成任务分解、轨迹规划、自主避障、作业效果自检等功能[23]，对驱动与传动系统设计和控制提出了新的要求。未来自主作业或遥操作智能装备，将大量采用电子控制器取代传统的机液反馈控制，参与局部闭环控制的传动元（部）件增多，并要求更高的动态响应能力、精度和分辨率，满足适应工况突变以及精细化作业的需求。同时在控制策略方面，驱动与传动系统的复杂度提升、控制维度增多、非线性因素增强，传统基于数学机理模型的现代控制方法难以适应。而近十几年迅速发展的人工智能技术具有强大的计算和自我学习能力，其与传统控制方法的融合势必将成为今后驱动与传动系统控制技术发展的巨大推动力。

柔性驱动与传动利用可承受大应变的柔性材料来实现驱动和传动，柔顺运动是其核心特征，以提高执行机与负载界面的适应性。柔性驱动与传动主要通过两种方式来实现：一种是利用流体、绳索等实现能量的传递及多自由度运动控制，如气动肌肉、象鼻机器人等，但在驱动力、能量密度等方面，仍有较大改善空间；另一种是利用柔性功能性材料，如介电弹性体、电活性聚合物[24]、电/磁致伸缩材料、形状记忆合金、光敏材料等进行能量转换与传递[25]，在许多领域表现出了应用潜力，是未来柔性驱动与传动研究的重点方向。例如，作为压电陶瓷材料的一种，具有非常柔软特性的压电纤维复合材料驱动器得到应用，既能保持高导电性也具有高应力的弹性金属橡胶、记忆聚合物以及极小泊松比的复合聚合物材料等也应用于柔性驱动与传动单元的研制。软体机器人是当前国际研究热点，美国国防部高级研究计划局设立专项基金用于柔性驱动机器人的研发，欧盟斥资近千万欧元启动了仿生柔性微创手术臂的研究项目，德国费斯托公司创新研制了人工肌肉、主动关节式扭转单元等新型柔性传动元（部）件，并据此持续推出多款性能优异的仿生动物机器人。为了进一步提高固定翼和旋翼飞行器，以及风力机桨叶等的综合性能，实时改变固定式叶片或襟翼结构的功能材料驱动已研究多年，在设计方法、材料开发、复合材料结构设计等方面积累大量经验，这种“柔性的自适应结构”可显著提高机器的可靠性、降低噪声和能源消耗。

2. 现状与趋势

高性能驱动与传动的发展趋势如图 3.6 所示。近年来，研究者围绕高精度数控机床、半导体制造装备、航空航天装备、生物医疗器械、智能施工装备、智能机器人等高端装备产业需求，针对高性能驱动与传动系统的精密驱动、智能控制和柔性驱动的设计与制造开展了深入基础研究工作。

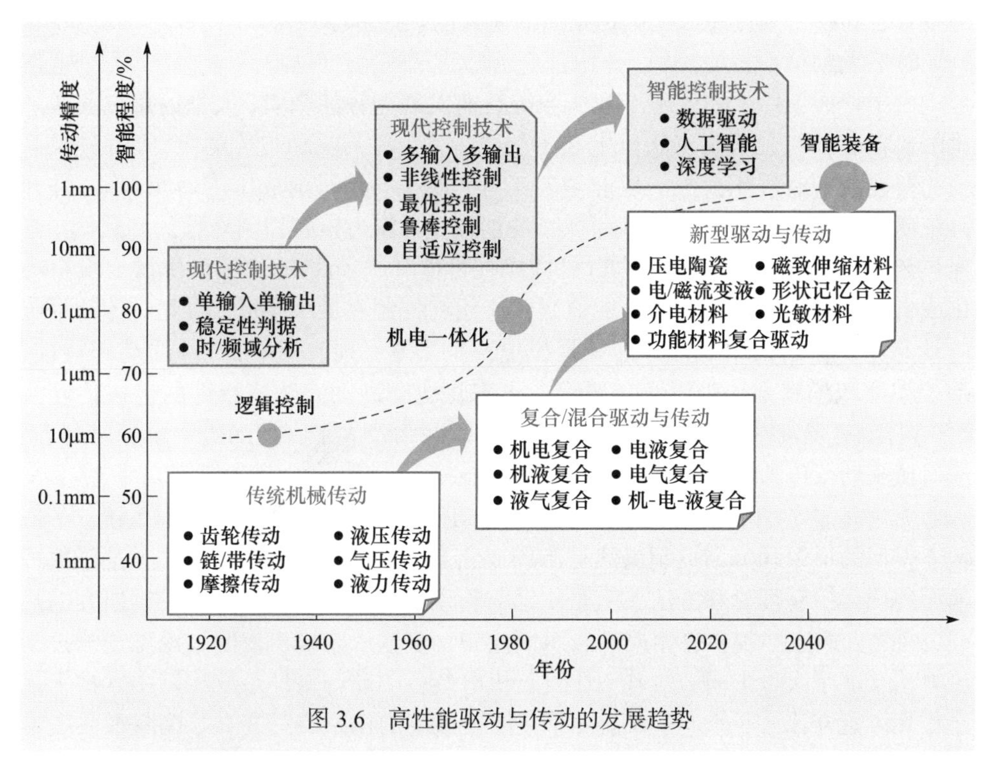

图 3.6　高性能驱动与传动的发展趋势

1) 精密驱动与传动

基于闭环补偿控制的传统机械和液压伺服传动系统定位精度极限达到微米级，六自由度磁浮平面电机伺服系统可实现跨尺度驱动，在数十厘米行程上达到了 10nm 级的定位精度，功能材料 / 电磁驱动混合的伺服传动系统定位精度达到纳米级。精密元 (部) 件的动力学模型及性能仿真精度不断提高，参数优化设计方法日趋成熟，显著提升精密驱动与传动元(部)件的精度极限以及在极端工况下的精度保持能力。尤其是基于功能材料掺杂及多功能材料复合的高性能材料制备方法不断创新，以及基于4D打印的形状记忆合金/高分子等新型材料发展迅速，电/磁/光/热致动的功能材料精密驱动器性能得到不断提高。实现精密传动系统的误差溯源和自适应补偿，传动机构构型设计及控制非常关键，逐步形成了基于限制、旋量、图谱和拓扑优化的构型设计方法，以及针对复杂柔顺并联传动机构设计和优化的位置空间设计方法。在跨尺度粗精复合驱动与传动方面，跨尺度运动变换技术、多变量驱动控制技术不断进步，形成了气浮/磁浮+直驱+音圈/压电+柔顺机构的粗精叠层结构复合驱动与传动构型及其控制方法。为进一步提升多自由度柔顺传动系统的精度、功率密度和结构紧凑性，驱动与传动混合构型综合和动力学性能匹配优化是当前研究的热点和难点[26]。

2) 驱动与传动智能控制

由于智能工厂、智能施工与作业等行业发展趋势的牵引，大量信息化和智能化的机器装备将会成为未来机电装备的主力军，对其驱动与传动元(部)件及系统的智能化控制提出挑战。以非道路工程机械为例，目前液压传动元(部)件和系统研发的主题是高作业效率和低燃油消耗量，作为核心控制元件的多路阀，其聚焦于降低压差损失和提高执行机构操控性能[27]。而智能化工程机械要求自动化或自主化施工作业过程中目标值误差应始终控制在最小限度，因此对传动系统的动态性、控制精度、鲁棒性等提出更高的要求，现有元(部)件的动态特性、系统构型和控制方法难以满足要求。未来将研究高动态响应特性的机械传动元(部)件，实现机械传动与信息传感、5G/6G网络及人工智能的进一步深度融合，使机械驱动与传动系统具有强类生命体功能。

无论是复杂的驱动与传动元(部)件，还是复杂构型的闭环控制系统，不依赖于模型的反馈和前馈控制仍然是市场成熟产品运动控制的主流形式。基于数理模型的现代控制理论和方法一直是驱动与传动系统能量调节和运动控制研究的热点，围绕自适应控制、鲁棒控制、滑模控制、多输入多输出控制、模型预测控制等方法开展了大量的研究工作，在复杂机电装备驱动与传动系统控制中发挥了重要作用。近年来，驱动与传动元(部)件及系统的构型日趋复杂，控制参数变量显著增多，呈现出的多自由度、高输入维度和多控制目标的发展趋势，基于数理模型的现代控制理论和方法难以满足工程应用的实时性和鲁棒性要求。目前，基于数据驱动的混合机理模型控制理论和方法成为研究热点，充分利用人工智能领域的神经网络深度和强化学习算法，构建智能化的驱动与传动控制系统。

3) 柔性驱动与传动

柔性驱动与传动理论上具有无数个自由度，自身的柔顺性弥补了刚性传动的不足，尤其是与机器人及仿生设计等学科深度交叉融通，是近年来本领域的热门研究方向[28]。柔性驱动与传动元（部）件的材料具有大变形非线性特性，对其运动学和动力学建模和控制带来了极大的挑战。而且柔性驱动与传动需通过柔性介质或者软体材料来转换和传递能量，其非刚性连接特性导致接触面滑移和变形严重，可变形和高柔顺性使得传统的传感器如编码器、电位计和刚性力触觉传感器等难以应用到柔性驱动与传动部件上，运动信息感知和闭环控制变得非常困难，给运动控制带来大量新问题。有代表性的研究内容包括：基于流体和绳索等柔性介质实现了能量的定向传递及多自由度的运动输出，磁致变形柔性材料则实现了驱动部件的任意构型，光致变形材料实现了柔性驱动部件的远程操控，电致变形柔性材料达到了数百赫兹频率响应速度，介电弹性体 / 水凝胶等柔性驱动材料实现了自愈功能。柔性驱动机构构型形成了跨多尺度的仿生设计理念，如基于 DNA 的螺旋结构到细胞的自变形行为，以及模仿动物的生理特征和运动方式等基础研究。

3.3　未来 5～15 年研究前沿与重大科学问题

驱动与传动系统是大型机电装备集成设计的关键环节，直接决定机电装备的作业性能、能耗排放及服役寿命等关键参数。紧密结合国民经济发展和国防建设重大需求，本领域的研究前沿及其重大科学问题包括以下四个方面。

3.3.1　研究前沿 1：驱动与传动系统的预测性维护

预测性维护技术通过避免发生意外停机、缩短计划停机时间，最大限度地延长设备使用寿命，是本领域的前沿研究方向。实现驱动与传动系统的预测性维护，需揭示驱动与传动元（部）件在多物理场作用下的极限性能和失效机理，研究驱动与传动关键元（部）件的故障诊断和寿命预测，掌握具有容错控制和重构功能的驱动和传动系统构型创成方法。驱动与传动系统的预测性维护前沿方向部署如图 3.7 所示，在该研究方向需重点关注的重大科学问题如下。

1. 驱动与传动元（部）件性能退化机理

驱动与传动元（部）件负载工况的复杂性、多样性及耦合性对载荷谱获取和模拟提出挑战，而真实载荷谱的获取是考核和改善驱动与传动元（部）件可靠性的前提。驱动与传动元（部）件在极端工况载荷谱作用下会产生磨损、疲劳、卡滞、断裂等多种失效，在其动态演化过程中存在耦合性或因果关系。驱动与传动

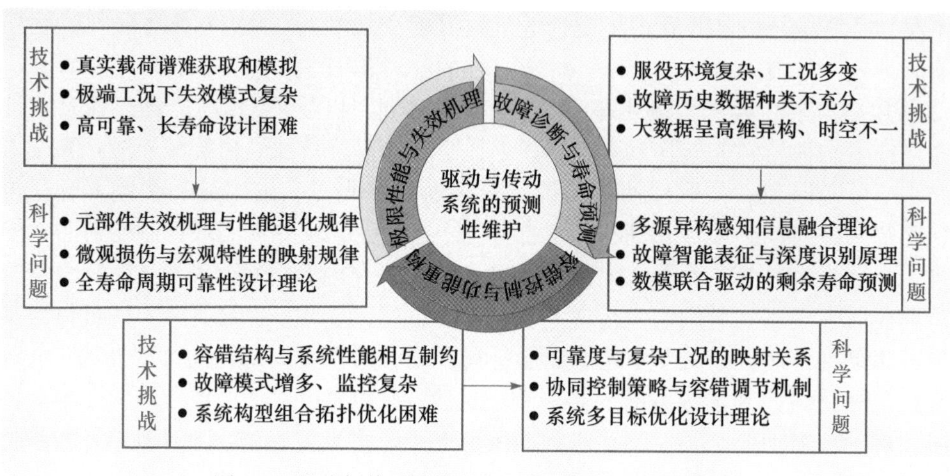

图 3.7　驱动与传动系统的预测性维护前沿方向部署

元（部）件现场数据或加速寿命试验数据通常较少，可靠性模型的置信水平难以保证，而高维数和非线性导致可靠性分析效率与精度低，极端工况下的驱动与传动元（部）件高可靠、长寿命设计困难。

该前沿方向的研究集中在：研究极端工况下加速寿命试验方法与材料累积损伤性能退化规律，建立多场强耦合界面微观特性动态演化与元（部）件宏观外特性退化进程的映射关系，构建融合现场数据、实时感知数据的高置信度动态可靠性模型，研究融合监测和预防性维修因素的驱动与传动元（部）件全生命周期可靠性设计理论。

2. 驱动与传动系统多源异构信息感知融合与故障诊断

驱动与传动系统的健康状态监测需感知不同关键位置的温度、压力、振动、润滑和介质清洁度等状态信息，产生了大量异构数据信息，研究多源信息耦合机制对构建系统数据模型至关重要；另外，驱动与传动系统的服役环境复杂、作业工况多变，导致相同系统之间服役信息在大数据中的表征不同，需综合考虑系统当前状态与历史数据，造成驱动与传动系统大数据呈高维异构、时空不一等特点，导致故障模式深度识别困难。

该前沿方向的研究集中在：研究驱动与传动系统内源多物理量集成感知及同步传输技术，以及海量高维时变数据的智能压缩与多源异构信息数据融合分析技术，探索数据驱动与机理模型融合的驱动与传动系统故障诊断和寿命预测方法，设计多源信息感知与自主决策一体化的高可靠驱动与传动系统。

3. 复杂异构系统的风险评估与容错控制

航天航空、能源装备等高安全装备以可靠性为首要指标，其驱动与传动系统通常采用冗余备份和容错控制结构，但这些结构本身又会影响系统其他指标，例如，影响飞机的功率密度、飞行品质等，因此需要深入研究可靠性与其他功能指标之间的制约关系[29]。由于系统冗余度的大幅增加和大量非相似余度的出现，故障模式和监控复杂度陡增，对容错控制逻辑和功能重构模式提出严峻挑战。

该前沿方向的研究集中在：研究相似余度系统的共因故障机理与可靠度分析，揭示不同传动形式可靠度极限与复杂负载工况的映射关系，研究非相似余度驱动与传动系统的可靠度分配与综合方法，探索独立分布式传动系统的智能时序控制策略与容错适应调节机制，研究以可靠性为约束的离散 - 连续混合型的复杂异构传动系统多目标协同优化设计。

3.3.2　研究前沿 2: 驱动与传动系统的能量管理

效率偏低是机械驱动与传动系统普遍存在的问题，目前机械驱动与传动元 (部) 件和系统的效率尚不能很好地满足国防军工、交通运输、工程机械等应用领域的要求，其中流体传动系统的效率问题尤其突出。美国流体动力协会 (National Fluid Power Association, NFPA) 及卡特彼勒、帕克等在内的 31 个主流厂家的行业调查报告显示，流体动力技术的平均效率只有 22%, 主要原因包括元 (部) 件效率不高、工况不连续性、载荷变化范围大等导致驱动与传动系统无效功率难以回收和利用[30]。高效驱动与传动系统的能量管理前沿方向部署如图 3.8 所示，在该研究方向需重点关注的重大科学问题如下。

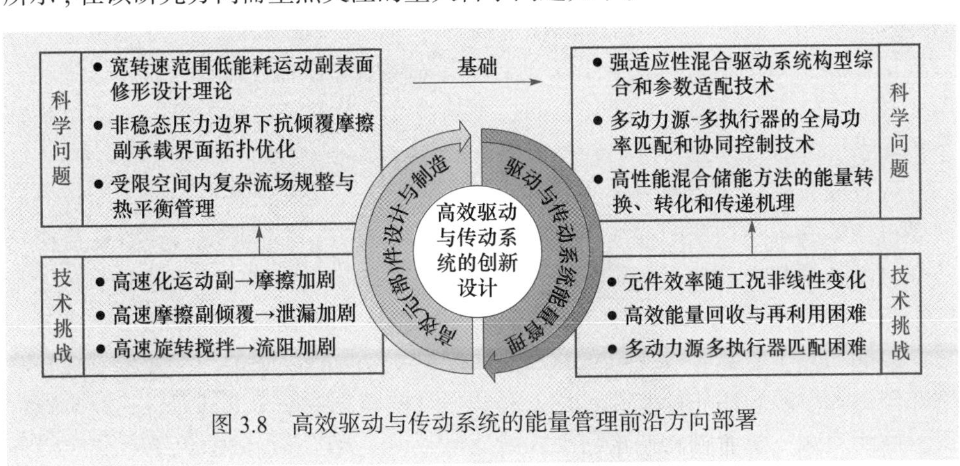

图 3.8　高效驱动与传动系统的能量管理前沿方向部署

1. 高转速驱动与传动元(部)件的能耗机理与节能设计

伺服电机代替内燃机作为原动机的应用日益广泛，伺服电机极限转速高、调速范围大，加剧了减速器和液压泵等的高转速元(部)件能耗损失。一方面，运动副界面滑移速度增大，摩擦损失增大，对于柱塞泵，转速增大导致旋转组件离心力增大，摩擦副倾覆程度加剧，导致泄漏损失增大；另一方面，齿轮和液压泵高速旋转导致风阻、液阻增大，一体式电机泵壳体内油液起润滑和冷却作用，旋转组件高速搅拌使油液湍流程度加剧，搅拌损失激增影响元(部)件内部热平衡和润滑性能。

该前沿方向的研究集中在：充液壳体内旋转组件圆柱群主动绕流耦合机制，非稳态压力边界下抗倾覆摩擦副承载界面拓扑优化，宽转速范围低能耗运动副表面修形设计理论，受限空间内复杂流场规整与热平衡管理，双变量一体式电机泵转速-排量最优协同控制。

2. 驱动与传动系统的高效调控与混合储能方法

驱动与传动系统通过调节系统的运行参数来实现能量高效转化和传递，系统能量转化效率与各元(部)件的效率有关，而元(部)件效率受系统运行参数影响。以静液压传动系统为例，液压泵/马达的效率受压力、转速和排量等因素影响，中小排量下的效率大幅下降，需要综合调节系统的压力、转速、排量等参数，使液压泵/马达运行在高效率区域。对于包括原动机在内的驱动与传动系统，高效的系统能量转化需要综合考虑驱动与传动系统中各元(部)件的运行状态，当系统构型变得复杂时，基于各种优化方法的能量管理显得尤为重要。该前沿方向的研究集中在：直驱式动力总成的耦合设计和智能控制，多自由度传动系统的能效最优动态规划技术，强适应性混合驱动系统构型综合和参数适配技术，多动力源-多执行器的全局功率匹配和协同控制技术，面向多变负载工况的高能效高动态传动系统多目标优化与精确调控方法。

现有混合驱动与传动系统的第一原动机通常为高功率密度但响应速度较慢的内燃机。随着驱动功率的增加和负载变化速度的加快，混合驱动与传动逐步向高功率、高效率和高性能方向发展。由于内燃机转动惯量较大，功率变化较慢，难以实现内燃机与负载之间的高效高性能匹配。第二原动机(如电池、电容、飞轮、蓄能器等)是实现系统高效高性能匹配的重要元件，既是功率元件，又是储能元件。理想的储能元件要同时具备高功率密度和高能量密度的特性，然而现有单一储能方式无法兼顾高功率密度和高能量密度，难以满足内燃机与负载之间的快速功率匹配和长期功率匹配。针对混合驱动与传动系统的储能方法，需要探究电、机、液、气等传统储能方式的功率和能量密度极限，探索磁、光、热等新型储能方式和混合储能新方法，揭示高性能混合储能方法的能量转换、转化和传递机理，研究高性能储能新元件与原动机之间的高效功率匹配方法。

3.3.3　研究前沿 3：静音驱动与传动系统的设计与制造

驱动与传动元（部）件及系统在高速重载等工况下普遍存在振动与噪声大的问题，难以满足日益严苛的环保法律法规要求。未来 10～15 年，降低驱动和传动系统振动与噪声是重点和热点研究方向。为此，需揭示高速重载齿轮箱、高压液压泵 / 马达、高压大流量液压阀等典型元（部）件噪声产生与传播机理，研究高速重载驱动与传动系统的噪声溯源和主 / 被动抑制技术。静音驱动与传动系统的设计与制造前沿方向部署如图 3.9 所示，该方向需重点关注的重大科学问题如下。

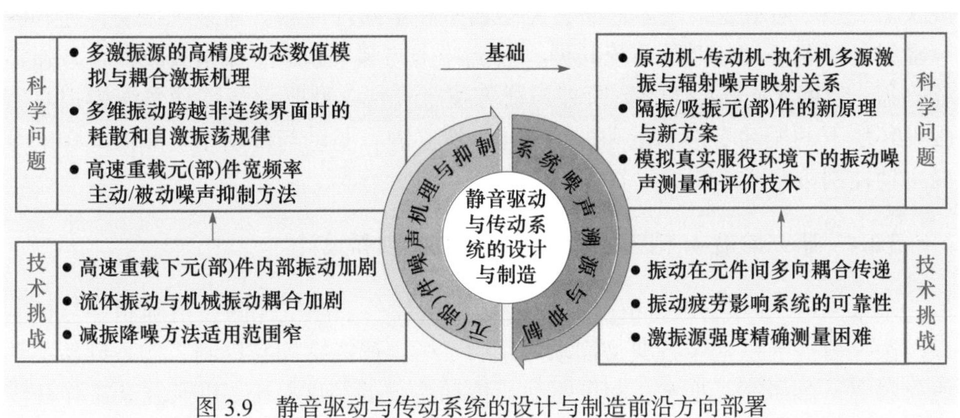

图 3.9　静音驱动与传动系统的设计与制造前沿方向部署

1. 高速重载元（部）件的振动噪声机理与抑制方法

高速重载的驱动与传动元（部）件在运动和动力传递中易出现传动构件接触面变形，产生机械 / 流体振动，进而形成空气辐射噪声。对于重载齿轮、高速轴承、高压泵 / 马达、电液伺服阀等复杂元（部）件，具有复杂的固 - 液 - 热多场耦合、强非线性载荷分布等特点[31]，给多激振源识别以及振动传递路径建模仿真带来巨大挑战，传统的主 / 被动减振降噪方法也面临着适用范围窄、效果不明显等难题。

该前沿方向的研究集中在：元（部）件内多源多维振动噪声传播路径建模仿真，揭示累积损伤下的动力学特征和声振特性演化规律，研究制造工艺参数、润滑状态、温度、传动界面接触状态、局部阻尼刚度等因素对振动噪声的贡献度，探索流体噪声激振源和结构噪声激振源的耦合振动机理，揭示多源振动跨越固、液、气非连续性界面时的耗散和自激振荡规律，构建宽频域主动 / 被动噪声抑制方法。

2. 静音驱动与传动系统的噪声溯源与振动抑制

汽车变速箱、潜艇和飞机集中式液压动力源等驱动与传动系统面临着严苛的噪声指标约束，飞机的复杂液压管路振动疲劳破裂仍然是工程中常见的问题。随着传动元（部）件的转速和载荷能力等指标的提高，驱动与传动系统的空间结构布局、机械连接方式与传动管路布置等显著影响驱动与传动系统的振动与噪声。目前低噪声驱动与传动系统的设计方法、隔振 / 吸振材料与工艺、低成本的振动与噪声的测试和评估手段仍然缺少基础研究的支撑。

该前沿方向的研究集中在：研究原动机 - 传动机 - 执行机多源激振与辐射噪声映射关系，揭示复杂流体管路、传动轴系和紧固件分布等对系统振动传递和噪声辐射的影响规律，以及系统共振、液流冲击与啸叫机理，探索吸波器、减振器等隔振 / 吸振元（部）件的新原理与新方案，研究典型驱动与传动系统模拟真实服役环境下的振动噪声测量和评价技术，建立静音驱动与传动系统减振降噪的全局主动控制策略。

3.3.4 研究前沿 4: 精密驱动与传动系统的创新设计

未来 10～15 年，以高精度数控机床、IC 装备、深空探测、精确制导与控制以及医疗器械等精密装备典型需求为牵引，结合智能感知与控制、构型创新、功能材料等基础研究，改善高参量驱动与传动系统的精度极限，以及复杂工作环境下的精度保持能力等。其中，提高驱动与传动元（部）件精度极限及环境适应性是基础，精密驱动与传动系统的构型设计及误差补偿控制是关键。精密驱动与传动系统的创新设计前沿方向部署如图 3.10 所示，该研究方向需重点关注的重大科学问题如下。

1. 重载精密传动元（部）件的设计与制造

精密驱动与传动系统功能指标的实现依赖于对元（部）件接触界面的微观特征及其演变规律的深入理解。重载工况下驱动与传动元（部）件接触界面在结构应力和热应力作用下的弹塑性变化显著，而且随着疲劳裂纹和点蚀磨损的作用，接触界面在微观形貌上产生累积损伤，降低了装备的传动精度极限值和精度保持能力，给精密驱动与传动元（部）件的设计与制造带来极大挑战。

为此，需重点研究重载精密驱动与传动元（部）件的多场耦合作用规律及极

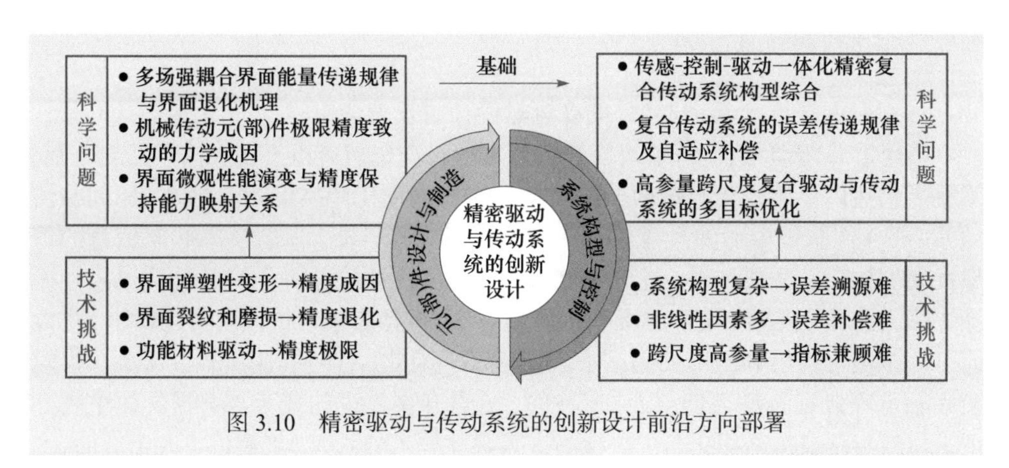

图 3.10　精密驱动与传动系统的创新设计前沿方向部署

限精度致动的力学成因；界面微观形貌及接触特性测量原理；界面微观性能演变与机械传动极限精度退化的映射关系；接触界面的形性调控工艺优化和精度保持技术；微型驱动与传动元(部)件制造工艺；多种功能材料的复合制造及微位移放大原理。

2. 宏 - 微 - 纳跨尺度超精密驱动与传动系统的构型及控制

宏 - 微 - 纳跨尺度精密驱动系统已成为重大精密装备的核心技术，其设计与控制面临诸多挑战。首先，宏 - 微 - 纳跨尺度的特征决定了驱动与传动元(部)件在质量、行程、精度上存在巨大差异，难以兼顾整体构型设计上的矛盾；其次，特殊环境复杂工况下跨尺度超精密驱动系统具有多物理场强耦合的动力学特征，导致超精密定位控制系统难以有效抑制各种非线性不确定因素的干扰；此外，复合驱动与传动系统构型的误差传递复杂，且通常执行机运动尺度范围及精度指标频繁切换，给综合优化设计带来困难。

为此，需重点研究重载精密驱动与传动系统误差传递累积规律及自适应补偿控制理论；传感 - 控制 - 驱动一体化精密复合驱动与传动构型综合方法；复合驱动与传动的多场耦合动力学规律；高速比、大行程、纳米级复合驱动与传动系统的多目标优化控制；极端工况下的粗精一体式驱动与传动的智能平顺切换技术；密集阵列式多自由度驱动与传动系统的高精度协同控制。

3.4　未来 5～15 年重点和优先发展领域

以国家重大装备需求和学科发展为牵引，针对机械驱动与传动领域的发展趋势和前沿热点研究方向，建议重点和优先发展以下领域。

1. 高可靠驱动与传动

1) 高速重载传动元（部）件的高可靠设计与长寿命服役

高速重载传动元（部）件可靠性设计方法目前仍然难以直接支撑产品的研制，工业界仍然以试凑设计与试验的手段反复迭代来优化产品设计。此外，驱动与传动元（部）件服役寿命的可靠性评估方法仍不完善，缺少融合实际状态信息的可靠性模型构建与分析方法，尤其是能表征复杂工况下全生命周期特性的可靠性设计方法。此外，极端环境和工况下传动元（部）件动态失效机理与演化规律，难以通过模拟实际环境和工况的测试手段来验证。因此，针对高速重载液压泵、齿轮箱和轴承等典型驱动与传动元（部）件，重点开展先进的疲劳与磨损失效仿真分析、材料与制造工艺优化、可靠性测试等共性技术的研究，聚焦以下几个方面：

(1) 传动元（部）件的多场耦合非线性动态演化规律。

(2) 结构材料服役过程的性能演变本构模型。

(3) 承载界面抗疲劳、抗磨损形性调控工艺。

(4) 基于非线性累积损伤的加速寿命试验方法。

(5) 融合监测数据和预测性维修因素的全生命周期可靠性设计理论。

2) 分布式独立驱动与传动系统的构型与控制方法

分布式独立驱动与传动技术是满足运载火箭、航天飞行器、核电等重大装备对驱动与传动系统高可靠性要求的重要实现手段。例如，离散液阻型液压分布式控制系统、功率分流与负载均衡型齿轮传动系统等具有很高的可靠性、冗余安全性和长服役寿命特性。分布式独立驱动与传动系统的构型组合拓扑优化受到诸多因素制约，其优化设计较为困难。此外，灵活的多输入控制虽然方便实现容错控制，提高冗余安全性，但显著增加了控制系统的复杂性。重点研究应聚焦如下几个方面：

(1) 高可靠独立控制元（部）件的设计与制造。

(2) 分布式独立控制系统的构型优化与可靠度评估。

(3) 多源信息融合的分布式系统故障诊断与容错控制。

(4) 负载均衡的优化设计与分布式系统协同控制策略。

2. 高效驱动与传动

1) 广域高效流体传动元（部）件创新设计

流体传动以可压缩黏性流体为能量传输介质，效率低是流体传动元（部）件的主要劣势。除了摩擦损失，流体传动元（部）件主要能耗损失包括流体在内部流动的沿程阻力损失和局部阻力损失，尤其是湍流内部涡旋碰撞剪切，此外，密封面处的泄漏损失、阀口节流和溢流损失，导致流体传动元（部）件效率低、系统发热严重。提高流体传动元（部）件的效率，需要结合摩擦学、控制理论、制造工艺等进行创新研究。相关研究主要集中在以下几个方面：

(1) 平滑过渡复杂空间流道的金属增材制造工艺。

(2) 高鲁棒、抗倾覆、高承载摩擦副承载界面正向设计。

(3) 变排量变转速液压泵智能调控理论。

(4) 高转速旋转组件搅拌损失能耗机理与流场规整技术。

(5) 低节流损失阀口设计及调控理论。

(6) 高可靠长寿命动密封设计与制造。

2) 混合驱动与传动系统的构型设计与优化策略

混合驱动与传动构型决定了系统中不同动力源之间的耦合方式和功率特性，构型设计是混合驱动与传动系统设计的首要任务，是系统参数设计和控制策略的基础，通过研究系统中能量流的动态传递规律，调控系统各元（部）件工作区域实现动态匹配，实现无效功率的回收存储和再利用，提高驱动与传动系统的能量转换效率。相关研究主要集中在以下几个方面：

(1) 混合驱动与传动系统的构型拓扑优化。

(2) 自适应可在线重构的混合构型设计。

(3) 混合驱动与传动系统的多输入、多参数、多目标优化方法。

(4) 混合驱动与传动系统的自适应全局能量优化策略。

3) 驱动与传动元（部）件的轻量化设计与制造

高压高速化、非金属材料替代、一体化集成等是提高驱动与传动元（部）件功率密度的重要方式，涉及材料、制造及设计等多个学科交叉。在元（部）件可靠性、服役寿命、能耗、功率密度、环境适应性等多个条件约束下，相关研究主要集中在以下几个方面：

(1) 考虑表面微观形貌的固 - 液 - 热多场耦合承载界面建模理论。

(2) 抗磨减摩新材料及表面改性成形方法。

(3) 高速动密封失效机理与组合设计。

(4) 非金属材料高稳定尺寸精度和无服役蠕变结构成形工艺。

(5) 多功能分体元（部）件的一体化集成设计理论及制造工艺。

3. 绿色驱动与传动

1) 机械传动的减振降噪设计与制造

大功率齿轮箱、轴承等典型重载驱动与传动元（部）件的振动与噪声影响因素众多，如制造误差、润滑条件、磨损状态、工况特点与服役环境等，这些因素互相关联和影响，准确辨识多源和多传播路径的振动与噪声非常困难，因而也无法建立准确的振动噪声模型进行仿真优化设计，难以理论指导重载机械传动元(部)件的关键技术突破和产品研发。

围绕大功率新能源装备、航空发动机、直升机等对重载机械传动元(部)件振动与噪声的苛刻指标要求，开展如下研究：

(1) 重载机械传动元(部)件的多场耦合动力学模型。

(2) 变载荷多源激励的机械传动元(部)件振动及噪声耦合传递规律。

(3) 高精度齿轮啮合振动激励特性及齿轮修形方法。

(4) 复杂齿轮箱系统的低噪声拓扑优化设计。

(5) 齿轮和轴承传动的跨模态主动减振控制。

2) 流体传动的多激振源耦合机理与降噪方法

流体传动元(部)件内部存在多个因旋转、调控、配流而产生的机械与流体激振源，且流体振动与机械振动相互耦合，传递规律复杂。高速流场中介质不连续或不稳定流动是激发噪声的主要根源，尤其是具有本质脉动特征的动力源，其噪声和振动不仅通过其壳体形成辐射噪声，而且脉动流体与下游管路等元(部)件耦合作用而激发更为复杂的振动噪声。

围绕航空航天、舰船等装备对流体传动元(部)件振动噪声指标的苛刻要求，开展如下研究：

(1) 多源多路径激振机理及其与辐射噪声的映射关系。

(2) 宽频域全工况动态滤波消振控制方法。

(3) 近零脉动流体传动动力源的主动减振降噪新原理。

(4) 高刚度噪声辐射面的结构拓扑优化设计方法。

3) 高压水基介质的驱动与传动元件与系统

水基介质由于润滑性差，高压工况下承载界面及摩擦副会产生气蚀、磨损、接触疲劳等损伤，界面的润滑和承载性能严重退化。研究其失效机理将支撑高压水液压元(部)件的结构设计与制造工艺优化。适用于水基介质的非金属耐腐蚀材料及表面涂层工艺研究是提高水液压传动元(部)件压力等级的重要技术手段，是下一代低黏度水基介质的高压水液压传动元(部)件实用化的基础。

围绕煤矿机械、核电装备以及大科学装置等对高压水液压传动元(部)件的性能和安全要求，开展如下研究：

(1) 水基介质传动元(部)件摩擦副的承载润滑特性及损伤机制。

(2) 水润滑非完整流体膜/化学膜支承的摩擦副润滑模型。

(3) 高速射流建模与高压过流部件气蚀冲蚀损伤规律及抑制方法。

(4) 非塑性材料和表面涂层摩擦副表面改形改性工艺。

4. 高性能驱动与传动

1) 超洁净超精密流体控制元 (部) 件及系统

集成电路 (IC) 制造需依赖数十种超纯化学品及超纯水等流体工艺介质。超纯流体介质的超洁净、超精密控制是确保芯片制造性能与良品率的共性关键技术，我国对 IC 制造相关超洁净超精密流体控制技术的研究处于空白，超洁净泵、阀、传感器、液滴发生器等核心流控部件全部依赖进口，不但制约了我国 IC 制造装备与工艺的自主创新，还使我国 IC 产业面临“卡脖子”风险。相关研究主要集中在以下几个方面：

(1) 污染物生成与迁移规律及检测方法。

(2) 超洁净可溶性聚四氟乙烯 / 聚四氟乙烯 (PFA/PTFE) 流道成形机理与工艺。

(3) 非接触式驱动、传动与传感方法。

(4) 超洁净超精密流控部件设计理论。

2) 精密复合传动系统的精度创成与性能调控

采用功能材料的驱动与传动元 (部) 件是实现精密传动的重要手段。从传统的机械传动到新型功能材料的直接驱动发展过程中，出现了种类繁多的驱动与传动方式，从不同尺度范围内提高了驱动与传动的精度和稳定性等关键性能指标，其进步得益于材料、机械、力学、电学、磁学、光学和控制等多学科交叉融合，使得精密驱动与传动的发展呈现复杂性与系统性。相关研究主要集中在以下几个方面：

(1) 面向极限精度的传动界面创成设计。

(2) 时变非线性系统的高精度控制算法。

(3) 高精度制造工艺及精度保持与演化规律。

(4) 功能材料极限精度致动的力学成因。

(5) 纳米级复合传动的多场耦合动力学规律。

(6) 原子尺度的超高分辨传感 / 检测 / 控制一体化定位策略。

3) 基于模型与数据融合的驱动与传动系统智能控制方法

随着元 (部) 件智能化、智能装备集群协同作业等概念的广泛提出，驱动与传动控制系统展现出多自由度、高复杂度、大数据量、高精细化的发展趋势，而基于传统机理模型的控制理论和方法已难以满足智能装备的实时控制需求。采用具有强大计算和学习能力的数据驱动控制方法，有助于解决上述新趋势下的实际应用需求。相关研究主要集中在以下几个方面：

(1) 面向大数据的智能感知 / 诊断 / 预测一体化技术。

(2) 融合数据驱动的系统精确建模方法。

(3) 基于模型与数据融合的非线性控制理论。

(4) 智能驱动与传动系统的多目标综合优化理论。

(5) 高实时性驱动与传动系统的多机协作控制理论。

4) 新型柔性介质驱动系统的设计与控制

新型柔性功能材料驱动精度低、控制困难是目前的国际难题。针对柔性功能材料的驱动机理与精密控制方法是重点突破的研究方向，涵盖了柔性功能材料的致动机理、增材制造辅助的结构设计与制造，刚柔复合精密驱动系统的集成设计与调控等。相关研究主要集中在以下几个方面：

(1) 新型柔性介质驱动机理与致动器设计。

(2) 柔性传动界面接触变形与接触力的演化规律。

(3) 柔性驱动的运动状态感知及非线性补偿技术。

(4) 多场耦合驱动下的刚柔混合驱动精密调控技术。

(5) 刚柔一体化驱动结构的增材制造工艺。

参考文献

[1] Shang Y, Li X, Qian H, et al. A novel electro hydrostatic actuator system with energy recovery module for more electric aircraft. IEEE Transactions on Industrial Electronics, 2020, 67(4): 2991-2999.

[2] Hu C, Wang Z, Zhu Y, et al. Performance-oriented precision LARC tracking motion control of a magnetically levitated planar motor with comparative experiments. IEEE Transactions on Industrial Electronics, 2016, 63(9): 5763-5773.

[3] 国家自然科学基金委员会 . 国家自然科学基金数理科学“十三五”规划战略研究报告 . 北京：科学出版社，2017.

[4] Pecht M, Kapur K, 康锐，等 . 可靠性工程基础 . 北京：电子工业出版社，2011.

[5] 闾耀保 . 极端环境下的电液伺服控制理论及应用技术 . 上海：上海科学技术出版社，2012.

[6] Wiser R, Lantz E, Mai T, et al. Wind vision: A new era for wind power in the United States. The Electricity Journal, 2015, 28(9): 120-132.

[7] Liu H, Liu H, Zhu C, et al. Effects of lubrication on gear performance: A review. Mechanism and Machine Theory, 2020, 145: 103701.

[8] 朱永生，张盼，袁倩倩，等 . 智能轴承关键技术及发展趋势 . 振动、测试与诊断，2019, 39(3): 455-462, 665.

[9] Davis, S, Susan W, Robert G. Transportation Energy Data Book: Edition 30. https://tedb.ornl.gov[2021-5-10].

[10] German J. Hybrid vehicles technology development and cost reduction. Technical Brief, 2015, (1): 1-18.
[11] Corporate Average Fuel Economy Standards. United States Department of Transportation (DOT).https://www.transportation.gov/mission/sustainability/corporate-average-fuel-economy-cafe-standards[2021-5-10].
[12] Cui H, Xiao G. Fuel-efficiency technology trend assessment for LDVs in China: Hybrids and electrification. https:// theicct.org/publications/fuel-efficiency-tech-china-electrification[2021-5-10].
[13] Barasuol V, Villarreal-Magaña O, Sangiah D, et al. Highly-integrated hydraulic smart actuators and smart manifolds for high-bandwidth force control. Frontiers in Robotics and AI, 2018, 5: 51.
[14]《中国公路学报》编辑部 . 中国汽车工程学术研究综述·2017. 中国公路学报 , 2017, 30(6): 1-197.
[15] 秦大同 . 国际齿轮传动研究现状 . 重庆大学学报 (自然科学版), 2014, (8): 1-10.
[16] Chao Q, Zhang J, Xu B, et al. A review of high-speed electro-hydrostatic actuator pumps in aerospace applications: Challenges and solutions. Journal of Mechanical Design, 2019, 141(5): 050801.
[17] Snyder J C, Stimpson C K, Thole K A, et al. Build direction effects on micro-channel tolerance and surface roughness. Journal of Mechanical Design, 2015, 137(11): 111411.
[18] Cooley C G, Parker R G. A review of planetary and epicyclic gear dynamics and vibrations research. Applied Mechanics Reviews, 2014, 66(4): 040804.
[19] International Organization for Standardization. Hydraulic fluid power— Determination of the pressure ripple levels generated in systems and components. Part 1: Method for determining source flow ripple and source impedance of pumps: ISO 10767-1. Geneva, 2015.
[20] Wu D, Liu Y, Li D, et al. Effects of materials on the noise of water hydraulic pump used in submersible. Ocean Engineering, 2017, 131: 107-113.
[21] Dhar N K, Dat R. Advanced imaging research and development at DARPA. SPIE Defense, Security, and Sensing, Baltimore, 2012: 1-9.
[22] 吴飞 , 阳春华 , 兰旭光 , 等 . 人工智能的回顾与展望 . 中国科学基金 , 2018, (3): 243-250.
[23] Dadhich S, Bodin U, Andersson U. Key challenges in automation of earth-moving machines. Automation in Construction, 2016, 68: 212-222.
[24] Bar-Cohen Y, Anderson I. Electroactive polymer (EAP)actuators-background review.

Mechanics of Soft Materials, 2019, 1(1): 1-14.
[25] Ze Q, Kuang X, Wu S, et al. Magnetic shape memory polymers with integrated multifunctional shape manipulation. Advanced Materials, 2020, 32(4): 1906657.
[26] Yoon J Y, Zhou L, Trumper D L. Linear stages for next generation precision motion systems//2019 IEEE/ASME International Conference on Advanced Intelligent Mechatronics. Hongkong, 2019.
[27] Xu B, Shen J, Liu S, et al. Research and development of electro-hydraulic control valves oriented to industry 4.0: A review. Chinese Journal of Mechanical Engineering, 2020, 33(2): 13-32.
[28] Acome E, Mitchell S, Morrissey T, et al. Hydraulically amplified self-healing electrostatic actuators with muscle-like performance. Science, 2018, 359 (6371): 61-65.
[29] Ma Z, Wang S, Ruiz C, et al. Reliability estimation from two types of accelerated testing data considering measurement error. Reliability Engineering & System Safety, 2020, 193: 106610.
[30] NFPA Technology Roadmap. Improving the Design, Manufacture and Function of Fluid Power Components and Systems. https://www.nfpa.com/home/workforce/Fluid-Power-Industry-Roadmap.htm[2021-5-10].
[31] 魏莎，韩勤锴，褚福磊．考虑不确定性因素的齿轮系统动力学研究综述．机械工程学报，2016, 52(1): 1-19.

本章在撰写过程中得到了以下专家的大力支持与帮助（按姓氏笔画排序）：
毛　明　孔祥东　石照耀　杨华勇　张福成　范大鹏　项昌乐　秦大同
郭万林　郭东明　焦宗夏　裘进浩

第 4 章　机械系统动力学

Chapter 4　Mechanical System Dynamics

机械系统动力学研究机械系统在边界条件和载荷作用下的动态规律，着重解决装备各种“系统级”动力学难题，重在从系统角度研究复杂机电系统的客观规律，揭示复杂机电系统行为多过程动态耦合、振动噪声机理、服役性能动态演变的内在机制。随着机械系统结构和功能不断发展与日益复杂，机、电、磁、热等多场耦合，动态行为愈加复杂。对机械系统进行精确、实时、有效的动态性能预测和控制，成为机械系统动力学领域的研究热点和难点。机械系统动力学体现在产品设计研发、生产制造、运行维护全生命周期各个阶段。重大装备“精密不足、高速抖动”等动态特性差，导致振动噪声大、故障易突发、服役可靠性差，严重制约重大装备的自主可控。机械系统动力学聚焦于基础性系统科学问题及其关键共性技术，其研究范围主要包括机械系统动态性能演变规律与顶层设计、振动噪声机理与运行品质优化以及故障智能诊断与运维。

当前，机械系统动力学开始向信息深度交叉融合的趋势发展，涵盖复杂机电系统“设计—制造—运行”全过程，需要构建和发展以下三方面理论方法和技术体系：机械系统动力学分析与设计，振动 / 噪声测试、分析与控制，机械系统动态监测、诊断与维护。未来 5～15 年，面向国际学术前沿及国家重大需求，结合机械系统动力学未来发展趋势，重点和优先发展：物质流、能量流与信息流深度融合下的机械系统动力学理论，全因素影响下机电系统的多学科动力学理论，复杂机电系统动态性能匹配与设计优化，机电系统多体动力学建模、预测与控制，大数据驱动下的机电系统动力学建模与人工智能控制；复杂机电系统的振动噪声控制理论与方法，振动噪声仿生控制理论与方法，多源激励复杂机电系统的低噪声设计方法，复杂机电系统的振动噪声溯源与传递路径分析，气动噪声测试、控制及声疲劳机理研究；复杂机电系统动力学建模与故障机理研究，先进动态测试与多源信息感知技术，新一代人工智能故障诊断技术，机械系统剩余寿命预测理论与方法，重大装备智能运维。为推进制造强国战略实施，动力学已成为复杂机电系统设计制造运行全生命周期过程中亟待解决的关键问题，相关研究必将支撑突破重大装备设计研发、生产制造及运行维护瓶颈，助力创新发展能力和国际竞争力提升。

4.1　内涵与研究范围

4.1.1　内涵

机械系统动力学是重大装备性能指标提升与质量安全保障的核心基础，是解决设计制造运行中出现的各种“系统级”动力学问题以及卡脖子难题的关键理论，可推动我国重大装备由“经验设计、动力验证”向“动力设计、性能孪生”发展。近二十年来，我国学者在机械系统动力学领域进行了广泛深入的研究，总体趋势是前沿理论与重大工程紧密结合，取得了重大理论突破和应用创新。

重大装备制造业是我国工业的重要组成部分，是主要为能源开发、原料加工、生产制造、交通运输等基础工业与国防工业提供技术装备的战略性产业。高性能、高可靠的重大装备为人类美好生活提供了重要支撑。这些装备在不断追求多功能、高效率、高精度和高品质的进程中，随之而来的是机电系统高度集成化、服役环境严苛化、工作条件极端化与技术性能精湛化，从而催生一系列结构复杂、信息融通、高效节能、工况极端、精确可靠的功能系统——复杂机电系统。

复杂机电系统通过将多种单元技术集成起来，在完成高度复杂的多物理过程中，实现能量、物质与信息的传递、转换和演变，形成特定的产品功能[1]。空天飞行器、舰船潜水器、航空发动机与燃气轮机、弹箭火炮、轨道交通列车、混合动力汽车、电子制造装备、新能源装备、高端机床等重大装备都是高度复杂、功能异常丰富、运行控制能力十分强大的复杂机电系统，如图 4.1 所示。

重大装备“精密不足、高速抖动”等动态特性差、可靠性不足是普遍面临的困境，面向极端制造的动力学特性研究与设计不足是其主要原因，由此引发振动噪声大、故障易突发、服役可靠性差等问题，严重制约了高质量重大装备的自主可控。

4.1.2　研究范围

机械系统动力学要解决这类重大装备各种“系统级”动力学难题，就必须从系统角度研究复杂机电系统的客观规律，在多学科实质性交叉研究的基础上，掌握复杂机电系统多场动态耦合机制、振动噪声机理、服役性能动态演变规律。系统动力学运用系统科学的方法研究复杂机电系统的功能生成与多物理过程动态耦合机制，寻找和发现复杂机电系统集成、融合与演变过程的动态规律；从系统的角度研究重大装备的“融合集成效应”，从融合集成过程中的预期效果与实际差

(a) 长江1000航空发动机

(b) 京张智能动车组“瑞雪迎春”

(c) 混合动力汽车

(d) 光刻机

(e) 海上大型风电装备

(f) 高端数控机床

图 4.1　几种典型的复杂机电系统

异中研究和发现系统集成的复杂规律，从系统动态行为的奇异性中研究系统集成中的功能保障与突变机制 [2]；从集成科学的维度，构建由物质流、能量流、信息流协同融合的“设计—制造—运行”理论体系，促进高性能、智能化、绿色环保重大装备的创新研究、设计与开发。

由各种重大装备抽象而来的复杂机电系统本身是一个动态开放的大系统，高品质复杂机电系统追求的极限目标越来越多。当前，机械系统动力学科学研究应聚焦于基础性系统科学问题及其关键共性技术，包括复杂机电系统动力学分析方法与动态性能匹配技术，振动噪声传递机理，复杂机电系统服役性能监测、故障诊断与预示技术等。机械系统动力学研究范畴如图 4.2 所示。

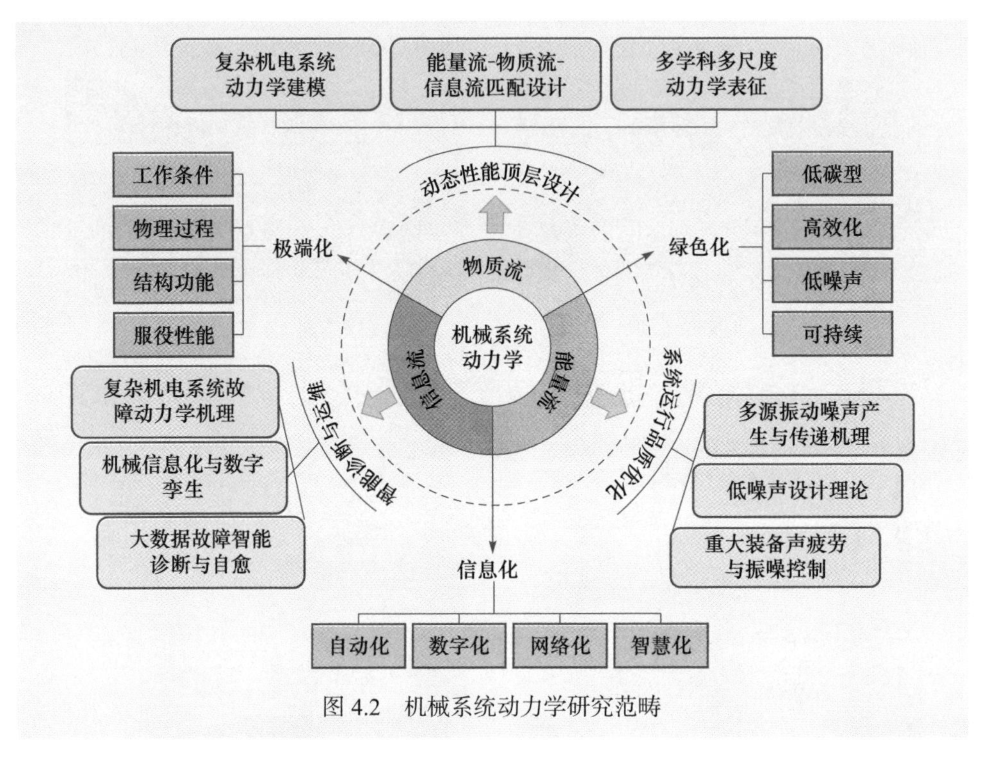

图 4.2　机械系统动力学研究范畴

1. 复杂机电系统动态性能演变规律与顶层设计

研究复杂机电系统动力学建模理论与方法，包括多体系统动力学、大数据驱动的动力学分析方法，以及复杂机电系统动态性能匹配设计方法，揭示复杂机电系统多介质、多尺度、多能场、多过程与多界面耦合机制，发现蕴含于多物理过程之中的系统功能生成原理，揭示复杂机电系统动力学特性。

2. 复杂机电系统振动噪声机理与运行品质优化

探索极大极小尺度的复杂系统多领域统一建模理论与方法，研究复杂机电系统高维、强非线性、多过程与多界面耦合振动噪声的建模、传递与分析方法，研究高强度噪声影响系统声疲劳寿命的机制，探寻振动与噪声控制的新原理与新方法等。

3. 复杂机电系统的故障智能诊断与运维

研究机械信息学中能量流 - 物质流 - 信息流协同作用机理，研究“设计—制造—运行”全生命周期数字孪生、性能突变与故障动态演化的内在规律，研究复杂机电系统故障诊断、大数据智能预示与自愈理论，研究制造新模式下信息流、面向全生命周期的复杂机电系统的安全运行保障理论与方法等。

4.1.3　在经济和社会发展、学科发展中的重要意义

我国仍处于工业化进程中，与先进国家相比还有较大差距。为推进制造强国战略实施，机械系统动力学已成为复杂机电系统设计制造运行中亟待解决的关键问题，相关研究必将支撑突破重大装备设计、制造及运行瓶颈，提升创新发展能力和国际竞争力，抢占竞争制高点。机械系统动力学的发展需要揭示机械系统数学、物理、化学本质，探索能量流、物质流、信息流以及多场、多域耦合机理，构建和发展以下三方面理论方法和技术体系：机械系统动力学分析与设计，振动/噪声测试、分析与控制，机械系统动态监测、诊断与维护。

1. 机械系统动力学分析与设计

装备制造业是为经济社会发展提供技术装备的基础性、战略性产业，重大装备处于制造业的高端，是衡量一个国家工业发展水平的重要标志。装备制造业的发展，对重大装备的精度、能耗、稳定性、可靠性等提出了越来越高的要求。重大装备的性能指标取决于机械系统动力学规律、动力学参数设计与试验验证技术水平。重大装备结构日益复杂，设计过程涉及多学科交叉融合，系统动力学常因某些因素的变化牵一发而动全身，必须从全系统角度进行动力学性能分析和设计，才能保证装备具有良好的性能。

我国在机械系统动力学设计理论、工业软件、控制系统、标准规范和基础数据等方面仍与国际先进水平存在差距。例如，超精密机床是现代高技术武器制造的重要基础，是衡量一个国家制造实力的重要标志之一，我国超精密机床系统尚缺乏整体系统动力学分析与设计，难以应对超精密机床更高精度的需求；超精密机床多场耦合、时变、多体动力学特性及其对制造质量影响机理，是超精密制造装备设计所必须解决的科学难题。

机械系统动力学分析与设计是重大装备设计中最为重要的环节之一，在保障和提升重大装备动态性能、提高产品质量、缩短研发周期、降低研发成本等方面发挥着不可替代的作用，主要体现在：① 设计过程中的结构和参数确定。利用机械系统动力学理论和方法，综合考虑机械产品使用过程中的载荷、结构、环境等复杂因素的影响，可以预估机械产品服役过程中的动态特性，为机械产品优化设计提供理论与技术手段。② 制造过程中的参数及工艺确定。利用机械系统动力学理论，可对不同制造参数和工艺条件下的动态特性加以预估，进而获得不同条

件对产品加工过程中的动力作用及响应特性，建立不同因素与产品质量之间的影响关系，为产品制造参数优化以及工艺选取与改进创新提供理论依据。③ 重大装备运行过程中的动力学性能保持与提升。结合深度学习与人工智能技术，通过机械系统动力学的理论预测和分析，主动感知工作环境并自动进行适应性调控，进而控制相关参数使得系统稳定性、可靠性、效率等动态性能保持在最优水平，同时揭示故障或者失效状态下的机械系统动态特性，为机械系统状态监测、故障诊断与安全运行提供技术手段。

随着机械系统结构和功能不断发展与日益复杂，机械系统动态行为愈加复杂，对机械系统进行精确、实时、有效的动态性能预测和控制，已成为目前机械系统动力学领域的研究热点和难点，典型体现在高速、轻质、软体的机器人，高速高机动性的航空航天器、车辆、舰船等运载工具，多轴联动高精度数控机床等。就机械系统动力学而言，亟须发展新的应对非线性及不确定性的系统动力学理论。

在智能网联与大数据驱动下，机械系统动力学开始向信息深度交叉融合的趋势发展，涉及力学、机械、材料、信息甚至化学、生物等多个学科和领域，涵盖复杂机电系统“设计—制造—运行”过程中的物质流、能量流、信息流的深度交叉融合，这对重大装备全生命周期设计性能指标的一致性、结构动强度、响应速度、运行稳定性与可靠性等方面提出了更高的要求。

由此可见，机械系统动力学分析与设计在满足国民经济社会发展和国防建设需要的重大装备设计、制造、运行方面发挥着重要作用，对学科发展和国民经济、社会发展具有重大意义。

2. 振动/噪声测试、分析与控制

振动与噪声不仅反映了重大装备设计与制造水平，而且会带来诸多危害和影响，主要体现在以下三个方面：① 对人体的危害。振动与噪声使人-机-工作环境之间的关系恶劣，使人无法安全、高效、健康、舒适地从事各种活动。② 对工业产品的危害。高精度显微器、光学干涉检测、生化分析仪、精密磨削与加工机床等振动敏感设备，振动与噪声会降低设备工作精度、加剧构件的磨损、引起结构疲劳破坏。③ 对国防装备安全的影响。较高的噪声会破坏潜艇、战斗机、直升机、航天器等国防装备的隐蔽性，使其易于被探测从而受到攻击；涡扇发动机风扇/压气机内部高强噪声还会诱发转子叶片断裂，从而导致安全事故。

因此，开展振动/噪声测试、分析与控制的研究，不仅对机械工程学科的发展具有重要意义，而且对国民经济、社会发展和军事安全也具有重要意义。

在航空器、高铁、舰船等一些重大装备制造领域，振动与噪声问题已成为制约其性能提升和改善舒适性的关键因素，进而直接影响相关产品的国际市场竞争力。以航空器为例，其性能的提升对保障国防安全和国民经济发展具有重要的战略意义。随着航空器设计对高有效载荷、高机动、高稳定、长寿命等高指标要求的日益增加，结构大型化(宽体客机结构)、轻量化(复合材料)、功能多样化(高超声速)等成为未来航空器结构的发展方向。因此，在极高温、大载荷等严苛复杂环境下，大型、轻质、复合、柔性结构的动力学问题越发突出，结构产生振动与噪声问题更加严峻，给航空器设计、研制及性能的进一步提升造成了严重的影响。目前，发达国家正不断提高噪声标准，如 NASA 制定的未来航空器减噪目标要求在 2025 年比 2000 年国际民航组织第四阶段的适航标准降低 71EPNdB，欧洲航空研究与创新咨询委员会制定的计划则要求在 2020 年将航空器的噪声水平相比于 2000 年降低 50%。按照我国“大飞机计划”，国产大型客机注定一出生就将面对最严苛的航空噪声管理条例。

又如，高速轨道交通，泛欧亚高速铁路网建设是“一带一路”倡议的重要组成部分，面临更加复杂条件的挑战，如更高速、变轨距、零下 50℃的低温，这些复杂条件将大大增加环境友好型高铁系统设计的难度。“更高速”加剧空气 - 列车 - 轨道 - 桥梁的动态相互作用，产生更强的振动噪声源；“极低温”使得材料变硬、阻尼下降、气密性降低，不但加剧轮轨相互作用，而且恶化列车和线路的减振降噪性能；高速铁路噪声涉及的频率范围高达 5000Hz，针对如此高频的空气 - 列车 - 线路 - 桥梁的相互作用以及噪声的测试、分析与控制问题还存在很大的挑战。这些问题如果得不到有效解决，将会阻碍“一带一路”倡议设施联通的顺利实施。

我国在振动 / 噪声测试、分析与控制领域的研究和基础目前还较为薄弱，研究水平与国外相比还存在显著差距。一方面，发达国家对振动与噪声问题开展研究的高等院校、科研机构体系完整，研究内容覆盖范围更广；另一方面，发达国家振动与噪声控制的研究方向对新技术、新材料的研发更具有针对性，对先进控制算法的研究也更为领先。随着《中华人民共和国环境噪声污染防治法》的修订，振动与噪声相关新的国家标准、行业标准、地方标准以及团体标准的颁布和实施，振动与噪声控制产业的发展出现了新的机遇。针对国家重大战略发展需求和更高要求的振动与噪声性能规定，需密切围绕国际学术前沿，在振动噪声建模与精确计算方法、振动噪声产生与传递机理、振动噪声控制新原理与新方法等几个方向开展基础理论与应用研究，进一步提升重大装备振动与噪声控制水平，为设计出具有完全自主知识产权、功能和性能优良的“中国制造”机械产品打下坚实的理论基础。

3. 机械系统动态监测、诊断与维护

百万千瓦大型发电机组、高速列车、大型连轧机组、大型舰船、大型盾构机、成套集成电路制造装备、航空航天运载工具等重大装备，是国家工业发展和国防建设的命脉。马航失联、国产新舟 60 全面停飞、挑战者号发生空难等，重大装备故障的灾难性与突发性，反映了重大装备运行安全保障的必要性与紧迫性，机械系统动态监测、诊断与维护一直是国内外关注的焦点。例如，航空发动机，其核心技术一直掌握在美国、英国、法国和俄罗斯等国的手中，我国与上述国家的技术差距明显，尤其是由于缺乏机载监测与诊断手段，大量监视工作主要集中在地面进行，空中飞行安全的技术保障已成为制约和影响我国航空安全的重大技术挑战。又如，在新能源领域，据《中国风电发展路线图 2050》[3] 预测，到 2030 年和 2050 年，我国风电装机规模将分别达到 4×10^5MW 和 1×10^6MW，满足全国近 8.4% 和 17% 的电力需求，成为五大能源之一。然而，现役风电装备运行可靠性差，故障导致的停机时间已占额定发电时间的 25.6%，对于工作寿命为 20 年的机组，维护费用高，占风电装备总收入的 20%～25%，运行维护成本高成为制约因素，迫切需要研制开发风电装备监测诊断新技术。

随着工业革命新浪潮的到来，信息物理系统的推广会使得各种各样的传感器和终端集成到装备中，获取大量的工业数据和实现设备的互联，制造业所产生的数据将呈爆炸性增长，带来了工业大数据。但是，数据本身不会带来价值，要将其转换成信息之后才能对产业产生价值。健康管理与智能运维就是实现智能制造中数据转换的关键技术，其核心支撑技术包括状态监测、故障诊断、趋势预测与寿命评估等。通过健康管理与智能运维技术的实施，能够实现对复杂和重大工业系统的健康状态监测、诊断、预测和管理。在这种新形势下，机械系统动态监测、诊断与维护的自身需求已由机械系统早期故障、微弱故障和复合故障信号特征提取，故障部位、类型和程度的定量分析转变为：① 大数据监测及多源信息融合环境下以数据为中心、以计算为手段，通过智能数据分析与决策对复杂机电系统关键部件相互作用下多故障相互耦合的整机系统监测与关键特征挖掘；② 利用人工智能及大数据监测分析技术全面掌握重大装备整体健康状态，通过智能维护与运维，逐步减少人为干预，完善重大装备的自愈功能。

重大装备的服役期可以占据整个产品全生命周期的 90% 以上，由于疲劳磨损、化学腐蚀、外力冲击、自身缺陷等各种因素的影响，在服役过程中不可避免地产生各种故障。如何针对其运行安全开展机械系统动态监测、诊断与维护至关重要。加之，制造业能效提升、清洁生产、节水治污、循环利用等绿色制造专项工程的实施，造成系统结构复杂，零部件数目庞大，而且各零部件密切耦合，增加了故障萌生的潜在可能性和故障种类的复杂多样性。因此，为保障重大装备安全服役，亟须利用机械、力学、信号处理、人工智能等多学科方面的先进技术，有针对性地对机械系统进行实时状态监测、故障诊断与预知维护，做到尽早发现系统运行过程中的各种安全隐患，防止事故发生，降低维修成本，最大化经济效益。机械系统的动态监测、诊断与维护不仅对保障其安全可靠运行、维护企业正常生产秩序、提高企业经济效益和社会效益具有长远的现实意义，而且对维护公共安全、避免人员伤亡、提高国防和军事实力、促进机械工程跨学科发展具有重要的战略价值。

4.2　研究现状与发展趋势分析

4.2.1　机械系统动力学分析与设计

近二十年来，我国机械、力学、数学等领域内的学者在机械系统动力学分析与设计方面进行了广泛深入的研究，取得诸多创新性成果。例如，在航空航天飞行器、舰船、高速与重载列车、新能源汽车、数控机床等复杂机电系统的设计与分析中更全面、更准确地考虑了各种非线性、不确定性环节和整体系统集成效应，为改善和提高现代复杂机械设备的安全可靠性、高功效和高精度做出了贡献[4,5]。我国学者在轨道交通领域提出了车辆 - 轨道耦合动力学理论，为研究提速及高速列车在轨道上运行安全平稳性、轮轨磨耗、线路动力恶化等铁路工程技术问题提供了综合分析方法，推进了铁路技术进步。在新能源汽车领域，我国学者提出了混合动力机电耦合系统的总体设计、模式切换、执行控制、能量优化等有效的理论方法，突破了国外在高效混合动力机电耦合系统产品的长期封锁[6]。在多体系统动力学方面，我国学者提出了多体系统传递矩阵法，大幅提高了多体系统动力学的计算速度和精度[7]。在多柔体系统动力学、非线性动力学、航天动力学与控制等领域取得了重要进展，解决了复杂多柔体系统动力学建模与仿真、桁架索网天线展开动力学仿真与设计、航天器交会对接等领域的若干重要问题，推动了柔性机械系统动力学的前沿研究，为柔性机械系统动态特性预测、调控与试验奠定了基础。

然而，随着重大装备不断向高速度、高功效、高精度、智能化方向发展，各种非线性因素、机、电、磁、热等多场耦合因素、边界与结合部效应、微机电系统引起的尺度效应等综合效应影响愈加突出，机械系统动态行为变得愈加复杂，呈现出非线性、不确定性和深度耦合等特性，愈加难以开展动力学特性系统设计、全局状态观测与控制。

非线性是复杂机电系统所固有的特性。通常是由子系统内部非线性环节以及子系统之间的机电耦合、刚柔耦合、流固耦合、热弹耦合或者非线性控制所引发，机械系统非线性演变已经成为重大装备功效和精度降低与服役性能恶化的主要原因。许多复杂机电系统的动力学问题难以在设计与仿真分析阶段得以认识和解决，主要的障碍不仅仅在于高维非线性动力学理论与方法的严重不足，还与人们对复杂机电系统的各种非线性环节的模型表述不全面、不精确有很大关系。复杂机电系统的设计中，必须重视子系统之间的非光滑非连续界面、非线性功能界面、控制饱和与时滞效应等在多层次耦合作用下造成的系统本身的“脆弱”和性能劣化，在抽象出复杂机电系统的非线性模型的基础上，再寻找或探索相应的理论与数值分析方法，通过演绎、试验等途径解释系统出现的分岔、混沌、分形、突变等非线性演变机理，为复杂机电系统的集成设计、运行状态的动态监测诊断与维护等提供理论指导。例如，铁道车辆在轨道上高速运动就是一个典型的复杂动力作用过程，如图 4.3 所示，轮轨界面激扰会引起车辆及其传动系统振动，反过来车辆振动及传动系统扭转振动又会改变轮轨接触状态，加上机械传动系统激扰等其他因素的影响，轮轨系统将发生多种复杂的动力学现象，在不利情况下就会打破系统稳定状态，造成脱轨、翻车等重大安全事故[4]。轮轨系统动力学问题至今已有百余年研究历史，但列车脱轨机理、轮轨动力作用引起的车轮多边形、钢轨波磨等复杂问题并没有得到彻底解决。解决这些问题需要借助机械系统动力学理论与技术，从系统的角度去研究复杂多因素影响下车辆与轨道耦合动力作用问题，在充分认识其内在机制与规律的基础上避免脱轨等重大事故的发生。

不确定性是复杂机电系统运行过程中无法避免的问题。一方面，系统结构、运动引起的非线性，会导致精确描述系统动力学行为的参量时变且难以量测或观测，无法给出定量描述的动力学方程。相当一大类系统所发生的奇异变化与子系统性质无关，复杂机电系统的整体行为不完全取决于各独立子部件的行为；复杂机电系统的整体行为在大时间尺度上也不能唯一地被确定。复杂机电系统中由于系统自组织和他组织现象并存，许多有关系统性能不确定性、不稳定性、变异性、不可预测性等问题有待于现代科学给出合理的解释。另一方面，由于运行环境的随机干扰，会产生系统输入量突变、系统状态向不可预测方向演化、原动力学方程无法正确描述系统等外部不确定问题，这些问题常常导致系统工作异常，甚至恶性故障事故发生。外部不确定性问题是重大装备设计中面临的主要难题，也是重大装备运行失稳、失准、失效的主要诱因。因此，机械系统动力学需关注双重不确定性问题，开展复杂系统动力学建模与定量化分析技术，借助多维度传感、运行监控数据与物理信息系统等技术手段，排除或者预测内部不确定性影响。设计针对随机扰动的抑制方法，提高机械系统的抗干扰能力，将外部不确定

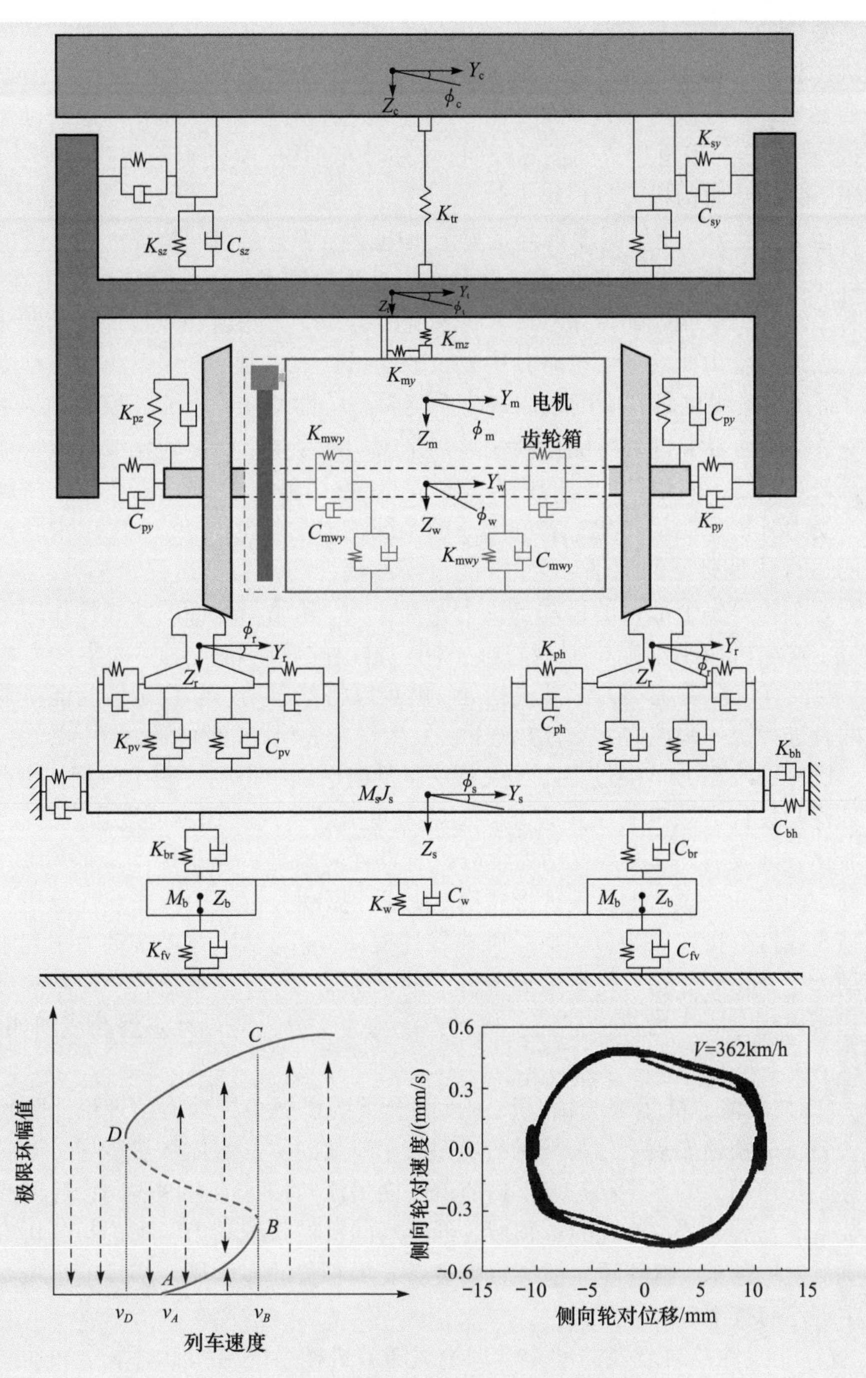

图 4.3　铁路车辆轮轨系统复杂动力学问题

性对系统的影响降低至设计允许范围内，保证系统的正常运转。例如，盾构机在掘进过程中，地质条件变化的不确定性对其工作有极大的不利影响：淤泥质黏土、粉质黏土、细沙层等不良地质，易导致掘进过程隧道塌陷；在软土层与硬土层的交接位置，会导致掘进方向偏离预期；土质分布不均，会使得作用载荷突变，反复作用下易导致盾构机刀具损坏失效。

运动 - 受力 - 能量深度耦合是复杂机电系统普遍存在的特征。在系统的演化过程中，运动状态是表现形式，受力作用是诱导因素，而能量转化是内在结果。现有系统动力学问题研究中，通常将系统的运动受力问题和能量优化问题分割开来。在运动受力研究中，忽略其中复杂的能量耗散机制，聚焦系统瞬态动力学行为；而在能量优化研究中则采用忽略系统瞬态特性的准静态能耗模型。从本质上看，系统的动力学行为与能量转化过程是密切联系的，能量转化或耗散特征依赖于其运动轨迹，而运动产生的内在驱动是能量的转化。因此，需要建立将运动状态、受力分析、能量转化三者间统一的系统动力学理论框架。例如，混合动力汽车的运行就是典型的运动 - 受力 - 能量深度耦合的动力学过程。车身、方向盘、悬架、车轮等多个部件的运动与受力相互影响，轮胎与地面的非线性作用力难以测量，发动机与驱动电机能域特征不同、输出的频响特性迥异的驱动力相互耦合，若没有汽车系统动力学理论指导，就难以将整车动力学稳定性与能量消耗优化两者进行统一调控，在极端工况下易发生汽车失稳与能效恶化等后果。

机械系统动力学经过多年的发展，在机械系统中得到了若干应用，动力学分析理论与设计方法已有长足进步。但随着重大装备向高速度、高功效、高精度、智能化方向发展，机械系统动力学分析与设计向高维、强非线性、多领域、多形态等方向不断发展，主要表现形式有：从线性振动分析经历弱非线性分析、低维度强非线性分析发展为复杂系统强非线性振动分析；从刚体系统动力学到刚柔耦合动力学，甚至发展为复杂边界条件下的系统动力学；从单领域建模到多领域耦合建模再到基于大数据的建模。机械系统动力学分析与设计发展路线图如图 4.4 所示，具体如下。

(1) 物质流、能量流与信息流深度融合下的机械系统动力学理论。随着我国重大装备的快速发展，尤其是微机电系统，涉及固体、流体、热传导、电磁、静电等相互作用下的多学科耦合，物质流、能量流与信息流高度协同设计已成为重大装备的发展趋势，传统的单领域、低维度的机械系统动力学理论与分析方法已不满足发展需求，亟须建立适应重大装备发展趋势的多领域、多维度机械系统动力学理论与技术。

(2) 非线性及时变性的动力学理论。随着机械系统结构日益复杂和功能不断发展，各种非线性因素，机、电、磁、热等多场耦合因素，恶劣工况下的不确定

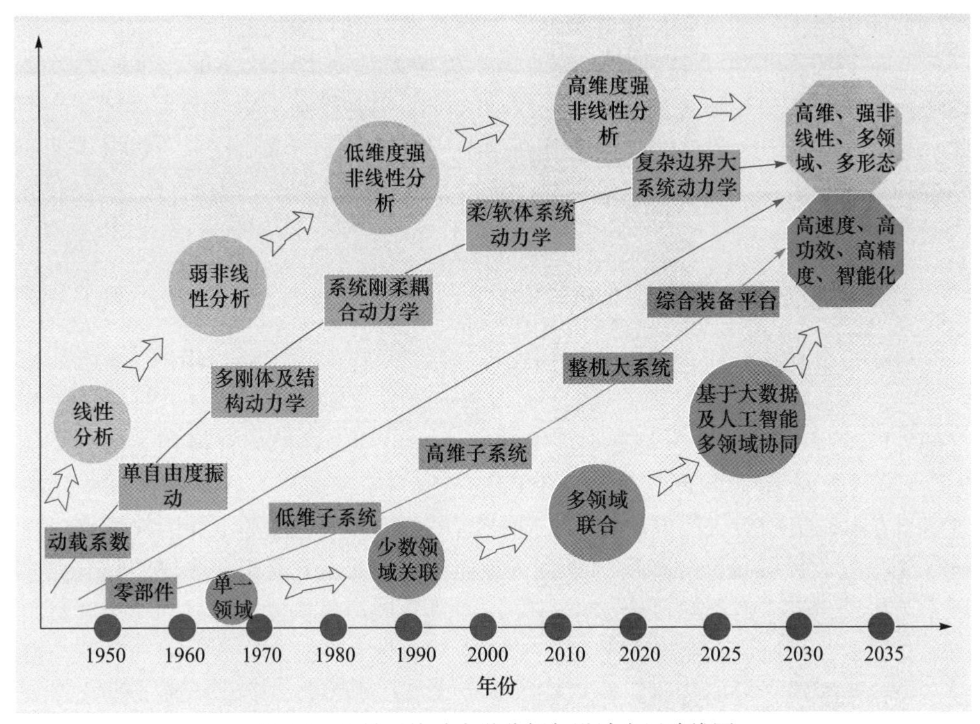

图 4.4　机械系统动力学分析与设计发展路线图

因素，边界与结合部效应，微机电系统引起的尺度效应等，综合因素影响下的机械系统动态行为愈加复杂，亟待发展机械系统非线性及时变性的动力学理论。

(3) 机械系统动态服役性能及演化理论。在长期服役过程中，对于大多数复杂机电系统，特别是空天运载工具、航空发动机、轨道交通车辆、超临界发电机组等重大装备，动态性能演变直接影响系统整体功能与性能指标，是决定机械系统能否安全、高效运行的关键因素，迫切需要从系统层面建立机械系统动态服役性能及演化理论。

(4) 机械系统多体动力学建模、预测与控制。机械系统功能不断拓展延伸，呈现出柔性化、复杂化、大型化的发展趋势，以实现新的功能和适应苛刻的服役环境。相比传统的刚性机械系统，多体柔性机械系统以大变形柔软部件为主要组成，或以智能软材料为主要驱动，其动力学特性呈现强非线性、多场耦合、多尺度效应、不确定性等。这不仅给系统动力学的预测和控制带来严峻挑战，而且迫切需要发展新的动力学建模、分析与试验技术。

(5) 大数据驱动下的机电系统动力学建模与人工智能控制。基于大数据的人工智能技术快速发展使得机械系统信息化、自动化程度快速提升。例如，智能车、智能机器人等动力学行为的智能化控制技术有望大幅提升机械系统的灵活机动性、运行安全性并大量替代人类劳动。机械系统动力学状态的精准感知、动力学行为的自适应决策控制，可靠的作动执行是实现智能化的三大关键环节。因此，亟须开展基于大数据的机械系统动力学行为的测量与感知技术、数据驱动的系统动力学状态辨识技术、大数据驱动下的复杂系统动力学行为的自适应控制方法研究。

4.2.2 振动/噪声测试、分析与控制

机械设备在运行过程中会对结构施加激励，从而产生振动与噪声，有害的振动和噪声会造成环境污染，导致设备加速磨损疲劳、降低精度和缩短寿命。自20世纪60年代，国际上有一批著名研究机构开始设立专门部门开展相关研究。例如，英国南安普敦大学声与振动研究所长期致力于探究声与振动产生和作用机理，改善声与振动对人类健康以及工业产品质量和性能的影响，并因在铁路、飞机等工程应用领域减振和降噪的卓越贡献而享有盛誉；美国宾夕法尼亚州立大学声学与振动研究中心通过联合多学科交叉力量开展声与振动研究，并在声学材料与超材料、自适应结构与噪声控制、航空器振动与噪声控制、气动噪声预测与降噪、结构声振耦合分析等研究领域在国际上享有极高声誉。我国上海交通大学机械系统与振动国家重点实验室、西安交通大学机械结构强度与振动国家重点实验室、南京航空航天大学机械结构力学及控制国家重点实验室等均长期致力于机械系统的振动与噪声相关研究。近二十年来，我国学者围绕机械振动与噪声测试、振动与噪声建模及计算、振动与噪声源识别及传递路径分析、振动与噪声主动控制、振动利用工程、非线性振动、随机振动等方面进行了卓有成效的研究工作，在卫星振动控制、高速列车减振降噪、潜艇减振降噪、车辆减振降噪、新型智能减振降噪结构开发等方面取得了重要的研究成果。

振动与噪声测试技术有着较为长久的发展历史，与人类社会的发展有着紧密的联系。机械振动与噪声测试就是利用一些现代测试手段，对所研究物体的机械振动和辐射噪声进行测量，并对测得的信号进行更细致的分析，以期获得在各种工作状态下物体的机械振动特性和声辐射特性，从而为结构振动建模与噪声预测、振动噪声利用与控制、结构健康监测与故障诊断等提供基础和依据。

在振动测试与分析技术上，目前主流方法仍然是模态测试、分析和识别技术。随着机械系统向复杂化、智能化等方向发展，现有的振动测试、参数辨识与模型修正理论与方法对大型复杂机电系统无法适用，对振动测试技术提出了新的挑战。例如，高超声速飞行器在飞行过程中处于极端恶劣的工作环境中，除剧烈

振动环境，高速巡航还会引起严重的气动加热，使高超声速飞行器结构表面存在大温度梯度、快速升温 / 降温等现象。其材料或结构的物理参数（既包括热物理参数和力学参数，如热传导系数、热膨胀系数、弹性模量、阻尼等，也包括弹性边界和约束状态，如接触状态）随飞行状态参数的变化而变化，是典型的多场耦合非线性时变系统。近年来，虽然在传统的试验模态参数识别方法、工作模态参数识别方法、响应重构、集中动载荷时频域识别方法等形成了比较丰富的研究成果，解决了典型航空航天结构在地面状态下的模态参数辨识以及简单结构动载荷离线重构问题，推动了机械系统逆动力学的前沿研究发展[8]。但是苛刻的振动环境给振动系统动力学带来了新的挑战，迫切需要发展新的动力学模态参数辨识、应力应变场重构、内源激励识别、外源动载荷重构、传递路径分析方法。在高温环境振动领域，近年来的成果主要集中在试验方面，掌握了力 - 热联合加载试验环境模拟、高温环境下的响应信号采集与数据处理、热模态分析技术[9]。

在噪声测试与分析技术上，主要是以声压和质点振速作为噪声测试的两个基本量，通过对其进行时域平均、频谱、倒频谱、相关、相干、时频、小波等分析，可以掌握噪声源及其辐射声场的基本信息。单独的声压和质点振速测试不足以完整描述噪声源属性及其辐射规律，因此通过传感器的联合逐渐发展出了更为丰富的噪声测试与分析技术。例如，为了描述声能流密度的大小和方向，联合声压和质点振速测试形成了声强测试技术；为了评价噪声源的辐射能力，通过多点声压或声强测试建立了声功率测试技术；通过测试管道内的多点声压，发展出了吸声和隔声测试技术；通过测量封闭空间内的多点声压，形成了声模态测试技术。除上述测试技术，通过多点声压或质点振速同步或扫描测量形成的声阵列测试技术独具优势，可用于噪声源识别、定位及空间声场可视化。目前具有代表性的声阵列测试技术主要包括：波束形成和近场声全息。其中，波束形成技术可用于高频噪声源的准确识别和定位；近场声全息技术不仅可用于中低频噪声源的高分辨率识别与定位，还可对三维声场中任意位置处的声压、质点速度、声强以及声源辐射声功率和远场指向性等声学量进行重建和预测[10]。我国学者对声阵列测试技术的发展做出了重要贡献，尤其是在近场声全息重构算法、复杂现场环境下声场分离方法以及非稳态声场重建方法等方面取得了重要创新性成果。除了可以通过测试手段对噪声源及其辐射声场特性进行分析，也可以通过解析方法或数值方法在产品的设计阶段对其辐射噪声进行分析和优化[11]。解析方法通常适用于简单问题分析，主要用于机理研究；数值方法则可以用于复杂的实际问题分析。目前，用于噪声分析的常用数值方法主要有限元法、边界元法、统计能量法和能量有限元法等，其中有限元法和边界元法等基于网格离散的方法主要适用于中低频噪声分析，而统计能量法和能量有限元法等方法主要适用于中高频噪声分析。基于这些数值方法，国际上已发展起来一系列噪声分析软件，如 LMS Virtual.Lab、ACTRAN、ANSYS、COMSOL Multiphysics、AutoSEA2、VA One 等，并在航空航天、汽车、家电等领域取得成功且得到广泛应用。这些数值方法及软件为重大装备的低噪声设计提供了强大的分析工具。

振动控制通常是指振动抑制，可以分为被动、半主动和主动三大类。被动方法主要是采用阻尼、隔振和吸振的方法实现振动抑制，通常具有结构简单、易于维护、不需要能量的输入、经济性好等优点，但是这些方法有着各自的缺点[12]。近年来又提出了声子晶体、声学超材料、声学黑洞等通过结构本身的设计实现减振效果的方法。半主动方法是通过可变阻尼、可变刚度、可变质量、可调隔振器、可调吸振器等实现振动抑制。近年来，形状记忆合金、电流变和磁流变、压电等功能材料的出现为主动调节系统刚度、阻尼提供了新途径，特别是很多研究都从原有的线性范畴拓展到非线性范畴，利用非线性、时变、时滞等因素构造新的振动控制系统。机械振动主动控制的早期研究进展比较缓慢，近年来随着信息技术、测控技术的发展，振动主动控制技术有了长足进步，一些控制方法和相应的测控系统正日趋成熟，并开始在航空、航天、高铁、机器人、汽车等领域得到了成功应用。振动主动控制技术最引人注目的进展是集传感器、控制器、作动器与结构为一体，以减振和降噪为目标的智能结构。当前，研究的热点是基于压电传感器和作动器的智能结构，控制策略则来自 H_∞ 控制、自适应控制、神经网络控制、非线性控制、混合控制等控制理论的新成果[13]。在智能结构进一步走向工程化、实用化的过程中，控制效果与测控系统的可靠性、经济性、重量等因素的矛盾正日益显现。同时随着对振动控制要求的提高，非线性控制和时滞控制等正日益引起人们的注意，但是时滞会使控制系统的特性发生质的变化，由此引起的系统稳定性、分岔等问题正引起重视。

对于噪声的控制，除了可以采用数值方法在产品设计阶段直接进行低噪声设计和优化，对于实际产品也可以在噪声源、传播路径和接收端进行控制。目前常用的控制技术主要包括吸声、隔声、消声、减振等，这些技术均属于被动噪声控制技术。被动噪声控制技术理论成熟且应用广泛，对降低中高频噪声具有良好的效果，但对低频噪声控制不甚理想。随着信号处理、电子技术及现代控制理论的不断发展，通过引入作动器、传感器、控制器以及控制算法的主动降噪方法可弥补被动噪声控制方式的不足，并能够有效抑制低频噪声。主动降噪技术是通过幅度和相位可调的声源发射声波与需抵消的噪声声波发生相消性干涉来降噪，理论上可以实现噪声的完全消除，目前已在汽车车内降噪、飞行员头盔降噪、耳机降噪等领域取得成功应用。另外，通过对噪声源的主动控制减小其辐射的声能量，以及通过对噪声的传播路径的主动控制减小其传递的声能量的降噪方法，在航空飞行器壁板、汽车底盘等结构中得到了成功应用。我国学者在主动降噪控制算法、结构设计、低频声主动吸收理论以及主动降噪技术应用方面取得了重要研究进展。

随着机械系统日益向高速、重载、大型、轻质、柔性和极端运行环境等方向发展，振动噪声测试、分析与控制也将变得愈加困难和复杂，突破传统理论和方法的限制，通过不断与声学、数学、力学、计算机科学、材料学、生物学等相关领域相互交叉形成新技术将是未来 5～15 年振动噪声测试、分析与控制的主要发展趋势。振动 / 噪声测试、分析与控制发展路线图如图 4.5 所示。虽然目前在振动 / 噪声测试、分析与控制技术方面取得了长足的发展与进步，但未来仍存在诸多问题有待解决，主要如下所述。

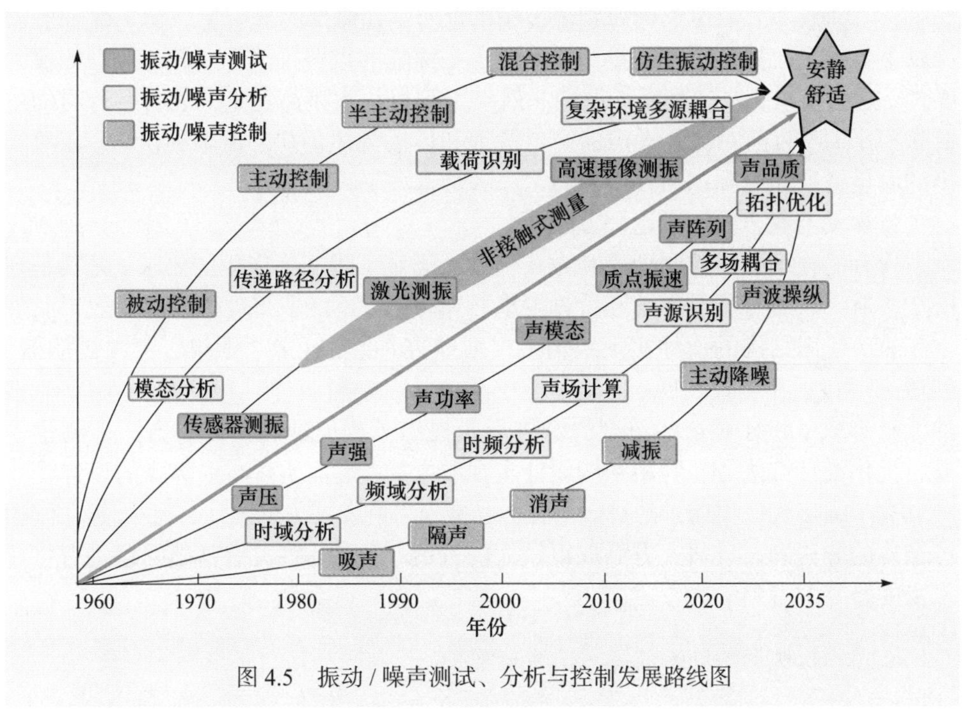

图 4.5　振动 / 噪声测试、分析与控制发展路线图

1) 复杂机电系统的振动 / 噪声建模与精确计算

机械系统的振动、噪声建模经历了由简单系统向复杂系统的过渡，由采用解析方法分析系统时域和频域响应，逐步发展到解析法、数值法和试验法相结合，能从多方面综合研究系统的瞬态特性、稳态特性等。然而，随着机械系统分析对象的愈加复杂化、大型化，系统受到多输入、多工况、多因素及高、低频混合激励的影响，振动噪声分析呈现超大规模、强非线性、多尺度、多物理场、宽频段

和耦合特征，复杂系统的振动噪声建模与精确计算面临挑战。因此，亟须开展复杂物理场中结构振动噪声产生机理、超大规模宽频带的高效振动噪声计算方法、多尺度、多场耦合振动噪声建模和分析方法、声学拓扑优化方法及其应用等研究。同时，目前流行的振动噪声分析软件几乎全部来自欧美国家，这也使得我国在振动噪声分析领域受制于人，因此还亟须发展自主可控的高效高精度振动噪声分析软件。

2) 复杂机电系统的振动噪声能量传递与机理分析

复杂变载荷工况和多源激励下机械系统振动噪声能量的传递是一个非常复杂的过程，振动激励会引起结构件的弹性变形，振动能量会以弹性波的形式被吸收、耗散、传递及辐射出去，而且波在传递的过程中还会激发弹性构件的自然振动，从而增强部分传递及辐射到环境中的能量，如何探明复杂变载荷工况和多源激励下机械系统振动噪声能量传递路径也是面临的重要挑战性问题。典型如流致噪声，这是飞机、高速列车、舰船、航空发动机等大型高速重大装备运行时的主要噪声来源，目前对流致噪声的产生机理和传播规律仍缺乏清晰的认识，流致噪声的测量精度和声源识别分辨率仍无法满足重大工程需求。

3) 振动与噪声控制理论和方法

现有的振动噪声控制理论和方法仍难以满足工程实际应用的要求，尤其是与航空、航天、航海严酷环境和苛刻要求相差较远，不能取得理想的控制效果。近十年来，利用结构的设计实现结构中声波操控（能量耗散、聚集、定向传播等）的理论得到了井喷式发展，提出了声子晶体、声学黑洞[14]、声学超材料[15]等多种设计形式，并针对这些新型的结构形式提出了相应的建模分析方法、测量手段、优化设计方法等。利用结构设计实现波操控，继而实现减振降噪的目标是一种具有广阔工程应用前景的有效途径，也是未来的发展方向之一[16]。虽然在波操控结构的分析和设计研究方面取得较大的进展，但是一些关键基础问题仍有待在未来的研究中得到解决。

4.2.3 机械系统动态监测、诊断与维护

重大装备通常处于动态开放的复杂外部环境，其自身功能与结构也极为复杂，导致系统安全性能分析、状态监控与故障诊断异常困难。自 20 世纪 60 年代美国故障预防小组和机器健康与状态监测协会成立以来，机械系统动态监测、诊断与维护技术遍地开花。例如，麻省理工学院综合利用混合智能系统实现核电站大型复杂机电系统的在线监测、故障诊断和预知维修。在 NASA 倡导下成立的故障诊断和预示研究组，主要研究故障机理、检测、诊断和预测技术，可靠性设计和材料耐久性评估。美国密歇根大学、辛辛那提大学等在美国自然科学基金

的资助下，联合工业界共同成立了“智能维护系统 (intelligent maintenance system, IMS) 中心”，旨在研究机械系统性能衰退分析和预测性维护方法。近二十年来，我国学者在机械系统状态监测、故障演化机理、故障智能诊断与自愈、全息谱与小波变换、小波熵诊断理论、智能运维与健康管理等先进故障诊断技术方面开展了卓有成效的研究工作 [17-19]。在柔性转子全息谱动平衡技术、大型机械振动故障治理与非线性动力学设计、机械结构裂纹的小波有限元定量诊断、风电装备稀疏诊断与远程运维等方面取得了重要的研究成果 [20,21]。

要掌握复杂机电系统运行安全的科学保障体系，需要在系统故障机理、信号获取与传感技术、信号处理与特征提取、故障诊断与智能决策、寿命预测与预知维护等方面开展基础性的研究。故障机理是指通过理论或大量的试验分析，得到反映设备故障状态信号与设备系统参数联系的表达式，可据此通过改变系统参数而改变设备的状态信号。机理研究可以揭示故障萌生和演化的一般规律，建立故障与征兆之间的内在联系和映射关系。转子、轴承等基础零部件的故障动力学建模方法日臻完善 [22,23]，并应用于裂纹、碰摩、剥落等故障机理分析。信号获取是动态监测、诊断与维护的基础，通过在重大装备上加装各类传感器获取振动、力、声音、转速、温度、流量等物理量或图像检测系统获取视觉图像，为监测、诊断与维护提供数据来源。近年来，嵌入式检测与传感、旋转部件遥测、柔性传感、光纤传感、声检测以及多传感器阵列检测与优化配置等信号获取与传感技术取得了长足发展。信号处理与特征提取通过发展先进的信号处理方法，从监测信号中提取出反映机械系统健康状态的征兆特征 [24]。以小波分析、模态解耦技术、随机共振、稀疏表征等为代表的非平稳、非线性信号处理方法已成为该领域的主攻方向 [25]。故障诊断与智能决策通过采用适当的方法根据机械系统的征兆特征进行分析和推理，判断故障类型、发生部位和严重程度，并预测故障的发展趋势，制定高效可靠的维修策略。过去通常依靠各领域专家根据专业经验对系统的运行状态进行人工推理判断，而神经网络、支持向量机等浅层智能模型的出现，替代了传统的人工诊断过程，开启了故障诊断的智能化时代。近年来，深度学习的兴起与蓬勃发展推动智能诊断由“浅”入“深”，成为机械故障诊断研究的前沿热点 [26]。寿命预测与预知维护通过构建敏感健康指标监测故障演化过程，并预测系统剩余寿命，做到尽早发现系统运行过程中的各种隐患，提前制定最佳维修策略，优化备件库存和资源配置。现有剩余寿命预测技术大体分为基于模型的方法、数据驱动的方法和数模联动的方法。基于模型的方法是根据机械系统衰退过程的物理机理构建衰退模型。数据驱动的方法是借助机器学习算法从监测数据中自主挖掘重大装备健康状态信息，以预测剩余寿命。数模联动的方法则是根据经验知识建立衰退模型，并采用监测数据对模型参数进行动态更新。

先进的动态监测、诊断与维护技术不仅可以实时监测系统健康状态、辨明其故障位置与故障程度，而且能够预测其剩余使用寿命，从而为健康管理提供决策依据。结合复杂机电系统，从平稳、线性到非平稳、非线性特征提取技术，从单一智能到混合智能诊断技术，从定性到定量诊断技术，从常见故障到早期复合故障，从事后维护到预防性维护再到预测性维护，从稀缺监测数据到监测大数据，建立系统的健康管理云平台，同企业的产品数据库互联，保障系统安全服役，是动态监测、诊断与维护技术的发展趋势，如图 4.6 所示。

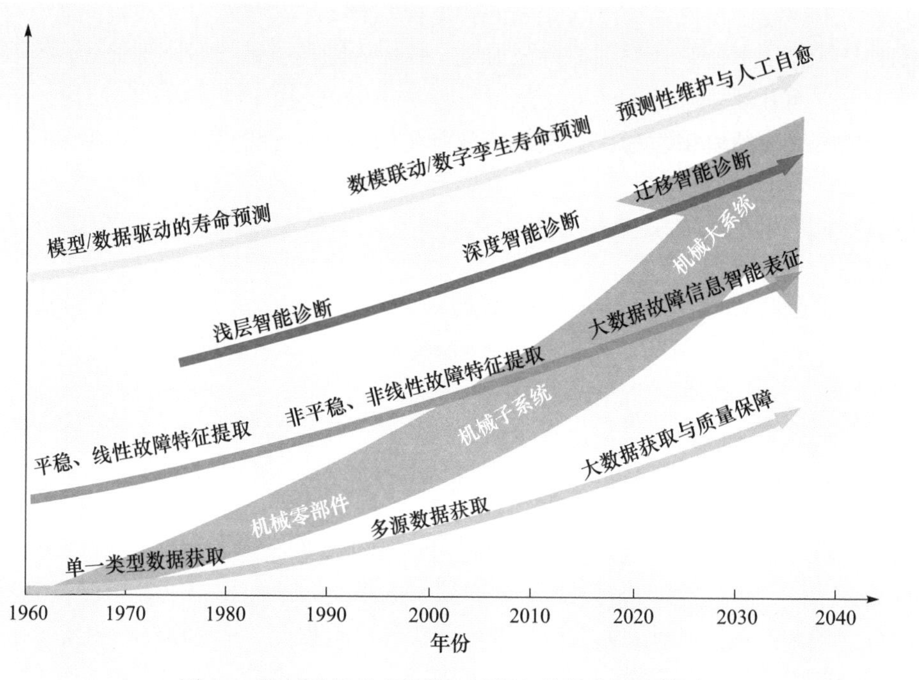

图 4.6　机械系统动态监测、诊断与维护发展路线图

机械系统动态监测、诊断与维护技术虽然在各个方面已取得长足发展，但目前仍需对以下几个方面开展深入研究：

(1) 复杂机电系统故障机理不明。随着新材料与新结构的引入，重大装备的振动特性越来越复杂，振动问题将越来越突出，已成为运行安全保障面临的主要挑战。尽管研究者在非线性系统建模、故障机理分析方面开展了大量研究，但是针对新型重大装备系统级故障机理研究尚显不足，导致复杂机电系统响应信号、健康状态与内外激励之间的作用规律尚不明确，振动传递、故障溯源机理不清，难以为复杂系统故障诊断提供科学依据。需进一步研究机械系统核心零部件精确建模技术、复杂机电系统故障的数值建模、动力学建模、唯象建模等多尺度与多场耦合建模技术。

(2) 时变工况强背景噪声下早期、复合故障特征提取困难。强背景噪声下早期故障特征微弱难以提取，而复杂多变的运行工况又加剧了故障特征提取的难度，故障激励、内源激励、外部激励相互耦合。因此，亟待发展有效的信号处理技术，从强背景噪声下的测试信号中解耦各激励源分量，辨明故障模式。

(3) 大数据下故障诊断与寿命预测技术研究有待深入。机械系统量大面广、每台系统测点多、数据采样频率高、系统服役历时长，海量的监测数据推动故障诊断与预测迈入"大数据"时代，监测大数据驱动下的故障诊断与预测技术面临诸多挑战，如何提高系统故障识别精度与剩余寿命预测精度，攻克大数据背景下故障诊断与寿命预测难题，有待深入研究。

(4) 高价值数据稀缺，故障诊断精度低。在工程实际中，高价值数据和故障样本稀缺，导致智能诊断模型对机械系统健康状态的识别精度低。因此，有待深入研究深度学习、迁移学习等新一代人工智能技术，发挥实验室环境中获取的机械系统可用数据的真正价值；研究变复杂度的一体化数字孪生建模技术，通过可靠感知虚实共生的数字孪生数据，实现变复杂度模型之间的转换；融合人 - 机 - 物 - 环境多源异构数据，发展基于孪生数据融合的故障诊断与预测技术，实现机械系统的早期故障预警和故障预测。

(5) 智能运维与健康保障技术研究尚显不足。远程智能运维管理是工业云平台的核心功能之一，是实现智能制造的必由之路。工业云平台近年来虽发展如火如荼，但缺乏智能诊断、寿命预测、运维决策等核心功能模块，有待深入研究机械大数据传输、存储、共享及质量保障，基于云计算的远程诊断与控制、基于物理信息系统的寿命预测、智能决策等健康保障技术。

4.3　未来 5～15 年研究前沿与重大科学问题

面向国家重大需求与世界科学前沿，针对"卡脖子"难题，为实现从 0 到 1 的基础研究创新，机械系统动力学未来 5～15 年的研究前沿与重大科学问题主要包括三大方面：耦合动力学与动态服役性能预估、振动噪声传递机制与新型减振降噪原理、大数据驱动的稀疏诊断与智能监控。前沿与热点方向分别是复杂服役条件下机械系统非线性耦合动力学理论、机械系统动态服役性能预估理论；复杂机电系统的振动噪声产生与传递机理分析理论、复杂机电系统的振动噪声宽频高效控制理论；新一代人工智能驱动的机械故障诊断方法、面向重大装备的大数据智能监控与运维。重大科学问题分别是多尺度的动力学性能演化表征、复杂机电系统动力学性能演化行为预测与控制；复杂环境下多源耦合振动噪声产生与传递机制、基于振动波/声波操控理论的新型减振降噪结构设计；重大装备大数据稀疏表达与智能解析机制、装备故障机理与迁移诊断原理。机械系统动力学未来5～15年的研究前沿与重大科学问题总体如图4.7所示。

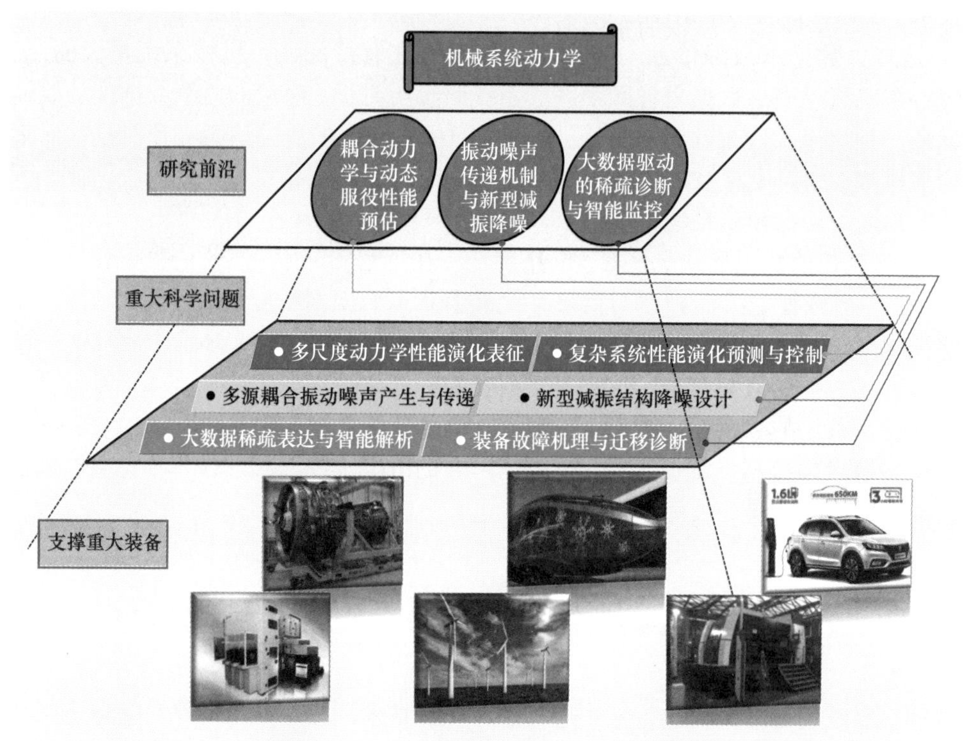

图4.7　未来5～15年机械系统动力学需要解决的重大科学问题

4.3.1　耦合动力学与动态服役性能预估

1. 前沿与热点方向

装备制造业的发展，对机械系统的作业精度、稳定性、可靠性等提出了越来越高的要求，尤其是重大装备在服役条件下，机械系统参数出现了性能变化，如何确保在具有时空变化特性的复杂服役条件下机械系统仍具有高精度、高稳定、高可靠等性能？这是现代机械系统设计、性能保障与应用维护等面临的关键瓶颈问题。

目前，我国大部分重大装备等复杂机电系统及产品仍主要依靠传统基于静态设计的方法、规范、标准等手段，诸多领域都尚未真正实现基于动力学理论与方法的动态设计，综合考虑服役条件及系统性能演变状态下的机械系统动力学设计则甚少涉及。例如，我国铁路机车或高速动车齿轮传动系统和牵引电机，一般由供应商提供给主机厂进行总装，供应商依据传统设计方法进行设计，并未详细考虑由于车线耦合振动及牵引制动等复杂因素引起的齿轮啮合动态载荷以及牵引电机振动，在实际运行过程中易出现动力或振动超标等现象；又如，我国高铁网络规模巨大，横跨国土面积的东西南北，南北温差、东西地形地貌的巨大差异，导致高铁列车服役条件变化剧烈，引起列车不同运行时段、不同地域的动态服役特性差异明显；再如，在欧洲能够达到设计标准并长期正常运行的风电机组在我国运行过程中却故障频发，使用寿命极大减小，也主要是由于产品设计时未考虑我国风场特性等服役条件与欧洲的区别。因此，发展服役条件下的复杂机电系统动力学性能演化理论并应用于机械产品精细化设计是目前乃至今后很长一段时间的研究前沿。

由于高端重大装备结构日益复杂，加之其服役条件往往呈现复杂时空变化特征，装备结构、功能要素以及服役条件特性必然使其前端系统性能设计、综合性能保障、服役维护等方面研究涉及多学科交叉融合，所涉及的研究前沿与热点主要如下。

1) 复杂服役条件下机械系统非线性耦合动力学理论

随着机械系统结构日益复杂和功能不断发展，机、电、磁、热等多场耦合因素影响下的机械系统动态行为愈加复杂，对机械系统进行精确、实时、有效的动态性能预测和控制，已成为目前机械系统动力学领域的研究热点和难点，主要包括：机械系统在复杂服役条件下多场多态相互耦合作用机制、多体系统动力学建模及相应的仿真技术方法等。

2) 机械系统动态服役性能预估理论

在长时效服役过程中，对于大多数复杂机电系统，特别是空天运载工具、轨道交通车辆、超临界发电机组等重大装备，动态性能演变直接影响系统整体功能与性能指标，是决定机械系统能否安全、高效和稳定运行的关键因素；气动、噪声、振动耦合引起的机械载荷准确计算和分析测量对实际结构的服役安全性和寿命至关重要。

2. 重大科学问题

由于机械系统自身结构及功能愈加复杂，服役条件及环境日渐严苛甚至极端，使得服役条件下的复杂机电系统动力学成为现在及今后很长一段时间内的研究前沿与热点。根据机械系统本身的特点及服役条件的特点，该研究前沿与热点中蕴含的重大科学问题是多场 / 多态 / 多尺度效应的机械系统与服役边界耦合相互作用机制，主要包括以下几个方面。

1) 多尺度的动力学性能演化表征

复杂机电系统服役过程中关键部件性能演化（甚至失效）机制涉及摩擦学、动力学、材料学、热力学、化学等多学科知识，极端工况下的失效机理更加复杂，是典型的多尺度耦合问题。仅用宏观尺度下的方法难以研究机械部件性能演化过程中材料的变形及失效机理，如何准确地演绎和分析这样一个跨尺度的力学物理过程及其相互作用关系，构建准确可靠的性能退化评估模型，是一直未能很好解决的难题。因此，需要开展多场多态下宏观、细观和微（纳）观尺度等多尺度的动力学性能演化表征方法研究。

2) 动力学性能演化行为预测与控制

对服役条件下机械系统动力学性能演化行为的快速精准预测与评估是保证复杂机电系统长期安全稳定运行的重要前提，因而新一代战机、高速重载列车、智能汽车、仿生机器人等复杂机电系统的研发离不开系统动力学仿真和计算机辅助设计。然而，复杂机电系统自身结构与其服役环境都异常复杂，其动力学性能演化行为涉及多种物理场耦合、多种物质形态并存、多种尺度作用等复杂情况，对其性能演化行为的快速精准预测及控制提出了极大的挑战。因此，服役条件下复杂机电系统通用、快速的程式化动力学建模与仿真、性能预测与控制是现代工业发展必须攻关解决的重大科学与技术问题。

4.3.2 振动噪声传递机制与新型减振降噪原理

1. 前沿与热点方向

以航空航天器、舰船等为代表的复杂军事装备是保障国防安全的重要基石，而以飞机、高铁为代表的复杂民用装备的设计与制造水平则是衡量国家工业化发展程度的重要标志。随着国际竞争的不断加剧，这些装备的振动、噪声和舒适性成为影响其竞争力的重要因素。例如，潜艇的振动噪声问题不仅会干扰乘员的工作和生活，而且其声隐身性能是最基本的技术性能之一，声隐身性能越好，越不易受到声制导武器的攻击，还可以更有效地发挥声呐的作用，及时发现敌方舰船。美国海军将隐身技术列为21世纪潜艇必须重点发展的六大关键技术之首；对于我国正在开展的大飞机、大涵道比航空发动机项目，振动 / 噪声测试、分析与控制技术是保障其顺利实施的关键，振动 / 噪声水平是重要的强制性适航指标，不满足噪声要求将无法获得适航许可，进而被限制飞行和生产；当前快速发展的高铁已成为我国科技产品的一张名片，然而随着高铁的进一步提速，其振动噪声问题将更加凸显，为提升高铁乘坐舒适性和国际市场竞争力，高铁振动噪声的测试、分析与控制也是高速列车设计的关键。

随着上述复杂装备向体积更为庞大、结构更为轻质、功能更为多样、运行环境更为复杂、速度更高等方向发展，这些装备的振动噪声水平的降低和舒适性的提升也面临着巨大挑战，但同时也给振动噪声学科的发展带来了重大机遇。要实现上述装备振动噪声水平的降低和舒适性的提升，主要依赖于深入掌握复杂装备的振动和噪声特性并实施有效的控制，然而现有的振动噪声测试、分析与控制技术无法满足上述复杂装备发展趋势所带来的挑战，亟须开展复杂机电系统的振动噪声产生与传递机理以及控制技术研究，以期全面降低我国复杂装备的振动噪声水平，提升其舒适性。其所涉及的研究前沿与热点主要如下。

1) 振动噪声产生与传递机理分析理论

虽然现有机械系统的振动噪声仿真计算方法和试验测试技术能从多方面研究系统的振动噪声产生机理与能量传递路径，然而对于飞机、高铁、舰船、发动机等复杂机电系统，由于其结构的大型化、材料的复合性、载荷的多变性和非线性、运行环境的复杂性和工况多样性、高速重载化等，振动噪声仿真计算呈现超大规模、强非线性、多尺度、多物理场、宽频段和耦合等特征，且导致载荷与噪声源识别、模态测试、振动噪声传递路径分析等试验面临难度增加、工作量剧增、精度降低甚至无法开展等问题。因此，亟须开展多尺度、多场耦合振动噪声建模与分析、超大规模宽频带的高效振动噪声计算方法等研究，用于揭示复杂机电系统的振动噪声产生机理；同时，亟须开展恶劣环境下的振动噪声信号采集与数据处理、多源耦合振动噪声源的精确辨识与传递路径分析等试验测试技术研究，用于探明复杂机电系统的主要振动噪声源和传递路径，为后续振动噪声控制提供重要依据，并为衡量减振降噪效果提供必不可少的技术手段。

2) 振动噪声宽频高效控制理论

虽然用于机械系统的振动噪声控制理论和方法较多，但现有理论和方法与高速发展的复杂装备的苛刻要求相差较远，不能取得理想的控制效果。特别是这些复杂装备低频和宽频振动噪声问题较为突出，且运行工况下振动噪声控制需同时满足承受重载或静压等要求及应对系统特性时变等问题，而现有的振动噪声控制理论与方法往往对低频和宽频振动噪声控制能力欠缺且功能单一。利用结构的特殊设计实现振动波和声波操控为结构减振降噪提供了一种新的思路，亟须研究新型的波操控结构设计理论，明确波操控结构减振降噪机理，以期实现复杂机电系统振动噪声的宽频高效控制。

2. 重大科学问题

由于飞机、高铁、舰船、发动机等复杂机电系统的振动、噪声和舒适性成为影响其竞争力的重要因素，这些装备振动噪声水平的降低和舒适性的提升技术成为现在乃至很长一段时间内的研究前沿与热点。根据这些复杂装备的结构和运行特点以及它们的发展趋势，该研究前沿与热点中蕴含的重大科学问题是：复杂机电系统的振动噪声产生与传递机理及控制，主要包括以下几个方面。

1) 复杂环境下多源耦合振动噪声产生与传递机制

复杂机电系统在高速运行条件下由多个具有各自振动噪声特性的物理源组合而成，这些物理源之间存在复杂的耦合现象，如气固耦合、液固耦合、热声振耦合、磁声振耦合等，这些多源耦合现象急剧增加了振动噪声仿真计算的难度。同时这些复杂机电系统在高速运行条件下存在复杂的高温、强流、高压等环境，使得振动和噪声测试难度大大增加，例如，高超声速飞行器在高速巡航时，其结构表面存在大温度梯度、快速升温 / 降温等突出特点，使得传统的模态参数识别方法不再适用；复杂机电系统高速运行条件下，产生的流致噪声导致无法获得高信噪比的测试数据等。因此，突破上述这些难题，实现多源耦合振动噪声精确建模与计算、多源耦合振动噪声传递路径分析、复杂环境下的模态参数辨识、复杂环境中多源耦合振动噪声源的精确辨识、强干扰环境下流致噪声信号采集与提取等是揭示复杂机电系统振动噪声产生与传递机制的关键。

2) 基于振动波 / 声波操控理论的新型减振降噪结构设计

利用结构设计实现结构中振动波和声波操控的理论在近几年得到了井喷式发展，相继提出声子晶体、声学超材料、声学超表面、声学黑洞等多种设计形式。虽然在波操控结构的分析和设计研究方面取得较大的进展，但是一些关键基础问题仍有待在未来的研究中得到解决：新型高效结构的创成设计、集成功能材料后的多功能波操控结构的动力学建模与分析、多功能波操控结构中的声振耦合分析与优化、主被动融合的波操控理论与智能减振降噪结构设计等。以上研究给复杂机电系统的振动噪声控制提供了全新高效的途径和方法。

4.3.3 大数据驱动的稀疏诊断与智能监控

1. 前沿与热点方向

安全可靠运行是复杂机电系统发挥功效、创造价值的前提，故障诊断与运维是确保装备能够长期高效稳定运行的重要手段。随着重大装备朝向集成化、复杂化、精密化、智能化方向发展，建立可靠的故障诊断与运维平台，已成为保障这些装备安全运行的必要举措。由于诊断与运维的装备群规模大、每个装备需要的测点多、每个测点的采样频率高、从开始服役到寿命终止的数据收集历时长，获取了海量的数据，重大装备故障诊断进入了“大数据”时代。

重大装备大数据是大信息、大知识的集合，已成为揭示机械故障演化过程及本质的重要资源，数据分析、解释与运用也将成为当代机械故障诊断最为重要的部分，进而在更高的层面、更广的视角帮助诊断人员了解装备的运行状况，提高洞察力、提升决策效能。但装备大数据涵盖了重大装备群多激励源辐射出的海量健康状态信息，信息之间相互耦合，再加上装备本身结构和机理复杂、所处工作环境干扰严重，致使重大装备大数据分析、信息挖掘与故障诊断困难重重。因此，如何有效结合故障机理研究，智能表征隐含在装备监测大数据中的故障特征信息及其演化机理，是发挥大数据信息效能、指导装备故障诊断与运维的核心。

智能监控的原创性自主理论与算法属学科前沿方向。人工智能技术具备快速理解、分析、挖掘大数据并据此做出智能决策的能力，有望成为大数据下重大装备故障诊断与运维的一把利器。目前，该技术已经开始逐渐代替诊断专家，以重大装备故障机理为基础，通过快速准确地分析装备大数据，智能识别装备早期故障，并预测故障发展趋势和装备剩余寿命，及时制定最佳运维方案，完成重大装备的监测、诊断、运行与维护。但现有人工智能方法在大数据下的机械故障诊断与运维中仍存在许多问题，如装备群故障识别与寿命预测精度有待继续提高、运维平台仍无法发挥出预期应用价值等，亟须开展深入研究，形成新一代人工智能驱动的机械故障诊断与运维理论与技术体系，其所涉及的研究前沿与热点主要如下。

1) 新一代人工智能驱动的机械故障诊断方法

在理论方面，加强监控大数据智能分析识别、自主协同决策与控制等基础理论研究，提出自主前沿的智能算法、类脑慧眼检测技术。突破无监督学习、深度学习、迁移学习、强化学习在重大装备大数据驱动的稀疏表征、学习特征可解性、跨域迁移智能识别、剩余寿命精准预测等难点问题，建立一系列可解释性好、泛化能力强、智能化程度高的新一代人工智能诊断理论，实现复杂场景、极端工况下机械系统的高维度、多模式故障感知，探索研究医工交叉结合的智能感知技术、脑电智能监测技术。在技术方面，突破大数据下重大装备故障知识的碎片化处理、信息流对能量流和物质流的作用过程、装备虚实融合的数字孪生建模、诊断过程及结果的可视化理解等人工智能故障识别与预测的核心技术难题，为重大装备诊断与维护提供有效可靠的技术手段，实现知识表征、分析、挖掘、推理、演化和利用，赋予装备自主识别健康状态、维持安全运行的能力。

2) 面向重大装备的大数据智能监控与运维

借鉴信息物理系统、云计算等技术优势，围绕太空在轨服役卫星与空间站、航空航天发动机、大型风洞、兵器装备、高铁、盾构机、核电、海洋重大装备等建设基于 5G、6G、天基网络等的智能监控大数据中心、终端与云端协同的新一代人工智能远程诊断与运维的软硬件服务平台，结合数据压缩感知、数据传输存储、数据质量评估与清洗、边缘计算、大规模并行运算等核心技术，实现装备故障的实时感知、动态分析、早期预警、趋势预测与维护决策，形成新一代人工智能软硬件、智能云诊断服务的协同生态链。研究压缩感知技术，突破奈奎斯特采样定理限制，采集少量数据获得最大限度的机械运行信息，方便数据通信与存储；开发基于装备边缘端的传感数据在线预警软件，建立边缘端的分布式传感数据异常检测模型，实现特征提取及数据异常检测；搭建云端环境，结合大规模并行处理等技术，进行大数据存储共享、运维算法的分布式计算；借鉴信息物理系统的技术优势，协同重大装备的工作环境与健康运维系统的网络环境，实现装备监测大数据的实时感知、动态分析、早期预警与维护决策，促进重大装备运维的全面智能化。

2. 重大科学问题

重大装备大数据涵盖了机电装备群复杂工况下多物理源辐射出的海量健康状态信息，如何利用新一代人工智能理论与方法表征“隐喻”在装备监控大数据中的故障特征信息及其演化机理，是发挥大数据信息效能、帮助精准运维决策的关键。因此，该研究前沿与热点中蕴含的重大科学问题是大数据下重大装备故障信息的智能表征与诊断，主要包括以下几个方面。

1) 重大装备大数据稀疏表达与智能解析机制

重大装备故障机理与演化规律会以振动、声场、热图像等多源异构大数据为媒介被显性地表达出来，挖掘装备故障演化过程与其大数据的实时映射关系，是重大装备故障信息智能表征与诊断的基础。针对多工况交替、多故障信息耦合、模式不明且多变的装备大数据，突破振动快变信号时频特征提取，以新一代人工智能为手段，表达信号内在稀疏信息，解析装备大数据特性，分析萃取大数据中反映重大装备故障本质、演化机理信息，进而阐述重大装备大数据稀疏表达与智能解析机制，获取装备故障与数据的映射关系，为大数据故障信息的智能表征与诊断提供理论依据。

2) 重大装备故障机理与迁移诊断原理

重大装备健康状态信息往往蕴含于多变模式的大数据信息载体中，这些信息的核心是故障机理的表征，因此通过理论或大量试验分析得到反映重大装备故障状态信号与系统参数之间的规律始终是研究的关键。特别是重大装备服役环境复杂、作业工况多变，导致相同装备之间服役信息在大数据中的表征不同；而且重大装备具有不同的机械结构、驱动 / 传动系统等，导致装备之间相同部件的服役信息在大数据中的表征也不尽相同，进而导致装备大数据呈高维异构、分布不均等特点，为建立识别精度高、可靠性强的故障深度识别模型带来困难。因此，如何结合故障机理，利用迁移学习缩小重大装备健康状态在大数据中表征的差异性，在共特征空间中表征多变模式大数据中的共性故障信息，鲁棒诊断装备故障，最终揭示装备状态信息的共特征空间智能表征与迁移诊断原理，是实现大数据下重大装备智能监控的重大科学问题之一。

4.4　未来 5～15 年重点和优先发展领域

1. 机械系统动力学分析与设计

1) 物质流、能量流与信息流深度融合下的机械系统动力学理论

物质流、能量流与信息流高度协同设计已成为高性能重大装备的发展趋势，单领域、低维度的机械系统动力学理论与分析方法已不满足新的需求。因此，建议重点研究以下问题：

(1) 能量流、物质流作用机理及对机械系统动力学性能的影响机制。

(2) 能量流传递、转换、聚集、耗散及其调控过程中的动力学行为规律与模型。

(3) 物质流、能量流、信息流深度融合下的机械系统动力学协同设计、仿真技术与工业软件。

2) 全因素影响下机电系统的多学科动力学理论

复杂机电系统多场、多态、多尺度耦合效应及极端服役条件，已经超出了各种传统单一学科基础理论及技术的理想假设，相应地，基于传统单学科的机械系统动力学分析理论与方法已不满足发展要求。建议重点研究以下问题：

(1) 复杂机电系统多领域影响要素、动力学作用耦合及解耦机制。

(2) 复杂机电系统多学科统一的动力学数字孪生建模理论与方法。

(3) 复杂机电系统动力学性能全因素高精度仿真分析与优化。

(4) 逆动力学建模与反问题求解基础理论与方法。

3) 复杂机电系统动态性能匹配与设计优化

对于大多数复杂机电系统，如空天运载工具、航空发动机、轨道车辆、火炮、超临界发电机组等高速装备，动力学性能的优劣直接影响系统整体功能与性能指标，是决定系统能否安全、高效和平顺运行的关键因素。建议重点研究以下问题：

(1) 复杂机电系统多场、多态、多过程、多尺度、强非线性耦合动力学理论与分析技术。

(2) 极端服役条件下机械系统动力学建模与数字仿真。

(3) 复杂机电系统与其外部结构及环境的动态性能匹配与综合设计。

(4) 服役条件下机械系统动力学性能演变及安全控制。

4) 机电系统多体动力学建模、预测与控制

随着现代工程技术的发展，机电系统不断延拓其边界，刚柔耦合动态相互作用、相互影响。相比传统的刚性机电系统，多体机电系统动力学特性呈现强非线性、多尺度效应等特点。建议重点研究以下问题：

(1) 变尺度、高维度多体柔性机电系统动力学建模与模型降阶技术。

(2) 软体机电系统分布式控制与拓扑优化方法。

(3) 复杂机械平台多体系统动力学控制建模、快速计算与振动控制方法。

(4) 机电系统多维低频、高频动力学问题及控制。

5) 大数据驱动下的复杂机电系统动力学建模与人工智能控制

机械系统智能化技术飞速发展，机械装置的信息化、自动化程度快速提升，智能化技术依赖于机械系统动力学状态的精准感知、动力学行为的自适应决策控制，可靠的作动执行。建议重点研究以下问题：

(1) 基于大数据的复杂机电系统动力学行为测量与感知技术。

(2) 大数据驱动的复杂机电系统动力学状态辨识技术。

(3) 大数据驱动的复杂机电系统动力学行为自主决策与智能控制方法。

2. 振动 / 噪声测试、分析与控制

1) 复杂机电系统的振动噪声控制理论与方法

对于飞机、高铁、舰船、发动机等大型复杂机电系统，低频和宽频振动噪声问题较为突出，采用常规被动控制方法效果不甚理想。主动控制方法和基于波操控理论的控制方法可通过主动设计实现低频和宽频振动噪声的控制，在复杂机电系统的振动噪声控制中具有重大的应用潜力。建议重点研究以下问题：

(1) 主被动混合、线谱和宽带综合的控制方法。

(2) 高可靠低能耗主动控制器件研制。

(3) 基于声学超材料和声学黑洞的新型减振降噪结构设计。

(4) 时变系统低 - 中 - 宽全频建模与控制技术。

2) 振动噪声仿生控制理论与方法

自然界中许多生物的优异表现为人类实现机械系统的振动与噪声控制提供了灵感。通过仿生结构设计并结合智能控制算法可在源头上实现对振动噪声的高效抑制。振动噪声仿生控制在航空、航天、舰船、高铁等领域具有重要的应用前

景，并已成为振动噪声控制领域一个新的研究方向。建议重点研究以下问题：

(1) 面向新材料的仿生传感与驱动器原理与设计。

(2) 面向人工智能的仿生控制算法。

(3) 频谱特征目标驱动的“类变色龙”振动控制新模式。

3) 多源激励复杂机电系统的低噪声设计方法

复杂机电系统受多输入、多工况、多环境因素以及多物理激励的影响，导致在振动噪声建模、计算和优化上面临着超大规模、强非线性、多尺度、多物理场、宽频段等技术难点。建议重点研究以下问题：

(1) 多源激励复杂机电系统振动噪声产生和传递机制。

(2) 超大规模宽频带振动噪声响应高效精确计算。

(3) 声学拓扑优化方法及其应用研究。

(4) 自主可控的高效高精度振动噪声分析软件。

4) 复杂机电系统的振动噪声溯源与传递路径分析

复杂机电系统的振动噪声源和传递路径多且易受环境、工况等因素影响，导致在其噪声源识别、载荷识别、传递路径分析时测量难度增加、测点数目巨大且难以优化布置、识别与分析精度降低。建议重点研究以下问题：

(1) 强干扰环境下复杂机电系统振动噪声溯源和传递路径分析。

(2) 非稳态激励下复杂机电系统振动噪声溯源和传递路径分析。

(3) 基于稀疏测点的多场耦合载荷精准识别。

(4) 多源激励下载荷识别与传递路径分析。

5) 气动噪声测试、控制及声疲劳机理研究

气动噪声直接影响轨道车辆、飞行器、旋转机械等高速动力学系统的总体噪声水平和声疲劳寿命。然而，目前对气动噪声的产生机理、传播规律以及声疲劳机理仍缺乏清晰的认识，且缺少高效精确的气动噪声测量与声源识别方法、噪声控制方法以及声疲劳寿命预测与抗疲劳设计方法。建议重点研究以下问题：

(1) 强噪声复杂环境下气动噪声机理与建模技术。

(2) 气动噪声快速精确辨识预测与主被动混合控制技术。

(3) 声疲劳耦合机理、载荷谱编制与加速试验方法。

(4) 热 - 声 - 振环境下结构声疲劳损伤机理与寿命评价。

3. 机械系统动态监测、诊断与维护

1) 复杂机电系统动力学建模与故障机理研究

故障机理反映故障征兆与故障源之间的因果关系，是状态监测、故障诊断与

智能维护的基石。通过建立机械系统的动力学模型，旨在揭示机械系统的故障产生机理及演化规律。建议重点研究以下问题：

(1) 复杂机电系统多体动力学模型构建。

(2) 系统响应信号、健康状态与内外激励作用机理研究。

(3) 多尺度、多场耦合损伤模型构建。

(4) 系统故障演变与服役性能动态退化内在机制研究。

2) 先进动态测试与多源信息感知技术

机械故障的产生通常表现在多个物理场中，即故障信息是多源信息，包括声音、振动、温度、声发射、视觉等。因此，需要通过先进动态测试和多源信息感知技术测试各个场的运行状态信息，为故障诊断提供准确可靠的数据。建议重点研究以下问题：

(1) 智能传感器网络的结构布局优化。

(2) 新型主动 / 被动式智能传感技术开发。

(3) 极端环境下的多源信息压缩感知与存储。

(4) 强噪声背景下的早期复合故障特征提取。

3) 新一代人工智能故障诊断技术

传统基于专家知识和信号处理的故障诊断方法已无法适应大数据下故障诊断的难题。人工智能诊断通过快速准确地分析机械系统的监测大数据，自动识别机械系统故障，再主动调控、精准抑制、消除故障。数字孪生建模技术可有效揭示不同故障模式与信号特征之间的复杂映射关系，为故障诊断提供理论依据。因此，需要研究大数据和数字孪生驱动的智能故障诊断方法。建议重点研究以下问题：

(1) 监测大数据可靠性评价与质量提升理论与方法。

(2) 基于深度学习、迁移学习理论的故障智能诊断。

(3) 数字孪生模型驱动的机械系统故障定量诊断方法。

(4) 基于人工自愈与容错控制的自主健康原理与方法。

4) 机械系统剩余寿命预测理论与方法

剩余寿命预测是预测性维修的基础和前提，可为维修决策提供最为关键的信息。重大装备衰退过程受材料内部缺陷、加工装配质量、工况时变性、个体差异性等多种随机性因素的影响，存在很大的不确定性。另外，复杂机电系统各零部件之间衰退相互影响，多物理场相互耦合，性能退化过程监测困难，加剧了机械系统剩余寿命预测的难度。建议重点研究以下问题：

(1) 多种随机因素耦合下的机械系统退化机制。

(2) 数字孪生驱动的机械系统性能退化评估方法。

(3) 变工况下数模联动混合策略剩余寿命预测。

(4) 基于深度学习的多源数据融合智能剩余寿命预测。

5) 重大装备智能运维

重大装备远程智能运维管理是实现智能制造的必由之路。由于寿命预测、运维决策等核心功能模块的缺失，现有的工业云平台仍无法发挥出预期的应用价值。我国制造服务融合研究侧重于设计制造知识前馈的运维增值服务，对运维知识反馈的设计制造改进研究偏少，导致全生命周期深度融合研究不足。因此，需要开展基于边缘计算、云计算的剩余寿命预测、智能决策等健康保障技术。建议重点研究以下问题：

(1) 面向太空在轨维护、航空航天动力装备、核电装备等智能保障技术。

(2) 基于边缘计算的自动化检测与智能机器人检测技术。

(3) 大数据远程智能运维建模与云平台工业软件。

(4)“设计—制造—运行”全生命周期深度融合与智能维护。

参考文献

[1] 钟掘 . 复杂机电系统耦合设计理论与方法 . 北京 : 机械工业出版社 , 2007.

[2] Forrester J W. Industrial dynamics. Journal of the Operational Research Society, 1997, 48(10): 1037-1041.

[3] 王仲颖 , 时璟丽 , 赵勇强 , 等 . 中国风电发展路线图 2050. 北京 : 国家发展和改革委员会能源研究所 , 2011.

[4] 翟婉明 . 车辆 - 轨道耦合动力学 . 4 版 . 北京 : 科学出版社 , 2015.

[5] 段宝岩 , 宋立伟 . 电子装备机电热多场耦合问题初探 . 电子机械工程 , 2008, 24(3): 1-7, 46.

[6] 王钦普 , 游思雄 , 李亮 , 等 . 插电式混合动力汽车能量管理策略研究综述 . 机械工程学报 , 2017, 53(16): 1-19.

[7] 芮筱亭 , 贠来峰 , 陆毓琪 , 等 . 多体系统传递矩阵及其应用 . 北京 : 科学出版社 , 2008.

[8] 乔百杰 , 陈雪峰 , 刘金鑫 , 等 . 机械结构冲击载荷稀疏识别方法研究 . 机械工程学报 , 2019, 55(3): 81-89.

[9] 孟光 , 周徐斌 , 苗军 . 航天重大工程中的力学问题 . 力学与实践 , 2016, 46(1): 267-322.

[10] 陈心昭 , 毕传兴 , 张永斌 , 等 . 近场声全息技术及其应用 . 北京 : 科学出版社 , 2013.

[11] 何琳 , 朱海潮 , 邱小军 , 等 . 声学理论与工程应用 . 北京 : 科学出版社 , 2007.

[12] 丁文镜 . 减振理论 . 北京 : 清华大学出版社 , 2014.

[13] 毛剑琴 , 李琳 , 张臻 . 智能结构动力学与控制 . 北京 : 科学出版社 , 2013.

[14] 季宏丽 , 黄薇 , 裘进浩 , 等 . 声学黑洞结构应用中的力学问题 . 力学进展 , 2017, 47: 333-384.

[15] 吴九汇，马富银，张思文，等．声学超材料在低频减振降噪中的应用评述．机械工程学报，2016, 52(13): 68-78.

[16] 温激鸿，蔡力，赵宏刚，等．声学超材料基础理论与应用．北京：科学出版社，2018.

[17] 屈梁生．机械故障的全息诊断原理．北京：科学出版社，2007.

[18] 高金吉．机器故障诊治与自愈化．北京：高等教育出版社，2012.

[19] 何正嘉，陈进，王太勇，等．机械故障诊断理论及应用．北京：高等教育出版社，2010.

[20] Lin J, Qu L. Feature extraction based on Morlet wavelet and its application for mechanical fault diagnosis. Journal of Sound and Vibration, 2000, 234(1): 135-148.

[21] 陈雪峰，訾艳阳．智能运维与健康管理．北京：机械工业出版社，2018.

[22] 陈予恕．机械故障诊断的非线性动力学原理．机械工程学报，2007, 43 (1): 25-34.

[23] Cao H, Niu L, Xi S, et al. Mechanical model development of rolling bearing-rotor systems: A review. Mechanical Systems and Signal Processing, 2018, 102: 37-58.

[24] 王国彪，何正嘉，陈雪峰，等．机械故障诊断基础研究"何去何从"．机械工程学报，2013, 49(1): 63-72.

[25] Yan R, Gao R X, Chen X. Wavelets for fault diagnosis of rotary machines: A review with applications. Signal Processing, 2014, 96: 1-15.

[26] 雷亚国，贾峰，孔德同，等．大数据下机械智能故障诊断的机遇与挑战．机械工程学报，2018, 54(5): 94-104.

本章在撰写过程中得到了以下专家的大力支持与帮助（按姓氏笔画排序）：

王树新　史铁林　芮筱亭　李克强　李应红　杨世锡　杨绍普　何　琳　张卫华　邵毅敏　林　京　周又和　项昌乐　赵丁选　胡海岩　高金吉　褚福磊　翟婉明

第 5 章　机械结构强度与寿命

Chapter 5　Mechanical Structural Strength and Life

机械结构强度与寿命研究，旨在澄清机械零件与结构失效规律的基础上，建立相关的分析方法与强度准则，发展相应的寿命评价理论与安全保障技术，已经成为几乎所有高技术机械产品安全运行的前提。在过去的十年，对机械产品不同失效机理（变形失效、断裂失效、损伤失效）研究的不断深化，丰富了断裂力学、损伤力学、疲劳理论、腐蚀理论、磨损理论等基础理论的内涵，促进了结构强度理论、结构完整性理论、可靠性理论等工程科学理论的完善与发展，开发了材料与结构强度试验与检测、安全监测与控制、维修与再制造、可靠运维等新技术与新方法。随着机械产品服役环境的严苛化，影响材料与结构失效的因素日趋复杂多样，多场耦合下的失效动力学机制与强度设计方法还远不能满足机械产品的预期服役需求，极端严苛环境下的结构性能测试与评定方法也亟待建立与发展。这些挑战为机械结构强度与寿命研究领域的发展提供了更大的空间。为了响应学科和技术发展的需求，机械结构强度与寿命领域已逐渐形成了下述研究前沿：① 面向材料强韧均衡的精准设计，建立基于失效物理与数据融合的材料与结构强度设计与预测方法，全面提升工程材料与机械结构综合服役性能；② 面向精准寿命预测的需要，发展先进的材料测试技术，建立基于微观结构演化的失效动力学理论，发展基于概率统计理论的寿命设计与失效评定方法；③ 面向高可靠性制造方法，发展跨尺度残余应力与变形调控、结构和材料缺陷抑制等先进制造工艺，逐步形成以可靠性为目标的制造工艺强度学理论框架；④ 面向机械产品安全运行需求，发展运维现场易于应用的机械结构快速高效无损检测与健康监测方法，促进机械结构的精细化视情维护和健康管理水平的提升，不断提高结构安全检测与运行监控的智能化程度。在今后 5～10 年，建议机械结构强度与寿命领域优先发展方向包括：面向服役性能的材料强韧均衡设计方法、极端与复杂工况条件下的强度测试原理、严苛工况条件下结构失效动力学与寿命设计、大型结构焊接过程残余应力与变形的测试与调控、极端尺寸结构的寿命设计与评定方法、增材制造的结构完整性理论基础、考虑表面完整性的强度理论、极端环境下传感器原理与寿命可靠性、失效物理 - 监测数据的机械结构损伤及寿命预测、基于数据融合的在役关重件寿命预测理论和方法、机械装备超长寿命抗疲劳设计的理论基础等。

5.1 内涵与研究范围

5.1.1 内涵

机械结构强度学主要是研究机械结构在机械载荷以及热、电、磁、声、化学等广义驱动力作用下产生的变形和性能的变化，以及由此导致的结构破坏和功能失效，包括材料、结构和载荷三个要素。伴随航空、航天、核电等领域重大工程的不断实施，机械装备设计与制造朝着大型化和集成化方向发展，而服役环境也日渐严苛，这种极端化的发展趋势给机械结构强度与寿命研究带来挑战的同时，也引起了学科领域内涵的不断延伸。例如，严苛服役环境机械产品的失效模式和破坏机理均有异于传统研究对象，传统基于单一失效的强度设计或寿命预测方法精度不足。同时，伴随着增材制造、表面制造等新技术和新工艺的不断涌现，材料制备与装备制造阶段所产生的残余应力、缺陷和局部变形，对传统基于无初始损伤假设的强度及寿命设计理论提出了挑战。此外，虽然全生命周期管理和数据融合等先进理念的研究不断深入，但是运维阶段传感器易于破坏、基于监测数据的寿命预测精度不足、系统层面失效不确定性等问题也逐渐引起人们的关注。因此，面向机械结构全生命周期安全保障的迫切需要，机械结构强度与寿命研究涵盖了材料、结构和系统等诸多层次，大致可以分为面向材料精准设计的强度学、面向寿命设计的强度学、面向可靠制造工艺的强度学和面向可靠运维的强度学四个层面。

材料内部复杂的微观结构直接影响着机械结构的服役行为与寿命。面向材料精准设计的强度学基于严苛环境下材料及结构失效动力学机制分析，建立基于材料微结构调控的设计方法，从而提升材料与机械结构服役性能。主要研究领域包括两个方面：首先是“材料成分 - 制造工艺 - 微观结构 - 服役性能”的多层次关联机制，揭示材料表面及内部微观结构对其宏观服役性能的影响规律，通过探究强韧化工艺对材料微观结构、强度与韧性的影响规律，以及机械结构在严苛服役过程中材料强度与韧性的退化机制，形成基于失效物理的材料强韧均衡精准设计理论与方法。其次是发展或采用先进测试及数值模拟方法，精确描述机械结构在严苛服役环境下微观结构、损伤及缺陷的多尺度时空演变规律，揭示损伤成因及裂纹的萌生至扩展机理。在此基础上，发展国产材料强度性能数据库和寿命模型库，建立基于数据融合的材料及机械结构强度设计与寿命预测方法。

面向寿命设计的强度学研究是立足于机械结构全生命周期保障，在揭示机械零件与结构失效机理的基础上，建立零件与结构破坏的寿命评定方法和准则，并据此预测和评价零部件可靠性。零件与结构的失效机理依据机械产品类型与服役条件的不同，可以包括变形、蠕变、疲劳、腐蚀和磨损等不同失效模式中的一种或多种。传统的设计方法主要基于单一的失效模式，但随着运行环境的复杂化、零部件尺寸的极端化，严苛环境下多失效模式的协同效应给测试技术与评定方法提出了挑战。为此，在测试与表征技术层面，亟待突破严苛环境（超高温、超低温、超高磁场强度、超高电场强度、超强腐蚀）、极端载荷（超高压、超高速冲击、超慢速拉伸）、多场耦合（温度、载荷、环境等）条件下材料性能在线 / 离线测试技术，厘清多物理场环境 / 介质对材料及构件寿命的影响，构建自主可控的高通量、小试样性能测试方法与标准，从而从试验层面认知不同失效模式下材料微观缺陷演化的本质，揭示引发失效的主导机制；在寿命设计及评定理论层面，发展基于微观结构演化的失效动力学理论，形成严苛服役环境下零件与构件的损伤与失效判据，发展以失效机制、可靠性物理以及数理统计为基础的寿命设计方法，并由此形成试样件到结构件的多尺度、全周期寿命设计与评定理论。

结构失效往往源于材料与结构在制造过程中引入的薄弱表面界面缺陷或高残余应力微区，导致材料的承载能力下降，影响了机械结构的长寿命安全服役。无论是传统的焊接，还是近年发展的增材制造等先进制造工艺，均没有完全解决微观缺陷、残余应力与变形同步调控的难题。如何在制造过程中，调控微观缺陷、残余应力与变形，抑制表面界面损伤，保障产品质量，发展基于损伤调控、以寿命提升为目标的可靠制造技术，显得极为迫切。所以，着眼机械产品全生命周期可靠性提升，在制造过程中考虑产品的可靠性，实现缺陷调控和表面界面性能调控，构成了面向可靠性制造的强度学基础。在缺陷调控方面，面向大尺寸复杂装备结构，融合计算机辅助设计、材料加工与成形设计技术，将超声场、电磁场、高能激光、先进热处理技术有机耦合，发展制造工艺 - 内部缺陷 - 服役性能的多尺度调控技术；在表面界面调控方面，发展表面强化、涂层、热处理、相变等方法，研究残余应力合理分布、表面界面应力状态、表面异质层的微观结构与力学性能等，从表面状态调控角度提高抗疲劳、抗腐蚀和耐磨损性能；在变形调控方面，重点研究超大结构制造（如焊接）过程的反变形原理和技术、先进的界面连接等方法。

面向可靠运维的强度学主要研究机械结构运维过程中的安全检测与健康监测，实现结构损伤、寿命预测以及安全预警，并据此保障机械结构安全服役、优化维护维修策略及实现机械结构寿命科学管理。结构安全检测是通过无损或微损的物理或化学方法，获得结构缺陷引起的热、声、光、电、磁等反应的变化，对结构内部与表面的状态及缺陷进行检查和测试，进而判断结构安全状态；结构健康监测则应用先进的传感技术与结构一体化集成的传感器网络，在线获取结构变形、应力、应变、模态、温度、压力等与结构健康状态相关的信息，进而采用特定的信号信息处理方法，实现结构健康状态的诊断。进一步，结合结构的检测与监测信息，通过已有的知识和数据预测结构损伤及性能退化演变规律，推断未来的损伤状态和可能的失效模式，从而预测结构的剩余使用寿命。最终，结合损伤定级和概率评定等，对结构寿命指标进行合理权衡、动态调控、试验验证，实现基于机械结构视情维护、预测维护的机械产品寿命管理。

5.1.2 研究范围

机械结构强度与寿命的研究范畴主要包括：① 失效规律的探索，即材料、环境与载荷交互作用下的机械结构疲劳、蠕变、腐蚀、断裂等失效动力学机制，用于指导材料的精准设计；② 机械设计强度准则，即机械结构强度、寿命与可靠性的测试、分析方法与准则；③ 基于损伤调控的可靠性制造，即制造过程中缺陷、残余应力、变形等对机械构件服役性能的影响规律及其调控方法；④ 机械零件与结构的服役安全，即离线 / 在线健康监测与预测新原理、新方法、安全评定及寿命科学管理方法。本领域的研究范围、发展趋势及前沿方向如图 5.1 所示。

1. 基于多尺度失效物理的材料精准设计方法

面向基于材料精准设计的强度理论体系的迫切需求，必须探索材料和机械结构在载荷、温度、环境及其交互作用下疲劳、蠕变、腐蚀、断裂等失效规律及物理机制，揭示诱导失效的材料微观结构本征影响因素。由于材料和机械结构的失效主要取决于微纳尺度力学及损伤演化过程，因此发展材料微观结构相关的失效准则和判据，是形成基于失效物理的材料精准设计理论和方法的前提条件。在此基础上，通过跨尺度、多尺度的试验和仿真研究，形成跨越纳观 - 微观 - 宏观的材料性能多尺度分析架构，建立基于数据融合的材料强度设计方法。基于获得的“材料成分 - 制造工艺 - 微观结构 - 服役性能”内在关联机制，建立基于数据库、模型库的材料长寿命高可靠性设计平台，发展先进的材料强韧化协同工艺，可望实现材料微观结构特征的精准调控，全面提升工程材料与机械结构的综合服役质量及服役寿命。

2. 基于失效动力学的寿命可靠性设计方法

强度与寿命设计是赋予机械结构在预期服役载荷 / 环境下结构性能的关键步骤，材料、载荷、环境和结构几何特征是影响机械结构完整性和耐久性的重要因素。伴随着机械结构服役环境的极端化和失效机制的多样化，亟须发展基于失效

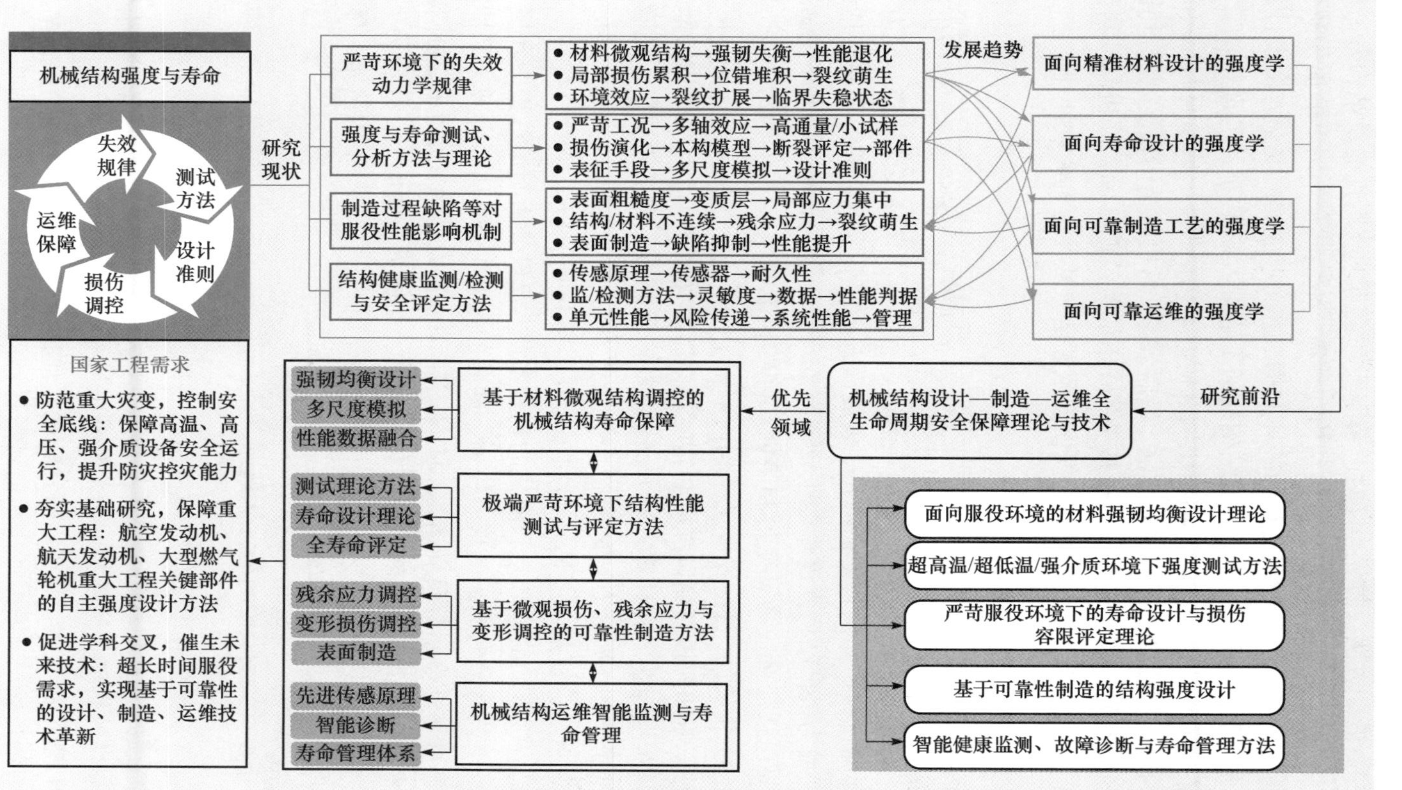

图 5.1　机械结构强度与寿命领域的研究范围、发展趋势及前沿方向

动力学的寿命设计方法。首先，针对严苛服役环境下的材料性能及结构寿命评价理论与方法的建立，阐明材料及机械结构在载荷 / 环境耦合作用下的损伤演化机制及力学行为，探索从微观到宏观的破坏判据，进而形成面向安全寿命设计的多尺度损伤评定方法；其次，对于机械结构几何不连续及缺陷等引起的多轴应力状态及应力集中效应，建立考虑多轴非比例载荷的本构模型，形成从材料试样件到结构部件的跨尺度强度设计准则及算法；最后，基于对机械结构在复杂服役载荷 / 环境（如多轴疲劳、蠕变疲劳、腐蚀疲劳等）下的裂纹萌生和扩展机制的科学认识，建立涵盖裂纹多尺度扩展判据的损伤容限评定方法及全寿命设计理论。

3. 基于损伤调控的可靠性制造

制造过程往往引入表面缺陷、局部应力集中或变形等初始损伤，导致机械结构的服役寿命远低于设计预期。如何在制造过程中协同调控表面缺陷、应力状态和变形，保障机械产品的长寿命服役，发展以寿命提升为目标的可靠制造理论与方法，也已成为机械结构强度学的重要研究范畴。基于损伤调控的可靠性制造研究内容主要包括残余应力、变形和表面缺陷的精准测量、计算方法及调控技术等。在测量技术方面，目前发展了结构内部中子衍射、同步辐射、轮廓、深孔钻等测试方法，但如何提高测试深度和精度仍然需要深入研究，同时结构内部无损测试仍然是难点问题。在计算方法方面，针对产品制造关键工艺过程、环境、材料，建立基于整体 - 局部方法的制造关键工艺多场分析理论及方法，利用多场 - 多尺度仿真手段分析加工过程中材料温度场、变形场、应力场等分布与演化规律，揭示制造过程的缺陷产生和演化的物理本质，定量分析制造过程中环境、材料、结构及工艺参数对产品变形、应力、缺陷的影响机制，从而突破产品性能与可制造性、可靠性多目标优化等瓶颈技术，推动制造设计优化水平的整体提升。在调控技术方面，重点是发展表面强化及涂层、高质量表面加工、控应力 / 控缺陷增材制造、先进热处理工艺等技术体系，构建材料、工艺与结构性能一体化的调控理论及技术，提高服役寿命。

4. 基于安全检测 / 监测的可靠运维

面向可靠运维的强度学研究范围覆盖智能传感、结构微损 / 无损检测、健康监测、寿命预测以及寿命管理等多个领域。首先，亟待发展严苛服役环境下高耐久性和可靠性的智能传感器技术，尤其是小尺寸、重量轻、低功耗、便于在线实时监测的智能传感技术；其次，结合智能传感研究结构的力、声、光、电、磁、温度等信号的反馈，发展表征这些信号与材料损伤和结构失效之间的映射关联方法，尤其注重于结构变形、载荷、振动、压力、冲击、损伤、环境等多参量协同监测方法、结构状态及损伤的特征提取和数据融合方法、高可靠高准确性诊断方法及定量化方法等；在此基础上，发展结构健康状态的辨识与表征方法，揭示结构健康状态及损伤的演变规律，形成基于物理模型和测量数据融合的损伤及寿命预测新理论与新方法等；最后，逐步完善结构单元到系统的可靠性退化评估、基于结构材料损伤定级的寿命评价、不确定性因素影响下的寿命概率评定、基于智能在线监测和预测的寿命管理、视情维护及预测维护等理论与方法体系。

5.1.3 在经济和社会发展、学科发展中的重要意义

1. 防范重大灾变，控制安全底线

机械产品的失效往往导致严重事故的发生，造成重大经济损失。长期以来机械零件与结构的运行失效十分惊人，如现代能源与化学工业向高温、高压、深冷等严苛工况发展，同时装置规模不断增大，储存能量是半个世纪前的数十乃至数百倍，火灾、爆炸等恶性事故时有发生，导致人员伤亡、生产中断。灾难的发生一般均源于承压边界的破坏，因此在能源与化学工业能否守住安全的“底线”，关键在于保障承压边界的完整性。然而，现有的承压设备安全评定理论和工程方法，还不能反映严苛环境下安全性能衰退的时变特征，无法从根本上保障承压设备的安全。并且，缺乏严苛环境下损伤的检测与在线监测手段，安全预警困难，使得重特大事故发生率仍然显著高于发达国家，造成的经济损失十分巨大[1]。又如，航空领域，由于疲劳、蠕变、腐蚀、冲蚀等引起的飞机结构的破坏事故时有发生，如航空发动机叶片的振动疲劳断裂、涡轮盘的蠕变疲劳断裂、压气机叶片的冲蚀等都会导致航空发动机出现失效或故障，导致服役寿命达不到设计寿命。在铁路交通领域，近 200 年的铁路运输历史上大小脱轨事故时有出现，随着高铁时速越来越快、运输重量越来越大、运行环境越来越复杂，高铁车轮、轮轨等关键部件的磨损、接触疲劳等失效问题会愈发严重，降低其运行效率，甚至引发脱轨等灾难性事故。因此，确保复杂环境状态下高速列车的安全性已成为保障我国高速铁路快速发展的关键。在核电领域，以安全、清洁、长寿命为特征的高温承压与装备技术（如第三代压水堆、第四代高温堆等）被视为应对当今能源与环境危机的重要手段，日益受到重视。世界核电史上发生的严重事故，给人类社会带来了灾难性的后果，日本福岛核事故的影响至今远未消除。截至 2019 年 5 月，全球在运行的核反应堆总计 452 座，其中中国运行的核反应堆达到了 45 座[2]，设备在役检查中也不时发现一些缺陷，但目前国内研究工作还不足以支持核电设备的失效评价、安全检测与寿命预测，也还不能实现基于失效模式的关键部件设计制

造。因此，在未来的一段时间内，还需要继续夯实机械结构强度与寿命的基础科学研究，尤其针对严苛服役环境的机械结构性能退化的时变特征，发展基于失效物理的寿命设计与评定方法、基于损伤调控的可靠性制造、严苛服役环境下的先进监测 / 检测技术等，确保航空、航天、核电等重要装备的安全运行，防止突发性灾变。

工程实践表明，疲劳、蠕变等载荷与高温氧化、氢损伤、低温脆化等严苛环境交互作用，会导致零件与结构严重劣化，所造成的破坏往往是灾难性的。而疲劳、断裂、腐蚀与磨损等失效造成的经济损失很大，其中许多破坏均与结构强度密切相关。但过去的安全评定与延寿技术的实践也表明：通过寿命预测技术、可靠的强度设计方法、先进的制造调控技术以及安全监测技术的实施，大多数机械零件和结构的失效是可以避免的。因此，为了控制灾难性事故的发生，机械结构强度与寿命研究领域将从传统结构强度设计出发，拓展到材料多尺度失效机制与表征、制造过程中的损伤调控、先进检测技术研发、运维管理平台构建等多个方面。

2. 夯实基础研究，保障重大工程

随着我国经济与社会的不断进步，高速铁路网、近百座商业运营的百万千瓦级核电站、大型水面舰艇、大型飞机和新一代先进战机及其动力系统、天地往返可重复使用的大型运载火箭等重大工程项目会相继建成并投入使用。如何加快建设进度并保障这些重大工程装置与设施的安全可靠运行，对机械结构强度与寿命研究带来了新的挑战和机遇。

重大工程领域中的高端装备通常在严苛的载荷 / 环境下服役，材料性能、多物理场载荷、环境和复杂几何特点给机械结构强度设计和服役安全评估带来了巨大挑战。例如，航空发动机和重型燃气轮机的自主研制与运行保障，必须以机械结构强度科学作为基础。航空发动机与燃气轮机服役条件时变特征明显，诸多部件还会受到振动疲劳、蠕变疲劳、腐蚀疲劳等多种损伤耦合作用，如何发展可靠的寿命设计和评定理论与方法，依然迫在眉睫。另外，伴随着复合材料在先进航空飞机及其发动机部件上的广泛使用，复合材料结构强度设计理论和寿命分析方法已成为我国大飞机能否顺利适航取证、实现商业成功的关键问题之一。而且，大型运载火箭和可重复使用的高超声速飞行器大量采用先进的复合材料，在复杂服役载荷环境工况中的安全性设计与风险评估也是亟待解决的问题。在铁路交通领域，随着列车运行速度提高、运输重量增大、环境的复杂化，机车部件的磨损、疲劳和失效问题会更加突出，运行安全隐患增大。在我国特有的高频次超负荷运营条件下，如何确保高速列车的运行安全会逐渐成为重点关注的问题。在核电领域，核电装置由于其特殊的反应条件和工艺流程，一旦发生事故，将造成灾难性的后果。历史上，已有美国三里岛核电站严重失水事故（1979 年 3 月）、苏联的切尔诺贝利核电站爆炸事故（1986 年 4 月）、日本福岛电站核泄漏事故（2011 年 3 月）的惨痛教训，造成了重大经济损失和严重的社会影响。《中国制造 2025 蓝皮书 (2018)》将第三代大型先进压水堆、快堆、高温气冷堆、钍基熔盐堆、小型堆等核电成套装备及其设计、制造、维护等共性技术列入重点技术领域[3]。因此，严苛服役环境下的机械结构强度及寿命理论与方法研究，保障可靠的设计制造与安全运行，无疑对重大工程建设具有重要的推动作用。所以，面向航空发动机及燃气轮机、大型飞机、大型可重复运载火箭和高超声速飞行器、大型水面舰艇、新一代核电站和高速铁路等重大工程建设需求，需要进一步加强复杂载荷下的安全服役理论和试验验证技术、复杂几何结构的失效行为与强度设计方法、严苛环境下的机械结构强度设计准则及耐久性评价方法、机械结构的损伤容限及全寿命设计理论等基础或前瞻研究，尽快缩短我国与世界强国在机械强度科学领域基础研究的差距，培养具有国际影响力的青年科学家，在若干方向和技术领域实现与发达国家“并跑”。

3. 促进学科交叉，催生未来技术

深度分化基础上的高度交叉融合是当代学科发展的显著趋势之一，近年来，我国在航空航天、生物工程、生命科学、信息技术、新材料、新能源等多个研究领域，加强了跨学科研究，取得了一大批位于世界前列的科研成果。在体现多学科交叉、汇聚的大科学工程方面，我国也取得了长足的发展，如“合肥同步辐射装置”“上海光源”“散裂中子源”“强磁场试验装置”“国家材料服役安全科学中心”等已经开发成为跨学科研究创造条件的公共试验平台。

机械结构强度与寿命研究领域近年来逐渐呈现出与力学、材料学、物理学、化学等学科高度交叉相互融合的研究态势。未来 15 年，在继续支持我国具有优势或特色研究方向的基础上，也需结合经济社会发展以及国防安全等方面的重大需求，瞄准国家重大需求和国际前沿开展协同研究，并形成具有自主知识产权的核心技术，如极端（超高温、超低温等）复杂工况条件下的强度测试原理、结构失效行为与强度设计方法（从纳观到宏观的跨尺度评定等）、大型结构制造过程残余应力与变形调控（超大压力容器焊接、大型舰船焊接等）、增材制造的结构完整性理论基础、极端尺寸结构的寿命设计与评定方法（微尺度芯片等）、严苛环境下传感器耐久性与寿命可靠性等，从而推动和促进我国复杂重大关键装备设计与制造技术的进步[4]。

疲劳、断裂、蠕变等机械结构强度与寿命研究领域的研究受到广泛关注及国际会议不断涌现、异彩纷呈，我国相关的专家学者，也在国际会议大会报告中频频出现。我国学者发起组建的中国结构完整性联盟（连续召开 17 届学术会议）及材料与结构强度青年联盟（连续召开 6 届学术年会），逐渐成为我国强度相关科学研究的重要交流平台。另外，国家自然科学基金委员会在过去的十年共资助国家基金重点项目 5 项、国家杰出青年科学基金项目 2 项、优秀青年科学基金项目 3 项，这也从另一个侧面显示了我国机械结构强度与寿命研究领域的进步。在未来的十年，伴随机械结构强度与寿命研究领域外缘不断拓展，逐步呈现与其他科学领域逐步交叉融合的研究态势，这势必在推动青年人才培养、新兴关键技术催生、重要装备研发等方面发挥更大的作用。

5.2 研究现状与发展趋势分析

5.2.1 面向精准材料设计的强度学

机械结构强度与寿命研究的进步与材料科学的发展密不可分。“一代材料、一代装备”，同时失效研究和强度理论的发展对新一代材料研发及新一代装备的设计制造又起到重要的指导作用。然而，材料在各种工程应用中均远未达到其本征的强度与寿命，大多数服役工况下材料的强度仅用到了其本征强度的 10% 左右，而使用寿命与材料本征寿命的差距可能更大。通常，工程材料和机械结构的失效主要取决于微纳米尺度上的力学行为及损伤过程。因此，建立基于失效物理、高强高韧的材料精准设计及方法，是全面提升工程材料与机械结构综合服役性能的重要手段。同时，随着数值模拟技术、数据挖掘技术的快速发展，全面推进这些技术在材料及机械结构强度特性预测方面的应用，建立基于数据融合的材料与机械结构强度设计与预测方法，也可为材料精准设计提供理论支撑。

宏观尺度看似均匀的材料在微纳米尺度上则表现出高度的非均匀性，而且材料内部微结构具有极其复杂、不确定等特征，如加工引起的表面异质层、晶粒或析出相的非均匀分布及其尺寸分散性，严重影响着材料与结构的服役性能和寿命。通过现代计算模拟和试验技术，已经对工程材料的宏观力学行为和机械结构的服役性能有了较深入的认识。然而，如果人们能更加深入剖析材料在严苛服役环境下的动力学行为与损伤演化规律，就能对材料及机械结构 / 装备的服役性能做出更准确的预测，这对于设计长寿命、耗资巨大的机械结构和装备具有非常重要的意义。要想确保机械结构在严苛服役环境下的长期可靠、安全和高效运行，就必须精准把握结构完整性各影响因素的作用规律 (内部变形 / 约束效应等)。目前，在工程材料设计与机械结构完整性评估中应用的安全规范大都是经验性的，必须深入研究工程材料和机械结构的失效物理机制，发展基于失效物理的材料和结构的精准设计方法，从而指导机械结构寿命设计方法的革新[5]。所以，在发展面向精准材料设计方法的过程中，必须重点考虑材料内部微结构对材料的宏观非线性本构行为的跨尺度影响机制。同时，多场耦合作用也是材料精准设计中需要考虑的重要因素，多学科交叉融合将会越来越明显和重要。

强韧均衡是工程结构材料设计的永恒主题[6]。通常在提高材料强度的同时势必会在一定程度上降低其韧性。金属材料强化的方式通常包括形变强化、细晶强化、析出强化、固溶强化等物理和化学方法，这些方法可以在一定程度上提升金属材料的强度，但是传统的强化方法对于材料的韧化作用却未能得到较好的体现。随着航空、航天、船舶等领域的快速发展，其装备对轻质合金 (如钛合金、铝合金等) 的需求愈加强烈，但是对于轻质金属的工业化应用，需要在提升强度的同时保持较好的韧性，以满足材料的高性能要求，进而延长其在严苛环境下的服役寿命。近年来，随着加工方法和先进表征技术的快速发展，在传统强化方法的基础上，发展了更精细的加工方法，以实现更精准地调控材料微观结构特征的目的，强度得到提升的同时诱发新的韧化机制，如图 5.2 所示。*Nature*、*Science* 等顶级期刊上报道了多类有关提升结构材料强韧性的方法，寻求强度和韧性在 Ashby 图中的最佳匹配[7]，特别是通过调控材料在微纳尺度上的结构和组分，激发多尺度的强韧化机制，如引入小尺度第二相粒子的强化手段，可有效控制位错剪切变形，进而实现纳米级别的强韧化效果；通过引入新型纳米尺度结构，提供大量应变不协调的表面界面组织，如纳米孪晶结构、梯度纳米结构、异质片晶结构等微区组织，进而诱发额外的应变硬化等机制，实现材料的强韧均衡。此外，还可以通过定量调控第二相元素的含量来改变结构材料的层错能，以达到合金的最佳强韧组合。因此，通过精准调控微结构和元素构成，建立基于高强高韧的材料强度设计方法，是高性能结构材料的发展方向。另外，基于仿生学的材料设计研究正成为一个快速增长和有巨大发展空间的领域。随着研究手段的不断进步，基于仿生学的材料设计经历了从功能仿生到结构仿生的阶段，特别是微区结构的仿生，如典型承载生物材料骨头、牙齿等结构，拥有多级、梯度、错列片层状等组织特征，赋予材料优异的强韧性和超长的服役寿命。生物材料最重要的特征是多级结构，即为了达到性能最优而允许其组成材料在每一层级上都有适应性和最优化生长，这是对传统结构材料实现性能最优所必须要解决的问题，多级纳米孪晶强化材料就是基于此思路而提出的。生物材料中的尺度因素也会影响其整体的性能，纳米尺度的矿物质晶粒对缺陷不敏感，结构失效是由材料的理论强度决定

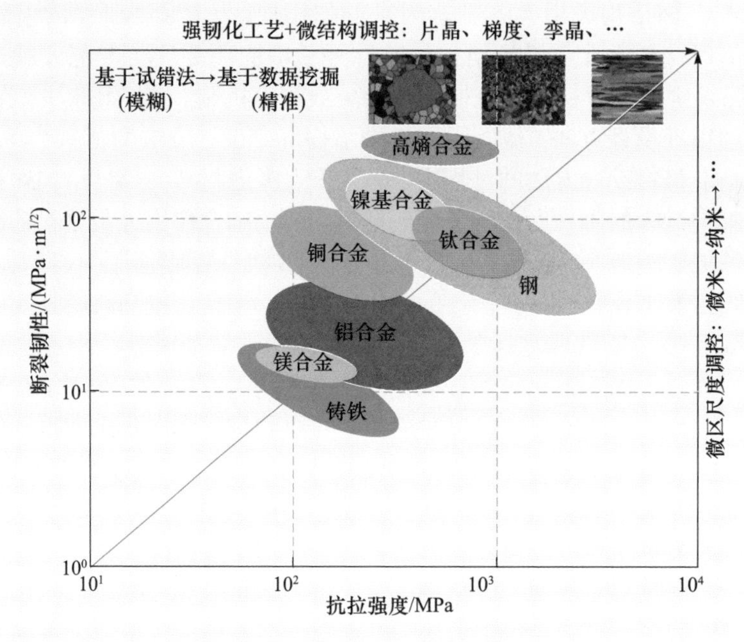

图 5.2　不同材料强韧性和调控手段

的，而不能由经典的 Griffith 断裂准则预测[8]。因此，对于仿生结构材料，要从纳米尺度上着眼结构的精准设计，从而实现材料性能的优化。目前，对于仿生材料的多尺度结构精准设计和先进制备仍处于起步阶段，需要探寻多种先进制备方法来实现这类结构的仿生，同时验证其服役寿命，以满足复杂工况下机械结构的服役要求，这也会成为机械结构强度与寿命领域亟须突破的研究难题。

在工程实际中，材料和机械结构的失效主要表现为裂纹的萌生和扩展。裂纹往往起源于材料表面或内部原子尺度晶界、异质相界面、位错堆积或者自由表面等具有高应力集中的微纳米缺陷处[9]。因此，针对裂纹等缺陷的形成机制开展多尺度模拟及试验表征研究，并形成相应的防控研究对面向精准材料设计的强度学发展尤为重要。在模拟方面，分子动力学采用经验势函数来描述原子间的相互作用，通过传统的牛顿力学来更新原子的位置信息，可以从原子 / 纳观尺度成功地再现晶界、异质相界面、位错堆积以及自由表面的应力集中，并揭示裂纹在材料内部的萌生位置和萌生机理。然而，受计算能力的限制，当前分子动力学模拟大多局限在纳观尺度，很难在工程实际中直接应用。在微观尺度，晶体塑性有限元模拟正在被广泛应用于考虑晶粒、相态、孪晶等材料内部关键微结构特征，深入分析材料内部微结构与位错滑移等相关的非弹性变形机理。基于此，各种微观裂纹萌生准则已被提出来用于预测裂纹的萌生位置和萌生寿命，但在微裂纹扩展和破坏过程模拟方面还需更加深入的研究。随着各种先进表征技术的不断发展，时空分辨率逐步提高到了可表征原子尺度力学过程的程度，开展多尺度原位表征试验对深刻认识材料和机械结构的失效物理机制至关重要。将分子动力学模型、晶体塑性有限元模型以及多尺度原位表征试验进行有效的结合是未来材料表征和机械结构强度领域的一个重要发展方向，通过跨尺度、多尺度的试验和仿真研究，可以形成跨越纳观 - 微观 - 介观 - 宏观的多尺度分析架构，进而能对材料和机械结构的失效机制与强 / 韧性进行精准预测，并给出材料和机械结构失效的关键控制因素，为基于失效物理、高强高韧的材料精准设计方法的建立提供理论基础，也为进一步发展失效防控理论和方法给予支撑[10]。

数据挖掘是指采用数学算法对大数据集开展检索，提取数据库中所需知识的过程，基于统计理论，数据挖掘技术采用了统计领域抽样、估计和假设检验的方法、机器学习中的“学习”理论及模式识别中的“建模”技术。同时，还融合了人工智能、模式识别中的搜索算法和建模技术，吸纳了最优化、信息论、信息处理、可视化和信息检索等领域的思路。数据挖掘一开始应用到材料基础力学性能 (如强度、韧性、硬度等) 预测和优化、缺陷质量预测和生产监控、微观组织识别等相关领域，并有望将材料的微观结构与基础力学性能相互关联。近些年来，伴随试验数据量的不断增加，数据挖掘也逐渐应用于材料疲劳和蠕变等性能预测。服务于材料强度特性预测方面的数据挖掘[11]，正处于快速发展阶段，主要是建立在对材料性能和服役条件基础之上的数据模型识别和预测，多性能关联数据的信息挖掘这一新的研究方向将有很大发展前景[12]。因此，建立基于数据融合的材料、机械结构强度设计与预测方法，为材料精准设计提供理论与技术支撑，也将是机械结构强度与寿命领域的重要研究范畴。

5.2.2　面向寿命设计的强度学

基于连续介质力学的经典静强度理论、疲劳理论和断裂理论构成了目前机械结构强度设计的理论基础。在传统理论框架内，材料的屈服强度、极限强度、疲劳寿命、裂纹扩展速率、断裂韧性等宏观力学参数可由材料标准试验测定，进而应用于机械结构的失效评估。但是，随着机械零件与结构服役工况的日益复杂，失效形式也日渐多样，传统的强度设计理论已很难应对复杂多样的失效模式。为此，基于微观失效机制或失效物理的强度设计理论逐渐取代基于宏观强度准则的设计理论已成为趋势。

在过去的十年，研究者在机械零件与结构的强度测试、寿命设计与评定等方面不断探索，取得了一些重要进展，试图实现从经典强度设计到耐久性设计再到全生命周期设计的跨越，如图 5.3 所示。首先，发展了高通量、小试样等先进测试方法，逐渐澄清了严苛环境下材料与机械结构多机制失效机理，研究其性能衰退与失效演化过程；其次，致力于构建基于微观结构演化的失效动力学理论，通过考虑材料微观结构与失效之间的关联，形成多尺度寿命预测模型与设计方法；最后，发展了基于概率统计理论的寿命设计与失效评定方法，完善耐久性 / 损伤容限设计方法，致力于构建严苛服役环境下零件与结构可靠性评价准则与理论体系。

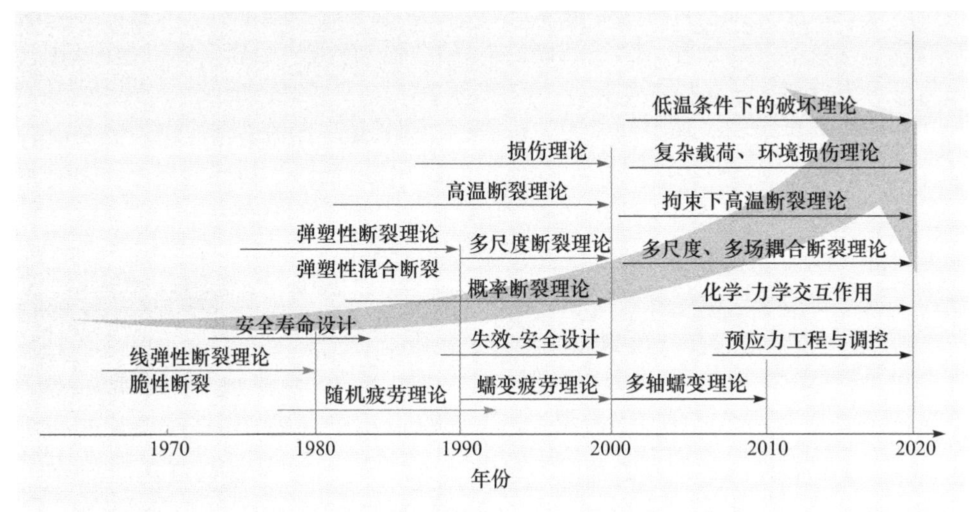

图 5.3　机械结构寿命设计与评定方法发展史

材料高通量协同表征方法是采用微区三维先进成像技术，如 X-CT、中子衍射、3D-TEM 衍射及共聚焦离子束等，表征从微观到宏观尺度下结构的形貌细节，确定金属材料内部缺陷的形貌、大小、位置及数量等，从而在不同视角和尺度下同时获得大量数据的方法。高通量测试使多尺度、多维度、多角度的材料变形机理及断裂行为协同表征成为可能[13,14]。当前，以高能同步辐射和散裂中子源为代表的大科学装置，通过高精度、高效率、多维度地观测材料服役的动态演化全过程，在材料和结构的基本力学及疲劳损伤演变研究中逐渐发挥作用，也为澄清复杂环境下零件与结构多损伤机制耦合作用奠定了试验基础。另外，基于小试样测试技术的安全评价方法，采用毫微量级的小试样来测量拉伸、疲劳、蠕变、断裂等性能，据此评价设备的安全性与剩余寿命，在过去的十年也得到了快速发展。小试样测试技术源于核工业领域，至 20 世纪 80 年代后期已逐渐应用到火电和石化行业。发达国家高度重视小试样测试方法的基础研究，欧洲标准化委员会 (Comité Européen de Normalisation, CEN) 成立了小试样工作组，负责组织编写小试样测试规范；欧盟启动的国际聚变能研究计划中，将小试样高通量性能测试技术作为重要内容；在美国能源部支持的耐超高辐射纳米特征增强钢研究计划中，也将小试样的断裂韧性与韧脆转变温度作为主要内容；日本原子能研究机构(Japan Atomic Energy Agency, JAEA) 在国际聚变材料辐射装置项目的支持下，实施了小试样测试技术协同研究计划，旨在评价核聚变反应堆关键部件的结构完整性。相较之下，我国在小试样测试方面的研究工作开展较晚，且缺乏系统的应用基础研究，尤其是严苛环境下小试样性能试验技术极度匮乏。考虑到小试样的尺寸效应与几何效应，必须发展复杂应力状态下小试样的强度与断裂理论，以创新小试样的测量原理。另外，还需开展小试样制备技术开发、测试装置研发、测试技术的标准化、小试样与常规试样变形及断裂性能的转换计算方法，为关键装备的安全运行提供技术保障。

高通量、小试样等测试技术的进步，推动了基于微结构演化的失效动力学理论与强度设计方法的发展。尤其是先进测试技术的涌现可以界定材料内部损伤的几何特征，为损伤的定义和演化规律提供了明确的物理背景，受到了研究者的广泛关注。例如，在延性断裂方面，基于微孔洞形核、长大及合并过程客观描述的经典 GTN(Gurson-Tvergaard-Needleman) 模型已广泛应用于金属结构延性失效过程的模拟；在蠕变断裂方面，考虑基体晶粒黏塑性变形机制的蠕变孔洞长大模型，已成功预测了多轴蠕变断裂应变；在疲劳断裂方面，通过探究累积滑移、几何必需位错密度、局部储能密度等微观结构物理量，并结合晶体塑性理论，不同程度上实现了对疲劳裂纹形核位置的预测。但是，目前的研究工作还多局限在简单载荷、单一失效特征范畴，如何建立起复杂载荷状态下、多种损伤机制耦合的失效动力学与强度设计方法还有待进一步深入研究。

大到核电装备、航空航天构件，小到微纳电子器件，其失效和破坏均表现出明显的多尺度特征。以核电装备、压力容器为例，人们从宏观尺度的结构力学、介观尺度的断裂性能、微观尺度的材料变形与损伤等多个尺度，均有了大量的研究。近年来，研究者尝试从不同角度围绕多尺度失效分析开展基础研究。基于原子和分子尺度模拟的大规模计算，发展了原子模拟与连续有限元耦合的方法，但是基于原子模拟的技术往往受限于原子作用力模型和机器的计算能力；结合位错动力学、晶粒尺度塑性的模拟，能够解释材料的塑性流动、表面微裂纹形核、裂尖局部化塑性等行为，可望为裂纹萌生和扩展提供微结构影响输入[10]。因此，如何突破连续介质的理论框架，实现低维尺度与高维尺度的衔接，显得尤为重要，如图 5.4 所示。近年来基于分形方法、塑性应变梯度理论、双尺度应力强度模型等方法，均获得了不同程度的成功。例如，应变梯度塑性理论可获得微观下裂纹尖端局部的应力场，由此可望演绎微观尺度的破坏过程；双尺度的局部应力强度

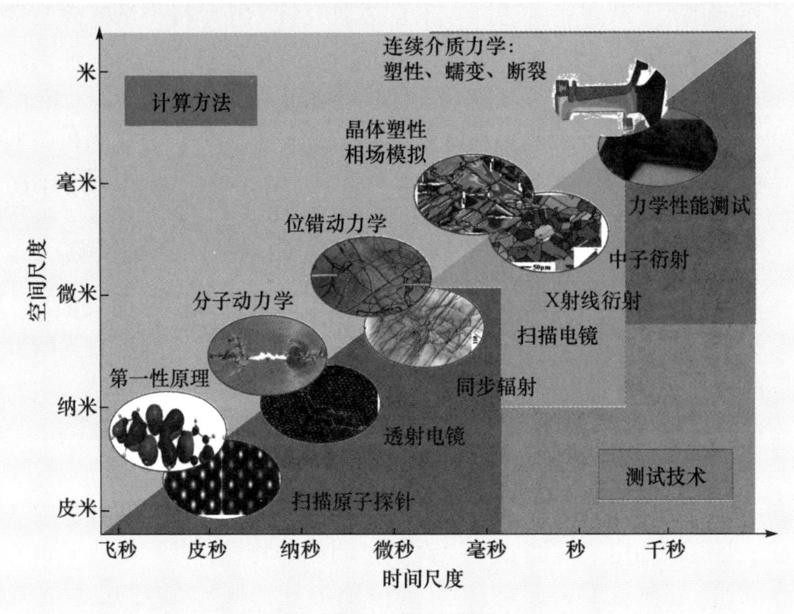

图 5.4　时空尺度相关的测试技术与计算方法

或局部塑性变形描述疲劳裂纹扩展进程的损伤，可以关联宏观和微观的疲劳裂纹扩展速率。目前这些多尺度理论还不能很好地描述环境因素的作用，因此解决复杂环境下的失效问题，尤其是环境 - 力学协同作用下的多尺度损伤与失效动力学也值得深入研究。

随着工程结构长寿命服役的驱动，材料超高周疲劳研究近年来取得了巨大进展。与低周、高周时裂纹从试样表面萌生的现象不同，合金材料超高周疲劳最主要的特征之一是裂纹可能从材料内部萌生。这样，裂纹内部起源与通常的裂纹表面起源存在竞争关系。裂纹萌生区呈现“鱼眼”和细晶分布特征。作为超高周疲劳裂纹萌生特征区，细晶区消耗了疲劳总寿命的 95% 以上。因此，揭示裂纹萌生区细晶区的形成机理对于理解超高周疲劳的特有行为和寿命预测格外重要。材料的超高周疲劳行为受很多因素影响，从而使材料破坏表现出不同的特征，如超高周疲劳裂纹内部萌生与夹杂物周围的化学扩散有关，已有研究观察到夹杂物与基体界面位置氢含量上升，氢富集导致的材料脆性和循环载荷的共同作用诱导了裂纹的萌生。由于循环应力的作用，氢元素在夹杂物周围的基体富集，材料变脆，导致裂纹面的不连续特征。此外，由于超高周疲劳试验可能会在不同频率试验机下完成，材料可能产生应变率效应或频率效应，给工程结构件的寿命设计与评定增加了难度。所以研究载荷与环境相关的缺陷形成和生长的微观机理，建立定量描述超高周疲劳损伤和精准的寿命设计方法，依然还有很大的研究空间。

在过去的数十年，人们已经逐渐意识到：疲劳、磨损、腐蚀等渐变失效是工程材料与机械结构的主要失效形式，且不确定性显著。确定性分析方法不能体现损伤演化过程中的不确定性，并以“经验性 / 半经验性”方式给予安全系数，致使预测结果不尽合理。近年来，基于概率统计理论的寿命设计与失效评定方法越发受到关注。针对疲劳失效，最早的概率模型通过在传统的应力 / 应变 - 寿命关系或裂纹扩展方程中引入随机因子，近似描述失效过程的随机性，方法简单实用，但缺乏物理内涵。将寿命方程中的参数随机化处理，是目前概率寿命建模的主要方法。然而，由于模型所依附的基本方程较多源自基于经验的唯象理论，并未反映失效过程中各参数和变量的复杂交互机理。鉴于疲劳或蠕变等失效通常是由大量微损伤的累积，并通过从微观到宏观的跨尺度发展而诱发灾变的过程，考虑材料微结构特征 (如夹杂物、孔洞、晶粒尺寸与取向) 和跨尺度行为，结合制造质量波动性以及使役差异性分析，探索宏微观结合的应力表征、失效判据及概率描述，尤其是耦合疲劳损伤物理机制和材料微结构分布特征的概率模型，已逐步成为精细化寿命设计与失效评定的关键环节。此外，得益于表面界面科学与摩擦学等领域研究的迅猛发展，磨损与腐蚀概率寿命设计与分析的理论框架已初步构建，考虑多模式竞争失效、多机制损伤耦合演化的概率寿命设计与分析将成为重要研究课题。作为概率寿命设计的重要组成部分，可靠性优化理论在历经近三十年的发展后，不断完善并走向成熟，先后形成了双循环法、单循环法和解耦法等多种类流程算法，不断突破寿命设计模型中多变量、非线性、非正态、相关性、高维度等技术瓶颈，已成为提高设计精度、降低计算成本的重要手段 [15]。

5.2.3　面向可靠制造工艺的强度学

伴随制造技术革命性的变化，机械产品服役参数不断超越极限，向极端化方向发展 [16]。新的失效形式往往复杂多样，基于单一失效模式并施以大的安全系数的强度设计方法已很难支持新一代的制造。因此，如何在制造过程中，保障机械产品的可靠性和服役寿命，已经得到机械工程学科的普遍关注。例如，在过去的十年，制造过程残余应力与变形抑制、表面加工质量调控、表面强化及涂层等先进制造方法不断涌现和发展，构成了以可靠性为中心的先进制造模式的雏形。

无论是传统的焊接 / 连接技术，还是近年新兴发展的增材制造技术，残余应力和变形一直是影响机械结构可靠性的关键要素 [17]。经过 30 年的发展，国内外在残余应力领域的研究进展迅速 [18], 如图 5.5 所示。在连续介质力学框架内，建立了多类应力场 - 冶金场 - 温度场相耦合的有限元计算方法，发展了 X 射线、超声、中子衍射、轮廓、压痕法等测试方法和标准，提出了大型构件焊接、表面涂

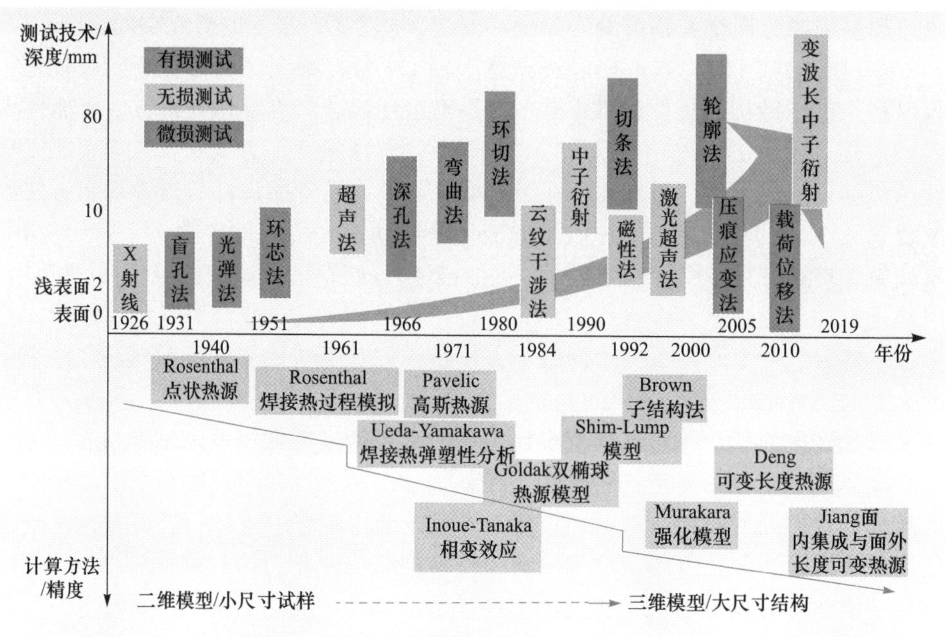

图 5.5　残余应力测试与计算方法发展历程

层制造过程中原位调控系列方法。但是依然亟待建立残余应力与变形协同调控的理论方法体系，指导超大 / 极小结构的可靠性制造。以激光增材制造技术为例，虽然在未来重要装备制造中可能发挥更大作用，但是制造过程中的控形控性，一直是近些年来普遍关注的难题 [19]。激光增材制造过程涉及高能激光与粉末之间的交互作用、粉末熔化及铺展行为、激光诱导熔池的快速凝固收缩行为、材料熔化凝固过程中的相变行为、宏观尺度的残余应力与变形行为等一系列复杂的物理、力学、冶金过程，导致材料的成分物性与工艺匹配难、冶金缺陷与成形质量调控难、构件强度和韧性协同提升难等基本科学问题。相较于大型构件的残余应力与变形的调控，极小电子器件作为保障关键机电装备可靠性的核心产品，其微纳尺度的连接与封装结构的工艺调控同样重要，是保障器件性能和可靠性的关键 [20]。这是因为极小尺度封装结构与连接界面存在显著残余应力、电致热和热致应力集中，极易导致器件疲劳变形失效，同时复杂工况造成的多能场耦合交互作用等都对器件的性能和可靠性带来巨大挑战 [21]。例如，在连接材料微观失效机理研究层面，科学认识和测量微纳尺度残余应力和变形抑制方法是提升器件可靠性的前提，而且在疲劳相关的载荷作用下，残余应力对其性能的影响机制依然尚不清晰。因此，电子封装可靠性制造亟待解决跨尺度形变与残余应力演化规律、界面缺陷抑制方法、材料 - 工艺 - 性能 - 寿命协同调控理论等关键基础科学问题，

从而实现集生产 - 测量 - 调控于一体的制造技术革新。

疲劳、磨损、腐蚀等失效大多起源于表面，所以加工工艺相关的表面完整性对机械结构的服役性能有着重要的影响。在过去的十年，研究者针对表面加工相关的表面完整性和服役性能，开展了大量的研究工作，包括考虑不同工艺条件下表面变形、残余应力、局部力学性能、加工缺陷、服役寿命等多个方面。随着加工精度提升的不断需求，纳米级甚至原子级加工缺陷抑制方法得到了普遍关注。但是在升级工艺方法的同时，纳米尺度缺陷及加工表面残余应力的大小和分布的精准检测则是亟待解决的关键基础问题。另外，经历了半个多世纪的高速发展，先进涂层与表面强化技术方法已经成为一个国家高端制造水平的体现，如热障涂层已成为航空发动机和燃气轮机关键核心技术之一。在过去的十年，研究者针对涂层结构的力学性能、损伤机制、寿命预测等方面，开展了诸多研究，在推进工程应用的同时，对涂层的材料与结构设计予以指导[22]。例如，发展了基于弯曲、拉伸、压痕等结合强度表征方法，建立了涂层、界面力学性能的表征模型、测试方法和测试装置，可以为涂层结构破坏机制分析提供必要的材料参数；初步发展了红外、涡流、复阻抗谱、荧光拉曼光谱等多种用于界面缺陷、界面氧化层、界面应力以及基体缺陷的检测方法；发展了涂层成形过程中的残余应力原位测量和调控方法，建立了涂层残余应力的闭合解及考虑残余应力的涂层断裂参量模型，界定了残余应力分布对涂层表面及界面开裂的作用机制；基本明晰了不同服役环境下涂层失效的机理，构建了接触疲劳、高温疲劳等典型载荷作用下时间相关的损伤力学模型及有限元算法。这些研究为先进复合涂层、陶瓷 - 金属多层结构涂层、纳米多层涂层等先进涂层结构的设计提供了理论支撑。然而，对于涂层结构，制备工艺参数的微小变化会导致涂层微结构、性能与耐久性的巨大差异，所以如何从材料设计、残余应力、沉积变形、服役性能等多维度协同调控，保障涂层的可靠性，依然还需要大量研究。

疲劳失效大多起源于表面，所以表面制造成为抑制失效的关键途径[23]。在不改变结构、材料体系和重量约束的条件下，采用表面或局部强化工艺，通过引入包含晶粒细化、塑性变形和残余压应力的表面强化层，来提高零件的疲劳强度与寿命，已经成为保障航空发动机等重要装备关键零件长寿命安全服役的重要途径。这一方法主要是通过一定的压力或脉冲接触零件表面，从而使表面发生塑性变形、残余压应力场及微观组织结构细化，从而抑制裂纹的萌生。在过去的 30 年，工程界相继研发了喷丸强化、激光冲击、低塑性抛光表面强化和开缝衬套孔内壁强化等工艺方法。现有研究主要集中在表面强化层的残余应力调控方法、表面完整性评估方法、疲劳性能提升机理等方面，但是尚未形成较完整的体系。在制造方法层面，目前的研究主要集中于（超声）喷丸、激光冲击等强化技术研发和性能表征研究，但是这些工艺在中高温下或疲劳载荷进程中的稳定性和可控性、变形控制及寿命提升裕度的确定，依然还有很多关键科学问题亟待解决；在疲劳寿命设计等基础理论层面，当前研究重点在于描述表面强化对结构破坏机制的影响，从而通过加工工艺优化来实现寿命提升。在考虑表面强化效应的微观结构高温稳定性、裂纹萌生机制、裂纹扩展行为及机制、寿命设计方法、裂纹扩展计算方法等方面的研究较少。

5.2.4 面向可靠运维的强度学

我国航空航天飞行器、流程工业装备、大型发电机组、燃气轮机 - 机组、舰船深潜装备等重大机械装备的发展呈现大型化、复杂化、部件整体化的趋势，并且运行环境日渐严苛，对机械结构可靠性和经济性运维提出了严苛要求。重大机械装备结构现有的单纯依靠日检和定期大检及维护的运维保障方法，已无法应对上述挑战。近年来，机械结构快速高效无损检测以及精细化视情维护和健康管理，已成为运维领域的重要研究方向。这首先依赖于重大机械装备结构运维监测或检测的先进传感机理、方法和新型传感器等研究的进步[24]。

传感器是重大机械装备结构运维状态信息获取的最前端，对实现可靠运维至关重要。目前用于结构运维状态监测或检测的传感器主要包括各类应变、加速度、超声和导波及温湿度传感器等。这些技术的发展，促使了在机械结构状态监测从传统离线检测到在线监测的转变，同时推动了运维管理理念的改变，如图 5.6 所示。随着重大装备服役指标的不断提升、服役环境的日趋复杂，在线监测及高效快速检测需求日渐迫切，对现有运维传感器传感机理及传感器实现方法都提出了挑战。随着新材料、新工艺、新型制造方法的发展，新型运维监测或检测传感的实现成为可能。例如，基于高温光纤光栅、压电材料、石墨烯等新型传感器敏感机理及结构，基于微加工及打印等柔性电子新型传感器制造方法，面向轻量化、长寿命应用的运维传感器件的能量自供给方法不断涌现，但是这些传感器在严苛服役环境下的耐久性和寿命预测，也日渐成为机械结构强度领域的重要研究范畴[25]。

运维检测和监测是实现机械结构可靠运维的核心。在检测方面，随着无损检测技术的发展，超声检测、射线检测、涡流检测等常规方法不断升级，已经大量应用于机械装备结构零部件的制造、试验和定期维护中。此外，数字射线检测、层析成像、时差衍射超声成像等新方法也不断涌现。然而，适于重大机械装备运行维护现场快速、准确、高效使用的无损检测手段却很少。以民用飞机运行维护为例，飞机结构常规的日检绝大部分采用目视检测，结构定期检查大修主要采用常规的超声和涡流检测方法，检测时间长、成本高。近年来，由于微波检测、太

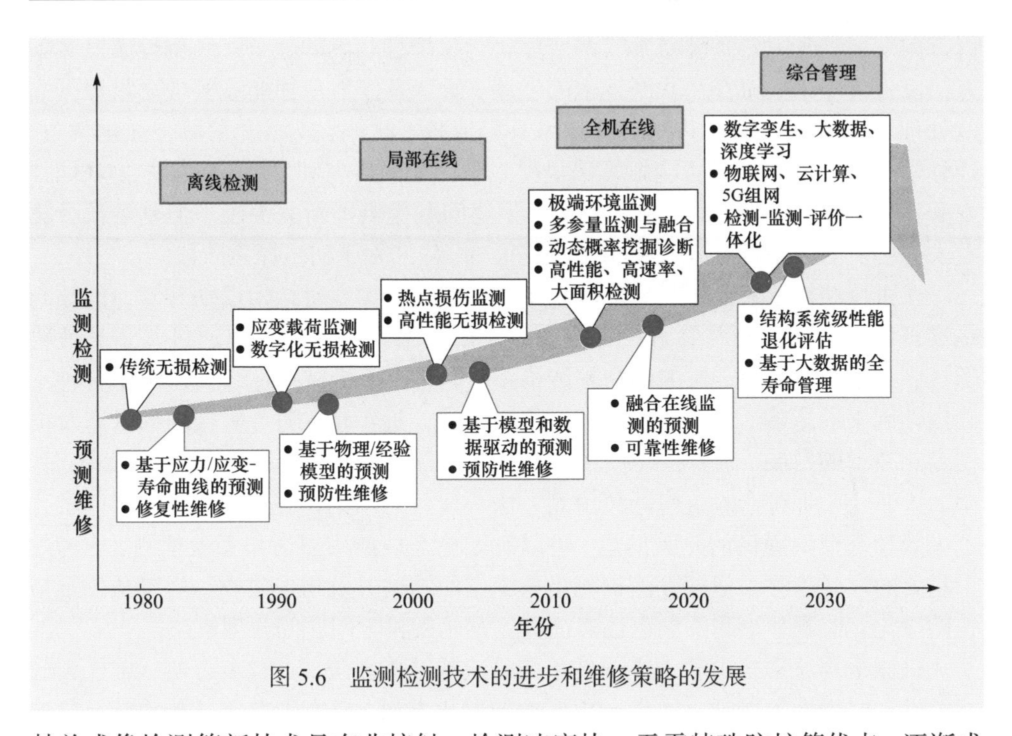

图 5.6　监测检测技术的进步和维修策略的发展

赫兹成像检测等新技术具有非接触、检测速度快、无需特殊防护等优点，逐渐成为该领域的热点研究方向。但面向运维现场快速高效的应用要求，在检测信号与损伤耦合机理、快速信号处理与损伤成像方法、计算机和机器人辅助自动化检测等方面，仍需开展大量研究工作。在监测方面，目前的研究主要集中在基于结构应力应变分布的监测方法、基于弹性波的监测方法、基于结构振动响应的监测方法、基于声发射的监测方法等 [26]。虽然这些方法已取得了长足的进步，但机械装备结构复杂苛刻的运维环境下监测数据的可靠性是阻碍其发展的巨大挑战。伴随数据挖掘、深度学习、动态概率建模等新方法的出现，时变运维环境的影响机理、信号特征的多模态分布建模、结构健康状态及其迁移的可靠表征以及状态诊断机制等方面均有很好的尝试 [27]。此外，从机械结构运维安全的角度出发，结构损伤萌生和扩展的早期监测十分重要，然而上述监测方法大多采用监测信号的线性特征来辨识与预判结构损伤，监测灵敏度受限。因此，非线性监测方法得到越来越多的重视和研究，针对早期微观损伤，如疲劳、微裂纹及蠕变等研究取得了一定的进展，但在非线性特征的激发、获取与监测机制等方面还需开展进一步研究工作。

重大机械装备愈发极端和苛刻的服役环境，导致运维监测数据量的剧增，如何对海量数据进行高效处理，也是运维领域非常关注的热点问题。除此之外，重大机械装备的运维已经逐渐从单一零部件结构或单机结构的监测与寿命管理向机群方向发展，迫切需要研究大数据处理、资源信息共享的分布式结构健康监测新方法。近十年来，随着互联网技术的发展，云计算作为一种能够实现海量数据高效处理、数据信息资源共享的新技术日趋成熟，此外，以深度学习、强化学习、迁移学习为代表的人工智能新算法也得到了广泛的研究和发展，再加之物联网技术和 5G 组网通信技术的发展，为解决上述问题提供了新的手段。但基于云计算及人工智能的分布式健康监测相关研究很少，依然处于初步探索阶段。

在机械结构状态及损伤检测与监测的基础上，实现对结构损伤和寿命的预判是实现结构寿命分析与管理的前提。现有的寿命预测方法大多通过基于失效物理机制描述，发展确定性的寿命预测模型，但是由于机械装备结构运维中各种不确定性因素的影响，难以准确地定义模型参数。近年来，随着机械结构状态及损伤监测技术的发展，融合在线损伤监测数据的预测方法得到越来越多的关注。其中，基于贝叶斯理论的结构寿命预测方法不仅仅利用结构在线监测数据，还融合了失效物理模型提供的先验信息，可以有效地实现结构损伤和寿命预测，成为一个重要的发展趋势。但该方法依赖于系统层面结构失效物理建模、运维条件下损伤的量化、监测和预测不确定性表征等关键基础科学问题的合理解决。

机械结构通常是由若干零部件单元组成的结构系统，具有多态性、单元失效相关性和时变性等特征。在考虑单元性能退化方面，研究者在多参数性能退化建模、多模式竞争退化等方面开展了系列研究，但目前尚未建立综合反映结构系统性能退化的实用可靠性模型[28]。所以，载荷历程与性能退化过程的关联性分析、基于单元失效相关机理、多模式竞争退化过程的科学描述等基础问题的破解势必将支撑寿命管理方法的进步。传统寿命管理是以可靠性为中心，通过对性能数据和可靠性数据的采集、分析及统计，提取数据发展变化趋势判断结构的可靠性水平，进而发展以控制风险为目标的寿命管理方法，但这种研究方法受到准确性、随机性及应用环境等诸多因素的制约。在过去的五年，伴随智能监测、数字孪生、虚拟现实等智能技术在运维保障领域逐渐推广，基于大数据的全寿命维修日渐成为重大装备安全技术领域的重要发展趋势。另外，机械装备的运行环境通常非常复杂，运行环境及载荷状况对结构的寿命有着非常重要的影响。因此，基于智能监测的寿命预测方法及智慧维护决策方法在重大装备寿命管理上具有更强的适应性，也日渐成为面向可靠运维领域的重要研究内容。

5.3 未来 5～15 年研究前沿与重大科学问题

基于对研究领域发展历程和未来趋势的认真梳理，在未来的 5～10 年，机械结构强度与寿命研究前沿将聚焦于如下四个方面：① 面向材料强韧均衡的精准设计，建立基于失效物理与数据融合的材料与结构强度设计及预测方法，保障工程材料与机械结构服役性能与寿命；② 面向精准寿命预测的需要，发展先进的材料测试技术，建立基于微观结构演化的失效动力学理论，发展精准的寿命设计与失效评定方法；③ 面向高可靠性制造方法，发展残余应力与变形调控、结构和材料缺陷抑制等制造工艺，形成以可靠性为目标的制造工艺强度学理论框架；④ 面向机械产品安全运行需求，发展运维现场易于应用的机械结构快速高效无损检测与健康监测方法，提高结构安全检测与运行监控的智能化程度。

5.3.1　研究前沿 1: 基于材料微观结构调控的机械结构寿命保障

工程材料和结构的失效主要取决于微纳尺度损伤的累积过程，所以材料内部的微观结构直接影响了材料及机械结构服役行为与寿命。尽管在过去的几十年，人们对工程材料的宏观力学行为和工程结构的服役性能有了较深入的认知，但是如何从材料微观结构设计与调控的角度，发展普适的理论和方法体系，保障机械结构的服役安全和寿命，还处在起步阶段，也日渐成为机械结构强度和寿命研究领域的前沿基础问题之一，如图 5.7 所示。例如，伴随航空、航天、船舶等领域的快速发展，其装备对于轻质合金 (如钛合金、铝合金等) 的需求也愈加强烈，如何通过强韧化方法均衡地提高材料的强度与韧性，全面提升材料与结构服役性能，逐渐成为近些年来材料和机械领域的研究热点。这些问题的解决，需持续推进“材料成分 - 制造工艺 - 微观结构 - 服役性能”多层次的系统研究，从材料内部微结构对宏观非线性服役行为的影响规律、强韧化工艺对材料内部微结构 (如位错、晶粒、晶界、析出相) 的作用机制、仿生材料与结构的设计与制备、内部微结构对材料强度与韧性的影响规律、工程结构在严苛服役过程中强度与韧性的保持性等基础科学问题着手，最终形成基于失效物理、高强高韧的材料精准设计理论与方法。

损伤与断裂的多尺度表征与数值模拟是有效预测工程材料及其结构安全可靠性的重要手段，这些研究又可以对材料的设计予以指导。近年来，伴随包括分子动力学模拟、晶体塑性、连续介质有限元模拟在内的多尺度数值模拟方法不断发展，材料原子尺度的晶界行为、异质相界面交互作用、位错堆积、自由表面应力集中、损伤局部化、裂纹萌生等强度相关的热点问题不断被挖掘和认识，但是这些研究大多停留在单一的尺度范围 [29,30]。未来面向机械结构长寿命保障的材料精准设计的关键问题是：从材料微观结构到机械结构宏观性能衰变规律的精确表征和多尺度数值模拟方法，从而追溯引发失效的关键材料诱因。

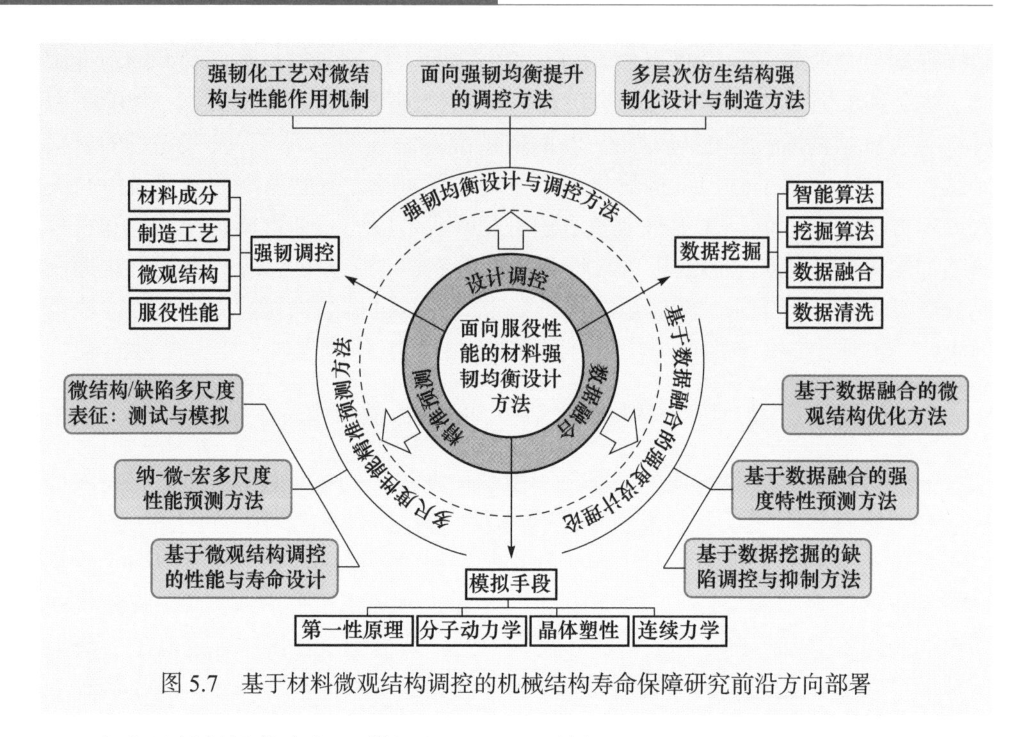

图 5.7　基于材料微观结构调控的机械结构寿命保障研究前沿方向部署

在大量材料性能表征和模拟的基础上，数据挖掘已经逐渐成为联系材料微观结构与机械结构宏观服役行为的纽带，已尝试应用于材料性能预测和优化、缺陷质量预测和生产监控、微观组织识别等相关领域。在未来的十年，数据挖掘技术在结构强度特性预测方面的应用将更为广泛，基于数据融合的材料强度设计理论体系也将更为完善，这依赖于材料性能自变量和因变量等智能算法、数据挖掘算法、数据挖掘获得知识的准确性判别等前沿交叉科学研究的进步。在此基础上，发展国产材料信息数据库，并基于大数据进行分析和预测，构建材料成分及微观结构与服役性能的多尺度关联，科学认知决定材料强度特征的“基因”，指导材料均衡设计与制造，将成为面向材料精准设计的机械结构强度学领域的重要前沿问题。

5.3.2　研究前沿 2: 极端严苛环境下结构性能测试与评定方法

为提高航天、航空、核电、化工、能源等领域的能量转化、生产及储运效率，关键装备的服役工况向超高温、超低温、强介质等严苛方向发展。在严苛环境下，如高温不仅削弱了材料内部的化学键合力，也加剧了腐蚀及疲劳的失效进程，导致许多情况下部件的实际服役寿命往往不到预期寿命的 1/10。又如，低温深冷环境下材料的力学性能发生显著变化，主要表现为强度大幅提升、抗疲劳性能下降以及韧性衰减。由于传统的强度设计方法并未充分考虑极端温度及极端环境对材料长时使役性能的影响，装备服役过程中安全保障面临巨大压力，但这也必将推动面向可靠设计强度学的进步，如图 5.8 所示。

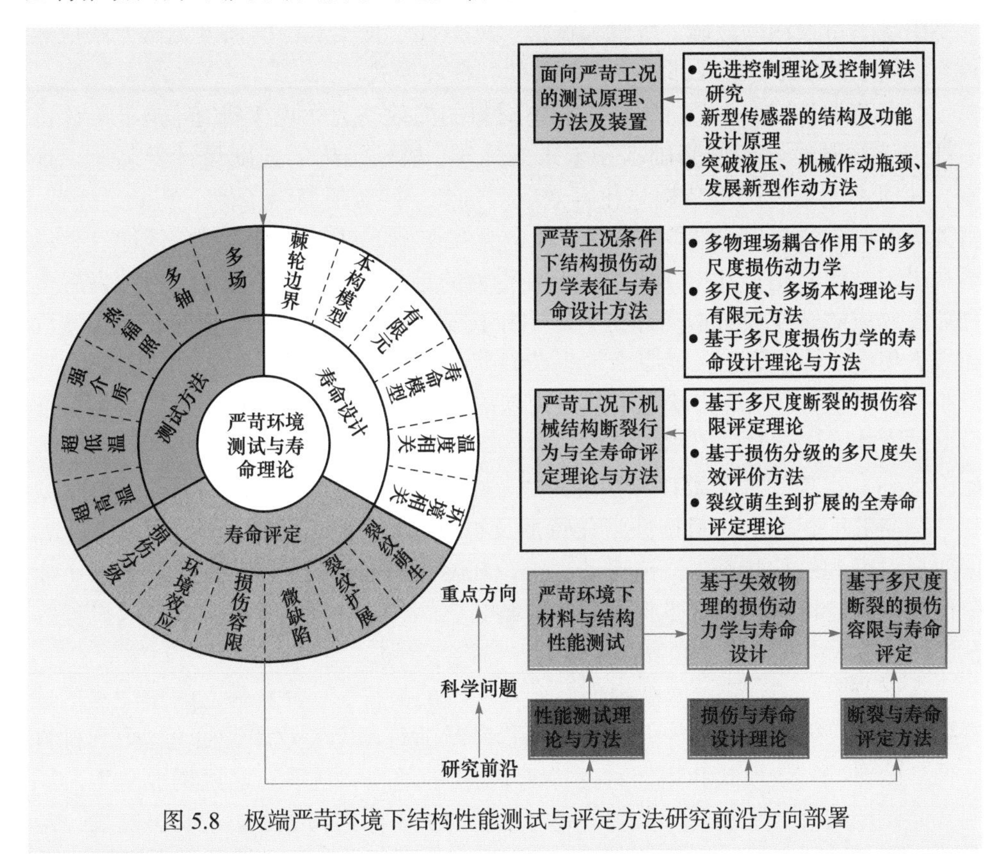

图 5.8　极端严苛环境下结构性能测试与评定方法研究前沿方向部署

严苛环境下的结构性能测试与表征，揭示性能退化的物理机制，是机械结构寿命精准评定的前提条件。在测试方法层面，发展严苛工况（超高温、超低温、强介质）下性能测试原理与技术，配合有效的微观表征手段，澄清材料在静态与动态性能衰退的时变特征与物理机制，是建立强度设计方法及安全评定理论的必要条件。这首先依赖于再现严苛服役工况的性能测试装置及原理研究，融合先进控制理论及控制算法，满足复杂轨迹、动态非线性、自适应鲁棒控制等特定测试需求；其次是创新传感器结构及功能设计，在再现严苛工况下传感器性能评定研究的基础上，解决不同物理量的传感测试需求；最后，突破传统机械、液压作动方式的限制，发展基于电磁、超声、压电作动原理的作动执行机构，保证测试装置宽频响、高精度、高可靠作动输出。通过开展控制 - 传感 - 作动等基础理论及方法研究，提供面向严苛服役工况下材料与结构性能测试与装置安全的一体化解决方案。另外，目前的强度测试方法大多基于材料和试件层面发展而来，但是，像航空发动机等复杂装备，高温、高压和变工况环境难以模拟，导致服役环境中容易出现不可预测的故障，所以大试件、模拟件及真实部件的强度测试方法依然亟须发展，从而真实重现部件层面的失效特征和模式。

在寿命设计层面，严苛服役工况下材料的失效动力学规律研究，是准确评价零件与结构服役性能的基础。在未来的几年，机械结构的强度设计亟须考虑环境、几何不连续、微观结构演化等效应。例如，针对超高温条件下蠕变、疲劳、腐蚀等不同失效机制，蠕变 - 疲劳 - 环境交互作用下材料微细观演化规律、材料微观组织结构演化及其损伤状态、形变行为的定量关联依然不清晰，亟须发展包含环境效应的蠕变疲劳损伤评定方法；由于实际机械结构存有大量的几何不连续和应力集中，科学描述多轴应力等复杂载荷下微观缺陷形核、长大和合并的物理机制，亟须建立复杂应力状态下从微观缺陷演化到宏观性能退化相耦合的多尺度模型与方法，从而发展可用于真实构件的寿命设计方法，实现从基于试验件的寿命设计到真实构件寿命设计方法的跨越；此外，针对超低温、深冷环境，揭示微观结构与温度相关的材料韧性演化特性及材料韧 / 脆转变规律，澄清温度变化和预变形对微观结构特征（位错运动、组织相变、裂纹形核）及宏观形变特征（疲劳抗力、棘轮抗力、循环本构关系）的影响规律，从而建立考虑微观失效机理的全温域（超低温—常温—超高温）疲劳寿命设计方法。

在严苛服役工况下，微观损伤与介观尺度的裂纹，以及宏观上的塑性变形具有强烈的跨尺度相互作用。开展基于损伤参量的跨尺度失效评价研究，甄别材料与构件的典型失效模式和损伤时变特征，建立损伤分级方法，已经构成全生命周期寿命评定的科学基础。未来的研究将亟须夯实不同损伤级别下的材料断裂评定理论，精准描述失效评定及控制参量，建立断裂 - 损伤 - 力学性能退化之间的关系，形成基于损伤分级的多尺度失效评价方法和跨尺度断裂评定方法，构建损伤容限理论体系基础。

5.3.3 研究前沿 3：基于微观损伤、残余应力与变形调控的可靠性制造方法

残余应力在现代制造中无法回避，这在焊接 / 连接、表面加工、表面强化、表面涂层、激光成形等制造过程中尤为明显。例如，机械结构表面组织与残余应力状态对寿命影响巨大，在磨损、疲劳和腐蚀环境作用下，裂纹往往从表面萌生然后扩展。因此，在结构表面产生压缩残余应力与特定微观织构，提高结构寿命，已经成为机械结构强度与寿命研究领域的重要研究范畴，如图 5.9 所示。又如，无论对于大型工程结构的焊接、微纳器件的连接还是表面涂层结构，界面的引入

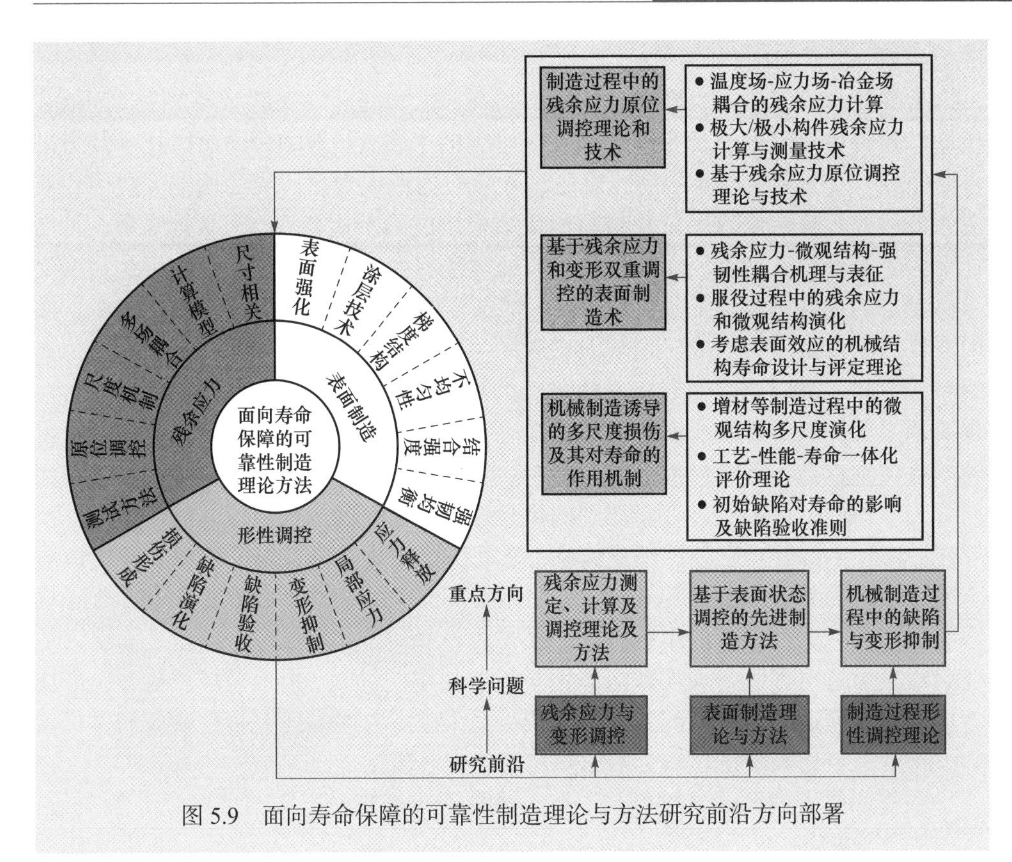

图 5.9　面向寿命保障的可靠性制造理论与方法研究前沿方向部署

将引发明显的几何不连续、材料不连续和应力不连续等效应，这使得焊接件、连接件及涂层构件的服役寿命远低于相应的块体材料。传统热处理应力消除技术主要关注宏观力学性能和微观组织的恢复，没有从根本上解决微观组织均匀性及残余应力调控难题，也难以工程应用于大型构件的制造。因此，研究微观和宏观耦合的残余应力及变形调控理论与方法，实现制造 - 测量 - 调控的协同，也已经成为机械结构强度与寿命的前沿发展方向[30]。首先，亟须发展焊接等工艺过程中多尺度残余应力与变形计算理论和方法，从微观尺度揭示晶粒取向、位错、界面等因素对残余应力的影响规律。发展冶金场 - 温度场 - 应力场相耦合的残余应力多尺度计算方法，为残余应力调控提供理论依据；其次，继续夯实残余应力测试理论和方法研究，突破微纳尺度及构件内部残余应力测试技术，研发具有自主知识产权的测试装备及制定相应标准；最后，研究元素扩散、增韧相析出和相变动力学机理，实现焊缝与母材元素成分、组织、力学性能均匀化方法，在此基础上形成制造过程中原位增韧、蠕变应力释放等残余应力和变形调控方法，并持续研究残余应力对机械结构蠕变及疲劳损伤或断裂的影响机制，精确获取残余应力调控的门槛值。

表面制造技术（如表面强化、表面机械 / 化学处理、表面涂层）已经逐渐在机械结构寿命保障中发挥重要作用。在过去的十多年，伴随表面制造技术装备的不断革新，人们对表面晶粒细化机制、残余应力形成规律、界面调控方法等均有深入的研究。这些研究不仅从材料微观结构设计给予指导，也为结构寿命设计与评定提供了理论支持。表面强化及机械处理是温度效应、塑性变形和组织相变交互机制下的复杂过程，而金属表层组织的微观塑性变形方式和晶粒细化机制、多因素作用下残余应力形成机理与演变规律、工艺参数对晶粒细化和残余应力分布的影响规律、高温或交变载荷下残余应力释放 / 晶粒粗化耦合规律、残余应力对裂纹萌生及扩展的影响机制等方面尚缺乏系统研究。所以，这一研究的前沿科学问题将体现在如下几个方面，即工艺参数对残余应力、表面梯度微观结构、表面局部力学性能的影响及各参量之间的耦合作用，重点揭示残余应力的产生和调控规律，从而丰富表面完整性理论体系；重点揭示疲劳外场、温度外场和环境影响下的残余应力释放和晶粒粗化规律，明确时间相关的表面层稳定性演化机制，构建考虑表面完整性参量的本构方法、损伤理论和寿命设计方法；揭示表面引入的残余压应力场对裂纹等表面缺陷演化与扩展的作用机制，揭示循环载荷、局部应力场及疲劳裂纹扩展三者间的交互作用关系，建立考虑表面完整性效应的多尺度裂纹扩展、损伤容限设计和全寿命评定理论方法体系。

严苛环境下的表面涂层结构，易于过早地出现裂纹、剥落或磨损导致失效，所以表面涂层的服役寿命往往远低于设计寿命。强结合、高韧性、低应力协同设计与制造方法以及严苛环境下的涂层寿命评定方法，依然是重要的前沿科学问题。在涂层的设计和制造层面，需充分挖掘增加结合强度、降低内应力和提升强韧均衡的涂层结构设计和制造方法，重点明晰表面粗糙度 - 基体形貌 - 结合强度的关联规律；发展涂层沉积全过程的温度场、变形和残余应力精准测量和计算方法，建立以涂层组分和微结构优化设计为手段的强韧均衡提升方法，指导陶瓷 - 金属多层结构、有序微观缺陷增韧、有序颗粒增强、柔性界面调控等先进涂层的设计与制造，实现高可靠性、长服役周期的涂层制备目标。在寿命评定层面，需重点考虑严苛环境下涂层服役所需的抗磨损、抗疲劳、抗腐蚀等综合性能目标，进一步明确载荷与环境交互和竞争作用对涂层损伤行为、局部应力、表面界面裂纹的影响规律，发展时间相关的涂层 / 基体结构损伤评定方法，构建考虑界面效应、残余应力、微结构相关的涂层寿命评定和设计方法。

基于光 - 物质交互作用发展而来的激光增材及熔覆制造技术，包含着粉末熔化及铺展、凝固收缩等过程，导致在制造过程中产生微纳尺度的孔隙及裂纹缺陷、较大的残余应力和宏观变形。所以，如何在增材或熔覆成形过程中实现残余应力和变形的协同调控，将是该领域的前沿难题。主要包括：揭示非平衡激光熔池内温度场、速度场及溶质场演变对冶金缺陷形貌特征及分布、表面粗糙度及残余应力演变的影响规律；形成增材或熔覆成形过程中残余应力与变形测量及精准计算方法，揭示温度场、冶金场和应力场的非线性耦合行为，发展原位增韧、蠕变应力释放、微观缺陷有序排列等残余应力抑制方法，实现制造过程中的残余应力原位调控；研究成形工艺 - 材料跨尺度显微组织 - 力学性能 - 服役寿命之间的映射关系及一体化调控理论和方法，揭示激光制造构件微观缺陷和残余应力对构件疲劳、断裂等性能的影响，发展面向服役环境的激光增材构件损伤演化、寿命设计和评定理论。

5.3.4　研究前沿 4: 机械结构运维智能监测与寿命管理

重大机械装备面临复杂而苛刻的服役条件，其典型特征就是强时变耦合，严重影响机械结构运维监测与寿命预测的可靠性。未来面向可靠运维强度学领域的研究前沿基础问题包括：极端环境下传感器研发及耐久性评价、多参量监测传感器及网络、运维条件下的可靠状态监测及损伤诊断、基于监测的结构寿命预测方法、基于大数据的关重件寿命管理理论和方法等，如图 5.10 所示。

在严苛环境下传感器的研发、耐久性评价及多参量监测网络方面，通过发展新型传感器敏感材料和澄清其敏感机理，构建严苛环境下敏感材料和敏感元件的物理本构关系、多场耦合仿真分析和试验分析方法，揭示传感器敏感元件的力、热、声等性能退化规律；研究传感元件的高灵敏度、高稳定性敏感结构及高可靠性封装结构，揭示严苛环境下传感器中热、力、电等多物理量的传递机制及传感器的失效机理，发展传感器高耐久性与长寿命的设计及制造方法；针对机械结构关键状态参数的监测，探索微小型、柔性可变形、多参量传感器件的设计制造方法及能量自供给效应，如石墨烯、碳纳米管等二维微纳尺度结构器件、基于微纳结构自组装的三维结构传感器件、基于折叠结构并具有结构变形适应能力的柔性多参量传感器网络等；研究多参量监测传感器网络的设计与制造方法及传感器件网络 - 结构一体化制造方法等，澄清多参量传感器网络信号传输机制，为远程状态监测提供理论支撑。

在可靠状态评定、安全预警及寿命预测方面，重点将数据挖掘、深度学习、动态概率建模等新方法与监测方法相结合，发展基于结构状态及损伤动态诊断及寿命预测方法。研究复杂运维条件下的监测信号多物理耦合仿真和试验方法，揭示运维条件 - 监测信号 - 损伤状态的变化规律，澄清时变因素对信号特征不确定性分布的影响，建立先进信号处理及多源信息融合方法；基于数据概率挖掘，研究基于数据驱动与失效物理模型相融合的机械结构损伤识别和失效预警方法，基

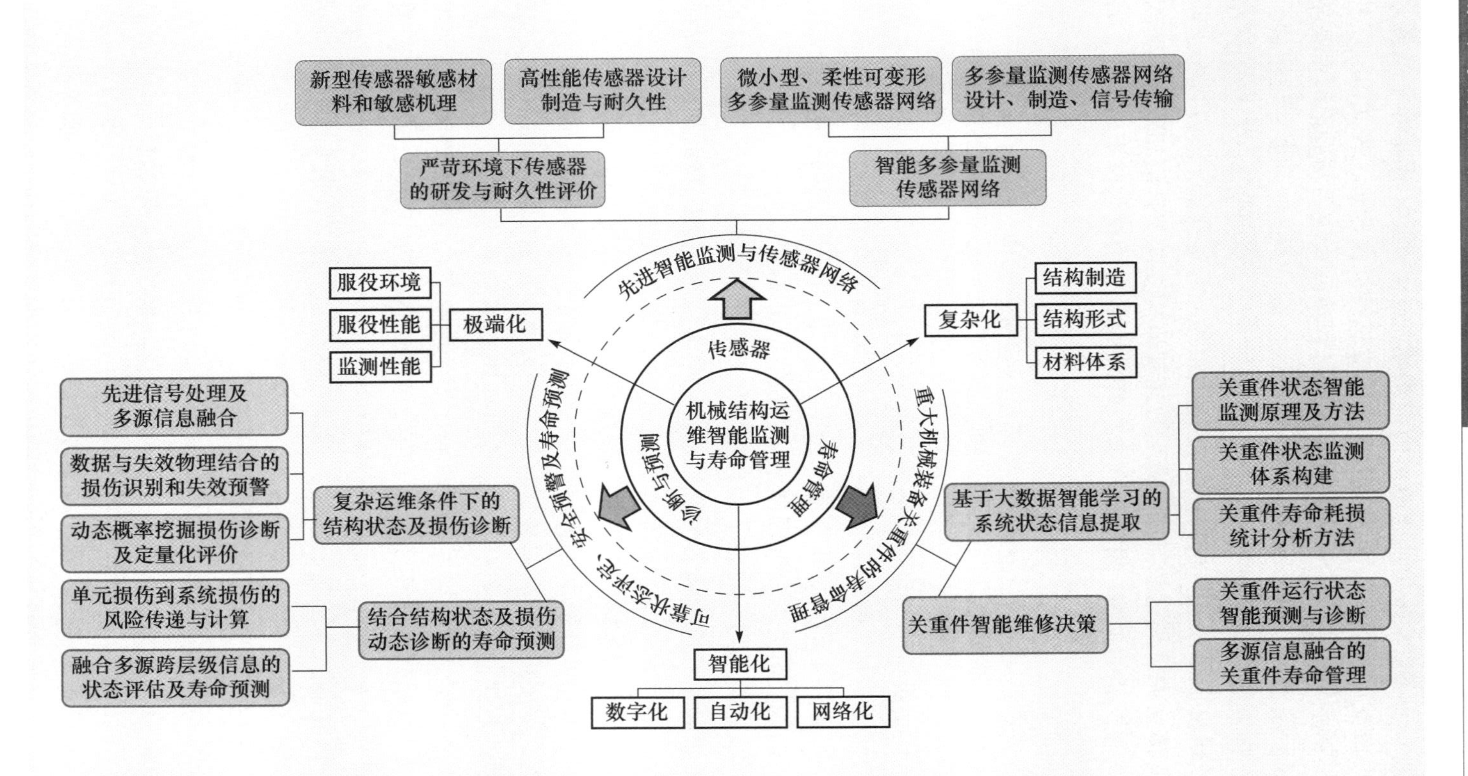

图 5.10　机械结构运维智能监测与寿命管理研究前沿方向部署

于动态概率挖掘的结构状态迁移定量化表征，建立机械结构损伤诊断及定量化评价方法；将信息融合、系统可靠性、损伤评价等新方法与监测方法相结合，研究由单元损伤到系统损伤的风险传递与计算方法，发展融合多源跨层级信息的机械装备/系统损伤评价模型、健康状态评估准则及寿命预测理论方法。

针对重大机械装备关重件的寿命管理，需要将运行过程中所采集的大量运行数据和研制中的试验数据相结合，通过以深度学习、迁移学习和强化学习为代表的智能学习算法提取表征系统状态的信息，以支撑智能维修决策。需要开展的前沿研究具体包括：面向大数据的关重件状态监测体系构建方法、关重件寿命耗损统计分析方法、关重件运行状态智能监测原理及方法、关重件运行状态智能预测及智慧寿命管理方法、复杂运维条件下多源信息融合的关重件寿命管理方法。

5.4　未来5～15年重点和优先发展领域

1. 面向服役性能的材料强韧均衡设计方法

针对基于材料精准设计与制造的机械结构长寿命高可靠性目标，围绕“材料成分-制造工艺-微观结构-服役性能”内在关联机制，重点开展材料内部微观结构对其宏观非线性服役行为的影响规律研究，获取微结构与性能的多层次量化关系。研究强韧化工艺对材料内部微结构及强韧化的作用机制，开发面向材料强韧均衡、性能提升的调控方法；开展严苛服役条件下微结构与缺陷的多尺度表征与数值模拟研究，形成跨越纳观-微观-宏观的多尺度性能精准预测方法，建立基于数据库、模型库的材料长寿命高可靠设计平台；建立基于数据融合的材料强度设计与预测方法，实现材料微结构与性能的预测和优化、缺陷质量调控。

2. 极端与复杂工况条件下的强度测试原理

开展面向高超/严苛(超高温、超低温)工况的测试装置及原理研究，结合先进控制理论及控制算法研究，实现复杂轨迹控制、动态多轴跟随控制、自适应智能鲁棒控制等，实现复杂控制与可靠控制的需求；创新传感器的结构及功能设计原理，实现传感器的高灵敏度、高响应速度、高稳定性、高耐久性测量，增加无线通信及远程监控功能，满足严苛工况下不同物理量的传感测试需求；突破传统作动方式的瓶颈，结合机械传动、液压作动、电磁作动、超声作动、机械共振等作动方式的优点，提升装置静态加载、动态加载、超高频加载的复合宽频作动能力；解决严苛工况对特殊材料的要求，构建超高温、超低温、强辐射、化学腐蚀、冲蚀等苛刻环境下特种材料数据库，为特种测试装置设计制造选材提供技术支持。通过发展高可靠控制、传感、作动以及选材等理论及技术研发，构筑基于材料 - 感知 - 反馈 - 控制深度融合的测试装置研发科学基础。

3. 严苛工况条件下结构失效动力学、寿命设计与评定方法

在航空航天、能源、石油化工等领域，重大工程结构和装备在服役过程中往往需承受极端载荷、温度、环境等严苛工况。极端严苛工况条件下的结构失效动力学、寿命设计与评定方法，一方面，需要考虑复杂多场 - 时空载荷 - 环境耦合作用下跨尺度破坏物理机制的科学描述，揭示多 / 跨尺度、多维度、多场耦合的失效动力学与损伤演化规律，发展基于损伤力学的寿命设计理论与方法。在此基础上，通过精确描述裂纹萌生到扩展进程中，材料与结构内部局部应力、应变等关键参量，发展基于多尺度断裂的损伤容限评定和全寿命预测理论与方法，保障重大工程结构和装备的服役安全。另一方面，需要考虑工程结构和装备服役过程中的性能退化及其对失效行为的影响，厘清重大工程结构和装备系统层面性能动态演化以及灾变与单元结构损伤、失效行为之间的非线性映射关系，发展面向系统层面的寿命设计与评定理论体系。

4. 大型结构焊接过程残余应力与变形的测试与调控

伴随未来机械装备的超大尺寸趋势发展，装备在焊接过程中产生较大的残余应力和变形，对蠕变、疲劳和应力腐蚀开裂影响巨大。大型结构焊接残余应力与变形控制，首先基于大型构件焊接工艺 - 材料 - 结构耦合计算方法，建立大型构件焊接残余应力与变形集成计算方法，解决跨尺度大规模非线性计算难题，实现高精度、高效率计算，为防变形设计提供理论方法；研究超厚板深部高效穿透热传递理论和方法，实现温度均匀、窄范围温差精准控制，发展基于局部温度控制 - 蠕变应力释放耦合的残余应力原位调控技术；研究大型构件超厚板焊接残余应力测试技术，通过澄清大厚板焊接区域信号衰减和补偿机理，提高测试精度和厚度；发展微观组织均匀和压应力同步调控的热处理方法，揭示局部加热温度场和应力场分布规律，明确局部残余应力集中对构件变形与开裂的作用机制，发展防开裂失效准则。

5. 极端尺寸结构的寿命设计与评定方法

以 MEMS、微电子器件为代表的典型微纳尺度加工技术，是典型的多材料、层状增材 / 减材制造过程，芯片 - 器件 - 模块的制造过程跨越纳米、微米、毫米等多个尺度。在服役期间载荷复杂，芯片承受高温、电流、振动、疲劳载荷等，

极易导致局部应力集中损伤材料本体、异质材料界面分层甚至失效。研究异质材料界面强度及失效机理，分析微观缺陷、极端环境载荷对材料本构行为、界面失效行为的影响；建立在力、热、电、化学等复合载荷作用下，纳米 - 微米 - 毫米多尺度、极端条件下连接材料的力学行为，发展精准的跨尺度连接材料本构关系与损伤动力学理论；揭示器件封装材料与结构的典型老化与失效机制，发展面向服役环境的微型器件寿命精准设计理论及寿命预测方法，从而指导电子器件的可靠制造，提高产品性能、可靠性和使用寿命。

6. 增材制造的结构完整性理论基础

面向未来高性能构件轻量化、材料 - 结构一体化、高性能及多功能的成形加工要求，增材制造的离散堆积加工原理使得在复杂整体构件成形过程中易造成缺陷率高、结构变形、残余应力大等难题。需优先研究构件增材制造过程中的多重应力耦合、分布机制，建立以结构完整性为目标的增材制造结构设计与优化理论；明晰增材制造工艺参数对成形结构完整性的影响机制，提出面向结构完整性的增材制造工艺调控及优化方法；探明材料设计 - 成形工艺 - 综合性能之间的映射关系，构建增材制造结构完整性提升的残余应力和变形调控原理；针对增材制造构件特有的跨尺度组织与结构特征，构建从显微组织表征、冶金缺陷表征、残余应力、尺寸精度与力学性能测量到损伤、断裂一体化、跨尺度评价体系及准则，以满足超高承载、极端耐热、超轻量化、高可靠性和长寿命等目标的服役需求。

7. 考虑表面完整性的强度理论

表面加工及强化等方法，不可避免地在材料与结构表面形成梯度分布的残余应力和微观结构，进而影响着机械结构的整体服役性能，所以考虑表面完整性的强度设计和寿命预测理论也亟待发展。这一方向的基础科学问题包括：建立加工工艺方法 - 表面完整性参量 - 疲劳性能的映射关联，尤其澄清残余应力和微观结构形成的耦合机制，从而突破表面层强韧均衡和残余应力的双重调控方法；通过揭示不同疲劳载荷、环境等作用下残余应力和微观结构的稳定性和演化机理，建立表面强化层微观形变与宏观性变的跨尺度关联，发展考虑表面完整性的当量载荷计算方法和损伤动力学表征方法，建立考虑表面完整性参量的安全寿命设计理论；研究表面层深度、微观结构（晶粒尺寸与取向、孪晶结构等）、残余应力及其释放对多尺度裂纹扩展行为影响的表征手段和作用机制，发展基于微观结构的多尺度断裂参量与计算方法，形成考虑表面完整性的损伤容限评定方法。

8. 极端环境下传感器原理与寿命可靠性

围绕极端环境下重大机械装置的长周期安全运行健康监测难题，重点揭示极端环境下传感器的敏感材料特性、测量原理、输出稳定性、封装结构材料的退化规律、损伤及失效机理，创新传感器敏感机构和结构设计与耐久性评定理论。构建面向极端环境、高可靠传感器制造工艺力学模型，揭示制造中传感器缺陷、损伤的形成机理和抑制方法，提出高可靠传感器制造技术和工艺方法；研究传感器在严苛工况下性能测试与评价方法，分析环境与载荷耦合作用机理，发展极端环境下长寿命传感器及测量系统的性能和寿命的评价、验证方法。为极端环境下传感器的设计制造提供基础理论支撑，推动传感器测量原理、评价准则发展，从而实现极端环境下机械结构的高灵敏度、高可靠健康监控。

9. 失效物理 - 监测数据的机械结构损伤及寿命预测

开展机械结构多轴、疲劳、蠕变、腐蚀等复杂环境因素耦合作用下的失效机理与破坏形式研究，揭示结构宏观 / 微观损伤演化规律，构建多部件、多损伤、多失效模式下复杂机械装备结构性能退化失效物理模型；研究影响机械结构服役寿命的制造工艺、运行环境、运维历史等不确定性因素来源，揭示这些不确定性因素对结构损伤和寿命演化的影响规律，提出针对机械结构损伤和寿命预测的不确定性量化和管理方法；开展在线监测数据的特征提取和建模研究，构建基于概率数据挖掘和深度学习等算法的智能特征提取方法，实现在线监测数据特征信息与结构退化状态之间的多维非线性定量关联；研究基于失效物理和在线监测数据特征信息的融合机制，构建基于失效物理、监测数据驱动相互融合的结构损伤和寿命预测理论方法体系。

10. 基于数据融合的在役关重件寿命预测理论和方法

重点基于数据融合的状态监测体系方法研究，理清故障机理、故障路径及路径模式等，发展基于感知 - 模型 - 诊断深度融合的关重要件服役安全与寿命预测科学基础。研究关重件运行状态智能监测原理及大数据处理方法，建立监测数据与关重件运行状态的关联规律，挖掘数据表征的深层次运行状态特征，构建基于深度学习的智能监测算法，实现具有自我学习、自我进化和自我演化的状态监测；开展关重件寿命耗损统计分析方法研究，明晰运行环境及载荷对关重件寿命的影响规律，建立反映关重件在实际运行环境和载荷条件下的可靠性表征模型；突出多态响应、多物理量集成感知功能，优化传感布局网络，实现系统弱点和损伤部位的感知；通过建立损伤特征参量与物理机制的关联模型，研究复杂运维条件下多源信息融合的关重件寿命管理方法，发展基于小样本数据的机械结构寿命闭环管理机制，实现基于边缘智能的寿命预测，提出基于单机寿命监控的使用维护策略和寿命管理决策支持模型及方法。

11. 机械装备超长寿命抗疲劳设计的理论基础

面向现代工程装备低应力、长寿命服役新趋势，发展超长寿命抗疲劳设计理论与方法，澄清材料服役老化与劣化的微观机制，建立材料服役劣化与长周期疲劳行为的关系；开展内部缺陷致裂的萌生与扩展规律研究，澄清表面与内部裂纹萌生的竞争机制，科学回答疲劳极限的科学本质；开展裂纹 / 缺陷处损伤及裂纹扩展的微细观力学行为表征，揭示机械结构损伤演化及裂纹扩展的物理本质，构建结构损伤演化及裂纹扩展的新准则；研究服役环境引入的化 - 力学交互效应，揭示缺陷致裂的化 - 力学交互作用机制；考虑疲劳设计原理与制造工艺的协调性，建立超长寿命服役结构的防断设计方法。

12. 复合材料结构失效动力学及寿命预测

复合材料是典型的多组分、多失效模式耦合、高度非线性的非均质材料，成为高性能航空航天载运工具自主研发的关键。在服役过程中承受高温环境、剧烈交变、强振动耦合作用，其失效机理比金属要复杂得多。亟须研究载荷 / 环境耦合作用下复合材料基体、界面和纤维等细观结构损伤机理和演变行为，建立其宏观性能退化与细观损伤之间的多尺度关联；揭示不同工艺对复合材料细观结构、组分性能及损伤演化的影响规律；研究变幅等疲劳循环载荷历程下多尺度界面的载荷传递机理，建立组分、纤维束复合材料、预制体及复合材料结构的多层级失效动力学模型和寿命预测方法，为复合材料结构的安全评定和“组分 - 结构 - 工艺 - 性能”一体化设计提供理论与方法支撑。

参 考 文 献

[1] 涂善东 . 安全 4.0: 过程工业装置安全技术展望 . 化工进展 , 2016, 35(6): 1646-1651.

[2] International Energy Agency. Nuclear power in a clean energy system. https://www.iea.org/reports/nuclear-power-in-a-clean-energy-system[2019-5-28].

[3] 国家制造强国建设战略咨询委员会 . 中国制造 2025 蓝皮书 (2018). 北京 : 电子工业出版社 , 2018.

[4] 陈学东 , 范志超 , 崔军 , 等 . 极端条件重大承压设备的设计、制造与维护 . 机械工程学报 , 2013, 49(22): 66-75.

[5] Pineau A, McDowell D L, Busso E P, et al. Failure of metals II: Fatigue. Acta Materialia, 2015, 107: 484-507.
[6] Ritchie R O. The conflicts between strength and toughness. Nature Materials, 2011, 10(11): 817-822.
[7] Koyama M, Zhang Z, Wang M, et al. Bone-like crack resistance in hierarchical metastable nanolaminate steels. Science, 2017, 355(6329): 1055-1057.
[8] Ji B H, Gao H J. Mechanical properties of nanostructure of biological materials. Journal of the Mechanics and Physics of Solids, 2004, 52(9): 1963-1990.
[9] Tu S T, Zhang X C. Fatigue Crack Initiation Mechanisms, Reference Module in Materials Science and Materials Engineering. Amsterdam: Elsevier, 2016.
[10] Zepeda-Ruiz L A, Stukowski A, Oppelstrup T, et al. Probing the limits of metal plasticity with molecular dynamics simulations. Nature, 2017, 550(7677): 492-495.
[11] Shen C, Wang C, Wei X, et al. Physical metallurgy-guided machine learning and artificial intelligent design of ultrahigh-strength stainless steel. Acta Materialia, 2019, 179: 201-214.
[12] Meredig B. Industrial materials informatics: Analyzing large-scale data to solve applied problems in R&D, manufacturing, and supply chain. Current Opinion in Solid State and Materials Science, 2017, 21(3): 159-166.
[13] Holler M, Guizar-Sicairos M, Tsai E H R, et al. High-resolution non-destructive three-dimensional imaging of integrated circuits. Nature, 2017, 543(7645): 402-406.
[14] Robert S. Multiscale measurements for materials modeling. Science, 2017, 356(6339): 704-705.
[15] Han X, Liu J. Numerical Simulation-Based Design Theory and Methods. Singapore: Springer, 2020.
[16] Tu S T, Chen X D. Higher pressure, more power and greater responsibility. International Journal of Pressure Vessels and Piping, 2016, 139-140: 1-3.
[17] 赖一楠，武传松，李宏伟，等．焊接与连接领域科学基金资助浅析与发展趋势．焊接学报，2019, 40(2): 1-7.
[18] 蒋文春，涂善东，孙光爱．焊接残余应力的中子衍射测试技术、计算与调控．北京：科学出版社，2019.
[19] 王华明．高性能大型金属构件激光增材制造：若干材料基础问题．航空学报，2014, 35(10): 2690-2698.
[20] Chen W, Bottoms W R. Heterogeneous integration Roadmap//2017 International Conference on Electronics Packaging, Yamagata, 2017, 302-305.
[21] Liu S, Liu Y. Modeling and Simulation for Microelectronic Packaging Assembly:

Manufacturing, Reliability and Testing. Beijing: Chemical Industry Press, 2011.

[22] 王铁军，范学领，孙永乐，等．重型燃气轮机高温透平叶片热障涂层系统中的应力和裂纹问题研究进展．固体力学学报，2016, 37(6): 477-517.

[23] 李应红．激光冲击强化理论与技术．北京：科学出版社，2013.

[24] 中国机械工程学会无损检测分会．无损检测发展路线图．北京：中国科学技术出版社，2020.

[25] Boller C, Chang F K, Fujino Y. Encyclopedia of Structural Health Monitoring. New York: Wiley, 2009.

[26] Qiu L, Yuan S F, Boller C. An adaptive guided wave-gaussian mixture model for damage monitoring under time-varying conditions: Validation in a full-scale aircraft fatigue test. Structural Control & Health Monitoring, 2017, 16(5): 501-517.

[27] Zhu S P, Huang H Z, Peng W. Probabilistic physics of failure-based framework for fatigue life prediction of aircraft gas turbine discs under uncertainty. Reliability Engineering & System Safety, 2016, 146: 1-12.

[28] Chen H, Levitas V I, Xiong L. Amorphization induced by 60° shuffle dislocation pileup against different grain boundaries in silicon bicrystal under shear. Acta Materialia, 2019, 179: 287-295.

[29] Wang R Z, Guo S J, Chen H, et al. Multi-axial creep-fatigue life prediction considering history-dependent damage evolution: A new numerical procedure and experimental validation. Journal of the Mechanics and Physics of Solids, 2019, 131: 313-336.

[30] “10000 个科学难题”制造科学编委会．10000 个科学难题·制造科学卷．北京：科学出版社，2018.

本章在撰写过程中得到了以下专家的大力支持与帮助（按姓氏笔画排序）:

刘　胜　李应红　轩福贞　宋迎东　张福成　陈　旭　尚德广　屈福政
郭万林　郭东明　涂善东　黄洪钟　谢里阳　裘进浩　谭建荣

第 6 章　摩擦学与机械表面界面科学

Chapter 6　Tribology and Surface/Interface Science in Machinery

摩擦学是研究相对运动的相互作用表面间的摩擦、润滑和磨损，以及三者间相互关系的基础理论和实践的一门学科。它与人类日常生活和工业生产等过程中的能源消耗、材料损耗和机械运动可靠性等密切相关。摩擦消耗了全世界一次能源的 1/3～1/2，磨损引起了大约 80% 的装备零部件失效，约 50% 以上的装备恶性事故源于润滑失效和过度磨损。由于摩擦学研究涉及机械、物理、化学、力学和材料等多学科交叉，随着科学技术的发展，摩擦学研究不断由宏观向微观领域深入，表面效应和界面效应问题越来越突出，机械表面界面科学成为新的学科生长点。摩擦学与机械表面界面科学的研究范围十分广泛，涉及传统机械加工、交通运输、航空航天、海洋、化工、能源、生物医疗器械等诸多领域。我国要从制造大国建设成为制造强国，必须要尽力减少生产与制造过程中对资源和能源的浪费，进一步提高装备中摩擦界面传递运动和能量的可靠性，提高其防腐、减阻、吸声等特殊功能。另外，面向我国重大装备的服役性能提升，如高效率、高精度、高可靠性和长寿命等需求，特别是针对其中关键基础零部件如高性能轴承、刀具、齿轮、密封件等性能提升，均亟须解决大量摩擦学问题。未来 5～10 年，结合国家重大需求，面向国际学术前沿，摩擦学与机械表面界面科学的研究将致力于发展更加节能、可靠、环境友好和智能化的摩擦学基础理论和技术，改善装备的工作效率、延长使用寿命、提高机械系统和装备的可靠性，为解决人类社会发展面临的能源短缺、资源枯竭、环境污染和健康问题提供有效方案。本领域重点在摩擦学与机械表面界面科学基础前沿、基础零部件摩擦学与表面工程、极端工况摩擦学、绿色摩擦学、生物表面界面科学与仿生摩擦学和智能摩擦学方向开展研究工作，重点攻关超滑 / 超低磨损的宏 / 微观机制和体系设计、极端工况下机械系统摩擦耦合损伤与延寿、界面摩擦 / 润滑的仿生智能调控等科学技术问题。摩擦学与机械表面界面科学的研究将为我国建设制造强国提供运动界面的节能、可靠和智能化方面的理论及技术保障。

6.1　内涵与研究范围

6.1.1　内涵

摩擦在人类生产生活中消耗掉大量的一次能源，润滑失效和磨损造成了 50% 以上装备整体失效或者重大事故。发达国家每年因摩擦、磨损造成的经济损失占其国内生产总值的 2%～7%。中国工程院关于 8 个工业领域的调查报告显示，2008 年由于摩擦、磨损造成的损失约占我国国内生产总值的 1.5%[1]。由此可见，我国作为制造大国，在生产与制造过程中应用先进摩擦与润滑技术实现能源与资源节约的潜力巨大。不仅如此，不少量大面广的摩擦学相关的基础零部件，如高性能轴承、刀具、齿轮、密封件等还依赖进口，服役性能和寿命亟待提高。除了对资源和能源的节约，装备中摩擦界面起到可靠传递运动和能量的作用，有些还具备防腐、减阻、吸声等特殊功能。表面和界面摩擦学行为对装备的效率、精度、可靠性和寿命等具有重要甚至是决定性的作用，严重影响着我国多个工业领域重要装备在服役过程中的安全性与可靠性。

人类很早就在各种生产生活实践中应用摩擦与润滑技术，对摩擦与润滑机理的科学探索也有数百年历史。人们从 15 世纪对摩擦学理论进行初步探索，18 世纪提出干摩擦的机械啮合理论，19 世纪提出流体动压润滑的基本理论，20 世纪将界面黏着效应引入干摩擦提出了黏着摩擦理论，并提出了摩擦学这一术语，将其定义为研究相对运动表面间的摩擦、润滑和磨损，以及三者间相互关系的理论和应用的一门边缘学科。自此，摩擦学作为一门学科被正式提出。摩擦是两个相互接触物体之间发生相对滑动或滚动过程中的运动阻力和能量耗散，其机理研究主要是揭示摩擦阻力的起源及能量耗散规律，近年来主要从原子和分子水平揭示摩擦产生的基本物理机制及建立其定量预测模型。磨损是摩擦过程中发生的表面损伤和材料去除现象，研究旨在揭示材料损伤与去除规律和机理，进而建立定量的物理模型和数学描述，并使用润滑、表面处理等技术减少或控制磨损。润滑是在摩擦界面上利用润滑介质以降低摩擦、减少或避免磨损。润滑理论通过物理和数学模型建立起润滑介质的物理化学性质与摩擦副的几何、物理性能和工况参数之间的关系。流体润滑和弹性流体动力润滑理论已趋于成熟，薄膜润滑、边界润滑和混合润滑成为润滑理论发展的主要方向，如图 6.1 所示。

摩擦学的研究范围不但包括机械系统、生物机械系统中的摩擦学问题，还广泛涉及自然界和人类日常生活中的许多现象。它涉及传统机械制造、交通运输、航空航天、海洋、化工、生物工程、生命科学等诸多领域。摩擦学理论与技术致

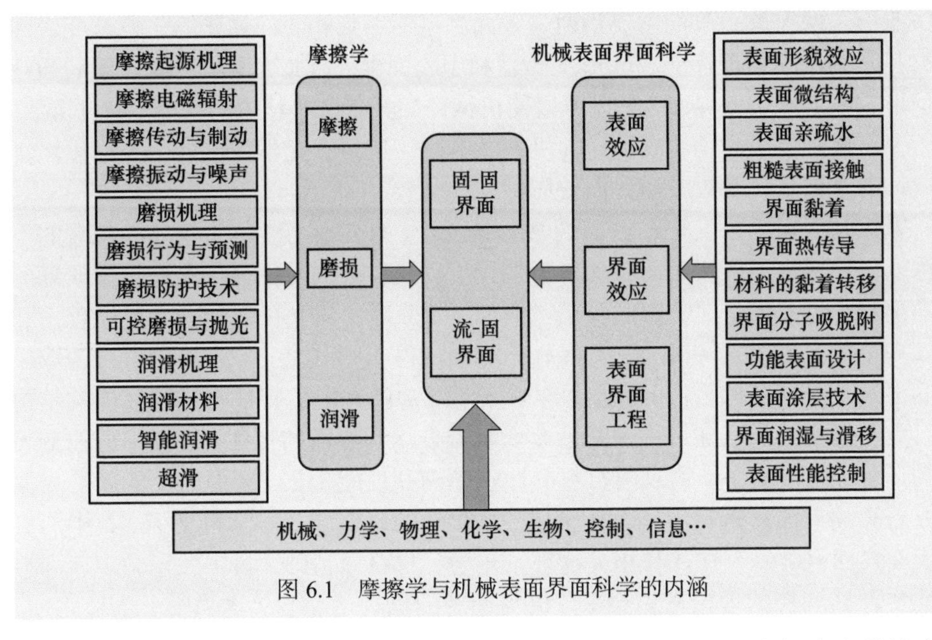

图 6.1　摩擦学与机械表面界面科学的内涵

力于改善机械系统工作效率、延长使用寿命、减少事故发生，为解决人类社会发展中的能源短缺、资源枯竭、环境污染和健康医疗等的摩擦能量损失和运动可靠性等问题提供有效解决方案。随着我国从制造大国向制造强国的发展目标迈进，摩擦学专门知识对相关技术的指导作用及其重要性愈加体现。

随着摩擦学研究从宏观向微观领域的不断深入，表面效应和界面效应越来越突出，机械表面界面科学得到了较大发展并得到越来越多的重视。机械表面界面科学主要包括表面效应、界面效应和表面界面工程三个方面，随着其自身和相关学科的进一步发展，其内涵将会不断丰富和发展。

表面效应包括表面形貌效应、表层微结构与表面性质。机械零部件表面的不规则形貌从微米尺度延续至原子尺度，对其接触刚度、黏着、传热、导电和摩擦学特性有重要影响。大多数机械零件在成形和服役过程中使表层存在微米级的变形层、纳米级的微晶或非晶层以及化学反应层，从而导致表面的物理性能和化学性能与体相有显著区别。界面效应主要指界面处的接触、润湿、吸附、扩散与键合、黏着、材料转移及界面传热等界面行为。表面力、固体表面能以及微凸体的大小和分布对机械表面的固 - 固接触状况有重要影响。界面热传导与宏观固体材料内部热传导规律也显著不同。材料的黏着转移、液体分子和气体分子在机械表面的吸附与脱附、固 - 液界面的润湿与滑移行为等均属于机械界面效应。此外，纳米颗粒、微纳气泡与固体表面间的相互作用是界面效应研究的重要内容。表面界面工程是指以调控和改善表面界面性能为目的的工程技术，主要分为“改性”

和“改形”两大类。改性主要指通过表面涂层、镀膜和表面强化等手段改变表面的材料、结构和物理性质。改形主要是利用表面微 / 纳加工手段改变表面的微观几何形态。通过表面界面工程，可以使机械产品具备某些特殊的功能，如自清洁、减阻、抗腐蚀、吸声等，或优异的机械、电磁、传热、光学等性能。表面界面工程设计的基础是表面效应和界面效应。

摩擦和磨损主要发生在机械接触的界面处，对界面力学行为规律与机理的不断深入研究促进了机械表面界面科学的产生。机械表面界面科学是摩擦学研究的重要内容，两者有非常密切的联系。例如，摩擦理论建立在粗糙表面接触理论和黏着理论的基础上，材料的黏着转移是磨损的基本形式之一；边界润滑行为取决于润滑剂分子在摩擦表面的吸附和脱附行为；薄膜润滑的特性与受限液体的结构和行为密切相关。摩擦过程通常会改变机械表面和界面的特性，磨损不但改变表面的形貌，而且往往导致表层材料的微观结构和性能变化，磨损产生的新鲜表面会显著影响界面黏着行为。总体来讲，摩擦学的研究涉及多学科交叉，其中的机械表面界面科学研究往往与相关物理、化学、材料等基础学科中关于微观表面界面性质及其调控的理论密切相关，也与宏观的机构运动学、动力学、固体力学、流体力学、传热学等机械和力学等其他学科相关，已在工程界和学术界形成了一个比较明确和公认的学科体系[2]。

另外，随着科技的迅猛发展，国际竞争愈加激烈，我国在海洋开发、航空航天、核能、高端制造、深海 / 深地 / 深空资源开发等方面的工业迅速发展，越来越多的装备需要在极端环境（如深空、深海、深地、极地、川藏等）下运行，如图 6.2 所示。这些在极端工况下工作的装备水平很大程度上反映了国家的综合国力和科技实力，其可靠性会严重影响相关工业的发展水平甚至带来国家安全问题。我国过去针对极端工况下装备的摩擦学研究基础比较薄弱，亟须从理论源头和技术创新方面取得突破，特别是关键基础材料和基础零部件及关键表面界面处理工艺是相关装备研制成功的重要保障。针对极端工况开展的摩擦学研究是我国近期摩擦学领域面临的重要课题和时代特征，相关研究对国民经济的健康稳定发展和国防安全等领域都具有非常重要的战略意义。

6.1.2 研究范围

机械产品和装备在设计、制造和运行维护过程中涉及的表面和界面物理化学等现象都属于摩擦学与机械表面界面科学的研究范围。摩擦学与机械表面界面科学的研究范围可以大致分为如下几个领域：

(1) 摩擦学和表面界面科学基础理论。关于摩擦、磨损和润滑的分子原子理论与宏观尺度的理论是相关技术和先进摩擦与润滑材料发展的基础。

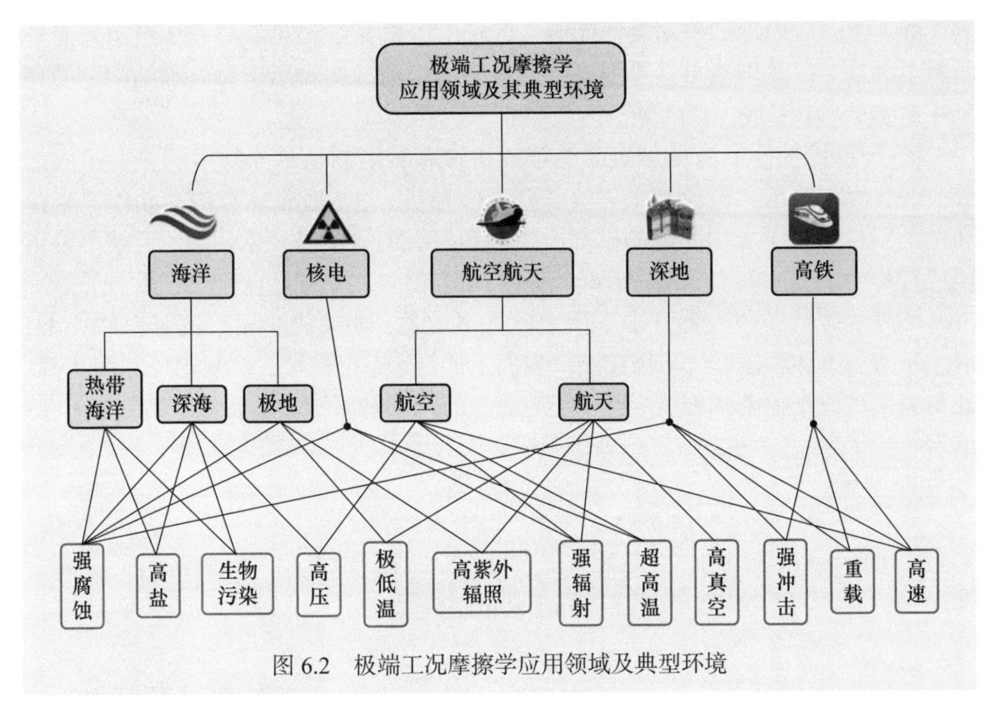

图 6.2　极端工况摩擦学应用领域及典型环境

(2) 基础零部件摩擦学与表面工程。机械零部件、系统和装备中的表面界面行为与性能设计，包括通用的机械零部件如滚动轴承、滑动轴承、齿轮、精密导轨、机械密封、离合器和制动器等，以及发动机、压缩机和减速器等机械系统核心单元的工作效率、可靠性和寿命设计。

(3) 极端工况摩擦学。不同于常规摩擦学，其主要研究范围有[3,4]强腐蚀、强氧化 (如液氧) 或强还原 (如液氢) 介质下的磨损问题；强辐射、空间低轨道 (10^{-5}～10^{-7}Pa) 下原子氧侵蚀的磨损问题；超高真空下 (10^{-6}～10^{-9}Pa) 缺少氧化膜润滑作用下的磨损问题；宽温度范围 (如 −269～2000℃)、高速 (如 40000r/min)、重载 (如数吉帕) 下的磨损问题；力、热、化学、辐射、电磁等多因素耦合作用下机械表面损伤及防护；机械装备的高可靠性和长寿命；保证可靠试验设计，模拟真实极端环境。

(4) 绿色摩擦学。包括绿色节能润滑、废弃润滑介质资源化及无害化、摩擦副再制造与强化延寿、新能源装备摩擦学等。

(5) 生物与仿生机械系统中的表面界面特性与控制。生物活体组织之间以及人工植入体与活体组织间的界面相互作用规律，植入体与活体之间的界面相容性问题。近几十年来，随着机械工程和生物医学工程之间的交叉融合以及仿生技术的兴起，生物体本身存在的各种各样表面界面问题、人工器官 (如关节、支架等）植入体内后出现的表面界面问题、各种生医机械结构表面与人体组织界面的摩擦学问题，以及仿造自然界中动物、植物的表面结构和形态时遇到的问题受到越来越多的关注，成为新的学科生长点。

(6) 智能摩擦学。智能摩擦学是智能机械和智能制造科学技术的重要组成部分，重点研究轴承、齿轮和密封等基础零件和机 - 电 - 液驱动与传动元件在复杂和苛刻服役条件下界面状况的感知、决策和操纵的科学与技术问题，可减小装备服役过程中发生故障和事故的风险，提高其可靠性。

此外，自然界和人类日常生活中的许多现象，如地震、泥石流等自然灾害，滑冰、滑雪等体育运动，动物在固体表面上的运动，小提琴、二胡等乐器的演奏，都与表面界面现象密切相关，也属于表面界面科学与摩擦学的研究范畴，如图 6.3 所示。

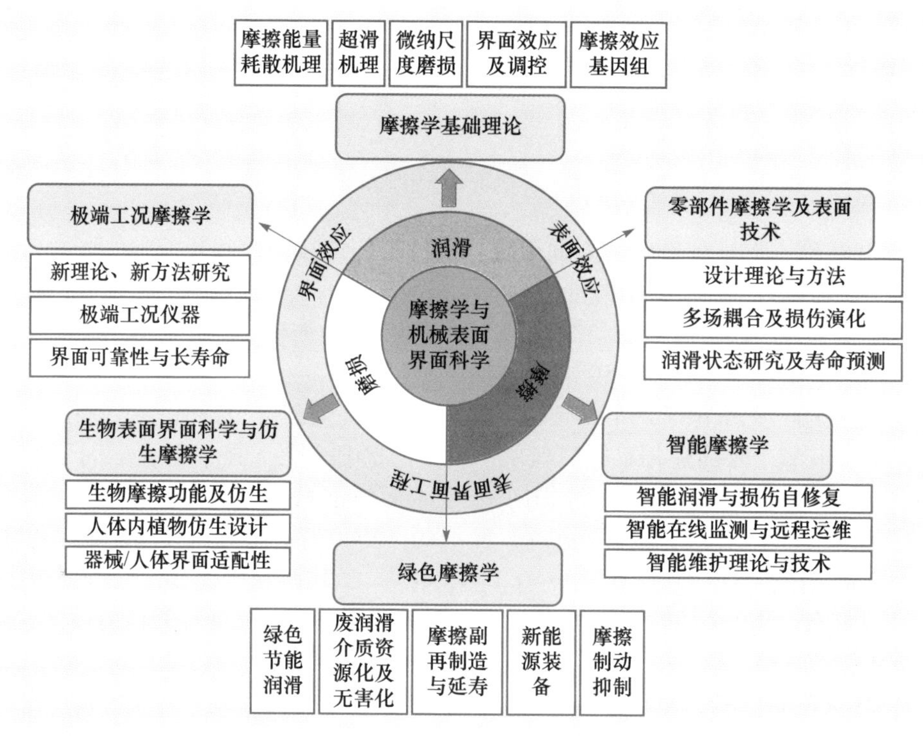

图 6.3　摩擦学与机械表面界面科学研究范围

6.1.3　在经济和社会发展、学科发展中的重要意义

可持续发展是人类社会面临的重大挑战。摩擦学与机械表面界面科学在解决

能源、资源、环境和人类健康这些重大课题方面能够发挥巨大的作用，特别是对于我国建设成为制造强国具有更重要的现实意义。2006 年我国消耗在摩擦、磨损和润滑方面的资金约为 9500 亿元，在工业生产中通过正确运用摩擦学知识可节省资金达 3270 亿元，占国内生产总值的 1.55%。使用先进的高能效轴承较普通轴承可将能耗降低 30%～50%[1]。如果在工业领域广泛实现和应用“超滑”(滑动摩擦系数在 0.001 量级)技术，则其工业节能效果将非常显著。除了节能，摩擦学与机械表面界面科学研究对于缓减资源枯竭和环境破坏等问题也有重要作用。通过表面改性增强技术和适当的摩擦学设计可以有效延长机械使用寿命，减少维修次数和成本。采用更高效的水基润滑、空气润滑和固体润滑技术可以减少矿物油润滑剂的使用，从而减轻对石油的依赖和对环境的污染。除了对资源和能源的节约，机械产品中摩擦界面还具备防腐、减阻、吸声等特殊功能。机械表面界面科学和摩擦学是解决装备精度与可靠性的重要基础，对服役性能往往起到决定性作用，相关研究不足严重影响了我国重要工业领域的高端装备的服役安全性与可靠性。

摩擦学相关的基础零部件的研究与发展，已经成为我国工业领域的“卡脖子”问题，如高性能轴承、刀具、齿轮、密封件等还依赖进口，服役寿命亟待提高，装备存在的摩擦学问题严重影响了工业领域的重要装备在服役过程中的效率、精度、可靠性和寿命等性能。特别是轴承，它是旋转机械的核心功能部件，被誉为机械装备的“关节”。传统的工业轴承具备了承载和精确传递旋转运动或摆动的功能，但缺乏感知工作负荷、速度、温度等工况参数和自身工作状态(振动、润滑、磨损、疲劳等)的功能，也不具备适应外界工况参数变化而主动调节轴承结构、自动调配预紧和内部游隙或自动补脂供油等功能，更无法预知轴承的剩余工作寿命。这就成为设备安全可靠运行的重要隐患。例如，高铁转向架系统中的轴箱轴承、变速箱轴承和牵引电机轴承，一旦在列车高速运行途中发生严重失效(如胶合、保持架断裂、疲劳剥落等)就可能导致高铁的严重事故，甚至发生大量人员伤亡。

随着海洋开发、航空航天、核能、高端制造等工业迅速发展，我国正从“制造大国”向“制造强国”目标迈进，基础能力不强是制约我国工业由大变强的主要瓶颈。面向国家重大战略需求，极端工况条件下的机械装备在设计、制造和使用过程中存在许多亟待解决的摩擦学问题，迫切需要继续深入开展极端工况下摩擦学与机械表面界面科学的系统研究，不断探索和发展新的长寿命、高可靠性的机械部件与相关技术。极端工况机械装备需要高可靠性和长寿命。由于涉及重大工程，如船舶、舰艇、油气平台、飞机、火箭、航天器、核电站、高铁、深地等，极端工况摩擦失效将可能引起灾难性事故。极端工况摩擦学的发展，需要重点解决机械部件在力、热、化学、辐射、电磁等耦合作用下的表面损伤问题，这是摩擦学在极端环境领域的重要方向拓展，对推动复杂系统机械运动机构的寿命评估预测与新型材料体系的发展至关重要，将为重大工程机械装备服役期间的安全可靠性提供技术支撑。

随着人类追求越来越高的生活品质，生物摩擦学成为摩擦学研究发展的重要方向。对生物摩擦润滑优异性能的仿生更可以为不同工业行业的装备提供新技术发明的源泉。对生物体以及生物体与内植入物界面的研究，有助于认识相关的生物表面界面特性，从而改进或者解决内植入物或者生医机械中的表面界面力学问题，从而推动高端医疗器械的研制和临床应用效果，结合仿生等理念实现更多新技术的创造，发展更加环境友好的产品。以人工内植入物为例，我国每年有超过百万的患者需要进行髋关节、膝关节、踝关节、肘关节、腕关节和肩关节等人工关节置换手术，随着人类平均寿命的增长，人工关节置换一般要求使用寿命达到20年以上。但是目前人工关节的寿命相对较短，无菌松动是人工关节置换术后最常见的并发症和最终失效的重要因素，松动导致的失效率约为10%。此外，人工关节磨损产生的磨屑会在体内发生毒性和免疫反应、骨吸收、变态反应、局部形成肿瘤等生物反应，造成更严重的后果，这些问题都要进一步通过研究加以解决。此外，目前我国医院中使用的很多高端医疗仪器设备都是进口的，其中医疗器械与人体组织接触界面的力学问题也是相关医疗器械实现国产化的关键核心技术。这些人体植入物、人体摩擦学和医疗器械中的摩擦界面问题的解决离不开机械表面界面科学和摩擦学理论及技术的发展进步。

自20世纪50年代以来，随着计算机技术的出现和迅猛发展，传感技术、信息通信和存储技术、自动控制理论和技术、智能材料科学与工程技术、微纳加工制造技术等新兴学科的兴起，加上数理统计科学和人工智能理论的不断发展，使得机械工业装备在设计、制造、服役过程中的状态检测和维护各个阶段通过智能化变得功能更加灵活、生产更加快捷、产品质量更加稳定、服役更加可靠长寿、维护更加及时便利成为可能。为实现这些目标，不但需要在装备系统融入智能化元素，更需要深入机械基础零部件（包括轴承、齿轮、缸套-活塞环、密封件、连接件等）以及运动接触界面，赋予其智能，这将极大地推动机械表面界面科学和摩擦学向更高层次发展，同时能解决机械工业装备长期以来难以克服的极端工况自适应能力差、自修复功能弱、服役可靠性不高和分散性大等技术难题，提升工业装备的功能和性能，保障长期可靠无故障服役运行。例如，大型盾构机的主轴承在掘进过程中会承受多种突变载荷的作用，设计阶段难以预测，若轴承本身具有感知负荷变化的能力，将为盾构施工的可靠实施提供保障；航天精密轴承容易发生贫油，导致滚道过度磨损，进而引起振动、噪声和摩擦力矩增大，旋转精度降低甚至失效，如果能实现轴承润滑状态在线实时监测，发现贫油时可适时适量补充润滑剂就可以延长轴承乃至航天器整机的有效使用寿命。航空发动机、运载火箭发动机、长程导弹发动机中的主轴承运行工况苛刻，速度和温度高，变载变速幅度大且难以预测，因而使用寿命短、可靠性低，也需要轴承具有在线感知功能。此外，在风力发电机、大型燃气轮机、精密高速机床等应用场合也迫切需要轴承的智能化。《高端轴承技术路线图》[5] 一书中也把智能轴承列为轴承产业未来技术发展的重要方向之一。

摩擦学与机械表面界面科学是一个综合交叉的研究领域，不但在机械工程领域中涉及机构学、传动学、机械疲劳与寿命、机械测试技术等学科，更与物理、化学、力学、材料、生物、信息等学科都有非常密切的关系。随着自然科学的发展，以物理和化学为代表的物质科学研究已经取得了巨大进步，人们可以从基本物理定律和材料的化学组成预测其从微观到宏观的物质性能和演化规律，但是对于表面界面的复杂现象，其预测仍然难以准确实现，例如，对于黏着和摩擦力的描述，远未达到从本质上彻底揭示和精确描述的水平。因此，摩擦学与机械表面界面科学的发展水平受到物理、化学、力学等基础学科发展水平的直接影响，同时对于机械工程中其他学科的发展也具有巨大的支撑和推动作用。

6.2 研究现状与发展趋势分析

6.2.1 摩擦学与机械表面界面科学基础前沿

摩擦学与机械表面界面科学领域具有基础性、前沿性、多学科交叉等鲜明特点，近年来摩擦学与机械表面界面科学基础理论和科学前沿方面不断发展，新概念、新理论、新方法不断涌现，保证了学科的生命力，也为摩擦学相关技术和先进摩擦与润滑材料发展打下良好的基础。图 6.4 总结了摩擦学与机械表面界面科学领域的主要基础前沿从 20 世纪 80 年代至今的发展历程、现状以及未来展望。

1. 研究现状

摩擦学与机械表面界面科学领域发展至今已经形成一系列较为成熟的摩擦、磨损和润滑等经典理论、试验测试手段和工程实践经验，然而本领域仍然存在若干悬而未解的基础科学问题，包括摩擦的起源、磨损的机制等[6]。近年来在学科发展和国家战略需求牵引下，催生出一系列新的前沿科学问题，如超滑、量子摩擦、界面湿黏附等。例如：

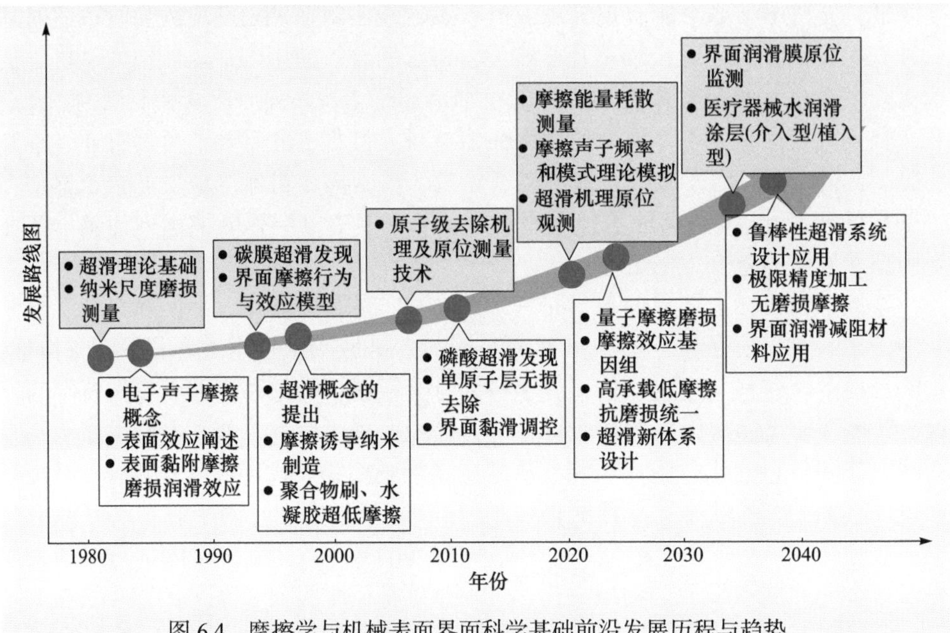

图 6.4　摩擦学与机械表面界面科学基础前沿发展历程与趋势

(1) 在摩擦起源探索和摩擦能量耗散机理方面。从能量的角度，摩擦过程被视为驱动摩擦副运动的能量通过各种途径转换成其他形式能量的过程，具体途径包括声子、光子、电子等的激发 [7,8]。但是迄今为止，摩擦起源的纳观机理仍不够清楚，在国家重大科研仪器研制项目支持下，我国正研制高分辨原位实时摩擦能量耗散测量系统，以解决这一摩擦学基本问题。在理论研究方面，目前主要基于简单的一维或者二维模型，通过引入假想的阻尼系数来研究摩擦耗散过程，缺乏深入真实三维系统中开展摩擦能量耗散与声子特性（频率、寿命）之间的定量关系研究。

(2) 在超滑研究方面，以色列威兹曼科学院正在开展基于水合效应的盐溶液和生物超滑研究，日本东北大学开展了基于摩擦化学反应的陶瓷水溶液超滑，我国在酸基、水合离子、油基、固液耦合等多种体系下实现了稳定的液体超滑。美国阿贡国家实验室、法国里昂中央理工学院等较早在实验室特殊工况下实现了固体超滑，我国近年来在固体超滑、结构超滑等研究方面取得了一系列重要进展。目前超滑的物理机制尚不清楚；此外，如何将超滑基础研究成果应用于实际工程问题，拓宽超滑的适用范围，是亟须解决的关键问题 [9,10]。

纳米摩擦学发展至今二十余年，随着原子力显微镜、透射电子显微镜等测试手段和分子动力学等模拟技术的发展，微观磨损的研究范畴进入纳米甚至原子尺度。材料微观磨损的主要形式不仅表现为微观塑性流动、裂纹扩展等，而且也可能包含纳米、原子尺度下晶格畸变或原子剥离等行为[11]。美国宾夕法尼亚大学采用原位透射电子显微镜观测了原子的剥离过程[11]。我国针对半导体晶圆的超精密表面制造基础问题开展了大量的试验和理论研究，实现了晶圆表面单层原子去除的极限加工[12]。然而，原子 / 分子迁移机制、能量传递机制、表面界面效应等基础科学问题仍不清楚，且微观磨损影响因素众多，物理机制尚不完备，导致其难以准确预测以及有效调控。

在摩擦界面效应及其调控方面，研究分子微观尺度和宏观粗糙尺度水平下界面润湿、接触、黏着和剪切等单一因素以及各因素协同效应与摩擦性能之间的基本关系已经成为核心问题，但仍然缺乏对其本质的深刻认识[13]。准静态条件下的润滑剂分子在界面吸附、成膜和摩擦化学反应过程研究已经取得了突出进展，但动态受压剪切工况下的机理尚不清楚。此外，研究气 - 固、固 - 液和固 - 固接触界面的摩擦减阻新方法，发展减摩、减阻和水润滑改性与调控新原理、新方法和新技术已经成为目前的研究热点，而如何将上述新原理、方法和技术运用于实际工程领域中以提升器件、装备和机构的润滑性能，是亟须关注的重点[14]。

2. 发展趋势

伴随着机械制造精度和尺度极限达到纳米级，以及高端机械装备不断提升的性能要求，亟须突破传统理论局限，开展有望推动产业发展的颠覆性技术研究。实现从定性分析到定量阐释，建立从宏观到微观、从单一尺度到多尺度的理论框架，发展从试验后分析到原位实时测量方法，构建基于能量耗散转化的研究体系，揭示极端及多物理场条件下新的摩擦效应等，以满足人们对制造极限和润滑降耗的不断追求。例如：

(1) 在摩擦起源探索和摩擦能量耗散机理方面，未来发展将侧重于摩擦过程中声子动力学行为测量、摩擦物理射线发射的探测、摩擦界面分子结构演变的实时测量等，揭示量子效应对相对运动表面间摩擦的重要贡献，开辟量子摩擦等新的摩擦物理效应研究方向。基于原子尺度建模，结合声子波包法、声子模式分解法等理论方法，获取摩擦过程激发声子的频率和模式，有望从声子水平定量分析摩擦的起源，进而提出摩擦力主动控制的途径和方法。

(2) 在超滑机理及超滑界面设计方面，需要发展原位观测技术，对超滑形成过程中界面微观结构演化进行在线观测并对超滑机理进行深入研究。针对液体超滑，需解决跑合周期长、表面磨损严重、承载力较差、受表面特性限制等问题，实现重载 (1GPa 量级)、宽温域、宽速度范围等极端工况和多物理场作用下的超滑状态。针对固体超滑，需解决寿命不足、环境气氛敏感、尺度依赖性等问题，实现大尺度甚至零部件级、重载等极端工况和多物理场作用下的鲁棒超滑，实现其工业级应用。

(3) 在微纳尺度磨损机理方面，一方面，需要研发相应尺度的摩擦能量耗散测试仪器，以精确地探测微观磨损过程中的能量耗散途径和规律；另一方面，还需要从原子尺度探明微观磨损起源和精确调控材料的微观去除过程，实现材料表面的超低磨损和极限精度加工；此外，需结合先进的数值模拟方法，揭示量子摩擦等对微观磨损的影响机制，基于量子力学研究磨损机理，开展量子磨损研究。进而从原子、分子甚至电子尺度揭示摩擦界面相互作用、物理化学变化、损伤起源及演化，最终实现材料的原子级可控剥离或无磨损摩擦。

(4) 在摩擦界面效应及其调控方面，基于新型的表面界面成像与测量技术手段，深入认识和探索润湿、接触、黏着和剪切等单一因素及各因素协同效应与摩擦性能之间的本质关系规律；基于新型的纳米尺度液膜原位成像与追踪表征技术，并结合跨尺度数值模拟，研究动态受压剪切工况下润滑剂分子在界面吸附、成膜和摩擦化学反应过程，为实现器件、装备和机构表面良好润滑提供理论和技术指导；从试验角度探索和发现动植物运动界面的润滑新现象和新机制；发展具有实际工程应用价值的摩擦表面界面湿 - 黏 - 滑改性新技术；研究受限挤压条件下固体运动体与软物质湿滑弹性接触体界面之间机械摩擦学行为规律，为研发高性能医疗器械提供理论保障；实现外场作用和环境介质变化下界面水润滑行为的摩擦调控，发展智能摩擦器件；发展减摩 - 抗磨 - 承载一体化的干膜涂层和水润滑涂层改性技术；实现液体环境中界面黏附与润滑两种极端摩擦状态行为的智能调控。

摩擦过程伴随着复杂的机械、材料和物理化学效应（见图 6.5），需要开展基于摩擦效应基因组的摩擦系统设计研究，即将材料基因工程的基本思路和技术方法引入复杂摩擦效应对摩擦、磨损过程的作用机理的研究中，通过各种效应的高通量试验（不同效应之间相互作用关系的基础试验），并结合对应的高通量数值仿真计算，建立具有大数据特征的数据库，并通过大数据分析和挖掘获得摩擦效应对摩擦、磨损过程作用机理的摩擦效应基因谱。摩擦效应基因组的研究有利于揭示摩擦学的复杂机理，大大缩短研发费用和时间，是摩擦学的重要发展方向和新的学科增长点之一。

6.2.2 基础零部件摩擦学与表面工程

机械基础零部件是装备制造业不可或缺的重要组成部分，直接决定着重大装

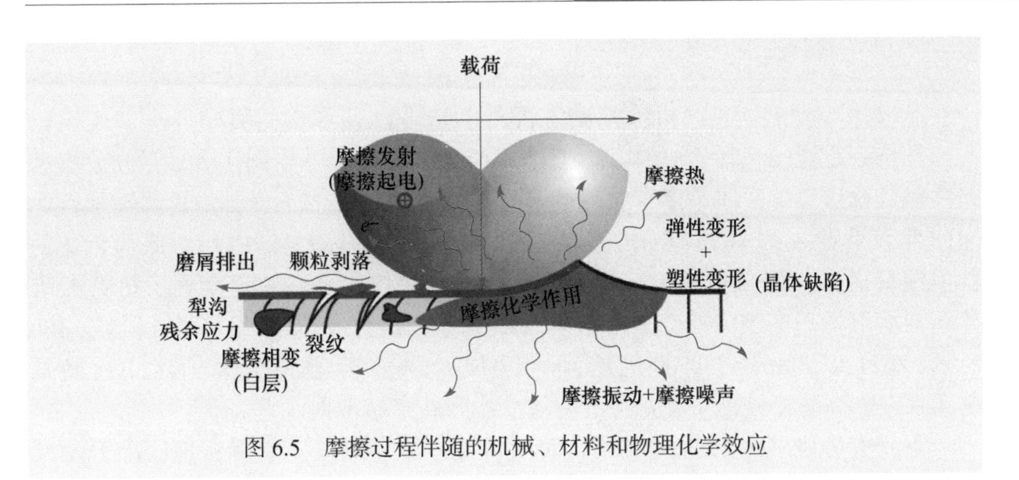

图 6.5　摩擦过程伴随的机械、材料和物理化学效应

备和主机产品的性能、水平、质量和可靠性，是衡量装备制造业发展水平的重要标志。摩擦学与表面工程的基础理论和技术与机械基础零部件密切相关，如轴承、齿轮、螺栓、密封件、液压件等基础零部件虽然看似简单，但其摩擦学机理及表面工程技术研究的匮乏，使这些类别的高端零部件已经成为装备制造中的关键核心技术，严重制约着我国高端装备的升级换代与性能提升[15]。总体而言，基础零部件摩擦学与表面工程的发展历史与趋势如图 6.6 所示。

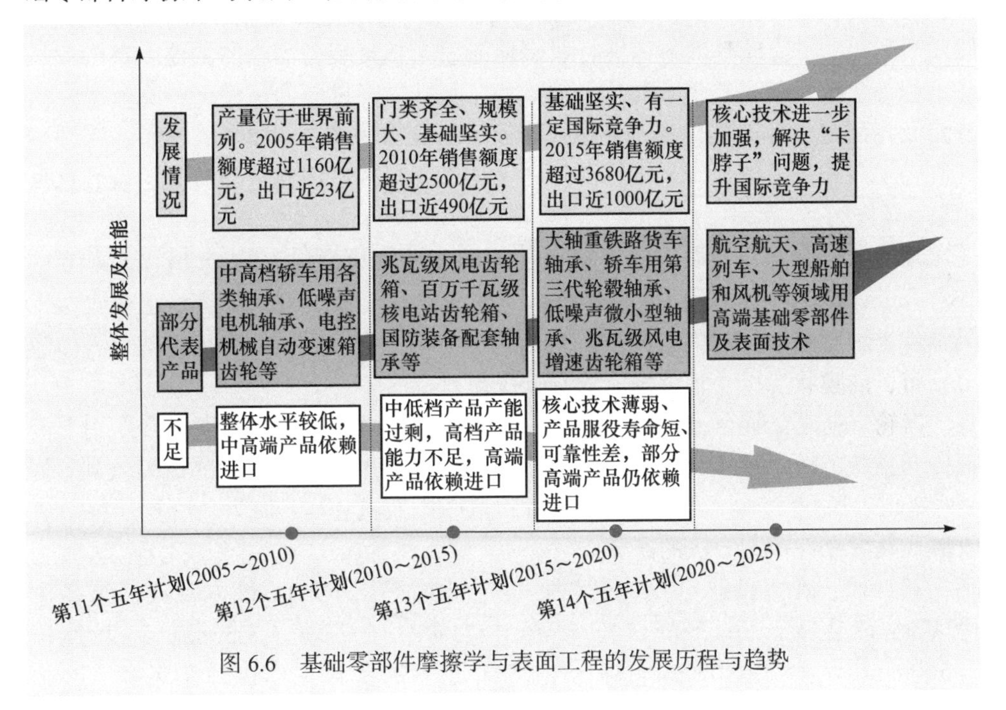

图 6.6　基础零部件摩擦学与表面工程的发展历程与趋势

1. 研究现状

经过多年发展，我国机械基础零部件制造业已经形成门类较齐全、规模较大、具有一定竞争力的产业体系，但由于产品核心技术上受制于人，部分关键基础件仍依赖进口，这涉及多个领域的高端装备和重大装备。例如，我国轴承行业2018年营业收入约1848亿元，产量约215亿套，基本满足国内相对低端装备的自主配套需求。但航空航天、精密机床主轴、风电设备、轨道交通、机器人等高端轴承市场基本被国外产品占据[16]。我国紧固件行业2018年市场规模约1300亿元，2021年预计超过1500亿元，但航空航天、核电、轨道交通等高性能（特别是高强度、高防松性能）紧固件市场基本被国外产品占据。

研究者分别从基底材料组成、表面特性、服役条件、润滑特性、动力学特性、疲劳寿命特性、失效特性等不同方面进行了大量研究，但现有研究大多考虑单一因素对基础零部件可靠性的影响，并未对各影响因素之间的耦合关联作用进行深入研究，多因素之间的相互耦合尤其是极端环境下混合润滑过程中润滑和磨损状态的演变机理尚存在较多空白。

2. 发展趋势

机械基础零部件是实现我国装备制造业由大到强转变的关键，高端基础零部件发展不足，是造成基础零部件行业整体滞后于整机装备需求的关键。在工业强基工程等政策及装备制造业发展的要求下，基础零部件应向高精度、高效率、高节能及高稳定性等方向发展，着重以国家战略需求为牵引，加强跨学科、跨领域的融合发展和集成创新。基础零部件在摩擦学学科的发展趋势与其应用领域息息相关，具体而言：

轴承，应重点开展以航空发动机轴承和高铁轴承为代表的 dn 值在 6×10^5～4×10^6mm·r/min 区间的轴承在非稳态下的润滑性能演变规律研究，建立典型工况条件下轴承材料快速失效判据和寿命预测方法，分析粗糙度演化对轴承表面应力分布、油膜状态以及轴承性能的影响规律。

齿轮，应建立航空、高速列车、大型船舶和风机等领域多因素耦合作用下齿轮传动系统的跨尺度动力学设计方法，设计可以模拟多工况耦合的试验仪器，揭示动态热 - 摩擦 - 动力学特性演变规律和齿面失效机理，开展齿轮摩擦功耗、失效形式及可靠性预测方法的研究。

密封件，研究以航空发动机与燃气轮机（简称两机）、核电及武器装备为代表的宽温域（−50～500 ℃）、高压（>25MPa）、高速（>250m/s）、大直径（>500mm（动压）或3000mm（静压））等工况下的密封工作机理及摩擦、磨损机制，进行密封结构优化设计。揭示磁性液体密封在空间环境下的新现象，研究制备耐高低温（高温 120℃、低温 -60℃）、耐强辐射（辐射阻抗大于 10^6Gy）等的磁性液体及其密封机理，同时建立高速（>50m/s）、高温（>120℃）、高压（>6MPa）、大直径（>2000mm）、高真空（>10^{-12}Pa）磁性液体密封的设计方法。

液压泵，从设计理论、材料与制造、润滑等多方面入手，全面提升液压泵的服役性能和使用寿命。重点应开展压力 50MPa、首翻寿命大于 10000h 的高压高速液压泵的力、热、声多场耦合机制与性能驱动设计理论、振动与噪声控制方法、摩擦、磨损特性与油膜形成理论、表面改性强化及控形控性设计等方面的研究。

航空轮胎，应开展在滑行速度为 400～550km/h、加 / 减速度为 1.8～2.5m/s^2、冲击载荷为 15～70t 等工况下轮胎滚动摩擦界面的橡胶性能演变机理研究，发展橡胶原料摩擦控制技术和制造损伤在线检测仪器，形成滚动摩擦条件下轮胎寿命预测方法。

紧固件，应开展极高 / 低温、辐射、潮湿、风沙、雨雪等恶劣工况下螺栓的结构设计、摩擦学设计、螺栓连接失效机制及调控技术研究。

另外，现代军事和工业技术的发展使得许多苛刻工况和环境条件已超越了润滑油脂的使用极限，表面工程技术正成为解决极端工况摩擦学问题的重要途径[17]。近年来，表面工程技术发展迅速，但尚有很多基础科学问题和关键技术难题没有解决。例如，在抗击新型冠状病毒肺炎 (COVID-19) 的战斗一线，医护人员需连续穿戴 4h 以上的护目镜常常会出现结雾结水，导致能见度降低、视线受阻。护目镜中的雾气主要来自汗液，为油水混合液体，传统纯疏水或纯疏油的表面改性技术并不能达到理想的效果。应重点加强机械表面界面效应及主动控制、零件表面损伤机制与寿命预测、表面涂覆层键合 / 嵌合新原理、最佳表面层结构组织优化以及疏水 / 疏油表面的制备及控制等基础理论和技术研究。

6.2.3　极端工况摩擦学

极端工况可以归纳为“三高一特殊”工况，三高是指高速、高负载、高（低）温，一特殊是指特殊环境（或介质）。以下按应用领域进一步阐述极端工况摩擦学的研究现状和发展趋势，总体发展历程与趋势如图 6.7 所示。

1. 研究现状

我国的海洋强国战略和“一带一路”重要部署正在稳步推进，海洋开发重大任务中面临的极端工况主要有热带海洋、深海和极地。以南海为代表的热带海洋

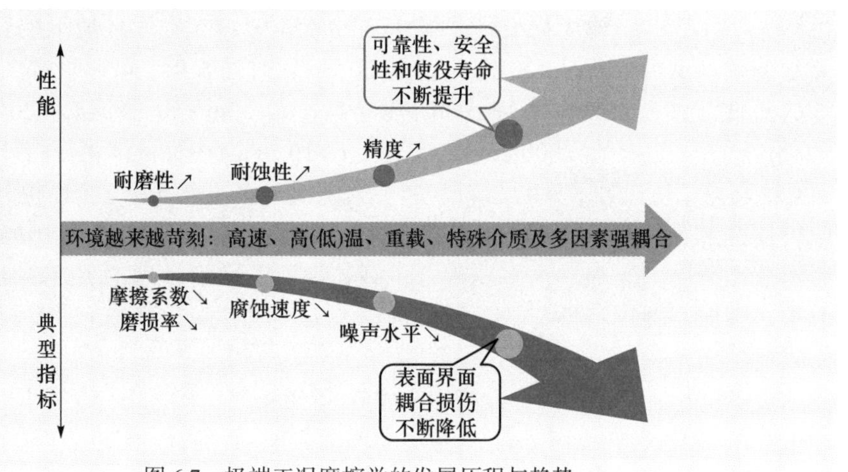

图 6.7　极端工况摩擦学的发展历程与趋势

是高温、高盐、高湿苛刻环境，目前严重缺乏南海极端环境下涂层材料的服役性能、失效机制和延寿技术研究。深海存在复杂的高压、海水介质和微生物多场耦合环境，海水腐蚀和海洋生物污损是深海装备面临的最为直接的严峻挑战。极地苛刻环境下，海工装备的低温脆性及腐蚀问题正严重威胁其服役安全，我国在极地环境下材料的腐蚀磨损研究几乎还未开展，已严重落后于欧美国家。

航空领域的摩擦学主要特征是高承载、高速、高温等多因素的相互耦合作用，极端工况导致的核心部件表面损伤甚至整体失效，已经成为制约大型装备技术发展的瓶颈问题[18]；航天领域中，随着我国新一代长寿命卫星、空间站的实施以及深空探测、小行星探测、月球空间站、载人登月等任务的逐步论证开展，愈加苛刻的服役环境对空间飞行器的性能要求越来越高。

核能系统材料服役环境极为苛刻，高温、腐蚀、辐射、振动耦合损伤给运动部件带来了新的摩擦学问题。目前，我国对四代核能特殊环境下运动机构的使役行为和损伤机理认识不清，严重制约了我国四代核能材料的发展水平和设计制造能力，导致快堆部分关键结构部件严重依赖进口。

高速、重载和多变环境是轨道交通领域的极端工况，列车因此表现出的与摩擦学相关的轮轨、轮轴、弓网关系等是涉及运营安全的关键难题。例如，川藏铁路作为国家战略性重大项目，其服役车辆面临超长连续大坡道条件及高寒低温等环境，轮轨、制动等材料匹配及其服役性能演变是面临挑战的重大科学问题。

深地工程，向地球深部能源（煤炭、石油、地热能等）进军是重要的战略科技问题。随着深地机械向重型化、大功率、长距离、大运量和高速度方向发展，深地矿井下机械将处于高速、重载、振动、冲击、腐蚀等极端复杂工况条件下，超强的抗磨损能力和长使用寿命是深地矿井下装备亟须解决的难题[19]。

2. 发展趋势

随着我国海洋、航空航天、核能、轨道交通、高端制造向“更深(深蓝)、更高(邻近空间)、更安全”等方向发展,开发耐超高/低温度、高承载、低摩擦、高耐磨和耐腐蚀等性能的机械部件与技术是实现极端环境下高端装备高效和安全运行的重要保障[3,20],其发展趋势为:强耦合损伤机制研究、机械表面界面行为与性能调控研究、极端工况下机械部件的寿命预测与延寿技术、极端工况环境适应性研究和表面防护层设计准则、针对重大工程复杂环境的相关测试评价条件研究与实际服役装备研制。

通过极端环境(如深空、深海、深地、极地等)机械运动部件摩擦学研究,探明力、热、化学、辐射、生物、磁等多场耦合作用下表面损伤机理,建立健全极端环境摩擦学理论、数据体系和设计评价技术标准,发展新的表面界面设计、结构性能调控和寿命预测、延寿设计的研究方法,发展满足重大工程应用的苛刻环境适应性机械部件与防护系统。

海洋领域,研发新型表面防护涂层,实现在力-热-盐耦合作用下的机械表面磨损率降低50%,腐蚀速度降低50%;新型舰艇水润滑聚合物尾轴承的启动平均摩擦系数小于0.1,稳定运转平均摩擦系数小于0.01,整体噪声水平减小10dB,使用寿命不低于5年;研发新型仿生水润滑轴承,综合性能指标提升20%以上。

航空发动机领域,以直升机涡轴发动机为例,未来压气机的总压比超过30,平均级压比提高到2.5,效率提高到82%,出口温度提高到300℃以上;发动机涡轮、燃烧室等部件的工作环境服役温度提高至1100℃以上;润滑材料在先进战机中连续使用寿命由三代数百小时提高至四代2000h以上。

航天领域,润滑材料满足在轨航天器空间运动机构的设计寿命由6～8年提升至15年;润滑油脂突破260℃服役极限温度,提升至300℃;拓宽固体润滑材料使役温度至−200～1200℃,同时摩擦系数小于0.04;新型载流摩擦副与现有载流摩擦副相比,摩擦系数至少下降80%,电噪声从5～10mΩ降低至2～5mΩ,单环传输能力从10A增加至40A,服役寿命从10年增加至30年。

在四代核能领域,发展大型构件(约4m)新型耐磨防护材料与技术,实现在特殊冷却介质(高温液态金属钠、液态铅铋合金、高温熔盐、高温氦气等)-辐射-力学强耦合环境下摩擦系数低于0.15,耐磨防腐性能提高2～3倍,满足可靠服役40年寿命的目标,实现自主保障能力。

川藏铁路领域,轮轨、制动等系统需突破面临超长连续大坡道条件(最长

70km、最大坡度30‰，目前运行的宝成线仅为20‰）、高寒大温差、缺氧、强紫外线等极端环境下材料选配、服役安全评价等难题，保证列车安全、可靠和稳定运行。

深地工程领域，需解决钻具、机具磨损而导致进尺慢、寿命短的问题，研究井深超过1500m（当前仅有1000m）千万吨级摩擦式提升机，提升载荷由50t提高至100t、提升速度由12m/s提高至18m/s以上。

6.2.4 绿色摩擦学

自从2001年绿色摩擦学这个术语在中国被首次提出[21]后，特别是2008年在北京摩擦学国际会议上提出这个新领域[22]以来，绿色摩擦学日益受到摩擦学界的关注，总体发展历程与趋势如图6.8所示。

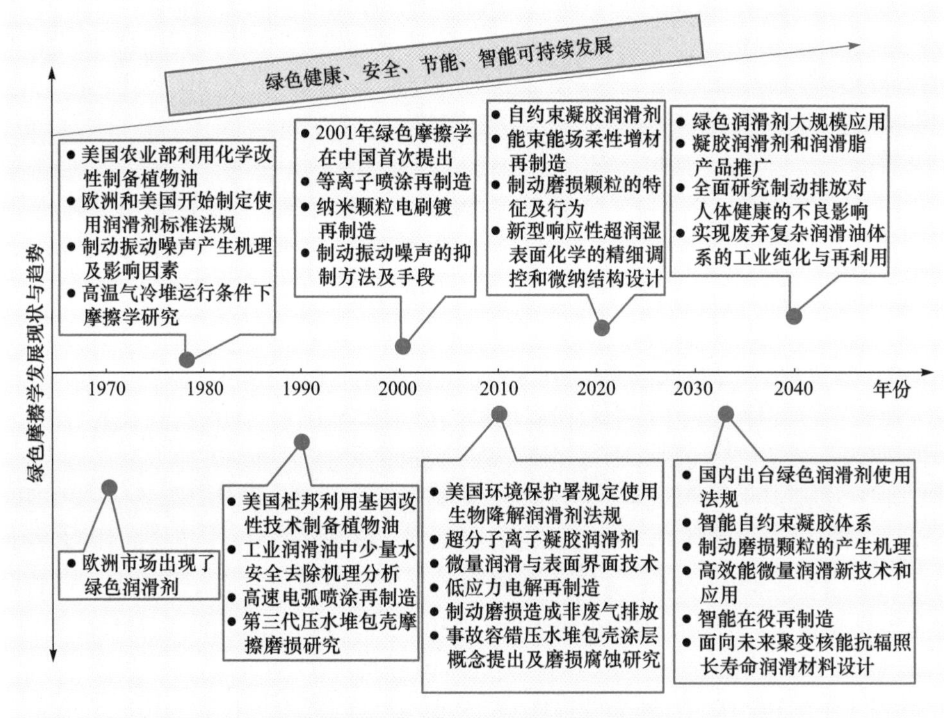

图6.8 绿色摩擦学的发展历程与趋势

1. 研究现状

目前绿色摩擦学在节能、减排、生态摩擦学材料和技术等方面都取得一定成果，但是我国绿色摩擦学研究还较为薄弱，需要加强绿色润滑材料产品研制和应用技术开发，利用先进的分离技术实现废弃润滑介质资源化及无害化，利用摩擦副再制造与强化技术修复常规装备或关键零部件的摩擦损伤，发展新能源装备的摩擦学基础理论与应用技术，控制摩擦制动排放。

在绿色节能润滑方面，国外对绿色润滑剂的研究较早，在绿色润滑材料的设计制备、市场应用、标准法规等方面都比较完善和健全。国内科研单位于 20 世纪 80 年代后期也陆续开展了有关可生物降解润滑材料的研究，但其在产品设计开发、规模化制备、产品转化方面与国外存在一定差距。在新型润滑体系发展方面，固体润滑国家重点实验室科研团队首次报道了一种不同于传统润滑油、脂的具有自约束性能的新型功能化离子液体凝胶润滑剂，该离子型凝胶润滑剂不仅具备较优异的润滑抗磨特性，还具备良好的防爬移、防挥发的性能，在国际上开辟了关于自约束超分子凝胶作为润滑材料的新应用[23]。低黏度润滑油具有更好的燃油经济性，未来将有更多车辆使用低黏度机油，这是市场发展的必然趋势。研究者已在乏油产生机理、轴承滚道介质分布、润滑剂回填等方面开展了大量研究，然而并未对乏油的主动调控提出可行性方案[24]。

在废弃润滑介质资源化及无害化方面，在当前环保形势下，油水污染物的有效处理势在必行。因此，对合成具有高效油水混合物分离功能材料的要求越来越高。从大自然中可以得到很多启示，对自然界生物的结构及其功能进行分析，除了具有自清洁性能的荷叶，鱼鳞或者鲨鱼皮等表现出了优异的水下超疏油性。这些具有特殊润湿性的生物表面为仿生设计油水分离材料提供了诸多思路。

在摩擦副再制造与强化延寿方面，当前较为成熟的应用是在常规装备或关键零部件上以对抗摩擦损伤[25]。随着装备服役环境变得复杂而苛刻和装备的更新换代，异形件、精密件的应用越发广泛，对技术提出了新的挑战。

在新能源装备摩擦学方面，基于太阳能、风能、水能、氢能和核能等新能源的利用技术在世界各国快速发展。与其他大型机械相比，风力和水力发电设备传动系统、高压氢气系统和核反应堆装备的润滑有许多不同，所以开展新能源装备摩擦学研究尤为重要[26]。当前，国外对新能源装备的摩擦学基础理论与应用技术开展了大量研究，而国内对该领域的研究较少。

摩擦制动排放方面，振动噪声及制动器摩擦副磨损产生的磨屑和非排气粒子造成的颗粒污染危害极大，然而其产生机理和对人体健康的影响机制目前尚未明确，欧洲制动会议已将制动排放列为重要主题进行研讨[27]。

2. 发展趋势

我国在绿色摩擦学方面的研究工作起步较晚，也不够深入，存在一些亟须解决的科学技术问题：缺乏新型润滑体系；缺乏有效的合成和提纯手段；缺少特殊介质环境下微量润滑原理及应用设计；缺少实现高稳定性乳化液和废润滑油有效成分的分离技术；缺乏摩擦副服役状态监测和剩余寿命有效预测技术等。只有解决了这些问题，才能更好地进行颠覆性绿色润滑体系设计和应用开发，从而真正实现摩擦学的绿色润滑。

在绿色节能润滑方面，发展研究适用于绿色润滑剂和添加剂的分子设计。采用新颖的化学改性方法提高绿色润滑剂的氧化稳定性、生物降解性和研究其生态毒性、建立绿色润滑剂知识库等将是绿色润滑材料的重要发展趋势与方向。针对机械运转中关键润滑部件的润滑和密封问题，根据不同使役环境和工况设计“功能定制”的自约束凝胶润滑材料，深刻揭示其微观结构、理化性能与摩擦学性能之间的关系规律，建立凝胶润滑抗磨机制和作用模型，发展新型凝胶润滑材料产品。发动机油和内燃机油向高端化、低黏化、节能化方向发展，与现在相比，预计到 2035 年通过低黏度润滑油的应用可实现节能 2.5%～3.0%。润滑状态可通过润滑剂回填调控来改善，微尺度下润滑剂分布和流动可利用物理参数来调节。然而，目前调控润滑状态的潜在参数尚待挖掘，这包含了不同于经典几何楔效应的诸多新润滑机制与新理论。

在废弃润滑介质资源化及无害化方面，发展坚固耐用的粗糙表面结构材料，实现特殊润湿性的油水分离；对其油水混合物进行提前收集处理，然后实现重力驱动的油 / 水分离；发展油水分离材料的大规模生产技术；发展适用于各种从微米到纳米范围的油 / 水乳剂高效、高通量的分离技术。

在摩擦副再制造与强化延寿方面，发展面向复杂装备及关键零部件的再制造与强化延寿技术以及超精密零部件的损伤特性和相应的再制造与强化延寿策略；发展面向极端苛刻服役条件的再制造与强化延寿技术；发展复杂受载下摩擦副多类型损伤耦合研究，探索多因多域复合摩擦损伤预测机制和模型；发展多种高技术协同的摩擦副再制造与强化延寿技术，探索表面工程技术、精密工程技术等的深度融合。

在新能源装备摩擦学方面，长寿命可生物降解的风电润滑油、脂和水力发电机组的轴承润滑必将成为重要研究方向；在高纯度氢气环境下，由于不含或仅含微量的氧化性物质，摩擦界面现象与空气环境下有明显不同。先进核能系统涉及运动部件服役的润滑材料不仅承受运动过程中循环应力及摩擦、磨损，而且还要面对高温、腐蚀以及强辐射等苛刻环境。为保障新能源设计、安全以及经济运行，需开展特殊环境和工况下润滑材料服役行为研究。

在制动排放方面，制动振动噪声及制动磨损均极大威胁人类健康并破坏生态环境，利用先进的摩擦学技术降低制动过程中产生的振动噪声和减少制动磨损产生的颗粒都是绿色摩擦学研究的重要方向。

6.2.5　生物表面界面科学与仿生摩擦学

生物特异性摩擦学行为及其仿生是各类重大装备的重要技术源泉。仿生摩擦学是运用仿生学原理，通过对生物系统的特异摩擦学行为的仿生设计及应用。人体生物摩擦学主要研究天然生物系统内部器官和外部表皮组织特有的生物摩擦学性能、人工组织器官或生物替代材料的摩擦、磨损机理和失效机制，以及面向生物体的生存、生理和生长相关的研究，其总体发展历程和趋势如图 6.9 所示。

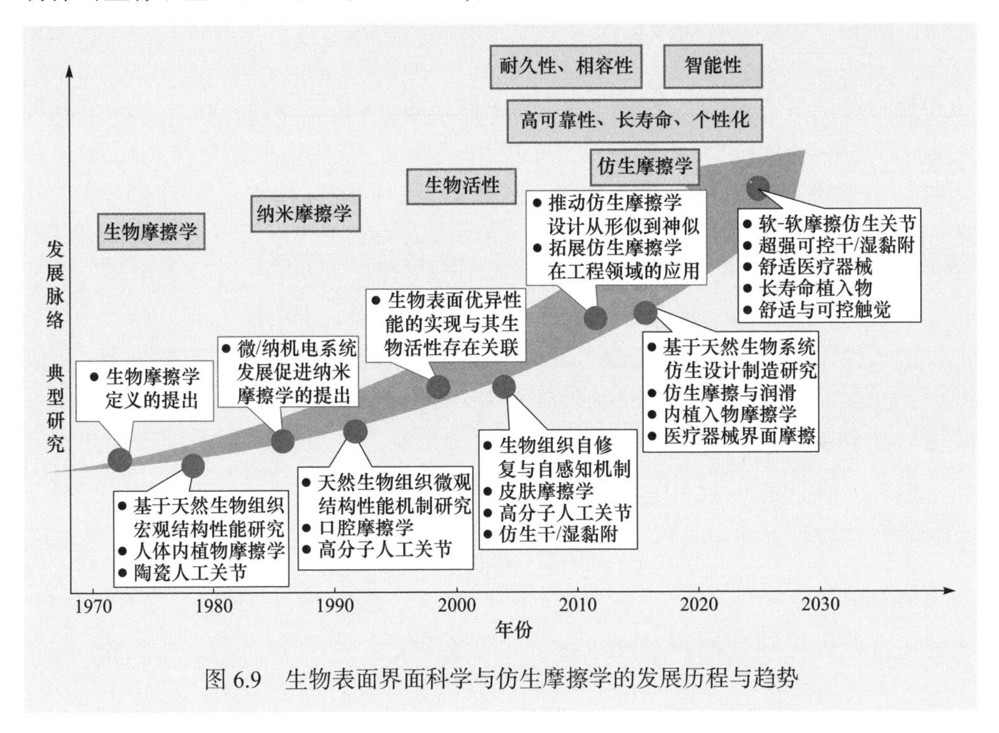

图 6.9　生物表面界面科学与仿生摩擦学的发展历程与趋势

1. 研究现状

在生物表面界面摩擦学与仿生方面，人们对自然界许多生物体具有的许多优异摩擦学行为及其机理开展了系统研究，如在墙壁和房顶稳定攀爬的壁虎、附着于船底或礁石表面的贻贝、在岩石或树干表面快速行走的昆虫、在海水环境中不黏污物且耐磨的贝壳，以及具有超低摩擦力的各种天然生物关节。通过研究这些生物体界面摩擦黏附行为规律及其机理，以仿生手段复现这些优异性能用于机械运动界面的特殊摩擦学功能。虽然生物摩擦学从设计到应用已经取得了巨大进展[28,29]，但是仍然存在若干关键问题未解决，尚未形成系统的跨尺度仿生摩擦学设计理论。以仿生黏附为例，德国和韩国的研究机构正在研发仿生黏附表面的生产制造装备以实现仿生表面大批量大面积的生产，美国斯坦福大学在各向异性仿生黏附材料制备上形成了成熟的制造工艺，但是目前仍然难以实现大面积、低成本、大批量制备，面对复杂工况依然难以适用。在仿生耐磨材料方面，主要改变材料的几何形态、成分及组织进行研究，对生物材料表面织构特异性的科学内涵尚未有清晰的认识。

人体内植入物主要包括骨科植入物、心血管植入物、牙齿植入物、皮肤植入物等，其生物摩擦学研究主要涉及生物活体组织、人工植入体等各界面之间的相互作用及生物相容性问题[30]。摩擦学问题导致人体内植入物目前在寿命、个性化与服役性能等方面存在诸多问题，临床使用备受诟病。例如，人工关节的预期寿命为 20 年，但市售产品的寿命仅 10～15 年，且 10 年内的翻修比例超过 10%；同时会出现体内磨损及磨屑诱发的炎症及感染、固定面松动、异响及失效等问题。目前我国临床使用的高端植入物产品严重依赖欧美等以西方人体为基准制造的进口植入物及仿制品，必须以中国人体型和文化生活为核心，依据中国人解剖形态、行为运动、力学特性等个体差异性问题，研制适于中国人的长寿命、高可靠性的个性化内植入物产品。人工心脏、心室辅助装置和人工瓣膜在服役过程需要时刻承受血液循环导致的冲蚀磨损，以及与生物机体组织的摩擦，耐磨蚀、抗疲劳、运动部件的润滑及抗血凝等性能直接影响心血管植入物的性能和使用寿命。因此，开展心血管内植入物的结构设计、表面黏附及耐疲劳抗磨损特性研究具有重要意义。

人体生物摩擦学主要聚焦于口腔摩擦学、皮肤摩擦学、摩擦触觉感知和人体行走摩擦学。口腔摩擦学研究主要涉及天然牙与牙科材料的摩擦学行为与机制、天然唾液与人工唾液的润滑机制和相关的摩擦学仿生设计[31]。皮肤摩擦学问题主要涉及手掌皮肤抓握劳动和生活用具的摩擦、残肢皮肤与假肢接受腔的摩擦、身体异形部位体表与矫形器的摩擦、皮肤与衣物 / 纺织品及医用纱布等的摩擦、皮肤表面护肤品的保湿润滑作用等。摩擦触觉感知主要涉及人体内外表皮与医疗设备、生活用品和食品等摩擦接触时的触觉感知。人体行走摩擦学与人的活动和地面的粗糙度、倾斜度，人行走的姿态、速度和加速度等密切相关[32]。现在人们对人体生物摩擦学从机制到应用取得了很多成果，但是仍然存在若干关键问题，天然生物摩擦副的摩擦学运行机制尚不清楚，尤其是生物活性和自调控性能缺乏系统深入的研究。而皮肤摩擦学因其摩擦系统和外部条件过于复杂，目前的研究进展不大。为此，应该更加深入地研究揭示牙齿、皮肤等组织器官的微观结构、成分、生物活性等对其摩擦学行为的影响和调控机制，并开展相应的仿生研究。

2. 发展趋势

生物表面界面摩擦学与仿生研究的发展趋势，在材料与结构设计方面，需更加深入研究以揭示和模拟天然耐磨和润滑原理；在机构设计方面，需更加注重柔性化抓附结构的应用；进一步增加仿生黏附的可靠性、可控性和实用性；开发高性能水基润滑仿生界面、高耐磨性能的仿生复合材料。在仿生摩擦学的研究对象方面，除了自然界常见的动物植物，也可以将目光投向对人体皮肤、关节和牙齿等的仿生。

人体内植入物摩擦学方面，应该加快开发安全可靠的仿生材料，全面理解新型材料的生物摩擦学行为与机理，开展中国人特性共性基础研究，研究假体的摩擦载药缓释技术及自修复材料与技术，提高假体服役性能和寿命（服役周期 20 年以上，直至全寿命），研究高性能的人工心脏和人工心肺相关关键技术。

人体摩擦学方面，系统评价各种医疗设备（外科防护口罩和护目镜、进入体内管壁诊断的各种医疗导管等）、生活用品（纺织、卫生、保健等）和食品与人体内外表皮接触运动时人体的舒适度，应该深入研究揭示人体内外表皮摩擦触觉的产生与感知机制，制定人体组织摩擦舒适度的评定标准，重点关注手指皮肤摩擦感知及其功能仿生应用，可望为机器人及智能化假肢皮肤的触感开发提供有力支撑。

6.2.6　智能摩擦学

1. 研究现状

智能摩擦学主要针对高铁、大型舰船、航天航空等运载装备以及核电站及风力发电等能源装备中的轴承、齿轮和密封等基础运动件的可靠、高效和长寿命运行展开，经历了从状态在线监测 - 故障诊断 - 维修到智能润滑 / 摩擦材料的发展历程，并向实现在线主动调控发展，其总体发展历程与趋势如图 6.10 所示。

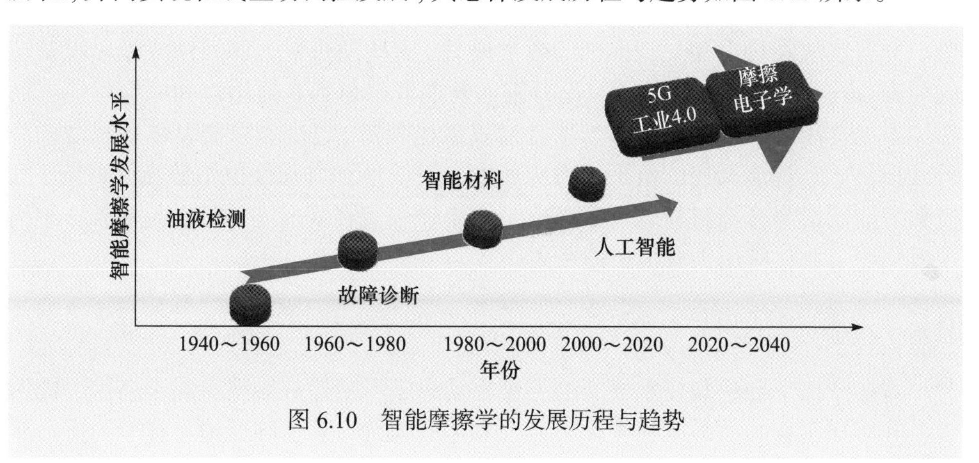

图 6.10　智能摩擦学的发展历程与趋势

机械状态监测和故障诊断的目的是通过捕获设备运行历程中的状态信号（如振动、噪声、温度和润滑状态）来诊断健康状况，分析确定异常原因并采取必要的维修对策[33]。随着人们对机械设备运行状态在线监测重要性的认识不断提高，大型设备的监测部位越来越多，采样频率越来越高，在线收集数据时间也越来越长。西屋公司开发的人工智能诊断系统连接了大约十个电厂，运行超过十多年，改善了七台机组的运行情况，把机组平均可用率从 95.2% 提高到了 96.1%。状态监测只能起到设备健康状况“报警”的作用，但无法自主、自动“修复”表面界面损伤。智能材料可感知外部环境的刺激并自主做出性能或形态变化，智能润滑是指在摩擦过程中能够探知运行环境的变化并做出相应结构调整或性能变化，从而满足新的运行条件下的润滑需求。现阶段智能润滑 / 摩擦材料主要有三种形式。第一种是智能表面，如将涂层技术与智能材料和微纳传感技术相结合，通过集成多级结构来实现多功能传感单元，将“外部”检测深入界面“内部”，精准定位表面界面损伤，并赋予表面“自愈”功能。第二种是通过材料 - 结构设计实现的自修复润滑 / 摩擦材料[34]，分为本征型、微胶囊型和微脉管网络型。第三种是通过使用响应性材料制备的整体润滑 / 摩擦材料，有智能凝胶、电 / 磁流变液、磁性液体、压电材料、形状记忆材料等。通用性更强的智能化策略是将传感元件、执行元件和控制系统集成在一起，可以灵活调控界面的接触、摩擦、密封、磨损和润滑状态，这类系统称为摩擦电子学[35]，可以直接面向机械零部件根据实际工况和期望达到的性能指标进行在线调控。这方面比较成功的工业应用有重型燃气轮机中动 / 静压流体润滑轴承膜厚和承载能力的在线主动调控，可根据油脂损失的情况适时适量在线补充的超长工作寿命滚动轴承等。

该领域目前存在以下一些技术问题和有待解决的科学问题：① 油液在线检测中磨粒尺寸的分辨率偏低，对疲劳剥落等大磨粒比较敏感，对小磨粒不敏感，润滑脂中的磨粒难以在线定量检测；② 通用性差，对于间歇性故障，诊断效果不理想；③ 有些故障难以建立较准确的数学模型，有些随机性、偶发性故障对设备造成危害，但难以预测和诊断；④ 已开发的智能润滑材料在通用性和综合性能方面都比不上常用的工程材料金属、聚合物或工程陶瓷，本征型自修复体系只适用小尺寸损伤；⑤ 智能调控的范围、响应速度、灵活性和可靠性也不够高。目前，大多数智能润滑与摩擦材料以及摩擦电子系统还停留在实验室原理验证阶段，距离规模化、工业化应用仍有很长的距离。

2. *发展趋势*

智能摩擦学理论和技术发展的主要驱动力是不断提升航空航天、高铁、能源装备和海洋工程装备的摩擦界面可靠性和服役寿命，其基础理论与技术的进一步提高离不开传感检测、智能材料和信息处理。机械状态在线监测和故障诊断技术已经进入了“人工智能”“大数据”“互联网”时代，随着未来 5G 网络的普及，将会迎来更大规模的变革。智能摩擦学一方面要“感知”，另一方面要“预测”。发展趋势如图 6.10 所示，今后在 5G 和“工业 4.0”时代，智能摩擦学将重点突破：① 感知的精微化和多元化；② 诊断的精准化；③ 信息的网络化；④ 感知 - 诊断 - 修复的一体化；⑤ 面向重大装备高可靠性的智能摩擦学实用化。预期目标为：到 2025 年前实现高端轴承点蚀故障早期在线识别诊断，实现 20μm 以下磨粒在线检测；到 2035 年实现 5μm 以下磨粒检测技术，通过智能润滑材料和多场综合调控实现近零磨损。

6.3　未来 5～15 年研究前沿与重大科学问题

6.3.1　研究前沿

在能源与资源节约的迫切需求下，以及对摩擦系统性能提升的驱动下，摩擦学和表面界面科学在不断挑战新的极限和纪录，如超滑、超低磨损等新研究领域应运而生，需要对摩擦、磨损起源的本质进行深入探索；对节能减排和环境友好型润滑提出了更高的要求，亟须发展新型绿色润滑技术等。机械基础零部件是装备制造业的重要组成部分，其摩擦学问题严重影响了重要装备在服役过程中的效率、精度、可靠性和寿命等性能，是实现装备制造业由大到强转变亟须解决的“卡脖子”问题。随着海洋开发、航空航天、核能、高端制造等工业迅速发展，越来越多的机械设备需要在极端环境（如深空、深海、深地、极地等）下运行，因此迫切需要研究极端工况摩擦学。近年来，摩擦学和生物医学工程之间以及摩擦学和信息科技之间的交叉融合，催生出生物摩擦学和智能摩擦学两大重要学科生长点。针对生物体本身、人体内植入物、生医机械与人体等存在的表面界面问题的研究，将对人类健康医疗提供有效解决方案。而基础零件和机 - 电 - 液驱动与传动元件摩擦润滑磨损等界面状况的智能感知、远程运维和自修复等，有望提高装备服役可靠性。

(1) 摩擦学与机械表面界面科学基础前沿，主要包括摩擦起源探索和摩擦能量耗散机理、超滑机理及超滑界面设计、微纳尺度磨损机理、摩擦界面效应及其调控、基于摩擦效应基因组的摩擦系统设计等。

(2) 基础零部件摩擦学与表面工程，主要包括基础零部件润滑状态研究及寿命预测、基础零部件摩擦学设计理论与方法、多场耦合效应及表面界面损伤演化规律等。

(3) 极端工况摩擦学，主要包括极端工况摩擦学新理论和新方法研究、极端工况摩擦学相关科学仪器研制、极端环境下表面界面延寿方法、高性能润滑耐磨材料设计制备，以及高安全性和超长寿命机械装备研制等。

(4) 绿色摩擦学，主要包括绿色节能润滑、废弃润滑介质资源化及无害化、摩擦副再制造与强化延寿、新能源装备摩擦学等。

(5) 生物表面界面科学与仿生摩擦学，主要包括生物摩擦副的功能形成机制及其仿生、人体内植入物的仿生设计制造与评价、可穿戴设备及医疗器械与人体界面的适配机理等。

(6) 智能摩擦学，主要包括基于磨粒生成迁移、表面形貌演化和裂纹形成机理的智能在线监测原理，基于润滑介质与摩擦界面动态劣化机理的智能在线监测，摩擦界面损伤自修复理论与方法，基于在线监测数据与人工智能的润滑磨损故障诊断理论与远程运维等。

6.3.2 重大科学问题

1. 超滑 / 超低磨损的宏 / 微观机制和体系设计

近年来，机械表面界面科学和摩擦学领域的基础问题得到了越来越深入的认识，然而目前仍存在若干悬而未解的前沿科学问题，已成为学科发展的重要制约因素，对于这些科学问题的探索越来越依赖于先进测试手段和理论分析工具的发展。机械表面界面科学和摩擦学领域亟须解决的重大科学问题包括但不限于：

(1) 超滑的宏 / 微观机制是什么？如何实现高承载、低摩擦和抗磨损性能的统一；是否存在摩擦系数的极限，近零摩擦能否实现？需要深入揭示摩擦界面微观结构演化、分子结构与排列方式演变、固液协同作用、界面电子状态等对摩擦行为的影响机制，深入探究超滑的环境敏感性问题和超滑的尺寸依赖性问题等，揭示超滑在不同温度、环境气氛、多场耦合（力、电、磁、热）条件下，微观、宏观至零部件级的失效和磨损机制，从而指导鲁棒性超滑和新型超滑体系设计，拓展超滑的应用范围。

(2) 摩擦的起源究竟是什么？界面摩擦过程中能量通过何种途径耗散并最终转化为热？对于这些问题的深入理解，有助于探究降低摩擦的途径，进而实现超滑的主动控制。需要基于摩擦过程的原子尺度建模和理论计算、高分辨率原位观测和光谱学手段，对摩擦过程中的声子动力学特性、电子激发与耗散过程、电子声子耦合作用、物理射线发射、界面润滑分子结构演化等进行研究；揭示摩擦过程伴随的新效应及其应用，如摩擦起电、摩擦发光、量子摩擦、静电防护等新规律和新机制。

(3) 磨损的微观机理是什么？界面摩擦如何导致原子的剥离？需要研究微观磨损过程的能量耗散规律，调控能量耗散途径，实现微观磨损状态的精准控制；从宏观到原子分子甚至电子尺度揭示磨损过程中的原子 / 分子迁移机制、能量传递机制、表面界面效应，探索单层原子可控去除和极限精度加工方法；揭示界面摩擦吸附、摩擦化学反应及机械化学耦合作用机制，利用摩擦效应实现滑动界面原位减摩和抗磨；揭示多能场调控、多元异质材料同步去除机制；结合计算模拟构建磨损变量与原子级材料去除的量化模型。

(4) 摩擦界面效应及摩擦系统设计。需要研究表面修饰改性对宏 / 微观摩擦性能的调控机制，揭示跨尺度、多界面作用及多场耦合下的仿生湿黏滑、仿生减阻、防污、润滑除冰机理和设计方法；开展摩擦效应基因组研究，构建摩擦效应高通量试验方法及装置、高通量模拟仿真模型及方法，构建摩擦效应数据库，通过大数据分析和挖掘，获得摩擦效应基因谱。

上述列举了机械表面界面科学和摩擦学领域的主要基础科学前沿问题，其探索和解决对于机械表面界面科学和摩擦学学科发展有重要的引领作用，如图 6.11 所示。

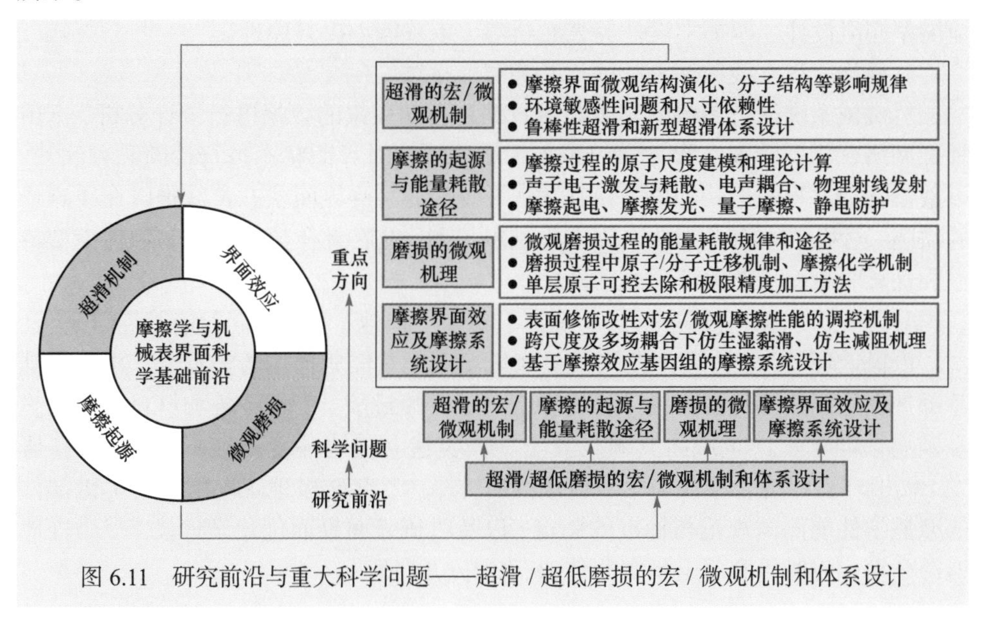

图 6.11　研究前沿与重大科学问题——超滑 / 超低磨损的宏 / 微观机制和体系设计

2. 极端工况下机械系统摩擦耦合损伤与延寿

1) 极端环境条件下机械表面界面动态强耦合损伤行为与规律

从原子、分子层次和热力学与动力学基础理论上认识极端工况摩擦学的本质、润滑 / 磨损作用机制及外场环境作用机制，研究多种极端环境交互作用与规律，包括揭示极端环境作用下表面摩擦、磨损、腐蚀等服役行为的动态演化机理等。在此基础上，提出特色鲜明的极端工况表面界面设计、调控理论和方法，包括研究关键装备部件的表面界面结构控制、极端工况摩擦学材料的设计与制备、多功能一体化或苛刻环境适应型涂层设计与制备，提出极端工况下摩擦、磨损控制新方法和新技术。需要深刻认识极端环境条件下润滑抗磨材料的组分、结构与性能在使役过程中的演变规律，发展极端工况下润滑抗磨的新原理及摩擦、磨损控制方法。需要发展高端绿色润滑剂、添加剂和可生物降解酯类润滑油的合成与提纯方法，实现绿色润滑材料在极端工况机械表面界面中的应用。

2) 高安全机械表面界面的寿命预测与延寿技术

研究寿命制约关键因素，建立模拟实际运行工况的摩擦学测试装置与技术标准，开展以高通量计算、高通量试验和大型数据库为代表的材料基因组研究，建立机械表面的寿命预测模型和安全评价方法，构建多维度、多尺度摩擦学部件使役匹配准则以及极端工况摩擦学和材料数据库，发展高性能基础零部件的优化设计理论与制造技术，提出多相流冲蚀磨损预测与防护、新型表面工程技术、绿色节能型润滑设计、摩擦学设计等表面延寿、承载能力提升原理。

3) 极端工况在线监测、故障诊断和智能运维

对机械系统运行参数的实时监测数据和长期积累的数据进行统计分析，运用神经网络、机器学习、深度学习等人工智能方法对界面状态进行诊断和预测[36]；以数学物理方程的形式加以定量描述，有效弥补某些界面状态参数难以在线测量的缺陷，对机械界面行为的未来变化做出预测；发展融合数据模型和物理模型特点和优势的界面状态诊断预测理论。

4) 开展“三深一极”（深地、深海、深空、极地）摩擦学问题前瞻性研究

以极地环境为例，覆冰覆雪及极寒低温环境对经典损伤防护理论、机械基础零部件设计制造和传统海洋工程材料提出了严峻挑战，工程装备和材料的低温脆性及腐蚀问题正严重威胁其服役安全。需要建立极地环境基础研究 - 新材料研发 - 模拟环境评价、验证与集成应用的研究平台，突破极地工况下设备关键部件的摩擦学性能测试规范与标准的制定，以及机械表面界面优化设计技术，为极地能源开发、舰船通航奠定坚实的基础，如图 6.12 所示。

3. 界面摩擦 / 润滑的仿生智能调控

在长期的进化演变中，大自然赋予许多生物体精巧的形态、表面、组织结构和润滑方式，表现出超滑、耐磨、自润滑、自清洁、自修复等摩擦学功能，使得生物的运动平稳性、灵活性、环境适应性及高能源利用效率等方面均优于现代机

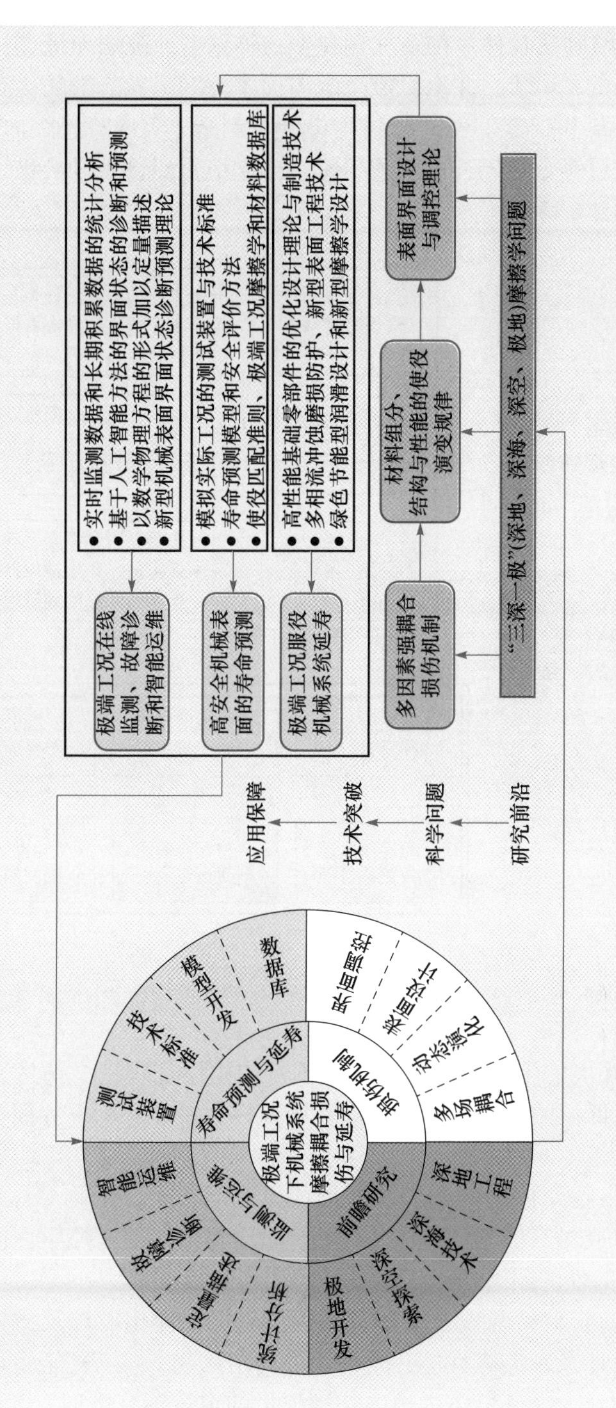

图 6.12　研究前沿与重大科学问题——极端工况下机械系统摩擦耦合损伤与延寿

械系统。因此，亟须师法自然，在系统掌握生物体耐磨、疏水摩擦调控等奇特摩擦学功能形成机制的基础上，探索机械系统界面摩擦润滑状态的仿生智能调控决策机制，对工程装备基础零部件进行仿生设计与制造，实现装备表面摩擦调控、超低磨损、智能润滑等令人向往的工程目标。未来应重点部署和突破以下几个方面的科学问题（见图 6.13）：

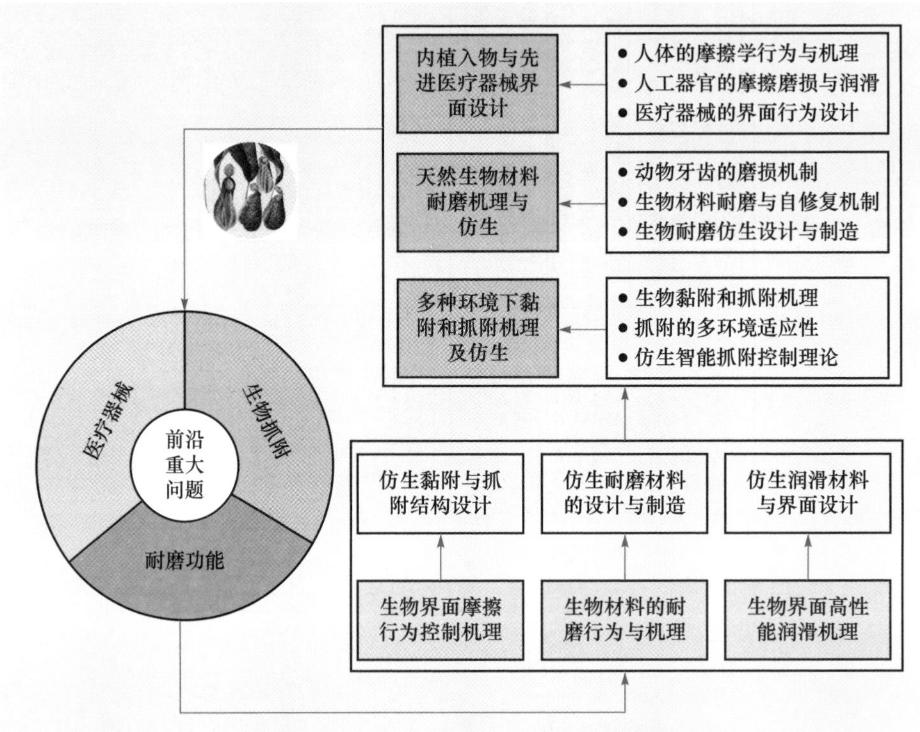

图 6.13　研究前沿与重大科学问题——界面摩擦 / 润滑的仿生智能调控

(1) 适应多种环境的生物黏附和抓附机理及仿生设计理论。仿生表面在超高真空、高辐射、高低温的空间环境的适应性研究以及极端环境下界面黏附和摩擦作用机制。

(2) 典型天然生物摩擦副的耐磨功能形成机制与仿生。生物摩擦副宏 / 微观多级结构和化学组成对摩擦学性能的作用机制，生物活性对摩擦学性能的调控机制，高性能基础零部件的耐磨仿生优化设计理论与制造技术。

(3) 内植入物的新材料开发、摩擦、磨损机理、个性化设计及仿生制造。仿生人体组织器官设计及制造高性能、个性化的内植入物，揭示复杂生理环境下的磨损演变规律及构建人体环境下内植入物磨损量的定量预测模型，建立人工心脏相关的摩擦、磨损与润滑评估与控制理论。

(4) 医疗器械 - 生物组织界面的摩擦学行为与机理。新型生物材料的在体去除、润滑、腐蚀等摩擦学行为与机制，摩擦诱导的生物学反应，人体内外表皮摩擦触觉感知及其仿生应用，软组织的摩擦机理、损伤机制与抑制措施。

6.4　未来 5～15 年重点和优先发展领域

1. 摩擦学与机械表面界面科学基础前沿

摩擦学与机械表面界面科学领域存在若干悬而未解的基础科学问题，包括摩擦和磨损的原子分子级微观机制等，近年来学科发展和国家重大需求的牵引，促进了对一系列新的前沿科学问题的研究。需要进一步优先支持基础前沿问题研究，鼓励新原理、新方法的提出，鼓励学科交叉，从而支撑和带动整个学科领域的发展，具体包括但不限于如下几个方面。

1) 摩擦起源探索和摩擦能量耗散机理

发展摩擦过程中电子、声子、物理射线等能量耗散途径的高灵敏度、多模式协同原位探测技术及理论计算方法，揭示摩擦的起源和能量耗散机理；揭示温度、外场、压力、介质等特殊工况下摩擦的新效应、新规律和新机制，进而发展摩擦主动调控及摩擦效应有效利用方法。

2) 超滑机理及超滑界面设计

揭示不同尺度、不同工况条件下的超滑机理和实现方法，发展高承载、低磨损、宽速度范围下液体超滑，以及大尺度、长寿命、环境不敏感固体超滑，探索新型固液耦合超滑，提出可持续稳定的鲁棒超滑界面设计准则，拓展超滑的应用范围。

3) 微纳尺度磨损

揭示微观磨损过程的原子 / 分子迁移机制、能量传递机制、表面界面效应等，揭示表面 / 亚表面损伤形成、亚纳米精度一致收敛生成的机制与控制方法，探索大面积原子级平整表面制造原理与方法。开展微 / 纳米器件抗磨研究以及新材料的微观磨损机理及行为调控研究。

4) 摩擦界面效应及其调控

机械摩擦剪切过程中的界面能量转移与耗散机制研究；界面摩擦化学反应机理研究；发展机械摩擦界面原位减摩和抗磨技术；发展工程材料和器械表面润滑改性新方法与技术；发展黏 - 滑调控智能界面；构筑仿生润滑和减阻界面；构建描述界面润滑机制的跨尺度理论模型。

5) 基于摩擦效应基因组的摩擦系统设计

开展摩擦效应的高通量试验方法及装置、高通量仿真计算模型及方法研究，构建具有大数据特征的数据库，通过数据分析和挖掘，揭示复杂摩擦效应对摩擦、磨损过程的作用机理和规律。针对国家重大工程需求，开展摩擦效应基因组的应用研究。

2. 基础零部件摩擦学与表面工程

基础零部件摩擦学与表面工程领域存在诸多亟待解决的基础科学问题，包括：极端工况下的基础零部件的实际润滑状态是什么？需要深入探讨基底材料、表面特性、润滑介质、润滑方式等对润滑状态的影响机制；基础零部件磨损失效的机理和有效控制方式是什么？需要借助摩擦学理论优化设计基础零部件结构、基底材料与润滑方式的配伍性；多场耦合效应下表面涂层的性能演化规律是什么？需要着重分析载荷、速度、温度等多环境因素耦合作用下表面涂层减摩、耐磨性能的劣变规律。这些基础科学前沿问题的探索和解决对于基础零部件摩擦学与表面工程学科发展有着重要的导向作用。

1) 基础零部件润滑状态研究及寿命预测

以航空发动机和高铁为代表的急加 / 减速、高速、重载、高低温、乏油等工况下轴承、齿轮以及液压泵的润滑状态为研究对象，从动力学特性、热效应、表面界面微观接触行为、油膜厚度等多方面展开跨尺度研究；揭示宽温域、高速、高压、交变应力等复杂条件下密封件、航空轮胎及紧固件的磨损机理，建立其量化磨损的评价方法，并最终确定其寿命预测模型。

2) 基础零部件摩擦学设计理论与方法

优化设计轴承、齿轮以及液压泵的基底材料、润滑介质、润滑方式、表面微结构、表面涂层等多因素之间的配伍性；研发能适应强辐射、高低温等太空工况的轮胎、密封件、螺栓的新结构、新材料体系；从基底材料、表面处理等多角度出发，研究宽温域、高速、高压、交变应力等复杂环境下长寿命密封件、航空轮胎及紧固件的摩擦学设计理论与方法。

3) 多场耦合效应及表面界面损伤演化规律

通过零件表面多尺度微纳结构和表层组分的设计调控，获得具有耐磨、耐热、耐蚀、疏水、疏油及自润滑性能的表面涂层；揭示高速、重载、高低温、原子氧、真空辐射等多因素耦合作用下表面涂层的损伤演化规律，探讨表面涂层的磨损特性、自修复特性及其摩擦衍生物形成机制。

3. 极端工况摩擦学

极端工况摩擦学面向不同的应用领域，研究侧重点有所不同，也有共性的基础科学问题：极端环境强耦合损伤机制是什么？极端工况下表面摩擦化学的热力学与动力学理论模型如何建立？如何通过材料基因组研究，在面向极端工况应用的材料研发中提高效率、降低成本？如何建立系统的表面涂层性能数据库及标准？如何原位表征表面膜演化过程？

1) 极端工况摩擦学新理论、新方法研究

研究极端环境强耦合损伤机制；建立极端工况下表面摩擦化学的热力学与动力学理论模型；开发表面损伤与防护的定量评价与设计技术；采用材料基因工程方法革新极端工况摩擦学材料设计制备和使役性能研究，提高材料研制效率，提升极端服役性能，开展寿命预测。

2) 极端工况摩擦学相关科学仪器研制

亟须开发极端工况多因素耦合环境原位模拟测试系统，对表面膜结构的形成和演变在原子 / 分子尺度下进行原位表征，从本质上理解材料表面界面损伤行为。

3) 海洋极端环境下表面界面延寿方法

针对海洋多因素耦合极端工况，借助多元、复合化和纳米结构设计，研制具有多环境和变工况自适应性的机械部件与表面涂层。

4) 航空航天领域高安全性和超长寿命机械部件研究

开展宽温域表面界面结构和高性能材料设计制备，研发具有更长使用寿命的机械部件，同时需建立加速考核方法、寿命的预测与控制理论。

5) 核电领域新型摩擦部件开发

开展新型耐磨、润滑和密封部件的设计与制备研究，通过组分设计、结构调控、工艺优化开发出适用于核电环境、高性能的新型耐磨、润滑和密封材料。

6) 川藏铁路建设中的摩擦学问题

针对超长连续大坡道条件及高寒低温等环境，研究轮轨、轮轴、制动、弓网、传动系统等接触界面在极端服役工况下的摩擦学问题。

7) 深地工程中耦合损伤与摩擦学机理

研究地质、油气、采矿领域中重载、冲击、振动、特殊介质等耦合损伤问题，探究井深大于 1500m 机械表面界面耦合损伤机理，为超深矿井开采提供创新性理论。

4. 绿色摩擦学

1) 绿色节能润滑

(1) 绿色润滑剂和添加剂。

开展新颖的油基和水基绿色润滑剂创新设计与应用研究；自主设计研发具有良好生物降解性和优异润滑性能的添加剂；开展绿色润滑油与添加剂的相互作用、适应性等研究。

(2) 自约束凝胶润滑。

发展具有自约束性能的智能新型润滑体系，开展功能定制自约束凝胶润滑剂体系的设计和构筑，研究体系微观结构、组分对其物理化学和摩擦学性能的影响规律研究，揭示其在多种润滑模式下的润滑抗磨机理，建立新型润滑模型。

(3) 节能型润滑技术。

开发长寿命、节能型的低黏度汽油机油自主配方技术；开展固液复合体系润滑研究，探索润滑油在固体表面的润湿、吸附性能，结构与润滑性能的研究；探讨固 - 油复合润滑的协同效应机制。

(4) 微量 / 限量供油润滑。

开展面向机械零部件的限量供油精准润滑的基础和极限 / 特殊工况服役性能研究，探索润滑剂保持新机理、超微量离散供油设计及润滑新理论、特殊介质下微量润滑原理。

2) 废弃润滑介质资源化及无害化

开展新型响应性超润湿表面化学的精细调控；新型响应性超润湿表面微纳结构设计；优化设计新型响应性超润湿表面微纳米结构，揭示新型响应性超润湿表面的形成机理和本质，提出制备该表面的微纳米结构设计准则。研究新型响应性超润湿多孔表面在刺激响应下实现不同油水分离方式（过滤和吸附）的调控，解决较复杂油水分离体系问题。

3) 摩擦副再制造与强化延寿

发展高端装备再制造评价体系，建立寿命评估机制，形成相关标准。高端装备中复杂薄壁件、关键内孔件、不规则曲面件、精密基础件等再制造后服役寿命延长至原品的 3 倍以上。提升高端装备服役安全可靠性，降低军用关键装备运维费用 50%。

4) 新能源装备摩擦学

为实现碳达峰、碳中和等目标，优化能源结构，国家正大力发展风能、水能、氢能、核能等清洁和低碳能源。为保证装备长寿命和可靠性，仍有许多摩擦学领域的关键问题亟待解决：

(1) 风电、水电。开展风电、水电设备传动系统特殊润滑剂和功能化自润滑轴承的研制及其服役行为的研究。

(2) 氢能。开展面向高压氢气系统摩擦的研究，包括摩擦副材料设计，测试评价体系，密封、泄漏检测与预警技术，典型密封材料失效机制、性能数据库、评价方法研究。

(3) 核能。重点开展高通量辐射损伤下材料辐射缺陷演变规律研究；提出抗辐射、耐高温、耐腐蚀材料结构设计思路，为四代核反应堆以及聚变堆等先进核能关键运动部件润滑材料选择、设计与制备提供理论基础与评判标准。

5) 摩擦制动排放

揭示制动振动噪声产生机理，提出有效抑制制动 / 振动噪声的方法及手段；研究制动材料磨损产生磨粒特性，为测量和减少磨粒排放提供一种广而适之的指标和手段，服务于铁路和公路运输的废气排放控制。

5. 生物表面界面科学与仿生摩擦学

生物表面界面科学与仿生摩擦学领域存在若干悬而未解的基础科学问题，包括天然生物表面界面优异摩擦学性能的根源是什么？需要深入揭示生物体耐磨、疏水、摩擦调控等奇特摩擦学功能形成机制、生物活性的表达方式及其摩擦学性能调控机制等；如何有效解决摩擦学仿生设计从形似到神似的瓶颈问题？需要深入揭示生物优异功能的力学机理；如何设计新一代高端智能医疗器械？需要揭示内植入物材料在体服役行为与失效机理和可穿戴医疗器械 / 人体界面摩擦学行为的力学机理。这些基础科学前沿问题的探索和解决对于生物表面界面科学与仿生摩擦学发展有着重要的引领和推动作用。

1) 生物体优异摩擦学功能的形成机制及其仿生

系统开展生物表面界面的摩擦、磨损与润滑机理研究，探明天然生物摩擦副宏 / 微观多级结构和化学组成与其优异摩擦学性能之间的关系，揭示生物活性的表达方式及其摩擦学性能调控机制，提出天然生物摩擦副的功能形成机制，开展适应多种环境的黏附和抓附、高性能减磨耐磨和润滑的仿生机理及应用基础研究，以及工程装备基础零部件的摩擦学仿生设计与制造研究，建立摩擦学仿生数据库和仿生设计理论。仿生表面界面工程研究，基于生物表面界面结构复杂性产生的多功能性，将生物表面界面原理应用于基础摩擦学材料与结构，获得颠覆性的表面界面性能组合。

2) 人体内植入物的仿生设计、制造与评价

基于人体组织、器官的结构及特征，仿生设计高强度、高耐磨和高耐蚀性的摩擦新材料，提出内植入物材料的表面界面改性与调控机制，构建生命化内植入物仿生界面，揭示内植入物在复杂环境中的摩擦、磨损和润滑机理，开展适合国人的人体内植入物的个性化仿生设计与制造研究。研究内植入物在人体复杂运动环境下的渐变失效机理、磨屑形成机理以及生物反应和磨损状态检测方法，构建

内植入物的寿命评价模型和生物摩擦学评估体系。

3) 可穿戴设备及医疗器械与人体界面的适配机理

揭示可穿戴设备及医疗器械与人体组织交互作用过程中的界面摩擦学以及力传递和分布规律，建立人体舒适 / 适配的可穿戴设备及医疗器械优化设计模型，提出可穿戴设备及医疗器械与人体界面适配性预测 / 评价原则与指标。

6. 智能摩擦学

智能摩擦学重点研究基础零件和机电液驱动与传动零部件在复杂和苛刻服役条件下界面状况的感知、决策和操纵，对降低装备服役过程中发生故障和事故的风险，提高其可靠性具有重要意义。需要深入研究的关键科学问题如下。

1) 基于磨粒生成迁移、表面形貌演化和裂纹形成机理的智能在线监测原理

研究机械装备的磨粒大小、形状、数量的在线智能监测原理与方法，建立基于磨粒生成迁移的装备服役寿命评估模型。研究磨损动态演化过程中形貌的在线测量原理和方法，建立形貌演化、裂纹形成与动态磨粒产生特征之间的关系。

2) 基于润滑介质与摩擦界面动态劣化机理的智能在线监测

研究润滑介质和摩擦界面及亚表层材料在服役期的动态劣化特性的在线监测技术与方法，建立润滑介质和摩擦界面及亚表层材料劣化机理与磨粒动态演化的关联特性，以构建机械装备服役使用寿命的智能评价方法。

3) 摩擦界面损伤自修复理论与方法

将油液和磨损在线监测技术与智能润滑 / 摩擦材料相结合，当监测或预测到摩擦界面损伤时，基于润滑或摩擦材料的自愈合特性，实现损伤界面的自修复、自愈合。建立智能润滑材料的刺激 - 响应性与摩擦过程中不同状态相关性，构筑精准智能润滑材料和智能表面。

4) 基于在线监测数据与人工智能的润滑磨损故障诊断理论与远程运维

将工业现场机械装备大量在线监测数据与人工智能方法相融合，建立机械装备关键基础件摩擦学健康状况与润滑磨损故障诊断理论，并结合智能润滑材料以及感知与驱动系统提供优化的调控决策，实现机械装备润滑健康调控的远程运维。

参考文献

[1] 谢友柏，张嗣伟．摩擦学科学及工程应用现状与发展战略研究——摩擦学在工业节能、降耗、减排中的地位与作用的调查．北京：高等教育出版社，2009.

[2] 温诗铸，黄平，田煜，等．摩擦学原理．5 版．北京：清华大学出版社，2018.
[3] 常可可，王立平，薛群基．极端工况下机械表面界面损伤与防护研究进展．中国机械工程，2020, 31(2): 206-220.
[4] 翁立军，刘维民，孙嘉奕，等．空间摩擦学的机遇和挑战．摩擦学学报，2005, 25(1): 92-95.
[5] 中国轴承工业协会．高端轴承技术路线图．北京：中国科学技术出版社，2018.
[6] Meng Y, Xu J, Jin Z, et al. A review of recent advances in tribology. Friction, 2020, 8(2): 221-300.
[7] Park J Y, Salmeron M. Fundamental aspects of energy dissipation in friction. Chemical Reviews, 2014, 114(1): 677-711.
[8] Wei Z, Duan Z, Kan Y, et al. Phonon energy dissipation in friction between graphene/graphene interface. Journal of Applied Physics, 2020, 127(1): 015105.
[9] Han T, Zhang C, Luo J. Macroscale superlubricity enabled by hydrated alkali metal ions. Langmuir, 2018, 34(38): 11281-11291.
[10] Hod O, Meyer E, Zheng Q, et al. Structural superlubricity and ultralow friction across the length scales. Nature, 2018, 563(7732): 485-492.
[11] Jacobs T D B, Carpick R W. Nanoscale wear as a stress-assisted chemical reaction. Nature Nanotechnology, 2013, 8(2): 108-112.
[12] Chen L, Wen J L, Zhang P, et al. Nanomanufacturing of silicon surface with a single atomic layer precision via mechanochemical reactions. Nature Communications, 2018, 9(1): 1542.
[13] 周峰，吴杨．“润滑”之新解．摩擦学学报，2016, 36(1): 132-136.
[14] Hu H B, Wen J, Bao L Y, et al. Significant and stable drag reduction with air rings confined by alternated superhydrophobic and hydrophilic strips. Science Advances, 2017, 3(9): e1603288.
[15] 中国科学技术协会，中国机械工程学会．2014—2015 机械工程学科发展报告（摩擦学）. 北京：中国科学技术出版社，2016.
[16] 王玉明，索双富，李永健，等．高端轴承发展战略研究报告．北京：清华大学出版社，2016.
[17] 国家自然科学基金委员会，中国科学院．中国学科发展战略 • 润滑材料．北京：科学出版社，2019.
[18] Xue W, Gao S, Duan D, et al. Investigation and simulation of the shear lip phenomenon observed in a high-speed abradable seal for use in aero-engines. Wear, 2017, 386-387: 195-203.

[19] Wang D, Zhang J, Ge S, et al. Mechanical behavior of hoisting rope in 2km ultra deep coal mine. Engineering Failure Analysis, 2019, 106: 104185.

[20] 严新平，袁成清，白秀琴，等 . 船舶摩擦学的发展展望 . 自然杂志，2015, 37(3): 157-164.

[21] 张嗣伟 . 关于我国摩擦学发展方向的探讨 . 摩擦学学报，2001, 21(5): 321-323.

[22] 张嗣伟 . 推动社会可持续发展的绿色摩擦学 . 润滑与密封，2008, 33(10): 1-3.

[23] Wang Y R, Yu Q L, Bai Y Y, et al. Self-constraint gel lubricants with high phase transition temperature. ACS Sustainable Chemistry & Engineering, 2018, 6(11): 15801-15810.

[24] van der Kruk W M, Smit S A, Segers T J, et al. Drop-on-demand printing as novel method of oil supply in elastohydrodynamic lubrication. Tribology Letters, 2019, 67(3): 95.

[25] Piao Z Y, Zhou Z Y, Xu J, et al. Use of X-ray computed tomography to investigate rolling contact cracks in plasma sprayed Fe-Cr-B-Si coating. Tribology Letters, 2019, 67(1): 11.

[26] Florescu A, Barabas S, Dobrescu T. Research on increasing the performance of wind power plants for sustainable development. Sustainability, 2019, 11(5): 1266.

[27] Wei L, Choy Y S, Cheung C S, et al. Tribology performance, airborne particle emissions and brake squeal noise of copper-free friction materials. Wear, 2020, 448-449: 203215.

[28] Zhou M, Pesika N, Zeng H B, et al. Recent advances in gecko adhesion and friction mechanisms and development of gecko-inspired dry adhesive surfaces. Friction, 2013, 1(2): 114-129.

[29] Zhou H, Guo Z. Superwetting Janus membranes: Focusing on unidirectional transport behaviors and multiple applications. Journal of Materials Chemistry A, 2019, 7(21): 12921-12950.

[30] Jin Z M, Zheng J, Li W, et al. Tribology of medical devices. Biosurface and Biotribology, 2016, 2(4): 173-192.

[31] Zhou Z R, Gong W, Zheng J. Bionic design perspectives based on the formation mechanism of dental anti-wear function. Biosurface and Biotribology, 2017, 3(4): 238-244.

[32] Zhang Y Z, Jia L X, Pang X J, et al. Effect of slope inclination on step friction coefficient of human being. Science China Technological Sciences, 2013, 56(12): 3001-3006.

[33] 严新平 . 摩擦学系统状态辨识及船机磨损诊断 . 北京：科学出版社，2017.

[34] Zhang X, Wang J, Jin H, et al. Bioinspired supramolecular lubricating hydrogel induced by shear force. Journal of The American Chemical Society, 2018, 140(9): 3186-3189.

[35] Glavatskih S, Hoglund E. Tribotronics-towards active tribology. Tribology International, 2008, 41(9-10): 934-939.

[36] Pearl J, Mackenzie D. The book of why: The new science of cause and effect. Science, 2018, 361(6405): 855.

本章在撰写过程中得到了以下专家的大力支持与帮助 (按姓氏笔画排序):
刘维民 严新平 李 健 李德才 张永振 陈建敏 周仲荣 高诚辉
郭万林 郭东明 葛世荣 雷明凯 雒建斌 谭建荣 戴振东

第 7 章　机械设计方法学

Chapter7　Mechanical Design Methodologies

机械设计是为了满足机械系统特定功能要求而进行的继承性或创造性的构思与实践活动。机械设计是制造业价值链的最前端和关键环节，是决定机械性能的最基本因素，其目标是在各种限定的条件下设计出最精益的机械产品。设计方法学的目的是将设计思维上升为理性过程，从而使设计能遵循一定的逻辑进行，使设计人员获得优化设计结果。机械设计方法学与机械学科的其他研究门类存在强耦合和多元交叉，其研究重点在于机械产品设计中的共性基础理论与方法。在当前数字化、信息化、智能化发展趋势下，不同学科之间相互融合，信息技术向先进制造领域加速渗透，这给设计理论与方法如何支撑复杂装备自主设计与制造提出了更高的要求，也正深刻影响着设计模式、技术和工具环境。深度融合机械装备全生命周期内的多源异构信息，通过多学科多领域的广义知识集成进行创新设计已成为机械设计方法学发展的重要方向。未来 5～10 年，面向国际学术前沿，面向国家重大需求，结合未来机械设计学向创新、智能、精益和保质发展趋势，重点发展设计思维认知机制与人 - 机 - 环境融合驱动的创新设计理论与方法、高性能装备知识工程与大数据导航的智能设计技术、高性能装备数字孪生及数字化设计理论与方法、复杂机电系统材料 - 结构 - 工艺 - 性能 - 控制等一体化跨尺度精益设计理论与协同优化技术、面向全生命周期的高性能装备动态可靠性分析理论与系统保质设计技术。机械设计基础理论与方法的研究将更深层次地促进装备制造业的技术创新，实现提质增效，推动中国制造向中国创造的转变。

7.1　内涵与研究范围

7.1.1　内涵

设计是人类改造自然的一种创造性智力活动，是应用自然科学知识与法则，通过创意、综合、决策、迭代和优化等过程，将信息、知识、技术和资源转化为集成创新和整体解决方案，实现应用价值的发明创造和创新的实践活动。机械设计是根据服役需求对机械系统的工作原理、构型与造型、物质 - 能量 - 信息的传递方式，对机器及零部件的材料、结构、功能、可靠性、可回收性等进行构思、建模、分析和优化，并将其转化为技术资料以作为制造依据的工作过程。机械设计作为形成机械产品的起点和先导，决定着产品的功能、制造和服务的价值与品质，产品的风格、结构、性能、人 - 机 - 环境、成本、维修、价值等影响产品竞争力的关键因素主要是由设计阶段决定的。总体来说，机械设计的技术变革已经历了直觉设计、理论设计、现代设计三个阶段，当前在以信息物理系统为标志的“工业 4.0”驱动下正向智能设计的层次发展[1]。从机械设计的变革历程来看，设计方法学的内涵和研究重点不断向深度和广度扩展，涌现了可靠性设计、稳健设计、并行设计、模块化设计、摩擦学设计、优化设计、相似性设计、优势设计等面向基本共性问题的设计方法，虚拟设计、数字化设计、数字孪生设计、网络协同设计、创新设计、反求设计等基于信息技术的设计方法，以及绿色设计、仿生设计、可持续设计等基于资源环境的设计方法等理论与方法体系。因此，机械设计方法学是一门知识群体的总称，与其他学科研究存在交叉和耦合，其研究重点在于机械装备设计中的关键共性基础理论与方法。

随着新一轮科技革命和产业变革的兴起，互联网、大数据、云计算、人工智能等为代表的新一代信息技术正在加速与工业技术相融合，机械装备制造正面临设计制造全过程正向化、结构材料与功能一体化、服役环境与工况极端化、市场响应快速敏捷化、装备质量精度高品质化、运行决策与控制自主化、装备制造与服役绿色化等新的挑战和科学难题[2]，这给设计理论与方法如何支撑复杂装备自主设计与制造提出了更高的要求，也正深刻影响着设计模式、技术和工具环境的变革。对机械产品在创意、设计、加工、装配、测试、服役、维护和回收等全生命周期内的多源异构信息和知识进行深度融合，通过多学科多领域的广义知识集成进行研发将成为未来装备创新设计及机械设计方法学发展的重要方向。在现代装备自主研发与机械设计理论创新的双重驱动下，未来机械设计方法学的内涵正向“创新、智能、精益、保质”的方向发展[3]。“创新”是技术创新、产品创新和服务创新的一体化融合，在设计过程中融合用户、产品和环境因素，构建动态平衡的设计体系，以满足人的情感化与审美需求、产品的功能与性能要求、环境可持续性发展等要求，实现产品创新设计中人 - 机 - 环境的相互协调和平衡发展。“智能”是充分利用人工智能与数字孪生等信息技术，通过多领域设计知识融合和产品全生命周期功能、结构与性能仿真，解决复杂产品设计方案的智能生成、分析与模拟，从而实现人 - 机智能融合的复杂产品设计。“精益”是针对机电产品系统构成复杂、设计变量和性能功能要求众多的特征，采用多学科交叉融合的理念构建多层次优化模型，在考虑材料、加工条件和成本以及控制策略等的同时，合理匹配和协调大规模变量以及多性能之间的冲突，实现机电系统的精益设计与协同优化。“保质”是在设计阶段即充分考虑工艺、制造、服役、维护、回收等过程，分析产品全生命周期内性能退化与失效的不确定性传播与耦合演化机制，搭建多层次、多尺度和多学科的机械可靠性与系统可靠性统一模型，实现复杂装备全生命周期的可靠性精确分析与系统保质设计。

7.1.2　研究范围

机械设计方法学作为复杂装备创新研发过程中的共性基础方法，涉及机械、物理、材料、力学、仿生、控制和人工智能等不同学科和领域，使得机械设计方法学的研究范围非常广泛。如图 7.1 所示，依据机械设计方法学创新、智能、精益、保质的发展趋势，可将本领域当前及未来的研究范围大致归纳为四方面：以采用新思维、运用新知识、使用新发明，实现人 - 机 - 环境动态平衡与产品的创新设计；构建多领域设计知识图谱，建立设计问题、设计知识与设计模型的多维映射，提高设计方案生成、求解与评价的智能性，实现产品数字化与智能化设计；以通过构建和求解多尺度和多学科耦合的一体化优化模型，从构件和系统多层次实现产品更稳定、功能更强大、性能更优异的精益设计；以追踪和量化产品全生命周期内的多源不确定性，实现复杂服役环境下结构与系统动态可靠性精确分析及保障产品综合性能的保质设计。

1. 现代产品创新设计

产品创新设计是以设计思维为基础，利用设计过程中逐步积累的设计知识，对创新设计方案进行求解的综合设计方法。把握设计过程中的认知活动，将认知科学和人工智能技术与创新设计过程相结合，理解逻辑、直觉、类比等设计思维认知活动的形成机制，实现计算机可识别和可操作的隐式思维认知计算。提取和构建多领域创新设计知识网络，整合多源离散的设计知识进行融合创新，为设计者提供统一的创新设计知识表征、检索和推理模型，启发创新设计灵感，提升创新设计的效率和质量。在设计思维规律的指导下，利用设计知识推理消解设计冲突，精确求解产品创新方案，实现满足客户需求的产品正向设计，构建融合人 - 机 - 环境因素的复杂产品动态平衡的创新设计体系。开展对产品功能原理创新、结构创新和形态创新等方面的理论及方法研究，对创新设计中的原理方案设计认知、创新问题求解理论等技术进行进一步研究。创新设计系统性地融合技术创新、产品创新和服务创新为一体，是我国重要基础制造装备实现从跟踪模仿到创造引领的关键环节 [4]。

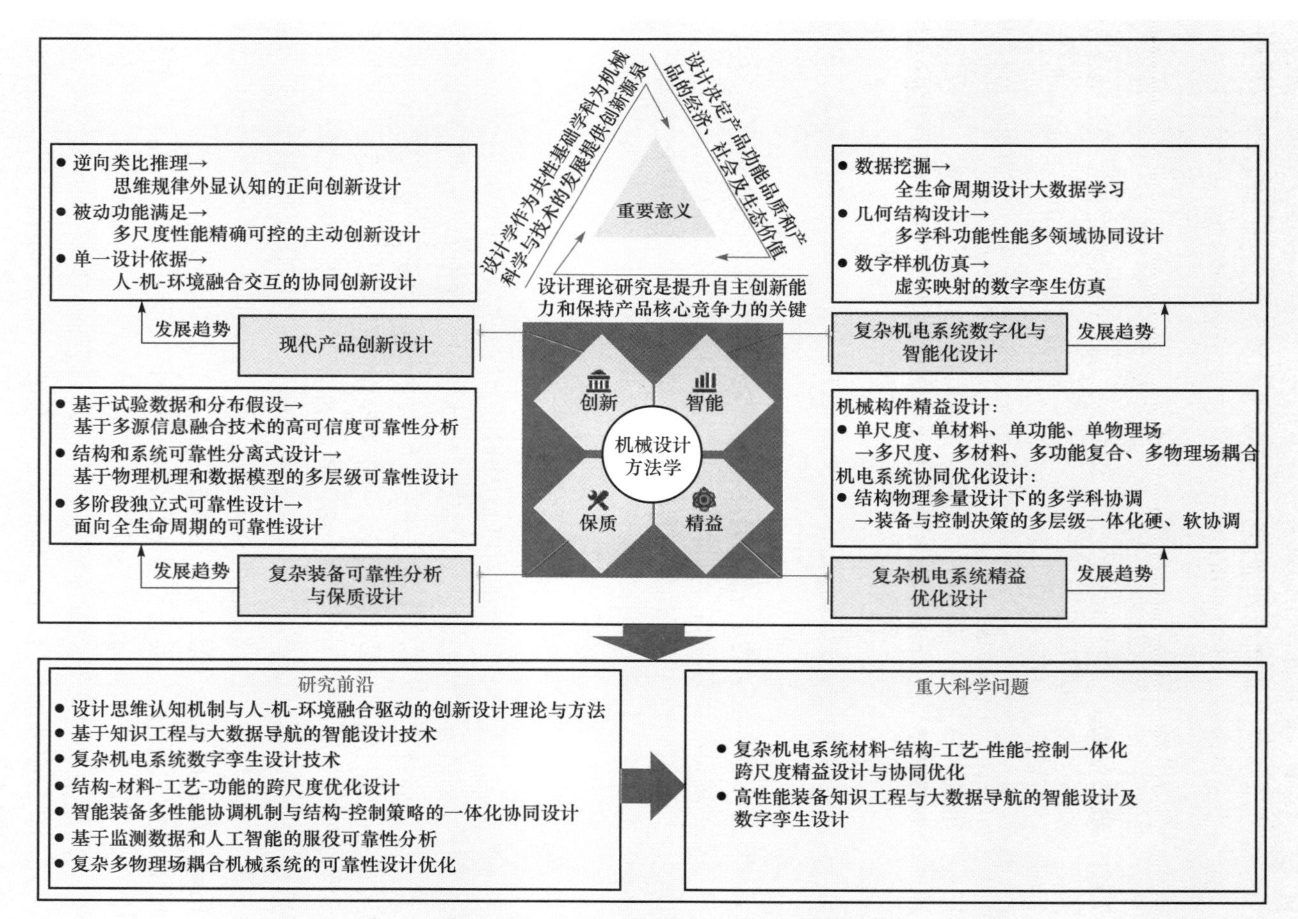

图 7.1　机械设计方法学研究范围、发展趋势及研究前沿

2. 复杂机电系统数字化与智能化设计

通过采用数字化的方法、技术与工具，利用数字化的设计资源与设计知识，实现复杂机电系统需求分析、概念设计、功能设计、整机设计、布局设计、结构设计、精度设计、性能设计与工艺设计全过程数字化定义，为复杂机电系统加工、制造、使用、维护提供全数字化依据；通过人工智能技术，采用计算机模拟人类的思维活动，提高设计过程的智能化水平，使计算机能够更多、更好地参与各种复杂设计任务，实现设计人员与设计系统中设计知识与智能的交互与共融，形成融合大数据与数字孪生的复杂机电系统数字化与智能化设计理论、方法与技术。因此，数字化与智能化设计并不是数字化技术、人工智能技术与设计技术的简单交集，而是通过数字化与智能化技术推动、促进设计技术的发展，形成网络化协同设计、数字样机设计、数字孪生设计、大数据驱动的设计、基于知识工程的设计等新的设计技术与设计模式。

3. 复杂机电系统精益优化设计

由重大工程装备抽象而来的复杂机电系统是典型的机、电、液、光、控等融合于同一结构载体的复杂性系统。为了达到关键部件与整机系统的综合最优以及精益求精，复杂机电系统的精益优化设计需要兼顾局部部件和整体系统两个不同层面。在局部部件层面，需要从不同尺度空间对关键零部件进行材料 - 结构 - 工艺 - 功能的精益化设计；在整体系统层面，需要协同匹配机械、控制、液压、电磁等多学科性能需求，实现系统级的精益设计。精益设计本质是通过探究结构与材料、制造、控制等之间的跨尺度效应，构建跨尺度、多学科下的精益优化设计模型，定量揭示大规模设计参数彼此之间的耦合关系、设计参数与关键性能之间的关联关系，并采用合理的匹配、协调方法，解决多性能、多功能之间的需求冲突，实现复杂机电系统从结构单学科到结构 - 材料 - 制造 - 控制等多学科、从非智模式到智能模式的协同化精益设计。

4. 复杂装备可靠性分析与保质设计

在设计阶段充分考虑装备制造、装配、服役、维护、回收等全生命周期过程中多源耦合不确定性因素，进行复杂装备可测试性、维修性和面向健康监测的服役可靠性分析，实现装备全生命周期总体效能的系统可靠性优化，是机械装备保质设计的基本任务。为此，一方面，需从机械装备全生命周期的时间域角度，量化各阶段不确定性因素和决策变量对装备全生命周期效能与经济性的影响程度，发现其与装备设计决策的关联与耦合机制；另一方面，需从机械装备设计的空间域角度，探索材料 - 部件 - 系统的失效机理、演化规律和传递机制，建立高置信度的跨物理层次机械装备可靠性设计优化模型，阐明装备性能退化与失效自下而上的传播与耦合机制，以及设计优化模型的决策变量在全生命周期内对装备不同物理层次的影响规律。机械可靠性设计学科理论与方法以失效物理研究、可靠性试验以及故障数据统计分析为基础，在机械产品研制阶段以保障产品在全生命周期内规定工作条件下的工作能力或寿命及质量为目标，构建集数据建模、参数不确定性度量、工艺与装配误差分析、可靠性分析与优化、剩余寿命预测及运行维护等为一体的产品全生命周期保质设计方法，实现复杂装备高精度、高可靠、高质量、高品质设计需求。

7.1.3 在经济和社会发展、学科发展中的重要意义

当前，我国制造业正由要素驱动向创新驱动转变，部分领域重大装备工程系统的集成创新设计能力不断提升，在载人航天、高速轨道交通、载人深潜等领域取得突破性技术进展。我国制造业发展取得巨大成就的同时也必须看到尽管我国是世界制造大国，但从制造业创新能力、核心设计技术、高端产业占比、产品质量和可靠性等各方面衡量，我国制造业大而不强、发展质量不够高的问题还十分突出。从具体制造业产品看，大部分产品的功能性常规参数能够基本满足要求，但性能、可靠性、质量稳定性和使用效率等方面还有待提升，高品质、个性化、高复杂性、高附加值产品的供给能力不足，高精尖装备如关键工作母机、高端医疗设备、高端精密仪器及其核心元器件的原创性基础研究方面明显不足。我国制造业高端有效供给不足的短板充分说明，基础核心技术缺失、设计引领的集成创新能力薄弱仍是制约我国制造业由大变强的主要瓶颈，不断提升装备制造的自主创新设计与研发能力将为加快建设制造强国提供重要支撑。为此，在《中国制造2025 蓝皮书 (2018)》[5] 中提出了以下科学研究任务：“提高创新设计能力。在传统制造业、战略性新兴产业、现代服务业等重点领域开展创新设计示范，全面推广应用以绿色、智能、协同为特征的先进设计技术。加强设计领域共性关键技术研发，攻克信息化设计、过程集成设计、复杂过程和系统设计等共性技术，开发一批具有自主知识产权的关键设计工具软件，建设完善创新设计生态系统”。由此可见，大力发展共性基础的设计方法学，对全面提升我国制造业的自主创新能力和国际竞争力，有效提升中国制造在全球价值链的分工地位，推动中国制造向中国创造的转变等都具有重大意义。

围绕制造业的创新驱动高质量发展、装备的高端化与提质增效等对机械设计学基础理论及创新设计方法提出的发展需求，本领域的重要研究意义主要表现为以下几个方面。

1. 设计决定产品功能品质和产品的经济、社会及生态价值

设计是制造业价值链最前端和关键的环节，设计工作的质量和水平决定着产品的功能边界、质量和价值等。设计是产品开发的关键环节，产品所能完成的功能、所能达到的宏观性能和技术指标某种程度上都是在设计阶段就决定的。产品的质量及可靠性首先也是设计出来的，其次是制造出来的，80% 左右的产品质量问题都是设计造成的。系统、有效地对产品设计过程中的质量问题进行管理，能够有效保证产品综合性能及提升产品质量稳定性。设计是具有创新价值的活动，产品设计在功能、结构、材料选择、制造成本等方面均蕴含了经济价值。机械产品的设计成本虽然只占整个产品开发投入成本的 10%～15%, 但却决定了 70%～80% 的产品价值。高品质的设计在创造了现实物质价值的同时，也协调了人与自然、社会、文化、技术之间的关系，塑造了新的社会及生态价值理念。总之，产品的风格、结构、性能、人 - 机 - 环境、成本、维修、价值等影响产品竞争力的关键因素主要是由设计阶段决定的，设计对产品技术创新和优化性、产业结构调整合理性和产业发展的可持续性等方面都产生着重要的影响。

2. 设计理论研究是提升自主创新能力和保持核心竞争力的关键

我国多数企业主要依靠代工生产和仿制，创新设计能力薄弱，成为制约我国自主研发能力跃升的主要瓶颈。提升机械产品创新设计能力，对提升我国制造业的国际竞争力，实现创新驱动和跨越发展具有重要意义。为此，有必要对处于产业链顶端的机械设计及其基础理论与方法进行持续研究和发展。先进设计方法为装备的高端化研发与提质增效提供了基础使能工具，是实现从跟踪模仿到创造引领的必要保障，也是制造企业的核心竞争力所在。同时，在当前数字化、信息化、智能化发展趋势下，不同学科之间相互融合，信息、能源、材料、生物、人工智能向先进制造领域加速融合，将引发机械工程技术的深刻变革。智能化设计理论与方法能作为这些新技术的重要载体，将多领域数据转化为高层次的设计信息和设计知识，促进先进制造业不断技术创新和智能化发展 [4]。总之，先进设计理论与方法作为基础性、引领性、集成性的研发工具，是实现从跟踪模仿到创造引领的关键环节，是从源头实现产品创意、引领系统集成创新、保障先进制造过程实施的有效举措，对于提升我国自主创新能力和保持核心竞争力具有重要意义。

3. 设计学作为共性基础学科为机械科学与技术的发展提供创新源泉

从学科发展的角度，机械设计方法学一直是机械工程学科的重要组成部分，是机械工程领域的共性基础学科，先进机械设计理论与方法可为装备创新和发展

提供重要理论基础，也为机械科学与技术的发展提供创新源泉。一方面，机械工程领域的多个学科门类包括机构学与机器人、驱动与传动、机械结构强度与寿命、生物制造与仿生制造、微纳机械系统等都与机械设计学存在耦合和多元交叉，先进设计方法的前沿基础研究与理论创新也必将为机械科学的发展注入不竭的动力源泉。另一方面，机械设计方法学不断挖掘材料、结构和机械系统的性能极限，为高性能装备和产品，如高端制造装备、运载装备、医疗设备、高端精密仪器等的创新研发提供原创性基础研究成果，是高端装备性能提升和品质保证的迫切需要，与工程应用的紧密结合，有望取得重大应用技术创新。

7.2　研究现状与发展趋势分析

7.2.1　现代产品创新设计研究现状与发展趋势分析

创新设计是制造装备实现从跟踪模仿到创造引领的关键环节[6]，也是产业和产品创新链的起点和价值链的源头，对提升产品功能、品质、竞争力和附加值起主导作用。随着知识网络与信息技术的不断发展，创新设计与新技术的深度融合为企业可持续创新发展注入新动能，成为引领产业革命的新动力，也是产品、工艺装备、经营服务模式、品牌和企业竞争力提升的关键因素和重要保障[7]。欧美各国长期致力于发展创新设计技术，以引领新产业革命。例如，美国为了巩固全球创新优势地位，成立了数字制造与创新设计研究所；欧盟成立设计领导力委员会，制订了面向创新设计的联合计划，并颁布了《为发展和繁荣而设计》纲要。我国在《中国制造 2025 蓝皮书 (2018)》[5]、《中国创新设计路线图》[4] 等规划中也将创新设计作为制造强国战略的重要组成部分，有力支撑了我国创新驱动发展战略和制造竞争力的提升。

当前，关于现代产品创新设计的研究中更多地融入了系统科学、信息科学和智能认知等方面的新思想和新成果，更广泛地借助现代数学方法和计算技术的支持，很大程度上扩展了创新设计的研究范围和内容，现代产品创新设计的发展历史与趋势如图 7.2 所示。产品创新设计总体上可分为面向物的设计和面向人的设计，形成的理论体系主要包括以下几个方面。

1. 面向物的创新设计

面向物的创新设计主要包括公理设计、发明问题解决理论、功构映射求解、设计决策、知识推理等。

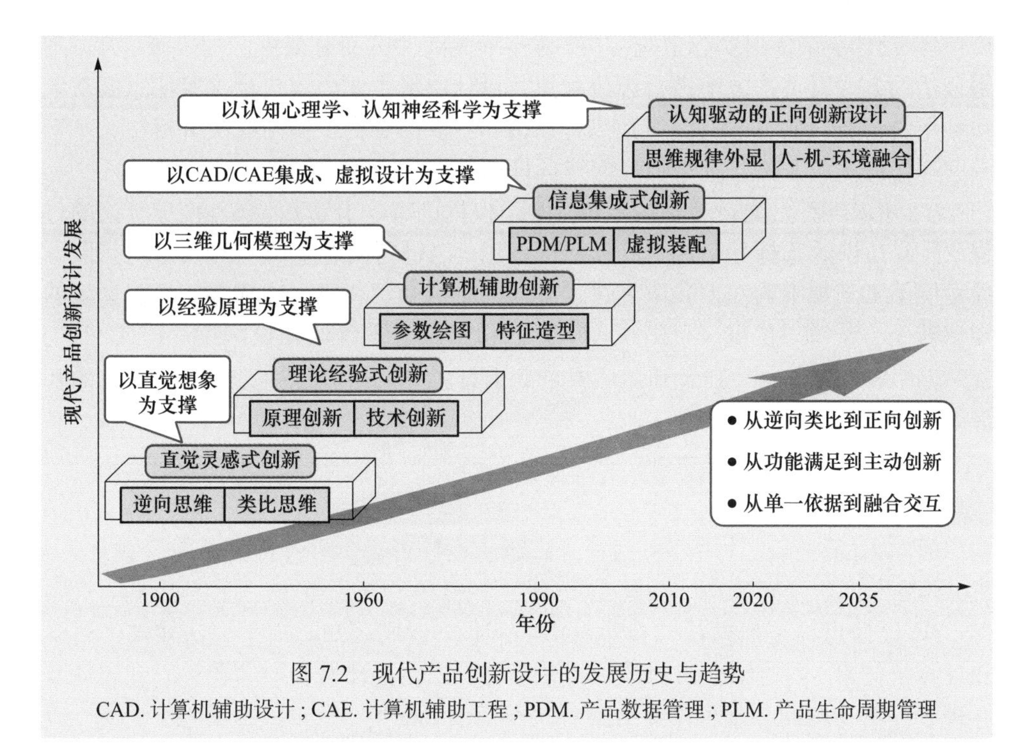

图 7.2　现代产品创新设计的发展历史与趋势

CAD. 计算机辅助设计；CAE. 计算机辅助工程；PDM. 产品数据管理；PLM. 产品生命周期管理

(1) 公理设计旨在使设计过程更具创新性的同时减少搜索解过程的随意性，最小化设计—反馈—再设计循环迭代过程，并在可行方案中确定最佳设计，通过为设计人员提供基于逻辑和理性思维过程及工具的理论基础来改进设计活动。近年来发展了能度量包括概率和非概率重复事件的信息公理，能处理完整和不完整信息情况的简洁公理设计和模糊公理设计方法等，促进了公理设计的完善。

(2) 发明问题解决理论是由解决技术问题和实现创新开发的各种方法、算法组成的综合理论体系，其基本原理是技术系统的进化遵循客观的法则群，可提供解决问题的科学原理，是指明解决问题对策的探索方向的有效工具。建立物质-场分析的新型符号系统，完善冲突及解决理论，更新发明问题解决理论算法及发明问题解决理论与质量功能展开、稳健设计等集成是发明问题解决理论的发展趋势。

(3) 功构映射求解按照自顶向下的设计思路，以产品功能和结构设计为主要内容，根据产品功能模型以特定映射关系或模型求解其结构参数，得到详细的物理结构。功构映射原理通过构造功构映射关系和模型实现产品的方案设计，从可计算性角度建立创新设计的“功能-行为-结构”框架模型，并扩展功构映射求解在集成设计中的模型、表达与应用。

(4) 设计决策优选实际上是多属性决策问题，主要研究依据已知决策信息，利用合适的方法对备选方案进行评价优选。设计决策主要内容包括决策信息的获取和利用科学有效的方法对决策信息进行分析，主要发展了模糊层次分析法、基于专家知识的决策方法、基于神经网络的模糊推理技术等。

(5) 知识推理是通过一定的本体规则，根据已有的事实（本体）推导结论的过程，强调知识的选择和运用，形成知识重用，以进行问题求解[8]。在知识获取方面发展了基于规则的知识获取方法、面向对象的知识获取方法和基于机器学习的知识获取方法等；在知识组织与表示方面包括基于本体的知识网络、语义网络、复杂网络社团结构等；基于知识启发创新设计灵感的研究包括关于启发灵感的知识因素、灵感的启发方法等。

2. 面向人的创新设计

面向人的创新设计主要包括设计思维、设计行为、设计神经认知、融合人 - 机 - 环境的创新设计等。

(1) 设计思维是根据认知科学的中心假设，运用认知心理学、认知神经科学和计算机技术，同时结合语言学、哲学等对知识在设计过程中的各种心理表征及心理表征所支持的心理程序运行过程进行探索和研究，从形式、关系、行为，以及人类的互动与情感等方面全面探索设计者的思维规律。设计思维的理论研究主要集中在三个方面：设计思维理论基础和模型构建、设计思维的外在表现和设计思维的影响因素[9]。

(2) 设计行为研究从设计实践行为的流程入手，分析产品设计不同阶段下设计者与产品概念草图、结构参数间的交互行为，探究不同类型人员的设计习惯、设计直觉的产生机制及其对设计结果的影响。

(3) 设计神经认知研究是在设计科学的基础上引入神经认知相关研究理论及试验范式，基于脑电图、功能性磁共振成像等脑影像方法，探究设计创意产生、设计求解过程中的脑活动水平和激活状态。

(4) 融合人 - 机 - 环境的创新设计研究主要包括人 - 机 - 环境融合建模、人 - 机 - 环境融合驱动和人 - 机 - 环境融合评价三方面，其主要研究内容如图 7.3 所示。建立涵盖人、机、环境多因素的耦合网络模型，涉及美学审美、情景分析、环境评估、心理认知、本体建模、关联建模等，目前研究聚焦在用户需求挖掘、环境约束分析等。人 - 机 - 环境融合驱动通过人、机、环境多因素分解与解耦，正向驱动生成新的设计方案，涉及需求功能分析与衍生、人 - 机交互、结构组合、环境约束分析、设计推理与优化等。人 - 机 - 环境融合评价旨在构建主观多维度综合评价体系，涉及评价指标建立、指标权重个性化赋值、主观评价模糊处理、

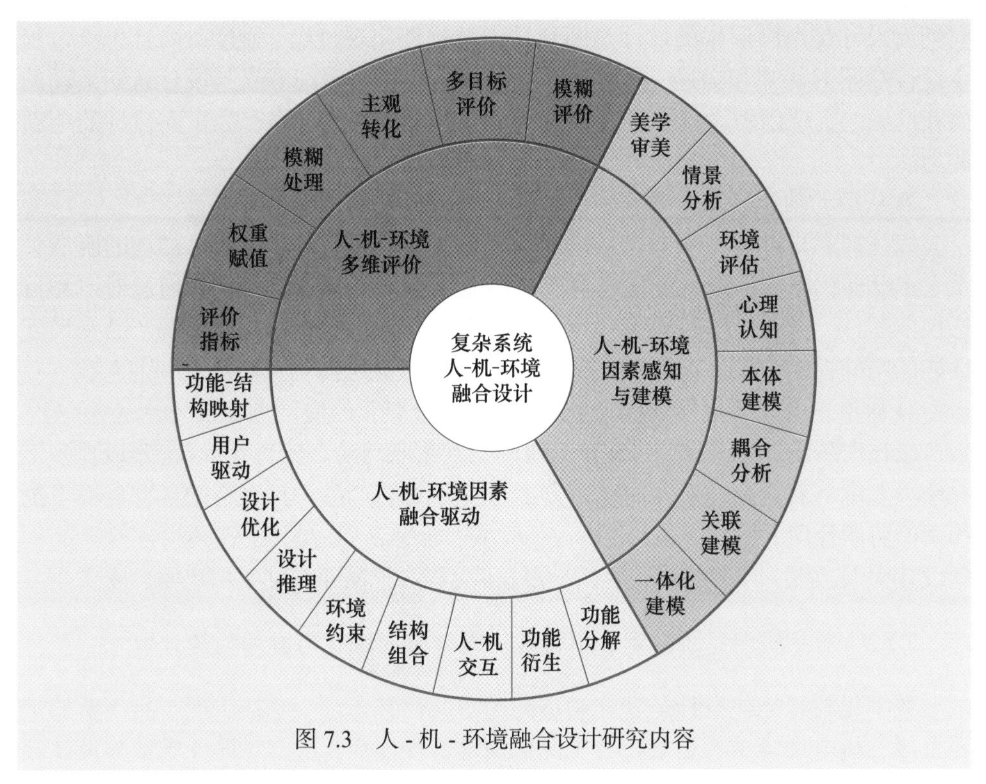

图 7.3　人 - 机 - 环境融合设计研究内容

多目标评价以及模糊环境下的模糊评价等。

目前，我国正处在产业转型升级的关键时期，与全球第三次产业革命不期而遇，这是我国完成技术 - 经济范式转变和跨越式发展的历史性机遇，而发展创新设计则是实现从跟踪模仿到引领跨越的突破口。在我国重大工程技术装备制造企业中，以载人航天、北斗导航、超深水半潜式钻井平台、特高压直流输电设备等为代表的高端装备制造企业，以中车集团为代表的高铁工程系统制造企业都依靠自主创新设计系统集成跻身世界先进行列。虽然产品创新设计理论已有长足发展，但是我国多数企业仍主要依靠代工生产和仿制，传统制造业、战略性新兴产业及现代服务业等领域的创新设计能力不足，关键技术创新、系统集成创新、服务模式创新的能力较低，设计过程中难以有效地获取设计人员的经验知识和领域知识[10]，如何实现产品的源头创新仍是我国产品创新设计研究中存在的问题。未来现代产品创新设计理论的发展趋势主要包括如下几个方面。

1) 从逆向类比推理发展到思维规律外显认知的正向创新设计

以往逆向设计为主的产品设计方法仅从特征参数的角度进行类比推理，较少考虑不同认知激励下的思维启发机理，导致形成的创新概念新颖性低。而产品正向创新设计是由高层次的设计意图到具体的物理实现过程，通过对隐性思维过程中设计意图的认知和描述，揭示设计过程中思维外在表现方式与设计认知活动的内在联系，实现创新设计思维规律的外显化表达，有效提高产品正向设计的创新能力。

2) 从被动功能满足发展到多尺度性能精确可控的主动创新设计

以往产品设计着重于对产品功能需求的满足，产品设计范式是被动的服从关系，并没有在设计早期系统化地将产品性能与设计创新有机融合。通过对产品目标性能零件、部件、整机等多尺度耦合机理进行深入分析，主动实现产品多尺度性能的精确控制，对提高复杂产品设计效率和整体性能具有重要的工程意义。

3) 从单一设计依据发展到人 - 机 - 环境融合交互的协同创新设计

以往产品设计忽视设计过程中系统间交互关联与动态映射等特点，难以在多工况环境要求下获得高适应性的设计方案 [11]。通过对产品设计过程中各种环境工况约束的协调处理，建立涵盖人、机、环境多因素融合的适配交互模型，实现产品创新设计中人、机、环境的相互协调平衡发展，提高产品兼容性和用户满意度。

7.2.2　复杂机电系统数字化与智能化设计研究现状与发展趋势分析

数字化与智能化设计是智能制造的关键共性技术之一，是实现产品创新的重要手段。机电系统结构更复杂、工况更极端、性能更优异，对设计质量与设计效率提出了更高的要求，设计技术也历经从以计算机辅助设计为代表的数字化时代迈向了以大数据驱动的数字孪生设计为代表的数字化、网络化、智能化时代，如图 7.4 所示。例如，汽轮机运行工况复杂、动态变化范围大，设计过程涉及机、电、液、控、热等多学科方向，设计变量多，如一片汽轮机叶片就有超过 80 个设计变量和 300 多个约束条件。如何从汽轮机服役传感数据中挖掘出多领域设计知识，精确匹配汽轮机各部件参数以适应各种真实工况，并快速精准地配置出符合客户需求的汽轮机新机型，成为当前汽轮机设计的难点。西门子采集了 8000 多台汽轮机的传感数据，每台汽轮机每天产生的数据量高达 30GB，利用数字化与智能化技术提取了这些数据中隐含的设计知识，构建了 2 万多个基本积木块，在 8 个月内设计出下一代汽轮机。因此，数字化与智能化设计对提升复杂机电系统的设计质量与设计效率具有重要意义。

目前在数字化与智能化设计领域，研究者主要围绕以下几个方面开展研究。

1. 设计知识的表示与挖掘

设计本质上是一个知识流动、集成、竞争和进化的过程 [7]，涉及多种不同类

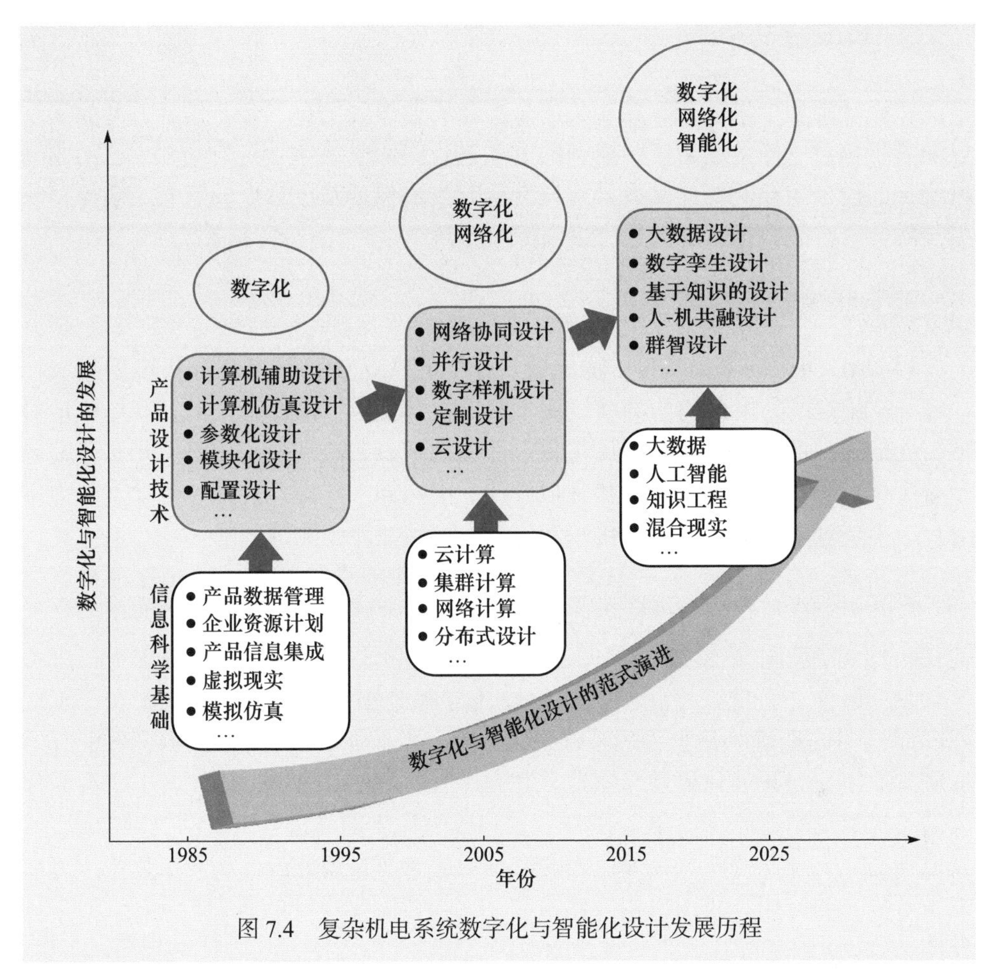

图 7.4　复杂机电系统数字化与智能化设计发展历程

型知识的应用，单一知识表示方式不足以有效表达各种设计知识，如何建立有效的知识表示模型，从多源、异构、非结构化设计资源中挖掘、搜索对设计者完成设计有价值的信息，是数字化与智能化设计的关键。现有研究主要基于本体模型、语义模型、知识图谱、知识网络等方法开展设计知识的表示与挖掘研究。

2. 设计信息的传递与转化

通过不同层次、不同类型、不同系列设计信息的置换、组合、实例化和转换，实现产品设计概念的继承与传递。现有研究主要包括产品概念设计、结构设计、性能设计等阶段设计信息的关联映射、设计信息的迭代、设计信息的融合等。

3. 设计模型的数字化定义

在设计模型中描述与产品相关的全生命周期设计信息、工艺信息、产品属性以及管理信息，各类定义按照模型的方式进行组织管理、传递和重用，进而驱动以统一的模型为核心的产品设计。现有研究主要包括基于模型的定义、多模型映射与融合、产品数据管理、数字主线等。

4. 设计性能的仿真与分析

以 CAx/DFx 技术为基础，将分散、异构的产品设计开发和分析模型集成在一起，并随着产品生命周期的演进而不断丰富和完善，使设计人员直观形象地对数字化的虚拟产品原型进行设计优化、性能测试、制造和使用仿真。相关研究包括数字样机模型确认、产品形状虚拟设计、虚拟加工、虚拟装配、运动学动力学分析、多物理场可视化、组件化协同仿真、产品性能预测等。

近年来，美国、德国、英国、日本等世界强国纷纷部署了国家专项科研计划，开展数字化与智能化设计方面的系统研究，以确保其在全球制造业中的领先地位。例如，美国在 2014 年将可视化、信息化和数字化设计制造确定为三大关键领域，至今一直把数字化与智能化设计与制造作为核心战略。德国在“工业 4.0 战略”中，明确将信息物理系统融合作为“工业 4.0”的核心，构建智能工厂，以实现数字化与智能化设计与制造。在高端装备制造企业中，以波音、空客为代表的飞机整机制造商，以 GE、罗罗、普惠等为代表的先进航空发动机制造商，以及以奥迪、宝马、特斯拉等为代表的汽车制造商都在智能设计和数字化工厂方面取得了成功的应用。我国也积极探索数字化与智能化设计的研究和应用，但是从整体上看，我国装备制造业的设计能力仍然偏弱，由于缺乏核心技术与知识产权，装备设计大多依靠以往经验，设计过程中数字化、智能化程度不足，导致装备技术附加值低，严重制约了制造装备产业的转型升级和结构调整，因此亟须开展复杂机电系统数字化与智能化前沿设计理论方法的系统研究。

大数据、人工智能和虚拟现实等信息前沿技术为复杂机电系统设计带来了新的机遇。从装备设计制造的角度来看，通过大数据与人工智能技术，可以对产品全生命周期海量数据进行感知、获取、处理和服务，挖掘有潜在价值的设计规律[12]，为复杂机电系统智能化设计提供设计依据。数字孪生技术在虚拟空间中完成实体装备物理状态参数和数字样机状态参数的关联映射与同步，使得复杂机电系统数字化与智能化设计仿真更具可信性[13]，而且可利用数字孪生模型进行预测和设计持续改进，从而不断激发人类的创新设计思维，持续优化产品设计。因此，将大数据、人工智能、数字孪生等技术与复杂机电系统全生命周期设计有机融合，开展复杂机电系统数字化与智能化设计研究，完成数字装备、实体装备与设计人员的交互与共融，是实现数字化与智能化设计的关键。为此，数字化与智能化设计领域的发展趋势主要包括如下几个方面。

1) 从数据挖掘发展到全生命周期设计大数据学习

过去的数据挖掘学习通常忽略了复杂机电系统设计、制造、服役、维护等全生命周期各个阶段的相互关联性，孤立地挖掘某一阶段的数据，而通过研究复杂机电系统全生命周期设计大数据学习技术，能从产品全生命周期大数据中快速获取有价值的设计知识和设计规则，有效提高复杂机电系统数字化与智能化设计的质量，提升产品竞争力。

2) 从几何结构设计发展到多学科功能性能多领域协同设计

以往复杂机电系统设计过程中主要关注结构和尺寸，较少在设计阶段综合考虑结构、精度对系统性能的影响。复杂机电系统物理属性的模拟也主要停留在碰撞检测、运动学计算模拟等方面，而对于应力场、流场、温度场等多物理场属性，由于需要求解大量的物理方程，还无法在结构设计时同步模拟[14]。通过研究复杂机电系统真实服役工况建模与性能仿真技术，可视化模拟产品服役过程中关键参数与物理性能的演化规律，可实现考虑真实服役工况的产品功能性能多领域协同设计。

3) 从数字样机仿真发展到虚实映射的数字孪生仿真

以往基于理想模型的数字样机仿真方法难以反映系统在真实复杂服役工况下的状态波动，因而无法获得高可信度的全生命周期设计方案与分析预测结果。数字孪生模型是产品物理实体及其工作状态在信息空间的全要素重建及数字化映射，是一个集成的多物理、多尺度、超写实、动态概率仿真模型，可用来模拟、监控、诊断和预测复杂机电系统物理实体在现实环境中的形成过程、状态和行为，从而大大扩展了原来数字样机仿真的范畴。通过研究构建复杂机电系统数字孪生，在虚拟环境中实现产品从设计、制造、服役到维护的全过程数字化镜像，为复杂机电系统设计制造和维护提供高可信度的仿真技术与工具。

7.2.3　复杂机电系统精益优化设计研究现状与发展趋势分析

复杂机电系统的提质增效与精益求精是机械设计的永恒追求。重大装备每 1% 的性能提高都将带来巨大的收益，如燃气发电机组能耗降低 1%，未来 15 年将节约 600 亿元的燃料；铁路系统效率提高 1%，将带来 1600 亿元的资本节约。然而，1% 的性能提高绝非易事，因为机电产品的性能不但取决于设计，同样受材料、工艺、控制、环境等因素的影响。传统的机械优化设计大多侧重于结构的几何优化，本身在性能提升方面已接近极限。同时，由于在设计阶段没有充分综合材料、工艺和控制等因素的效能，机电产品的设计性能难以真正得到充分发挥。因此，如何充分挖掘机电系统的多源承载潜力（如机、电、力、热、磁、流等），综合考虑产品的材料、工艺和成本，合理匹配产品的多参数、多工况、多目标、多学科要求，实现机电系统的材料 - 结构 - 工艺 - 性能 - 控制等一体化精益设计成为机械设计领域亟须突破的重大难题 [15]。

为此，需在不同尺度和不同层次上对机电系统进行精益优化设计，从机械构件精益设计和机电系统协同优化两方面突破：在局部部件级，从不同尺度空间对关键零部件进行材料 - 结构 - 工艺 - 功能的精益化设计，即从微观材料组织和宏观结构角度出发，精准调控多材料性能和结构单元，突破传统结构设计的局限 [16]；在整体系统级，从不同学科角度对复杂机电系统进行多学科耦合的协同优化，即从整体系统协同的角度出发，合理匹配机、电、液、控、光、热等多学科性能需求，实现多目标多性能的精益设计。当前，围绕构件精益设计和系统协同优化，主要开展以下几个方面的研究。

1. 机械构件精益设计

机械构件精益设计主要包括材料与结构的一体化设计、结构与加工工艺的耦合设计、结构与功能的耦合设计等。

(1) 材料与结构的一体化设计是指宏观结构设计域内每一点的材料都由微观尺度周期分布的单胞组成。在国际结构与多学科优化学会 (International Society of Structural and Multidisciplinary Optimization, ISSMO) 等学术组织以及工业需求的引领下，结构和材料一体化设计已经从初期的简单结构与单一材料一体化设计，发展到复杂结构与复合材料的跨尺度精益化设计 [17]。传统的结构优化方法，受制于设定的固定拓扑形式，难以发挥出复合材料性能优势。而材料 - 结构的跨尺度一体化设计，在于其可以不依赖先验知识，可以快速确定宏、微观尺度下设计空间内的最佳材料分布，有效实现结构性能和功能的精准调控。

(2) 在结构与加工工艺的耦合设计方面，传统结构设计方法长期独立于制造工艺条件发展，忽视结构设计与制造工艺的深度耦合关联，导致设计结果可加工性不高，加工后的实际结构性能与初始设计结果存在一定偏离。结构优化的可加工性问题近年来得到广泛的关注，相关研究从参数化结构边界提取，到铸造、2.5D 切削特征约束的引入，再到五轴加工刀具可达性约束的施加，特别是增材制造技术对设计自由度的释放，在多尺度结构、多材料结构、功能性结构、结构自支撑设计等诸多方向上得到长足的发展。

(3) 在结构与功能的耦合设计方面，随着结构创新设计向超轻量化、超高精度、超高功能密度方向发展，结构与功能一体化成为当前工程科学与技术发展的必然趋势。例如，吸波、折展、热控等材料的隐身、自变体、自诊断、自愈合、自制冷等功能在超高速隐身设计、深空探测、载人航天等重大战略工程上的应用日益增多。具备力、热、电、声响应等功能结构由单一功能向多功能复合方向转变，更加关注极冷、极热、超高速和失重等极端工况下的多相介质、热力循环等多参数耦合下的多系统、多学科、多尺度、多层面和多功能的综合协同精益化设计。未来增材制造的零部件设计，需要在结构 - 材料 - 工艺 - 功能的一体化设计方向进行重点研究，不但需要考虑材料的固有特性、加工前后的性能差异，还需要引入复杂可加工性约束，以及考虑结构的多功能属性要求。

2. 机电系统协同优化设计

由于复杂机电系统同时兼具多学科 (如机械、电气、液压、电磁、控制等)、多系统 (如机械系统、感知系统、决策系统等) 以及多性能 (如高强度、轻量化、运动精度、经济成本等) 特征，对其进行协同优化设计存在巨大挑战。考虑机、电、液、磁、控等学科的复杂机电系统协同优化设计，在美国航空航天学会 (American Institute of Aeronautics and Astronautics, AIAA) 以及 ISSMO 等推动下得以迅速发展。初期的多学科协同设计理论和方法侧重于概念完善和框架研究，关注优化过程的组织方式、耦合信息的传递策略，主要应用于航空航天运载装备的概念设计和初步设计阶段。进入 21 世纪以来，复杂机电系统协同优化设计理论方法已逐渐深入到产品的详细设计阶段，更加侧重于算法层面以及与各种实际工程问题的结合。钟掘 [18] 率先提出复杂机电系统耦合设计理论与方法，建立了面向复杂机电产品的并行优化设计方法。段宝岩 [19] 提出了基于面向机电产品的多场多学科耦合设计理论与方法，开辟了我国电子装备多学科精益设计的新领域。尹泽勇等 [20] 提出了面向航空发动机的多学科设计方法，有效解决了热力、气动、结构、强度、寿命等多学科多目标间的冲突。目前，复杂机电系统协同优化设计理论方法在飞机、船舶、风电、工程机械等重大机电装备的分析和设计中已有很多成功案例。例如，我国“蛟龙”7000m 级载人潜水器以及正在开发的万米载人潜水器，面向交变温度场、压力场、时变流场、电磁场等多场耦合的极端环境条件，实现了多学科协同的精益优化设计，完成了极限环境下的多次下潜作业。

未来复杂机电装备在空间、系统和功能等不同维度上的不断提升，给机电系统多学科精益设计研究提出了更高要求和严峻挑战。复杂机电系统精益设计的主要发展阶段如图 7.5 所示，在信息技术、数据科学等推动下，融合智能化决策控制的复杂系统协同设计将成为重要研究方向。例如，深空探测是国家的重大战略

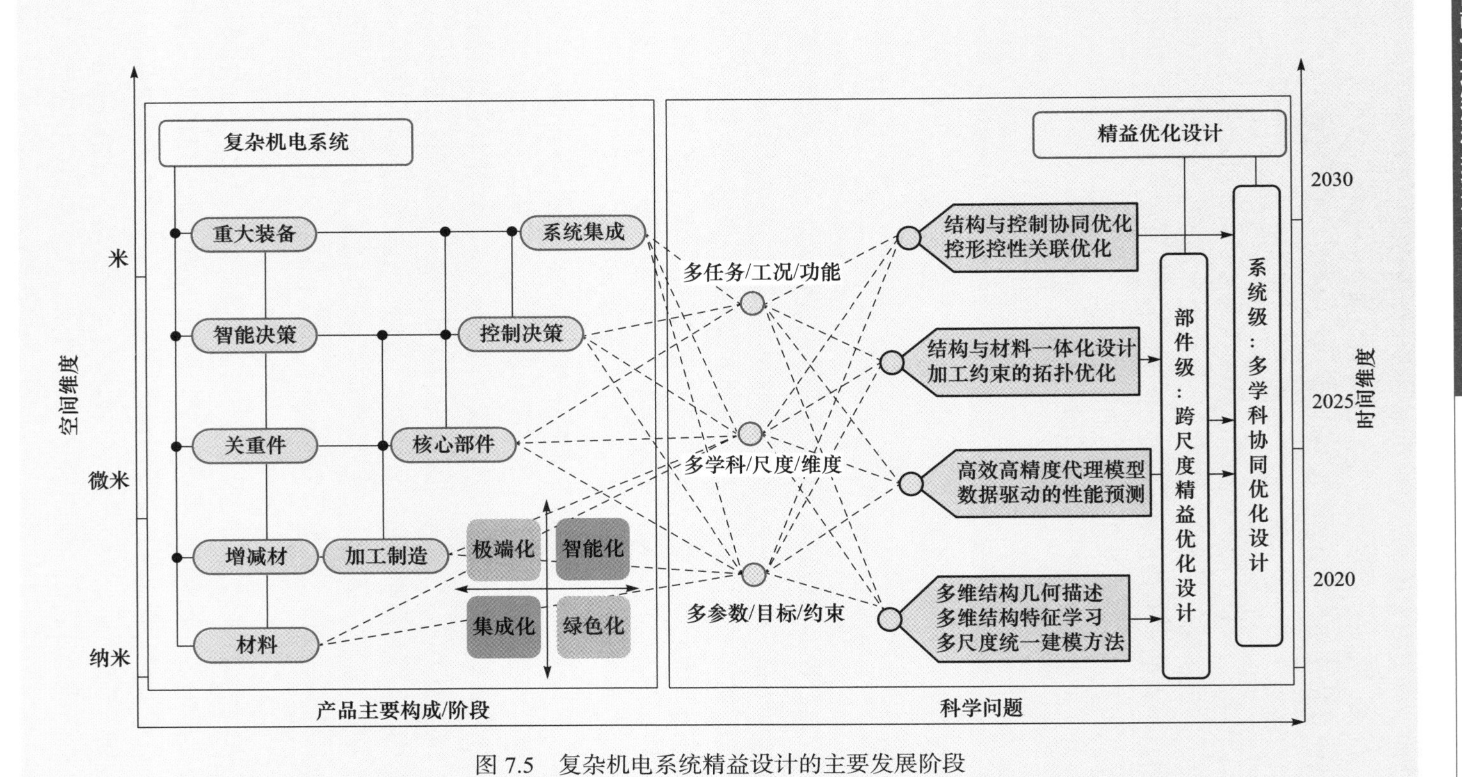

图 7.5　复杂机电系统精益设计的主要发展阶段

需求，关系到太空资源、国家安全等重大问题，110m 口径全可动射电望远镜和平方公里阵列射电望远镜计划在深空探测领域都有着重要用途，深空探测器飞行距离越来越远，地面接收和发送的信号强度越来越微弱，需要有强大的地面望远镜来接收这些微弱的信号。为此，复杂动态时变观测环境下装备的结构和控制多学科设计则成为必由之路。随着全球主要工业强国在太空、海洋、极地等区域的资源开采和科技竞争，下一代重大、复杂、成套机电装备的服役环境和工况更趋恶劣，功能和性能要求更趋苛刻，空间上机电装备向极大化或极小化发展，系统上向多域性综合优化方向发展，功能上向无人化智能化方向发展。鉴于此，复杂机电系统的精益优化设计将呈现以下几个方面的发展趋势。

1) 机械构件精益设计从单尺度、单材料、单功能、单物理场向多尺度、多材料、多功能复合、多场耦合方向深化

当前，材料结构一体化正逐步从单尺度、单功能的设计向多功能材料、结构与器件性能一体化设计方向发展。涉及尺度的跨越、材料结构的功能化、工艺的多物理场作用，导致功能 - 构型 - 材料耦合规律复杂。未来，针对多尺度、多材料、多功能复杂耦合的机械构件设计，在设计几何上需解决多维材料结构的拓扑变换表达与几何边界桥接之间的矛盾，需建立尺度关联几何特征与结构性能耦合之间的映射关系，并向集成制造约束的结构拓扑优化方法及复杂设计可加工性评价等方向进一步突破，实现以材料为载体、以结构为支撑、以制造为导向、以性能为目标的精益设计模式。

2) 机电系统的协同优化设计正从结构物理参量设计下的多学科协调向装备与控制决策的多层级一体化硬、软协调方向发展

我国未来深空、深海、深地等领域大型复杂机电系统设计，面临服役环境的恶劣化与极限化，单纯地沿用先进行结构优化、再智能控制的设计方式，对于提升重大装备的综合性能已经越来越有限。未来，在机电液多学科设计的基础上，应更加注重智能化“后端”——决策控制的设计，在设计阶段综合考虑和协调结构优化与控制策略的耦合作用，发展装备结构与智能控制决策的多层级一体化硬、软协同设计理论与方法，从而实现装备设计性能的精益求精与智能化变革。

7.2.4　复杂装备可靠性分析与保质设计研究现状与发展趋势分析

现代机械装备正朝着复杂化、精密化、高效化、智能化方向快速发展，其容量指标和性能参数不断提升、工作载荷复杂多变、环境条件更加恶劣和趋于极端。装备复杂的物理结构和功能关系导致其在服役过程中的可靠性问题日益凸显，表现出故障模式数量显著增加且相互耦合、故障频发且难以预知等现象，造

成全生命周期高昂的维护费用，突发故障甚至会引发灾难性事故。因此，在重大机械装备的高品质设计过程中，不仅要满足性能指标要求，更为重要的是保证贯穿于机械装备设计、制造、装配、测试、服役、维护和回收等全生命周期内的产品可靠性和性能稳定性[21]。发达国家长期重视机械系统可靠性研究，相继发展了故障物理、可靠性试验、可靠性设计、可靠性管理等研究分支，使可靠性工程有了较为完善的理论基础。例如，美国在可靠性理论与工业应用方面的研究较为领先，多个工业领域的可靠性标准体系也相对完善。我国在《中国制造 2025》[5]、《质量发展纲要（2011—2020 年）》[22] 等规划中也围绕“质量为先”的基本方针，明确将装备制造的质量和可靠性作为制造强国的重要保障。近年来，研究者结合航空航天、轨道交通、能源等行业重大装备的可靠性分析与保质设计，展开了一系列前沿理论和关键技术的系统攻关。目前，该领域已发展的研究主要包括如下几个方面。

1. 机械可靠性分析与设计中的不确定性度量

不确定性作为可靠性领域的基础核心问题，已成为当前可靠性领域研究的重点和热点。机械装备在几何、材料、制造工艺、装配、环境载荷、模型误差等方面不可避免地存在多源、高维、耦合的不确定性，本质上主要分为随机不确定性和认知不确定性，针对这两类问题目前国际上已相继发展出了概率理论、模糊理论、凸集合理论、可能性理论、证据理论等一系列理论方法[23]。近年来，随机和认知两种不确定性同时存在下的结构可靠性理论也引起研究者的高度关注，建立了概率 - 区间混合模型、概率盒模型等。在参数不确定性数据与信息处理方面，未来发展更为有效的统一不确定性度量模型仍然会是该领域的一个重要任务。

2. 机械结构动态与渐变可靠性理论

动态与渐变可靠性理论将机械动力学、性能劣化机理与机械可靠性有机结合，是传统可靠性理论的演化和升华。机械动态可靠性设计隶属于机械动态设计的概念范畴，研究运动或振动状况下的可靠性指标，并以机械产品的动态特性指标为依据进行可靠性设计，目前已发展出基于首次穿越理论、基于随机模拟方法、基于随机摄动技术、基于正交展开理论等的随机动力学分析理论及可靠性分析方法[24]。渐变失效特指机械产品在运行过程中由于性能参数逐渐劣化而发生的失效，渐变可靠性强调的是机械产品发生渐变失效所对应的可靠性问题，目前发展出的方法主要有首次穿越方法和拟静态化方法。此外，非线性随机动态与渐变机械系统的可靠性、动态与渐变机械系统耦合失效模式的可靠性以及概率信息缺失下的动态与渐变机械系统可靠性等是当前及未来该领域重点关注的前沿问题[25]。

3. 机械装备系统可靠性分析理论与方法

随着制造业的发展，高端装备的系统组成也越来越复杂，随之产生的系统可靠性问题也日益突出。目前，机械系统可靠性分析方法主要包括解析法、蒙特卡罗法、综合法和网络法等。针对早期部件数较少的机械系统，所采用的机械系统可靠性分析方法主要有故障树分析、故障模式、影响及危害性分析等。随着现代工业技术的发展，机械系统的复杂程度提高，包括马尔可夫法、成功流法、贝叶斯方法及基于复杂网络理论的系统可靠性分析方法被逐步提出。从当前的发展状况来看，由于网络模型可以描述复杂系统中尤其是复杂机电系统的内部结构及功能关系，利用网络理论研究系统可靠性将会是未来一段时间内该领域的重要方向。

4. 复杂机械结构保质设计理论与技术

在机械装备的设计过程中，满足可靠性要求通常是必要的设计约束，而高设计可靠度通常意味着高昂的制造成本；在可接受的可靠性水平和设计经济性之间做出适当平衡，对于实际机械结构设计具有重要的现实意义。可靠性设计优化可以在优化过程中充分考虑不确定性对约束的影响，得到满足约束可靠性要求下的最优设计方案，在可靠性和经济性之间取得最优平衡，从而成为一类重要的结构保质设计方法。该领域的主要研究方向包括常规的随机可靠性设计优化、基于可靠性的多学科设计优化、基于时变可靠性的设计优化、考虑认知不确定性的可靠性设计优化、考虑随机 - 认知混合不确定性的可靠性设计优化等[26]。在该领域，如何针对复杂结构问题突破设计过程中由多层嵌套计算造成的效率瓶颈仍然是本领域长期关注的难点问题。

理论上，对复杂机械系统的可靠性分析与保质设计需要贯穿于产品的设计、制造、装配、测试、服役、维护、回收等全生命周期内的各个环节。其中，设计阶段决定机械产品的可靠性水平，制造与装配等过程实现并最终确定产品可靠性，即固有可靠性；服役、存储及维修等其他过程将决定固有可靠性的发挥程度，称为使用可靠性。因此，可靠性被认为是机械产品全生命周期中一系列技术与管理活动的集成，是保证产品功能和性能稳定的关键质量指标。未来，发展复杂机械装备全生命周期动态可靠性分析理论与系统保质设计技术将是该领域的重点和前沿，如图 7.6 所示，具体将呈现以下几个方面的发展趋势。

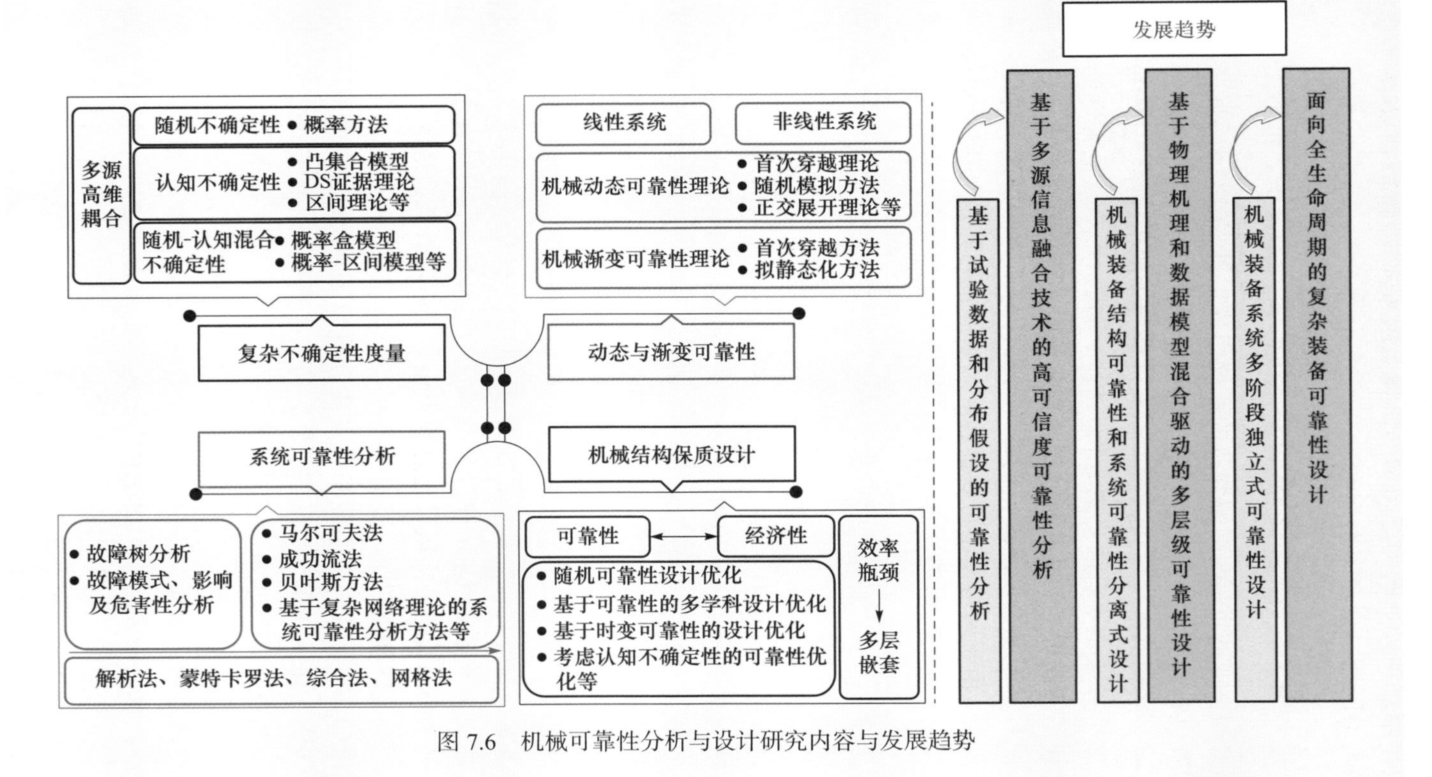

图 7.6　机械可靠性分析与设计研究内容与发展趋势

1) 从基于试验数据和分布假设的可靠性分析发展到基于多源信息融合技术的高可信度可靠性分析

高可信度的可靠性模型是开展装备可靠性设计的先决条件。然而，由于在设计初期缺乏大量数据和信息，小样本、信息不完备和非精确等现象在装备可靠性设计阶段非常普遍，导致可靠性设计模型（包括不确定性量化、不确定性传播分析、可靠度分析等）本身的可信度较低，如何保证可靠性模型本身的可信度成为当前国内外学者高度关注的问题。随着机械系统研制及服役过程推进，多源多层次多阶段数据信息逐渐积累，部分不可知或不确知模型及参数信息得以补充，从而为可靠性设计模型的迭代更新提供条件。因此，基于信息融合技术对不同阶段的多源数据信息进行重塑并修正可靠性设计模型，将有助于当代机械产品可靠性的提升及下一代产品可靠性的优化。

2) 从机械装备结构可靠性和系统可靠性分离式设计发展到基于物理机理和数据模型混合驱动的多层级可靠性设计

结构可靠性分析侧重于利用材料、部件的失效机理确定结构的极限状态，以计算单个部件的固有可靠度；系统可靠性分析侧重于以部件级退化规律和失效分布函数为基础，根据部件可靠性特征和系统结构函数构建系统在服役周期内的退化与失效规律。前者在无大量失效数据的情况下能基于失效机理计算部件固有可靠性，但建立整个系统在服役阶段的可靠性评估模型非常困难；后者能很好地建立部件级到系统级的可靠性逻辑模型，但依赖于大量部件级失效数据以构建退化随机模型或估计失效分布函数。目前，搭建两者之间的桥梁以实现机械结构与系统跨物理层次的可靠性一体化分析与设计，是未来本领域的重要发展趋势之一。

3) 从多阶段独立式可靠性设计发展到面向全生命周期的复杂装备可靠性设计

可靠性贯穿于装备设计、制造、使用、运输、存储、维修、回收等全生命周期。目前，一方面，由于缺乏对结构可靠性与系统可靠性之间量化关系的研究，没有建立统一的机械可靠性分析理论；另一方面，由于大型复杂机械系统试验条件限制，无法得到充分的试验数据，从而造成现有机械可靠性分析与设计主要采用分阶段模式进行。在设计阶段难以将装备的维修性等各环节约束考虑在内，在服役阶段也难以根据故障信息对可靠性管理策略进行调整。传感和状态监测技术的快速发展为辨识和预知复杂机械装备的故障提供了重要条件，未来复杂装备的可靠性设计将充分融合状态监测与人工智能等手段，在设计阶段即可充分考虑可测试性、维修性和自愈性等属性，从而实现面向全生命周期的装备可靠性与系统保质设计[27]。

7.3　未来 5～15 年研究前沿与重大科学问题

7.3.1　研究前沿

未来围绕我国深空、深海、深地等一系列战略高技术部署，大飞机、深海空间站、大型运载火箭、大型掘采装备等复杂机械装备的高品质设计与研发需求愈发紧迫。在复杂运行工况和极端服役环境条件下，重大机械装备设计向“上”需要不断突破空间尺度和载荷边界，满足超大、超快、超重等装备需求；向“下”需要不断深入多场耦合的微观机理，满足重大装备关键核心零部件高性能、长寿命承载需求；向“前”需要探明不确定性因素在机械装备从加工制造到服役维护全生命周期内的演化规律，避免诱发运行失稳、失准、失效，保障装备的安全性、可靠性和稳定性；向“后”需要介入制造加工和智能控制决策领域，适应多尺度、多介质复杂制造，以及多工况、多任务、无人操作的智能化作业要求。因此，面向重大机械装备的提质增效与精益求精，加强机械设计关键共性基础与设计方法学研究，形成新一代的机械装备创新设计、智能设计、精益设计和保质设计理论与方法体系，对于全面提升我国机械装备的自主创新能力和国际竞争力具有重要意义。在当前以信息物理系统为标志的“工业 4.0”驱动下，机械设计方法学领域的研究前沿包括以下几个方面。

1. 设计思维认知机制与人 - 机 - 环境融合驱动的创新设计理论与方法

该方面主要包括创新设计的思维迭代规律与认知启发机理、复杂装备设计认知符号动力学模型构建、模糊前端创新方案表达传递与精确求解、创新设计多通道意图捕捉与知识主动推送、人 - 机 - 环境融合驱动的认知交互设计系统等。

2. 基于知识工程与大数据导航的智能设计技术

该方面主要包括复杂机电系统多领域设计知识图谱构建与知识工程、基于全生命周期大数据挖掘与客户偏好设计任务分析、基于智能化设计结构的复杂机电系统精确设计模型、复杂机电系统结构域 - 功能域 - 性能域耦合的精确设计。

3. 复杂机电系统数字孪生设计技术

该方面主要包括几何 - 物理 - 行为 - 工况等相结合的复杂机电系统数字孪生建模、复杂机电系统全生命周期数字孪生模型的校核与确认、虚实融合的复杂机电系统全生命周期性能预测与优化设计。

4. 结构 - 材料 - 工艺 - 功能的跨尺度优化设计

该方面主要包括跨尺度功能 - 构型 - 材料的映射机理、结构 - 材料 - 加工工艺跨尺度效应分析、极端条件下多尺度构型和多功能需求的材料与结构一体化设计、功能驱动的机械超构材料结构一体化设计、承载 - 驱动 - 传感 - 变形等多功能集成复合材料智能结构增减材设计。

5. 智能装备多性能协调机制与结构 - 控制策略的一体化协同设计

该方面主要包括智能装备设计多学科数据流与信息流互联互融机理、大规模设计变量与多设计性能之间的协调机制与映射模型、结构全要素与控制全因素耦合作用规律与协同机制、智能化装备最优结构与最优决策统一设计等。

6. 基于监测数据和人工智能的服役可靠性分析

该方面主要包括基于监测数据信息的机械装备状态参数及外部环境参数退化评估和预测、机械装备动态与渐变可靠性模型修正及可靠性预测、基于监测数据和人工智能分析技术的机械装备可靠性分析。

7. 复杂多场耦合机械系统的可靠性设计优化

该方面主要包括多场耦合系统的不确定性度量与传播分析、多学科可靠性优化模型的高效解耦、高维变量下机械结构动态与渐变可靠性设计优化、面向全生命周期的结构可靠性与系统可靠性的一体化设计优化等。

7.3.2　重大科学问题

随着机械装备性能和品质要求不断提升及信息技术的不断发展，机械装备的设计过程正逐步变革。相比于传统机械设计方式，未来机械装备设计过程的设计对象日趋复杂、设计范围日趋宽泛、设计目标日趋精益、设计手段日趋智能，从而衍生一系列新的科学问题和技术挑战。一方面，未来机械装备设计正朝向多尺度、多材料、多功能复合、多场耦合、结构控制一体化等方向深化。为实现机电系统的材料 - 结构 - 工艺 - 性能 - 控制等一体化精益设计与协同优化，要求充分挖掘机械系统的多源承载潜力 (如力、热、电、磁、流等)，综合考虑产品的材料、工艺和成本，合理匹配产品的多参数、多工况、多目标、多学科要求，从而突破传统机械优化设计在性能提升方面的极限。另一方面，人工智能、大数据、虚拟现实等先进信息技术的引入为复杂机电系统设计带来了新的挑战和机遇，也影响着设计模式及设计工具的转变。通过数字化、智能化设计提升复杂机械系统的设计质量与设计效率，需要将大数据、人工智能、数字孪生等技术与复杂机械系统全生命周期设计有机融合，完成数字装备、实体装备与设计人员的交互与共融，实现对机械系统的实时预测和优化。因此，复杂机电系统的跨尺度精益设计与协同优化、基于知识工程的全生命周期智能化与数字孪生设计，是未来高性能机械装备自主研发与机械设计理论创新所面临的重大科学问题。

1. 重大科学问题一：复杂机电系统材料 - 结构 - 工艺 - 性能 - 控制一体化跨尺度精益设计与协同优化

复杂机电系统材料 - 结构 - 工艺 - 性能 - 控制一体化跨尺度精益设计与协同优化包括如下几个方面：

(1) 跨尺度功能 - 构型 - 材料的映射机理、结构 - 材料 - 加工工艺三者之间的跨尺度效应、高效多尺度结构优化理论与方法。

(2) 多源异构异质数据有机融合处理技术、面向数据关联的变保真度代理模型、机理数据与实测大数据联合驱动的关键性能可信预测方法。

(3) 装备结构与智能决策的全要素耦合建模理论与高效解耦机制、多学科数据流和信息流的互联互融方式与机理、结构全要素与作业轨迹等控制全因素耦合作用规律与协同机制。

(4) 大规模设计变量与机电系统关键性能映射关系、面向精益设计的大规模变量调控与匹配原理、材料 - 结构 - 工艺 - 性能 - 控制协调机制与协同优化。

2. 重大科学问题二：高性能装备知识工程与大数据导航的智能设计及数字孪生设计

高性能装备知识工程与大数据导航的智能设计及数字孪生设计包括如下几个方面：

(1) 构建复杂机电系统多领域设计知识图谱，研究复杂机电系统设计参数、设计约束与设计知识的精确建模方法，实现复杂装备创新设计方案的智能求解。

(2) 构建复杂机电系统全生命周期的数字孪生模型，在虚拟空间中完成实体装备物理状态参数和数字样机状态参数的关联映射与同步，研究融合传感数据与计算智能的数字孪生可信仿真技术，研究仿真参数不确定性分析与大规模仿真实时分析方法。

(3) 构建基于智能化设计结构的复杂机电系统精确设计模型，融合真实工况数据的装备物理性能分析技术，实现虚实融合的复杂机电系统全生命周期性能预测与智能化优化设计。

(4) 基于多源传感数据分析复杂机械系统内在失效机理，研究极端服役环境、苛刻性能要求下基于多源信息融合和人工智能的系统可靠性分析方法，实现大数据环境下复杂机械装备全生命周期保质设计。

7.4　未来 5～15 年重点和优先发展领域

面向国际学术前沿和国家重大需求，结合未来机械设计方法学的创新、智能、精益和保质发展趋势，聚焦机械工程领域的基础性共性设计理论与方法，建议未来 5～10 年重点和优先发展的研究领域如下。

1. 现代产品创新设计

针对以往以逆向设计为主的产品设计方法由于“知其然不知其所以然”而导致设计的产品先天缺乏原创性的问题，通过产品概念创新设计与正向设计，充分发挥设计者的创造性，采用新思维、运用新知识、使用新发明，实现产品创新，提高产品质量和竞争力。建议重点和优先发展以下几个方面。

1) 创新设计隐式思维认知可信建模

研究创新设计隐式思维特征的内在规律与认知模式，突破设计师发散和收敛、逻辑和直觉等创新思维模式的认知黑箱，构建具有可操作性和可信性的创新设计思维流程模型，实现计算机辅助思维迭代计算。

2) 基于设计语义交互的复杂装备创新认知设计理论

研究复杂装备创新设计过程语义认知的符号动力学表达，对符号化的设计认知信息进行语义结构模式识别，对不同设计空间中多粒度的设计语义进行统一描述，实现模糊设计语义的符号动力学显示认知表达。

3) 多尺度性能驱动的复杂装备正向创新设计方法

分析挖掘模糊客户需求，研究复杂装备模糊设计意图与多尺度性能模型的精确映射方法，解决复杂装备方案设计信息的模糊性、残缺性和不完备性，在多设计约束与冲突下实现设计方案的精确求解。

4) 创新设计知识资源建模与大数据精准推送技术

集成云计算、边缘计算以及机器学习对互联网分散异构的设计资源进行聚类建模，研究多学科多领域创新设计知识的智能迁移、检索与推理技术，实现跨领域知识进化重用与众包众创设计。

5) 人 - 机 - 环境融合驱动的复杂装备认知交互设计

深层次挖掘和分析人、机、环境因素相互之间存在的耦合关系，进一步构建人 - 机 - 环境异构因素耦合网络一体化模型，探索用户期望行为、产品预期功能和环境潜在影响间的相互关系，构建人 - 机 - 环境融合驱动的认知交互设计系统。

2. 复杂机电系统数字化与智能化设计

面向国家重大机电系统从数字化到智能化发展的需求，形成融合大数据与数字孪生的复杂机电系统数字化与智能化设计方法体系，充分发挥人与机的协同智能设计优势，提高产品从设计、制造、服役到维护的全过程数字化与智能化水平，为我国复杂机电系统自主研发提供设计理论、方法与技术支撑。建议重点和优先发展以下几个方面。

1) 复杂机电系统多领域设计知识图谱构建与知识工程

研究多领域设计知识的融合方法，充分利用数据的关联、交叉和融合，建立设计知识的深层次理解，实现从数据到设计知识的转化。研究基于深度学习的隐性设计知识发现与多领域设计知识关联，构建复杂机电系统多领域设计知识图谱，实现产品创新设计知识服务。

2) 大数据智能驱动的复杂机电系统精确设计

研究基于全生命周期大数据的市场需求挖掘与客户偏好计算，实现个性化的设计需求分析；研究复杂机电系统设计参数、设计约束与设计知识的精确建模与求解方法，实现功能、结构和性能精确设计。

3) 面向设计的复杂机电系统数字孪生建模与仿真

研究几何、物理、行为与工况结合的复杂机电系统数字孪生技术，构建复杂机电系统全生命周期的数字孪生模型，实现信息物理空间中实体装备状态参数和数字样机状态参数的实时映射与迭代更新。研究虚实融合环境下数字孪生建模仿真的校核、验证与确认方法，提高机电系统仿真的置信度。

4) 复杂机电系统全生命周期性能分析与预测

综合考虑复杂机电系统的苛刻制造工艺与极端服役环境，研究复杂机电系统全生命周期数字孪生性能分析与预测方法，重点突破融合真实工况数据的装备物理性能分析技术，实现虚实融合的复杂机电系统性能优化设计，有效提高复杂机电系统的性能。

3. 复杂机电系统精益优化设计

在机械构件层级，充分挖掘装备的多源承载潜力（如力、热、电、磁、流

等), 为装备设计提供更大自由度，实现高度复杂的材料 - 结构 - 工艺 - 功能的一体化跨尺度精益设计；在机械系统层级，在加工能力、材料、服役等一系列约束条件下，采用先进的计算、测试技术，合理匹配结构参数和控制参数，实现复杂机电系统多学科协同优化设计和提质增效。在知识性专业软件平台方面，研制专业行业知识型工业软件，尤其是关键性能模拟和预测，以及协同优化设计软件，为从根本上改变相关领域工业软件主要依赖国外的局面奠定理论与技术基础。建议重点和优先发展以下几个方面。

1) 多维结构的高阶连续性设计理论与方法

研究不同能 / 质传输场景下结构多源载荷流的传递标度律与形态量化准则，建立面向多维结构几何、材料、工艺、功能的多域高阶连续性设计理论框架，分析多维结构的不同尺度基元的分布规律和层级间梯度演变规律，揭示载荷传递路径的形态构筑机理与跨尺度桥接方法，解决多维结构拓扑分割带来的设计模型保真度难题，发展面向复杂曲面形态和非线性结构的自适应参数化设计方法，突破多维结构设计的尺度壁垒。

2) 面向概念与性能一体化的装备智能设计理论与方法

研究非结构化设计样本的分析与处理方法，构建以设计知识图谱为核心的认知计算与高效优化模型。揭示全生命周期内设计大数据的高保真连续传递机制，探索算力极限的突破方式，实现具有高可解释性，强泛化能力的设计意图回溯、强化与反馈，演绎面向概念与性能一体化的非稀疏设计方案。

3) 大规模设计变量与多目标之间的高效高精度代理模型方法

针对深空、深海、深地复杂装备的快速、精益设计要求，研究高维非线性代理模型、变保真度代理模型、迁移、主动学习等黑箱建模方法，揭示大规模设计变量与效率、安全、能耗等关键性能之间的映射关系，在设计阶段实现小样本数据或多源数据联合驱动的关键性能可信预测。

4) 智能装备的结构变量与控制时序变量协同优化方法

研究智能装备结构载体与决策控制之间数据流的互融方式，基于人工智能和大数据技术，揭示结构全要素与作业轨迹等智能决策全因素之间的耦合作用规律与协同机制，实现智能化装备的最优结构与最优决策的统一设计。

5) 复杂机电系统控形控性多维关联优化设计方法

将复杂服役环境下机电系统结构状态数据与多学科耦合理论相融合，研究机械结构因素及环境因素与装备控形控性的定量化分析与设计，建立机电系统装备服役状态感知和性能演化模型，揭示结构形面和性能功能的多维关联机制，提出面向机电系统装备综合性能的机电热耦合优化设计方法，实现装备综合性能的最优配置及服役周期内装备的保质设计。

4. 复杂装备可靠性分析与保质设计

围绕国家重大需求，当前多项重大装备研制工作相继启动，但这类大型高端装备设计研制过程中，依然面临着小样本、信息不完备等共性问题；材料、部件和系统在复杂环境或极端条件下的性能退化规律和失效机制尚不完全掌握；在设计阶段，工艺与制造、运行与维护等全生命周期因素尚未充分考虑。建议重点和优先发展以下几个方面。

1) 机械可靠性设计中的多源不确定性传播分析及可靠性模型验证与确认

研究机械系统多源耦合相关不确定性的统一建模方法和不确定性传播分析方法，量化混合不确定性对机械装备性能指标及可靠性指标的影响；构建机械系统可靠性模型的可信度评估准则，研究基于反问题理论的可靠性模型验证与确认方法，实现机械系统可靠性模型的可信度增强。

2) 高维变量空间下的机械装备高效动态可靠性设计

研究机械装备动态可靠性分析模型的时间维度降阶及其误差分析方法，降低机械系统动态可靠性分析模型的复杂度和变量空间维数；研究高维变量空间下的高效优化理论和并行设计技术，对机械装备基于动态可靠性的设计模型进行高效求解，保障机械装备服役阶段尤其是运行状态下的可靠性。

3) 基于物理失效和数据驱动的多层级系统可靠性分析与设计

建立基于物理失效机理与健康监测数据混合驱动的机械系统可靠性分析框架，研究特征参数不确定性在机械系统多层级多物理场中的传递规律，实现复杂装备系统可靠性的准确评估；基于网络动力学理论，研究自上而下的机械系统不确定性优化与系统可靠性优化设计方法，实现对复杂机电装备系统可靠性指标的逐层分配与管理。

4) 基于故障数据和人工智能的机电装备维修性和测试性设计

基于机电装备系统功能分析及维修性和测试性要求，研究故障数据驱动的机电装备维修性和测试性分析；综合专家系统和人工智能信息技术挖掘机电装备维修性和测试性薄弱环节，进行机电装备维修性和测试性规划设计与辅助决策，保障复杂机械装备在服役阶段的可测试性、维修性和自愈性等。

5) 极端服役环境下复杂机械装备全生命周期可靠性分析与保质设计

基于多源传感数据分析复杂机械系统内在失效机理，建立极端服役环境、苛刻性能要求下基于多源信息融合的装备全生命周期可靠性分析模型；研究基于数据相关性的复杂装备运行可靠性实时预测方法，以全生命周期可靠性为设计依据开展复杂装备系统保质设计，以保障装备全生命周期内综合设计性能的可靠性。

参考文献

[1] 中国机械工程学会 . 2016—2017 机械工程学科发展报告 (机械设计). 北京 : 中国科学技术出版社 , 2018.
[2] 国家自然科学基金委员会工程与材料学部 . 机械工程学科发展战略报告 (2011～2020). 北京 : 科学出版社 , 2010.
[3] 中国机械工程学会 . 中国机械工程技术路线图 . 2 版 . 北京 : 中国科学技术出版社 , 2016.
[4] 创新设计发展战略研究项目组 . 中国创新设计路线图 . 北京 : 中国科学技术出版社 , 2016.
[5] 国家制造强国建设战略咨询委员会 . 中国制造 2025 蓝皮书 (2018). 北京 : 电子工业出版社 , 2018.
[6] 路甬祥 . 提升创新设计能力 , 促进创新驱动发展 . 机械工程导报 , 2013, 3-4(166): 3-8.
[7] 路甬祥 . 论创新设计 . 北京 : 中国科学技术出版社 , 2017.
[8] 谢友柏 . 设计科学与设计竞争力 . 北京 : 科学出版社 , 2017.
[9] 李彦 , 刘红围 , 李梦蝶 , 等 . 设计思维研究综述 . 机械工程学报 , 2017, 53(15): 1-20.
[10] 张建辉 , 檀润华 , 张争艳 , 等 . 计算机辅助创新技术驱动的产品概念设计与详细设计集成研究 . 机械工程学报 , 2016, 52(5): 47-57.
[11] Gu P H, Hashemian M, Nee A Y C. Adaptable design. CIRP Annals—Manufacturing Technology, 2004, 53(2): 539-557.
[12] Kusiak A. Smart manufacturing must embrace big data. Nature, 2017, 544(7648): 23-25.
[13] Tao F, Qi Q. Make more digital twins. Nature, 2019, 573(7775): 490-491.
[14] 谭建荣 , 刘振宇 . 数字样机 : 关键技术与产品应用 . 北京 : 机械工业出版社 , 2007.
[15] Fujimoto R, Bock C, Chen W, et al. Research Challenges in Modeling and Simulation for Engineering Complex Systems. Cham: Springer, 2017.
[16] Aage N, Andreassen E, Lazarov B S, et al. Giga-voxel computational morphogenesis for structural design. Nature, 2017, 550(7674): 84-86.
[17] Mcevoy M A, Correll N. Materials that couple sensing, actuation, computation, and communication. Science, 2015, 347(6228): 1261689.
[18] 钟掘 . 复杂机电系统耦合设计理论与方法 . 北京 : 机械工业出版社 , 2007.
[19] 段宝岩 . 电子装备机电耦合理论、方法及应用 . 北京 : 科学出版社 , 2011.
[20] 尹泽勇 , 米栋 . 航空发动机多学科设计优化 . 北京 : 北京航空航天大学出版社 , 2015.
[21] Han X, Liu J. Numerical Simulation-based Design Theory and Methods. Singapore: Springer, 2020.

[22] 国务院. 国务院关于印发质量发展纲要(2011—2020)的通知. http://www.gov.cn/gongbao/content/2012/content_2068277.htm[2012-2-6].
[23] 姜潮, 韩旭, 谢慧超. 区间不确定性优化设计理论与方法. 北京: 科学出版社, 2017.
[24] 张义民. 机械可靠性设计的内涵与递进. 机械工程学报, 2010, 46(14): 167-188.
[25] 张义民, 闫明. 数控刀架的典型结构及可靠性设计. 北京: 科学出版社, 2014.
[26] Deodatis G, Ellingwood B R, Frangopol D M. Safety, Reliability, Risk and Life-cycle Performance of Structures and Infrastructures. London: CRC Press, 2014.
[27] 康锐. 确信可靠性理论与方法. 北京: 国防工业出版社, 2020.

本章在撰写过程中得到了以下专家的大力支持与帮助(按姓氏笔画排序):
王树新　孙　伟　张义民　林　松　项昌乐　段吉安　段宝岩　洪　军
顾佩华　高　峰　郭东明　韩　旭　童水光　谢友柏　檀润华

第 8 章　复杂机电系统的集成科学

Chapter8　Integrated Science of Complex Electromechanical Systems

20 世纪以来，不断深入和发展的现代科学极大地促进了高新技术的发展，使高端机电装备有可能集成各种高功能单元技术，形成丰富、强大的服役能力。特别是信息技术的引入，增强了信息感知和处理能力，使得复杂机电系统更具有自律性、自适应性以及对作业全过程的可观测性和可控性。与传统机械相比，现代复杂机电系统从结构的组成到功能的多元化都正在发生重大的变化，形成了现代复杂机电系统的新内涵。

复杂机电系统是机械工程科学的集中载体，几乎含有了机械工程学科所有的基本科学过程，这些子过程载体按一定规则联系为整体，过程间相互作用、激励、响应、传递与演变，最终输出系统的功能。随着对复杂机电系统功能要求日趋丰富和高端独有，载有的物理过程更趋极端，集成的子系统更多，系统内各种物理过程的非线性、时变特征更为突出；过程之间的耦合、交融关系将更为复杂，某些科学过程可能会在更深层次被激发，复杂机电系统则将会涌现出种种新的科学现象与规律，并决定其运行功能。在创新复杂机电系统时，必须探索和运用其提出的各种集成规律及其产生的功能效应。

“复杂机电系统的集成科学”学术思想传承于钱学森提出的“复杂巨系统”的科学概念和解决这类问题的方法[1]，是从定性到定量的综合集成法[2,3]。系统集成是对复杂机电装备进行创新性研发的主要认识方法与技术途径。

复杂机电系统所出现的新现象和科学新问题，既具有自身所属学科的属性，又含有多过程融合与运行环境间所产生的具有专有特征的作用规律。这些问题往往因涉及更多科学过程的复杂关联演变而变得模糊、不确定，甚至表现出某些性能的异化和系统失稳，致使复杂机电系统达不到预期的水平，难以研发出独特的、实现各种人类要求的装备。这是对当代高端装备创新的重要科学挑战，需要从系统论的高度去认识复杂机电系统，揭示和表征其潜在规律，发明能恰到好处地实现新规律的独到技术，精确地构建和形成功能更为丰富、卓越和可靠的复杂机电系统。

8.1　内涵与研究范围

8.1.1　内涵

机电系统集成是指将载有不同物理过程的结构模块，按照功能形成的科学演变逻辑，通过互联界面将各物理过程融汇为一个具有主体功能和协同效应的实体结构。复杂机电系统融合过程是以系统中各个物理子单元参数、结构和功能为集成要素，在能量流、物质流与信息流等各个层面上进行相容匹配、全局寻优、协同互补，相互之间以最合理的层次结构组合在一起，达到系统最优的集成状态，从而构建能够实现预定功能目标的人造系统[1]。

复杂机电系统通过将多种单元技术集成起来，在完成高度复杂的多物理过程的融合中，实现能量、物质与信息的传递、转换和演变，形成特定的产品功能[4]。多轴数控中心、核能装备、深度空间探测器、高速轧机、极紫外光源光刻机等重大装备都是高度复杂、功能异常丰富、运行控制能力十分强大的复杂机电系统，如图 8.1 所示。

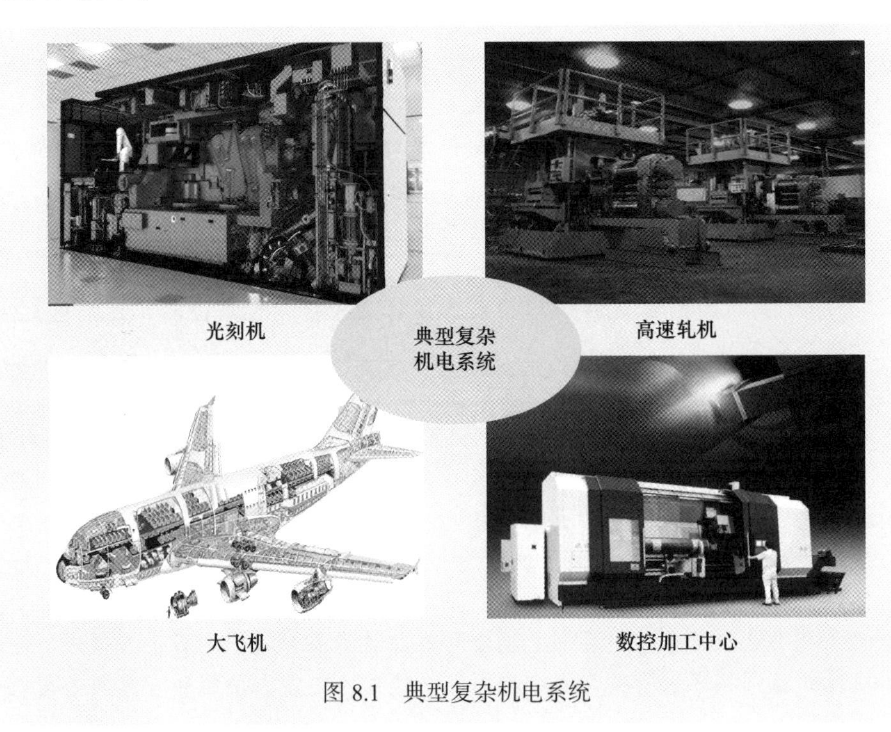

图 8.1　典型复杂机电系统

学科交叉的复杂机电系统，已引起多学科领域专家的关注，也必然促进多学科融入复杂机电系统研究领域，从系统科学的视角而言，现代复杂机电系统的几个特征愈发突出[5-8]。

1) 系统具有多尺度、多粒度性

各子系统之间通过耦合构成结构复杂的有机整体。复杂机电系统具有多个层次子系统，其层次跨度大、规模大，表现为多尺度性。子系统由宏观、细观、微观的不同层次的基本元素构成，数量庞大，具有多粒度性。

这些跨尺度、不同粒度的子系统间存在巨大差异，难以相容匹配，给复杂机电系统的精准运行造成了困难。

例如，一台 8 万吨级模锻液压机有数百项单元技术和传感模块，通过数万个界面，按功能逻辑连接，由传感与信息传输系统指挥其中的若干能量单元，产生特定的运动状态和完成预定的做功过程。其间，构件制造过程中工步级的物质结构成形由原子位移尺度到 20000mm × 10000mm × 2000mm 动梁的米级运动；从 5000mm 大行程运动到 0.1mm/m 的运动精度；从 0mm/min 至 800mm/min 的运动速度和 20ms 的响应时间，连续完成过程作业。这是一个典型的具有多尺度性、多粒度性的复杂机电系统。

2) 系统具有动态性和开放性

复杂机电系统与外部环境进行物质、能量、信息的互动交换，接受环境的动态输入和扰动、向环境提供时变输出，系统内部和系统与环境之间的耦合关系不仅复杂，而且随时间及作业状态不同存在极大的易变性。为了系统的更高的功能目标，要求系统具有主动适应和学习演化的能力，同时，动态、开放乃至于极端的复杂边界条件对系统的稳定性和可靠性提出了更高的要求。

例如，我国自主研发的超高速空间飞行器可以在 30km 飞行工作高度以 5.5 马赫到 6 马赫的速度持续飞行 400s，自主机动飞行距离可达 816km，可以在 20km 至 100km 高空自动对接或分离，其部分工作界面是开放的。长征五号乙型运载火箭可装 142.8t 燃料并以超过 22 马赫的高速度将卫星发射到 400km 近地空间轨道，而且可在发射过程将燃料烧光的贮箱经过构件自动断裂而半途卸去，整个工作过程中，从发动机燃料储藏到整体箭体结构及控制系统均是自主动态变换的。

3) 系统的耦合关系具有复杂性

复杂机电系统结构 / 功能的耦合关系复杂，其表现出的典型特征如下：

(1) 系统的层次交互性强。系统中的非线性因素、关联和耦合关系使得各种同类、异类单元在相同层次或不同层次上集合而成的系统组织、集成界面和介质呈现显著的多样性，系统内按设定的原理逻辑形成某种有序关系，系统集成体具有明显的多层次交互效应。

这些多层次、多过程的交互尚有诸多检测不到的盲点，而无法予以控制，导致系统出现一些异常演变和事故风险。

(2) 系统的集成维度超高。多物理场、多尺度结构、多能量领域的复杂机电系统具有极高的维数，且普遍存在异构异质特性，大大增加了系统的分析和降维难度，难以进行解耦控制和精细运行。

例如，燃气轮机设计是一个极为复杂的系统工程，涉及热、力、气动、结构、强度、振动、寿命、燃烧、机械传动、控制、润滑、电气、工艺、材料、可靠性、维修性、保障性、信息与计算机（软件工程、数据库技术、网络技术、可视化技术、虚拟现实技术）等多学科方向。燃气轮机设计的困难在于：系统设计要素之间存在复杂的多重耦合关系；系统设计指标要求存在严重冲突；设计周期长，经费投入多，研制风险大[9-11]。

4) 复杂机电系统具有集成效应

在物质流、能量流和信息流层面，集成性强调"指挥与协调中心"，即集成平台的作用和组成系统的框架模式；在一体化系统层面，集成性体现为系统的层次性集成和复合性集成；在系统功能层面，集成效应表现为功能的涌现性。系统的功能涌现性包括系统在层次间的功能涌现性与系统在整体上的功能涌现性，即从低层次到高层次，从局部到整体，不但会在功能和要素上出现量的增加，尤其会出现质的飞跃。复杂机电系统功能上的涌现是其高层次功能得以出现和系统整体性得以存在与发展的需要。

具有极端服役能力的装备，其功能丰富多样，且均能聚集到初始设计目标，无一不是复杂机电系统的集成科学的功能涌现性效应。例如，超重型运载火箭外径达10m量级，长达100m量级，径厚比高达1000，形成整体高柔性和局部高刚性的复杂结构，可以容受发射过程中高达直径六分之一的顶端挠度。

研究复杂机电系统集成规律是高端制造业产业升级的新时代要求，是高端装备创新的必由之路。复杂机电系统的集成科学，需要从系统科学的角度研究机电装备的融合集成效应，在以"上云用数赋智"的时代发展趋势下，对复杂机电系统集成创新进行研究，开拓复杂机电系统的集成科学的新知识、新原理和新方法，逐步构建复杂机电系统的集成科学理论体系和创造具有独特功能的新型复杂机电系统。

8.1.2 研究范围

复杂机电装备的研制是制造业的高端和前沿领域，是一个国家高新技术发展水平的重要体现。随着新兴科技发展，复杂机电装备载有的物理过程越来越多，集成难度越来越大，复杂机电装备的精准运行越来越需要数字化、信息化、智能化的支持，系统也更具有动态开放的复杂巨系统的特征。任何单个学科或单元技术的重大突破，都有可能拓展复杂机电系统的内涵，是现代机械产品创新进程中的一个重要时代性特征。

构建复杂机电系统的集成科学理论体系时，既需要有用以支撑复杂系统全生命周期“结构 - 功能 - 性能”研发的集成科学基础性理论与方法。同时，也需要有满足复杂机电系统的多层次技术开发与应用需求的关键共性技术。

复杂机电系统集成科学的研究范围、内在关系及其所蕴含的科学技术问题，可以概括如下 (见图 8.2):

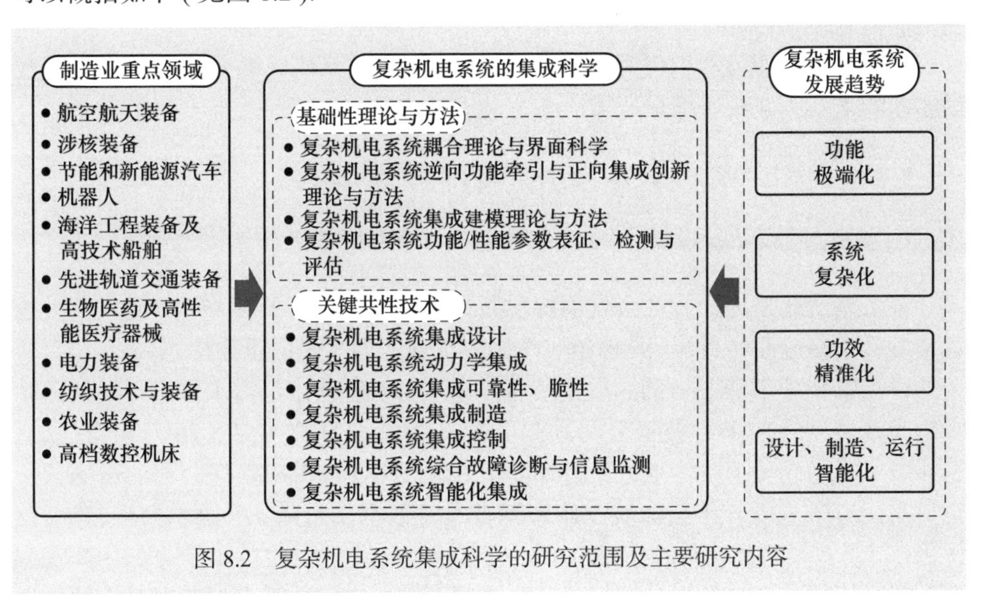

图 8.2　复杂机电系统集成科学的研究范围及主要研究内容

(1) 复杂机电系统耦合理论与界面科学。主要研究多学科、多能域、多过程的复杂机电系统的耦合规律，包括信息流 - 物质流 - 能量流传递、转换和耦合规律，结构功能集成耦合作用规律等。

(2) 复杂机电系统集成创新理论与方法。主要研究复杂机电系统集成功能涌现的动力学机制，结构 - 功能集成的交互映射规律等复杂机电系统集成原理，复杂机电系统正向集成创新理论与方法等。

(3) 复杂机电系统集成建模理论与方法。主要研究复杂机电系统多过程、跨能域耦合的自动集成建模与计算方法。

(4) 复杂机电系统集成设计。主要研究满足极端性能需求 (稳健性、低结构脆性、全局最优等) 的复杂机电系统集成设计方法。

(5) 复杂机电系统动力学集成。主要研究多尺度、多能域、时变和参数不确定的复杂机电系统动力学集成方法。

(6) 复杂机电系统集成可靠性、脆性。主要研究适用于具有功能依赖性和脆性等典型特征的复杂机电系统集成性能分析方法。

(7) 复杂机电系统集成制造。主要研究综合多学科知识形成适用于超高服役性能的新概念、新结构和新制造方法；虚实结合的智能制造技术；基于最优集成度的低脆性复杂机电系统集成设计制造；极端化条件下的复杂机电装备的高性能精密制造技术；人 - 机融合智能制造技术。

(8) 复杂机电系统集成控制。主要研究以全局“能通、能控、能观”为目标的集成控制技术。

(9) 复杂机电系统综合故障诊断与信息监测。主要研究多元信息融合、大数据驱动的复杂机电系统综合故障诊断与健康管理技术。

8.1.3　在经济和社会发展、学科发展中的重要意义

1. 集成创新先进的复杂机电装备是国民经济社会发展和国防建设的基石

装备制造业是为经济社会发展提供技术装备的基础性、战略性产业，重大技术装备处于制造业的高端，是衡量一个国家工业发展水平的重要标志。

以高端装备制造业为例。航空装备产业，未来航空市场需求强劲，仅就运输飞机市场而言，2016 年波音公司预测，未来 20 年全球将需要 3.96 万架新飞机，这些新飞机的总价值约为 5.9 万亿美元。中国商用飞机有限责任公司的市场预测也显示，2016～2036 年全球航空旅客周转量将以平均每年 4.7% 的速度递增，预计将有 3.7 万架新机交付，价值约 4.82 万亿美元。高档数控机床产业，中国 2009 年开始实施的“高档数控机床与基础制造装备”国家科技重大专项对高档数控机床产业进行了总体布局和任务分解。目前中国重型锻压装备、部分机床主机平均无故障时间已达到 2000h 以上，接近国际先进水平；数控系统等核心零部件取得明显突破，国产数控系统在功能、性能方面与国际先进水平的差距大幅缩小，一些核心功能部件在精度、可靠性等关键指标上已接近国际先进水平；重点领域装备保障能力不断提升，航空航天领域典型产品所需关键制造装备的“有无问题”正逐步得到解决[12-14]。

复杂机电系统是重大技术装备的主要组成部分，如航天系统、核聚变装备系统、超精密观测系统、微电子芯片制造系统，其极端功能均为系统集成中产生而成为当今竞争制胜的关键。

社会生产力变革性的进步正强力牵引高端装备的应用，引领集成科学创造新的进步。创造具有新极端集成效应的装备，是当今技术竞争的制高点，如果说单

元技术是单过程原理实现的突破点，创造新的集成效应则是推进社会生产力变革的突破点。加强复杂机电系统的集成科学研究，提高重大技术装备自主创新能力，推进国家重大技术装备国产化，对推动产业结构优化升级、提高产业国际竞争力、增强国家经济实力和国防实力具有重要的战略意义。

2. 复杂机电系统的集成科学是机械工程科学自身发展的必然

21 世纪以来，前沿科学和尖端科技的不断涌现，为创造新的集成效应提供了革命性的科学技术基础。例如，结构制造中，通过对原子到分子的控制，演变出具有多重功能的服役于太空、深海、深地的复杂机电系统。

以往对复杂机电系统的集成效应的研究尚处于技术集成的自发阶段，缺乏成熟的理论体系，因此在对复杂机电装备进行研发时，一般将复杂装备按客观子系统或学科按照先串行、后回溯的研发模式进行综合开发与技术集成。显然，这种化整为零、化繁为简的单学科串行研发模式的优点是简单、易行。但是，研究开发高品质复杂机电系统时，单学科串行与回溯的研发模式的不足也是显而易见的：设计修改频繁，研发周期长，实际复杂装备的功能、性能和品质难以把握，更为严重的是复杂机电系统的某些功能突变、性能劣化、故障演变与涌现等问题，难以在研究开发过程中准确找到其本质原因。

现代化生产与科技的发展，对机电装备的功能需求日趋复杂，而高精度、高功效的设计是产生高性能复杂机电装备的基础。复杂机电装备的设计必须发展新的设计理论，促进现代复杂机电装备的创新 [1]。

复杂机电系统的集成科学是技术融合和系统集成式创新于机械工程科学领域的具体体现，是现代科学和机械工程科学领域发展的必然产物，需要对复杂机电系统的集成效应展开深入而系统的研究，以实现复杂机电系统的集成科学“自觉”的理论跃迁，为解决人类生存面临的能源、资源、环境等重大瓶颈问题提供必要科学技术基础。

8.2　研究现状与发展趋势分析

经过几十年的发展，我国在复杂机电装备和系统的集成创新方面有巨大进步，如能源机械、航空航天装备、舰船装备、精密机床和机器人等方面的研究取得重大突破，如嫦娥探月装备、大型 / 重型运载火箭、天宫载人空间站、QC-280 燃气轮机、歼 20 战斗机、运 20 大型运输机、国产航母、国产大型盾构掘进设备、第四代核反应堆等。

然而目前仍有两个难点需要突破：

(1) 新功能装备自主开发能力与需求尚有较大差距。

(2) 关键核心零部件和制造技术依赖进口。

这是由于我国系统集成创新的基础理论与设计方法尚未完全成熟。这再次说明我国在前沿装备领域创造能力弱，一个重要的方面是缺乏高端功能专用装备。运用系统科学知识将现代科学成果集成于新功能装备的自主研究，运用现代科学创造一批具有多学科集成融合效应的高端装备，是机械工程科学必须深度思考和实践的大方向。

从 20 世纪 90 年代开始，我国在复杂机电系统方面对大型成形加工装备、大型旋转机械、大型工程机械、混合动力系统、数控机床、微机电系统和机器人等多方面开展了基础理论研究，包括复杂机电系统的多过程耦合与解耦理论、复杂机电系统动力学以及复杂机电系统故障诊断、检测方法与理论等。我国学者针对现代大型复杂机电系统的性能与运行状态是多物理过程和多参数全局耦合结果的事实，准确提出了复杂机电系统耦合与解耦设计的理论与方法，在此基础上于 2007 年提出了复杂机电系统的集成科学，其核心是由多过程耦合产生新功能。图 8.3 从技术和理论两方面介绍了复杂机电系统集成科学的发展历程。文献 [4] 将“复杂机电系统的集成科学”列为学科发展领域之一，以此系统科学的视野研究复杂制造过程和装备的集成科学，极大地拓展了装备集成创新设计理论的内涵。

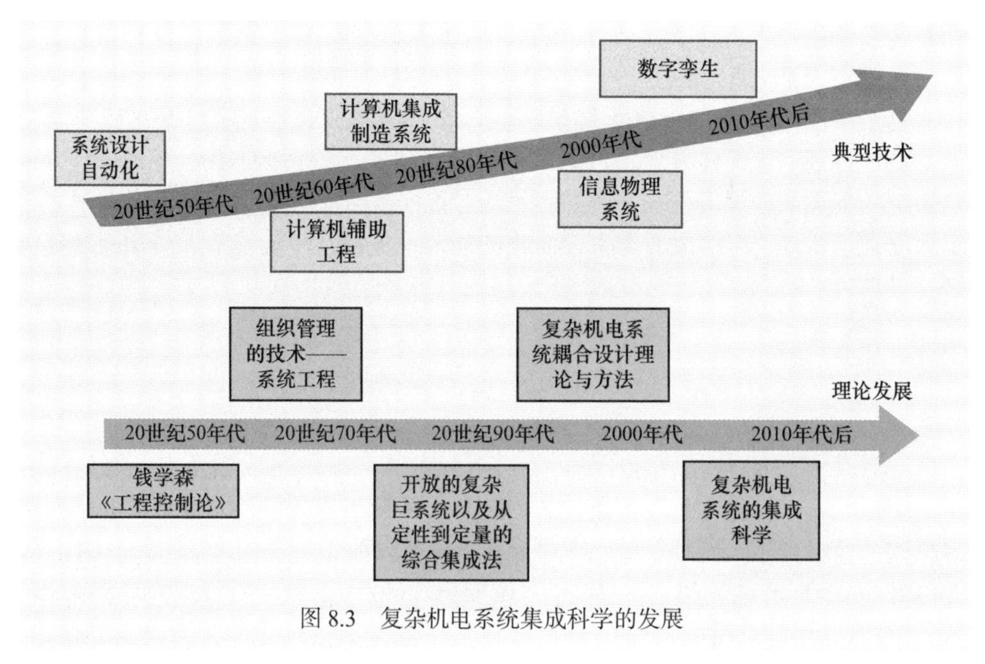

图 8.3　复杂机电系统集成科学的发展

在多学科大爆炸式发展的形势下，我国制造业正在形成正向与逆向研发结合的发展模式，各类高端复杂机电装备不断推出。文献 [12] 围绕建设制造强国的战略任务和重点，提出了高档数控机床和机器人、航空航天装备、海洋工程装备及高技术船舶、先进轨道交通装备、节能和新能源汽车、电力装备、农业装备等十四个重点领域的发展路线图，为各类复杂机电装备的发展提出了更高的目标，高智能化和高集成化机械装备功能的需求，促使复杂机电系统的研究向更深更广的层次发展，也对复杂机电系统集成科学提出了更高的挑战，主要表现为以下四个方面，如图 8.4 所示。

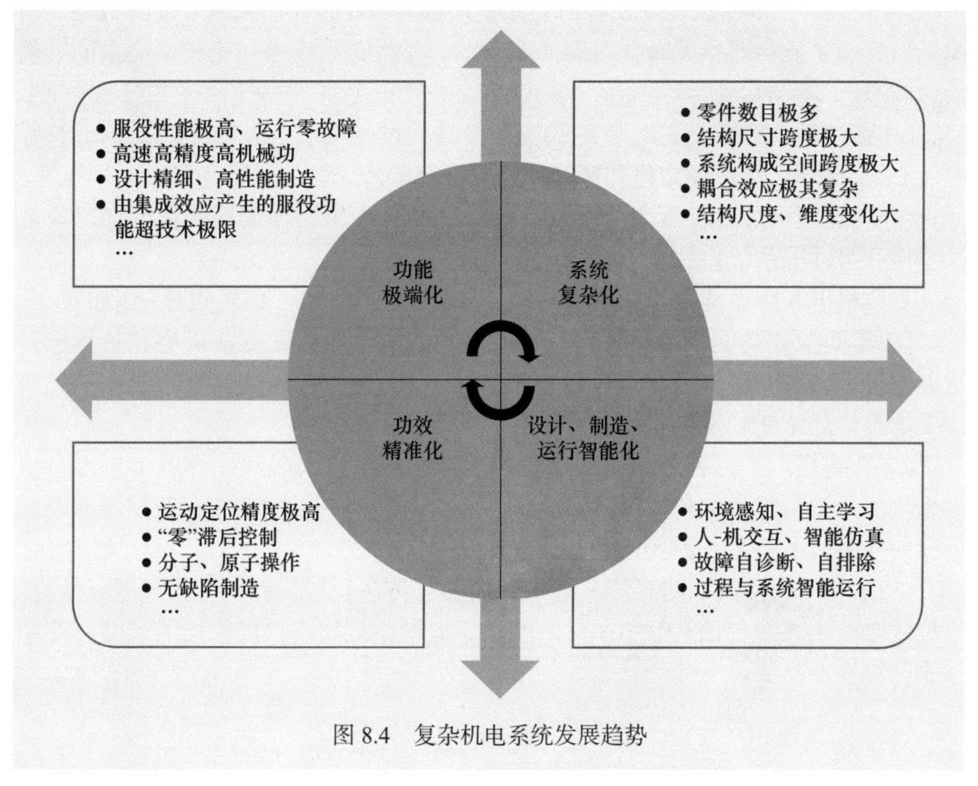

图 8.4　复杂机电系统发展趋势

1. 功能极端化

极端功效、超轻、超大型、超高可靠性是当代大型复杂机电装备构件的持久追求 [15]。目前，现代大型复杂机电设备产品往往具有极高的服役性能，表现为高速高精度高机械功，要求无缺陷、无残余应力等。例如：数控机床工作转速可达每分钟十余万转，最大切削速度高达 10000m/min 以上；储能飞轮的外缘线速度高达 1000m/s 以上；成形装备可在 0.1s 时间内将高温熔融金属完成从凝固到材料成形的全过程。

未来，可以预见社会对产品的需求更具科学幻想性，如超级功能深空探测器、超高速飞行器、超大型海上平台、超精密微纳芯片、超高精度光学镜片、超高能量激光武器等；产品功能与制造实现也更具极端性，例如，航空电推进电动机的比功率将达到 30kW/kg; 工作转速高达 50 万 r/min 的电机与发电机；能改变现有发电产业格局的超临界二氧化碳、氦气发电机。

复杂机电系统所要求的极端服役功效、所面临的极端工况环境，使得其要具备超常化的功能特性，例如：

(1) 在设计上，复杂机电装备的界面传递耦合等特性不容忽视，复杂机电装备设计需要满足设计对象无奇异界面演变、动力学无奇点误差、服役中能量的准确传递的需求。

(2) 在制造上，复杂机电装备制造有极高的性能要求，需要深刻挖掘材料性能，无损伤制造，呈现极端化和精细化的发展趋势。

(3) 在安全可靠性工程上，复杂机电系统的高度集成导致功能依赖性、失效顺序性和脆性等系统特性不可忽视。

复杂机电装备系统功能日益极端化，因而日益凸显出一些新问题，例如：

(1) 需要探究功能极端化、运行零故障、响应零滞后的复杂机电装备集成制造新原理与方法，以降低制造过程中的“熵增”，适应各领域对复杂机电产品服役要求日益超常化的发展趋势。

(2) 需要提出一种针对结构复杂性、功能依赖性、失效顺序性的动态复杂机电系统的集成可靠性分析方法，以适应不断引入新材料、新工艺、新技术的动态集成的复杂机电系统，保障产品使用寿命。

(3) 需要对物质流、信息流、能量流的相互传递、转换和耦合机理展开研究，发展复杂机电系统界面科学，在极强能量、海量信息与跨尺度物质的超常交互中探索与创造产品。

2. 系统复杂化

科技发展是生产力进步的切实表现，新材料、新工艺、新技术的出现，对于高度集成的复杂机电装备的功能提出新的挑战，为了满足这一要求，复杂机电装备必然是一个不断集成科技创新成果的动态装备，复杂度也随之骤增。

复杂机电系统一般由整系统→子系统→部件→构件→零件多层次组成，其零件数目极多，一般可高达 10^6 量级，例如，空客 A380 由共计 400 余万个零件协同完成各种空中作业，“山东号”国产航母的零部件数达到千万个以上；其结构尺寸跨度极大，从纳米横跨千米量级，极紫外光刻机可以加工 7nm 以下制程的芯片，大型强子对撞机周长约 27.3km; 其系统构成空间跨度大，北斗三号全球卫星导航系统由 30 颗卫星组成。

复杂机电系统是一个多学科多耦合的集成产物，系统日益复杂化表现为多过程、多界面、多领域的复杂耦合现象，造成了多能域、多运动、多分布、多介质的分解等难题，导致复杂机电系统在集成过程中需要在结构 - 功能 - 性能参数上协同，从微观、细观到宏观尺度上协同，使得原有单一串行、学科孤立的研究理论和方法无法解决日益复杂的高端机电装备研发过程中的很多问题，例如：

(1) 需要一种针对具有强耦合性和复杂性的异构异质系统的集成设计方法，以达到多学科多目标集成后全局优化的目标，解决复杂机电装备研发过程中问题愈加复杂、任务愈加繁重、目标愈加多样的集成创新难题。

(2) 需要一种针对多尺度、多能域、时变和参数不确定的复杂机电系统动力学集成方法，解决同时存在强病态、时变、非线性等多种动力学特性的复杂动态系统分析的集成创新难题。

3. 功效精准化

系统功效精准化是实现复杂机电系统贴近“真实”的前提，涉及复杂机电系统中所有复杂性的“能量流 - 物质流 - 信息流”主体如何精准形成的问题。

在微电子、光电子器件制造领域，制造受体、制造过程正不断向极小时空发展；光刻机的运动定位精度要求在 1nm 以内；现代连轧机可使轧制材料在 1km 长度范围内其纵向延伸偏差控制 1mm 以内。美国 Precitech 公司的 Nanoform700 Ultra 的空气静压主轴，其径向、轴向回转精度均优于 15nm, 液体静压导轨的直线度优于 0.3μm/350mm, 位置反馈分辨率达到 32pm。预期第三代超精密技术，将以智能化、信息化和分子 / 原子操作技术等为主要特征。

在复杂机电装备结构设计、生产制造、工作运行日益精准化的趋势中，信息不完备、参数不确定以及强非线性的系统特性愈加突现，给精准化的复杂机电系统集成创新带来了新的难题，例如：

(1) 需要运用多学科、多专业、多技术相结合的集成方法，使系统能通、可控、可观、可协调，实现集成系统本身的全局优化控制。

(2) 需要探究复杂机电系统近“零”滞后控制科学，满足复杂机电集成系统高性能制造和高精度控制的需求。

4. 设计、制造、运行智能化

高端装备及其制造业的发展主线是信息技术与复杂机电系统深度融合的数字

化、网络化、智能化过程。

智能化的技术目标是使复杂机电系统具有一定的判断思维、逻辑思维、决策思维等能力。未来智能化复杂机电装备应该具有以下四大特征[16]:

(1) 自律能力。具有能获取与识别环境信息和自身信息，并进行分析判断和规划自身行为的能力。

(2) 人 - 机交互能力。智能机电系统是人 - 机一体化的智能系统。人在系统中处于核心地位，同时在智能装置的配合下，更好地发挥出人的潜能，使人 - 机之间表现出一种平等共事、相互理解、相辅相成、相互协作的关系。

(3) 建模与仿真能力。以计算机为基础，将信息处理、智能推理、预测、仿真和多媒体技术融为一体，建立系统资源的几何模型、功能模型、物理模型，模拟功能过程和未来的产品，从感官和视觉上使人获得完全如同真实的感受。

(4) 基于大数据驱动的学习能力与自我维护能力。通过整合、分析产品生命周期过程中产生的数据，在实践中不断地充实知识库，具有自学习功能，在运行过程中具有故障自诊断、故障自排除、自行维护的能力，实现集成功能的智能化。

随着新一代信息技术和制造业的深度融合，我国复杂机电装备的智能化发展取得明显成效，高档数控机床、智能仪器仪表、智能工业机器人、无人驾驶智联网载具等智能机电装备，以脑机交流为目的的赛博技术装备等前沿技术不断涌现。

复杂机电系统智能化涉及设计、制造、运行等多个方面，其中很多问题可以归结为信息流的多尺度、多参数驱动下的复杂优化问题。智能化的发展离不开新一代信息技术与复杂机电系统的深度集成创新，需要集成人工智能、大数据驱动、工业互联网、多源信息融合等技术和方法。在动态开放的复杂外部环境下，对复杂机电系统的“结构 - 功能 - 性能”进行实时监测与健康管理，涉及复杂机电系统的运行状态监测 / 检测和运行判断、逻辑与决策等，需要结合进化算法和神经网络、模糊推理、决策树等技术来实现复杂机电系统的智能化。

对于功能极端、结构复杂、运行精密的复杂机电装备，复杂机电系统的集成是融合研发、生产、运行等三大过程的系统工程，能够进行产品正向与逆向相结合的协同研发和集成创新，满足数字化转型和云智造的产业发展需求，实现高端装备制造领域的两化融合，适应新时代智能化的工业变革浪潮。

8.3 未来 5～15 年研究前沿与重大科学问题

8.3.1 研究前沿

复杂机电系统是一个复杂的人造他组织系统，与一般机电系统相比，复杂机电系统的系统要素数目巨大，一般可高达 10^6 量级，在规模上呈现几何爆炸的量变趋势。如此之巨的子系统进行集成之后，其内部关联子系统呈现整体涌现性，即呈现出质变的效应。科学地利用系统涌现性规律，创新高端机电装备，使机电装备达到预定功能目标和超高服役性能，是本科学的发展的中心主线。

1. 以集成效应为研究核心的复杂机电系统集成原理、设计与方法

追求高功能 / 高性能水平的集成效应是复杂机电系统集成科学的根本目标。

复杂机电系统集成后的功能涌现机制是研究复杂机电系统集成效应的核心前沿之一。复杂系统中，集成单元的特征具体描述时一般用质参量和象参量，质参量描述某单元自身的结构属性，如结构的质量、密度、刚度、阻尼等，象参量描述其外在形态和演化规律，即功能属性，如互换性参数、运动状态与轨迹、应力应变等。质参量的变化一般决定或引起象参量的变化，进而引起集成单元的功能 (象) 涌现，而象参量的累积变化也会对质参量产生显著影响，可能导致系统集成增强，系统功能增益，也可能导致集成系统瓦解，系统功能丧失。例如，数控机床导轨经过一定使用时间后发生渐进式的磨损现象，粗糙度和精度逐渐失效，进而加剧磨损，使机床质量、刚度、阻尼等发生时变，从而导致机床加工的功能目标丧失。

质参量、象参量相互关联规律是集成效应存在和发展的根本动力，需要研究复杂机电系统集成功能涌现的动力学机制，掌握集成关系形成和发展的内在依据和基本条件。

局部不能代替整体，而整体也不完全取决于局部。复杂机电系统规模越大、越复杂，功能越极端；系统的结构 - 功能对立统一规律越明显，系统集成的必要性和效果越突出，需要研究基于拓扑学和图论等的结构 - 功能集成的交互映射规律。

2. 以高性能系统为集成目标的复杂机电系统稳健设计理论与方法

系统稳健是构建高性能集成系统的根本保障。

复杂机电装备的很多性能特征 (如脆性、可靠性等) 直接受集成程度的影响，有必要探究复杂机电系统性能特征与集成度之间关系，研究复杂机电装备的系统集成性能。

复杂机电系统集成的目标是使装备具有稳健功能和高超性能，但是集成过程具有熵增性，集成中系统的实际复杂度总是会超过必备复杂度，不可避免地出现无端复杂度，而理想的复杂机电装备的设计应该使系统具有较高的集成度，即在集成设计中，使必备复杂度尽量趋近于实际复杂度，同时让复杂系统的实际复杂

度控制在适当范围内[5,6]。

集成度，或者说系统集成程度，通常意义上是指由系统整体所划分出的子系统的规模与复合程度，这一概念源于对系统复杂度的研究。集成度越高，包含的信息量属性越集中，系统组装和分析计算的效率越高；集成度越低，系统分析计算的模型越复杂，组装和分析越复杂。

合理设计复杂机电系统的架构，降低系统无端复杂度，提高系统的性能，需要对复杂机电系统集成度进行分析，目前复杂机电系统集成科学的系统学在理论上尚属于空白，亟须基于模糊数学、网络分析理论、物元分析法、系统科学等多种理论对复杂机电系统集成度的系统学问题展开研究，提出适用于复杂机电系统集成度分析的一般理论和方法。

3. 以重大装备需求为引导的复杂机电系统集成创新理论与技术

满足先进重大装备的需求是复杂机电系统集成科学的根本任务。

对于复杂机电系统，其建模、设计与制造过程本质上也就是集成过程，系统功能越复杂越需要集成。但是复杂机电系统的质变是由系统集成后的子结构相互作用、相互补充、相互制约而涌现出来的，而对如此之巨的系统要素数目进行集成，在科学和技术上存在诸多问题。

在产品研发方面，主要包括复杂机电系统多学科设计和优化理论与方法；复杂机电系统可靠性预测理论和方法；复杂机电系统耦合动力学理论；复杂机电系统非线性动力学理论；复杂机电系统建模理论和计算方法；复杂机电系统界面科学。

在产品制造方面，主要包括“设计—制造—运行”全过程集成设计的新理论与新方法，基于最优集成度的低脆性复杂机电系统集成制造理论和技术。

在产品运行方面，主要包括复杂机电系统集成控制理论和方法；复杂机电系统近“零”滞后控制科学；复杂机电系统状态预测、监测与诊断理论与方法(复杂机电系统故障诊断与智能预示理论与技术，研究信息流与智能化传递于复杂机电系统全过程的安全运行保障理论与方法等)。

8.3.2 重大科学问题

1. 复杂机电系统逆向牵引与正向集成的创成理论与方法

“高端装备的创新”[17] 是推动《中国制造 2025 蓝皮书 (2018)》所提出的重点领域发展的主要驱动力之一。长期以来，中国高端装备的研发主要基于逆向工程的跟踪研仿，而不是基于正向设计的自主创新，设计过程从测绘、复原和仿制的物理设计开始，没有经历过产品正向设计中的需求定义、功能分解、系统综合等真正决定产品功能和性能的重要阶段，整个工业体系缺乏产品正向设计的理论和实践。中国的大中型企业，特别是国防企业，产品越来越大型化和复杂化。产品研发表现出全程化、并行化和综合化的特点。

面对这些复杂特征，当前的研发体系已不能满足需求。为应对装备功能极端化和多样化的挑战，以集成优化为核心的系统科学的思想和方法贯穿复杂装备设计过程，从系统耦合与集成的角度，复杂机电系统的正向集成创新理论与方法，有以下方面：

(1) 功能集成是机电装备创新的根本目标，指集成单元之间相互联系、相互作用以实现特定功能的过程。功能集成可以实现以满足先进生产力需要为目标的功能涌现和功能创新，有必要在以实现功能需求的目标下，解决结构和技术单元冲突，揭示复杂系统功能集成创新的基本规律，建立功能集成分析的理论和方法。

(2) 结构集成是集成关系形成和发展的内在依据和基本条件，有必要对结构集成中质参量、象参量的相互作用及其与集成关系形成和发展的基本规律开展研究，建立结构集成分析的理论和方法。

但是，正向设计是有需求目标的，基于目标牵引的结构 - 功能逆向推理和关键参数的全局、全历程演化设计，又体现逆向思维必须存在。所以新的设计方向是需求的逆向牵引和功能模块的正向集成效应的优化。

2. 复杂机电系统的集成建模理论与方法

复杂机电系统集成建模问题贯穿复杂机电装备的全生命周期。目前针对涉及多学科、多尺度、多物理过程、多耦合的机电系统建模，在集成建模理论上，已有键合图法和子结构综合法等成熟方法。在集成建模技术应用上，已有支持 Modelica 语言库的诸如国外的 SimulationX、Dymola、AMESim, 国内的 MWorks 等集成建模软件，可以跨越不同领域，实现涉及机械、电子、电力、液压、热、控制及面向过程的复杂物理系统的集成建模。现有建模方法是基于串行设计、模块化建模的思路，在模型集成过程中对结构集成、过程集成和求解器集成中出现的子系统界面耦合，变刚度、变阻尼模型精确求解，多过程耦合产生的新的物质蠕变和功能畸变等问题还不能得到表征和解决。复杂机电系统层次越多样、维数越高，上述问题越为突出，对复杂机电系统的集成建模在科学层面提出了更为精确的要求，因此模型集成不仅限于单纯的模型内的连接，而且它与系统建模过程紧密联系。目前，仍然缺少一种构建反映系统全局科学规律和数学模型的普遍性方法，具体集成建模与计算理论与方法应该包括以下几项：

(1) 能清晰地表征系统的多过程跨能域耦合机制，揭示其耦合效应。

(2) 能描述系统的全局特性与子系统关联规律的分析。

(3) 能用于指导复杂机电系统技术子系统的设计。

(4) 能实现子系统的自动建模和总系统的自动集成。

(5) 能生成具有数据库支持的模糊过程数学表征与求解方法。

3. 复杂机电系统耦合理论与耦合界面科学

在复杂机电系统中，随着子系统数目的增加，系统中的耦合作用更为多样，耦合在系统中的作用也更为复杂。子系统通常包括机械、电气、液压、控制、润滑等物理系统，这些子系统间的相互作用和耦合程度也不尽相同。针对现代大型复杂机电系统由于工作条件极端化而不时出现的“功能缺陷”，人们对系统内部各子系统之间以及多物理过程间的耦合作用对系统性能的影响愈加关注：

(1) 跨尺度、多粒度、多过程耦合。系统模型基本是在一阶过程的规律描述，而系统奇异往往出现在高阶耦合被激发的过程，在功能极端化的系统中必须破解各过程的多阶耦合效应，需要研究在时间、空间和相互作用等各种层面的子系统的集合，以及由它们所组成的复杂系统所表现出来的强耦合特性和复杂性。

(2) 结构功能耦合。研究复杂机电系统的多物理过程耦合机制与功能生成，特别是对于快变短过程和慢变长过程的扰动与调节作用的协同机制与效应的规律性认识，为其设计、制造和可靠运行提供系统的基础理论。

(3) 能量流、物质流、信息流的相互作用原理与功能界面设计。系统间能量流、物质流和信息流的传递、交互和转换是子系统间的界面耦合作用实现的，因此其作用原理与界面设计是复杂机电系统创新实现的基本条件之一，需要研究：功能界面上的“三流”转化机理、界面参数与系统功能的映射规律、功能界面设计理论与方法等。

4. 复杂机电系统功能/性能参数表征、检测与评估

复杂机电系统通常涉及机械、控制、电子、液压、气动和软件等多学科领域，其预定设计目标的实现是一个多领域交叉集成的系统工程。系统的基本特点是它会涌现新的功能。功能是系统所做的事情，也就是它的动作、产出或输出；性能是系统运作或执行其功能的好坏程度。集成系统所具有的功能/性能直接决定了设计目标的实现和优劣程度。对复杂机电系统融合创新过程中所涌现的功能/性能给予表征、检测和评估，是保障复杂机电装备产品质量和衡量其价值的重要手段，在此方面以下问题尚待解决：

(1) 现有的机电系统的评估参数，如结构完整性、振动特性、可靠性、脆性、使用寿命等，与装备系统的功能 / 性能有着一定程度上的关联，但局部并不能最终决定整体，需要构建能表征复杂机电系统功能 / 性能的综合参数指标。

(2) 复杂机电装备运行是典型的动态耦合过程，如载荷、工况、应力等工作环境及参数都是随时间变化的随机耦合变量，使得复杂机电系统的特性及参数 (如强度、应力、物理变量、几何尺寸等) 是多因素交互作用的结果，且具有固有的动态渐变性。目前基于模型和基于数据的动态测量技术无法满足同时具有复杂耦合机制和动态渐变性复杂系统的需要，急需一种能揭示多因素耦合机制、多参数动态渐变的功能 / 性能全局映射检测方法。

(3) 绝大多数评估方法很难构建与复杂机电系统真实服役条件完全相同的多因素环境，需要基于层次分析法、模糊数学、灰色理论等方法，构建统一评估体系，对复杂机电系统整体的各种功能 / 性能进行综合评估。

(4) 复杂机电系统“脆性”形成机制、表征参数与检测分析方法。

8.4 未来 5～15 年重点和优先发展领域

基于复杂机电系统的特点和发展需求，当前需要对以下几个方向进行研究。

1. 复杂机电系统集成设计

复杂机电系统集成设计本质是实现集成系统功能的全局最优。

复杂机电系统的设计过程包含若干个相互耦合的子学科，设计问题的复杂性、设计任务繁重、设计目标的多样性使得复杂机电系统集成设计做为异构异质系统具有强耦合性、复杂性和协同优化特性。例如，航空发动机主要部件与整机的设计是集成建模、集成计算、集成设计的集中体现，这是一个极为复杂的系统工程设计任务，涉及热力、气动、结构、强度、振动等多学科方向，这些学科之间存在复杂的耦合关系，并且各学科间的性能指标存在严重冲突，是一种典型的多学科多目标集成的优化设计。如何针对上述特点设计出高综合性能、低成本的先进航空发动机是后工业化时代一个具有战略意义的高难问题。

现有复杂系统设计方法，如宏观信息熵法、基于数字孪生的多学科协同设计方法、基于进化算法的并行设计方法、基于人工智能的自动设计方法、基于技术矛盾矩阵的多目标式设计与模块化设计方法、键合图法等，不能保证复杂机电系统经设计集成后是功能全局最优的，因此有必要对以下问题开展研究：

(1) 综合装备原型、物理模型、数学模型三者的集成设计理论与方法。

(2) 多目标约束冲突处理机制尚需探明，考虑各学科间相互作用所产生的协调效应来集成优化以获得系统的整体最优解，达到复杂机电系统自动演化优化设计的目的。

(3) 基于集成的稳健设计，以实现总系统对子结构精度变化的钝性。

(4) 基于最优集成度，以低脆性为设计目标的复杂机电系统集成设计方法。

2. 复杂机电系统动力学集成

复杂机电系统作为一个多学科融合集成，多场、多态、多尺度耦合快变过程和慢变过程并存的复杂动态系统，集成后的系统模型是典型的高维动态系统。目前针对高维系统的动力学集成问题，主要采用的是粗粒度化的降维求解思路，但是复杂机电系统普遍存在异质异构现象、时滞现象、快变过程和慢变过程并存现象，系统降维困难，因此所建立的模型是强病态方程；此外，高度集成的复杂机电系统由于工作条件激化，工作界面、工作参数会出现不稳定、不确定和时变性，例如：螺栓预紧力不饱和、粗糙度失效、油膜失稳、齿轮时变啮合等；机器模块间的互联界面和机器末端执行器的做功界面，服役过程是变化的，这些变化状态都直接影响机器做功状态。这是导致复杂机电系统出现各种异常振动（如颤振）的主要原因，因而需要对多尺度、多能域、时变和参数不确定的复杂机电系统动力学集成问题展开深入研究：

(1) 能够表征系统高维特性、时滞性等特征的动力学集成模型。

(2) 便于并行求解的动力学集成方法和实现精确求解的集成计算方法。

(3) 研究其丰富多样定态行为和复杂运动演变规律。

(4) 系统不同集成度对动力学的影响机理。

(5) 工作条件激化后由于集成系统耦合界面不连续性导致的非线性动态问题。

(6) 变参数（刚度、阻尼）集成系统在运行中的变化机制与效应。

(7) 快变过程和慢变过程在集成系统中共融与失谐规律及效应。

3. 复杂机电系统集成可靠性

复杂机电装备是一个集成了巨量零部件的复杂系统，其可靠性“可能有不同于简单或一般复杂程度的系统中出现的现象”，即“不可靠的零部件也可以组成可靠的系统”[18]。这一论断指出了复杂系统的可靠性同集成度的密切联系，也为具有巨量零部件的复杂系统可靠性设计提供了研究方向。然而，目前关于集成系统的可靠性理论存在很多研究空白。

经典的可靠性设计方法大多假设零件失效是相互独立的或指定关联耦合参

数，进而根据零部件可靠性计算机械装备系统的可靠性，但是复杂机电系统中各零部件的失效模式大多不是概率统计学意义上的独立事件，所以这种方法有时会变得远离真解或没有价值，系统越复杂，集成度越高，越是如此，如欧洲的阿丽亚娜系列运载火箭的多次爆炸均与可靠性计算偏差有关。

复杂机电装备是一个不断引入新材料、新工艺、新技术的动态集成过程，这一动态集成系统对可靠性分析提出了更高的挑战。结构复杂性、功能依赖性、失效顺序性是动态系统的三个典型特征，这些特征及其对可靠性分析的影响主要表现在以下方面：

(1) 为了满足对动态集成系统性能的高可靠性需求，在系统结构上必然进行容错冗余设计，客观上进一步增加了集成系统的结构复杂性，在集成过程中极大可能出现“组合爆炸”问题，使得简单的可靠性模型求解效率降低，有时甚至无法求解。

(2) 复杂机电系统子系统的高度集成导致了元件的功能依赖性，集成后普遍存在性能漂移现象，以前大部分可靠性理论中关于各元件相互独立的假设不再有效，布尔组合逻辑不再能得到系统的失效函数，从而增加了动态系统可靠性分析的难度。

(3) 复杂动态集成系统高度的功能依赖性导致了其失效模式的顺序性，系统失效的判断标准不仅依赖于基本元件的组合，而且依赖于基本元件失效的发生顺序。传统的可靠性分析方法 (如马尔可夫链模型) 和结论 (如平均无故障时间是失效率的倒数) 将不再成立，传统的基于割集的失效模式对动态集成系统进行定性和定量的可靠性分析已不能使用，使得系统集成可靠性分析面临着新的挑战。

4. 复杂机电系统脆性

由于复杂机电系统的开放性、巨量性、复杂性和进化涌现性，特定条件下系统对一些外部环境因素或子结构具有强烈的敏感性，环境变化和子结构崩溃会引起崩溃行为在子结构系统之间的传递和扩张，进而导致整个复杂系统崩溃，这种现象称为脆性[19]。

在复杂系统中，脆性是常见的现象，牵一发而动全身，微小的扰动最终会导致重大事故：1986 年 1 月 28 日，美国“挑战者”号航天飞机在升空后不久发生爆炸，2000 年 8 月 12 日，俄罗斯“库尔斯克”号核潜艇在巴伦支海域发生爆炸并沉没，均是由于局部小故障沿着薄弱环节传播导致整个系统崩溃。

系统的脆性问题的本质是系统结构上的集成性不稳定，甚至丧失，即集成系统在发生微小扰动后的崩溃不可控。机电系统复杂度越高，脆性越明显，通过最优集成可有效降低脆性。

目前针对复杂机电系统的脆性问题的研究刚刚展开，复杂系统的脆性理论和方法发展还不够完善，如何从集成系统的层面认识和解决脆性问题，需进一步展开深入研究。

5. 复杂机电系统集成制造

复杂机电产品制造过程需要大量企业进行协同、时间周期长、产品技术复杂、工装设备复杂、制造流程复杂、成本控制复杂、知识规范复杂、消费者和市场需求复杂等，使得一般复杂机电系统的制造与生产实际上是一个具有“高熵”特征的复杂系统工程。运用数字孪生和数字线程等先进技术[20-24]，以及生产设计的模块化和标准化是降低制造过程熵的好方法，但是，通用设备的特种功用，在集成设计制造方面对模块化提出了更高的要求，并随着复杂机电系统越来越复杂，其制造过程的总熵值并未有效减少，因而需要考虑如下几点：

(1) 如何依据复杂机电装备极高的服役功能要求，综合多学科知识形成适用于超高服役性能的新概念、新结构和新制造方法。

(2) 如何在极大尺寸、极小尺寸及跨尺寸的复杂工艺条件下实现复杂机电装备的高性能精密制造。

(3) 人 - 机融合智能制造过程中如何实现人工选择与自然选择相融合，实现机械体与生命体的智慧融合和功能集成。

(4) 基于数字化技术，如何将客制化、精益化和柔性制造的云智造要求同模块化、标准化相融合，以适应复杂度越来越高的现代大型机电装备。

(5) 基于最优集成度的低脆性复杂机电系统集成制造。

6. 复杂机电系统集成控制

对于复杂的开放巨系统，集成控制是将各个子系统的控制集成整合到一个自动调节系统之中，实现各子系统在总系统功能目标下的自动融合运行。

近年来，业界在人 - 机智能专家系统技术与大系统多级控制、多层控制、多段控制理论相结合，在复杂系统的能观、能控方面开展了研究，发展了大系统的智能控制、智能管理、智能决策技术，研究与开发了多级专家系统、多层专家系统和多段专家系统等。

系统全局上的“能通性”(即结构可通性，指控制系统的信息结构提供控制信息流通的可能性)是复杂机电系统“能控性”与“能观性”的必要条件[24]，也是实现集成控制的前提。而复杂系统是信息不完备、参数不确定、不确知以及强非线性的系统，系统内因果关系复杂，系统结构能通性不确定，不能保证全局上的能观与能控，因而在大系统分析与大系统集成控制方面，目前还存在以下科学问题：

(1) 复杂系统集成结构的能通性分析的普适理论和判据。

(2) 如何在子系统约束条件下，考虑集成协调关系，实现系统全局上的能观。

(3) 如何在系统集成结构关系复杂、连通性不确定的条件下，实现系统全局上的能控。

(4) 非线性复杂机电系统的稳健性分析理论和集成控制方法。

(5) 复杂机电系统近“零”滞后控制科学。

系统集成控制理论的发展将有力推动复杂机电装备关键技术的进步，例如，人 - 机交互技术是实现人 - 机一体化系统能通的集成控制技术之一，其关键是如何协调人与机电设备之间的关系，消除两个智能系统之间的通信及对话边界，以实现人 - 机高效、友好的交互和智慧的控制。

为了实现集成控制，需要运用多学科、多专业、多技术相结合的集成方法，特别是系统科学与计算机科学相结合，控制理论、运筹学与人工智能相结合，系统工程与知识工程相结合的方法，使系统能通、可控、可观、可协调，实现集成系统本身的全局优化控制。

7. 复杂机电系统综合故障诊断与信息监测

复杂机电系统的故障诊断与信息监测也需要集成技术。

目前复杂系统故障诊断与信息检测方法一般是频谱分析、倒频谱分析、包络分析、小波分析等，而大型复杂机电设备处于动态开放的复杂外部环境，如大型工程机械，其自身功能与集成结构极为复杂，装备故障源复杂且多样，信息融合就成为复杂机电系统故障诊断与信息监测的关键问题。

复杂机电系统具有多物理过程、多模块结构、多功能特性整体耦合的特点，在构建集成的测量感知网络的过程中，长时间运行会形成多源多参数的海量数据。另外，由于集成系统中装有大量的传感器，所获取的信息流受环境状态和传感器本身特性的制约产生耦合效应，如关联的二义性。如何降低这种耦合效应，在物理上与信息上形成准确映射，是研究中必须解决的难点。

因此，在复杂机电系统综合故障诊断与信息监测方面，其主要问题如下：

(1) 不同系统集成度对系统故障的影响。

(2) 集成条件下，复杂机电系统的数据层、特征层、决策层的多层次信息融合的高效统一处理，集成系统多源故障的智能识别和诊断。

(3) 基于系统界面耦合中物质流、能量流、信息流等数据驱动的多源信息融合的集成性能检测方法。

(4) 降低环境状态、传感器和多耦合界面的干扰，建立集成系统“结构 - 功能”与测量感知数据的映射关系。

8. 复杂机电系统集成科学中的智能科学

随着当代新兴科技迅猛发展，数字化技术和信息网络技术的广泛应用使得机械工程向着自动化、信息化、智能化不断演进，逐步实现由智能产品 / 装备，到智能制造单元、智能制造系统，再到全球制造系统的集成，这也对复杂机电系统的集成提出了崭新的时代要求。

复杂机电装备智能化集成就是将智能技术应用到复杂机电装备中，使机电装备具有灵敏的感知功能、正确的思维与判断功能以及准确有效的执行功能，是机器拟人化和机器无人化的过程。目前智能化技术有人工智能、智能增强、智能基础设施等，为满足先进生产力的需求，必须将智能技术与现有的复杂机电装备建模、设计、制造、控制、监测等理论方法与技术相融合，实现集成创新：

(1) 智能化的复杂机电装备，需要集成一个综合专家体系、数据和信息体系以及计算机体系等知识系统，满足复杂机电装备智能感知、思维和判断功能。

(2)“智能集成”，即赋予装备“智慧”，是复杂机电系统智能化的目标，而目前的智能化技术为“弱人工智能”，仅实现基本功能上的“智能化”，并不真正拥有智能和自主意识。智能化的量变到质变，以及转化到“智能”的关键机理尚待进一步探究。

参考文献

[1] 钟掘 . 复杂机电系统耦合设计理论与方法 . 北京 : 机械工业出版社 , 2007.

[2] 安小米 , 马广惠 , 宋刚 . 综合集成方法研究的起源及其演进发展 . 系统工程 , 2018, 36(10): 1-13.

[3] 中国航天系统科学与工程研究院研究生管理部 . 系统工程讲堂录 (第二辑). 北京 : 科学出版社 , 2015.

[4] 国家自然科学基金委员会工程与材料学部 . 机械工程学科发展战略报告 (2011～2020). 北京 : 科学出版社 , 2010.

[5] 爱德华・克劳利 , 布鲁斯・卡梅隆 , 丹尼尔・塞尔瓦 . 系统架构 : 复杂系统的产品设计与开发 . 爱飞翔 , 译 . 北京 : 机械工业出版社 , 2017.

[6] Cameron B, Selva D, Crawley E F. System Architecture: Strategy and Product Development

for Complex Systems. Hoboken: Pearson Education, 2016.
[7] 郑志刚 . 复杂系统的涌现动力学 : 从同步到集体输运 . 北京 : 科学出版社 , 2019.
[8] Incose. Incose Systems Engineering Handbook: A Guide for System Life Cycle Processes and Activities. 4th ed. New York: Wiley, 2015.
[9] 李海燕 . 面向复杂系统的多学科协同优化方法研究 . 沈阳 : 东北大学出版社 , 2013.
[10] 林枫 , 李名家 , 朱战波 , 等 . 燃气轮机智能制造的应用研究 // 面向增材制造与新一代信息技术的高端装备工程管理国际论坛 . 西安 , 2020.
[11] 尹泽勇 , 米栋 , 等 . 航空发动机多学科设计优化 . 北京 : 北京航空航天大学出版社 , 2015.
[12] 国家制造强国建设战略咨询委员会 , 中国工程院战略咨询中心 . 中国制造业重点领域技术创新绿皮书——技术路线图 (2019). 北京 : 电子工业出版社 , 2020.
[13] 卢秉恒 , 等 . 高端装备制造业发展重大行动计划研究 . 北京 : 科学出版社 , 2019.
[14] 中国机械工程学会 . 中国机械工程技术路线图 . 北京 : 中国科学技术出版社 , 2016.
[15] 张容磊 . 智能制造装备产业概述 . 智能制造 , 2020, (7): 15-17.
[16] 国家制造强国建设战略咨询委员会 . 中国制造 2025 蓝皮书 (2018). 北京 : 电子工业出版社 , 2018.
[17] 钱学森 . 论系统工程 . 长沙 : 湖南科学技术出版社 , 1982.
[18] 金鸿章 , 韦琦 , 郭健 . 复杂系统的脆性理论及应用 . 西安 : 西北工业大学出版社 , 2010.
[19] Grieves M. Product Lifecycle Management: Driving the Next Generation of Lean Thinking. London: McGraw-Hill Education, 2005.
[20] Grieves M. Virtually Perfect: Driving Innovative and Lean Products through Product Lifecycle Management. Cocoa: Space Coast Press, 2011.
[21] 方志刚 , 李斌 , 张露 . 复杂装备系统数字孪生 : 赋能基于模型的正向研发和协同创新 . 北京 : 机械工业出版社 , 2020.
[22] 胡权 . 数字孪生体 : 第四次工业革命的通用目的技术 . 北京 : 人民邮电出版社 , 2021.
[23] 迈克尔・格里夫斯 . 智能制造之虚拟完美模型 . 方志刚 , 张振宇等译 . 北京 : 机械工业出版社 , 2017.
[24] 涂序彦 , 王枫 , 郭燕慧 . 大系统控制论 . 北京 : 北京邮电大学出版社 , 2005.

本章在撰写过程中得到了以下专家的大力支持与帮助(按姓氏笔画排序):
丁　汉　朱向阳　刘　宏　李圣怡　项昌乐　姜　澜　郭东明　温诗铸
温熙森　蔡鹤皋　雒建斌　熊有伦

第 9 章　生物制造与仿生制造

Chapter 9　Biomanufacture and Bionic Manufacture

生物制造与仿生制造是指直接利用、改性或模仿自然界模本的结构属性、运行模式、功能原理或生命特征等制造人工产品的科学，其将人类与自然生命组织功能和进化过程延伸到了机械工程技术中，全面阐述生物多尺度、自组织复杂结构与功能形成过程中物质、能量、信息规律等，是生物、仿生、材料等与机械工程的有机融合。生物制造与仿生制造突破了传统学科的思维形式和边界限制，围绕“理论创新需求、技术攻关需要、可续发展驱动”发展战略，以国家重大工程实际需求为牵引，以仿生学为突破点，以优质高效、绿色低耗、智能可续为基础，正向着仿生高端智能装备制造、仿生微纳敏感元器件制造、高性能国防装备仿生制造、功能性生物材料制造、类生命体仿生机械系统制造、仿生健康装备制造、仿生自适应 3D/4D 跨越式制造、极端条件下的仿生制造、多信号 / 多功能融合高端仿生传感器制造等原理与技术领域纵深方向发展。构建了源于多学科交叉的全新基础理论、设计原理、制造工艺与高端装备等，是目前机械设计、先进制造、医疗康复等重点领域中的前沿技术，成为第四次工业革命中原始创新的重要源泉，对提升我国机械制造水平，解决重大战略需求具有深远的现实意义。生物制造与仿生制造已成为推动机械工程创新发展及装备制造产业技术变革的重要原动力，突破仿生设计、生物制造、类生命制造、人 - 机融合等关键技术瓶颈，促进了机械工程基础理论创新、技术升级和成果转化链条的有效衔接，强化了生物制造与仿生制造成果在航空航天、能源、军事、电子、健康等重点领域的应用。

9.1　内涵与研究范围

9.1.1　内涵

生物制造是指直接利用、改性或模仿生物活性组织、生理属性、结构特征、机能特性等进行工程化制造的技术，其研究内容包括：人工生物组织、器官、器官芯片及其功能替代物的制造、生物医学器件和装备制造、以受控生物系统为载体的制造、类脑结构体制造等。仿生制造是指模仿生物、生活、生境等模本结构、运行模式或功能原理制造人工产品的技术，其研究内容包括：① 面向仿生的生物学研究，即研究生物系统各个层次的结构功能、行为控制、生长发育、起源进化，以及生物与周围环境的关系等，这是基础研究，也是仿生学的生物学基础；② 工程技术需求研究，即将生物模本信息与工程研究对象相结合，采用一定的技术与方法，转化生物的优异功能，设计并制造出满足工程技术需求的人工制品。

生物制造与仿生制造的特点主要体现在：以生物组织、器官、系统的结构、性状、原理、行为及其相互作用规律为模本，融入制造科学，使制造出的产品具有类生物 / 生命特征。目前，生物制造与仿生制造还处于初级阶段，很多问题亟待解决。首先，实现生物制造与仿生制造技术上的突破，需要阐明生物体的功能形成机理、自然生物系统制造过程中的行为及调控机制等；其次，自组装形成的多组分复杂精细结构的生物组织，无论是直接利用还是模拟，目前的制造技术都需要提升；最后，生物制造与仿生制造必须通过制造科学、生物技术、材料、化学、纳米科学等领域的交叉协同研究，才能在关键科学问题与共性关键技术上产生突破，从而形成新的制造原理，开发新的制造技术，生产新的人工产品。

生物制造与仿生制造是生物、仿生、材料等与机械工程的有机融合与可续创新，其将人类与自然生命组织功能和进化过程延伸到了机械工程技术中，全面阐述生物多尺度、自组织复杂结构与功能形成过程中物质、能量、信息规律等，突破仿生设计、生物制造、类生命制造、人 - 机 - 环境融合等关键技术瓶颈，促进了机械工程基础理论创新、技术升级和成果转化。

9.1.2 研究范围

生物制造与仿生制造承载着为机械工程基础产业升级、人类生活质量提升、国家安全保障等创造和发明新技术、新工艺和新装备的重任。面对愈发激烈的全球竞争，在“创新驱动、质量为先、绿色发展”的工业需求牵引和新一代信息技术革命的驱动下，社会需求的日益提升促使生物制造与仿生制造不断挑战“极限”，向着极大装备、极小精密、极致功能、极端工况、极度智能等纵深方向发展，而目前现有的技术还远未达到这种要求，并且很难突破极端制造瓶颈。自然界生物以最精妙的纹理形态、最精巧的复合结构、最经济的多相材料、最低的形成温度、最简单的合成工艺等相互协同作用，展现出了与环境最大的适应性，并以最低的物质和能量消耗获得了最大的功能时效。因此，“师法自然”有望成为解决机械工程纵深发展面临重大瓶颈的最有效方式之一。

生物制造与仿生制造是典型的多学科交叉前沿领域，从对生物的结构、功能、演化、行为、特性等研究出发，构建生物功能机理向机械系统映射的规律与方法，或基于生物体进行功能化产品制造，也正是这一领域特征使其研究范围不仅涵盖机械工程学科中的仿生机械设计、绿色精密加工、智能控制等领域，还包括对生物系统与机械系统的融合领域进行深入研究，如生机融合技术、类生命体设计及制造等。

因此，生物制造与仿生制造领域的发展应满足经济社会和国防发展重大需求，面向国家科技发展重大战略，通过揭示生物先进功能特性，解决仿生设计、智能感知和人 - 机融合等关键科学问题与核心技术难题，实现基础理论核心问题突破、共性关键技术攻关、先进器件与装备制造等环节，建立生物制造与仿生制造领域的创新制造理论与技术体系，其主要研究范围（见图 9.1）如下。

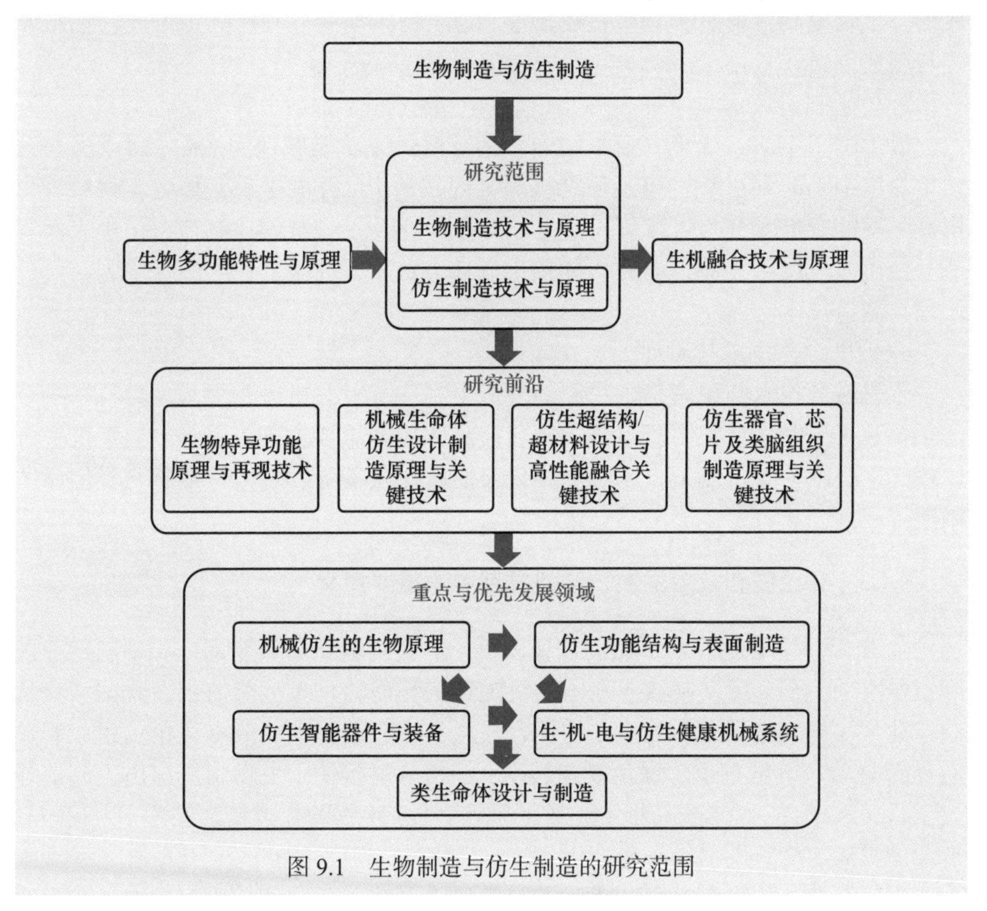

图 9.1　生物制造与仿生制造的研究范围

1) 生物多功能特性与原理

生物表面、组织结构、材料成分、功能原理是开展生物制造与仿生制造的理论基础，主要包括针对生物多功能的基础成分系统、致动系统、传动系统、执行系统、感知系统、控制系统和功能实现模式等的生物学原理进行分析，探索其在机械系统设计与制造过程中的映射规律与方法，从而进行服务机械工程的多元仿生设计与制造研究。

2) 生物制造技术与原理

以细胞、活性分子、生物组织、生物器官等特性与功能原理为基础，开展功能结构生物体制造、再生医学模型制造、体外生物 / 病理 / 药理模型制造、以细胞和活性分子为基础的细胞 / 组织 / 器官 / 微流体芯片制造、先进医疗诊断设备与关键医疗器械等研究，形成利用生物形体和机能进行制造及制造类生命或生命体等技术，包括生物（去除）加工、生物连接成形、生物自组装成形、生物约束成形、生物复制成形、生物生长成形等，为生物医学构件和产品提供设计创新原理与制造创新技术。

3) 仿生制造技术与原理

以生物、生活、生境等模本结构、运行模式或功能原理为基础，将人类与自然生命组织功能和进化过程延伸到机械工程技术中，开展生物、仿生、材料等与机械工程的有机融合与可续创新研究，发展出包括仿生 3D/4D 制造、仿生表面制造、仿生多尺度精密制造等在内的仿生制造方法，为机械工程应用提供创新设计原理与制造技术。

4) 生机融合技术与原理

生机融合技术与原理是生物制造与仿生制造统一、机械工程与生命科学融合的重要途径，也是生物制造与仿生制造产品应用的重要方向，主要包括生机融合原理、生机融合系统制造技术、一体化智能医疗装备开发、人造器官与类生命体制造等。

9.1.3 在经济和社会发展、学科发展中的重要意义

随着新一轮工业技术革命的快速发展，工业制造领域被重新定义，制造业国际竞争空前激烈，建设制造业强国是我国经济转型的重大战略需求。我国正在从制造业大国向制造业强国转变，增长方式正在由要素驱动、成本竞争、粗放制造向创新驱动、质量竞争、绿色制造转变，在这一过程中，生物制造与仿生制造通过学科交叉融合，将形成智能 / 智慧化和类生命 / 生物的先进制造技术，为我国制造业的发展与变革助力。

生物制造与仿生制造已成为制造科学的重要组成部分和前沿方向之一。生物制造与仿生制造遵循“师法自然”的原则，基于自然界生物精细的结构、自组装受控的成形过程、优异的功能或性能，进行利用、模仿、制造等，突破原有思维模式与传统工艺的限制，在关键领域实现国际领先水平的并跑或领跑。同时，生

物制造与仿生制造是典型的交叉学科，突破了原有学科的限制，为制造科学与技术创新发展提供了源泉，其具有“高效、低耗、绿色、可续”的特点，是制造领域向智能化、环保化等方向快速发展的重要途径。

在未来 10～15 年，机械系统将向更高速度、更高精度、更极端尺度和更苛刻工况发展，需要更为精准的感知、智能的调控、高效的驱动，而生物系统在残酷的生存竞争中所进化或表现出的优异性能，能够为突破机械系统的这些瓶颈问题提供有效的解决方案。例如，人们模仿苍蝇复眼结构制成的蝇眼照相机，一次可拍 1329 张高分辨率照片；美国海军模仿海豚皮肤的功能和结构，制成的人工海豚皮潜艇和鱼雷，仿生表面使其航行阻力减小；波士顿动力公司研制的机器狗“Bigdog”，可在 35° 坡度的山道上负载稳定快步行走；吉林大学研制的仿生非光滑汽车模具的热疲劳强度提高了 80%[1]，研制的耦合仿生石油钻头比同类钻头寿命提高近一倍[2]；中国科学院通过模仿蛋白质微观结构，合成了可调谐的人工光子晶体，制造出吸光率几乎达到 95% 的光学“黑硅”表面[3]。因此，仿生制造将在解决光刻、芯片、发动机、超敏感知、高性能功能器件、高效工程机械等制约我国科技发展的新 35 项“卡脖子”技术中产生重要作用。

目前，全面健康等战略举措也正推动着机械工程与生命、健康领域的深度融合。在这一背景下，生物制造与仿生制造成为学科融合的前沿与主要创新方式。在未来 10～15 年，生物制造与仿生制造将在超敏传感器件、智能化医疗康复产品、人造器官、类生命体等方向产生重大突破，并推进生物与仿生制造先进加工技术的快速进展，而这些方向的突破也必将满足先进制造、全面健康等重点领域的重大需求，例如，2016 年，美国等待器官移植者约 16 万，捐献器官者仅有 1.6 万；我国每年等待器官移植者约 30 万，而捐献器官者仅有 1 万。3D 打印技术的出现实现了生物模型直接到仿生制品的跨越式制造，可以打印各种复杂的人造组织与器官，从最初的打印耳朵、牙齿、骨骼等，到更为复杂的血管、心脏、肝脏等，实用性不断加强，必要性也逐渐显露，给器官移植等医学领域的发展提供了新的技术途径。3D 打印在定制化人工关节领域有巨大的市场潜力，我国每年人工关节置换手术 (主要是髋、膝关节) 就有大约 80 万台，而实际需求可能超过 200 万台。然而，对于结构复杂的人体器官，仍然不能真正应用于器官移植 (虽然 2015 年 3D 打印的肾脏组织成功问世，但仅供医学研究使用)。针对器官修复等新技术的发展需要，目前首要工作是推动生物技术与材料技术的融合，加速仿生医学、再生医学和组织工程技术的发展，推进增材制造 (3D 打印) 技术在植 (介) 入新产品中的应用。此外，器官 3D 打印技术也属于高端医疗器械范畴，随着仿生制造和生物组织制造技术的发展，人工关节、假肢等假体将会越来越接近人的真体结构、外观和功能。生物活性组织器官具有自组织、自愈合、自增长和自进化等功能，它将在修复和替代人类受损器官中发挥作用，提高人们生活质量。

正是由于生物制造与仿生制造对机械工程科技创新的重要推动作用，同时学科发展需要在生物、机械、信息、材料等多领域实现突破，国内外出台了各种战略措施推动机械工程的创新发展，以期为经济社会发展和人民健康提供更有利的保障。例如，2016 年美国为确保其未来科技的战略优势，发布了《2016—2045 年新兴科技趋势报告》[4]，确定 20 项新兴科学技术，将合成生物技术、机器人、先进材料、增材制造等作为美国科技发展重点。1999 年，美国国家研究委员会编写的《展望 2020 年制造业的挑战》提出“生物制造技术”是 21 世纪制造业最重要的 10 个战略技术领域之一[5]。2008 年，美国国家工程院院长 Charles Vest 在机械工程之未来全球高峰会议上预见，涵盖微小到宏大系统的技术“在 21 世纪将有巨大前景”。两个前沿将给工程界带来巨大冲击，第一个前沿是空间越来越小，时间越来越短的技术。这一前沿技术依赖于生物技术、纳米技术和信息技术的发展，要求机械工程师跨越传统的学科界限进行工作。中国《国家中长期科学和技术发展规划纲要（2006—2020 年）》[6] 将生物技术列为我国五大科技发展战略重点之一，《中国机械工程技术路线图》[7] 将仿生制造列为机械工业重点发展六大主题之一，《2049 年中国科技与社会愿景——制造技术与未来工厂》[8] 指出中国将生物制造列为机械工业未来前沿技术之一。

综上所述，在推进先进制造战略过程中，需要创新的产品设计方法和高效低耗的制造生产技术；在国家推进资源节约型社会体系建设过程中，面临的首要问题是现有机械系统驱动和能量转化效率较低。由于生物具有高效的能量转化能力，如何复现生物优异性能设计和制造机械系统，是产生颠覆性的驱动与能量转化技术的关键。可见，我国多项关系到经济社会发展和国家安全的重大战略实施，均亟须在生物制造与仿生制造领域开展系统性的研究工作。我国正处于建设创新型国家与加快生态文明体制改革的决定性阶段，紧随并引领世界科技前沿，发展新型绿色生物制造技术，支撑传统产业升级变革，关乎资源、环境、健康等，符合国家重大战略需求，深化和拓展生物制造和仿生制造领域研究必将有力地推动我国重大战略的实施。

9.2 研究现状与发展趋势分析

9.2.1 研究现状

生物制造与仿生制造注重跨学科交叉，以国家重大工程实际需求为牵引，从多角度、多层次协同攻关科学问题与共性关键技术出发，实现生物制造与仿生制造技术的融合创新与可持续发展，赢得战略主动。

在国际上，发达国家的相应基础研究均以其国内知名研究型高校实验室为主体，如美国加利福尼亚大学采用一个最基础的、只有 100 个神经元突触的仿生芯片，执行并完成了人类大脑最典型的任务——图像识别，这在人类史上尚属首次。此外，哈佛大学仿生设计实验室在软体驱动器、传感器及机器人集成系统研究方面全球领先，如哈佛大学微机器人实验室设计出的每秒可以执行 75 次动作的 Delta 机器人，移动速度达 0.45m/s, 它是目前体积较小、移动速度与精度相对较高的机器人。麻省理工学院和约翰·霍普金斯大学在人 - 机一体化智能系统及神经交互领域研究超前，其中，麻省理工学院的人工智能实验室是世界上最重要的信息技术研发中心。此外，以美国和德国等为代表的科技创新型国家设立了多个相关的国家级创新中心，如美国劳伦斯伯克利国家实验室和德国马普研究所等；国际知名企业如国际商业机器公司 (IBM)、波士顿动力、本田等设立研究开发基地，并在诸如人 - 机交互式信息传输、仿生动力系统设计等领域处于国际领先水平，如 IBM 成功研发出 8 位智能模拟芯片，这是人工智能发展步伐上的巨大飞越。在德国，若干大学、研究所和企业等采用合作模式，如 FESTO 公司在仿生机器人方面、Binder 公司在仿生黏附材料方面等与学校合作，总体采用政府引导与企业联合互为补充方式，针对基础研究周期长、需要不断投入的特点，设定阶段性和阶梯性研究目标，并引入竞争机制，不断促进基础研究发展和壮大。

目前，美国、德国、英国、以色列在生物制造与仿生制造领域处于领先地位，其中，美国在仿生机器人制造领域发展迅速，在仿生飞行器与驱动器方向取得重要进展；德国在仿生功能表面制造领域起步较早，在仿生自清洁方向特色明显并领先。面对全球范围新一轮科技和产业变革的机遇及挑战，这些创新型国家，均在进一步加大生物与仿生制造的基础研发投入力度，对低耗和绿色生物制造、仿生功能材料制造、仿生耦合制造、仿生功能器件与仿生机构、类生物体机器人和人 - 机一体化智能系统等关键技术进行支持，并积极推动技术成果的工程化及其在能源、健康、军事等重点领域的应用。

国际上，创新型国家在基础研究与应用上进行了长期的学科布局，美国在《2020 年有远见的制造业挑战》[9] 中指出生物制造技术的深化发展是解决当前生态环境污染的重要途径，为人类社会健康可持续发展保驾护航。欧盟《未来制造业：2020 年展望》[10] 及日本《机械学会技术路线图》[11] 等将生物制造与仿生制造列为未来研究的重点攻关内容。上述各类布局对于生物制造与仿生制造技术在科技计划中的布局及持续发展提供了指导依据。美国国防部高级研究计划局在大型基础研究项目设置和组织方面做出了很好的示范，例如，其支持的“革命性假肢”项目分三期投入研究经费逾亿美元，设置了明确的阶段目标，聚集了约 30 所大学和研究机构，开展了持续十年的联合研发，在智能假肢领域取得了突破性进展，并直接带动了人-机一体化智能系统与装备领域科学方法和关键技术的进步。同时，国家科研机构与政府联合构筑卓越科学研究的持续保障，实施科学中心机制，强化资助高效性，以鼓励学科交叉与原创突破；注重多学科交叉与融合，组建本领域具有国际领先水平的研究团队，促进不同研究领域广泛交流，发挥人才交叉优势；建立合理科研评价体系，促进基础科研创新、技术更新和成果转化链条的有效衔接。

在国内，开展生物制造与仿生制造研究的科研基地主要包括吉林大学工程仿生教育部重点实验室、浙江大学流体动力与机电系统国家重点实验室、上海交通大学机械系统与振动国家重点实验室、北京航空航天大学仿生智能界面科学与技术教育部重点实验室、西安交通大学机械制造系统工程国家重点实验室、清华大学生物制造与快速成形技术北京市重点实验室、西南交通大学牵引动力国家重点实验室、南京航空航天大学江苏省仿生功能材料重点实验室等。重点发展方向包括：① 仿生功能结构与表面设计制造原理；② 多尺度仿生制造工艺与装备；③ 生物制造原理与仿生制造实现方法；④ 生命组织和器官制造；⑤ 类生物体机构设计与制造；⑥ 人-机一体化智能系统与装备制造等。

目前，我国已批准设立了仿生科学与工程一级学科，生物制造与仿生制造隶属于该一级学科体系中，但是急需面向工程需求和知识体系建设的具体布局。我国在国家各类科技计划中加大了对生物制造与仿生制造进行研究的力度。国家自然科学基金委员会机械学科将“机械仿生学”学科代码 (E0507) 调整为“机械仿生学与生物制造”，加入了生物制造，扩大了内涵；工程与材料科学部“十三五”优先发展领域“增材制造技术基础”中包含了生物 3D 打印及功能重建；“共融机器人”重大研究计划也将软体机器人、人-机融合智能系统列为优先支持方向；国家重点研发计划“激光与增材制造”专项设置了生物增材制造专题，布局了个性化假体、可降解生物支架、活性细胞打印等研究方向；“智能机器人”专项对康复医疗机器人进行了重点支持，资助课题涉及仿生机构设计与制造、人-机一体化智能系统制造等领域一系列重大科学技术问题；国家重大专项计划设置了“微纳米医用机器人”“仿生表面界面科学”等生物与仿生制造课题；国家重点研发计划“变革性技术关键科学问题”专项 2019 年发布了生物制造与仿生制造指南，立项支持了“体外组织 / 器官精准制造基础”“大型复杂过流曲面构件仿生设计制造基础”等项目。

我国生物制造与仿生制造研究起步和国外相近，但对于基础科学问题研究的支持力度和持续性方面与发达国家有明显的距离，在关键技术跨学科研究方面也缺少重大项目的支持和组织机制的保障，导致生物制造与仿生制造基础研究的原理创新能力不足，且当前生物制造与仿生制造研究多数集中在方法和机理等研究，其深度有待加强，关键技术呈碎片化，工程应用还不多。

未来在基础研究领域需要重点突破的问题包括生物材料与仿生材料制备、仿生功能器件 / 结构 / 机构设计与制造、多尺度微纳仿生制造原理、生物 3D 打印工艺、生物信息测量的新原理、高通量传感器、人 - 机信息通道重建与人 - 机功能融合等“卡脖子”技术。因此，尚需国家长期对生物制造与仿生制造领域进行持续支持，促使相关研究人员专注解决领域难题，不断完善技术，最终促进相关基础研究技术到高端产品的应用转化。

20 世纪 60 年代仿生学成为一门学科以后，仿生学家致力于从解决工程问题角度重新认识某些生物功能及机制，由于认识水平与技术手段的限制，人类对生物功能原理的认识不够深入，加工手段难以实现微纳米尺度和复杂结构，很多仿生制品“形似”多，而“神似”少。随着生命科学与制造技术的不断深入融合，生物制造与仿生制造已经成为机械工程学科与生命、信息、材料等诸学科深度交叉融合的前沿，以及促进机械工程技术与产品更具生命力的重要推动力。在这一过程中，生物制造与仿生制造由于其研究方法、研究领域的相似性，研究目标的一致性，正在逐步产生融合，近年来对生物与仿生制造的研究前沿均集中在对生物功能机理、生物组织构建方式、生物多尺度结构 - 功能化器件 - 感知驱动一体化机构、多级类生命体制造等方面，并取得了阶段性成果。

1) 生物功能机理研究现状

前期主要通过对模本生物的生活习性和生物学行为进行定性观察，对其优异机械性能的原理进行经验式推测与判断；中期基于对离体的生物表面及结构机械性能的标准化测试与表征，从形态、结构、材料等多因素耦合的角度，揭示生物表面及结构的机械性能原理[12,13]；后期借助先进的显微观察与表征方法，从微纳观尺度，对具有一定生理活性的生物表面及结构的机械性能原理进行更加深入系统的分析。目前，针对生物表面及结构机械性能原理的研究，还缺乏成熟的生物机械理论支撑，尤其是针对特定生物表面与结构的专门机械理论体系亟待建立。未来生物表面及结构机械性能原理研究将侧重于借助更为先进的生物技术与观测仪器，直接观测活体生物的体表结构特征及其机械性能的实现过程，探究环境介质、空间和时间的变化对生物表面及结构机械性能的同步影响规律和相互作用关系，深入探索生物表面及结构机械性能在生命活动过程中的实现方式与作用机制，最终达到对典型生物表面形态、宏观 / 微观结构以及材料特性准确、定量分析，对生物表面形态、结构、材料等因素与功能特性间关系和规律精确揭示等发展目标。

动物的运动对自然环境具有极强的适应性，是人们设计各类新型运载机械的重要灵感源泉。运动仿生的生物学原理主要涵盖陆地、空中以及水生生物的奔跑、跳跃、飞行、游泳等运动开展的相关研究。最早从研究动物的行走开始，逐渐发展为针对动物游动、飞行乃至跨介质运动机理的研究。早期研究主要依靠高速摄像机、粒子图像测速仪等成像装置，获取动物运动过程的宏观图像信息。近年来，随着以计算机断层扫描术、显微成像、数字散斑等为代表的先进成像与分析技术的广泛应用，动物运动原理的研究得以深入更多领域。但目前的研究还局限于宏观的运动学领域，而对于生物微观运动及跨介质运动等方面的研究有待深入。随着生物运动原理和先进材料研究的发展，目前仿生运动的发展趋势从传统的机械驱动逐渐转为与生物体更为相似的运动方式，这对生物运动原理的研究提出了更高的要求。需采用更为先进的测试分析手段，建立更接近生物本体的运动学模型，构建面向不同功能的仿生机械设计的生物基础理论[14]。

2) 生物感知与智能调控研究现状

此前关于生物感知及智能调控的研究多集中于模本生物本体单一特征结构/感受器官及其感知机理的发现，以及环境条件对生物智能调控行为影响规律的定性探索。近年来，随着现代显微观察与表征技术的迅猛发展，在生物感知及智能调控的基础研究方面，研究人员对典型生物的特征感知结构/器官进行跨尺度定性的宏观观察和定量的显微表征，并能够进一步分析其在分子水平的感知及调控机制，从而深入揭示生物感知及智能调控的内在生物原理[15]。

生物的自适应功能包括生物的形态、结构、材料、生理及行为对环境的适应。通过在长期的环境适应过程中不断进化，生物具备了包括自我修复、环境伪装、方向辨别、环境耐受等特性[16]。科学家受此启发，开展了雷达、导航、自适应功能表面等为代表的研究新领域。直至今日，仍不断地从生物模本中汲取灵感，用源于自然的手段，帮助人类进一步适应和改造自然。目前，生物自适应功能的深层次原理和机制尚未得到系统深入的研究，具有部分化、表面化的局限性。未来将面向高端装备绿色、环保、低耗等功能需求，系统研究生物修复、变色、伪装、定位、导航、耐抗性等自适应功能原理，揭示生物自适应功能原理的研究逐步从生物单一结构因素研究，发展为结合生境条件下的形态、结构、材料等多因素耦合研究[17]，并进一步从生物多样性中汲取灵感，归纳共性规律。

未来，机械仿生的生物功能原理研究的发展趋势是多学科交叉融合，综合运用机械工程、生命科学、信息科学等领域的研究方法，从不同角度对机械仿生的生物原理进行全新的解读和诠释，实现对机械仿生的生物原理的系统认知，进而促进机械仿生技术的突破式创新发展。

3) 生物组织构建方式与加工制造研究现状

生物系统通过材料成分、多级结构和几何形状的有机结合，展现出优异的功能特性。而要在生物制造与仿生制造过程中实现对生物功能最大化的设计与重现，不仅需要更加明确生物结构功能机理，开展面向更广泛尺度范围的仿生结构设计，还需要依据生物生长过程中对组织的构建方式进行生物制造与仿生制造工艺方法的开发。

生物体一般是以增材制造的方式进行组织构建的，因此在生物制造与仿生制造领域，增材制造方法通过与仿生技术融合，形成了仿生增材制造技术。仿生增材制造是模拟天然生物的累积生长及再生行为，采用堆积成形技术，使制造的材料、机构、器件具有类似生物系统的结构、形态、性能或功能。例如，Dimas 等 [18] 受贝壳珍珠层和人骨材料的启发，利用多材料喷射打印方法，制备了具有优异抗断裂机械性能的仿生材料；Qin 等 [19] 受蜘蛛网结构启发，3D 打印仿蜘蛛网的纺织网络结构，验证了其优异的力学性能与网络结构之间的关联。同时，仿生增材制造在智能材料结构领域也展示出巨大的制造和应用潜力。例如，Sydney Gladman 等 [20] 采用 3D 打印出可吸水变形的智能花朵，运用改进的喷射增材制造技术获得树脂聚合物赋形新方法。面向蜂窝、多孔、点阵等复杂间隙结构的仿生增材制造研究，是目前该技术向工程领域转化应用的重要方向，其中，数字化仿生设计、拓扑优化设计和轻量化设计是仿生增材制造实施的必要前提和设计基础。增材制造的间隙非实体仿生结构具备生物材料 / 结构的优良特性，在质量减轻的同时，材料强度和刚度等得以保持，并在吸能减振、消声降噪、电磁屏蔽、透气透水、隔热换热等性能方面效果显著，在航空航天、汽车行业、生物医疗等领域都具有很高的工程应用价值。

此外，近年来研究者利用增材制造技术，开始进行高精度、复杂且多功能的表面界面多尺度仿生结构研究 [21]。例如，模仿植物叶片超疏水微纳结构制造的仿生超疏水打蛋器结构，在微滴操作和油水分离中具有潜在应用；受蝴蝶翅膀分级结构启发制造的微纳表面，呈现出虹彩、偏振等多种功能特性，实现了结构、颜色和自清洁多功能组合等。以仿生疏水 / 疏油、变色、润滑、自清洁结构为代表的表面界面多尺度结构，在航空航天、医疗、电子、机械等领域具有广阔的应用前景。

基于生物结构或者器官的动态智能行为，通过形貌设计、理论计算和 3D 打印相结合，借助智能材料和几何学，实现打印结构在时间和空间维度的有效控制，实现打印的材料或器件在一定刺激条件下随着时间而发生自身形状、性能甚至功能的变化，称为仿生 4D 增材制造 [22]。随着 4D 增材制造技术引入时间与环境激励因素，其已经成为最接近生物组织构筑行为的制造方式，得到生物制造与仿生制造领域的极高关注 [23]。仿生 4D 增材制造可获得其他技术无法比拟的新产品，这些产品不仅包括非生命的仿生智能制品，还包括具有生命活性组织和完整生命体，这在时间维度上又增加了一个生命维度，称其为仿生 5D 增材制造。仿生增材制造的原理与技术，不仅有力助推了生物模型直接转化为仿生产品的过程，还使仿生制品无论在结构上，还是在性能和功能上都更接近于生物模本，使仿生制品具有更优良的适应性和智能性。目前，仿生 4D 增材制造研究仍处于起步阶段，尚有许多瓶颈和技术难题有待突破。

目前，面向航空航天、健康医疗和光电子等工程领域的需求，国内外正加快推进仿生增材制造技术向实际应用的步伐。新一代传感器、驱动器等功能和性能保证以及环境适应性等，已由仿生设计与增材制造途径实现。例如，受苍蝇眼睛启发，打印无畸变、宽视野的微型人造复眼；模仿鹰眼打印的人造光学系统，可以实现 70° 全角度分辨率，角度分辨率可高达每度两个周期；受皮肤感知能力启发，打印出可以通过电阻的变化监测外力变化的三维电子元件；搭载牛细胞打印制造出的仿生人耳，可以接收和传导声音等。针对复杂结构、小批量制造和智能需求的高精度传感器、可折叠空间变形装置、生物医学装置等功能器件问题，如何应用现代仿生设计原理，描述器件功能结构的拓扑，建立仿生增材制造功能器件的设计、制造与功能验证一体化理论，解决工程领域智能变形、驱动、致动的快速、高效、精准实现问题，是该领域的重要研究内容。

未来，生物制造与仿生制造领域将重点向多材料复合、多因素耦合以及复杂结构的仿生数字化、逻辑化和智能化设计方向发展，向结构 - 功能一体化的仿生结构设计与制造同步构建的方向发展，向标准化与个性化结合统一的方向发展，向自组装、自维持、自进化、自设计与自循环的智能化方向发展，向高效率与低成本的方向发展。

4) 多尺度结构仿生设计与制造研究现状

实现部件功能提升与突破，集成开发具有更高性能与智能化水平的感知驱动一体化机构，是生物制造与仿生制造重要的技术开发途径，也是其服务机械工程、促进学科交叉、推动学科前沿作用的重要表现。例如，在多尺度结构设计领域，生物制造与仿生制造重点针对表面物理性质进行了设计研究，其中，湿润滑是自然界中最常见的界面形式，也是工业领域最常用的技术需求。20 世纪 70～80 年代，为实现节能减排的目的，具有优异湿润滑性能的生物原型（荷叶、蜣螂体表等）受到关注。在揭示其表面结构与功能机制过程中，人们认识到表面微纳结构的合理设计制造能提升表面性能，甚至产生新功能，进而实现减阻、自洁等性能的仿生功能表面技术应运而生[24]。国内，任露泉[25]等研究自然生物防黏机理，提出了仿生非光滑防黏表面技术，研发出仿生防黏犁铧；近年来研究成果进一步拓展应用到仿生油田勘探钻具、热作模具、制动盘 / 毂、水泥磨辊等部件[2]；江雷等[26]提出利用微纳粗糙结构和低表面能材质耦合作用，实现了仿荷叶超疏水防黏策略，并制备出了防污布料、自洁玻璃等。此外，自然界在湿表面功能化方面进化出了功能截然相反的生物，具有强湿摩擦功能的树蛙、章鱼与超滑猪笼草、瓶子草等[27]。Kim 等[28]借鉴猪笼草湿滑机制提出含液光滑表面防黏表面，陈华伟等揭示了界面液膜调控机制，发现了液膜单方向超高速搬运和液膜法向均匀碎化新现象，提出了液膜隔离防黏新策略，建立了微纳结构与材质协同仿生设计制造方法，并将其应用于医疗器械防黏防滑、航空器防冰等领域。韩志武等[29]揭示了沙漠蝎子体表抗冲蚀机制，研发了螺旋桨叶片抗冲蚀表面结构仿生设计技术，显著提升了表面抗沙粒冲蚀能力。

生物制造与仿生制造正在快速融合，这也代表着生物系统与机械系统将实现对接，充分发挥各自优势，实现更高、更强的功能，在这一过程中，生 - 机结合技术将成为重中之重。例如，生 - 机接触表面界面多尺度结构显著影响着组织细胞的附着、再生与信号灵敏度等，对医疗器械操作的安全性、检测的精准性起着决定性作用；脑电极或汗液传感器电极表面微纳结构影响着信号灵敏度；手术器械表面结构影响着黏附；植 / 介入物表面结构影响生理相容、组织再生等。“生 - 机接触”更是自然生物在生存环境中常见的活动模式，经数亿年进化形成了许多优异的“生 - 机接触”表面界面功能策略。Bohn 等[30]表征分析了典型植物叶片干 / 湿环境下表面摩擦的差异性，揭示出表面各向异性微结构与液体协同作用是湿滑防黏的关键因素。Scholz 等[31]表征分析了树蛙脚垫微纳结构特征。Arzt 等[32]通过比较蚱蜢、树蛙脚垫结构，揭示了六边形棱柱结构的湿摩擦特性。在湿滑防黏方面，Wong 等[33]研制出仿生梯度液浸含液光滑表面结构，用于生 - 机接触表面界面防黏附、防血渍；Lipomi 等[34]基于自然生物黏附机理，研制出适于皮肤、内脏粘贴贴片，湿黏附能力提高数十倍；Chortos 等[35]在电子皮肤设计制造中，利用仿生金字塔微结构显著提升了电子皮肤的灵敏度、循环稳定性，降低了信号滞后时间。国内北京航空航天大学、吉林大学、西南交通大学在生 - 机接触界面功能化技术上开展了大量探索性研究，研制出了仿生防黏电刀、仿生防滑夹钳等。

能源与信息的感知、采集、利用和管理是机械系统和生命系统关注的重要问题，而在这方面生物显然具有显著的领先优势。例如，自然界生物 (变色龙、蝴蝶、蛇等) 通过体表的微纳结构 / 材质与电磁场相互作用，实现对电磁波的吸收、增强、调控等功能，这是仿生表面的重点研究方向[36]。目前，我国的光电材料和结构仿生设计与制造的研究尚处于起步阶段。美国国防部高级研究计划局、美国空军科学研究办公室和英国工程与物理科学研究委员会等都重点对红外传感系统及应用展开了研究。美国 Natcore Technology 公司利用光学结构仿生原理，制造出可见光吸收率达到 95% 以上的“黑硅”光学表面，大幅提高了太阳能电池光电转换效率。吉林大学通过模仿蛋白石、蝴蝶等生物微观结构制造出可调谐的人工光子晶体类超材料。中山大学和电子科技大学等基于变色龙光子晶体周期调控与表观颜色变化机制，研发了具有自愈能力的仿变色龙电致变色柔性材料，开发了仿变色龙的伪装机器人，实现了可逆的快速变色效果。天津大学开展了系统的仿生物复眼的研究工作，完成了生物复眼的精确仿生制备和测量，实现了仿生复眼大景深、大视场、超高分辨率等传统图像采集设备难以达到的功能。

5) 类生命体制造与仿生健康技术研究现状

随着生物制造与仿生制造的融合，人们关注的中心已经从单纯的仿生结构设计制造、生物制造产品转变为具有生命属性产品的设计与制造，也就是多级类生命体的制造。多级类生命体的制造可以实现更为复杂的功能目标，也能通过对生物的模仿研究，实现增强人体功能或保护人体健康的功能。这也使得生物制造与仿生制造必将由此实现融合与统一，并实现人造生命这一长远目标。生物与仿生器件、生 - 机 - 电一体化等成为近年来的研究热点。

在生物与仿生器件方面，德国基于细胞通信的生物芯片和计算机运算速度可达每秒十亿次；仿生智能驱动器件已广泛应用于人造皮肤、人工肌肉驱动器、药物输送、软体机器人及可编程结构等领域。智能驱动器件的工作基于智能柔性材料，主要包括流体类、聚合物类和凝胶类[37]。其中，流体类智能材料，如电流变液和磁流变液，仅能在电场或磁场环境下实现响应，并且增加了器件封装的难度；聚合物类智能材料，除了介电弹性材料驱动模式单一，液晶聚合物和形状记忆聚合物均具有多重响应模型；利用微流控芯片实现全血中稀有循环肿瘤细胞的高效提取和分离，实现“液体活检”技术，相比目前最新造影和生化检测方法，具有更高的灵敏度；纳米生物传感器已经可以实现对病原体、恶性肿瘤标志物等多种疾病相关标志物的检测与诊断，提高疾病诊断的准确度；利用纳米材料自组装技术，构建纳米机器人，实现纳米生物传感器检测治疗一体化，不仅能够进行疾病标志物的检测，同时可以进行血管疏通、基因修复、药物递送等多种功能。通过模仿土壤动物的表面结构脱附减阻原理而研制成的仿生农机具，有效地克服了松软土壤对触土部件的黏附，大大提高了农业机械的工作效率、使用寿命和作业质量；模仿动物运动的仿生水下机器人，如模拟高流体推进效率的鱼（可高于 80%）的机器鱼、模拟龙虾的机器龙虾等；德国气动设备生产商费斯托 (Festo) 公司利用其公司的产品流体肌肉，开发了气动机器鱼 Airacuda; 美国加利福尼亚大学伯克利分校研制了锆钛酸铅双压电晶片驱动的有缆机器鱼。随后气动肌肉、形状记忆合金、电流驱动聚合物、形状记忆聚合物等材料被广泛应用于仿生机器人的设计与制造。随着微纳制造技术的迅速发展，研究者通过对蜻蜓、蜂鸟、蜘蛛等动物的仿生研究，分别研制了微小型仿生机器人。这些在仿生智能器件和装备方向上的进展，为今后通过生物制造与仿生制造提升机械系统智能化水平和适应性奠定了良好的基础。

6) 生 - 机 - 电一体化与健康应用研究现状

从 20 世纪末开始，意大利、瑞典、丹麦、爱尔兰、以色列、冰岛等欧洲国家联合开展了持续十余年的系列研究计划 “Artificial Hand → Cyber Hand-Free Hand → Smart Hand”；早在 2005 年，美国国防部高级研究计划局投入近 5000 万美元启动了 “Revolutionizing Prosthetics” 研究项目，共有 30 多所大学和研究机构参与了该项研究工作。产品化智能假肢在这一时期内取得了长足发展，以 i-Limb、Bebionic、Michelangelo 和 DEKA 为代表的全球第一代灵巧假肢产品相继问世。由 DEKA 公司研制的 LUKA 手于 2014 年得到美国食品药品监督管理局的批准认证，2016 年进入临床应用。中国在智能假肢研究方面与欧美同期起步，2011 年启动的首个以灵巧假肢为研究对象的国家 973 计划项目，国内多所高校、医疗机构和假肢制造企业组成的联合团队开展了系统的研究，研制了 SJT-x 和 HIT-x 等系列假肢的仿人手，主要技术指标具有国际同类产品的水平。智能下肢假肢的研究始于 20 世纪 70 年代，德国 Ottobock、冰岛 Ossur、英国 Endolite 等公司先后成功研制了一系列被动阻尼型下肢假肢产品。2000 年左右，欧美等发达国家相继开展了主动驱动下肢假肢的研究。2006 年，Ossur 公司推出了世界首款商品化主动型膝关节 Power Knee, 可主动提供助力。自 2010 年起，范德堡大学、瑞士苏黎世联邦理工大学、阿拉巴马大学、犹他大学、大阪大学、美国麻省理工学院等相继开发了主动驱动下肢假肢，在结构设计、主被动控制模式切换等方面具有一定的代表性[38]。

康复机器人是老年人、残疾人、慢性病患者、亚健康以及创伤需恢复等人群提高或改进活动能力，提高生存质量，增强社会生活参与能力最直接有效的重要途径之一。世界上最早实现商业化的康复机器人是由英国 Mike Topping 公司于 1987 年研制的 Handy1, 至今已有超 30 年的发展历史。目前最先进的康复机器人是基于仿生原理进行设计、可穿戴于患肢的外骨骼机器人，代表性产品有以色列 ReWalk Robotics 公司的 ReWalk 系列、日本 Cyberdyne 公司的 HAL、美国 Berkeley Bionics 公司的 eLEGS、新西兰 Rex Bionics 公司的 REX 等。近年来，随着软体机器人技术的发展，欧美一些国家开始进行柔性软体外骨骼的技术开发研究。

神经交互技术是生 - 机 - 电与仿生健康机械系统研究的重要支撑，常用的神经交互技术包括肌 - 电接口、脑 - 机接口、神经控制接口等，其为生物神经系统与机械系统之间的信息通信提供接口，为人 - 机交互感知、反馈、控制、驱动、执行与功能融合等提供技术支持。

肌 - 电接口是最早进入医学应用的神经交互技术，是生 - 机 - 电一体化智能假肢的核心功能单元。长期以来，表面肌-电信号是应用最为广泛的一种生物信号，其间也诞生了多项重要的肌-电控制技术，如有限状态机模型、模式识别法、多自由度同步比例控制、运动单元的动作电位序列反解等。近十余年，在假肢技术发展的推动下，肌-电接口的“解码”方法和性能得到了迅速提高。我国有多所大学和研究机构长期开展该领域研究，基本实现与国际先进水平的同步发展。目前，大多数神经控制灵巧假肢还处在有“感”无“知”的阶段，肌-电接口在肢体运动信息的神经编码规律、多自由度连续控制解码、神经反馈等方面还需要突破。近年来，研究人员发现肢体运动过程中因传感设备与人体界面的影响，采用单一肌-电接口经常产生性能下降的现象，结合其他表征肌肉活动信息(肌肉压力信号、近红外光谱信号、肌音信号、肌群超声信号等)来提升肌-电接口性能也是该领域研究的一个方向[39]。

脑-机接口研究是指人类利用脑电信号，通过某种人造的“接口”对外部装置或环境进行控制，进而实现人脑与外部装置的功能集成。Vidal[40]首次提出脑-机接口的概念。此后，世界各国的研究机构相继开展了脑-机接口控制的机器人、计算机、语音系统和机器动物、功能电刺激等科学试验。脑-机接口领域研究开始向患者的人体试验推进。Collinger等[41]报道了世界上首例植入式脑-机接口，实现了四肢瘫痪患者的高性能神经假体控制；Flesher等[42]报道了世界上首例通过植入式脑-机接口向人脑输入对APL的模块化假肢手触摸的触觉信息，实现了对大脑的输入编码、输出解码的双向交互。目前在植入式脑-机接口——“有创”脑-机接口取得了一系列重要突破的同时，非侵入式脑-机接口——“无创”脑-机接口的研究也取得了长足的进步。2004年，Xu等[43]采用非植入式测量技术，通过头皮表面脑电信号中的mu节律(8～12Hz)与Beta频段成分(18～26Hz)的线性组合，实现了鼠标的平面运动解码和控制，达到了与“有创”脑-机接口可比的控制精度与速度。2017年，Farina等[44]通过脑电信号源重建的方法，实现了机械臂的平面运动连续追踪控制。经过十多年的发展，世界上最先进的脑-机接口传输率已从2005年前后的25bit/min提高到2017年的325bit/min[45]。目前，该研究方向的发展还需要脑功能定位和侵入式传感器精确定位与植入方法，以及脑-机接口信息传输率等的提升与突破。

在神经信号控制接口方面，Strohmeier等[46]开展了极具代表性的工作，包括其通过在受试人体的神经纤维组织上植入100通道微电极阵列，并利用神经接口对神经信号进行实时处理和解码，实现了对电动轮椅和仿人灵巧手的无线操作控制，以及人与人之间通过神经接口完成的交互感知。

另一代表性工作是关于硬脊膜下电刺激康复下肢瘫痪患者的研究。Minev等通过将半机械式电刺激装置植入硬脊膜下刺激脊髓神经，实现了让瘫痪老鼠重新行走[47]，之后又分别于 2016 年及 2018 年在 *Nature* 上发表系列研究，实现了让瘫痪的猴子和人类重新行走，给瘫痪患者带来了重新行走的希望[48,49]。此外，神经信号控制接口在植入式人工听觉系统、人工视觉系统、功能电刺激系统等生 - 机一体化医疗装置中也有着重要的应用价值。

因此，在类生命体制造与仿生健康技术研究领域，机会与挑战并存。如何实现类生命单元调控与活性保持，为生长和功能再生提供了三维结构和时间功能的调控能力；如何实现类生命体内部信息载体与传导构建，驱动神经组织形成不同的功能；如何进行类脑结构的设计与制造，实现人造大脑与人体原器官及若干人造器官的信息收集、决策控制与驱动等；如何揭示生 - 机 - 电与仿生健康机械系统人、机、自然共融交互，自主适应模式与原理，实现生物高效、低耗感知、控制、驱动等多功能一体化的健康系统仿生创成设计等，是其亟待解决的关键科学问题。

此外，生物制造与仿生制造领域也将进一步解决典型固 - 液 - 气多介质界面及微纳多尺度表面界面结构上常伴有的介质动态行为原理；仿生表面的大面积、大批量制备技术；面向仿生表面的微纳结构和材料出现不稳定性、耐久性差等问题的生物自修复功能仿生实现原理及技术；超敏感知材料、部件的设计原理与生产工艺方法；面向感知器件无法实现对多信息的持续精准感知的问题，实现感知器件自修复自维持功能的仿生设计与制造技术；类脑芯片设计及制造原理和方法；小激励大响应长寿命的仿生驱动材料、器件与装置设计应用；单分子生物传感器、微流控生物芯片和纳米颗粒载药血管支架等纳米仿生医学器件；稳定持久的脑 - 机、生 - 机接口技术；人 - 机信息通道重建的科学原理；生 - 机 - 电一体化仿生健康机械系统等关键科学问题与机械学科亟待突破的瓶颈难题。

9.2.2　发展趋势

进入 21 世纪，资源、能源、环境、人类与自然和谐等成为世界各国科技发展的主题，我国面临工业发展由规模扩张的粗放型发展向高质量发展的转型。在这种背景下，生物制造与仿生制造既要为高端精密装备、智能与传感装备、先进结构与材料、健康装备、极端装备等规模化应用和转化利用创造新技术、新工艺，也要运用新知识、新技术提升传统基础产业，为工业建设和生产提供节能、节资、高效、环境友好的先进技术与装备，由此迎来了广阔的发展空间和机遇。因此，在科技竞争日趋激烈的背景下，基于仿生学思想与方法，通过学科交叉研究，推动先进制造、全民健康等国家战略发展，对提升我国综合科研水平，解决重大战略需求具有深远的现实意义。生物制造与仿生制造已经成为促进学科交叉、推动先进制造、全民健康等国家战略的重要方法和纽带，研究领域和应用范围正在快速扩展，突破了大量技术瓶颈，产生了诸多引人注目的成果，在未来必将大有作为。因此，面对全球范围新一轮科技和产业变革机遇及挑战，为到 2035 年将中国建成具有全球引领和影响力的制造强国，生物制造与仿生制造应以国家重大工程实际需求为牵引，以仿生学为突破点，面向极端使用工况、高端装备技术、尖端科技材料、顶端产品转化等基础研究与工程应用，向着优质高效、绿色低耗、智能先进、变革性颠覆、生 - 机 - 环境融合、类生命制造方向推进，实现生物制造与仿生制造技术的融合创新与可持续发展，产生颠覆性制造原理与方法等，推动生物与仿生技术产品应用与转化，其发展趋势如图 9.2 所示。

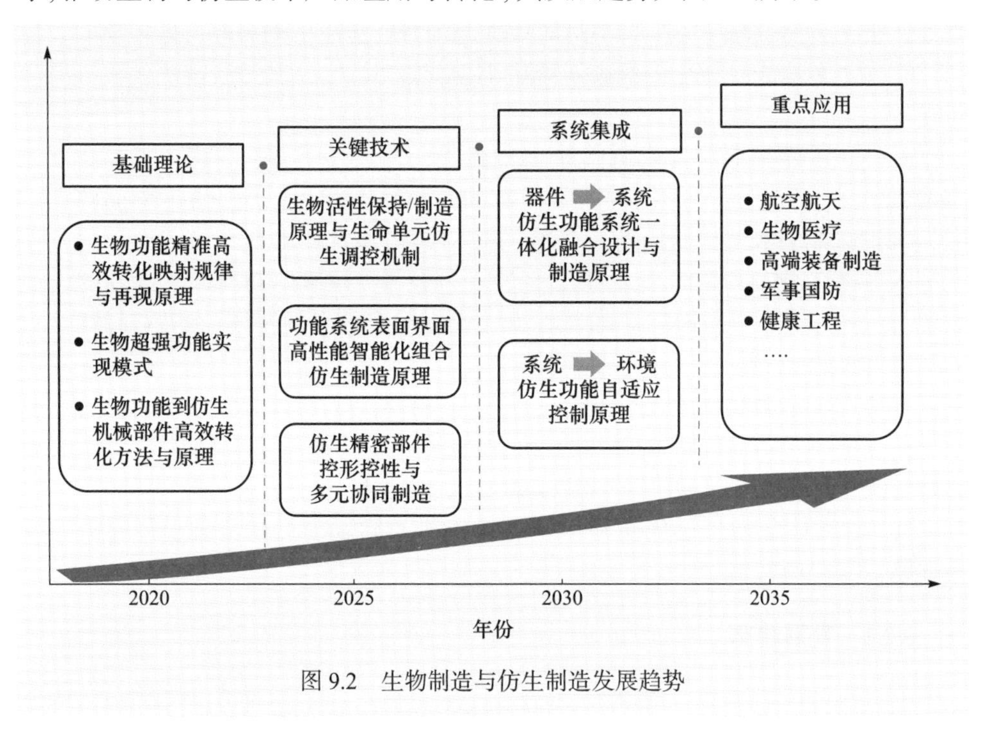

图 9.2　生物制造与仿生制造发展趋势

1) 向着功能性生物材料制造原理与技术发展

通过天然生物材料属性、结构特征和功能特性，设计具有类似天然生物功能的仿生功能性材料，建立仿生功能性材料的评价指标体系，突破功能性生物材料合成制造关键技术，大力推动和引领生物材料的多功能集成式发展。

2) 向着绿色低耗高效仿生高端智能装备技术发展

针对制造加工过程能耗大、效率低的共性问题，通过探索生物绿色、低耗、高效制造的机制，实现仿生高端智能制造的基础理论、实现方法与关键技术突破，研制一批有代表性的绿色低耗高效仿生高端智能装备，如仿生自适应 3D/4D 跨越式智能制造装备等，解决我国工业产业新旧动能转换问题。

3) 向着类生命体仿生机械系统设计与制造技术发展

通过对生命体结构特征、形成方式、感知 - 驱动一体化原理等深刻认识，以及对生 - 机结合界面等关键技术的突破，实现具有生命特性机械系统的设计与制造。通过功能器官及组织“体外再生”的仿生设计及实现策略，在体外仿生创成的工艺和过程控制、人造器官和组织安全性的评价标准等方面取得突破，解决仿生功能器官及组织制造的科学难题。

4) 向着仿生高端微纳感知器件与健康智能装备制造技术发展

通过研究生物优异感知功能与工程化原理，进行高端传感器低功耗、高精度、高分辨率、高灵敏、微尺度设计，形成多信号、多功能融合创成原理，实现超敏感知仿生元器件的智慧化调控机制与方法突破。通过研究神经交互与人 - 机 - 环境信息通道的重建与测试，在生物相容性设计与人 - 机物理界面设计方面取得突破，揭示人 - 机 - 环境交互作用机制与规律，实现感知、传动、控制一体化以及良好的交互等功能集成。

5) 向着极端条件的仿生设计与制造技术发展

通过对极端条件下生存生物和具有极限功能生物的研究，分析其运动、生理、感知等功能的组织结构原理，并据此进行面向极端条件的机械系统仿生设计与制造技术的开发。

9.3　未来 5～15 年研究前沿与重大科学问题

9.3.1　研究前沿

目前，新一代生物与仿生技术正与工业技术深度融合，形成新的产业变革、生产方式、产业形态、商业模式和经济增长点，其核心是仿生技术的原始创新带动工业化，追求可持续发展模式。智能化、绿色化、优质化的生产模式和理念迅速向生物制造与仿生制造领域渗透，不断地冲击着传统生物与仿生工程学科的界限，驱动机械工程系统的“智能化”变革，促使生产过程及产品呈绿色化、优质化和高附加值化；制造过程和产品更加注重以人为本，追求绿色、健康、可持续，服务于和谐生活生产环境与和谐社会的建设。生物制造与仿生制造是机械工程与生命科学等学科深度交叉融合的领域，自身就是学科发展的前沿和创新的源泉，而结合领域自身特点和国际上生物制造与仿生制造领域的研究热点和前沿，结合我国经济社会发展的重大需求，开展重点方向攻关，引导我国生物制造与仿生制造领域完善基础研究理论与方法，突破关键技术瓶颈，将会形成重大成果。

在生物功能特性原理方面，目前由于生物制造与仿生制造领域对于生物往往是从单一角度认识生物功能，对生命特性认识不足，特别是生物经过亿万年进化形成的绿色、低耗、精准、自适应、智能、极端生存等功能特性是仿生设计的精髓与前沿，但原理揭示不足，而且缺乏生物制造与仿生制造系统的理论与设计方法，生物与仿生设计拘泥于“形似”，难以突破“神似”，阻碍了生物制造与仿生制造顶端理论突破。

在仿生结构、材料与功能转化方面，自然界中的生物体在长期自然选择与进化过程中，其材料的组织成分、结构、合成过程、感知方式与功能属性等得到了持续优化与提高，生物体进化的趋向是用最少的材料来承担最大的外力，而且通常利用能大量获取的原料不断优化其微观结构，从而利用简单的矿物质与有机质等原材料，设计其特殊结构，很好地满足了复杂的力学与性能需求，使得生物体达到了对其生存环境的最佳适应。然而，现代机械设计中，对于生物最自然、最合理、最经济、最有效、最精细的结构形式与材料成分很难巧妙组装，更是难以精确复制其自然结构。因此，应重现自然界生物为满足生存需求所进化出的结构，推动生物制造与仿生制造向着性能更优的方向发展。

在仿生机械智能制造与类生命体制造技术方面，传统制造方法以减材制造为主，与生物生长所采用的增材模式相矛盾，难以制造体现生命信息的复杂结构，制造过程拘泥于“形似”；结构、表面、器件和装置无法对环境变化实现自适应调控，难以实现自主的智能化与自适应功能，产品智能化水平、适应性能力提升面临瓶颈；底层理论支撑点和融合途径不清，机械系统与生命系统深度融合困难，产品在目标行业显示度不足，这些问题制约着生物制造与仿生制造为机械工程学科发挥更大的推动作用，也在一定程度上限制了生物制造与仿生制造成果的应用。

新一轮技术革命正在创造历史性的机遇，催生了互联网+、分享经济、3D 打印、4D 打印、智能制造、超材料 / 超结构、类生命体制造等新理念、新业态，蕴含着巨大的发展潜力、新原理、新技术和新方法，这些都将直接推动新一轮科技成果的问世，产生不可估量的经济价值。为更好地促进生物制造与仿生制造领域的发展，需要在 2020 年到 2035 年阶段内，以系统工程的角度分析生物，建立全方位映射方法，实现设计过程“神似”；以生物构筑组织方式进行加工制造，实现制造过程“神似”；以多尺度、多层次的结构、器件和装置制造为桥梁，连接生物系统与机械系统；以多级类生命体制造为阶段目标，融合生物制造与仿生制造，解决生 - 机系统的分析、映射、设计与制造方法；明确产品的生命特性、智能化和生 - 机 - 环境融合原理等关键科学问题，带动国家制造技术和工业技术水平整体提升。生物制造与仿生制造研究前沿包括如下几个方面。

1) 生物特异功能原理与再现技术

该方面主要包括生物组织特性与运行方式、生物特异功能实现的结构机理和物质基础、特异功能实现模式，以及生物功能向工程部件转化的再现原理与技术等。

2) 机械生命体仿生设计制造原理与关键技术

该方面主要包括机械生命体组织构筑方式、机械生命体单元集成调控模式与活性保持、机械生命体制造方法与原理等。

3) 仿生超结构、超材料设计与高性能融合关键技术

该方面主要包括多尺度、多层次、多维度、多模式仿生超结构设计、超越常规性能极限的仿生材料设计及其与高性能需求融合关系等。

4) 仿生器官、芯片及类脑组织制造原理与关键技术

该方面主要包括仿生器官 (人工心脏、人工肺、人工肾、人工骨骼、人工眼等) 及人体器官芯片、类脑结构体等结构与材料设计、精确制造、微纳刺激 / 信号收集与传感、功能化神经单元网络再生与融合、决策控制与驱动等。

9.3.2　重大科学问题

随着服务机械工程、促进学科交叉、推动学科前沿作用逐渐凸显，生物制造与仿生制造受到了越来越广泛的重视，但其领域发展还存在对生物原理认识不够深入、难以高度还原生物多尺度与多材料精细功能结构、仿生智能器件性能与生物体尚存在显著差距、实现超敏感知 - 高效驱动一体化结构途径单一、生 - 机 - 电结合不够紧密等问题。在这种趋势下，着眼自然界，与仿生科学深度交叉融合，创立制造新原理和新概念产品；从形、性、度相互融合、相互作用机理出发，通过探索生物自然属性与发展规律，创建材料 - 结构 - 功能集成化设计理论；从生物在能量作用下多尺度形、性演变，多功能展现的角度，探索极端功能产品制造的科学规律，不断突破现有制造极限，创建极端制造新原理和新技术；从生物自适应功能特性出发，探索复杂、不确定环境下制造装备和系统的自律运行，实现智能化制造等，才能为国家未来 10～20 年的发展战略需求提供工程解决方案的理论基础和技术。

因此，对于生物制造与仿生制造领域，应通过应用牵引，推动基础理论深化研究，全面阐释典型生物物质、能量、信息传递与转化内在规律，形成仿生信息源智库，揭示机械生命体仿生设计与制造原理，突破仿生结构设计与高性能装备生 - 机融合、多元协同耦合等关键技术，建立仿生感知、响应、驱动一体化的人 - 机 - 环境智能系统，形成相关仿生机械设计基础与制造理论体系，实现绿色、

低耗、高效、智能仿生制造技术的融合创新，向类生命体仿生机械制造方向发展。这是生物制造与仿生制造的前沿目标，也是其前沿领域需要解决的重大科学问题。

1. 重大科学问题一：生物优异功能原理及自组织生长过程的信息调控机制与规律

生物优异功能原理及自组织生长过程的信息调控机制与规律包括如下几个方面：

(1) 生物功能高效展现的物质基础、能量耗散、信息传递与驱动转化等相互作用规律与内在原理。

(2) 生物优异功能实现过程中的自组织、自修复、自适应、自调控等原理与规律。

(3) 生物优异功能与材料、结构、形态等相互作用规律及其功能高效再现制造原理。

2. 重大科学问题二：生物功能与仿生机械制造科学间内在关系及映射原理

生物功能与仿生机械制造科学间内在关系及映射原理包括如下几个方面：

(1) 生物优异功能的高效实现模式、实现效能、调控协同方式间的内在关联与规律特性。

(2) 生物功能要素与仿生部件设计间的相似性原理、协同作用关系及其映射规律。

(3) 生物优异功能到仿生机械部件高效转化方法、转化原理、转化能效间的相互关联。

3. 重大科学问题三：高精度、多尺度仿生精密部件控形控性、生机融合、多元协同制造原理

高精度、多尺度仿生精密部件控形控性、生机融合、多元协同制造原理包括如下几个方面：

(1) 仿生机械部件高精度、多尺度结构、多功能展现等控形控性设计方式与原理。

(2) 仿生机械生命体部件生命特征设计、生命单元调控方式、生 - 机融合等原理与特征规律。

(3) 仿生精密部件与高端智能装备多功能一体化多元协同增效原理与制造技术。

9.4　未来5～15年重点和优先发展领域

生物制造与仿生制造研究的使命是为国家重大发展战略需求提供工程解决方案的理论基础和技术源泉，通过发掘新的制造资源、创造新的设计和制造原理、发明新的制造装备和技术、构架新的制造模式，为提升机械工程各领域的装备水平和运行能力，保障能源和资源的安全和高效利用，占领国防和航空航天工业的制高点，实施重大战略工程，提高人民的生活质量等提供根本支撑。

总体上，我国生物制造与仿生制造已经取得了长足的进步，但与国际先进水平仍存在差距，原创性成果和颠覆性技术较少，在生物功能再现与高效转化原理、基础功能部件、智能部件、健康装备、精密制造等方面存在明显不足，仿生机理研究深度不够，以及制备工艺的精密程度不高，优质高效、绿色低耗、智能可续的普及程度低，应及时规划正确的发展战略和策略，持续加强这些领域中的基础研究原创性理论与方法支持力度，突破与发展生物制造与仿生制造的核心技术，实现机械工程整体水平的提升。因此，生物制造与仿生制造应注重跨学科交叉，以工程实际需求为牵引，从多角度、多层次协同攻克关键科学问题与共性关键技术，推动在突破自然界生物优异功能及原理，破解生物绿色、可续、低能耗的能量循环利用机理，制造超精密智能部件、类生命体与仿生健康装备技术等领域优先发展，是生物制造与仿生制造抢占国际尖端科技制高点、赢得战略主动的关键。

1. 机械仿生的生物原理

在高新技术竞争日益激烈的大背景下，仿生技术作为科技创新的重要源泉，已经被广泛研究，并在军事、工业、能源环境、生物工程、现代医学等领域以及日常生活中得到应用。然而，当前机械仿生技术的研究多侧重于“后端”制造方法与技术的开发，缺乏对“前端”生物本征特性与内在原理的探索，造成对生物功能认知的偏差或对其机理的研究不够深入，使得仿生产品“貌合神离”。在“十四五”期间，国家处于产业模式变革的重要时期，可持续发展依然是机械制造业与自然、社会协调发展的重要主题。对机械仿生的生物原理深入系统的认识，从仿生学角度研究功能生物特征规律与机理，对于系统揭示生物功能原理的奥秘，有助于基础科学领域产生重要的科学发现，引领仿生技术研究方向，对开发原创性的“神形兼备”的仿生技术，加速我国创建创新型国家具有重要的科学意义和战略价值。

在“十四五”期间，采用多学科交叉与合作，突破现有设计与制造技术上的局限性，在绿色低耗高效仿生高端智能装备制造、仿生智能微纳敏感元器件制造、仿生国防装备制造、极端工作环境下的装备制造等领域开展重点研究，开发研究生物功能原理的大型仪器设备，为仿生功能原理深入阐释提供硬件支撑；在绿色、环保高端装备的需求牵引下，采用更为先进的生命科学检测分析手段，获取精确的生物多尺度表面形貌特征、材料结构与组分等，精确量化表征生物功能部位在与生存环境中相互作用过程中的结构特征，深入揭示并掌握生物系统在生命活动过程中的功能部位结构 - 功能关系以及协同作用机制，建立生物功能特性与原理信息库；针对仿生智能微纳敏感元器件制造的需求，开展基于活体生物的生物感知及调控行为模式及机理研究，解决天然生物感知及智能调控行为中关键生命特征的有效提取及量化表征问题；面向新时期国防战略需求，重点开展跨介质运动学与动力学原理、活体生物的驱动机理，以及生物自适应功能个性与共性原理及规律，为新型国防装备设计制造提供仿生基础理论支撑。

因此，应重点开展机械仿生的生物原理研究，主要内容包括：研究生物体 / 表结构与功能特性间关系规律及工程环境中演化规律；分析微小生物、跨介质生物及极端环境生存生物的运动学及动力学原理，阐明生物感知的底层原理，以及生物智能调控的行为模式；探究信息传递与肌体补偿的生物自适应机制，揭示生物活性制造原理与自调控性能机制。

2. 仿生功能结构与表面制造

自然界生物经过亿万年进化，逐渐形成了许多特异微纳结构和优异功能机制等，师法自然，从自然中汲取灵感是实现原始创新的有效途径。仿生结构和表面的功能通常受微纳结构、材质特性等决定，微纳结构合理设计制造可获得超越人类常识的优异功能，在航空航天、能源交通、医疗康复等国家战略产业中具有重要应用前景，形成了若干仿生结构和表面技术方向，如仿生减阻、仿生自洁、仿生抗冲蚀、仿生传感与驱动等。尤其近年，以精准医疗、柔性电子、新能源等为代表的新兴技术领域发展迅速，面临许多亟须解决的全新表面界面技术难题，如多场作用下的生 - 机接触、多变环境下的自适应调控、界面活性长效性等。由于精准医疗、柔性电子等应用环境更为复杂，功能需求更为严苛，对仿生结构和表面技术发展也相应地提出了更高的要求，迫切需要完善的仿生微纳结构和表面功能化机制理论，建立起复杂多级微纳结构仿生设计制造技术体系。而这些新兴仿生功能结构与表面制造技术必将成为仿生科学与技术的另一主战场，有望实现若干重大技术突破。

在"十四五"期间，围绕航空航天、精准医疗、柔性电子等重大应用领域，针对抗冲蚀、防黏防滑、高灵敏感知等关键技术难题，加强仿生功能结构和表面工程应用基础研究，研制微纳尺度测试表征系统与平台，为仿生功能结构 / 表面设计制造提供理论基础与技术手段；揭示多场作用下微纳仿生表面界面多介质行为机制，建立生 - 机接触界面（植入、介入、传感）与结构的精准调控、创新设计制造理论体系；针对复杂多级微纳结构、超材料 / 超结构制造难题，建立结构 / 材质多样化、功能智能化的复杂多级结构制造与调控方法；针对设计和制造具有生物活性的工程表面所面临的挑战与科学问题，开展基于生物活性或直接利用生物活性的仿生设计与制造，建立从设计—制造—测试—应用全过程的解决路径，是仿生功能结构与表面制造的前沿方向与发展目标。

因此，应重点发展仿生功能结构与表面制造研究，主要内容包括：研究仿生结构 / 表面的多功能机理与表征方法；分析多场作用下微纳仿生表面界面多介质行为机制，以及多场作用下生 - 机接触界面行为规律及功能机制；建立面向结构 / 材质多样化、功能智能化的复杂多级结构制造与调控方法；揭示仿生自适应功能表面调控机制；构建基于生物活性或直接利用生物活性的仿生设计方法与制造原理。

3. 仿生智能器件与装备

仿生智能器件与装备的研究旨在显著提高现代制造科学与生物系统结合的程度，提高器件及装备的自动化、智能化水平，为科学探索、高技术开发和生产制造等多方面提供全方位的技术支撑和平台保障。仿生智能器件与装备的设计与制造经历了宏观仿形和结构仿生的发展历程，目前已上升到对生物系统的材料、结构及生物过程的微观机电和理化特性进行一体化集成仿生的阶段，其目标也从早期的单一功能模仿发展到综合功能特性再现，应用对象也从简单的工具和装备制造拓展到生物医学、信息、能源环境等领域，应用范围也从常规范围拓展到极端（高温、高速、高压等）条件，其成果在医疗、军事、能源等领域发挥不可替代的作用。

因此，在"十四五"期间，面向仿生智能器件、生物医学器件和装备设计制造技术等需求，探明生物系统的机械、力学、电气和理化作用过程中的微观特性及生物交互作用机理，通过制造科学与材料学、生命科学、化学、纳米科学、数学、物理学等多学科的交叉融合研究，开拓新的设计思路，发展新的制造原理，实现微观仿生结构、宏观仿生功能及其相互作用机理的精准调控，突破仿生结构的生物学机理、高性能生物器件的设计及制造、极端条件下仿生装备的设计与制造等关键技术，是仿生智能器件与装备设计与制造研究的前沿方向，也是其发展目标。

在优先发展仿生智能器件与装备领域中，主要内容包括：分析生物系统的微观机电与理化特性及其交互作用机制；研究生物感知、驱动系统的能量转化机理及其仿生设计方法；解析极端环境下智能材料跨尺度制造新方法和单分子纳米生物传感器感知特性与识别机理；建立可与生物体交互或集成的生物医学器件设计原理与制造技术；实现具有环境和外场响应特性的仿生表面界面的设计制造原理和制造工艺优化。

4. 生 - 机 - 电与仿生健康机械系统

国民健康不仅是民生问题，也是重大的政治、经济和社会问题。健康中国建设不仅关乎民生福祉，也关乎国家全局与长远发展、社会稳定和经济可持续发展。向自然界学习，研究为人体健康服务的高效、低耗、绿色、可续的生 - 机 - 电与仿生健康机械系统，有效保障人体的全面健康和全程健康，实现人体的主动健康、自然健康和绿色健康，有望催生人类文明的重大变革，具有重要的战略意义。

针对现有健康机械装备和生 - 机 - 电系统存在的能耗大、效率低、灵活性差等共性问题，探索生物精巧机构、超强材料、智能感知、精密控制、低耗驱动、高效运作的多功能一体化耦合原理，揭示基于生物优异功能特性的生 - 机 - 电与仿生健康机械系统创成设计功能再现模式与实现机制，形成生 - 机 - 电与仿生健康机械系统仿生基础设计理论，引领我国仿生智能健康系统在大健康工程领域的创新发展。因此，“十四五”期间，生 - 机 - 电与仿生健康机械系统研究面向国家重大需求和学科前沿，创造出模拟自然生物的仿生系统，包括生 - 机 - 电与仿生健康机械系统设计的生物体运动分析、机电装置与神经系统的信息通信与交互、活体生物组织与机 - 电系统的功能集成、刚 - 柔 - 软耦合仿生机械系统设计与制造、生物驱动器 / 传感器与生物控制器的设计与集成、微创植入活体生物组织技术、神经信号测量与处理、神经控制与人 - 机交互等一系列前沿技术，有效实现生命个体的大健康、自然健康和绿色健康，尤其是实现健康能力的增强。

在优先发展生 - 机 - 电与仿生健康机械系统领域中，主要内容包括：揭示生物多功能一体化健康系统仿生创成原理；建立活体生物混合机械系统设计与制造方法；建立康复机器人驱动、感知、运动功能一体化再造方法；建立刚 - 柔 - 软耦合仿生机构设计与制造理论；阐明神经交互与人 - 机信息通道构建机制与感知反馈的编码原理；探究生 - 机 - 电与仿生健康机械系统人 - 机 - 环境共融交互、自主适应模式与原理。

5. 类生命体设计与制造

类生命体制造是指模仿生物体所表现出来的自身繁殖、生长发育、新陈代谢、遗传变异以及对刺激产生反应等复合现象进行仿生制造的技术，是传统非生命仿生制品向包括部分生命制品和完全生命制品的重要拓展，是先进制造技术的研究热点与学科前沿。类生命体制造是新兴的生命科学与机械科学的交叉融合领域，其突破了传统学科界限，极大拓宽了机械学科的概念与内涵，为机械制造学科的发展提供了创新源泉。类生命体制造技术正进一步推动制造技术的内涵发生深刻的变化，极大地助力了仿生制造从“形似”向“神似”飞越。因此，揭示生命体在其存在的每一瞬间不断地调节自己内部的各种机能的原理，模仿生命体多层次调整模式，进行类生命体内部信息载体与传导方法构建，开展类生命单元调控方法与活性保持原理研究，进行仿生细胞、仿生器官、器官芯片、仿生活性假体、类脑结构体、可降解生物组织器件等包含部分与全部生命组件类生命体产品设计与制造，使生命单元功能在机械工程设计中获得体现，将成为 21 世纪科学研究的前沿目标之一。

目前，类生命体的生物制造正从以几何外形匹配为主的非活性假体制造，向以生物功能再生为主的活性组织、器官等制造，从单一组织制造向多组织制造，从硬组织向软组织器官制造，从材料结构成形向智能类生命体制造方向发展，这需要临床需求牵引下的设计、制造、材料、生物医学等多学科交叉融合与协同，解决复杂组织与器官工程化制造面临的活性化、功能化、神经化难题。因此，在“十四五”期间，应重点支持面向生物功能再生的类生命结构体的制造，其发展目标：① 个性化骨替代物假体制造从金属材料向高性能非金属材料方向发展，重点解决假体多孔结构的设计制造及与宿主组织的界面融合固定难题；② 生物可降解支架向多材料可再生骨组织制造以及高精度柔性软组织制造方向发展，并逐步走向临床应用，需要重点阐明复杂组织微观结构打印与组织转化再生的作用关系，建立面向组织与器官再生的可降解支架微观结构的仿生设计准则，发展可降解个性化软硬组织植入物材料、设计、工艺装备的新理论与新方法，系统揭示可降解植入物微观结构设计、降解、力学与组织功能再生的动态适配性关系；③ 3D 细胞打印从简单组织的体外药理模型、器官芯片向体内复杂血管化组织与器官制造发展，需要重点突破多细胞、多材料、多组织一体化生物 3D 打印的技术瓶颈，发展复杂组织的多细胞模型与高精度多细胞打印设备，解决复杂活性器官多细胞体系与血管系统的共生融合难题；④ 仿生类脑结构体制造是未来的前沿发展方向，需重点攻克自然脑组成细胞 / 基质的结构、形态和功能的关联性，构建多细胞、多材料、多尺度的类脑活性组织生命体，揭示内部细胞、组织生长及功能趋化的机理，实现个性化局部类脑组织的仿生设计、制造和功能评价，为仿生智能器件发展提供基础。

在优先发展类生命体设计与制造领域中，主要内容包括：分析类生命单元调控方法与活性保持原理，探究类生命体功能形成与实现原理，阐明类脑结构体信息收集、决策控制与驱动原理，揭示类生命研究中的工程伦理与功能边界特性，分析多功能组织、器官、器件制造原理与功能评价方法，建立类生命体内部信息载体与传导构建方法，实现基于功能的类生命体结构设计与制造关键技术。

参考文献

[1] Wang X, Zhou T, Zhou H, et al. Effects of laser on the non-smooth surface in improving the durability of hot forging tools. Optics & Laser Technology, 2019, 119: 105598.

[2] 高科，高红通，谭现锋，等．仿生异型齿钻头在干热岩钻探中的应用．吉林大学学报（地球科学版），2018, 48(6): 1804-1809.

[3] Xu G J, Cheng S Q, Cai B. Black silicon as absorber for photo-thermal-electric devices. Materials Express, 2018, 8(3): 294-298.

[4] Office of the Deputy Assistant Secretary of the Army (Research & Technology). Emerging Science and Technology Trends: 2016—2045—A Synthesis of Leading Forecasts Report, 2016.

[5] 张保明．展望 2020 年制造业的挑战．国外科技动态，1999, (11): 17-18.

[6] 中华人民共和国国务院．国家中长期科学和技术发展规划纲要（2006—2020 年）. 科技促进发展，2009, (4): 41.

[7] 中国机械工程学会．中国机械工程技术路线图．北京：中国科学技术出版社，2016.

[8] 中国机械工程学会．2049 年中国科技与社会愿景——制造技术与未来工厂．北京：中国科学技术出版社，2016.

[9] National Research Council (U.S.). Board on Manufacturing and Engineering Design. Committee on Visionary Manufacturing Challenges. Visionary Manufacturing Challenges for 2020. Washington: National Academy Press, 1998.

[10] 董书礼．从基于资源的制造向基于知识的制造转变：欧盟《未来制造业：2020 年展望》报告述评及其启示．中国科技论坛，2006, (4): 141-144, 44.

[11] 新华网东京．日本机械学会发表未来社会“技术路线图”. http://news.sohu.com/20071031/n252984293.shtml[2007-10-31].

[12] 任露泉，梁云虹．仿生学导论．北京：科学出版社，2016.

[13] 任露泉，梁云虹．耦合仿生学．北京：科学出版社，2012.

[14] Wang Y P, Yang X B, Chen Y F, et al. A biorobotic adhesive disc for underwater hitchhiking

inspired by the remora suckerfish. Science Robotics, 2017, 2(10): eaan8072.
[15] Shen Q C, Luo Z, Ma S, et al. Bioinspired infrared sensing materials and systems. Advanced Materials, 2018, 30(28): 1707632.
[16] Joron M, Frezal L, Jones R T, et al. Chromosomal rearrangements maintain a polymorphic supergene controlling butterfly mimicry. Nature, 2011, 477(7363): 203-206.
[17] Yan X T, Jin Y K, Chen X M, et al. Nature-inspired surface topography: Design and function. Science China: Physics, Mechanics & Astronomy, 2020, 63: 224601.
[18] Dimas L S, Bratzel G H, Eylon I, et al. Tough composites inspired by mineralized natural materials: Computation, 3D printing, and testing. Advanced Functional Materials, 2013, 23(36): 4629-4638.
[19] Qin Z, Compton B G, Lewis J A, et al. Structural optimization of 3D-printed synthetic spider webs for high strength. Nature Communications, 2015, 6: 7038.
[20] Sydney Gladman A, Matsumoto E A, Nuzzo R G, et al. Biomimetic 4D printing. Nature Materials, 2016, 15(4): 413-418.
[21] Abid M I, Wang L, Chen Q D, et al. Angle-multiplexed optical printing of biomimetic hierarchical 3D textures. Laser & Photonics Reviews, 2017, 11(2): 1600187.
[22] Zhang Q Q, Hao S J, Liu Y T, et al. The microstructure of a selective laser melting (SLM)-fabricated NiTi shape memory alloy with superior tensile property and shape memory recoverability. Applied Materials Today, 2020, 19: 100547.
[23] Wang J C, Wang Z G, Song Z Y, et al. Biomimetic shape-color double-responsive 4D printing. Advanced Materials Technologies, 2019, 4(9): 1900293.
[24] Wong T S, Kang S H, Tang S K Y, et al. Bioinspired self-repairing slippery surfaces with pressure-stable omniphobicity. Nature, 2011, 477(7365): 443-447.
[25] 任露泉 , 梁云虹 . 生物耦合功能特性及其实现模式 . 中国科学 : 技术科学 , 2010, 40(3): 223-230.
[26] Kuang M X, Wang J X, Jiang L. Bio-inspired photonic crystals with superwettability. Chemical Society Reviews, 2010, 45(24): 6833-6854.
[27] Chen H W, Ran T, Gan Y, et al. Ultrafast water harvesting and transport in hierarchical microchannels. Nature Materials, 2018, 17(10): 935-942.
[28] Kim P, Wong T S, Alvarenga J, et al. Liquid-infused nanostructured surfaces with extreme anti-ice and anti-frost performance. ACS Nano, 2012, 6(8): 6569-6577.
[29] Han Z W, Feng H L, Yin W, et al. An efficient bionic anti-erosion functional surface inspired by desert scorpion carapace. Tribology Transactions, 2015, 58(2): 357-364.
[30] Bohn H F, Federle W. Insect aquaplaning: Nepenthes pitcher plants capture prey with the

peristome, a fully wettable water-lubricated anisotropic surface. PNAS, 2004, 101(39): 14138-14143.

[31] Scholz I, Barnes W J P, Smith J M, et al. Ultrastructure and physical properties of an adhesive surface, the toe pad epithelium of the tree frog, Litoria caerulea White. Journal of Experimental Biology, 2009, 212(2): 155-162.

[32] Arzt E, Gorb S, Spolenak R. From micro to nano contacts in biological attachment devices. PNAS, 2003, 100(19): 10603-10606.

[33] Wong T S, Kang S H, Tang S K Y, et al. Bioinspired self-repairing slippery surfaces with pressure-stable omniphobicity. Nature, 2011, 477(7365): 443-447.

[34] Lipomi D J, Vosgueritchian M, Tee B C, et al. Skin-like pressure and strain sensors based on transparent elastic films of carbon nanotubes. Nature Nanotechnology, 2011, 6(12): 788-792.

[35] Chortos A, Liu J, Bao Z N. Pursuing prosthetic electronic skin. Nature Materials, 2016, 15(9): 937-950.

[36] Han Z W, Fu J, Fang Y Q, et al. Anti-adhesive property of maize leaf surface related with temperature and humidity. Journal of Bionic Engineering, 2017, 14(3): 540-548.

[37] Ma S Q, Zhang Y P, Liang Y H, et al. High-performance ionic-polymer-metal composite: Toward large-deformation fast-response artificial muscles. Advanced Functional Materials, 2020, 30(7): 1908508.

[38] Tommaso L, Marco C, Levi H, et al. Design, development, and testing of a lightweight hybrid robotic knee prosthesis. The International Journal of Robotics Research, 2018, 37: 953-976.

[39] Kim J, Lee G, Heimgartner R, et al. Reducing the metabolic rate of walking and running with a versatile, portable exosuit. Science, 2019, 365(6454): 668-672.

[40] Vidal J J. Toward direct brain-computer communication. Annual Review of Biophysics and Bioengineering, 1973, 2(1): 157-180.

[41] Collinger J L, Wodlinger B, Downey J E, et al. High-performance neuroprosthetic control by an individual with tetraplegia. The Lancet, 2013, 381(9866): 557-564.

[42] Flesher S N, Collinger J L, Foldes S T, et al. Intracortical microstimulation of human somatosensory cortex. Science Translational Medicine, 2016, 8(361): 361ra141.

[43] Xu W J, Guan C, Siong C E, et al. High accuracy classification of EEG signal//Proceedings of the 17th International Conference on Pattern Recognition. Cambridge, 2004: 391-394.

[44] Farina D, Vujaklija I, Sartori M, et al. Man/machine interface based on the discharge timings of spinal motor neurons after targeted muscle reinnervation. Nature Biomedical

Engineering, 2017, 1(2): 25.

[45] Guo W C, Sheng X J, Liu H H, et al. Toward an enhanced human-machine interface for upper-limb prosthesis control with combined EMG and NIRS signals. IEEE Transactions on Human-Machine Systems, 2017, 47(4): 564-575.

[46] Strohmeier P, Honnet C, von Cyborg S. Developing an Ecosystem for Interactive Electronic Implants. Cham: Springer, 2016.

[47] Minev I R, Musienko P, Hirsch A, et al. Electronic dura mater for long-term multimodal neural interfaces. Science, 2015, 347(6218): 159-163.

[48] Capogrosso M, Milekovic T, Borton D, et al. A brain-spine interface alleviating gait deficits after spinal cord injury in Primates. Nature, 2016, 539(7628): 284-288.

[49] Wagner F B, Mignardot J B, le Goff-Mignardot C G, et al. Targeted neurotechnology restores walking in humans with spinal cord injury. Nature, 2018, 563(7729): 65-71.

本章在撰写过程中得到了以下专家的大力支持与帮助(按姓氏笔画排序):

王树新　王钻开　卢秉恒　田　煜　朱向阳　任露泉　李涤尘　杨华勇
张德远　周仲荣　郭万林　郭东明　葛世荣　谭建荣　戴振东

第 10 章　成形制造科学与技术

Chapter 10　Forming Manufacturing Science and Technology

成形制造科学与技术是机械与制造领域的重要方向，主要通过力、热、电、磁、声、光等能场或其耦合作用，改变材料的形状、尺寸及内部组织结构，从而控制和改善预制坯或成品零件的性能，并实现零部件预定功能。成形制造科学与技术专业领域覆盖了铸造成形、塑性成形、焊接与连接成形、热处理与表面改性、粉末冶金成形、复合材料成形等。成形制造是零部件控形控性一体化的制造方法，也是多场耦合和高度非线性的物理或物理化学过程，涉及多学科交叉融合。近十年来随着数字化、智能化与成形制造的深度融合，成形制造过程赋予零部件定量可控的使用特性，并向精准成形制造发展。精准成形制造可以制造出几何形状精确、质量性能优良的复杂结构零部件，具有知识密集和技术密集的特点，是轻量化、绿色化、数字化、智能化的零部件高精度、高性能、高效率和高质量的制造技术。精准成形制造科学通过机械、材料、力学、计算机、信息和控制等多学科的交叉融合及协同创新，从多场耦合、多尺度和全过程的角度深刻认识成形制造的机理及规律，突破零部件精准成形制造及装备制造中涉及的新理论、新方法、新技术等关键基础科学问题与应用基础理论，为满足国民经济发展、重大工程建设、汽车、轨道交通、航空航天和国防建设对高性能、高精度、高效率和绿色化制造的重大需求提供有力支撑，已经成为制造科学发展的重要方向。成形制造科学与技术发展需要突破新的成形制造理论方法、工艺技术以及系统装备，如多场耦合制造过程多尺度全流程精准预测、调控与评估、在线智能控制。面向未来 5～15 年国家重大工程建设、国民经济发展和国防建设的重大需求，结合成形制造领域未来发展趋势，轻量化材料高性能成形制造、复合材料复杂构件近净成形制造、极端尺寸 / 环境构件高质量成形制造、短流程复合成形制造、智能化绿色化成形制造等理论与技术成为未来成形制造领域的重点发展方向。发展成形制造科学与技术，能够提升我国国民经济创新发展，推进传统制造业转型优化升级，是航空航天、交通运输、能源动力、深海等国家战略和未来产业发展的关键基础共性技术，也是支撑我国重大工程顺利实施和保障国家安全的重要基础技术。

10.1　内涵与研究范围

10.1.1　内涵

成形制造技术主要通过力、热、电、磁、声、光等能场或其耦合作用，通过铸造、锻压、焊接、热处理等基础制造工艺改变材料的形状、尺寸及内部组织结构，从而控制预制坯或成品零件的性能及质量，并实现零部件目标性能，具有结构设计与成形制造一体化、材料制备与成形一体化、控形控性一体化等特点，是装备制造业重要的基础制造技术。成形制造技术是机械制造学科研究领域的重要组成，主要涉及金属材料、非金属材料和复合材料等零部件成形制造理论方法、工艺技术、过程形性控制以及系统装备等基础科学问题和实现原理，涉及工艺设计、参数优化、控形控性、过程检测调控以及装备制造中相关的基础共性科学问题与应用基础技术。其专业领域覆盖了铸造成形、塑性成形、焊接与连接成形、热处理与表面改性、粉末冶金成形和复合材料成形等[1,2]。

通过研究成形制造领域的基础共性科学问题，创新成形制造理论方法，优化成形制造工艺，研发成形制造装备，实现装备制造业复杂零部件的高性能精确成形制造。成形制造技术与数字化、智能化技术的融合发展，进一步调控零部件成形制造过程，可实现零部件质量性能精准控制，使其进一步发展成为精准成形制造技术。精准成形制造通过成形过程数字化与智能化精确调控，可以制造出具有复杂结构形状的高精度零部件，并将其性能在原材料基础上大幅度提高，实现形状、性能精准可控及使用寿命精准可预测。精准成形制造不仅有助于更好地降低零部件重量、发挥效能、延长寿命，还可以提高材料利用率、缩短制造流程，实现零部件制造过程、使用过程与回收再利用过程的绿色化，为建设资源节约型、环境友好型社会提供重要技术支撑。基于零部件高使役性能、工艺方法高效柔性精确、制造过程稳健可控和环境友好的迫切需求，精准成形制造涵盖了轻量化高性能制造、短流程复合成形制造和绿色化、智能化成形制造等学科内容。

利用制造技术挖掘材料和结构的使用性能潜力是成形制造最重要的特征之一。轻量化高性能成形制造基于对成形过程中材料变形和性能演变规律的认识，发展将高性能材料制造成为高功效结构的成形理论、原理方法和基础技术，从而提升零部件的服役性能。其成形制造的材料主要包括轻合金、高强钢、高温合金和复合材料等，零部件结构和性能要求上具有整体、薄壁、异形、异质、梯度性能等特点。难变形材料、难成形结构及其耦合对成形制造提出了更大挑战，需要探明成形过程中组织性能、尺寸精度、表面质量和成形缺陷的形成及演化机制，进而发展成形成性协同控制理论方法与原理技术。随着航空航天等领域高端装备发展对构件尺度、服役性能和成形精度的日益苛求，高性能精确成形向极端尺寸（极大、极小或跨尺度）、极端制造环境和极端服役条件成形制造科学与技术发展。这种极端成形制造方式带来了极端尺度效应、极端环境效应等科学问题，需要开展极端成形制造技术与装备的基础研究与应用基础研究。

轻量化高性能制造、短流程复合成形制造需要不断满足制造过程低成本、短周期、高效化的需求，研究基于多工艺复合、多能场复合、多材料复合、工艺流程再造和过程精确控制等制造原理方法与工艺技术，主要包括：① 近净成形制造技术，面向传统制造工艺，通过材料转移和变形的精确控制实现零部件近终成形，如精密铸造、精密锻造、低应力低变形焊接等；② 短流程制造技术，揭示传统制造过程各工艺环节涉及的内在作用机制，使不同工艺环节相互辅助和增强，减少成形制造工艺环节，缩短制造流程，如熔铸一体化成形、原位增材一体化成形、再制造等；③ 复合成形制造技术，通过多工艺、多能场的耦合作用突破传统单一工艺局限，在外加条件（如各种能场）作用下使单一工艺成形机制发生根本变化，组织、结构、性能发生质的改变，从而构建制造新原理及新方法，如铸锻一体化复合成形、焊轧（轧制 / 冲压）一体化成形、激光 - 电弧复合焊接成形、声 / 磁 / 电等多能场强化焊接异种材料结构成形等。

绿色化、智能化成形制造基于对成形制造各个环节成形机理和规律定量、深入的认知，综合考虑环境影响、产品质量、能源资源消耗、生产效率等因素，可实现制造过程智能精准调控和环境友好。由于成形制造具有多场耦合高度非线性的特点，其发展有赖于数理建模与模拟、在线检测与控制、人工智能、大数据分析等现代信息技术和数字化制造技术及装备的进步。其中，以多尺度全过程仿真为代表的数值模拟技术是探究成形成性规律的关键主流方法，在线检测技术为成形过程中多物理场的感知提供了有力支撑。二者与人工智能和大数据分析技术结合，将多物理场信息融合，进而发展智能调控技术，实现了成形制造过程中产品几何形状与组织性能的精准优化与调控以及成形制造过程的绿色化、数字化和智能化。

国家重大工程、国防建设等战略需求对零部件在成形制造过程中的组织结构、质量性能、成形精度等方面提出了更为严格的要求和更多的挑战，因此需要在成形制造基础原理方法、工艺设计、过程调控以及装备研制中不断创新，通过绿色、低成本、短周期的制造方式，实现成形制造过程精准调控和零部件组织、性能、形状、尺寸的精准制造，从而满足零部件轻量化、高性能等要求。这使得精准成形制造技术成为学科未来重要发展趋势。精准成形制造的主要研究内容如图 10.1 所示，目的是实现复杂零部件优质高效制造，实现零部件能够造得出、造得精和造得好，为重大工程建设、国民经济发展与国防建设提供重要基础制造理论与关键共性技术 [3-6]。

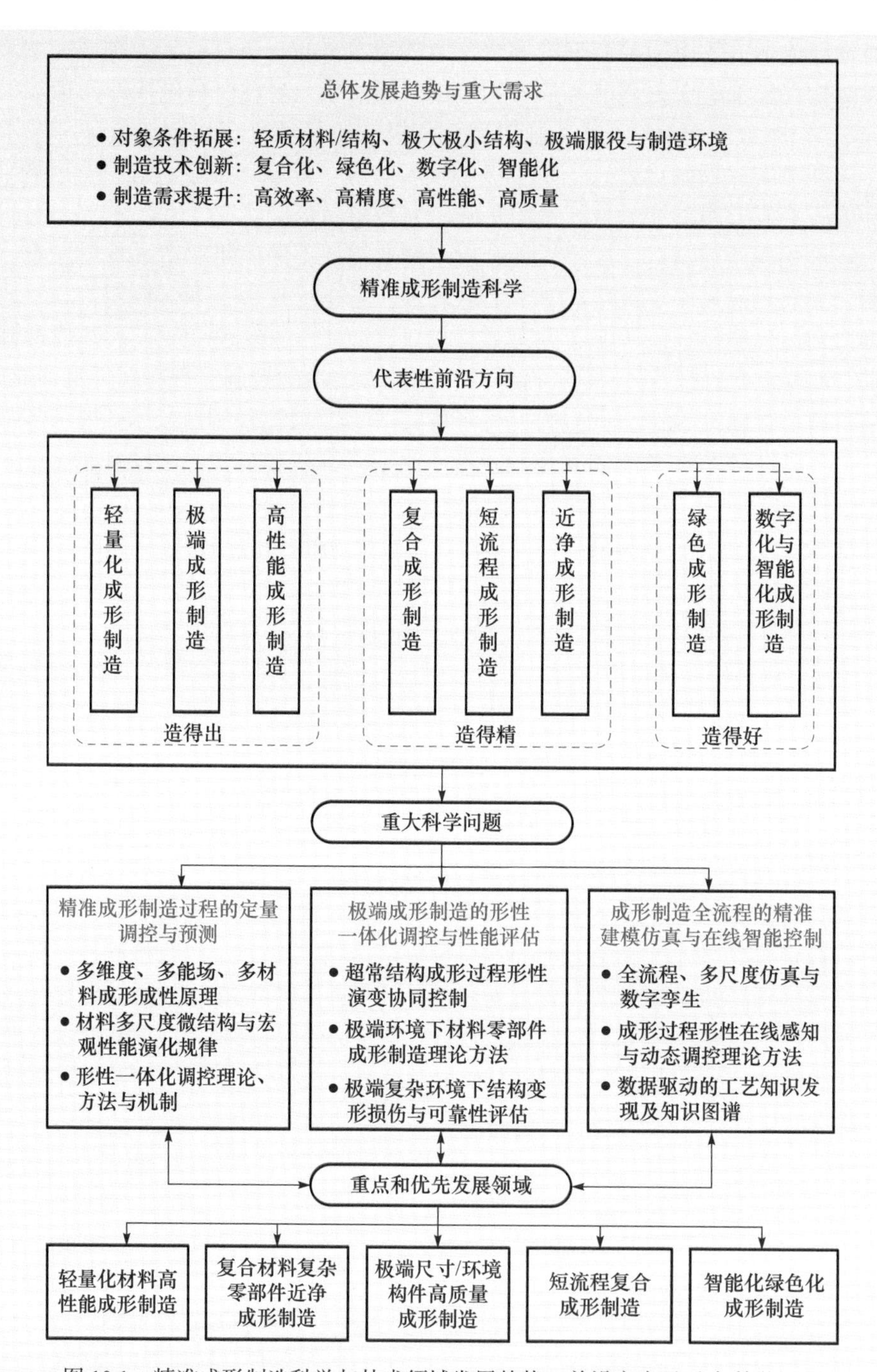

图 10.1　精准成形制造科学与技术领域发展趋势、前沿方向及重大科学问题

10.1.2　研究范围

从国家重大工程需求、国民经济发展以及学科前沿看，面向铸造、锻压、焊接与连接、热处理、表面工程、复合材料等专业领域，成形制造科学与技术研究未来将聚焦于精准成形制造。由于成形制造方式的多样性和专业领域的广泛性，本领域的研究范围也非常广泛。从造得出、造得精和造得好三个层面看，精准成形制造研究主要集中在轻量化成形制造、极端成形制造、高性能成形制造、短流程成形制造、复合成形制造、近净成形制造、绿色成形制造、数字化与智能化成形制造等方面，研究范畴如图 10.2 所示。

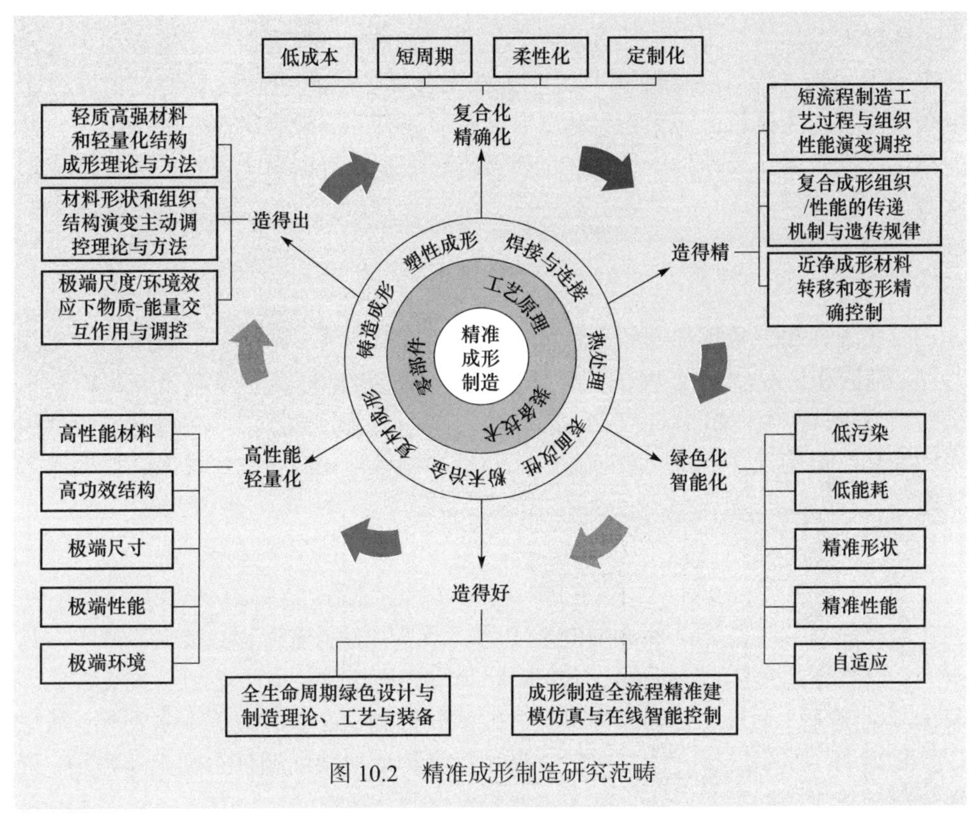

图 10.2　精准成形制造研究范畴

1. 轻量化成形制造

针对低能耗、高效率先进装备对零部件轻量化的迫切需求，开展轻质高强材料和轻量化复杂结构的铸造 / 塑性 / 连接等成形制造的科学研究，探讨同质 / 异质轻质 / 高强材料（如铝合金、钛合金、镁合金、高温合金、聚合物材料、复合材料、高强钢、超高强钢等）和轻量化结构（如整体、筋板、薄壁、非等壁厚、功能化结构等）的成形理论与方法、成形过程热力学机制、数值模拟模型，以及成形过程中组织、性能、形状的演变机理与精确调控方法，研发先进成形技术及装备实现原理，发展轻量化成形制造理论方法、工艺技术及装备。

2. 极端成形制造

结合机械制造、航空航天、深海、能源石化等领域，以极端尺寸（极大 / 极小、厚壁 / 超厚壁、薄壁 / 超薄壁、跨尺度）、极端制造环境和极端服役环境（条件）零部件为对象，研究能场和形性演变协同性的方法，发展极端尺寸构件的形性精准协同制造原理与装备。研究太空、深海、核环境、超高 / 低温、强电磁等极端环境下的物质多维、跨尺度演变和能量传输规律，发展极端制造环境创成及其驱动下的构件形性主动制造理论、方法及技术。研究可长期安全可靠服役于极端作业环境的材料微观组织结构，突破极端服役环境微观组织、缺陷形态与性能演化等原位测试及评估的瓶颈，实现极端环境下长寿命安全服役的高性能成形制造。

3. 高性能成形制造

以实现高端装备零部件的高性能（高强度、高刚度、耐磨损、耐腐蚀、耐疲劳等）制造和长寿命服役等为目标，研究不同成形方式和成形条件下材料微观组织的演变规律，微观组织与服役性能的映射关系，成形工艺对形状尺寸、内部损伤和缺陷的影响规律，以及面向高性能的精准调控理论与方法，发展高性能成形制造理论、方法及技术。

4. 短流程成形制造

以减少高端装备零部件成形制造工艺环节，缩短制造流程，实现低成本、高效率、高性能成形制造为目标，研究成形制造流程建模与优化、新型短流程成形制造基础理论、工艺过程调控与组织性能演变机制，阐明熔铸一体化成形、锻焊一体化成形、原位增材一体化成形、再制造局部成形协同调控等理论及机理，提出材料制备与成形制造一体化以及短流程成形制造新原理、新方法、新技术、新装备，探索短流程成形制造的极限能效与新应用，实现对传统成形制造流程的创新再造。

5. 复合成形制造

以实现多材料、多工艺、多能场复合条件下零部件精准成形为目标，研究多材料、多工艺、多能场等复合成形过程组织性能的传递机制与遗传规律，组织 - 应力 - 性能顺应强韧化机理，成形过程数学建模与预测分析，多材质或非均质材料界面行为及协同形变理论与调控方法，异种材料连接界面理论，焊接变形与矫形精准控制理论，形性一体化精确预测理论与方法，多工艺复合成形制造理论等，发展复合成形制造理论、方法及技术，探索增减材复合成形、铸锻一体化复合成形、焊轧（轧制 / 冲压）一体化成形、激光 - 电弧复合焊接成形、冷热一体化成形、声 / 磁 / 电等多能场强化同质 / 异质材料焊接成形、薄大柔结构焊接变形与矫形精准控制、焊接 / 增材 - 热处理强韧化复合成形、材料冲压成形与热处理一体化、异质材料功能零部件成形制造等复合成形制造新原理、新方法、新技术及新装备，全面提升零部件制造效率与性能质量。

6. 近净成形制造

为实现高精度、少 / 无加工余量零部件的成形制造，研究成形过程中材料转移和变形的精确控制方法，探讨成形过程中材料的充型流动和凝固行为、多维度和多应力条件下材料的流动控制规律、多步变形过程零部件形状尺寸的约束方法、高能场作用下同质 / 异质材料的高精密连接行为，优化传统制造工艺提升机制，研发相应的工艺、模具和装备，发展近净成形制造理论、方法及技术。

7. 绿色成形制造

以保证产品制造的功能、质量、成本，综合满足环境影响、产品质量、能源资源消耗、生产效率等方面要求为目标，研究零部件全生命周期绿色设计与绿色制造理论，无毒、无害的机械制造用原辅材料，清洁能源以及高效、节能、降耗的先进成形制造工艺与设备，成形过程能源消耗管控与高效利用及废弃物回收再利用技术，突破绿色成形制造的关键共性基础问题，建立健全绿色成形制造理论体系，进而发展少无废弃物绿色铸造技术、少余量绿色精密锻压成形技术、多能场耦合低能耗焊接技术、高沸点低烟尘焊接材料设计制备及其焊接技术、少 / 无填充材料高效低能耗焊接技术、再制造技术、绿色回收再利用技术等绿色成形制造技术。

8. 数字化与智能化成形制造

以实现成形制造过程产品几何特征与组织性能的精准优化与控制为目标，综合利用数理建模、数值模拟、人工智能、大数据分析、数字控制等现代信息技术，研究成形制造全过程的多尺度建模、高精高效数值计算与优化方法，物理信息系统融合、成形加工外场与材料形性参数的在线感知与物理场重构，成形工艺模型的自学习与进化、面向复杂时变工况的自适应调控等，进而发展现代信息技术与成形制造“工艺 - 组织 - 性能”深度结合的数字化与智能化成形制造理论方法、工艺及装备。

10.1.3 在经济和社会发展、学科发展中的重要意义

成形制造技术的能力、水平和经济指标是衡量一个国家制造技术与工业发展水平以及重大、核心关键技术装备自主创新和保障能力的重要标志之一。成形制造技术在推动创新、绿色发展中发挥着不可替代的作用，为我国航空航天、汽车、装备制造、能源石化、船舶、国防军工等领域所需的关键核心零部件提供了重要支撑，促进国民经济发展和国防装备水平提高，为推进传统机械制造业优化升级，实现制造业高质量发展和提升制造业竞争力，助力制造强国建设做出很大的贡献。

全世界钢材的约 75% 要进行塑性成形，约 65% 要用焊接成形才得以制造形成产品 [4]。导弹、运载火箭、大飞机所需的蒙皮、叶片、轮盘、密封环、燃料贮箱等关键构件及汽车轻量化零部件，均需要成形制造。传统汽车和新能源汽车领域需要采用轻质高强结构件替代传统钢制结构件以减轻车身质量，对废旧机械装备开展再制造循环利用，以大力推动节能减排，实现我国可持续发展的战略目标；汽车结构件的生产也更加迫切需要转为整体化、集约化的生产方式，以提高生产效率、降低生产成本、减少材料与能源消耗。我国高速列车更快、更安全、更舒适的发展目标对列车零部件制造提出了更轻、更强、更精密的新要求。这些领域的新要求与新变革正在促进传统成形制造技术向轻量化、绿色化、数字化、智能化方向发展，急需精准成形制造科学和技术的提升与支撑。特别是，轻量化高性能成形制造已经成为高端空天装备、高技术船舶和尖端武器装备研发与制造的前提和基础，是高速列车、新能源汽车等交通运输领域向更快速、更绿色、更高端突破的关键，也是实现我国创新发展和绿色发展国家战略的重要基础，是成形制造科学与技术的重要发展方向 [7-9]。

我国是传统成形制造技术与装备大国，铸造、塑性成形、焊接、热处理等成形制造行业规模居世界第一。但我国不是成形制造技术与装备强国，我国传统成形制造技术水平与发达国家相比存在较大差距，每吨铸件铸造工艺能耗比国际先进水平高 80%，每吨锻件锻造工艺能耗比国际先进水平高 70%，每吨工件热处理工艺能耗比国际先进水平高 47%[10]。成形制造技术与装备水平总体落后世界先进水平 5～10 年，有的甚至落后更长时间。基础材料、基础零部件、基础制造工艺等短板与“卡脖子”关键问题的突破，也直接涉及成形制造理论方法与工艺技术

的发展和创新，如高速重载精密轴承、高效高承载轻结构齿轮等关键基础件和通用部件的自主创新及产业化，需要铸造、塑性成形、热处理与表面改性等成形制造技术的全面提升。成形制造既依赖于理论基础，在应用过程中也极度依赖于经验知识的积累和工艺的精准实现，由于数字化和人工智能在感知、计算、优化、知识重用等方面具有优势，我国传统成形制造行业的转型升级迫切需要数字化与智能化成形制造基础研究作为支撑。

航空航天、生物医药、集成电路、新能源、核电、海洋工程及高技术船舶等领域产品制造已经成为未来制造产业发展的重要方向，将不断发现和了解在极大、极小尺度，或在超常制造外场中物质演变的过程规律以及超常态环境与制造受体间的交互机制，向下一代制造尺度、制造性能和制造外场的极端成形制造发起挑战。例如，我国重型运载火箭的发展需要直径达 10m 的超大型整体薄壁构件的成形制造；医用胶囊机器人零件、燃料电池波纹板等具有亚毫米级和微米级的结构特征，需要低成本批量微细成形制造；太空超高速飞行器、航空发动机及燃气轮机的发展，则需要成形制造零部件在极端环境(高温、低温、高压、燃气冲击腐蚀)下具有优异的性能。极端尺寸、极高性能构件的成形制造，往往需要在超常态的强化能场下，进行极高能量密度的激光、电子束、离子束等强能场制造。未来科学技术的发展必将利用在各种高能量密度环境、物质的深微尺度、各类复杂巨系统中涌现的科学发现和技术发明，制造出更超常尺度、更高精度、更高性能的产品[11]。

同时，航空航天、能源装备、海洋工程及高技术船舶、轨道交通等领域高端装备性能的提升必然要求材料和结构的定制化设计，使成形制造技术朝着低成本化、高效化、个性定制化的高柔性方向发展。因此，短流程成形制造、复合成形制造已成为未来国际先进成形制造领域前沿研究热点。例如，面向运载火箭大型薄壁构件制造、大型空间平台在轨构建等，孕育出多能场辅助制造、局部加载成形、多工艺复合制造以及失重环境制造等新的成形制造理论与方法。此外，短流程复合成形制造多工艺、多能场集成的特征，使其在批量制造中也具备缩短加工周期、降低加工成本、节能、降耗、绿色环保、提高零件的成品率和成品质量的潜力。未来对低成本、短周期、高效、柔性、绿色制造的需求必将驱动短流程成形制造、复合成形制造原理和技术的创新，不断提升低成本高效柔性制造的能力和水平。

随着对不同能场作用下物质形性演变机制和规律的深入认识，传统成形制造工艺复合以及多能场与传统制造方式的融合形成了多种新的精准成形制造原理和方法，如基于激光的高性能精确成形和修复技术、声/电/磁能场辅助成形技术等。这些新技术在解决高性能、高精度、低成本、短周期、高效、柔性、绿色制造的需求上表现出巨大的潜力，其发展既依赖于与之相关的学科与技术，也将促进这些学科和技术的进步。在解决极端成形制造需求中，能场与物质的交互作用，与极端尺度效应、极端环境效应的耦合，使制造过程中表现出许多不同于传统成形制造的新现象和新机理。这些新的发现将极大地丰富和发展成形制造理论与技术，引领制造技术新的突破。

对成形制造力学模型、物理机制的深入认识，与仿真计算技术的融合，极大地促进了成形制造多尺度全过程模拟仿真与优化技术的发展[12]，使其成为加速精准成形制造科学发展和技术研发不可或缺的主流关键技术。其发展将促进材料、力学、机械、信息、计算机、软件工程等相关学科的交叉融合，产生基于集成计算工程的新设计方式，加速材料 - 结构 - 设计 - 制造一体化理论与技术进步。

多尺度全过程模拟仿真及优化技术与在线检测、人工智能、大数据分析等的深度结合，使成形制造向数字化与智能化的方向发展。由于成形制造涉及问题的复杂性，需要在多物理场在线感知与重构、物理信息系统融合、制造工艺自学习与进化、自适应调控、知识构建及知识图谱等方面进一步突破，为成形制造及相关学科发展注入新的动力。

总之，机械、材料、力学、物理、计算机、信息和控制等多学科的交叉融合及协同创新发展，将不断产生新的成形制造理论、工艺方法和系统装备。发展精准成形制造等先进制造技术，实现轻量化、绿色化、数字化、智能化、高精度、高性能和高质量制造，不仅是发展先进制造业和装备制造业，提升传统制造业，促进制造业优化升级的重要基础，而且是我国重大工程建设和航空航天、交通运输、新能源、高技术船舶等战略性产业发展的重要基础[13]。精准成形制造已经成为制造学科未来发展的重要方向，具有理论方法创新和技术革新的重大需求，在国家重大工程、重点领域中具有不可替代的关键作用。

10.2　研究现状与发展趋势分析

近十年来，成形制造技术在推动我国制造业转型升级高质量发展上发挥了重要作用，在基础理论和应用技术研究方面取得了系列化创新成果。国家自然科学基金、国家科技重大专项、国家重点研发计划等给予成形制造研究支持，有效促进了成形制造学科的发展。“欧洲地平线计划”、美国国家科学技术委员会发布的《先进制造业美国领导力战略》报告[14]、《中国制造 2025 蓝皮书 (2018)》[15]等国家战略均将成形制造纳入了重点支持领域。近十年来，成形制造技术有效推动了我国制造业与国防工业的发展，通过自主创新，在航空航天、高端装备制造等领域，有一批产品和技术达到国际先进水平，部分技术指标达到了国际领先水平，进一步与发达国家缩短了成形制造领域的差距。已研制出的 800MN 模锻压机、3.6 万 t 挤压成形机、12m 直径轧环机、大型数字化无模铸造精密成形机、大型开合式热处理炉、汽车自动冲压生产线装备等一批基础制造装备，为探月与深空探测、大飞机、国防军工等国家重点工程顺利实施以及高速列车、第三代核电、深海钻井平台、特高压输变电装备等重大技术装备研制提供了重要支撑。然而，我国部分高端成形装备长期依赖进口，其核心关键零部件国产化程度依然较低，成形精度和性能差，服役寿命短且生产周期长、能耗高，导致我国重要基础制造装备的部分关键零部件、关键材料仍然主要依赖进口，高端成形装备的研制攻关基础能力薄弱。2018 年 7 月，工信部对 30 多家大型企业 130 多种关键基础材料调研结果显示，32% 的关键材料在我国仍为空白，52% 依赖进口；在高端机床、运载火箭、大飞机、发动机等尖端领域，虽然部分零件实现国产化，但成形精度与性能难以满足设计要求，且生产零件的设备往往受制于技术，95% 依赖进口。因此，亟须通过基础理论研究、前沿技术研发，提升成形制造技术水平，解决短板及“卡脖子”等技术中的基础理论及技术难题。

10.2.1　轻量化高性能成形制造

航空航天、轨道交通、汽车、国防军工等领域对高性能、低能耗和高效率的需求迫切，引领了零部件轻量化、高性能成形制造技术的快速发展。美国建立了轻量化与现代金属制造创新研究院，开展了系列轻量化、高性能成形基础研究，如钢 - 钛合金连接机理及技术，铝锂合金锻件组织 - 性能波动与控制规律，大型宇航钛合金零件成形性能预测等。同时，美国已将复合材料应用在运载火箭发动机喉衬、扩张段等关键件上，如 RL10B-2 火箭发动机使用针刺结构喷管延伸段，在 2020 年取得适航证推力达 597kN 的世界最大航空发动机 GE9X，采用了直径达 3.4m 的复合材料风扇叶片，将应用于新一代远程宽体客机波音 777X。从 2009 年到 2020 年，欧盟、日本等国家或地区的汽车已平均减重 25%。

我国在轻量化、高性能成形制造基础研究方面也取得了重要进展。航空航天领域以大飞机、第五代战斗机、高推重比航空发动机、重型运载火箭等为代表的高端装备都要求使用轻量化、高可靠和功能高效化的零件。为满足高速、高机动、高负载和远航程等性能要求，飞机 - 机身大量采用铝合金零件（梁、框、肋、壁板）、航空发动机采用轻量化高性能的钛合金机匣与叶片等。以超声速、高超声速、邻近空间飞行、快速响应、远距离打击、高可靠性为技术特征的高马赫数飞行器、深空探测用重型运载火箭等都需要使用钛合金、高温合金、复合材料等高性能零件。汽车领域也需要高强轻质低成本零件替代传统钢制零件以减轻车身质量[16,17]，降低能源消耗，如全铝车身、高强钢零件（车门防撞梁等）、碳纤维复合材料件等。轨道交通领域将大量采用铝合金车体框架、全碳纤维复合材料车体等。这些重点领域对轻量化、高性能零件的需求，正在引领轻量化高性能成形制造的快速发展[17,18]。

在国家自然科学基金等资助下，围绕高性能轻质金属材料的成形加工和性能调控，开展了轻质金属材料强韧化机理及组织性能调控，先进铸造、塑性成形以及连接过程中的工艺、组织和性能调控，服役性能与防护，烧结金属孔结构控制等系列基础研究，取得重要突破。例如，在高性能轻量化零件精确塑性成形理论与技术方面，发展了难变形材料复杂零件塑性成形全过程多场耦合建模方法，建立了塑性成形零件复杂组织参数下力学性能预测与评估方法，应用于多种型号的先进军机以及重型运载火箭等高端空天装备零部件制造；提出了局部加载主动控制不均匀变形实现精确塑性成形的新原理，揭示了复杂零件不均匀变形机理与精确塑性成形规律，发展了全过程不均匀变形和组织协同调控方法，实现了飞机大型复杂整体钛框制造；提出了三维柔性滚压成形电辅助形性调控的新方法，揭示了脉冲电流与滚压不均匀变形对形性演化作用机理，应用于高温合金薄壁复杂零件成形；突破了大规格复杂截面轻合金挤压型材稳定成形、界面焊合、组织控制理论与技术，成功用于我国时速 300km 以上高速列车车体制造中。

在大型轻合金精密铸造成形方面，突破了大型铸锭自耗凝壳熔炼、大尺寸薄壁构件整体铸造成形缺陷控制工艺，实现了 1500mm 左右铸件的整体成形，高温合金整体涡轮机匣铸件最大尺寸接近 1400mm、最小壁厚约 1.5mm。铸造是重要的基础制造工艺，广泛应用于航空航天、动力机械等装备制造业。针对传统铸造存在工序多、高质量制造难，甚至无法快速制造等难题，发明数字化无模铸造复合成形方法与装备，提出数字化无模铸造复合成形方法，不用传统木模、金属模等模具制造砂型 / 砂芯，直接数字化挤压成形并切削制造，突破并实现复杂铸件高效率、高性能、高精度无模成形，变革采用模具造型的传统砂型铸造生产模式，实现复杂铸件高质量制造[19]。在轻量化异质构件焊接方面，提出多级反应焊接新思路，阐明陶瓷 / 金属界面反应与残余应力缓解机理，突破陶瓷与金属连接接头组织与应力调控难题，解决航天发动机复合材料喷管与过渡环的连接难题。在轻合金材料构件改性方面，发现锥面位错可显著提高亚微米金属镁塑性，有望推动镁作为结构材料的广泛应用；针对高强铝合金大型薄壁件成形，提出“差异壁厚”“差异结构”零件准同步凝固和淬火微变形控制理论，实现成形制造精准控制。在复合材料成形方面，取得系列化创新成果，发明了柔性导向三维织造成形方法与装备，实现复合材料预制体构件数字化成形制造；研发出高性能碳纤维预织体编织技术与装备，揭示了树脂传递模塑成形缺陷、界面与成形精度控制等成形调控机理[20]。

随着高端运输装备向大运力、高可靠和长寿命方向发展，轻量化高性能零件的成形制造呈现出新趋势。2014 年，美国提出在高端装备关键零部件的服役性能不变的条件下，采用铝 / 镁 / 锂合金、超高强钢、碳纤维等轻量化高性能材料，使这些关键零部件的重量减少 30% 以上；欧洲提出研发异种材料车身绿色焊接技术及改性新装备，在未来 10～15 年通过采用多种轻质或高强度材料等方式再减重 20%～25%。

虽然我国在轻量化高性能成形制造基础研究方面取得了长足进步，形成的新技术也已逐步推广应用，但与国外相比仍有较大差距，存在高端零部件制造合格率较低、质量稳定性差等问题。例如，面对航空航天等领域对新型航空发动机单晶叶片和大型燃机柱晶 / 单晶叶片制造的需求，在复杂高温合金单晶叶片制造方面，2018 年中国科学院金属研究所研制的 DD405 单晶空心叶片总体合格率达到了 50%, 而发达国家的产品合格率为 80% 以上，亟须开展新型航空发动机高温合金单晶叶片和重型燃气轮机大尺寸高温合金柱晶 / 单晶叶片的制造机理等基础研究。在复合材料制造工艺与装备方面，国外大型客机采用的是激光智能铺丝工艺制造机身及翼梁，具有工艺稳定、效率高、产品精度高的优点，而我国目前仍主要沿用传统的手工编织成形，存在制造成本高、产品精度低、性能差等问题。在复合材料应用方面，我国研制的 C919 飞机使用的复合材料仅占 12%, 而波音 787 飞机中复合材料用量已占 50%, 空客 A350-XWB 飞机约为 52%, 我国正在预研的宽体客机 C929 复合材料用量预计 50% 以上，需求与现状差距巨大；我国针对 C919 研发的 CJ1000 发动机，其树脂基复合材料风扇叶片等关键高性能轻量化构件的成形制造技术尚有待突破。

未来，轻量化高性能零件的成形制造将向形性协同控制、材料结构一体化，以及全轻质材料大型构件成形等方向发展（见图 10.3），突破轻量化材料的高性能制造、难变形材料复杂结构的精准制造、高强同质 / 异质材料的高性能连接、大型化一体化复合材料构件的形性精准调控等关键技术，其发展趋势具体如下。

1. 轻量化材料的高性能制造

先进飞机、重型运载火箭、战略导弹、轨道空间站等重大装备研制，要求其核心关键零件必须具备高性能、高可靠性等优异性能，需要开展轻量化材料成形成性机理研究，解决合金成分优化设计、成形缺陷控制、界面组织结构精准调控、定量化表征等问题，充分挖掘材料性能，实现轻量化材料高性能零部件制

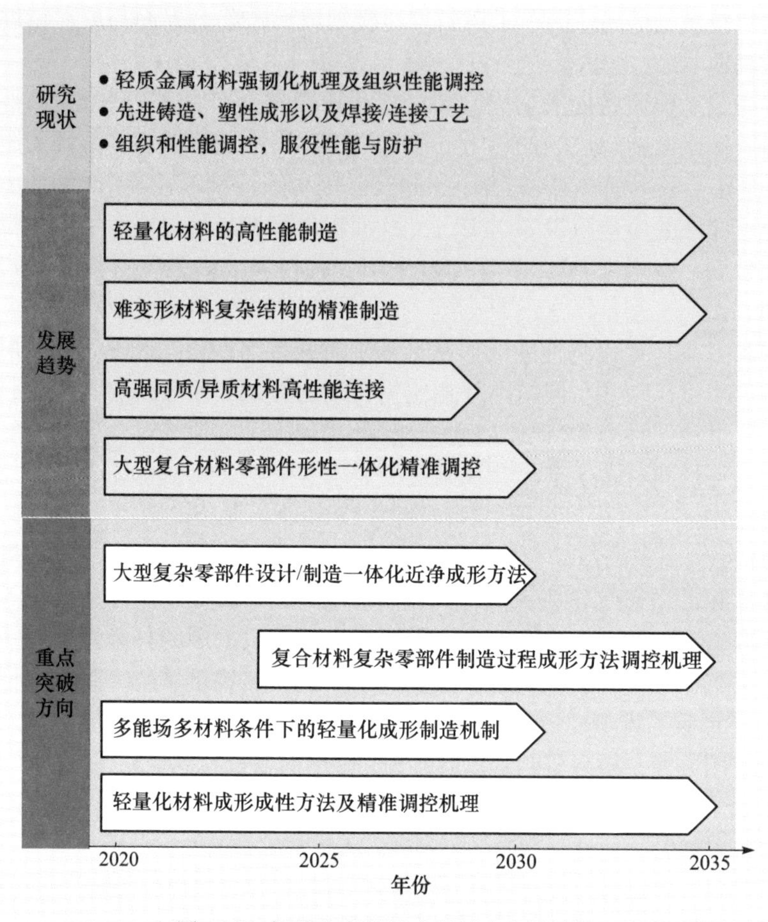

图 10.3　轻量化高性能成形制造发展趋势

造。例如，大断面复杂超薄高精轻合金型材的挤压工艺与模具优化设计方面，需要更加注重形性协同调控，注重全流程组织演变及其不均匀性调控机制与方法的研究。

2. 难变形材料复杂结构的精准制造

零件的大型整体化、形状复杂化、厚度薄壁化、形状高精度化是高性能轻量化发展的必然要求，尤其是难变形材料，使其精准成形制造面临巨大的挑战。因此，亟须解决成形过程原位表征与组织演变控制、应用环境和加载条件下原材料整体性与精准成形控制机理、成形精度精确预测与调控理论等问题，发展难变形材料复杂结构一体化成形制造新原理、新方法与新装备等。例如，航空发动机涡轮盘、双性能盘的精准制造，更加注重探讨合金化程度高、微观组织结构复杂所带来的关键制造科学难题，需研发新工艺、新装备。航空发动机封严环常使用 GH4169 等时效硬化镍基变形高温合金，变形抗力大，且加工硬化显著，截面形状复杂，加工难度大，废品率高，组织性能、成形精度控制难度大，很难满足设计要求。因此，需要重点解决局部剧烈的不均匀变形、性能调控、缺陷和精度控制以及热力联合作用的形性协调等问题。发达国家已采用相关技术实现了此类零件的整体成形，并取得成功应用，但对我国实行严格的理论和技术甚至产品封锁。为实现这类零件的高精度、高质量一体化成形，仍需大力开展复合能场辅助成形等新型成形理论与技术研究，对实现这类零件的高精度、高质量一体化成形具有重要意义。

3. 高强同质/异质材料高性能连接

随着梯度功能性构件需求的不断出现，产品设计过程中要求功能、性能随构件内部位置的变化而变化，通过匹配不同材料的成形制造来加以实现，解决异质材料高性能连接的新挑战。轻量化高强材料构件焊接与连接成形，需要重点解决高强同质材料焊接热影响区热损伤、异质材料连接界面控制、疲劳等动载荷性能下降问题，并探索多能场增强电弧、固态焊接、焊轧复合成形等精准传质传热焊接成形新原理、新方法、新技术；同时，研发超塑性扩散连接条件及机理、同质/异质材料可控纳米连接技术与装备、碳纤维复合材料界面黏结性能方法和黏结机理等新原理、新方法、新技术和新装备。

4. 大型复合材料零部件形性一体化精准调控

复合材料构件具有轻量化、比强度与比刚度高、可设计性好等特点，将会得到广泛应用[21,22]。当前复合材料构件已不只简单具备轻量化、高比强度优势，正向大型化、材料结构设计与制造一体化方向发展，亟须解决形性精确成形调控、性能与材料成形工艺一体化设计、多参数多界面热力耦合等关键问题，突破复合材料数字化与智能化织造技术、纤维增强树脂基复合材料增材制造技术，开发复合材料构件数字化与智能化精准制造新方法、新技术、新装备，实现复合材料构件结构设计与制造一体化、材料制备与构件成形制造一体化。

总之，未来在轻量化、高性能成形制造方面需要更加注重形性协同调控，注重全流程组织演变及其不均匀性调控机制与方法的研究，注重探索研究复杂零件成形的新方法、新工艺、新装备，以使这类零件的成形更省力、更高效、成本更低。

10.2.2 极端成形制造

极端成形制造是推动航空航天、大型舰船、深海探测、深海平台、能源动力等国民经济重要领域技术进步的重要基础[23]，是制造业未来发展的重要方向，也是实现精准制造面临的巨大挑战。发达国家对极端成形制造十分重视，美国2008年就提出了未来20年将面临极大与极小系统的制造难题，并针对新一代重型运载火箭与空间发展所需要的关键零部件制造需求，研究极热极冷条件下的成形制造技术。德国将极端制造作为制造业持续发展的三大目标之一。俄罗斯制定了2030年航天领域国家政策，重点研发运载能力达到130t的重型运载火箭[11]。发达国家在极端成形制造领域一直占有优势地位，以重型运载火箭、航空母舰、大型飞机、航空发动机为代表的高端装备和技术水平位于世界前列。

我国自主研制了30万t超级油轮[24]、27万 m^3 液化天然气运输船、3000m海洋石油981深水半潜式钻井平台、荔湾3-1亚洲最大深海油气平台、7000m“蛟龙”号载人深潜器等极端作业装备[25]，成功跻身世界极端装备制造大国，这很大程度得益于我国极端成形制造技术的有力支撑。我国在极端成形制造相关理论与基础技术研究方面，取得了阶段性研究成果，具备很好的研究与应用基础。例如，在极端制造强场作用下多维、多尺度演变方面，揭示了超强脉冲磁场下材料动态变形行为及微观组织演变与性能关联规律，发展了变形精确控制和服役性能调控方法。在微结构精密成形与选择性性能控制方面，发现了材料强化和界面力学行为的尺度效应，提出了跨尺度构件制造过程力学行为模拟方法，发展了微细制造工艺新理论，使燃料电池金属极板的成形精度显著提升。

我国在极端成形制造工艺与装备上也取得了重要突破。一批极端成形制造装备的设计、安装及制造技术等方面取得系列创新成果，如研制的800MN大型模锻压机[26]突破了超重、超大和超长等制造极限，创造了世界最大铸锻件（785t钢水、450t铸件、900mm厚锻件）、最大焊接厚度(550mm)和最长的机加工件（36m长C形框）等多项世界第一；研制的3.6万t黑色金属挤压机[27]，解决了设计、制造、运输、安装等极限难题，实现了大口径厚壁无缝钢管产品自主制造。在极端条件下焊切基础工艺及装备方面也实现了重要突破，如研制的600mm超大厚壁的全数字化窄间隙埋弧焊接设备及3500mm超大厚度钢锭自动化火焰切割设备，可实现3500mm直径钢锭的高效切割，超过欧洲2000mm极限水平，达到世界先进水平；运载火箭贮箱椭球箱底搅拌摩擦焊接实现了技术研发、工程化应用、标准制定和装备设计的重要突破，在多个型号任务获得应用。还在系列具有极大尺寸、极薄壁厚和异型截面等极端复杂难成形特征的构件成形制造取得了重要进展。例如，在钛合金复杂大件等温局部加载成形、高强钢/钛合金起落架外

套筒 / 支柱整锻成形、高强铝合金高筋薄壁构件蠕变时效成形、低压转子整锻成形与热处理工艺等的突破，有效支撑了先进飞机、直径 5m 级和 10m 级大型运载火箭和 AP1000 核电机组制造。

随着我国对深空、深海、深地战略的不断深入，空间站、火星探测、深海空间站、地球深部矿物资源勘探等将极大促进极端成形制造科学的发展。一是超常规工艺、超常规性能、超常规材料制造需求更为迫切。航空、舰船、核电领域异型结构部件、超难变形材料的创新应用，推动超常、极难加工成形工艺不断加快发展。例如，战略导弹弹头、发动机喷管及高超声速飞行器热端部件服役温度达 3000℃以上，需要碳 / 碳复合材料等超高温材料的成形制造工艺。而超强能场，如超强超短聚焦激光、脉冲超强磁场等的实用化，为超常规制造工艺的研发提供了新手段。二是极大、极小、极端环境制造技术及装备需求不断涌现。大型飞机、新一代运载火箭、空间站、新一代舰船、深海工作站等大型装备不断提出极大、一次性整体加工成形需求。例如，建立空间站、实施探月三期工程用重型运载火箭直径将超过 10m; 未来飞机整体框结构尺寸将达 4.5m 以上，梁长将达 7m 以上；下一代核电用不锈钢无缝整体长寿命环件直径超过 15m[28]。相应的极限制造装备，如 10 万 t 级超级压力机需求迫切。太空、深海、核环境、超高 / 低温、强电磁等特种环境下人类活动不断增加，单纯依靠普通环境下进行装备的补给和维修工作已无法满足在这些特种环境活动的需求，深海千米以上饱和焊接技术、太空制造及再修复技术等极端环境制造技术及装备需求将不断涌现。

未来极端成形制造将在各种高能量密度环境、物质的深微尺度、各类复杂巨系统中不断出现新发现、新发明，需要突破极端尺寸构件形性精准协同制造、超常环境成形制造方法、面向极端服役环境的高可靠成形制造和评估等关键技术及其关键科学问题。极端成形制造的研究现状与发展趋势呈现如下特点 (见图 10.4)。

1. 极端尺寸构件形性精准协同制造

随着各类巨系统和微系统的应用，极端尺寸构件成形制造必然由现在的造得出，向造得精、造得好发展，对极端尺寸构件成形成性机理和形性演变协同控制方法的需求将日益迫切，包括极大尺度金属构件均质化形成机理、超大复杂高强构件高精度焊接成形机理、复杂异性异构复合材料构件成形性能演变规律、微纳构件成形机理、微缺陷形成及演变机理等。例如，在航空航天领域，我国载人航天、嫦娥工程的不断实施，对火箭运载能力要求持续提高，重型运载火箭箭体结构尺寸不断加大，超大尺寸构件成形制造能场的不均匀性使成形与成性协同制造难度大幅提升，挑战形性制造技术极限。为解决大型构件变形不均匀、性能不均

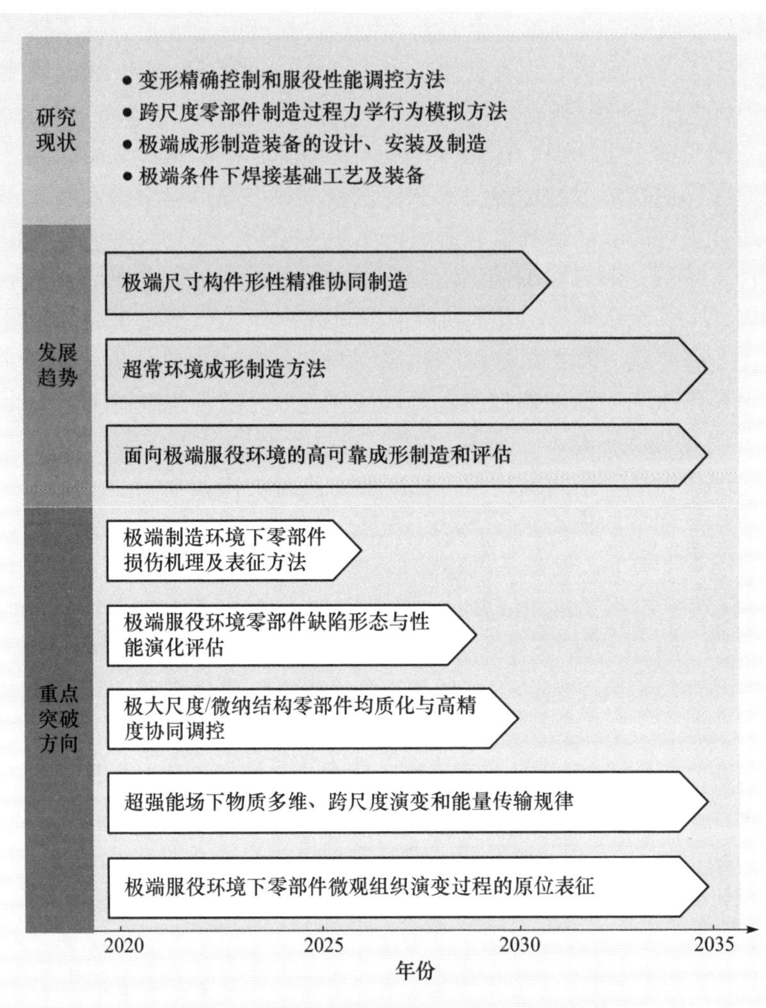

图 10.4　极端成形制造研究现状与发展趋势

匀等制造难题，需要突破超大轻质高强构件成形过程载荷流与应力场形态演变、残余应力的形成机理与调控技术、大型结构件整体热处理精准控制技术、热表处理表层强化精准调控方法、极端尺寸构件形性一体化制造等关键基础理论与技术。

2. 超常环境成形制造方法

超强能场、超低温、高压、太空等极端的制造环境既使得极端成形制造过程复杂化，也为成形制造方式的创新提供了思路。例如，铝合金在超低温（−150℃）环境下变形时其延伸率明显提高，超低温加工成形可能是制造极大复杂构件的新方法。铝合金薄壁构件超低温成形制造新原理与关键技术的突破，需要揭示超低温条件下铝合金及搅拌摩擦焊接头成形极限提高的新机制，以及复杂加载条件下铝合金超低温宏观变形规律及缺陷形成机制。因此，探索超强能场下物质多维、跨尺度演变和能量传输规律，极端制造环境下构件损伤机理及表征方法、微观结构与损伤演变关系，以及极限装备结构设计、制造过程加工、装配、检测与控制等关键问题，实现极端制造环境的创成与主动利用，是一个重要的发展方向。

3. 面向极端服役环境的高可靠成形制造和评估

面对功能稳定、运行精确的复杂功能系统的新需求，其稳定性、精确度要求越来越高。外部环境的日益复杂，要求减少复杂外部环境对系统内部运行结果的影响，满足更多的功能需求，极端服役环境和性能需求将驱动极端成形制造不断突破。例如，在现代能源工业领域，我国正在致力于发展引领世界前沿的超长寿命服役的核电[28]、火电机组，如第四代钠冷快堆设计寿命为 40～60 年；650℃和700℃超超临界火电机组的设计寿命为 30 万～40 万 h; 南海深水浮式采油平台水下关键结构疲劳设计寿命为 300 年[29]。上述重大装备的服役环境极为恶劣复杂，如快堆设备承受辐射 - 蠕变 - 疲劳交互作用；火电机组深度调峰将成为常态，承受严酷的蠕变 - 疲劳 - 氧化交互作用[30]; 深水浮式平台关键复杂结构在恶劣海洋气候条件下承受严苛的腐蚀 - 多轴疲劳交互作用。而装备中的焊接节点是可靠性的最薄弱环节和长寿命服役运行安全的瓶颈，且服役于极端作业环境所需的接头微观组织状态与常规测试条件下最佳性能所对应的微观结构特征是否一致不得而知。因此，亟须揭示服役于极端作业环境的最佳微观组织状态，突破焊接成形先进设计、制造与评价的瓶颈，实现极端环境下长寿命安全服役的高性能成形制造。

10.2.3　绿色化复合成形制造

绿色制造是工业转型升级的必由之路，是制造业可持续发展的重要保障，也是精准成形制造的重要目标之一。它使产品从设计、制造、使用到报废整个产品生命周期中不产生环境污染或环境污染最小化，对生态环境无害或危害极少，节约资源和能源，使资源利用率最高、能源消耗最低，最终实现制造过程无废弃物制造或零排放制造。绿色成形制造主要覆盖装备制造技术（过程）的绿色化、成形制造装备绿色化、成形装备使用 / 服役过程绿色化等，涉及工艺设计、成形理论方法与关键技术及装备等。实现绿色成形制造就必须对上述成形制造工艺设计、制造过程等环节的理论和技术有更深入的认知及凝练，突破绿色制造的关键基础共性科学问题，建立健全绿色制造理论体系，才能实现低污染、低能耗、低成本的绿色制造。以近净成形技术为例，相比于传统的成形工艺，其材料利用率可提高 20%～40%, 取消或大大减少了后续加工工序及工时，有利于实现高效、节能、降耗的目标[31]。美国、德国、日本汽车齿轮加工广泛采用材料利用率可达 90%～95% 的精密锻造近净成形技术取代传统切削加工（材料利用率仅为 30%～50%）。航空发动机整体叶盘采用线性摩擦焊接方法制造可以将材料利用率从整体数控加工的 10% 左右提高到 30% 以上。Marini 等[31]采用压铸镁合金工艺直接成形汽车罩横梁，将原来多个零部件集成变为整体制造，且不需要连接。

复合成形制造是实现制造过程绿色化的重要方式。目前，高性能复杂构件一般都是通过铸造、锻压、焊接、热表处理、增材制造、机械加工、粉末冶金、再制造等多种方式进行形性调控，从而获得所需要的性能与功能。复合成形制造主要是解决复杂、难加工零部件高性能、高精、高效、短流程制造难题，或基于异质材料制备特殊功能的结构件，或是采用多种工艺复合，充分发挥不同工艺的优势，实现优质高效精准成形制造。集成多种工艺、工序于一体的成形方式，可以有效缩短加工周期，降低加工成本，节能、降耗，提高零件的成品率和成品质量。例如，发达国家利用金属的蠕变特性和时效析出强化效应，将蠕变成形与时效处理成形同步进行，形成蠕变时效成形技术，该技术满足具有复杂双曲率外形及复杂内部结构特征构件的成形精度与性能要求。法国空客公司采用蠕变时效成形技术制造出世界上最大商用客机 A380 的铝合金机翼壁板，长度为 33m, 宽度为 2.8m, 厚度为 3～28mm, 装配容差可控制在 1mm 内。

美国、德国、法国、日本采用拼焊板冲压成形技术，将不同类型和不同性能的材料焊接成一张整体板块，然后冲压一体化成形，满足了零件对材料和性能的不同要求，并且相对于先冲压后焊接的成形方法可以大幅度提高成形精度[32]。在钢制车身结构中，50% 的结构件采用了不同强度比和厚度比的激光拼焊板制造，使钢制车身零件数量减少 66%, 同时大大减少模具数量，提高材料的利用率。日本本田公司已率先开始将铝合金拼焊板应用于汽车车身制造。

在涡轮盘制造技术方面，美国在粉末冶金高温合金坯料基础上，采用双重热处理技术开发出双性能涡轮盘，并成功应用于第四代战斗机 F22 的 F119 发动机。此外，实现陶瓷 / 陶瓷基复合材料与金属 / 金属间化合物复合构件的一体化制备，可以有效发挥陶瓷材料高温性能好和金属材料塑性好的优势。美国通用公司与法国赛峰公司共同开发的新一代前沿航空动力 (leading edge aviation propulsion, LEAP) 高涵道比涡扇发动机采用了大量的陶瓷基复合材料与金属间化合物复合成形构件，发动机平均减重约 227kg, 目前已应用于波音 737MAX 和空客 A320neo。

此外，国外还发展了铸造与锻造联合、焊接与轧制 / 冲压联合、增材制造与铸造 / 锻造联合、焊接与锻造联合、粉末冶金与锻造联合、冲压与锻造复合等成形技术，既能充分发挥铸造、焊接、增材制造和粉末冶金在成形复杂形状方面的优势，又能利用塑性加工方法完成近净成形和提高力学性能，还可以显著缩短制造过程，进一步降低能耗，促进成形制造的绿色化。Penilla 等 [33] 利用飞秒激光实现了陶瓷与金属的超快速焊接，相比于传统的真空钎焊或扩散焊接，这种新型制造技术在高效、环保方面优势突出。2020 年报道的陶瓷材料的超快速烧结与增材制造，在几十秒内实现了复杂陶瓷构件的制造，与传统烧结制造相比大幅度缩短了时间、降低了能耗，实现了对传统制造技术的突破性革新 [34]。超高强钢板热冲压成形实现了加热冲压与冷却热处理一体化，可实现构件性能定制。多种焊接工艺复合成形技术也已得到应用，通过多能场 - 多工艺协同优化，在减少热输入、降低能耗、控制微观缺陷与宏观变形、满足高精度与复杂成形、绿色化等方面发挥了重要作用，如激光 - 电弧等复合焊接成形技术已实现了焊接质量的大幅度提高。

我国在绿色化复合成形制造方面开展了大量基础研究，如短流程成形制造、近净成形制造、快速制造、无害化绿色连接、低能耗高能电弧连接、复杂铸件无模复合成形、再制造局部增材性能调控等方面取得了很好的理论突破，并在航空航天、能源装备、汽车等领域获得广泛的工程应用，代表性进展如下：

(1) 复杂铸件无模复合铸造成形技术。解决了传统铸造依靠模具翻砂造型中存在工序多、流程长，形性精确控制难等问题，发明了砂型曲面柔性挤压近净成形、切削净成形构建多材质铸型的无模复合成形铸造方法，取得了原理方法、复合铸型、系统装备三方面创新，实现了单件小批量复杂铸件无模化、高效率、高精度、高性能制造。

(2) 高精度高强度中厚板结构件复合精冲成形技术。实现了精冲与冷锻、挤压、压扁、沉孔等体积成形工艺和拉伸、弯曲等冲压成形工艺结合，得到复合精冲成形工艺，极大提升了构件精度性能和生产效率。

(3) 多工位精锻净成形技术。发明了精锻模膛内金属的协调分配与定向流动控制技术、应力最小化的模具结构设计方法与专用模具结构、高刚性抗偏载结构与控制技术及多工位精锻装备，实现了高精密、高质量锻件制造 [16]。

(4) 高沸点低烟尘焊接材料焊接技术。解决了传统焊接材料 (如镁合金焊接材料) 沸点低、易蒸发、焊接烟尘污染严重的难题，发明了基于团簇结构的高沸点焊接材料设计及制备方法，提出焊接材料的无害化设计，从源头上避免了危害物质进入环境，实现了低污染、高性能焊接制造。

当前，我国成形制造绿色化水平与发达国家相比存在较大差距，每吨铸件铸造、锻造、热处理工艺能耗比国际先进水平分别高出 80%、70%、47%, 制造过程形性调控精度低，检测和调控严重依赖工人经验，制约了高端装备发展。从成形制造全流程出发，进行工艺流程的绿色化、智能化重塑和典型绿色化、智能化工艺装备的开发，是实现绿色成形制造的重要途径[35]。例如，采用数控化精锻成形、多能场耦合低能耗高速焊接成形、大型铸锻件零缺陷成形、精密可控热处理、低温高精度扩散焊接、摩擦焊接等固态焊接成形、大厚度结构低热输入低应力焊接成形、高温合金定向凝固、冷热复合一体化成形等近净成形和快速成形等绿色化复合成形技术，可以有效降低后续加工余量，提升产品的性能，提高产品使用寿命，实现高质量绿色节能、节材。通过铸锻复合、焊锻复合、焊轧 / 冲压复合等短流程工艺精密成形零部件，可进一步实现成形制造的节能减排，促进制造业向绿色化发展。同时，成形制造过程的绿色化还需要考虑制造过程材料的绿色化。绿色材料的选择是绿色制造的主要内容之一，对机械零件材料进行高效合理的绿色材料选择，可有效地减少环境污染和资源浪费。例如，采用低尘低烟焊接材料、无铅无镉钎焊材料等绿色化焊接材料，可持续减少焊接过程污染物的产生与排放，实现制造过程的绿色化。

随着高端装备零部件成形制造的性能、功能集成度越来越高，结构形状越来越复杂，如何重构传统成形制造流程，减少从原材料到成品的制造环节，减少成形制造过程对环境的影响，对实现零部件形性的精准控制、绿色化制造提出了更大的挑战。绿色化复合成形制造的发展趋势呈现以下特点。

1. 绿色成形制造基础理论

解决非均质材料形变理论、能场辅助局部形性调控理论、低能耗多能场耦合热源设计理论、全流程多尺度数值模拟理论、成形制造相关材料绿色化、成形制造装备绿色化、成形装备使用过程的绿色化理论方法以及再制造局部成形精准调控方法、无毒无害的机械制造用原辅材料的设计与制备理论等关键共性科学问题，开发复合化、绿色化成形制造理论方法、工艺技术及装备。

2. 多工艺、多材料、多能场复合精准成形制造理论与新方法、新装备

解决多工艺形性协同精准调控理论、多能场下组织 / 性能的传递机制与演变规律、不均匀焊接接头组织性能的顺应强化理论、多材质 / 非均质材料协同形变理论、异种材料连接界面理论、多能场耦合不均匀变形主动调控方法、薄大柔结构焊接变形精准校正新方法、大厚度低热输入低应力焊接成形新方法、复合成形流程制造机理等关键问题。例如，在多材料一体化复合成形方面，为充分利用金属与树脂基复合材料的独特优势，近年来一种新型的纤维金属层合板结构应运而生，与单一金属材料相比，纤维金属层板的密度小、比强度 / 比模量高。与单一树脂基复合材料相比，其损伤容限高、抗冲击性能和抗湿热性能好。欧洲空客

超大型客机 A380 整个上机身蒙皮和垂直方向舵的前缘已经全部采用纤维金属层板，实现减重近 1t, 并计划将其推广至其他型号客机使用。随着构件结构复杂化以及材料种类多样化，对纤维金属层板构件的成形提出了更高的要求，纤维金属层板构件的形性精确协同制造成为多材料一体化成形制造的重要发展方向。绿色化复合成形制造发展趋势如图 10.5 所示。

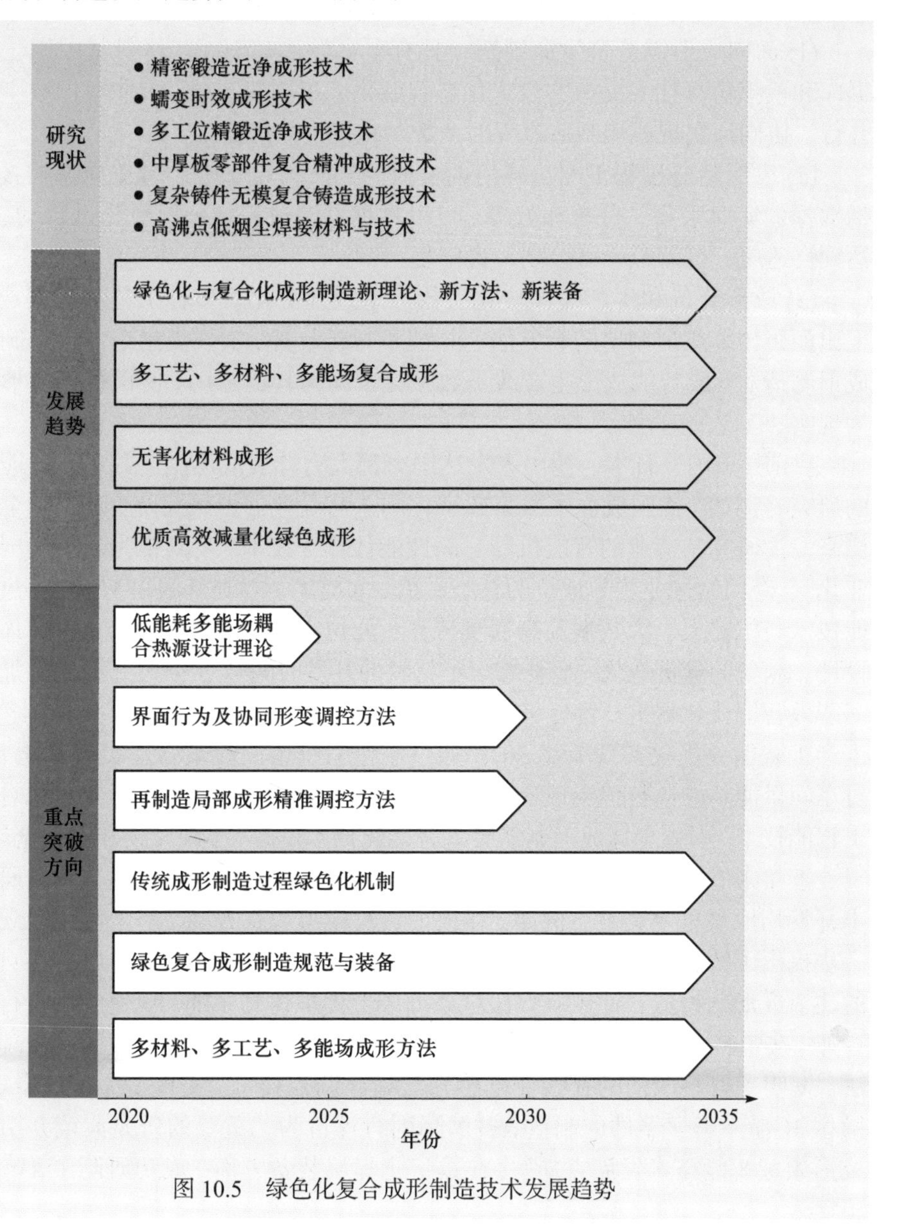

图 10.5　绿色化复合成形制造技术发展趋势

10.2.4 数字化与智能化成形制造

信息技术、智能技术与成形制造技术的不断融合赋予了材料成形数字化与智能化更为宽广的内涵，成为数字化与智能化成形制造理论突破与广泛应用的主要途径，也成为实现精准成形不可或缺的关键支撑技术。近年来，数字化与智能化成形技术发展十分迅猛，主要体现在如下几个方面：

(1) 面向成形制造全生命周期、具有丰富设计知识库、材料基因库、工艺数据库和模拟仿真技术支持的数字化与智能化成形制造系统，可在虚拟数字环境中并行、协同地实现成形制造过程的全数字化设计与优化。

(2) 成形制造过程工况、环境的实时感知、自主学习、自适应调控技术，包括数据的实时采集、分析和处理，可以根据制造过程的状况变化进行动态补偿，达到自适应、自调节、自控制、自修复。

(3) 成形装备和生产线模块化、数控系统开源化、多种工艺流程集成化，催生出颠覆传统成形制造的新方法、新技术与新装备，实现满足个性化定制的柔性成形制造，形成智能成形生产线、数字化车间与智能工厂，使得智能成形制造成为现实。

目前，美国、日本、德国等发达国家都大力开展成形制造数字化智能化技术的研究。例如，美国成立了国家数字化制造与设计创新研究院，建立一个国家机构来专注研究制造业的智能机器、高性能计算等技术，将其视为实现美国“再工业化”、夺回制造业领导地位的核心举措，并提出了材料基因组工程，通过人工智能技术与机器人、大数据及高通量计算、原位表征技术等相结合，大幅加快材料设计、制备的分析迭代，显著缩短了材料的开发时间[36]。欧盟开展成形加工和车间能效智能优化研究，目标是建造一个能源自给自足、近乎零排放的工厂，通过生产工艺能效优化实现节能 30%, 通过制造系统全面能量管理实现节能 20%, 通过车间供能新能源替代实现零排放。日本马扎克、德国西门子近年来融合最新人工智能技术，引领全球成形制造装备智能化技术发展，不断开拓和占领全球市场。

近年来，我国在数字化与智能化成形制造领域取得快速发展，基础研究和技术开发均取得重要突破。例如，在成形过程模拟仿真方面，基于传统宏观模拟进一步提出了铸造、注射成形等的全流程、多尺度仿真模型，研发出完全自主可控的注射成形、铸造、冲压、焊接全系列成形模拟仿真系统，规模应用于行业骨干企业；在塑料注射成形智能调控方面，构建了成形收缩的逐级协同调控理论与方法，发明了材料取向的在线介电感知与精确调控技术，实现了大型航空透明件、微型 3C 光 / 声学器件的制造，被国际同行评价为“重要的研究典范并引领注射成形领域智能技术发展方向”；在数字化焊接装备方面，成功研制 15kW 光纤激光机器人焊接系统，实现激光单面自熔焊接双面成形大尺寸核电堆芯围筒。总体而言，我国数字化与智能化成形制造技术虽然发展较快，但在原创性理论与方法、自主可控的模拟仿真软件等方面与国际先进水平仍有较大差距[37]。数字化与智能化成形制造的根本目标是实现产品及其制造过程的最优化，获得高效、优质、柔性、低耗等效果。未来的数字化与智能化成形制造技术将进一步与建模仿真、人工智能、大数据等技术深度融合，其发展趋势呈现如下特点（见图 10.6）。

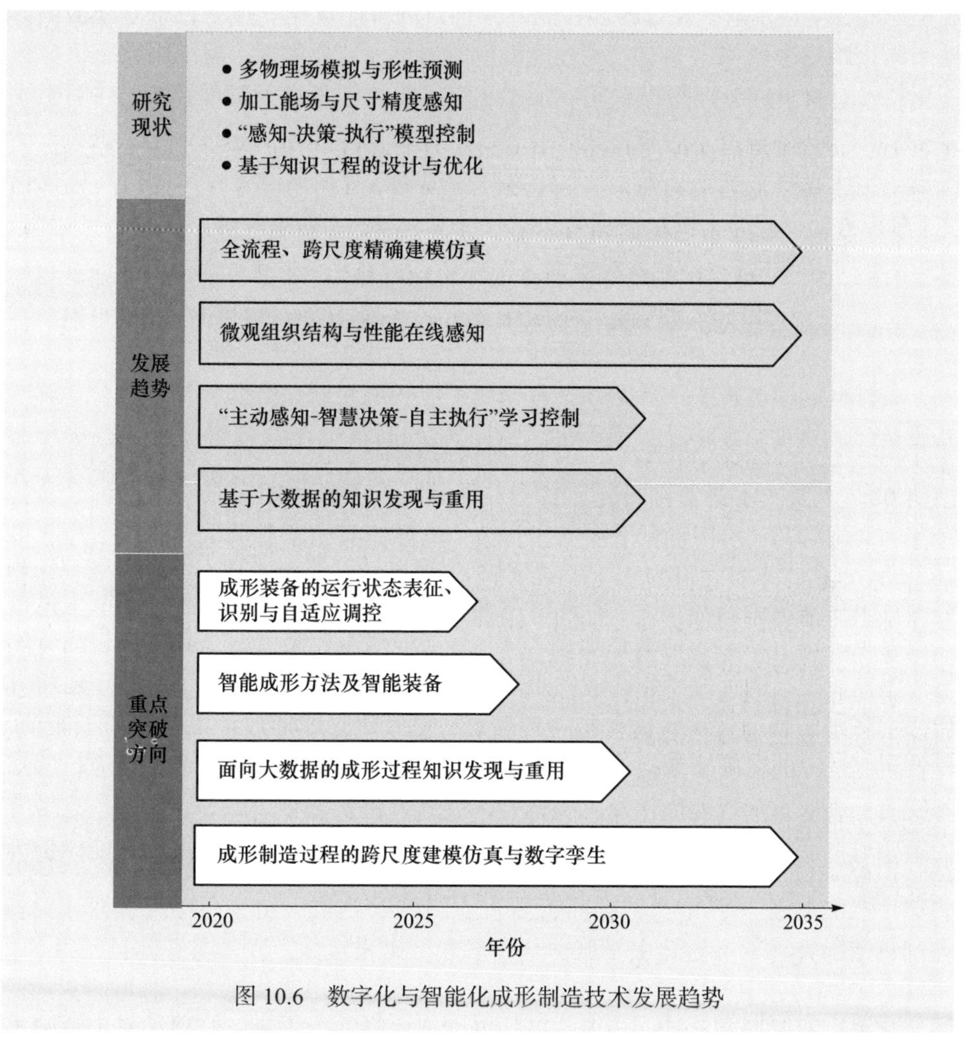

图 10.6 数字化与智能化成形制造技术发展趋势

1. 成形制造过程的跨尺度建模仿真与数字孪生

成形制造过程仿真从宏观逐步发展到细观、微观等多个尺度，从成形过程物理场的模拟发展到产品精度、性能、成形缺陷的综合预测，这是集成计算材料工程与材料基因工程在成形制造领域的集中体现。一方面，需对材料制备、成形、结构、性能和服役等参量或过程进行定量描述，理解材料微观组织结构与性能、功能之间的关系，分析其在制备、成形、服役全流程中的演变与传递规律，实现材料 - 产品 - 工艺的一体化建模，扩展模拟仿真的范围。另一方面，数字化与智能化赋能成形制造过程的形性一体化调控，由于材料微观结构对加工物理场呈现高度非线性响应，基于全过程多尺度建模仿真的智能优化和控制技术有望提供形性一体化调控途径[38]。例如，高性能锻件的形性一体化制造，需采用数字化与智能化技术对材料成分、组织缺陷、加工工艺等多种因素进行精准控制，并阐明成分 - 组织 / 缺陷 - 工艺 - 性能之间的关系，从而实现高质量、精准制造。此外，还需进一步研究数字孪生技术，发展仿真数据与在线数据的融合方法和协同优化技术，对仿真模拟中的不确定性进行定量化度量与分析，构建复杂设计空间中快速、自动、精准找到优化方案的方法。

2. 成形制造过程复杂外场重构与产品形性在线感知

在材料成形过程中，温度、压力等加工能场随时间、空间等剧烈变化，对产品质量产生重要影响。力、热等加工物理场的高精度在线测量理论、方法与器件，空间区域物理场的快速检测技术，基于有限测量点信息的物理场精确重构方法，对成形过程的控制具有举足轻重的作用。在产品质量在线感知方面，产品几何精度在线测量需要解决三维复杂结构的测量盲点、加工能场干扰等问题，发展激光、图像等光学检测方法，实现微米量级几何形状的非接触式测量。鉴于材料微观组织结构与性能的精确感知难度大，目前迫切需要突破的是其在线检测方法与传感器研发，从而为产品性能的闭环控制提供必要的反馈手段。此外，还需发展数据降维、特征发现、优化拟合等智能方法，建立成形过程工况、加工能场、材料演变过程的精确感知模型[39]。在上述基础上，突破成形过程多参数原位感知与反馈、成形方案智能优化及工况调控、成形装备状态有效识别、物理信息系统的融合与自适应控制、构件性能实时精准控制与缺陷防控、成形过程智能维护等关键技术，开发数字化与智能化成形系统、装置及装备。

3. 成形装备的运行状态表征、识别与自适应调控

装备作为成形的载体，其工艺过程的响应特性尤为关键，特别是对于高质量复杂零件成形。即使装备结构已知、工艺参数事先确定，也难以准确建立强时变工况下装备的高阶次、非线性实时响应模型。需要将工艺知识模型融入装备控制

系统决策单元，研究装备状态在线识别与主动调控原理、多源信息融合与特征提取方法、快速响应执行单元设计与控制理论，实现成形装备和成形过程“主动感知—智慧决策—自主执行”控制闭环。此外，为充分利用材料成形大批量、重复生产的特性，非常必要有针对性地研究并发展特征发现、深度学习、强化学习等新兴人工智能方法，赋予装备工艺进化学习与自适应调控的能力[40,41]。

4. 面向大数据的成形过程知识发现与重用

数字化与网络化的发展使得成形过程各环节、上下游企业之间实现了信息集成与共享，从云平台大量的数据中归纳、推断其隐含的有效信息，进一步挖掘并重用产品设计、工艺设计、过程控制、生产管理等相关的知识，可以实现成形过程知识性工作的自动化。需重点解决产品、工艺、装备相关的多源异构数据高效的表达与组织，重点发展面向设计内容匹配的检索技术，通过数据与设计流程的融合，提高工艺设计的质量与效率；针对成形领域的特点，研究面向工艺知识融合的统计学、深度学习、模式识别等多尺度知识重用方法，实现面向设计制造全过程的数据细粒度重用。

10.3　未来 5～15 年研究前沿与重大科学问题

10.3.1　研究前沿

航空航天、交通运输等高技术领域与高端产业的发展，不断要求零部件高性能、轻量化、高可靠性和功能高效化，甚至在极端环境下的极端性能，如何实现其低成本、短周期、高效化、柔性化、精确化、绿色化成形制造是本领域前沿挑战，需要不断发展精准成形制造新原理、新方法、新装备，需要从科学理论、工艺技术和系统装备等方面系统深入开展基础研究[15]，包括标志性颠覆性变革性的成形制造理论方法、工艺装备研究，不断创造先进成形制造科学创新源头和学科发展前沿，主要包括以下五个方面。

1. 轻量化高性能成形制造

轻量化高性能成形制造技术以铝、镁、钛等轻质合金材料以及高强度材料、耐高温材料、复合材料等为成形对象，以材料复合化、结构整体化、尺寸高精化、性能高端化为目标，通过铸造成形、塑性成形、焊接成形等实现精密复杂零件的制造。当前，我国航空航天、轨道交通、高技术船舶、新能源汽车等领域的战略发展对轻质量、高性能、高精度、高可靠性和高效化功能结构需求迫切，尤其是对一些大型复杂、整体结构、薄壁的零部件需求日益凸显。由此，需要寻求和突破轻量化高性能成形制造新原理、新方法、新技术，并不断创新构建轻量化高性能成形制造技术体系。轻量化高性能成形制造的研究前沿主要包括以下四个方面（见图 10.7）：

(1) 轻量化材料控形控性成形。主要包括合金成分设计与组织、性能、形状耦合关系；轻质高强材料的精准凝固 / 塑性成形及低应力低变形焊接成形机理与成形缺陷控制方法；多场局部加载柔性成形理论，局部性能精准调控理论及方法，主动约束条件下金属变形流动控制与组织调控方法；不均匀焊接接头组织性能的顺应强化理论及方法，高动载连接接头的成形与界面组织结构调控理论，基于柔性调控的多热源耦合高品质焊接制造基础理论、双光束激光焊接 / 激光振荡焊接机理以及热力耦合作用下同质 / 异质材料焊接机理与组织演变机理；有物态变化的淬火介质与工件之间的界面换热行为及其定量化表征；面向目标组织、性能的成形条件 - 相变行为 - 组织结构 - 服役性能的全过程定量化调控技术，发展轻量化材料控形控性成形制造方法、技术及装置等。

(2) 轻量化复杂零件一体化成形。主要包括原材料整体性与复杂的材料流动及微观组织演变之间耦合规律和一体化控制的新原理、新方法等；不均匀塑性变形机理及性能精确控制理论，复杂薄壁 / 非等壁厚零件的高性能柔性 / 整体成形制造原理，复杂曲面高筋壁板蠕变时效成形过程力学性能与成形精度的精确预测与调控理论；铸造成形过程微观结构的原位表征、晶体生长形态与组织演变规律，约束条件和材料宏观 / 微观组织与材料形性调控关联关系，纳米强化相连续析出作用下应力松弛与蠕变位错演变规律，变应力作用下材料成形时效析出行为和应力位向效应产生机制；轻合金高真空压铸过程凝固行为及缺陷形成机制，大型复杂薄壁钛合金件智能化精密铸造技术及成形机理，高性能零件整体制造新原理、新方法与新装备；轻合金高性能焊接材料设计与制备、多热源耦合低能耗高效率焊接形性调控、大厚度结构低热输入低应力焊接成形新工艺等。

(3) 复合材料复杂构件成形。主要包括大型复杂高性能构件成形机理及性能精准控制理论方法，构件性能与材料成形工艺的一体化设计；复合材料基体相与增强相的界面形态形成机理与精准调控；复合材料构件的宏细观、跨尺度仿生结构设计，金属 / 纤维复合材料构件多材料、多参数复合成形机理、界面热力耦合关系；连续纤维增强复合材料大型构件设计、分析、制造一体化制造理论；连续纤维 / 热塑性树脂预浸渍材料成形机理、预浸料成形与打印一体化复合成形机理、复合材料成形过程变形机理；连续纤维增强热塑性复合材料层间性能增强方法、形状尺寸精准控制方法；复合材料成形过程变形机理与精准控制；大型复杂

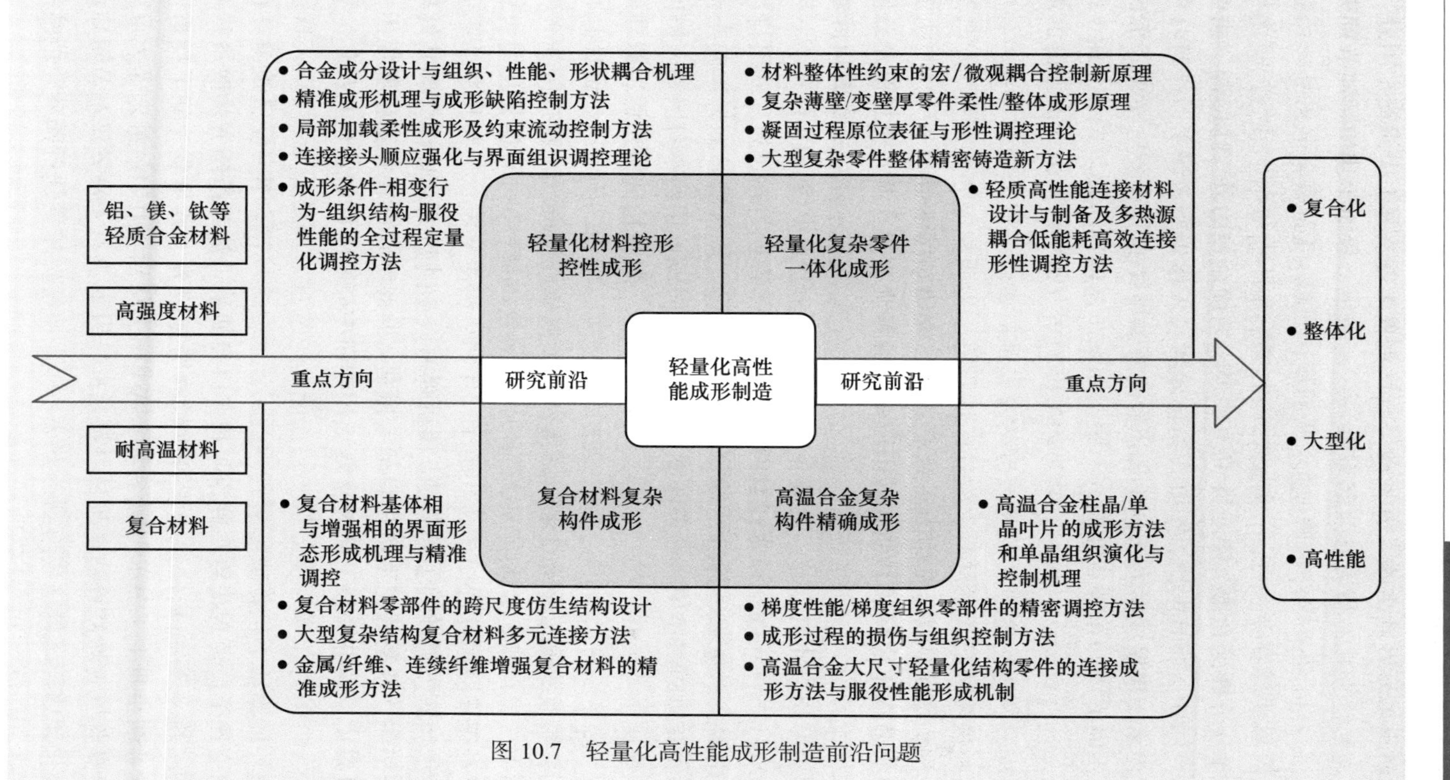

图 10.7　轻量化高性能成形制造前沿问题

结构复合材料多元连接方法，大型构件测试评价及原型验证研究；发展复合材料构件数字化与智能化制造方法及装置等。

(4) 高温合金复杂构件精确成形。新型航空发动机高温合金单晶叶片和重型燃气轮机大尺寸高温合金柱晶 / 单晶叶片的成形制造方法及单晶组织演化与控制机理；高温合金梯度性能 / 梯度组织构件组织精确调控方法；高温合金构件锻造成形损伤与组织控制；同质 / 异质高温合金固态焊接成形控形控性；高温合金大尺寸轻量化结构连接成形方法；高温合金构件服役性能形成机制与评价等。

2. 极端成形制造

极端成形制造的本质特征是尺度效应、环境效应、性能效应和质量效应，即极端尺度和极端环境下，材料、构件的性能将产生明显的非常规现象，甚至与现有科学理论和加工制造原理相悖，需要原理、方法和技术的变革。航空航天、能源装备、冶金石化等领域对极端成形制造有着巨大需求，不断突破极端环境、极端性能和极端尺寸的成形制造能力，引领极端成形制造前沿技术理论方法的创新。极端成形制造的研究前沿主要包括以下三个方面（见图 10.8）:

(1) 极端尺寸构件成形制造的形性协同调控。主要包括超大 / 超微 / 超常 / 异形 / 异质结构成形过程形性演变协同控制理论；超大构件整体制造的复杂流变和相变规律及其协同调控机理，多场耦合局部 / 整体加载柔性成形成性一体化方法，超长焊缝焊接精确传热、传质、热力理论和技术；微纳构件精密成形及其性能的演变机制，多场耦合微成形过程组织结构演变热力学和动力学、界面能量与物质传输机制、精度检测及评价、微观缺陷与残余应力形成及演变机理；异形 / 极端尺寸复杂构件成形缺陷、精度和性能形成及演变机理；复杂异形异构复合材料构件的成形过程性能演变规律。

(2) 极端制造环境下构件成形成性机理与成形制造的多场耦合、高效残余应力及变形控制。主要包括构件形性演变的极端环境效应；超常条件下构件损伤演变机理及多尺度表征方法、跨尺度应力应变演变模型、微观结构与损伤演变关系表征；超强能场诱导多尺度效应，超强能场与构件之间能量的传递与转化行为；极端制造环境驱动下构件成形过程中的形性演变多场耦合建模，大型复杂构件高效、高精度残余应力无损检测理论与技术以及变形计算和控制方法等。

(3) 极端服役环境构件性能评价与抗疲劳理论方法。主要包括结构寿命评估理论与抗疲劳成形制造理论、服役过程及整个生命周期的功能 / 性能演化规律；复杂服役条件下大型结构疲劳性能评价方法、装备及疲劳强度设计方法；构件可靠性智能化评估与高可靠成形制造方法、极端服役环境下构件物理量的检测及评价；微缺陷的寿命设计与缺陷控制理论；再制造服役安全评价理论等。

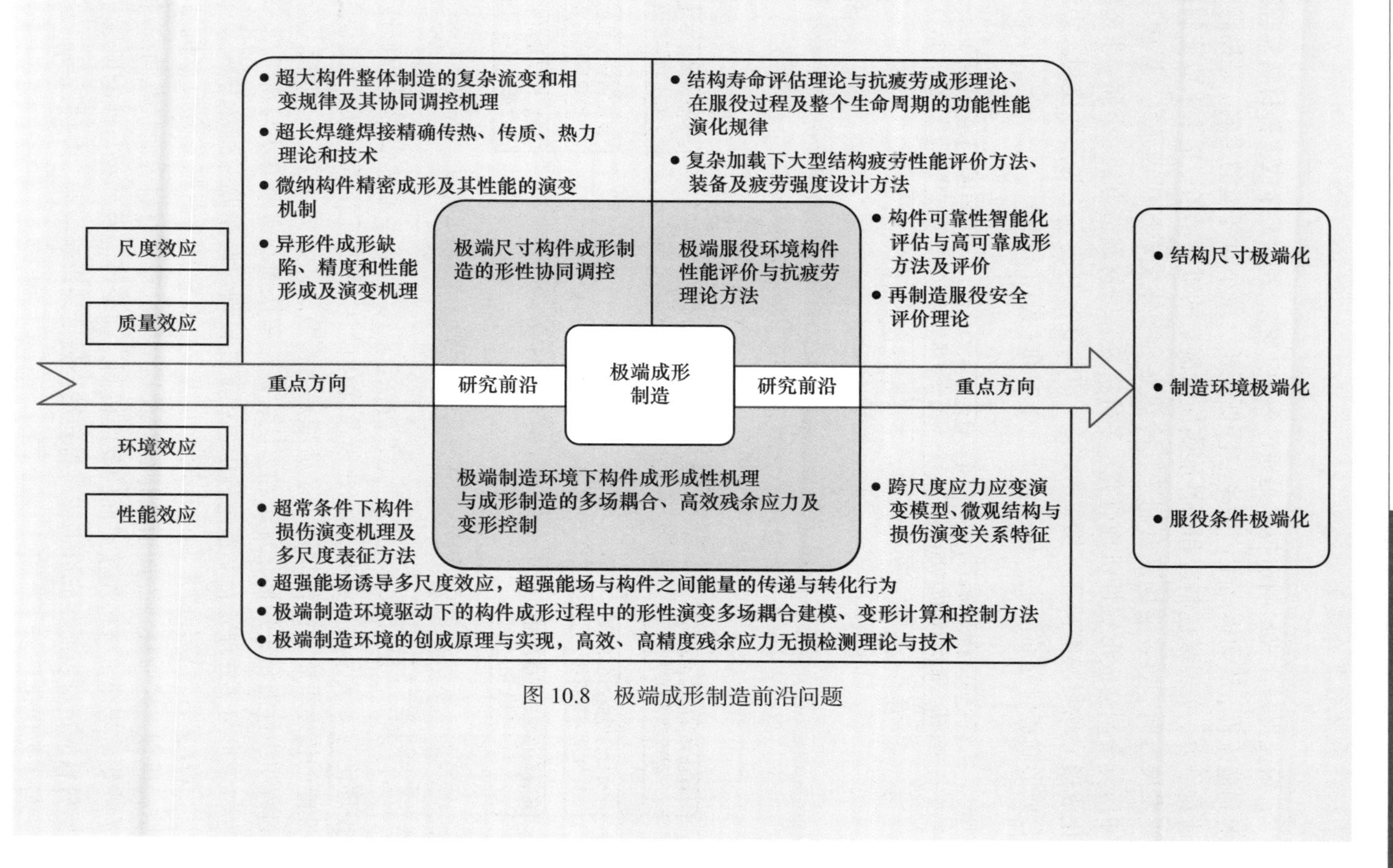

图 10.8　极端成形制造前沿问题

3. 短流程复合成形制造

短流程复合成形制造技术是通过多种工艺、多种工序或多种材料复合缩短成形制造流程，从而提高生产效率、降低能耗、减小对环境的影响，是提高成形制造竞争力，实现绿色制造和高性能高质量制造的重要手段，是未来成形制造的重要发展方向，如多能场复合制造、冷热复合一体化成形机理研究，焊接与轧制 / 冲压复合制造成形成性机理研究，多材料复合增材制造方法（金属 - 非金属一体化成形），增材与等静压 / 锻造 / 铸造 / 切削复合制造方法与形性控制。短流程复合成形制造研究前沿主要包括以下三个方面（见图 10.9）：

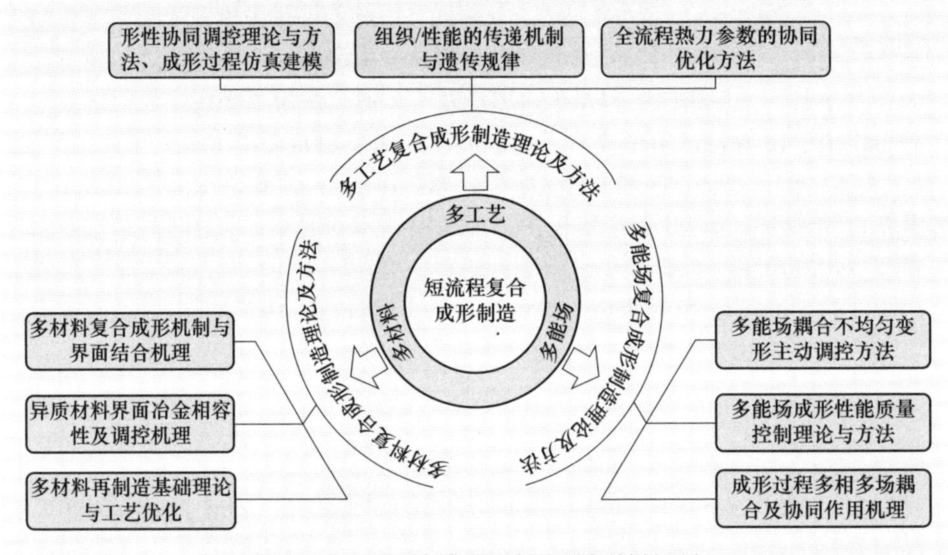

图 10.9　短流程复合成形制造研究前沿问题

(1) 多工艺复合成形制造理论及方法。主要包括多工艺成形过程形性协同调控理论与方法、成形过程仿真建模及优化设计；短流程或复合成形流程下组织 / 性能的传递机制与遗传规律、全流程热力参数的协同优化方法、焊接 - 塑性变形过程组织性能顺应强韧化理论和方法、短流程快速制造新方法与新机理、焊接及塑性成形与热处理复合制造过程中组织演变机理与调控理论和方法等。

(2) 多材料复合成形制造理论及方法。主要包括多材料复合成形机制与界面结合机理、异质材料界面冶金相容性及其调控机理、材料表面状态调控对界面行为的影响规律、材料连接界面的反应机制、演变行为及调控与性能预测方法；不同材料的定量表征和成形工艺对材料结合强度的影响规律，多材料再制造基础理论与工艺优化等。

(3) 多能场复合成形制造理论及方法。主要包括复杂构件多能场耦合及局部加载成形，多能场耦合不均匀变形主动调控方法，多能场加载形性演变多尺度机理与精确预测方法；激光 - 电弧、超声 - 电弧以及声 / 磁 / 电场强化等复合能场作用下成形过程多相多场耦合及协同作用机理，多能场增强电弧精准传质传热焊接原理与方法；电场辅助形性一体化协同调控机理，多能场成形性能质量控制理论与方法，液 - 固态复合成形制造理论与技术等。

4. 数字化与智能化成形制造

数字化与智能化成形制造利用数值仿真与优化分析，可以在复杂设计空间中快速、自动、精准地找到优化方案，通过物理信息系统的融合使成形装备具有面向实际工况的智能决策与自适应调控能力，可以有效保障成形过程产品质量，实现能源与材料优化利用。总体而言，数字化与智能化成形制造的研究将进一步与建模仿真、人工智能、大数据等技术深度融合，重点关注制备 - 成形 - 服役全流程、宏 / 细 / 微观多尺度、形状 - 组织 - 性能一体化、工艺 - 装备 - 产线全要素的整体优化调控，为精准成形制造提供关键技术支撑。数字化与智能化成形制造研究前沿如图 10.10 所示，主要包括以下方面：

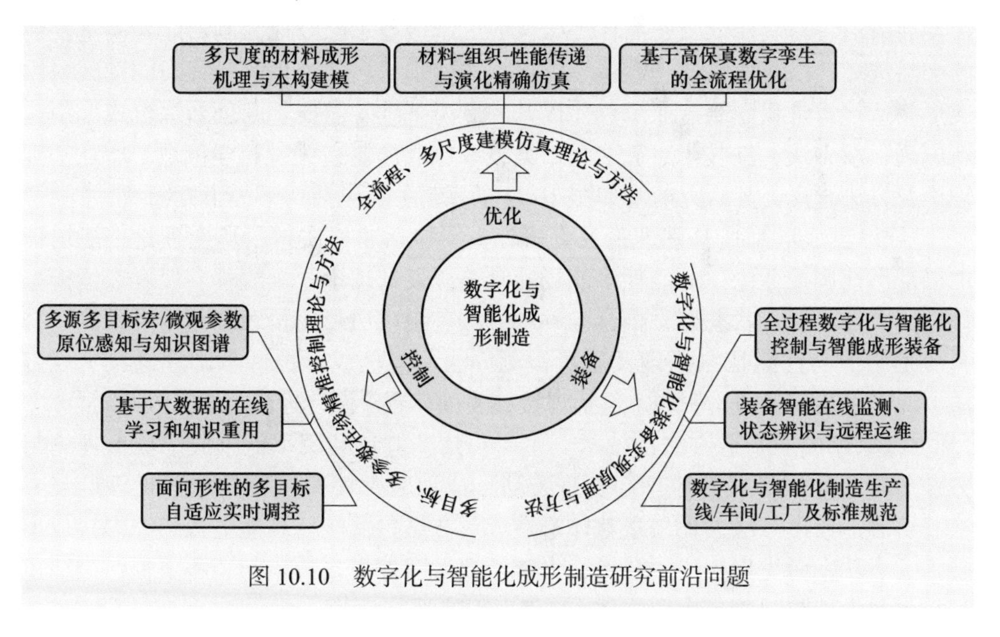

图 10.10　数字化与智能化成形制造研究前沿问题

(1) 成形制造全流程、多尺度建模仿真理论与方法。主要包括多尺度的材料成形机理与本构建模，基于先进表征、物理模拟和理论分析的材料参数获取，制

备 - 成形 - 服役全流程的材料 - 组织 - 性能的传递与演化，高精高效数值计算与优化方法，成形仿真数据与在线数据的融合与协同优化方法，面向精密成形制造过程数字孪生的边缘计算与数字孪生建模，形性一体化调控理论与方法，数字化成形制造仿真优化系统等。

(2) 成形制造多目标、多参数在线精准控制理论与方法。主要包括成形过程宏 / 微观参数原位感知新原理与新方法，多源数据融合与成形装备状态有效辨识、控制理论，基于大数据的在线学习和知识重用，面向形性的多目标自适应实时调控，物理与信息系统的融合方法，多场耦合作用对材料稳定均匀流动的约束机制等。

(3) 成形制造数字化与智能化装备实现原理与方法。主要包括成形制造装备全过程数字化控制、综合能力评价、智能监测与远程运维技术，成形制造材料、工艺专家系统，面向个性化定制的成形制造系统与新模式，数字化与智能化制造流程标准规范、数据标准规范、技术应用标准规范等基础共性标准规范。

5. 绿色成形制造

资源与环境问题是人类面临的共同挑战，可持续发展日益成为全球共识，加快发展清洁、高效、低碳、循环等绿色成形制造技术已经成为制造业高质量发展的必然选择。以绿色铸造、锻造、焊接、热处理、表面处理等为代表的基础绿色成形制造技术是我国制造业绿色化提升的重要基础。需要不断创新绿色成形制造新原理、新方法、新技术、新装备，突破绿色成形制造关键科学问题，加强基础理论及方法研究。其研究前沿如图 10.11 所示，主要包括如下三个方面：

(1) 绿色成形制造基础理论及方法。主要包括非均质材料形变理论、能场辅助局部形性调控理论、低能耗多能场耦合热源设计理论、全流程多尺度数值模拟理论、多环节能量状态模型耦合与解耦方法、绿色成形定量表征与精准预测、材料成形组织与性能控制原理及质量检测方法、绿色成形控性基础理论及实现方法、无环境损伤的成形材料 (包括焊接、表面材料) 设计理论与制备技术等。

(2) 绿色成形制造方法及技术。主要包括高能量利用率低排放的成形理论与方法、绿色化成形装备原理与实现方法、成形装备使用过程的绿色化理论与方法、再制造成形方法、无余量整体塑性成形方法、低能耗高能电弧热源焊接成形技术、大功率激光焊接成形技术、大吨位惯性摩擦焊接技术与装备、低污染绿色焊接材料设计与制备、大型构件小 / 无变形成形技术等。

(3) 绿色成形再制造规范与装备。主要包括再制造毛坯宏观缺陷的自动化智能化检测技术、隐性损伤无损评价技术、绿色化成形软件与控制系统、绿色化成形数据标准规范与应用标准规范，大承载智能全位置搅拌摩擦焊接技术与装备、

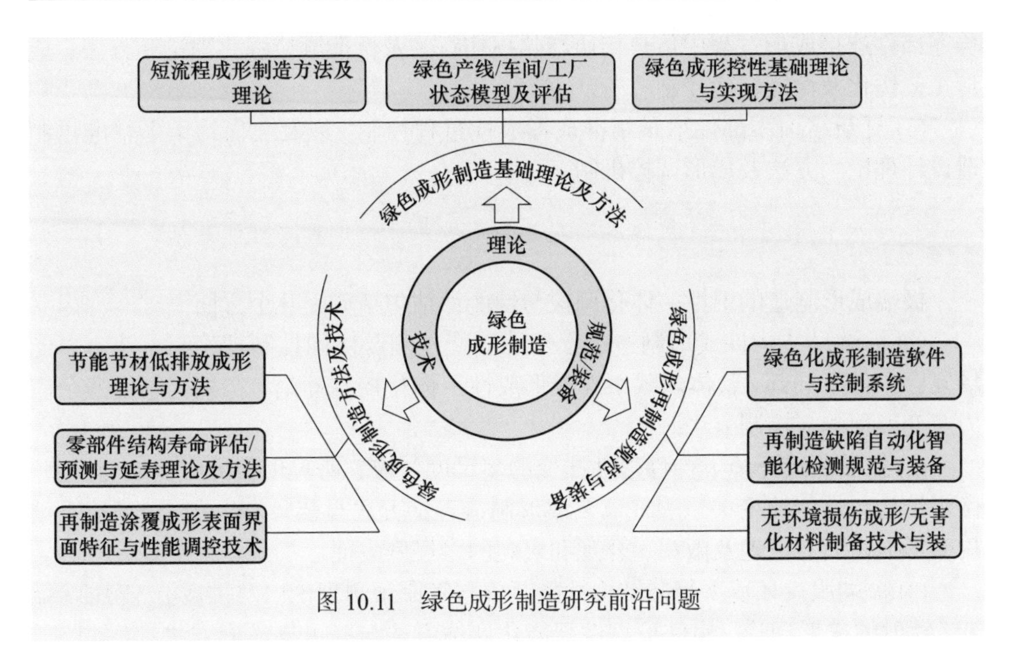

图 10.11 绿色成形制造研究前沿问题

无环境损伤的成形 / 焊接材料制备技术与装备、再制造涂覆成形表面界面性能调控技术、再制造服役安全保障技术等。

10.3.2 重大科学问题

国家重大工程、航空航天、国防军工等领域对轻量化、高性能、高可靠性和极端构件需求的不断涌现，对复杂结构、难变形材料、缺陷控制及成形过程中材料、工艺、装备等耦合作用的认识要求越来越高。如何从能场、跨尺度、全流程视角认识和掌握精准成形的客观规律，实现成形制造过程的定性向定量调控转变，进而发现成形成性新理论、新方法与新装备，是精准成形制造前沿需要解决的重大科学问题。

1. 重大科学问题一：精准成形制造过程的定量调控与预测

精准成形制造过程的定量调控与预测包括如下几个方面：

(1) 多能场多尺度效应下材料的全流程微观组织演化、宏观流动行为与服役性能的定量关联模型。

(2) 复合材料大型复杂构件设计 - 制造一体化过程的界面形态精准调控、层间 / 相间协调变形规律和多元连接机理；轻质高强材料复杂构件在分流控制 / 局部加载 / 主动约束过程的形状尺寸变化及精准性能调控机理；超高强材料复杂结构零部件连接成形过程中传热传质与热损伤行为及性能顺应强化理论和方法、成形工艺优化及性能精确控制。

(3) 复杂结构零部件增量精准成形成性过程控制，以及几何约束下精准再制造设计理论、方法及成形调控机制。

2. 重大科学问题二：极端成形制造的形性一体化调控与性能评估

极端成形制造的形性一体化调控与性能评估包括如下几个方面：

(1) 极端尺寸构件成形制造过程形性演变预测及协同控制理论与方法、多能场复合条件下局部 / 整体加载柔性成形成性一体化控制理论、高效高精度残余应力及变形预测与控制方法。

(2) 极端制造环境下构件形性演变的多尺度效应、跨尺度应力应变演变模型、微观结构与性能演变关系表征以及成形制造理论方法与装备；极端制造环境下结构变形损伤演变机理及微观、介观和宏观的多尺度表征。

(3) 极端服役环境下复杂结构性能评价与寿命预测理论以及抗疲劳 / 腐蚀 / 蠕变 / 辐射的成形理论，构件可靠性智能化评估方法与高可靠成形方法，微缺陷的寿命设计理论与缺陷控制理论。

3. 重大科学问题三：成形制造全流程的精准建模仿真与在线智能控制

成形制造全流程的精准建模仿真与在线智能控制包括如下几个方面：

(1) 成形工艺的跨尺度数学建模与数字孪生机理，高精高效数值计算与优化方法。

(2) 成形全流程的材料形状、组织结构的演化传递机制与精确预测方法以及组织对性能的影响规律。

(3) 成形过程复杂外场与产品形性的宏 / 微观参数在线感知方法；成形装备的运行状态表征、辨识与自适应调控方法，面向大数据的成形过程知识发现及细粒度重用方法。

10.4 未来 5～15 年重点和优先发展领域

1. 轻量化材料高性能成形制造

零部件成形制造领域存在材料组织模型、变形流动机理等尚需准确描述的基础科学问题。近年来，高端先进装备向高效、高可靠及低能耗方向发展，对所需关键零部件的服役性能和轻量化提出了更高的要求，由此带来成形成性过程的精准调控、多能场多材料对轻量化成形制造的影响机制等一系列新的前沿科学问题。

1) 轻量化材料成形成性精准调控机理

发展轻质金属材料（主要包括铝合金、镁合金、钛合金等）全流程组织和性能精准调控的基础理论；建立材料组织与力学参量的耦合本构模型及多尺度仿真方法；探讨复杂零件分流控制 / 局部加载 / 主动约束过程的厚度变化与充型流动等变形规律及其精准控制方法，构建轻量化材料形性一体化精准调控机理。

2) 多能场多材料条件下的轻量化成形制造机制

建立特殊能场辅助条件下难变形金属复杂零件成形机理与方法，揭示多能场作用下局部加载精准形性调控机理与方法；探讨异质材料 / 同质材料 / 增强相与基体等在热、力、磁、电、声等多能场作用下的界面结合行为与变形机理；研究轻质高强材料 / 异质材料不均匀焊接组织和性能的顺应强化理论和方法，构建轻合金及高强度材料复杂零件增量精准成形的不均匀塑性变形机理及形性稳健控制理论等。

通过上述研究，有望在轻质材料全流程微观组织与变形行为的宏 / 微耦合多尺度建模及预测、能场作用下异质轻量化材料的界面结合行为及成形成性机理等方面取得突破。

2. 复合材料复杂构件近净成形制造

在航空航天、汽车、轨道交通减重与高性能的牵引下，复合材料构件逐渐从次承载构件转为主承载构件，推动复合材料近净成形制造向大型化、复杂化和高性能的方向发展，由此带来了高质量精密制造过程界面调控、设计制造一体化成形方法等新的科学问题。

1) 复合材料复杂构件制造过程界面调控机理

建立复合材料构件的宏细观、跨尺度仿生结构设计方法，揭示金属 / 纤维复合材料构件多材料、多参数复合成形机理；探讨复合材料构件多材料层间界面、基体与增强相间界面的热力耦合关系，揭示复合材料构件界面相形态与界面服役性能的精准调控机理；建立复合能场调控大型复合材料构件形性协同调控方法。

2) 大型复杂构件设计制造一体化近净成形方法

建立复合材料复杂构件双曲率三维编织模型、多工艺复合堆积近净成形方法、多元材料连接方法；探讨大型复杂构件三维自动铺带 / 铺丝制造工作原理及装备新结构、复杂外形轮廓精确无分层剪切分离方法、多元探头相控阵超声无损检测原理与方法；建立设计 / 制造数据传输交换方法及平台，构建复合材料大型构件设计 - 分析 - 制造一体化制造理论与低成本制造系统。

通过上述研究，有望在能场作用下复合材料构件界面相形态与界面服役性能的精准调控机理、大型复杂构件三维编织及自动近净成形制造方法与装备等方面取得突破。

3. 极端尺寸 / 环境构件高质量成形制造

抢占空天制高点是当今航空航天强国发展竞争的焦点。我国载人登月、火星探测、深空探测等国家重大工程对载运工具运载能力等提出了更高的要求，挑战构件制造尺度和性能极限，成形过程形变与相变的尺度效应及其对构件精准形性协同制造的影响机制等成为前沿科学问题。同时，传统成形制造能场条件、理论及方法已难以满足构件极端形性制造目标或极端服役环境高可靠长寿命要求，需要研究极端成形制造环境对构件成形成性过程的影响机制、极端服役环境下结构变形损伤机理与组织调控等系列新的前沿科学问题。

1) 超大 / 微纳 / 跨尺度构件在极端尺度效应下的形性演变机理

揭示超大 / 微纳 / 跨尺度构件成形过程载荷流与应力应变场形态及微观组织演变的关联机制；探明极端尺寸构件非常规流变特征及残余应力的形成机理、超大复杂高强构件高精度焊接成形与残余应力形成机理，发展相应调控方法；研究复杂异性异构构件成形性能演变规律、成形机理、微缺陷形成及演变机理等，从而构建极端尺寸构件成形过程多尺度形性演变表征模型。

2) 极端尺寸构件精准形性协同调控方法

建立极端尺度构件制造能场环境与成形过程形性演变联合分析模型，提出实现其均质化成形的高效均匀能场环境调控方法；获取极端尺寸构件形性演变协同的热力能场条件，建立精准形性一体化制造原理方法，从而形成极端尺寸构件复杂热力能场作用下形性演变精确预测及协同制造理论与方法。

3) 极端成形制造环境下构件形性演变机制及主动调控

揭示极端成形制造能场驱动下的构件多维、跨尺度形性演变机制，查明组织结构形成规律与表征方法；建立极端成形制造环境下构件成形过程多尺度仿真与形性预测方法；研究极限成形制造能量传输规律、基于构件形性演变主动控制的极端成形制造能场设计方法，从而构建极端成形制造环境创成及其驱动下的构件形性主动制造理论与方法。

4) 极端服役环境下结构变形损伤机理与组织调控

建立极端服役环境微观组织、缺陷形态与性能演化等原位测试及评估方法；

揭示复杂构件极端服役环境下跨尺度性能演化机制，查明可长期安全可靠服役于极端作业环境的材料最佳微观组织状态；建立极端服役环境构件再制造基础理论等，从而构建极端服役环境过程状态和寿命的智能评估方法与抗疲劳 / 腐蚀 / 蠕变 / 辐射的成形理论与方法。

通过上述研究，有望在极端尺寸效应下构件形性演变机理及表征、极端尺寸 / 环境构件的形性精准协同制造和极端环境效应下构件微观组织与变形行为的宏 / 微耦合多尺度建模及预测等关键基础理论与技术等方面取得突破。

4. 短流程复合成形制造

短流程复合成形制造是精准成形制造的重要组成部分，在相关学科发展和重大需求牵引下，形成了一系列基础、应用基础和集成研究方向，如组织 / 性能的传递机制、跨尺度再制造表面界面行为与精确调控、全过程多尺度高效仿真理论等。需要从前瞻部署新方向入手，鼓励颠覆性技术领域的基础研究，面向国家重大战略需求提出新理论、新技术，鼓励新标准规范和集成创新装备研发，从而为精准成形制造整体发展提供有力支撑。

1) 短流程复合成形制造原理

阐明短流程条件下组织 / 性能的传递机制，提出组织 / 性能精准调控方法，建立多能场短流程复合成形全过程多尺度高效仿真理论；揭示多材料成形界面行为、应力应变演变规律及其精准调控机制，多材料功能构件多尺度形性协同精准控制，异质界面行为精确分析测量及其与结构精确制造耦合作用规律与精准调控机制，基于预期寿命的材料组织性能演化与结构变形的形性精确调控机理。

2) 短流程复合成形制造方法与技术

发展材料 - 结构 - 成形工艺 - 功能 (性能)- 寿命多尺度建模、智能设计与一体化制造理论与技术，提出多工艺、多材料、多能场复合成形组织、性能及应力变形精确调控理论和方法，研究轻质高强材料低热损伤焊轧复合成形理论与方法。

3) 再制造基础理论与评价方法

提出关键零部件强约束局限空间原位再制造方法，研发再制造毛坯宏观缺陷的自动化智能检测理论与技术，阐明跨尺度再制造表面界面行为与精确调控规律，发展先进高端装备关键结构的再制造基础。

通过上述研究，在多工艺复合短流程制造技术、同质 / 异质材料多能场耦合短流程复合成形全过程多尺度高效仿真、多材料功能构件多尺度形性协同精准控制及异质界面行为 - 应力变形 - 性能耦合作用精准调控机制、可重用航天器关键结构的再制造理论与技术等方面取得突破。

5. 智能化绿色化成形制造

随着信息技术、智能技术的发展，智能化成形制造成为精准成形的重要研究领域。但是智能技术与成形制造深度融合理论与方法、精准成形优化控制技术、自主可控仿真软件与智能装备等方面都存在若干基础科学问题需要解决，未来研究重点和优先发展方向如下。

1) 智能技术与成形制造的深度融合理论与方法

研究形性在线感知新原理、新方法、新装置，以及特征降维、知识发现、拟合重构等数据处理方法，建立成形过程工况、加工能场、形性演变的精确感知模型；构造多尺度、多场、工艺 / 组织 / 性能耦合的成形建模理论，建立数据驱动的模型及其参数不确定性量化与校准方法；研究成形工艺进化学习、自主调控的理论与方法，建立工艺知识的深度学习、强化学习等人工智能模型。

2) 多目标、多参数的精准成形优化控制技术

发展成形过程的高精度仿真与数字孪生技术，构造模型驱动与数据驱动协同的成形工艺优化模型，实现复杂工艺的精准设计；建立成形过程多源异构数据的存储与检索技术，发展面向高质量、低成本、短周期等多目标的成形全流程优化技术；研究基于感知数据的在线学习和模型进化机制，构造物理与信息系统的融合方法，建立形性自适应实时多参数调控技术。

3) 自主可控的成形制造仿真软件与智能装备

开发高精度、高效率数值计算方法，发展制备 - 成形 - 服役全流程的集成仿真技术与自主可控的仿真软件、面向精准成形的数字孪生系统；研究成形装备的主动感知、智慧决策和自动执行单元技术，以及装备与产线的智能监测、综合能力评价与远程运维技术，构造智能成形制造的新模式；研究传统成形制造过程的绿色化、智能化提升技术等。

通过上述研究，在智能技术与成形制造深度融合的基础理论、智能模型方面取得原创性成果，通过智能技术实现全流程、多目标、多参数的精准成形控制，在自主可控的仿真软件、智能装备，以及绿色化成形方面取得突破。面向 2035 年成形制造学科发展路线图如图 10.12 所示。

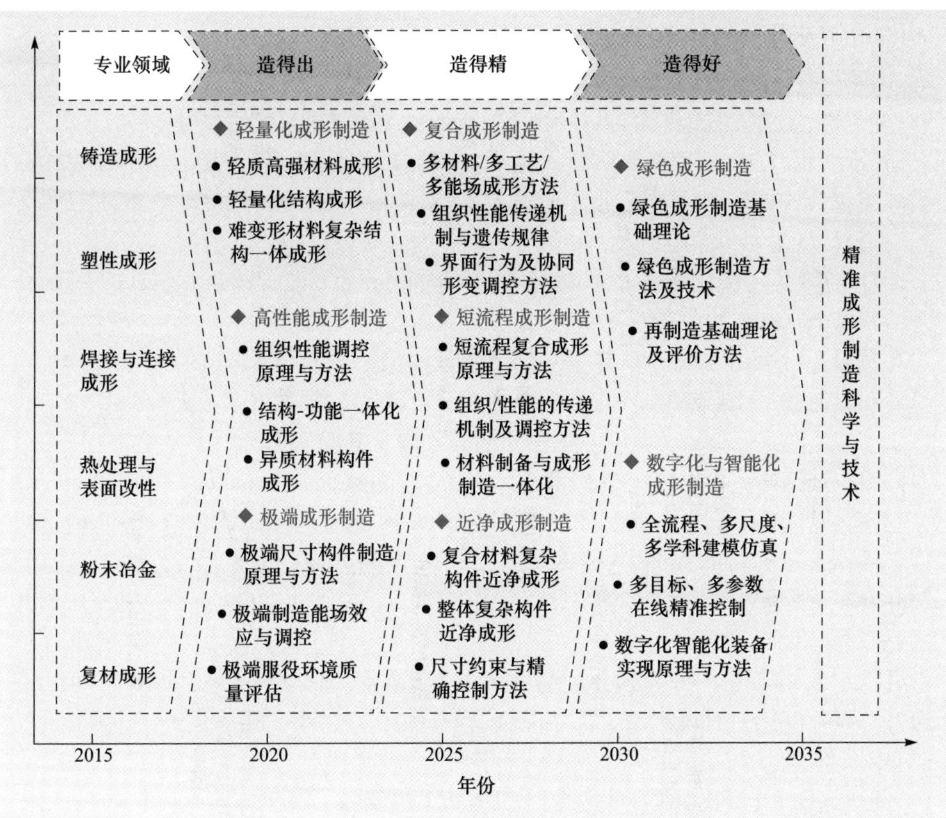

图 10.12　面向 2035 年成形制造学科发展路线图

参 考 文 献

[1] “10000 个科学难题”制造科学编委会 . 10000 个科学难题 · 制造科学卷 . 北京 : 科学出版社 , 2018.

[2] 中国机械工程学会 . 中国机械工程技术路线图 . 2 版 . 北京 : 中国科学技术出版社 , 2016.

[3] 国家制造强国建设战略咨询委员会 , 中国工程院战略咨询中心 . 绿色制造 . 北京 : 电子工业出版社 , 2016.

[4] 中国科学技术协会 , 中国机械工程学会 . 2010～2011 机械工程学科发展报告 (成形制造). 北京 : 中国科学技术出版社 , 2011.

[5]《中国智能制造绿皮书》编委会 . 中国智能制造绿皮书 (2017). 北京 : 电子工业出版社 , 2017.

[6] 制造强国战略研究项目组 . 制造强国战略研究 · 智能制造专题卷 . 北京 : 电子工业出版社 , 2015.

[7] 中国汽车工程学会，中国汽车轻量化技术创新战略联盟，中国第一汽车股份有限公司技术中心．中国汽车轻量化发展：战略与路径．北京：北京理工大学出版社，2015.
[8] 单忠德．机械装备工业节能减排制造技术．北京：机械工业出版社，2014.
[9] 中国汽车工程学会．汽车先进制造技术跟踪研究 (2016). 北京：北京理工大学出版社，2016.
[10] 方杰，冯宝珊．装备制造业节能减排技术筛选与评估研究．机电产品开发与创新，2012, 25(2): 1-3.
[11] Guo D M, Lu Y F. Overview of extreme manufacturing. International Journal of Extreme Manufacturing, 2019, 1(2): 020201.
[12] 施思齐，徐积维，崔艳华，等．多尺度材料计算方法．科技导报，2015, 33(10): 20-30.
[13] 国家制造强国建设战略咨询委员会，中国工程院战略咨询中心．工业强基．北京：电子工业出版社，2016.
[14] Subcommittee on Advanced Manufacturing Committee on Technology of The National Science & Technology Council of the United States. Strategy for American Leadership in Advanced Manufacturing. Washington D.C.: The White House, 2018.
[15] 国家制造强国建设战略咨询委员会．中国制造 2025 蓝皮书 (2018). 北京：电子工业出版社，2018.
[16] 夏巨谌，邓磊，王新云．铝合金精锻成形技术及设备．北京：国防工业出版社，2019.
[17]《碳纤维复合材料轻量化技术》编委会．碳纤维复合材料轻量化技术．北京：科学出版社，2015.
[18]《世界汽车车身技术及轻量化技术发展研究》编委会．世界汽车车身技术及轻量化技术发展研究．北京：北京理工大学出版社，2019.
[19] 单忠德．无模铸造．北京：机械工业出版社，2017.
[20] 单忠德，刘丰．复合材料预制体数字化三维织造成形．北京：机械工业出版社，2019.
[21] 张璇，沈真．航空航天领域先进复合材料制造技术进展．纺织导报，2018, (S1): 73-79.
[22] 顾轶卓，李敏，李艳霞，等．飞行器结构用复合材料制造技术与工艺理论进展．航空学报，2015, 36(8): 2773-2797.
[23] 雷源忠．我国机械工程研究进展与展望．机械工程学报，2009, 45(5): 1-11.
[24] 李路．大型油轮研发上的突破 30.8 万吨油船交付．船舶设计通讯，2015, B(10): F0002.
[25] 崔维成，宋婷婷．“蛟龙号”载人潜水器的研制及其对中国深海探索的推动．科技导报，2019, 37(16): 108-116.
[26] 刘云．加工巨型锻件的“擎天柱”——国产 8 万吨大型模压机助推航空产业的崛起．航空世界，2014, (7): 44-45.
[27] 宋阳．3.6 万吨黑色金属重型挤压技术打破国外垄断　解决我国高端电力管道自主供应难题．中国设备工程，2016, (4): 10.
[28] 张廷克，李闽榕，潘启龙．中国核能发展报告 (2019). 北京：社会科学文献出版社，2019.

[29] 中国海洋石油集团有限公司 . 中国海洋石油集团有限公司 2019 年可持续发展报告 . 北京 : 中国海洋石油集团有限公司 , 2020.

[30] 徐连勇 , 赵雷 , 荆洪阳 . 高参数火电机蒸汽管道高温完整性研究进展 . 华东交通大学学报 , 2017, 34(6): 1-25.

[31] Marini D, Cunningham D, Corney J R. Near net shape manufacturing of metal: A review of approaches and their evolutions. Proceedings of the Institution of Mechanical Engineers, Part B: Journal of Engineering Manufacture, 2018, 232(4): 650-669.

[32] Kumar A, Gautam V. Formability of tailor welded blanks of high strength steel: A review. Materials Today: Proceedings, 2021, 46(1): 6547-6551.

[33] Penilla E H, Devia-Cruz L F, Wieg A T, et al. Ultrafast laser welding of ceramics. Science, 2019, 365(6455): 803-808.

[34] Wang C W, Ping W W, Bai Q, et al. A general method to synthesize and sinter bulk ceramics in seconds. Science, 2020, 368(6490): 521-526.

[35] 中国工程院战略咨询中心 . 全球工程前沿 2019. 北京 : 高等教育出版社 , 2019.

[36] 国家发展和改革委员会创新和高技术发展司 , 工业和信息化部原材料工业司 , 中国材料研究学会 . 中国新材料产业发展报告 (2018). 北京 : 化学工业出版社 , 2019.

[37] 孟光 , 郭立杰 , 林忠钦 , 等 . 航天航空智能制造技术与装备发展战略研究 . 上海 : 上海科学技术出版社 , 2017.

[38] Gao H, Zhang Y, Zhou X D, et al. Intelligent methods for the process parameter determination of plastic injection molding. Frontier of Mechanical Engineering, 2018, 13(1): 85-95.

[39] Mao T, Zhang Y, Ruan Y F, et al. Feature learning and process monitoring of injection molding using convolution-deconvolution auto encoders. Computers & Chemical Engineering, 2018, 118: 77-90.

[40] Zhou X D, Zhang Y, Mao T, et al. Monitoring and dynamic control of quality stability for injection molding process. Journal of Materials Processing Technology, 2017, 249: 358-366.

[41] Guo F, Zhou X W, Liu J H, et al. A reinforcement learning decision model for online process parameters optimization from offline data in injection molding. Applied Soft Computing, 2019, 85: 105828.

本章在撰写过程中得到了以下专家的大力支持与帮助 (按姓氏笔画排序):

卢秉恒　冯吉才　朱　胜　华　林　刘　钢　李德群　张永振　张福成

苑世剑　范大鹏　顾佩华　郭东明　裘进浩　臧　勇

第 11 章　高能束与特种能场制造科学与技术

Chapter 11　High Energy Beam and Power Field Manufacturing Sciences and Technology

高能束与特种能场制造是通过高能量密度束流或特种能场与物质相互作用，改变材料物态和性质，实现控形控性的过程。高能束与特种能场具有多维性特征，在能量、时间、空间方面可选择范围宽，并可精确、协调控制，能够实现制造中材料结构、性质、功能的一体化调控。高能束与特种能场制造包括增材制造、光制造、载能粒子束制造、放电制造、电化学制造、多能场复合制造等，融合了制造、物理、化学、材料、光学等多学科的基本原理和前沿成果，在航空航天、交通、船舶、冶金、电子、信息、生物医疗、新能源等领域以及集成电路装备、数控机床、大飞机、载人航天与探月工程、点火工程、核电站、超高声速飞行器等国家重大工程中发挥了不可替代的关键作用。当前，全球实体经济下行压力增大，国际竞争日益激烈复杂，对传统制造业转型升级，尤其对近十年发展迅猛的高能束与特种能场制造提出了新要求。高能束与特种能场制造正在向定制化、敏捷化、通用化、绿色化、服务化和智能化方向发展。由于高能束与特种能场制造学科交叉的复杂性和制造要素的极端性，对其制造过程的观测、分析和认识都还存在诸多亟待揭示的问题，包括：高能束、特种能场与材料相互作用的非线性非平衡多尺度理论建模与成形、成性仿真预测；高能束与特种能场制造过程的高时空分辨率、跨尺度、连续观测；高能束与特种能场包括新束源和多能场复合的能量传输、时空调制、检测、协同控制及软件等技术；高能束与特种能场作用下材料/结构/性能/功能一体化调控的制造新原理、新方法、新工艺、新装备及新应用；难加工材料/复杂三维/微纳/跨尺度/高效高质制造、多工艺/多材料/多功能/一体化/高效/智能化制造等高能束与特种能场制造装备与工艺方法；太空、深海、极地等极端环境下高能束与特种能场制造新技术。

11.1 内涵与研究范围

11.1.1 内涵

高能束与特种能场制造是通过高能量密度束流(激光束、电子束、离子束、等离子体等)或特种能场与物质相互作用,改变材料物态和性质,实现控形控性的过程。特种能场制造是利用电、热、声、电化学等能场及其复合进行加工的方法。由于能量密度、作用的空间和时间尺度、材料吸收能量的可控尺度分别趋于极端,高能束与特种能场可在远离平衡态条件下,在极短的时间内非接触、选择性地多尺度控制或改变材料的物态和性质,获得各种极端的性能,制造复杂的结构,成为制造学科新的生长点,产生了一批新技术(如增减材复合制造、4D 打印、组织与器官打印、面曝光打印、光刻、近场纳米制造、干涉诱导加工、深熔焊接等)、一批新产品(如个性化定制医疗产品、大规模集成电路、微机电系统/纳机电系统等)、一批高性能装备(如大飞机、航空发动机、燃气轮机、汽车等)和相应的高新技术产业群。高能束与特种能场制造技术大量应用在航空航天、交通、船舶、冶金、电子、信息、生物医疗、新能源等领域,并服务于集成电路装备、数控机床、大飞机、载人航天与探月工程、点火工程、核电站、超高声速飞行器、国际热核实验堆等国家和国际合作重大工程[1]。

发达国家均将高能束与特种能场制造作为战略高端技术列入相应的国家发展计划,持续加大政府投入,例如:美国以激光为核心的“光子国家发展计划”于2015 年实施,首年投资 9.1 亿美元;美国“再工业化 - 国家制造业创新网络”将增材制造位列该计划之首,2018 年将增材制造列入限制出口的 14 项技术之一。德国制订了国家激光发展计划“光技术促进计划”与“激光 2000”,使得德国激光器和激光工业应用后来居上。此外,英国的“阿维尔计划”、欧盟的“尤里卡计划”与“新概念工厂计划”、日本的“激光研究五年计划”均将高能束与特种能场制造列为重要方向。俄罗斯、韩国、新加坡、印度也制订了专门的高能束与特种能场制造技术发展计划。与此同时,这些国家还为执行该发展计划建立了专门的高能束研究机构和加工应用中心。例如,德国建立了 9 个国家级激光中心,韩国投入 7.3 亿美元在光州建立激光工程研究所。我国的高能束制造研究与国外同时起步,国家高度重视高能束制造产业的发展。例如,增材制造与激光制造技术已被列为重点发展的前沿技术之一。国家发展和改革委员会发布的《产业结构调整指导目录(2011 年本)》也将激光加工等作为推动产业结构调整和优化升级的重要内容[2]。我国在特种能场制造领域虽然与国外相比起步较晚,但近年来取得了长足的进步，研究水平处于国际前列。特种能场在新型难切削加工材料、复杂/整体/弱刚性结构制造方面具有高效、低成本的技术优势，因此我国非常重视特种能场制造技术的发展，在航空发动机和燃气轮机国家科技重大专项、高档数控机床与基础制造装备国家重大科技专项中，均将特种能场制造技术与装备研制作为重点支持对象。

根据作用工具及控形控性特征，高能束制造主要包括增材制造、光制造与载能粒子束制造。增材制造起源于激光制造，拓展于载能粒子束制造，在机理、方法与制造工具层面的交汇点是高能束；根据作用能场特征，特种能场制造主要包括放电加工、电化学制造与多能场复合制造。高能束与特种能场制造解决了大量传统制造方法无法解决的加工难题，发挥了不可替代的作用，为我国制造业的发展做出了重要贡献。图 11.1 描述了当前高能束与特种能场制造领域的研究体系。

1. 增材制造技术

增材制造（俗称 3D 打印）技术是当前国际先进制造技术发展的前沿，也是目前智能制造体系的重要组成部分，如图 11.2 所示。所具有的离散-堆积的降维制造原理突破了传统制造技术受结构复杂性制约的难题，有望实现从材料微观组织到宏观结构的可控制造，引领制造技术向“设计-材料-制造”一体化方向发展，尤其在航空航天、动力能源及生物医疗等领域显示出巨大的潜力[3]。通过引入的生命活动、自组装、形状记忆等效应，还可使制件具有一定的环境自适应功能。增材制造技术为制造学科的发展探索出了新的方向，被发达国家列为“再工业化”“重新夺回制造业”“工业 4.0”“颠覆性技术革命”以及实现社会化“泛在制造”的核心国家战略。

2. 光制造

光制造是指通过光与物质的相互作用实现材料的控形控性[4]。光制造的主要工具是激光，也包括紫外光、同步辐射和 X 射线等其他光源。激光具有高亮度、高方向性、高单色性、高相干性、偏振特性等特征，在能量、时间、空间方面可选择范围宽，并可精确、协调控制，这些特性总称为多维性特征[4,5]。典型多维性特征使激光制造既可满足宏观尺度的制造需求，又能实现微米乃至纳米尺度制造，尤其适合三维复杂结构的精密制造，如图 11.3 所示。在航空航天、生物医疗、核工业、能源、集成电路、医疗、交通等领域发挥着不可替代的作用，为制造学科提供了新的生长点和新技术的突破点。

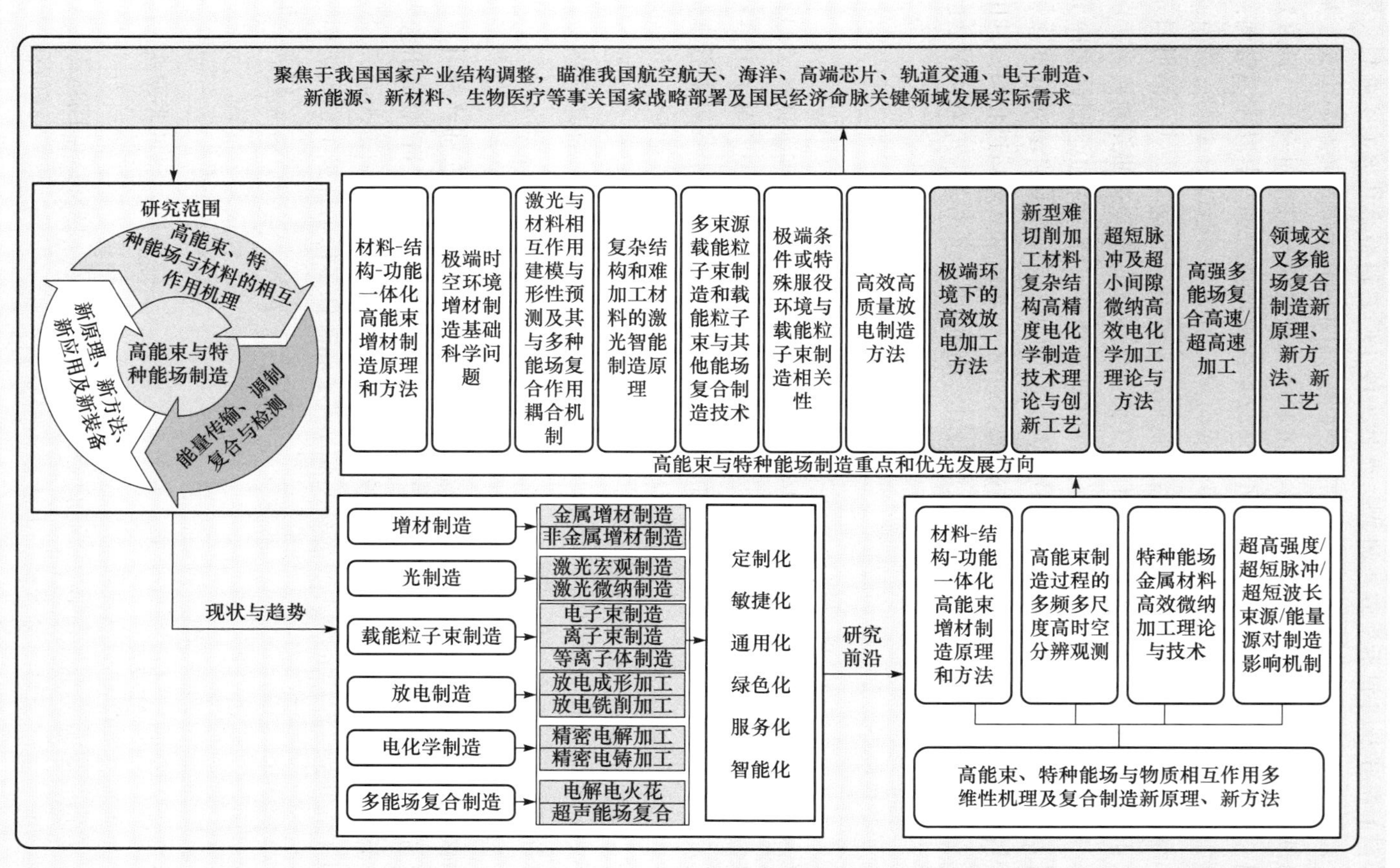

图 11.1　高能束与特种能场制造研究体系图

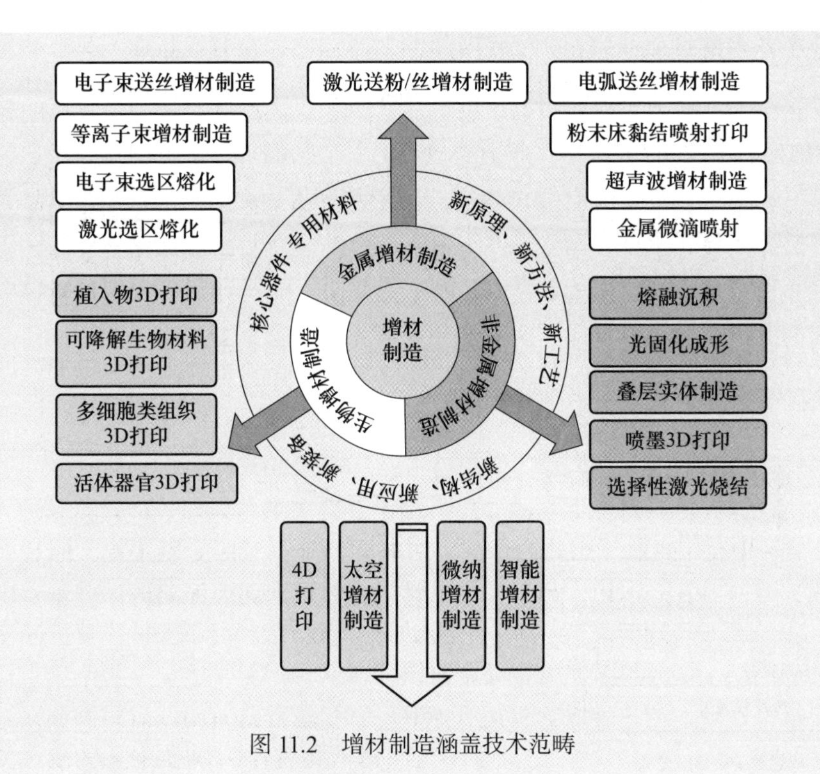

图 11.2　增材制造涵盖技术范畴

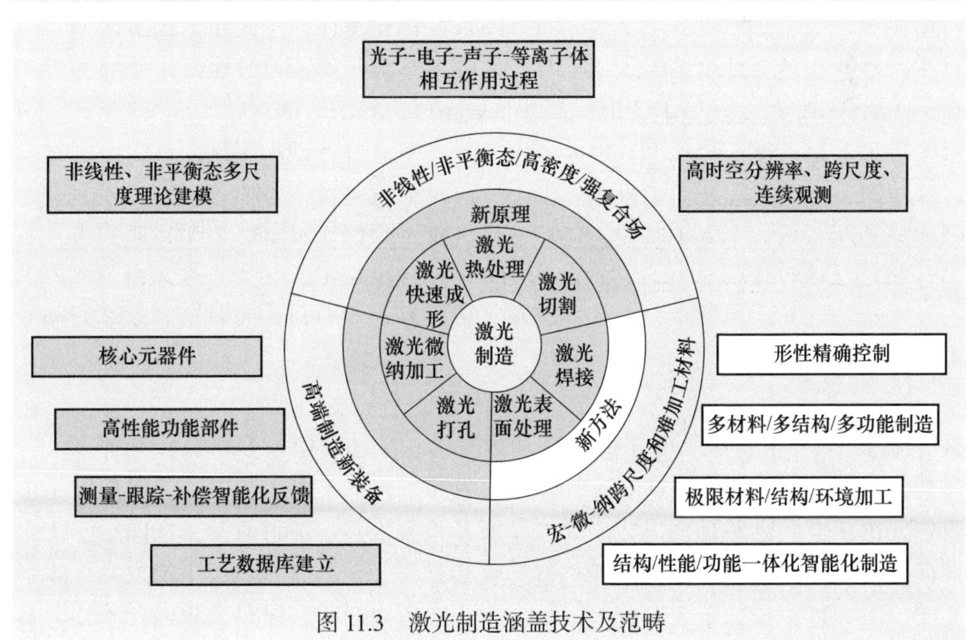

图 11.3　激光制造涵盖技术及范畴

3. 载能粒子束制造

载能粒子束制造是指利用电子束、离子束、等离子体等粒子与物质的相互作用，实现材料的成形与改性[6]，具有多维性特征，其能量密度范围宽、能量转换效率高(95%以上)、能量时空精确可控、参数精确可控、束斑灵活可调，且载能粒子束多数处于真空条件下，其污染小，较大质量的载能粒子与物质相互作用时不仅传递能量，还可以直接传递动量，如图11.4所示。载能粒子束制造可以同时满足宏观制造与微观制造的要求，已成为航空航天、汽车、舰船、能源、交通、电子信息等领域中的关键制造技术，在高硬度材料、复杂型面工件、精细表面、高性能硬盘等关键领域发挥了重要作用。

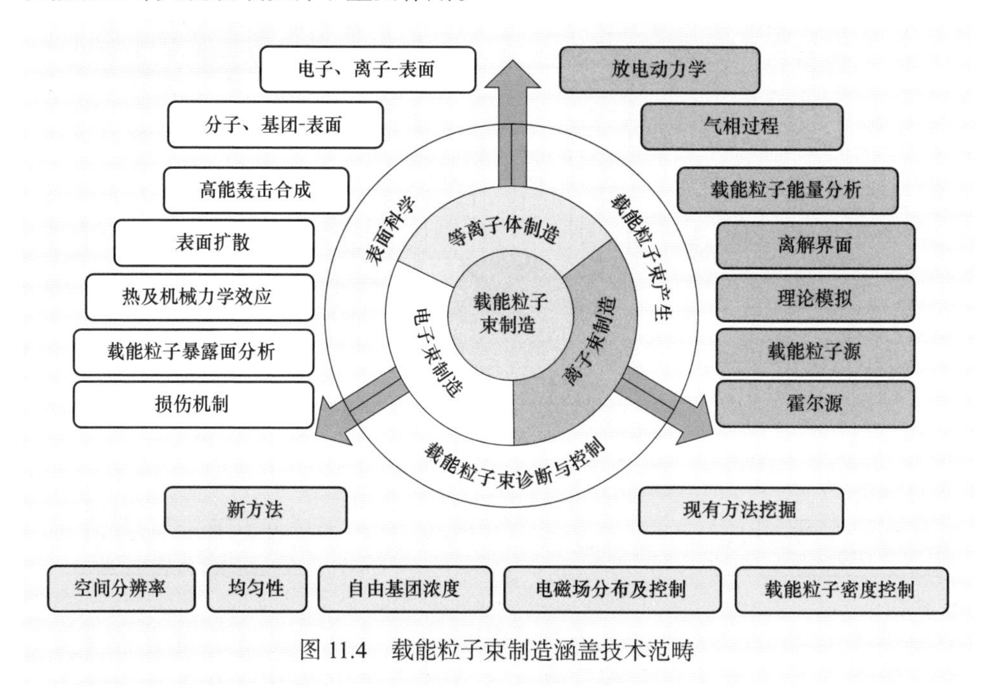

图11.4　载能粒子束制造涵盖技术范畴

4. 放电制造

放电制造是指利用极间脉冲放电产生的等离子体高温对材料进行热蚀除的方法，又称电火花加工、放电加工或电蚀加工，如图11.5所示。该技术具有无接触作用力、不受材料硬度和刚度制约等优点，已拓展出成形加工、放电铣削、线切割加工和微细加工等多种方式，广泛用于难切削材料及复杂型面的加工。近年来涌现出的新材料和新结构大多具有切削难度大、结构复杂或薄壁件多等特点，给传统加工带来诸多挑战。在此形势下，各种高效放电技术应运而生，主要包括

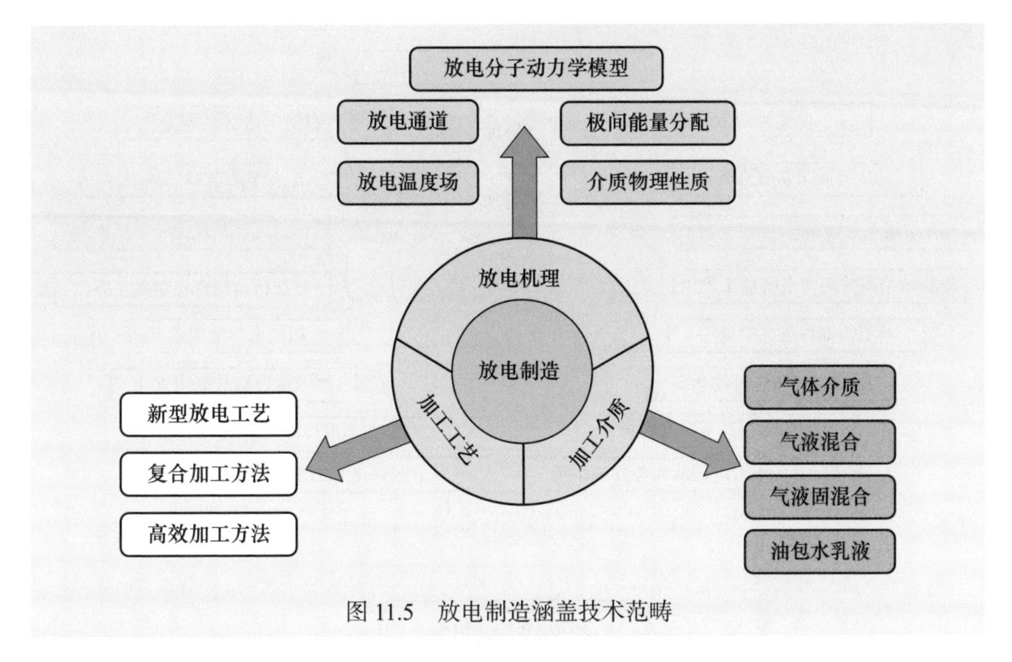

图 11.5　放电制造涵盖技术范畴

电弧铣、电弧成形、电弧车以及电弧与其他方法的复合加工等。

5. 电化学制造

电化学制造是利用金属的电化学反应原理实现零部件成形的一种特种能场制造方法，包括基于阳极溶解原理的电解加工和基于阴极沉积原理的电铸制造，如图 11.6 所示。电解加工具有工具阴极无损耗、表面质量好等优势，适合难加工材料整体 / 复杂结构件的精密、高效加工；电铸技术具有制造精度高、材料性能可控等优点，能制造出各种形状和结构的零件，并能保证很高的形状精度和尺寸精度。电化学制造技术在精密、高效制造领域已占据重要位置，被成功应用于许多尖端科技产品的制造，如航空发动机整体叶盘、涡轮叶片气膜冷却孔、火箭发动机推力室、超声速风洞喷管、破甲弹药型罩等。

6. 多能场复合制造

多能场复合制造是将电、声、磁、光、化学、机械等两种及以上能量组合施加在工件的被加工部位，从而实现材料的去除、增长、变形或改性的复合制造方法，如图 11.7 所示。根据能场特性及与被加工材料的相互作用机制，应用较多的多能场复合制造方法可分为以电化学能或火花放电所产生的热能为主导能量形式的电基多能场复合制造以及以机械能为主导能量形式的机基多能场复

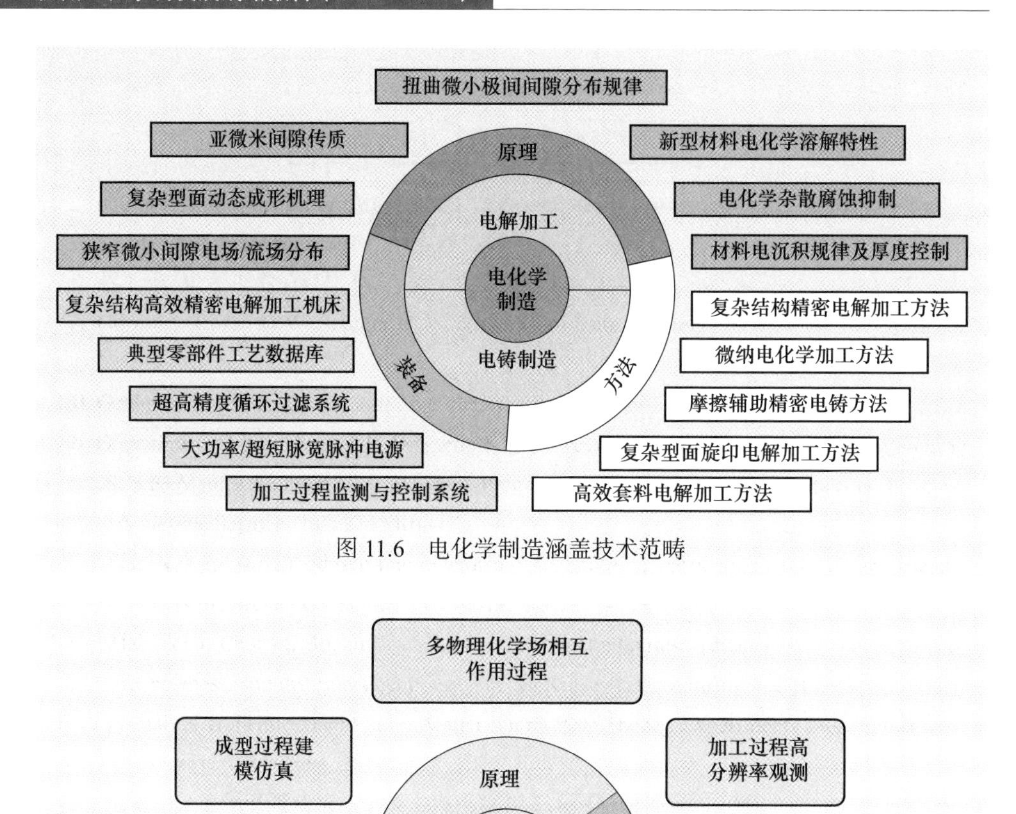

图 11.6　电化学制造涵盖技术范畴

图 11.7　多能场复合制造涵盖技术范畴

合制造。多能场复合制造可发挥各能场的优势，实现优势互补，已成为先进制造领域研究的热点，在航空航天、兵器、汽车、电子、能源等领域的应用日益广泛。

11.1.2　研究范围

目前高能束与特种能场制造技术已经广泛应用于材料的减材、等材、增材制造各方面。然而，这些制造技术大多只能实现制造过程的监测和极少量的闭环控制，在大批量制造过程中难以实现闭环控制：①“先知先觉”，实现在线闭环监控。当前世界范围内制造过程的质量控制只能做到“后知后觉”监测，其根本原因在于基础理论研究不足。②“测哪打哪”，实现在线测量和实施靶向去除。目前世界范围内针对高能束与特种能场制造的控制，大多无法实现靶向定点快速精确去除，其根本原因在于现有加工方法、工艺精度受限，多尺度在线观测技术成熟度不高，同时受到数据传感及采集、数据处理及分析、数据传输及执行等技术的限制，制造过程的智能化程度低，从而为制造产品质量、性能及功能的优化控制带来诸多不可控因素。因此，亟须深入探索作用机理、提升制造性能、优化结构形貌设计、提高制造质量和器件性能、突破应用瓶颈，为我国在微纳制造、生物、医学、信息、新能源技术等领域实现跨越式发展提供重要的理论、方法依据和强有力的支撑手段。高能束与特种能场制造研究范围如图 11.8 所示，主要包括如下几个方面。

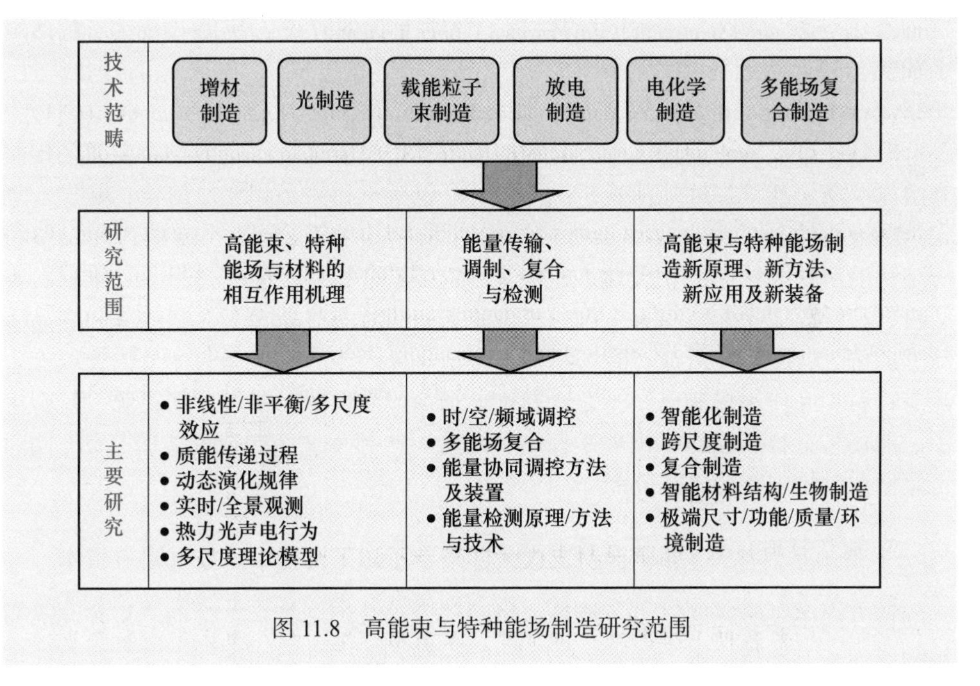

图 11.8　高能束与特种能场制造研究范围

1. 高能束、特种能场与材料的相互作用机理

高能束与特种能场制造的重要优点是其多维性特征，使其在制造过程中能量、时间、空间方面可选择范围宽，并可精确、协调控制，可对材料物态变化进

行精确控制。深入理解高能束、特种能场与材料的相互作用机理、观测制造过程中的能量传递过程是发展高能束与特种能场制造新原理、新方法的基础，也是需要进一步深入研究的核心问题。为此，该方面重点研究制造过程中高能束流、特种能场和材料相互作用引发的材料物理、化学、等离子体过程变化的理论、现象和规律；高能束流、特种能场耦合作用下材料固态相变、熔化、蒸发、气化行为及温度场的演变规律；高能束流、特种能场耦合作用诱发材料结构应力应变行为；高能束流、特种能场作用下材料的温度场、应力场、应变场的测试、控制方法及演变规律；高能束与特种能场制造过程材料组织结构的演变及其性能相关性；高能束与特种能场表面处理对材料组织结构、相变和特性的影响机制；高能束、特种能场与物质相互作用过程中的热、力、光、声、电行为等；高能束、特种能场与物质相互作用过程的高时空分辨、原位、全景演化观测，实现超快照相向超快摄像技术跨越。

其中，高能束与特种能场和物质相互作用机理的研究主要包括：① 高能束、特种能场与物质相互作用引发的物理、化学变化的理论、现象和规律，包括电子加热、带间跃迁、光致电离（多光子电离、隧道电离）、碰撞电离等非线性、非平衡吸收机理，材料在高能束、特种能场作用下的热、力、光、声、电行为等；② 高能束、特种能场作用下材料的电子动态及温度场、应力场、应变场控制方法以及质量迁移和性能演变机制与规律，包括材料固态相变、熔化、蒸发、气化行为及温度场的演变规律、材料结构诱导的应力应变行为、制造过程材料组织结构的演变及其性能相关性。近年来，新型复合材料、单晶材料、二维材料等新材料广泛应用于航空航天及国民工业领域，同时一些高功率、高效率和高品质新型能束，以及复合束源和能场新加工方法不断产生。在此条件下，传统载能束流与材料相互作用机制已经不适于目前的研究，而理解新材料、新束源、复合束源、能场与材料相互作用机理是控制新制造工艺和掌握新制造方法的基础，同时也是制造领域中新的研究范围。

2. 能量传输、调制、复合与检测

该方面主要研究高能束、特种能场的传输、分解、复合、整形、聚焦与品质检测原理、方法与技术，高能束与特种能场的时域 / 空域 / 频域调控方法，高能束致光学系统元器件缺陷 / 损伤或光场分布与制造性能的影响规律，高能束与特种能场制造的品质检测、评价与服役性能评估体系等。例如，目前激光束的脉冲宽度已经短至 43as(10^{-18}s, 阿秒), 峰值功率达到 10^{16}～10^{17}W, 波长达极紫外甚至 X 射线波段，同步辐射光源已应用于制造领域。这些超高强度、超短脉冲、超短波长的高能束源会导致制造过程中的一些极端现象，并会在微纳制造技术领域进一步引发新变革。

高能束与特种能场能量传输、调制、复合与检测研究主要包括：① 高能束、特种能场的传输、分解、复合、整形、聚焦与品质检测原理、方法与技术；② 高能束、特种能场的时域 / 空域 / 频域协同调控方法及装置；③ 超高强度、超短脉冲、超短波长、超微工具的高能束流及特种能场导致制造过程中的一些极端现象及其对微纳制造过程中物理 / 化学 / 电学性质等的影响，如强电场、强磁场、高能量密度、高光压和高电子抖动能量、高电子加速度等。

3. 高能束与特种能场制造新原理、新方法、新应用及新装备

基于高能束、特种能场与材料的相互作用，研究高能束与特种能场制造的新原理、新方法、新技术和新工艺。例如，电子层面闭环调控的物理 / 化学 / 生物制造原理、方法和技术，智能材料和活体组织增材制造原理、方法和技术，极端尺寸、极高功能、极高质量或极端服役环境下的器件和功能系统的制造方法，高能束与特种能场的跨尺度、复合制造原理、方法以及能量耦合与协同控制机理。

基于高能束和特种能场制造的新原理、新方法和新工艺，研究将高能束、特种能场与大数据、人工智能、控制系统、运动系统、外围保护、安全系统集成为完整的、功能强大的先进制造系统，将所掌握的高能束、特种能场与材料相互作用机理和质量控制规律以软件形式应用于控制系统，集成为成套智能高能束制造装备，实现多工艺、多材料、多结构、多功能、高效、一体化制造，用于制造新产品，甚至形成新的产业。同时，研究超高能量密度、超短脉宽、超小加工间隙，以及超高介质压力作用下特种能场制造新机理、新技术。研究极端工艺条件下，特种能场对材料的作用机制，能场时空分布规律及约束控制方法，化解目前特种能场制造效率与精度的矛盾，如图 11.8 所示。此外，极端环境下的高能束与特种能场制造，是本领域新的增长点，如超高温、超高压、核辐射、高湿、盐雾及酸性腐蚀、高载荷摩擦、太空 / 月球 / 火星等极端环境下的新方法和应用研究。

11.1.3　在经济和社会发展、学科发展中的重要意义

高能束与特种能场在能量密度、作用空间和时间尺度、制造体吸收能量可控尺度方面都趋于极端，使得制造过程中的物理化学效应、作用机理完全不同于传统制造，从而促生新的制造概念、原理、方法和技术，获得新的极端制造效果。高能束与特种能场制造既可满足装备 / 构件 / 器件高精度、高表面质量、高加工

效率等制造需求，也可解决难切削材料、硬脆材料、形状复杂型面、尺寸特微小零件、刚度极低的构件等特殊加工对象的制造难题，实现复杂、整体、特殊构件的成形和成性，尤其在具有高效率、高精度、高品质及高一致性的国家重大需求及国民经济主战场核心功能部件的制造中，高能束与特种能场制造是不可替代的加工手段。例如，在航空航天发动机上大量的阵列小孔、异型孔、窄槽等结构，数量巨大，尺寸微小，精度高，为了实现长寿命、高可靠性的目标，在制造中几乎不惜代价，对于这些要求高品质零缺陷的关键部位，要想同时实现高效率、高精度、高品质的极限要求，高能束与特种能场制造是唯一选择。

高能束与特种能场制造在军民装备制造中具有不可替代的加工优势，是实现高性能材料、难加工(超薄/脆/硬)材料制造，突破极端条件、跨尺度、三维复杂结构等限制的关键技术，是实现复杂构件整体化制造及装备轻量化的有效途径，是实现装备长寿命、高可靠性的有力保障，是装备制造中降本增效的关键技术。以国家重大需求及经济社会发展需求为牵引，高能束与特种能场制造将在未来5～15年的发展中，立足于国际战略格局和国际体系深刻调整的国际新态势，聚焦我国产业结构调整，瞄准航空航天、海洋、高端芯片、轨道交通、电子制造、新能源、新材料、生物医疗等事关国家战略部署及国民经济命脉关键领域发展的实际需求，朝着极限尺度/精度(微米、纳米、亚纳米)、纳米结构-功能集成(二维、三维)、跨尺度制造(纳米、微米、厘米、米)、复杂曲面微细结构制造(微纳结构精确可控)、大规模、高效、高一致性(高性能、规模化应用)的方向发展。

立足于上述学科发展需求，需进一步深入系统揭示能场(超快、大能量)与物质相互作用的机制。深入研究小于衍射极限的高能束与特种能场制造，突破衍射极限制约，实现纳米级制造尺度和精度。突破加工尺度制约，实现高能束与特种能场跨尺度制造。高能束与特种能场制造将光学、激光、物理、化学、机械、材料、生物、信息、控制等学科与纳米科学技术进行多学科交叉与有机融合，其自身的开放性和适应性又使其渗透到许多学科领域，必将推动制造学科的发展。纳米材料所具备的小尺寸效应、表面效应、量子效应以及特殊的光学、磁学、热学、力学、化学性质，使得纳米制造具有许多完全异于宏观制造的理论、机理和方法，蕴含大量制造中的基础科学问题、新理论以及新的突破点。

高能束与特种能场制造是支撑传统制造业改造升级的重要技术，是信息、生命、生物、环境、纳米、核能等新兴产业和高科技发展的基础及先导技术之一，是制造学科新的生长点，在国民经济、社会发展和学科发展中具有举足轻重的作用。

11.2　研究现状与发展趋势分析

我国高能束制造领域研究与国外同时起步，在理论、方法、工艺、装备及应用方面已取得大量成果。未来高能束与特种能场制造将朝着高效率、高精度、经济性、智能化和更高制造能力方向发展，成为国家战略性产品中不可替代的关键制造技术之一。

11.2.1　增材制造

经过近 40 年的发展，增材制造技术正从传统的结构成形向控形控性一体化成形发展；从单一材料、均质结构制造向复合材料、功能梯度材料、嵌入异质结构（电子元器件等）等多材料增材制造发展；从宏尺度向微尺度和宏 / 微 / 纳跨尺度增材制造方向发展。未来，增材制造将可能实现功能驱动的材料 - 结构 - 组织 - 性能一体化制造，通过多材料和多尺度 3D 打印实现“创材”“创物”“创生”。

1. 发展现状

增材制造是一种数字化逐层堆积的制造过程。1892 年，美国登记了一项采用层合方法制作三维地图模型的专利技术，代表了增材制造技术的诞生。20 世纪 80 年代，随着数字化技术的逐渐成熟，光固化装备开始商用化，以后相继产生了熔融沉积、叠层实体制造、选区激光烧结等非金属增材制造技术，到 20 世纪 90 年代非金属增材制造开始逐步迈入工业应用。同时，金属增材制造和生物制造开始发展，相继产生了电弧 / 激光 / 电子束定向能量沉积、激光 / 电子束粉末床熔融，以及可降解支架和细胞 3D 打印等技术。21 世纪以来，增材制造更加成熟并逐步发展壮大，已经在航空航天、个性化医疗、产品开发、教育科研和文化创意等领域得到了广泛的应用[7-10]。

发达国家均将增材制造作为制造行业的战略制高点。美国麻省理工学院在 2013 年首次将增材制造技术列入十大突破性科技中，并于 2018 年将金属增材制造技术列为其中第一位。2013 年美国麦肯锡咨询公司发布的《展望 2025》报告中，将增材制造技术列入决定未来经济的十二大颠覆技术之一[11]。我国增材制造领域发展迅速，产业规模年均增速超过 30%，高于全球年均增速：2017 年专利申请量全球占比超过 50%，装机量位居全球第二；2018 年国内提供增材制造服务的企业数量已经超过 500 家；2019 年成为继美国、欧洲之后的增材制造第三大经济市场。

增材制造在高技术领域的应用推广，有力地支撑了我国航空航天、武器装备等高端装备重点型号的研制和生产。近年来，取得的突破性进展包括大型结构件激光熔覆沉积增材制造、大型极端复杂构件激光选区熔化增材制造、超大尺寸激光熔覆沉积增材制造装备、高稳定性激光选区熔化装备、大尺寸电子束熔丝成形和电子束选区熔化设备等。总体来讲，我国在增材制造技术材料、工艺、装备的研究和应用上都处于世界先进水平，但是在核心器件（激光器、电子枪、扫描振镜等）、高端装备、增材制造新原理和新方法等方面与国外相比仍有一定差距。

2. 发展趋势与目标

增材制造发展路线图如图 11.9 所示。

(1) 基于增材制造的设计制造一体化方面：增材制造是实现功能最优的变革性设计的重要技术途径，在考虑材料及工艺特点的基础上，可以实现多学科深度融合的功能优先设计优化方法。目前初步建立了先进结构（拓扑、点阵、梯度、整体等）设计到增材制造的串行技术模式，尚未实现设计制造一体化，难以充分发挥创新结构与增材制造的潜力。同时国内在增材制造优化设计理论、先进结构增材制造工程应用推广等方面与国外先进水平尚有差距。未来多材料体系以及新型复合材料将大量涌现并应用于高端装备中，面向多材料结构的优化设计与增材制造是重要发展趋势；建立面向 4D 打印的先进结构设计理论，进一步发展考虑几何大变形、弹塑性变形及时间效应的结构优化方法是当前的研究热点；面向极端服役环境、苛刻服役性能、更高轻量化水平的结构优化设计与增材制造也是今后的重要发展趋势；从零件设计向部件设计、系统总体设计发展所必需的多物理场优化设计方法及平行优化设计算法更是增材制造仿真、设计与优化实现的必经之路。

(2) 增材制造技术前沿探索方面：智能化是增材制造技术发展的重要趋势，有望大幅度提升制造可靠性和效率；具体技术方面，4D 打印有望成为未来智能装备发展的重要制造技术；太空原位增材制造极具战略意义和挑战性，有望开辟制造领域新途径；连续纤维高性能增材制造是复合材料增材制造的重要趋势；陶瓷增材制造仍然是一个制造学科亟待攻克的难题，也是一个多学科交叉融合的前沿领域；金属增材制造迫切需要突破低成本高效高精度制造技术，以推动增材制造应用和产业发展；均匀金属微滴喷射、半固态增材制造、固态增材制造、复合增材制造等新型金属增材制造技术有望取得进一步突破和发展。

(3) 增材制造质量检测和应用方面：制造过程中的在线质量检测是保证金属增材制造的冶金质量和一致性、实现高质量制造的重要保障。由于增材制造逐点成形区域小，加工区域存在复杂的光、声、电、磁、热条件，成形过程中的在

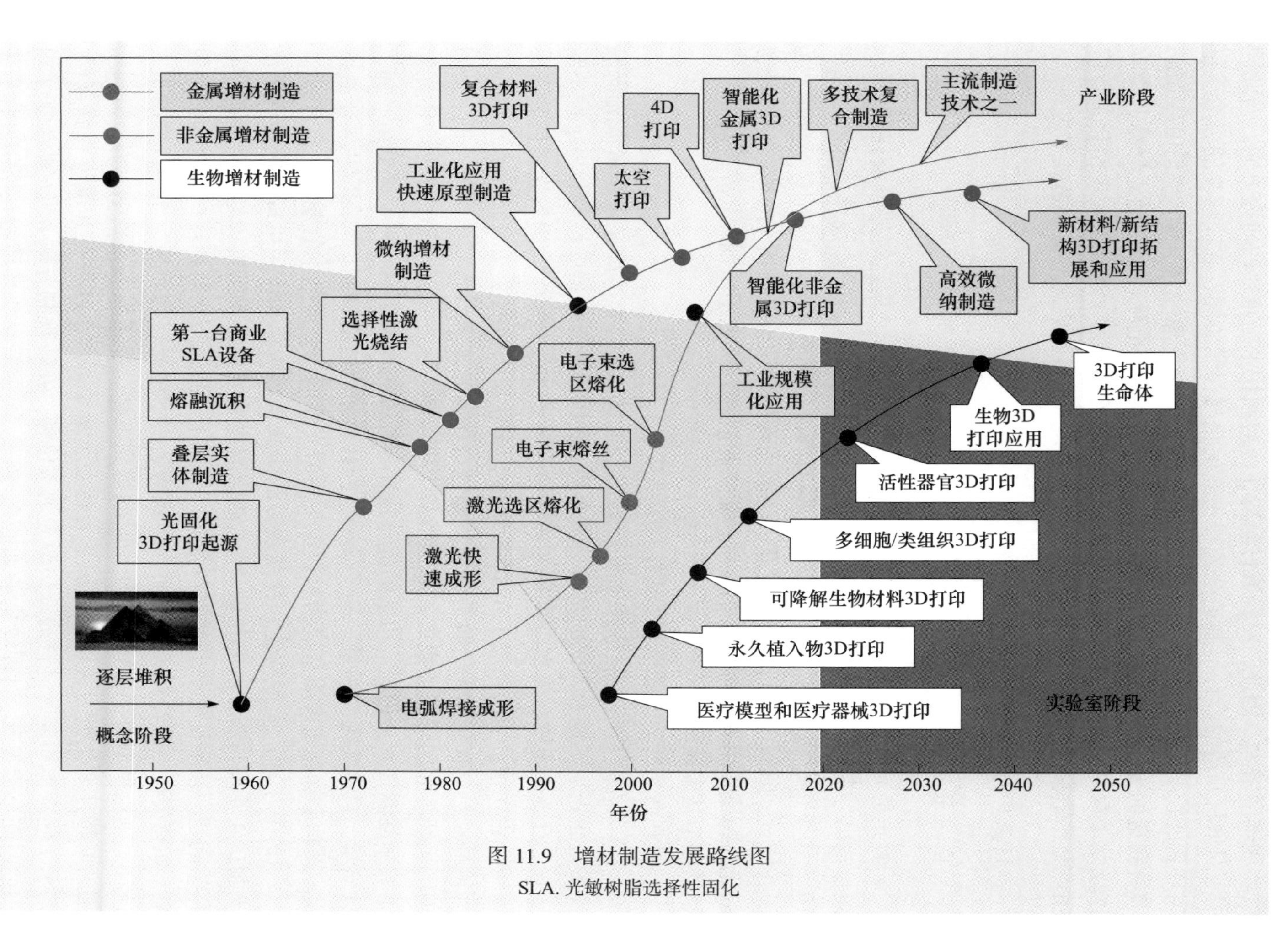

图 11.9　增材制造发展路线图

SLA. 光敏树脂选择性固化

线监测难度增大。因此，发展增材制造在线监测技术是重要的研究方向。与此同时，对增材制造的设计、制造全流程仿真优化与在线监测、在线修复的成形质量闭环智能控制系统的需求会更加迫切。此外，面向工业应用，未来 5～10 年微纳增材制造的分辨率将达到 20nm 量级，一些技术（如电喷印、微激光烧结、微立体光刻、双光子聚合 3D 打印、飞秒投影双光子光刻等）将会进入规模化工业应用。金属增材制造将由单机发展为生产线系统，并逐步成为主流制造技术之一。

11.2.2　光制造

1. 发展现状

激光是光制造最典型的工具。当前，激光的波长已从远红外覆盖到深紫外，能量输出方式从连续到飞秒脉冲，连续激光的功率可达 50kW, 连续功率密度可在 10^3～10^7W/cm^2 范围调控，脉冲激光的瞬时峰值功率密度更是高达 10^{22}W/cm^2。光源在能量、时间、空间方面如此宽的范围内选择和调控是前所未有的。全新概念的光与物质作用新原理不断被发现，激光制造新方法也不断涌现，成为发展最活跃的制造技术领域之一。

纵观激光制造发展历程，其具有如下特征：

(1) 激光器是激光制造技术发展的核心工具，高功率、高光束质量激光器的发展是激光加工技术发展的基石。近年来，我国国产激光器的性能和稳定性不断增强，对激光器核心元器件的研发投入也日益加大。然而，我国激光制造装备总体空心化现象严重，超过 10W 紫外纳秒、皮秒、飞秒的千瓦级光纤激光器等全部依靠进口，航空航天、轨道交通等领域高端激光加工设备仍由国外垄断，是当前国民经济和国防事业发展的瓶颈挑战之一。随着大功率激光器的发展，激光加工效率逐渐提升。但是，功率的提升往往导致光束质量下降，进而降低激光加工的质量。只有实现“质量”和“效率”的共赢才能适应日益扩大的应用需求。因此，高功率和高光束质量成为材料加工用激光器的两个最基本的要求。

(2) 基于理论模型构建和在线观测的激光与物质相互作用机理研究是开拓激光制造新原理与新方法的基础[4,12]。激光与物质的相互作用机理是激光制造核心科学问题。在本征参数和材料特性共同影响下，激光与材料相互作用过程极其复杂，亟待突破。理论模型和实时在线观测是揭示激光与物质相互作用机理的主要途径。理论模型方面，当激光作用时间短到飞秒、加工尺寸小到纳米时，材料局部瞬时特性变化极为关键。我国学者建立了量子等离子体模型和改进双温方程，揭示了绝缘体和金属材料的超快激光加工机理。在线观测方面，超快激光加工过程的时间分辨观测，对理解光子 - 电子 - 声子 - 等离子体 - 环境相互作用过程至关重要。我国学者提出了跨尺度观测系统，实现了跨多时间尺度的实时观测，揭示了超快激光加工中电子加热、电离、复合过程的调控机制。然而，激光加工物理机制复杂、非线性效应显著，机理研究尚处于起步阶段。

(3) 发展性质 - 结构 - 功能协调可控的激光加工新方法是促进激光制造应用及装备推广的动力。我国航空航天、航海、高端芯片、轨道交通、电子制造、新能源、新材料、生物医疗等事关国家战略部署和国民经济命脉，对激光加工的尺度、功能、质量、效率、精度和智能化提出了更高的要求。因此，发展可实现极限尺度 / 精度、跨尺度、曲面复杂微细结构、高性能等制造的激光加工新方法对推动激光制造在上述领域中的广泛应用至关重要。

2. 发展趋势与发展目标

图 11.10 总结了光制造从 1960 年至今主要发展历程、现状以及未来展望，下一步建议从新机理、新方法、新装备及新应用等方面开展研究，具体如下。

1) 新机理

揭示激光作用过程中光子 - 电子 - 声子 - 离子 - 等离子体的相互作用机制及其对材料相变、成形成性过程的调控规律；构建纳米级空间分辨率、亚飞秒级时间分辨率的多尺度观测系统，实现对时空演化过程的连续观测，完成由原子 / 分子层面超快照相技术向电子层面超快摄像技术的跨越，揭示、发现若干激光制造中的新原理、新机理、新规律。

2) 新方法

研究光子、电子、激子、等离子体的波粒二象性对激光制造的影响机制；通过调控局部电子动态，对材料的光 / 热 / 电等特性以及缺陷和能带进行调控，以优化调控零部件机械、力学、生物等性能，探索功能性 (超 / 智能 / 拓扑) 材料的激光加工新方法；通过对激光时 / 空 / 频域整形，调控分子间的原子或电子的转换或转移，化学键的连接、断裂和新建，使化学反应沿特定的路径进行 (控制化学反应过程), 实现电子层面闭环实时控制加工，建立相应工艺数据库，大幅拓展制造极限能力。

3) 新装备与新应用

开发系列激光制造装备，实现核心装备国产化，解决航空发动机、航天器外覆膜、微纳卫星 / 侦察器、高精度惯性导航以及飞行器抗结冰减阻、点火工程等国家重大需求领域应用，以及光子集成芯片、量子芯片、柔性电路、新能源器件、物联网传感器等量大面广国民经济领域中核心构件的关键制造难题，促进国家高端制造产业的转型升级。

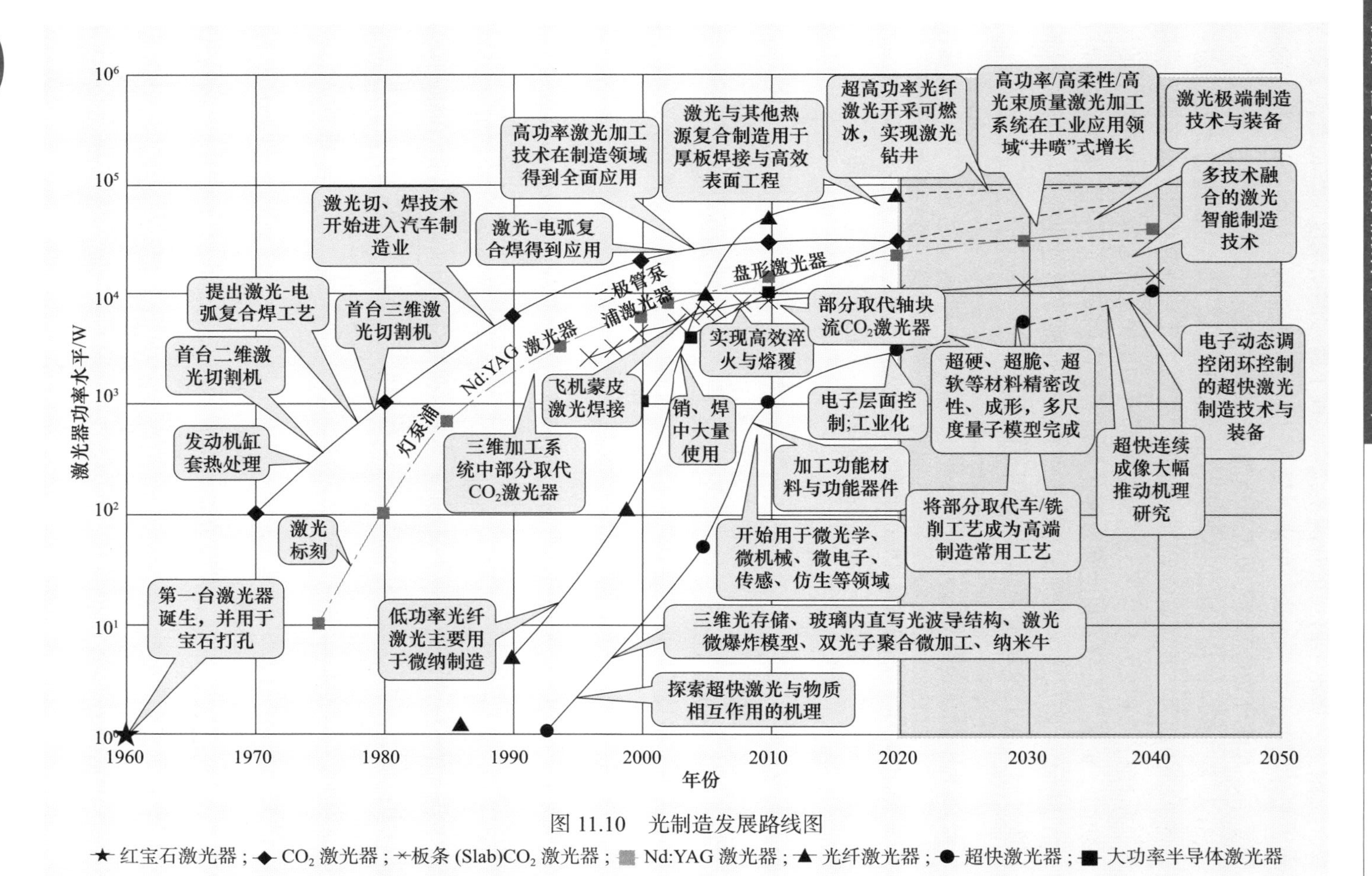

图 11.10　光制造发展路线图

★ 红宝石激光器；◆ CO_2 激光器；✕ 板条 (Slab)CO_2 激光器；■ Nd:YAG 激光器；▲ 光纤激光器；● 超快激光器；■ 大功率半导体激光器

11.2.3　载能粒子束制造

1. 发展现状

20 世纪初至 20 世纪中叶，气体放电型离子源、电子束加工设备、高效等离子弧加工技术的先后问世，成为载能粒子束制造技术研究的开端。经过几十年的发展，在离子束制造方面，已发展出包括离子束刻蚀、微细加工、离子辐射改性、离子注入、离子束沉积等多个门类的专业方向；在电子束方面，已发展出包括电子束光刻、电子束固化、电子束焊接、电子束熔覆、电子束熔炼、电子束沉积、电子束制孔和切割、强流脉冲电子束改性及电子束增材制造等多个门类的综合性专业方向；在等离子制造方面，已形成包含等离子体切割、等离子体焊接、等离子体掩模刻蚀、等离子体喷涂、等离子体清洗及改性以及等离子体成形等多个分支的专业方向。我国的载能束流制造技术研究起始于 20 世纪 60 年代初期，目前已成功应用于航空航天、核工业、船舶、高铁等军事和工业领域。特别地，在电子信息产业中的表面材料制造方面，2018 年销售收入达到 2500 亿元规模，其中 40% 以上需要用到载能粒子束制造，但是其发展仍然存在一些问题：① 高端载能束源关键技术仍未掌握；② 高功率脉冲和超低压放电等极端条件下载能束与材料相互作用规律认识不清；③ 苛刻服役环境下的载能束表面制造调控规律仍需摸索；④ 载能束复合制造技术仍需突破。

2. 发展趋势与发展目标

载能粒子束制造的应用范围不断扩大，并有向多种载能粒子束及多能场相结合的复合制造方向发展的趋势，未来将朝着大功率、高品质、高可靠性方向进一步发展。载能粒子束制造设备则向多功能、精密化和智能化方向发展，使得相关技术逐渐向极大、极小、复杂等极端条件制造扩展。为此，载能粒子束制造面向未来 5～10 年的发展目标是通过高功率、高品质、高可靠性束源以及复合制造技术研发，形成我国自主知识产权的载能粒子束制造系统，打破国外技术壁垒和垄断，探索智能化、精密化制造技术，通过载能粒子束与材料相互作用的研究，掌握制造新原理、新方法，进而拓展其在海洋、空天、高原、沙漠等苛刻环境下以及电子信息、生物医疗等军工和国民经济各领域的应用。具体情况如下：电子束制造技术发展正朝着高压大功率、超高能量密度电子束、空间电子束加工、非真空电子束焊接、窄带刻蚀及复合式电子束加工多个方向发展 [13,14]。未来需要重点开展高品质长寿命电子枪、难熔材料高精度加工、空间电子束加工、高精度电子束光刻、电子束增材制造等研究，争取未来 10 年掌握高压大功率、超高能量密度、智能电子束焊接技术，初步掌握空间电子束焊接和成形技术，以满足航空航天、船舶等工业需求。

离子束制造技术正向大功率、强流、高品质、极窄、多束源和多能场离子束加工方向发展。未来5～15年的目标是发展和完善新型液态和气态场聚焦离子束源以及聚焦离子束与其他束源及分析装置复合技术[15]，通过高功率、高品质束源以及优异脉冲偏压电源的研发，形成我国自主知识产权的商业化束源技术，打破国外在此方面的垄断，同时完善梯度涂层、非晶及纳米薄膜、离子注渗等新型表面技术，掌握抗海洋腐蚀、多功能、长寿命和高可靠性表面沉积和改性技术，探索生物育种、智能离子束沉积和改性技术，为我国海洋战略发展、航空航天及电子信息领域的发展提供重要支撑。

等离子制造技术正向着稳定及可控的大气等离子弧产生技术、超低压等离子喷涂技术、多束源多能场复合技术、低温等离子清洗、消毒及改性技术等方向发展[16,17]，未来5～15年的目标是加强不同环境下等离子体与材料相互作用机理研究，提高超微等离子加工、微流道等离子深刻蚀技术水平，突破大功率等离子源/喷枪稳定性控制技术，掌握低压及超低压等离子喷涂技术，提高系统的自动化和智能化水平，拓展等离子体制造在航空航天及重工业新材料、生物和医疗器械上的应用，为我国重大工程项目提供支撑。载流粒子束发展路线图如图11.11所示。

11.2.4 放电制造

1. 发展现状

电火花加工方法经过70余年发展已拓展出成形加工、放电铣、线切割加工和微细加工等多种方式，广泛用于高强度合金、钛合金、高温合金、聚晶金刚石、立方氮化硼等多种难切削材料和复杂型面的加工，在模具制造、国防、航空航天、能源、医疗器械等领域占有举足轻重的地位。近年来，放电加工研究主要集中在加工机理、加工新工艺、高效放电加工技术、放电加工新介质等方面[18]。

在加工机理研究方面，现代测量仪器和试验手段的提升，对放电加工过程的本质、微观属性等进行了探索，建立了火花放电时等离子通道扩张的通用模型、放电时的温度场分布模型、放电过程中的分子动力学模型等，一定程度上解释了放电过程中电极与工件的表面坑形成过程[19,20]。但是，当前研究大多基于单次放电，与实际加工的情况仍有一定差距，只能进行定性分析。为此，需要进一步提高模型的可信度，并增强对介质物理性质、极间能量分配等的研究，实现多次放电过程的建模与仿真。

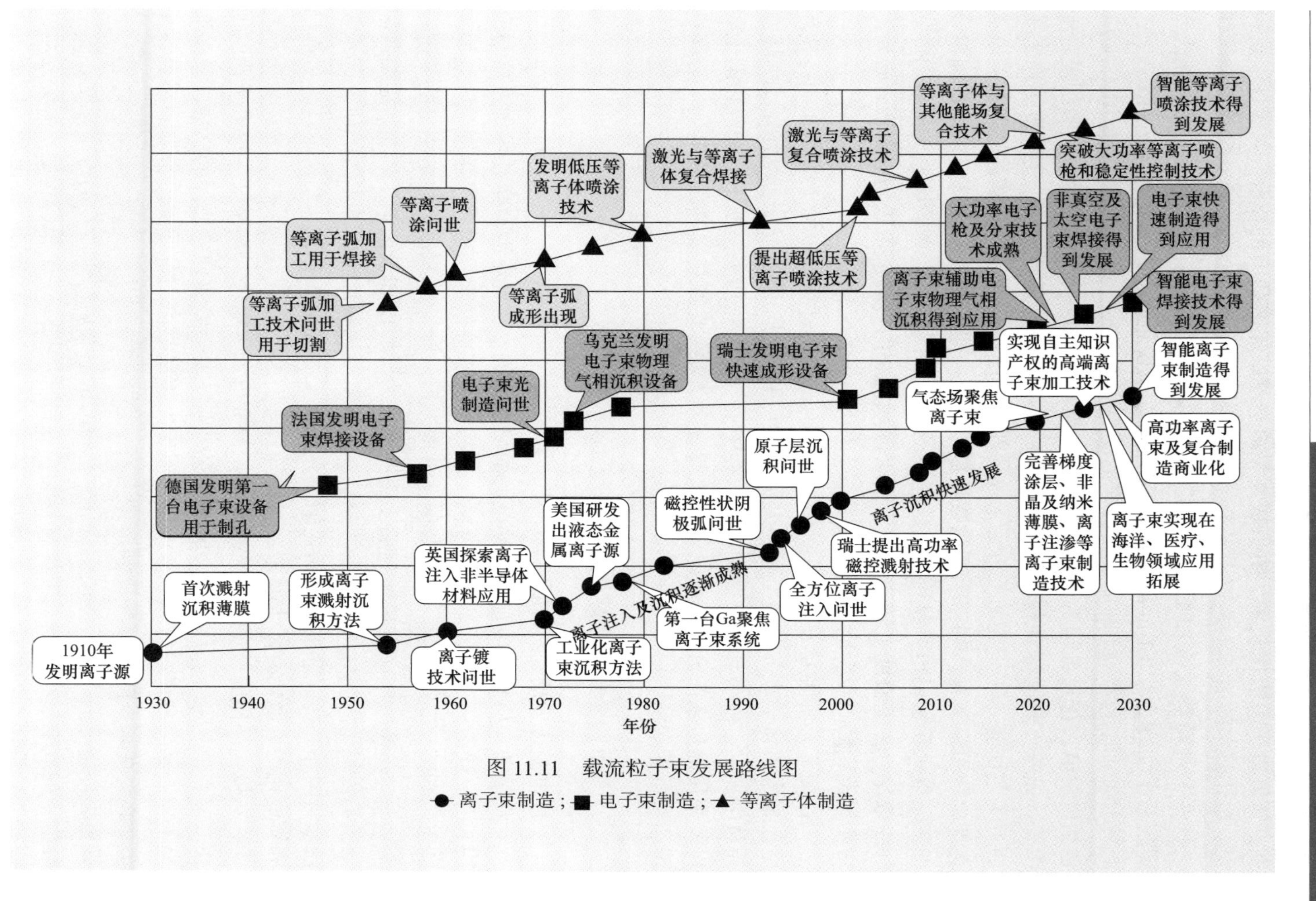

图 11.11　载流粒子束发展路线图

●离子束制造；■电子束制造；▲等离子体制造

更高效率、更优质量、更低成本是放电制造工艺研究的核心，为实现上述目标，在开展多种加工工艺要素对加工效果的影响规律研究之外，近年来研究者还进行了多种新型放电加工工艺及方法的探索。例如，新的电极随机摇动方法实现超精平面 (Ra $<$ 0.1μm) 的加工，采用薄片电极进行单晶 SiC 的电火花切割等。此外，结合电化学、切削加工、超声振动等加工方式，可得到多种复合加工方法，包括电解电火花复合加工、超声振动电火花加工、电火花铣削与机械磨削复合加工等。这些方法能综合利用放电加工和其他加工方法的优点，一定程度上改善了加工工艺性能。在高效加工方面，各种新方法也应运而生，主要有集束电极电火花加工、引弧微爆炸加工、高效数控放电铣削、电弧加工、电弧 - 机械铣削组合加工、电火花辅助电弧铣削等，这些新的加工方法极大提高了难加工材料构件的加工效率，一定程度上解决了航空航天领域复杂构件的加工难题，未来有必要进一步推进它们的工程应用[21]。

在加工介质研究方面，针对传统采用油基介质进行放电加工时存在的污染环境、损害人体健康等问题，研究人员尝试利用绿色介质进行加工，开发了气体介质放电加工、内喷雾式电火花加工、液中喷气电火花加工、准干式和混粉准干式以及采用油包水微乳液的电火花加工等多种方法，在绿色、高效放电加工方面进行了有益探索[22]。

2. 发展趋势与发展目标

放电制造发展路线如图 11.12 所示。

在高效高质量放电加工脉冲电源的研制方面，随着新型科学技术的发展与应用，当今社会对于各种难加工材料尺寸和复杂零件的需求也越来越高，放电加工向着低功耗、高质高效、绿色智能化方向发展。脉冲电源作为放电加工的关键技术之一，其输出性能直接影响加工速度、重铸层厚度和表面加工质量，需要匹配高效高质量敏锐稳定的脉冲电源系统。我国对电火花加工脉冲电源的研究起步较晚，与国外一些成熟的、产品化的电火花加工脉冲电源相比，在稳定性、可靠性和智能化等方面仍有较大差距。

在极端环境的放电加工方法与理论研究方面，随着人类对世界探索步伐的加快，未来在空间站、月球、火星以及深海等极端环境实现零部件的制造以及深海加工作业必将被提上日程。放电加工因无宏观切削力、可实现以柔克刚等显著优势，必将在未来的极端环境制造中占有一席之地。对于太空环境下的放电加工，微重力环境下的等离子体产生机理、材料的蚀除及熔池中产物的排出机制、真空环境下的放电过程控制、工件材料的控性机理等均属于全新的课题，需要针对性地建立放电加工理论体系，并实现装备开发。在深海环境中，放电处于洋流、浑

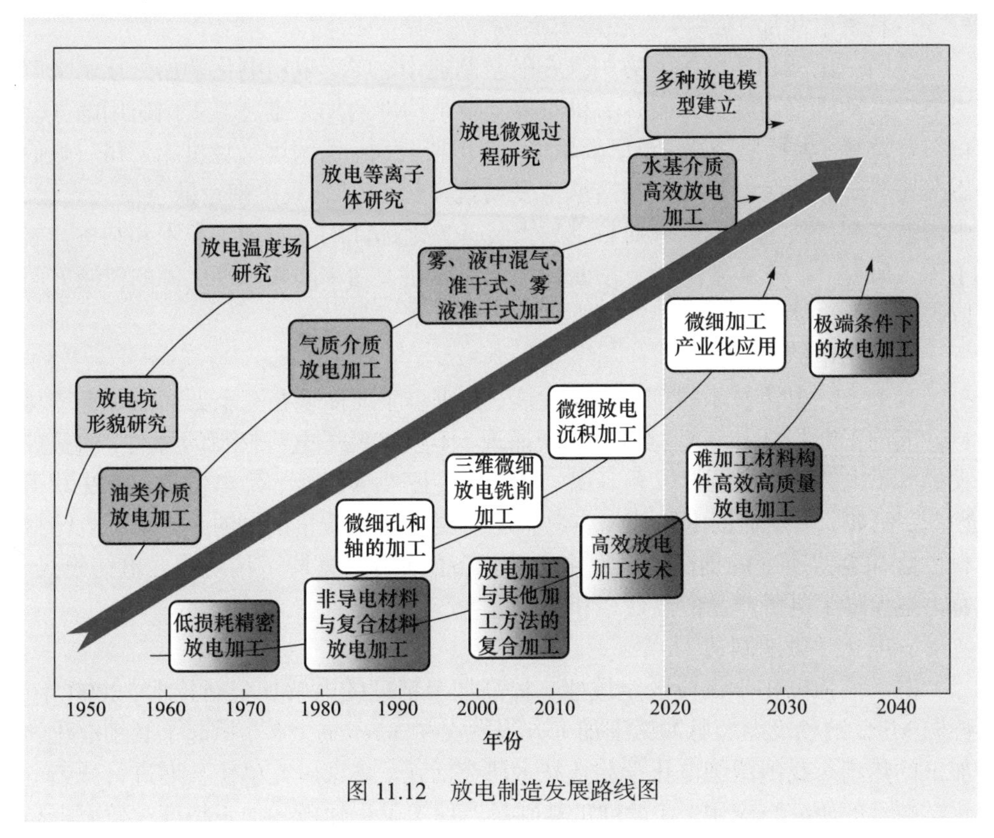

图 11.12　放电制造发展路线图

浊、高温、气体溢出等复杂海底条件下，放电过程中介质的成分复杂而多变，极间介质的电离击穿、放电等离子体通道的形成，以及极间介质的消电离等微观物理过程与陆地常规条件下的放电加工有所不同。因此，针对海底环境的特殊性，需要研究并建立该条件下的放电加工理论体系，研制专用的放电加工电源，开发出专用的伺服控制系统，设计专用的能进行海底操作的水下机器人，选择合适的电极材料并进行电极的实时监测与补偿，实现对深海资源的勘探开发与利用。

11.2.5　电化学制造

1. 发展现状

1956 年，芝加哥工业博览会展出第一台电解加工机床，随之各种新的电解加工技术应运而生。直到 21 世纪，电化学加工技术经过多年的发展，已形成较为全面的制造技术体系，成为航空航天、兵器、石油等制造业中不可或缺的重要技术，同时也在汽车、医疗器材、电子、模具等行业中得到了充分应用。

1) 精密电解加工

英国、德国和美国等西方国家在航空制造中，广泛采用电化学加工技术来解决航空发动机整体叶盘、叶片、机匣等复杂结构件的加工难题。美国通用电气公司、普拉特·惠特尼公司，英国罗尔斯·罗伊斯公司，德国埃马克机床公司、魁伯恩公司等，都采用电解加工制造航空发动机零部件[23]。我国南京航空航天大学、中国航空制造技术研究院针对航空重大装备关键部件的电解加工技术和装备开展了深入研究。广东工业大学、华南理工大学等在大功率高频脉冲电源的研制方面取得了较大进展。

2) 精密电铸

21世纪，电铸技术得到了长足发展，其进步主要体现在三个方面：① 电铸材料性能的不断提高和新型材料的不断涌现，不仅扩展了电铸材料的种类，而且极大提高了电铸材料的强度、耐高温、耐腐蚀、磁性等性能；② 电铸技术方法获得创新，例如，摩擦辅助电铸技术在改善电铸层外表面质量的同时，实现了电铸材料性能和电铸速度的提高；③ 专用电铸设备的研制，摆脱了传统槽式电铸模式，有力地保障了电铸产品的高效率和高质量生产。

3) 电化学微纳制造

对于增强电化学反应区定域性、提高加工精度的电解加工新技术，2000年，德国MPG纳秒级超短脉冲微细加工方法发表在*Science*上[24]，掀起了微细电化学加工的热潮。我国微细电化学制造技术研究活跃，多家研究单位长期进行微细电化学技术的研究与应用，在微细工具制备、加工过程建模、加工精度和效率提高等方面取得了很大进展，最小加工尺度从微米尺度向纳米尺度发展，目前已具有制造数十纳米尺度简单微结构的能力。

2. 发展趋势与发展目标

电化学制造的未来发展趋势是以新一代航空航天装备中新材料、新结构为研究对象，开展新理论、新方法和应用技术优化研究，完善技术体系，满足装备对零部件轻量化、缩短研制周期、低成本和高可靠性的要求。电化学制造发展路线图如图11.13所示。

(1) 新理论、新方法方面。随着航空航天等领域重大装备关键部件制造需求的不断提高，传统的电解加工理论和加工方法已不能满足需求，关键部件制造的瓶颈问题已经凸显。传统的加工模式通常基于平衡状态模型，而加工的整体叶盘等部件结构复杂，通道狭窄，加工余量很小，加工过程往往到最后也未能进入平衡状态，现有的理论无法适应复杂整体结构的需要；同时，新型难加工材料，如金属间化合物、单晶、阻燃钛合金等材料的电化学溶解特性和成形规律几乎还是空

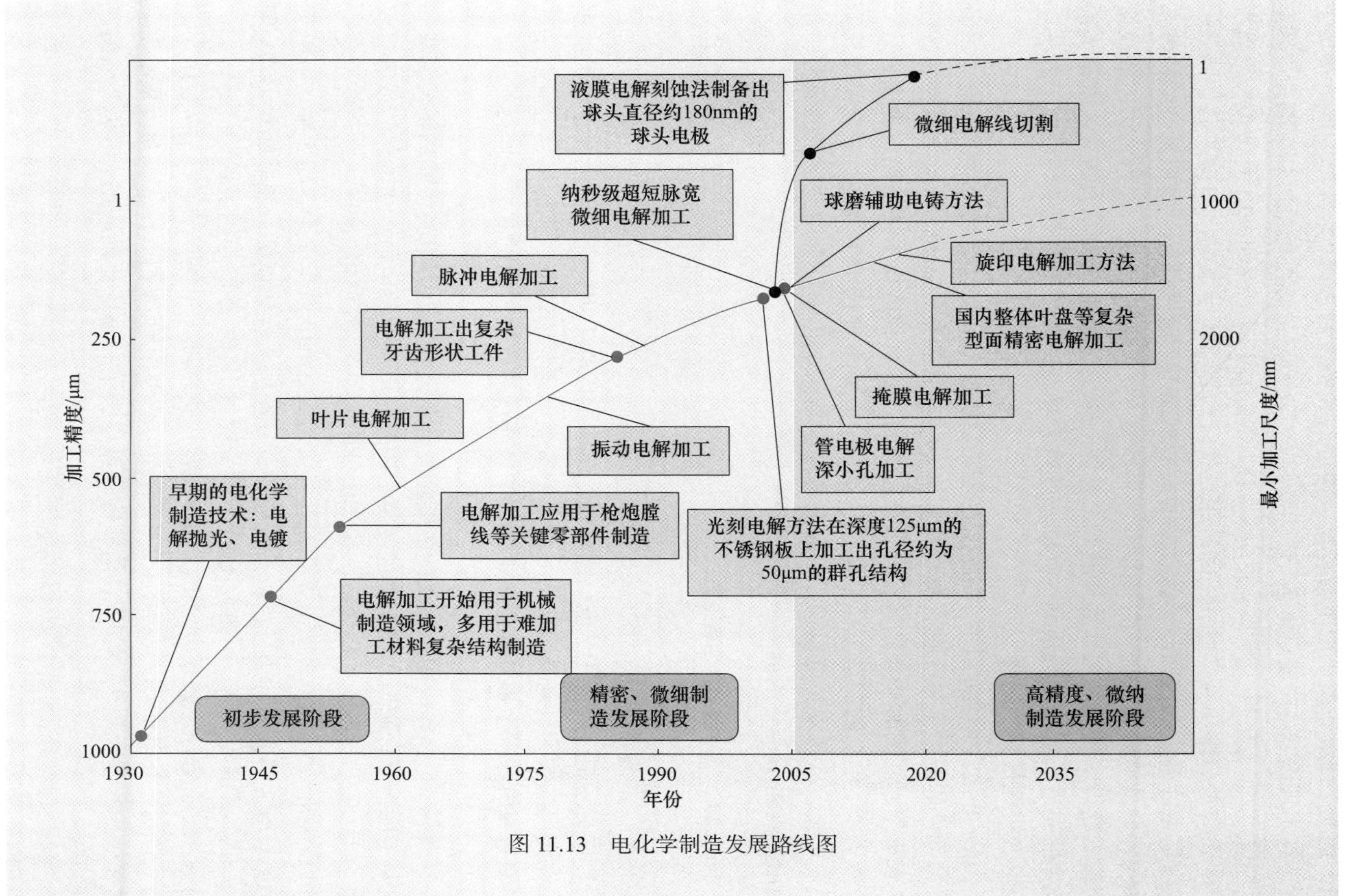

图 11.13　电化学制造发展路线图

白。因此，针对新型难加工材料复杂构件的高精度制造需求，需要发展电解加工制造技术理论，完善理论体系，提出创新方法，获得高精度的电解加工制造手段。

(2) 难加工材料、薄壁、复杂型面精密电化学加工方面。由于现代装备出现了大量薄壁、整体复杂结构，除采用难加工材料，还涉及局部结构或者整体结构的窄通道叶栅、薄壁凹凸形状表面的大面积加工。这些整体、薄壁复杂结构件的共同特点是材料切削加工性能很差、形状复杂、结构刚度弱，使得常用的数控铣削加工变得困难。高强、高硬材料，整体、薄壁、复杂结构件的制造技术是当前及今后先进航空发动机研制生产面临的重大难题。采用非常规的特种加工方法解决这一难题是必然选择。

(3) 电化学复合加工、微细电化学加工方面。未来航空航天等领域重大装备关键部件的制造，往往具有材料难加工、结构复杂化 / 整体化、尺寸精度和性能要求苛刻、需同时兼顾高效率和低成本等特点，给制造技术带来很大挑战。针对特殊需求，单一的制造方法往往无法适应，需要多种技术手段进行复合，扬长避短，才能满足需求。可以预见，未来各种创新的电化学复合加工技术的研究将是前沿热点之一。

11.2.6 多能场复合制造

1. 发展现状

在实际制造过程中，单一能场往往具有局限性。如何充分利用能量种类的多样性实现高效率、高质量制造一直是制造领域研究的热点。多能场复合制造是利用两种或两种以上形式能量的综合作用来实现对工件材料的减材、增材或改性等加工，可发挥各能场优点，实现优势互补[25]。

当前，工业界应用最广泛的多能场复合制造可以分为电基多能场复合制造和机基多能场复合制造。电基多能场复合制造是以火花放电所产生的热能或者电解化学能为主，与声能、机械能、化学能等中的一种或几种能量形式复合实现零件材料去除的一种制造方法，如电解机械抛光、电解电火花加工、超声辅助电解加工、超声辅助放电加工等。机基多能场复合制造是以机械能为主导能量形式，辅予声能、热能、光能、电能、磁能等其他能量形式，共同作用实现零件材料加工的一种制造方法，如超声加工、超声强化、热辅助加工等[26,27]。当前，我国多能场复合制造在基础理论、方法、工艺、装备及应用等方面取得了长足发展，在航空航天、兵器、汽车、电子、能源等领域得到了日益广泛的应用，但仍然面临以下问题：

(1) 基础理论方面。当前，多种加工效应能量精准控制的理论尚未成熟，大多数研究还处于试验探索阶段，亟待在理论方面进行深入研究。此外，多种效能的耦合机制，以及多元能场匹配作用下的高品质加工，目前还没有形成完整统一的理论体系，严重制约了多能场复合制造技术的发展和大规模应用。

(2) 方法、工艺方面。尽管现有多能场复合制造技术在加工效能方面优于常规单一能场制造技术，但多能场复合制造技术在面对不断出现的新材料、新结构和高质量指标要求下仍具有一定的加工效能极限。如何实现原理、模式、方法创新、多参数组合优化及多能场协同智能控制是进一步提升多能场复合制造极限加工效能的关键。

(3) 工艺装备 / 器械方面。相比欧美和日本等制造强国，目前我国在高性能多能场复合加工机床装备、工具 / 刀具设计制造方面存在一定的差距。

(4) 应用及产业化方面。面对航空航天等国防领域关键构件结构呈现出的整体化、复杂化、薄壁化等特点和高效率、高精度、高加工质量等要求，如何充分发挥多能场复合制造的极限加工能力，为国家重大需求提供关键技术支撑，并在民用领域中实现成果转化和技术推广也是当前多能场复合制造领域面临的主要问题之一。

2. 发展趋势与发展目标

预期未来 5～15 年，多能场复合制造的发展趋势和发展目标如下。

1) 新机理

理论模型方面，建立多种加工能场的耦合模型，建立多能场加工效应能量精准控制的理论，形成完整统一的理论体系。检测方面，构建高分辨率多尺度观测系统，对加工区域的电、光、热、力等能场进行精准表征与检测，并加以分析演绎，揭示能场协同机制，同时挖掘多能场复合制造中的新现象、新机理。

2) 新方法、新工艺

将更多能量形式有效耦合到现有多能场复合制造方法中，进一步挖掘多能场复合制造在加工精度、加工质量和加工效率方面的潜力。此外，针对整体结构高去除率和低损伤质量的需求，采用超强能场实现加工过程高速化、加工表面完整化，使得现有多能场复合制造方法加工效能成倍提升。未来通过不断的原始创新，确保我国在多能场复合制造新原理、新技术方面处于国际领先地位。

3) 新装备

通过自主创新，突破核心零部件技术瓶颈，开发系列高端多能场复合制造装备，整体技术指标处于国际先进，部分指标达到国际领先水平，特别是加工系统智能化方面。未来将专家系统、模糊推理、人工神经网络、遗传基因等人工智能技术融入传统多能场复合制造系统中，解决制造过程中复杂决策问题，提高加工效率、加工质量，降低加工成本。

4) 新应用

随着加工效能与加工系统技术成熟度不断提升，以及制造成本不断降低，多能场复合制造技术将在我国航空航天等国防领域亟须的关键难加工结构件制造上取得一定规模的工程应用，为铸就大国重器提供不可替代的技术支撑。此外，多能场复合制造方法还将在更大范围内，特别是微细加工、微型机械等领域取代传统冷加工工艺，促进我国高端制造产业的成功升级。多能场复合制造发展路线图如图 11.14 所示。

11.3　未来 5～15 年研究前沿与重大科学问题

11.3.1　研究前沿

高能束与特种能场制造研究前沿包括以下方面。

1. 材料 - 结构 - 功能一体化高能束增材制造原理和方法

航空航天、能源动力、国防等领域高端装备对高性能、多功能、高可靠性、经济和环保的追求，对大型、精密、复杂整体轻质高强韧、多功能构件的需求越来越迫切。传统制造过程中，材料、结构、功能往往相互分离、独立制造，需要多次迭代才能满足最终构件或器件的结构与功能需求，难以满足高端装备效能最大化的需求。材料 - 结构 - 功能一体化制造通过对材料的电子 / 原子、晶粒 / 织构 / 组织、纳观 / 微观 / 介观 / 宏观多尺度构型进行形 / 性耦合调控，实现高端装备关键结构件与功能器件的一体化融合，以获得高性能、高精度、高可靠性和特种功能，是高端装备构件 / 器件制造的发展趋势，是先进材料、先进结构和先进制造技术的交互融合。高端装备材料 - 结构 - 功能一体化的需求对制造技术提出了巨大的挑战，而增材制造的离散 - 堆积制造原理使不同性能和功能的材料、结构得以深度融合，因此被认为是应对这一挑战的最有效的方法。材料 - 结构 - 功能一体化是高能束增材制造的主要前沿方向：

(1) 基于增材制造的材料 - 结构 - 功能一体化设计。主要包括基于功能性优先的设计原理和方法，面向增材制造的点阵结构、仿生结构、拓扑优化、整体结构等创新结构设计，多材料复合结构拓扑优化设计等。

(2) 高性能增材制造的形性耦合调控工艺。主要包括高能束与材料的相互作用，成形过程多场控制及其对熔池堆积过程的影响，增材制造过程仿真模拟及缺陷预测，增材制造与后处理的关系及其最佳匹配策略。

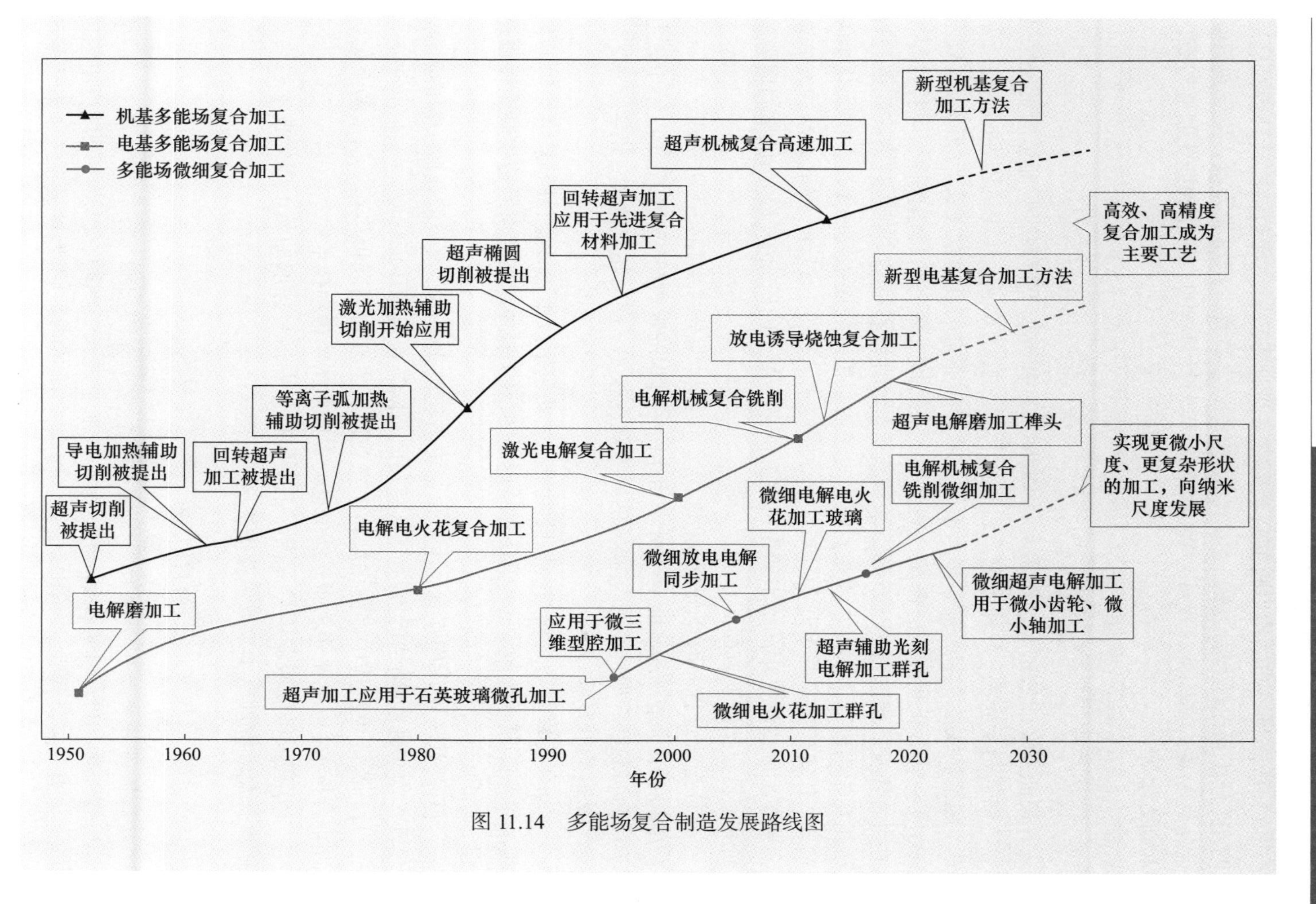

图 11.14　多能场复合制造发展路线图

(3) 智能材料与结构增材制造新原理及设计方法。主要包括服役环境自适应的 4D 打印新原理和新方法，涉及与结构的力学特性、声、光、电、磁、热等功能特性相关的结构优化设计原理，空间结构及材料构型一体化智能化制造新原理和新方法等。

2. 高能束制造过程的多频多尺度高时空分辨观测

高能束在能量密度、作用空间 / 时间尺度和被加工材料吸收能量的可控尺度等方面都趋于极端，致使其制造过程所利用的物理效应、作用机理不同于传统制造，包括非线性、非平衡、多尺度等。随着高能束的迅猛发展及产品的极端要求(品质要求不断推向新的极端、高效率、跨尺度、新材料、选择性、可控性等)，迫切需要发展制造新原理、新方法和新工艺，其核心是必须深入理解高能束与材料相互作用过程。实时在线观测技术对于加工机理的揭示及加工工艺的优化至关重要，开展新型高能束制造过程在线观测技术的研发和设计，能够为制造方法在各种极端制造情景中的加工调控机理提供必不可少的研究手段。高能束制造观测研究前沿包括以下方面：

(1) 超快过程高时空分辨观测。主要包括时间分辨率趋于飞秒量级、空间分辨率趋于纳米量级的高能束与材料相互作用过程的观测研究。在分子、原子、电子层面实现联合时间域和空间域的四维观测技术，推动超快物理 - 化学 - 力学等交叉学科前沿发展。

(2) 高能束制造过程的多尺度观测。主要包括数十飞秒至秒跨越 14 个时间尺度、纳米至厘米跨越 5 个空间尺度的多尺度观测技术，高能束制造中质能传输过程、相变过程、材料成形成性观测研究等。

(3) 超快连续成像观测。主要包括突破超快成像中一次只能获取一帧的限制，实现一次多帧的超快连续成像，从超快照相向超快摄像层面转变。

(4) 高能束制造中多频多视角信息获取。主要包括获得多频率信息的多频脉冲耦合技术，以及俘获全面立体信息的多视角图像再构技术等。

(5) 高灵敏度微弱信号探测。主要包括微弱信号提取的相干成像技术、高灵敏度探测的脉冲电子束成像技术等。

3. 特种能场金属材料高效微纳加工理论与技术

微器件或系统可实现宏观机电系统不能实现的功能，将系统小型化、自动化、智能化和可靠性提高到新的水平，在航空航天、国防、医疗等领域应用前景巨大。为了满足特殊的使用环境或者得到特定的性能，微器件或系统越来越多地采用金属微型零部件。这些金属微结构器件整体或局部尺寸微小，具有极高的尺寸精度要求；受使用环境的限制，需采用高性能的合金材料，可加工性差；对加工质量有着严苛的要求。特种能场微纳加工具有非接触加工、可加工性与材料强度硬度等机械性能无关、材料的最小去除/添加单位可以通过控制加工能量的大小以及能量的作用区域来调控、工艺流程简单等特点，因此容易实现微米甚至纳米量级的金属材料的去除、添加及改性。但是，特种能场微纳加工中材料的转移发生时间短、空间小、物质形态多、作用能场多，其过程极其复杂，目前对加工过程的本质和微观属性的了解还很缺乏，还没有完整系统的理论模型来解释整个加工过程，这也导致工艺探索缺少明确的理论指导。加工效率太低(如微细电化学加工速度仅为每秒零点几微米)是目前金属微细结构制造的最大痛点，远不能满足金属微结构的制造效率需求，已成为制约金属微细结构在高端装备中应用的症结所在。该领域研究前沿包括以下方面：

(1) 极端工艺条件下特种能场对材料的作用机制。主要包括加工过程中能量的传递、转化、分配机理与规律等。

(2) 微纳尺度间隙下物质的快速输运机理与方法。主要包括微加工间隙分布规律、尺寸效应、间隙中固液气三相流体的流动状态，以及微间隙强化传质措施等。

(3) 多能场复合微纳制造技术。主要包括电场、流场、温度场、超声场等耦合作用下的材料去除机理，加工特征提取与间隙智能控制技术，多场耦合所引起的新效应等。

(4) 加工过程建模与仿真。主要包括微加工间隙内电场、流场分布规律，工件动态成形过程等。

4. 脉动态复杂结构特种能场制造理论与方法

随着航空航天飞行器性能的不断提高和太空探索活动的不断推进，大量新结构、新材料和复杂形状的精密零部件不断涌现，这类零部件具有如下特点：

(1) 结构复杂。整体叶环、扩压器等整体构件的叶片和盘体制造为一体，加工通道狭窄，工具进入困难。

(2) 叶型扭曲复杂。为了增加发动机性能，叶片型面具有超薄扭曲特征。

(3) 新材料加工难度大。新一代发动机中将采用钛铝金属间化合物等新材料，传统加工刀具损耗严重。

(4) 精度要求苛刻。某新型发动机的叶片进排气边加工精度为 0.06mm，设计的整体构件精度要求极其严苛。这些特点给制造带来极大困难，新型难加工材料复杂结构的制造已成为新型航空航天发动机研制的瓶颈之一。

特种能场制造因其与生俱来的加工效率高、加工成本低、适合难加工材料等突出优点，最适合航空航天难加工材料复杂整体结构关键部件的制造。针对上述新型航空航天装备中出现的新结构、新材料，目前的特种能场制造技术已经达到瓶颈，需要发展特种能场加工新理论和新方法，探索控制精度的科学本质，提高整体构件的制造精度。因此，需要走出传统特种能场制造—平衡态特种能场制造的舒适区，研究脉动态复杂结构特种能场制造理论与方法，建立和完善特种能场理论，以实现新型整体构件的精密制造，为新型航空航天重大装备的研制奠定制造基础。特种能场制造技术研究前沿包括以下方面：

(1) 脉动态特种能场制造理论。包括脉动态下脉冲、振动耦合机理，脉动态下各种能场的相互作用关系。

(2) 多场耦合新型难加工材料去除机制。包括工件材料在多场耦合作用下的去除机理，各种物理场作用对加工精度、表面完整性的影响规律。

(3) 动态成形过程及工具设计。包括研究脉动态加工下复杂型面成形演变过程，阐明极间微小间隙内气泡、热量等加工产物分布规律，探究脉动态下新的工具电极设计方法，提高复杂型面加工精度。

11.3.2 重大科学问题

1. 材料 - 结构 - 功能一体化增材制造形性耦合调控机理

增材制造材料 - 结构 - 功能的高质量融合有利于获得高性能零件，涉及增材制造专用材料、工艺、质量控制和装备等多方面的科学问题。

(1) 材料方面。增材制造以微熔池 / 微交联 / 微渗透为特征的逐点堆积制造过程，明显不同于传统制造技术和工艺。如何充分利用增材制造的非平衡冶金和快速固化条件，研发出专用的高性能材料体系，不仅是发挥增材制造技术潜力和推广其应用的重要研究内容，也是丰富材料科学内涵、突破现有材料制备技术限制的重大科学问题。

(2) 工艺方面。增材制造的工艺过程复杂、影响因素众多。揭示并掌握其关键影响因素及其对制件的缺陷、组织、性能、精度和表面状态的影响规律，是增材制造技术实现高质量控形控性、制备高性能材料、克服现有技术瓶颈、开拓新领域 / 新方向必须解决的重大科学问题。其中涉及但不限于高能束与材料的相关作用机理、快速移动熔池内的熔化沉积过程、逐层堆积过程的温度演变及其驱动的材料相变和内应力演化、多材料或材料梯度结构增材制造工艺等具体工艺问题。

(3) 质量控制方面。不同于传统制造技术，增材制造逐层堆积成形的特点，使之具备实现全程质量监测与控制的潜力。其中的重大科学问题不仅涉及对缺陷、变形、开裂等增材制造质量问题的预测、监测和修正，还涉及对质量问题产生机制的认识，以及质量问题对增材制造制件服役性能的影响等问题。

(4) 装备方面。作为增材制造工艺的执行主体和成形质量的保障，增材制造装备必须突破高效率与高精度之间的矛盾，为实现材料 - 结构 - 功能一体化高效增材制造奠定基础。综上，掌握材料 - 结构 - 功能一体化成形中性能、精度、质量和效率之间的制约作用和调控机理，实现高性能、高精度、高质量的工艺过程是增材制造技术领域的重大前沿科学问题。

2. 高能束制造中载能粒子高时空分辨多尺度动态观测 / 调控机理

高能束制造过程是一个从亚飞秒、飞秒、皮秒、纳秒、微秒到毫秒 (甚至秒) 的跨越 14 个时间数量级的多尺度过程，其中涉及电子电离、材料相变、组织性能演化及材料去除等诸多物理过程。每个物理过程的特征时间不同且具有跨尺度特征，单一的探测系统已无法满足上述跨时间尺度多物理过程的实时观测。同时，制造过程中载能粒子 (电子、声子、离子、等离子体等) 及材料物性的时空演化具有瞬时局域等特性，亟须解决高时间和空间分辨率的兼顾问题。现有基于激光本身特征 (如激光脉宽、光学衍射极限) 的限制制约了观测系统的时空分辨率，联合时间域和空间域的四维超快成像技术同时兼顾飞秒量级的时间分辨率和纳米量级的空间分辨率，成为研究载能粒子超快动态过程的有效手段。此外，制造过程中载能粒子的能量输运瞬时过程对加工过程极为敏感，难以重复，如何实现从“超快照相”向“超快摄像”的跨越，实现一次多帧的超快连续成像，对后续加工过程尤为关键，构建高时空分辨多尺度 4D 超快连续成像系统是当前实时观测技术亟待突破的瓶颈问题。

3. 极端工艺条件下特种能场与材料的作用机制

微纳特种能场加工过程中能量的施加时间极短，持续时间在纳秒甚至皮秒级，因此表面上看似持续的加工过程，其材料的转移实际是在极短时间极小空间内完成的。例如，微细电解加工采用皮秒、纳秒脉冲电流，每个脉冲周期内工件阳极的电化学溶解时间仅持续数百皮秒至数十纳秒，微细电火花加工的脉冲电压宽度也仅为几十纳秒；微细电解和微细电火花的加工间隙可减小至微米甚至数十纳米尺度。在这种极短脉冲和极小间隙下，微细电解加工呈现出与传统平衡态电解加工完全不一样的特性，属于非平衡态加工模式，其电极过程以及电极 / 溶液界面如何演化仍未确定；微细电火花加工时，阴极在极高电场作用下会发射电子，但是极小的极间距甚至已经小于电子的平均自由程，极间介质很有可能并未被击穿，有可能极间不会发生真正的放电。同时，微纳特种能场加工涉及电场、电化学场、温度场、流场等多种能场，其加工过程伴随的物理、化学变化非常复杂，间隙中液、气、固、等离子体等物质形态可能同时存在，加工过程中能量的传递、转化、分配机理与规律目前尚不明晰。同时，微尺度间隙流场下物质的快速输运是微纳特种能场加工稳定性、加工效率及加工精度的决定性因素。加工间隙由加工过程涉及的多种能场以及反应物等决定，分布规律复杂，并且由于尺度微小、尺寸效应显现，间隙中固液气三相流体的流动状态尚未探索清楚。基础理论研究的不足导致工艺探索缺少明确的理论指导，已经成为制约微纳特种能场加工进一步发展的瓶颈。

4. 脉动态特种能场制造理论与方法

特种能场制造，如电解加工，属于非接触式加工，工具和工件之间存在非均匀分布的加工间隙，加工间隙由电化学加工中的电场、流场、温度场以及电化学极化过程所决定，变化规律非常复杂。传统特种能场加工过程受温升、产物等影响，变化非常显著，但由于缺乏有效的建模手段，在零件预测和工具设计时不得不忽略变化，带来很大误差。振动、脉冲电流及两者耦合等脉动态加工已被实践证明可以显著提高加工精度。在脉动态加工过程中，特种能场对材料的去除机制与传统的连续加工大为不同，温升、产物得到有效抑制，仅在单个周期内发生微量变化，变化的规律性强，不存在长期的积累效应，为极间间隙分布定量建模与求解提供可能。过去的研究多集中于平衡态，对于复杂的脉动态，研究深度和广度亟待提升。在材料溶解机理方面，探索脉动状态多种特种能场作用下的材料去除微观物理行为，建立高电流密度下物质迁移过程的理论模型，研究特种能场微小间隙内产物的运输过程，明晰材料去除机制。在溶解定域性方面，特种能场材料去除定域性是表述限制杂散腐蚀的能力，溶解定域性强意味着杂散腐蚀少、精度高。需要试验获取脉动过程电化学溶解的极化曲线、电流效率曲线、整平能力曲线等，并进行深入理论分析，掌握脉动过程电化学溶解定域性变化规律，改善加工表面质量。在工具电极设计方面，需要建立脉动态下新的工具边界求解理论，综合考虑多场耦合作用影响，分析物质传输机制，探索有效的数值求解方法，提高工具电极设计精度。因此，建立脉动态特种能场制造理论，明晰各种能场的相互作用关系及对材料表面完整性、加工精度的影响规律，为航空航天整体构件的精密加工奠定理论基础。

11.4　未来5～15年重点和优先发展领域

高能束与特种能场制造是一种材料、机械、力学、控制、物理、化学等多学科交叉融合的先进制造技术，随着高能束与特种能场制造技术的深入发展，为满足应用领域的迫切需求，提出以下重点和优先发展领域。

1. 增材制造形性一体化协同调控方法和机理

增材制造过程是涉及材料、结构、多种物理场和化学场的多因素、多层次和跨尺度耦合的极端复杂系统。增材制造技术的发展对成形精度和性能提出了更高的要求，必然需要通过准确描述能量输入、质量输入对增材制造非平衡跨尺度形变、组织性能的影响机制，厘清复杂结构增材制造形性一体化非线性协同调控机理。同时，为了最大限度地发挥增材制造技术的优势，结合结构优化设计，将有望实现结构功能一体化，甚至智能化结构的制造。因此，技术的发展涉及结构的力学特性，声、光、电、磁、热等功能特性相关的结构优化设计原理，空间结构 - 材料构型的多尺度与多学科设计优化策略，空间结构及材料构型一体化智能化制造新原理、新方法。

2. 极端时空环境下的增材制造基础科学问题

针对极端应用环境的需求，发展极端时空环境下的增材制造技术，将极大地支撑极端装备的研制和发展。微纳、太空、深海、4D 等极端时空环境下的增材制造过程，涉及跨尺度、多因素、非平衡的极端交互作用行为。太空原位增材制造和 4D 打印是极具挑战性的发展方向。针对太空原位增材制造，必须研究在真空、微重力、强辐射、极端温度环境下增材制造的工艺机理，进行太空环境仿真及物理模拟，发现适合在外太空 3D 打印的新材料、新工艺和新装备，为人类探索外太空、实现太空制造、开辟制造新途径奠定理论基础。而 4D 打印主要面向智能材料 / 结构的增材制造，重点突破功能构件增材制造的微观 - 介观 - 宏观跨尺度材料布局和结构设计与调控理论、材料 - 结构一体化设计与成形工艺调控方法、功能导向的增材制造结构创新设计新方法和新原理等。

3. 激光与材料相互作用的非线性非平衡态作用机制及其与多种能场复合耦合机制

随着激光技术向超短脉宽、短波长、高能量、高光束质量、高重复频率等方向发展，当时间短到飞秒甚至阿秒、尺寸小至纳米量级时，许多传统的经典理论不再适用，需进一步完善超快激光与物质相互作用机理：建立激光与材料相互作用的非线性、非平衡、多尺度理论模型，预测能量吸收、输运过程中的新效应、新机理，阐明相变机制，揭示激光对电子动态（如电子密度、温度、能级、电离率、分布等）和瞬态材料性质（如反射率、吸收系数、热导、热容等）的调控机制，及其对材料相变（如热熔化、非热烧蚀等）、成形成性过程的调控规律；研究激光时/空多维整形中光子、电子、激子、等离子激元的波粒二象性对制造的时空演化影响规律，通过整形激光调控分子间的原子或电子的转换/转移，化学键的连接、断裂和新建，研究化学反应路径调控规律及材料在激光作用下的成形、成性机制；研究多能场复合加工的能量耦合与协同作用机理，远离平衡态下材料的组织与性能演变、突变机制，激光复合制造技术将激光与其他能场或工艺相互作用参与同一加工过程，并改变材料性能，产生比单种能场更优良的加工效果。重点研究激光与电磁场、超声速动能场、热场、冲击波、化学场及超声等复合作用时的耦合机制及相应成套工艺与装备，建立适应时空环境的工艺、材料、性能的专家系统，拓展可重复性的极限制造能力。

4. 复杂结构和难加工材料的激光智能制造原理

以高超声速飞行器、深空探测航天器、天基导航预警卫星等为代表的高端国防装备对超高速、高可靠、极轻化的要求日益提高，对复合材料构件的制造质量提出了新的要求，三维复杂结构和难加工材料的高精度、高效率及复合化加工要求逐步提升，也是未来激光制造产业的主要经济增长点之一。重点研究微小异形结构、构件多工序复合制造、超硬脆材料制造等激光复合高品质制造的新方法，突破复合材料构件高效极低损伤精密加工关键技术，研发激光复杂结构和难加工材料柔性加工成套装备及工艺技术。面向航空航天复杂构件、高端电子器件等领域的精密微细加工需求，结合当前人工智能对各类行业的渗透趋势，开展人工智能与激光加工装备融合技术的前瞻性研究：研究激光制造过程中物质形态在线检测与制造多元参数闭环调控技术；探索高速高精三维激光扫描控制策略的智能化设计方法；基于大数据、深度学习与人工智能，寻求激光加工性能与加工参数之间的多维函数耦合关系，探索基于数字孪生的激光加工工艺放大技术，构建虚拟环境实现激光加工的准确模拟，降低激光加工准备周期，提升加工稳定性和可靠性。

5. 多束源载能粒子束制造和载能粒子束与其他能场复合制造技术

主要指两种或多种载能粒子束源，或采用载能粒子束与其他高能束源及能场复合制造技术研究。多种束流和能场复合与单一载能束流制造相比，其复合制造过程中材料成形成性的现象、效应及其机理有所不同，通过这些效应和机理研究，可以产生载能粒子束制造新原理、新方法、新工艺，对载能粒子束创新发展具有重要意义。通过多种束流和能场之间的耦合，可以提高能量输入效率和能量密度，从而提高加工质量和效率，以及被加工零部件的寿命和可靠性，实现多功能，增加其加工控制参量，多维度地调控被加工零部件的性能和功能。

开展离子束与电子束复合、多种离子束源之间及其与等离子束源复合、激光与等离子体束源复合、等离子体与超声波能场复合制造技术研究。重点研究多能场、多能束复合下的能量耦合与协同控制机理；多能场、多能束复合下的多种载能粒子与材料接触界面的物理、化学或生物效应；多能场、多能束复合下的作用时间、空间、能量、温度及运动参量等多维度变化下的材料组织结构和性能演化规律。

6. 极端条件或特殊服役环境与载能粒子束制造相关性

极端环境或特种服役环境主要是指超高温、超高压、核辐射、高湿、盐雾以及酸性腐蚀、微生物侵蚀、高原沙漠冲蚀、高载荷摩擦、地面 - 空中 - 太空多环境变化等条件。在极端环境或特种服役环境下，材料的损伤或老化往往是随时间而渐变的过程，因此零件与结构破坏的预测涉及时间尺度和空间尺度（尺寸）外推的双重复杂性，一方面必须研究如何根据实验室短时间的试验（$< 10000h$）预测材料长时间服役后的损伤状态，另一方面必须研究如何根据实验室小试样的试验结果预测大构件或微小器件的服役行为。

为满足国家重大领域高端前沿装备的性能需求，重点研究复杂服役环境条件下载能粒子束制造材料的多种损伤机制交互作用，尤其是服役环境的物理化学作用，在分子 / 原子的层面上把握材料的破坏机理，建立化学 - 力学的学科基础，研究复杂应力状态对失效过程的影响；在结构层面研究失效的发展，建立材料结构一体化多尺度、多层次的寿命预测理论，建立极端服役环境下材料与结构试验技术，针对服役零件与结构的特点，研究不同尺寸（形状）试样之间、试样与结构之间的转换关系，以期获得服役零件与结构的真实失效行为，最终通过上述研究，掌握极端条件或特殊服役环境与载能粒子束制造工艺技术的相关性。

7. 高效高质量放电制造方法

开展高效高质量新型放电制造工艺及其基础理论的研究工作，具体包括：高能量放电加工中放电等离子体通道的形成机理及其微观物理特性，高能量放电加工中能量的时空转换机制，高能量放电加工间隙中大量瞬时蚀除产物抛出的微观机理及高效抛出方法，尤其是连续放电时的材料蚀除机制及机理、绿色高效高能脉冲电源的高可靠高精准设计理论及方法、高能量放电加工过程的智能化控制理论与远程健康保障等。形成高效高质量放电制造理论与方法，掌握典型难加工材料的高效高质量放电制造方法的工艺规律。

8. 极端环境下的高效放电加工方法

针对太空制造中的微重力、真空或特殊大气环境以及海洋资源勘探中的海底环境等极端条件给传统放电加工带来的新问题，需要开展的工作如下：探究极端环境下特殊介质击穿及放电通道的形成机理；揭示极端环境下放电能量转化与材料高效蚀除的微观物理本质；实现极端环境下的稳定、可控放电方法；建立极端环境下关键工作装备的可靠性设计理论及方法，并掌握极端环境下高效放电去除材料的工艺规律，形成极端环境下高效放电加工理论与方法。

9. 新型难切削加工材料复杂结构高精度电化学制造技术理论与创新工艺

探究超高电流密度、超高电解液流动速度、脉动态电场/流场对加工产物（气泡、热量、不溶性化合物等）在时间尺度和空间尺度的分布规律，研究超高电流密度、超高电解液流动速度等极端加工工况下材料电子得失、活化、钝化、溶解/沉积及产物生成等微观去除过程，探明极端加工环境对加工表面完整性的影响规律，掌握其成形规律。深入研究电场、流场、温度场、电化学溶解场等在加工间隙内的时间尺度、空间尺度等分布特征，建立基于多场耦合条件下的电化学加工理论，更准确地反映电解加工的内在规律，获得高精度的加工间隙分析、工具设计方法，创新电化学制造方法，探索新型难切削加工材料复杂结构电化学制造的新模式来解决发展中出现的新问题。此外，还需要研究加工过程监测及加工策略的自主决策等，实现智能电化学制造。

10. 超短脉冲及超小间隙微纳高效电化学加工理论与方法

开展超短脉冲电流条件下电极/溶液界面双电层演化规律，揭示其增强定域性的机理；研究微米/亚微米加工间隙中的尺度效应及其对物质输运作用机制，创新微间隙内加工产物的快速输运技术，建立微米/亚微米加工间隙模型；探索微细电极原位制造与测量方法，提高电极的制备精度和制备效率；研究微尺度下多场耦合引起的新效应，探索微细电化学复合加工新方法；探索微纳电化学单个或单层原子添加与去除的极限加工理论及方法。

11. 高强多能场复合高速/超高速加工

面对大型复杂结构薄壁件、新材料高性能零件的高效率、高精度、高表面完整性加工，传统机械冷加工方法、单一特种能场加工、常规多能场复合加工方法的加工效能往往面临一定的局限性。为此，采用高强能场和引入新的能场，引领加工模式创新，突破常规加工技术瓶颈，实现加工过程高速化甚至超高速化是未来需要重点发展的方向。例如，在电基多能场复合制造方面，复合电弧放电与高速流场的高速电弧放电加工技术，实现了对难加工材料高效去除。在机基多能场复合制造方面，近年提出的复合机械能、超声振动能与高压高速流场的波动式高速加工技术，从原理上探索了机械能场与特种能场复合加工的极限效能，突破了传统冷加工和特种加工方法的技术瓶颈，初步实现了难加工合金与复杂整体结构的高质高效加工。高强能场复合加工需要高功率、高能量密度输出，这对多能场复合制造装备的能量发生系统提出了新的要求。高强多能场复合制造过程中多能场的复合作用过程较常规多能场制造的复杂程度大幅提高，各能场间的耦合机制极其复杂，如何实现高强多能场智能协同控制是该领域亟待解决的科学问题。此外，高强能场复合加工的能量密度已远远超出传统加工所允许的范围，如何避免高强能量对加工表面质量的损伤是另外一个核心科学问题。

12. 领域交叉多能场复合制造新原理、新方法、新工艺

多能场复合制造能够发挥常规机械加工与特种能场制造的优势，在制造领域具有突出的技术原理优势，是先进制造技术的重要发展方向。多能场复合制造新原理、新方法发展动向包括以下两个方面：首先，引入新的物理、化学、生物能量形式，特别是机械能场和新型特种能场制造复合，形成新的多能场制造方法，进一步提高多能场复合制造的加工精度、表面质量、加工效率及适用范围；其次，基于仿生原理设计与制造加工工具 / 刀具，突破现有常规加工工具 / 刀具在极端多能场复合作用下面临的高损耗、高成本、低稳定性等瓶颈问题，从本质上开发出提升多能场复合制造效能的仿生加工工具 / 刀具。基于仿生学原理，从几何、物理、材料等角度借鉴生物体的成功经验和创成规律设计制造加工工具 / 刀具的方法，阐明多能场制造新方法中材料去除机制及物理化学过程，揭示多能场作用下仿生界面的作用机理，掌握材料的动态去除 / 成形过程，是新型多能场复合制造方法研究中面临的核心科学问题。

参考文献

[1] 钟掘 . 极端制造——制造创新的前沿与基础 . 中国科学基金 , 2004, 18(6): 330-332.

[2] 中华人民共和国国家发展和改革委员会 . 产业结构调整指导目录 (2011 年本). http://www.gov.cn/flfg/2011-04/26/content_1852729.htm[2018-5-10].

[3] 卢秉恒，李涤尘．增材制造（3D 打印）技术发展．机械制造与自动化，2013, 42(4): 1-4.
[4] 王国彪．光制造科学与技术的现状和展望．机械工程学报，2011, 47(21): 157-169.
[5] Jiang L, Wang A D, Li B, et al. Electrons dynamics control by shaping femtosecond laser pulses in micro/nanofabrication: Modeling, method, measurement and application. Light: Science & Applications, 2018, 7(2): 17134.
[6] 赵玉清．电子束离子束技术．西安：西安交通大学出版社，2002.
[7] Gibson I, Rosen D W, Stucker B. Additive Manufacturing Technologies. Berlin: Springer, 2015.
[8] Gebhardt A. Understanding Additive Manufacturing. Cincinnati: Elsevier, 2011.
[9] Olakanmi E O, Cochrane R F, Dalgarno K W. A review on selective laser sintering/melting (SLS/SLM)of aluminium alloy powders: Processing, microstructure, and properties. Progress in Materials Science, 2015, 74: 401-477.
[10] Guo N, Leu M C. Additive manufacturing: Technology, applications and research needs. Frontiers of Mechanical Engineering, 2013, 8(3): 215-243.
[11] Manyika J, Chui M, Bughin J, et al. Disruptive technologies: Advances that will transform life, business, and the global economy. The McKinsey Global Institute, 2013.
[12] Gamaly E G. Femtosecond Laser-Matter Interaction: Theory, Experiments and Applications. Boca Raton: CRC Press, 2011.
[13] 万松林．电子束焊接与加工技术现状及其在国内船舶领域的应用进展．材料开发与应用，2018, 33(5): 112-120.
[14] Okazaki S. High resolution optical lithography or high throughput electron beam lithography: The technical struggle from the micro to the nano-fabrication evolution. Microelectronic Engineering, 2015, 133: 23-35.
[15] Kawasegi N, Kuroda S, Morita N, et al. Removal and characterization of focused-ion-beam-induced damaged layer on single crystal diamond surface and application to multiple depth patterning. Diamond & Related Materials, 2016, 70: 159-166.
[16] Fan X, Darut G, Planche M P, et al. Preparation and characterization of aluminum-based coatings deposited by very low-pressure plasma spray. Surface and Coatings Technology, 2019, 380: 125034.
[17] 郑超，徐羽贞，黄逸凡，等．低温等离子体灭菌及生物医药技术研究进展．化工进展，2013, 32: 2185-2193.
[18] 中国机械工程学会特种加工分会．特种加工技术路线图．北京：中国科学技术出版社，2016.
[19] Akematsu Y, Kageyama K, Murayama H. Basic characteristics of electrical discharge on

CFRP by using thermal camera. Procedia CIRP, 2016, 42: 197-200.

[20] Gu L, Zhu Y, He G, et al. Coupled numerical simulation of arc plasma channel evolution and discharge crater formation in arc discharge machining. International Journal of Heat and Mass Transfer, 2019, 135: 674-684.

[21] Shen Y, Liu Y H, Zhang Y Z, et al. High-throughput electrical discharge milling of WC-8%Co. International Journal of Advanced Manufacturing Technology, 2016, 82(5-8): 1071-1078.

[22] Dong H, Liu Y H, Li M, et al. High-speed compound sinking machining of inconel 718 using water in oil nanoemulsion. Journal of Materials Processing Technology, 2019, 274: 116271.

[23] Klocke F, Klink A, Veselovac D, et al. Turbomachinery component manufacture by application of electrochemical, electro-physical and photonic processes. CIRP Annals Manufacturing Technology, 2014, 63(2): 703-726.

[24] Schuster R, Kirchner V, Allongue P, et al. Electrochemical micromachining. Science, 2000, 289: 98-101.

[25] M'Saoubi R, Axinte D, Soo S L, et al. High performance cutting of advanced aerospace alloys and composite materials. CIRP Annals Manufacturing Technology, 2015, 64(2): 557-580.

[26] Sui H, Zhang X, Zhang D, et al. Feasibility study of high-speed ultrasonic vibration cutting titanium alloy. Journal of Materials Processing Technology, 2017, 247: 111-120.

[27] Geng D, Lu Z, Yao G, et al. Cutting temperature and resulting influence on machining performance in rotary ultrasonic elliptical machining of thick CFRP. International Journal of Machine Tools and Manufacture, 2017, 123: 160-170.

本章在撰写过程中得到了以下专家的大力支持与帮助（按姓氏笔画排序）:

丁　汉　于化东　方岱宁　卢秉恒　朱　栋　朱　荻　刘长猛　李应红

肖荣诗　张永康　钟　掘　姚建华　郭东明　韩伟娜　雒建斌

第12章　高性能智能化制造科学与技术

Chapter 12　High-Performance Intelligent Manufacturing Sciences and Technology

精密与超精密加工承担着高端装备关键零部件绝大部分的减材制造工作，它不仅决定着能否将高端装备先进设计思想变为现实，还直接关系着装备的研制周期、制造质量、制造成本和服役性能，是装备性能实现的重要手段和保证。装配是由离散的零部件形成具有使用性能和寿命的产品的关键制造环节。装配工作量占整个产品研制工作量的20%～70%，平均为45%，装配时间占整个产品制造时间的40%～60%。随着精密与超精密加工技术的快速发展，零部件加工精度和一致性水平得到了显著提高，装配环节对高端装备的服役性能和可靠性的保障作用正日益凸显。当前，加工和装配目标正由高精度向高性能发展。高性能制造是高端装备及其关键零部件以性能精准保证为目标的几何和性能一体化制造，体现了由几何尺寸及公差要求为主的传统制造向高性能要求为主的先进制造的跃升。

复杂制造装备与系统的高效优质运行需要对多种外场条件、多形式能量传递、多层次信息运行、多界面耦合等进行最优控制。但传统制造装备仅关注各运动轴的位置和速度控制，运行参数在工艺设计阶段预先确定，制造过程中工艺与装备运行信息缺乏实时交互，因而不具备对复杂工况的适应性。随着信息技术与制造技术的深度融合，智能制造的理念应运而生。它以大数据、人工智能、工业互联网等技术为支撑，以时 - 空域信息流全局监控为条件，以信息 - 物理融合为基础，通过赋予制造装备与系统“智能感知与自律执行”的能力，提升装备和系统对各种不确定性及扰动的适应性，保障制造过程的高效性、稳定性和安全性。

进入21世纪的第三个十年，制造业再次成为全球竞争的焦点。这不仅体现在新型市场的升级和全球产业链融合的加速，更体现在制造业大国、强国之间竞争的加剧。发展先进的高性能、智能化制造技术已引起世界各国的高度重视，特别是发达国家将其视为实现制造业再回归的重要抓手。

12.1 内涵与研究范围

12.1.1 内涵

高性能制造是指具有高性能指标要求的高端装备及其关键零部件的精密制造，是以精准保证装备或零件的性能要求为主要目标的几何和性能一体化制造技术。它由新的物理化学效应驱动，新材料和新结构的应用需求牵引。智能化制造是指基于大数据、物联网等新一代信息技术，贯穿设计、生产、管理和服务等制造活动各个环节，具有信息深度自感知、智慧优化自决策和精准控制自执行等功能的先进制造装备、系统与模式。它由新的信息技术驱动，高效、优质和安全的生产需求牵引。基于物理的高性能制造通过挖掘物质与能量交互的深层机理，寻找新功能产生的源头；基于信息的智能化制造通过精确控制制造工艺过程，推动物理原理产生倍增效应。两者相辅相成推动创造更美好的产品世界。高性能、智能化制造涵盖的范围很广，本章仅涉及零件精密与超精密加工、部件与整机高性能装配、制造装备与系统智能化运行三个方面，包括切削磨削加工、超精密加工、机械装配、智能制造装备、智能制造系统五个方向。高性能、智能化制造领域涵盖范围如图 12.1 所示。

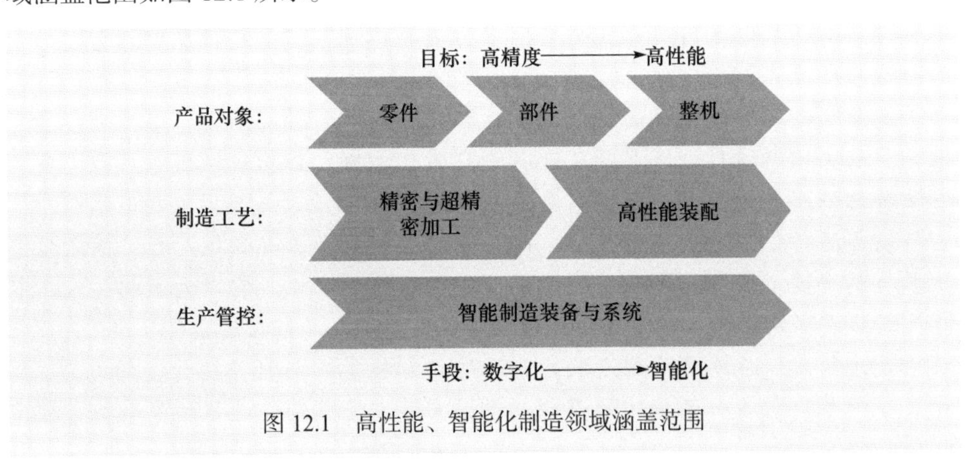

图 12.1 高性能、智能化制造领域涵盖范围

高质高效切削磨削加工基于材料多空间尺度与时间维度演化分析理论和相应的高速数控设备的发展，从细观力学、断裂力学、热力学以及切削磨削基本理论等知识入手，结合现代科学计算技术，探究新型材料和结构切削磨削加工的动态热力学行为与损伤演变规律以及加工过程智能检测与控制技术；结合刀具与材料的界面接触理论及科学试验，揭示材料去除的热力学行为和新加工表面的形成演

化机制；面向高加工效率、高表面完整性和低环境影响等多优化目标，突破多体多相材料、单晶与纯材料、功能材料等新型材料和多面复杂结构件、超大薄壁结构件等新型结构的控形控性加工难题；开发新型高性能加工技术、工艺与相关刀具、装备，提高加工零件的使役性能，实现服役表面的高质高效智能加工。

高性能表面是指零件表面具有高表面完整性，以及优良的透射性、抗强光辐射、高分辨率、宽光谱和热稳定性等性能；功能结构是指在零件表面具有特定形状、异型特征的宏/微结构，具有高导热、超疏水、减阻、隐身等特定物理化学性能。高性能表面与功能结构的超精密制造是以超高精度和极端服役性能精准保证为核心，结合超精密车铣、磨抛、离子束抛光等先进制造技术，引入光、电、磁、振动和化学等作用而形成的多能场耦合高效超精密加工新技术。通过发展超精密机械加工、光学加工、半导体加工工艺为一体的新型加工基础理论，在新的超精密制造装备设计、监/检测等手段上实现创新，以获得亚微米量级形位精度、纳米/亚纳米级表面粗糙度及近无表层缺陷的高性能表面与功能结构。

装配是零件按照设计技术要求，基于基准界面进行组装、调试和检验，形成产品的过程，对于静连接装配以达到近连续体性能为目标，对于动连接装配以保障准确空间位置和运动关系为目标。高性能机械装配是基于装配性能多空间尺度和时间维度演变理论与相应的装配工艺、检测和执行装备的发展而产生的，它从装配连接的基本力学、材料、物理等问题入手，结合数值计算、微纳传感和人工智能等技术，探究复杂多物理场作用下装配结构、制造精度和装配误差等几何量（“形”）与装配性能物理量（“性”）的相互作用规律，揭示装配结构与装配工艺对装配性能的影响机理及装配性能在时、空域上的形成、保持与演变规律，提高产品初始装配性能并保障服役过程中装配性能的长期稳定性。

智能制造以解决不确定性和不完全信息下的制造约束求解问题为目标，旨在将人类智慧（专家的工艺知识和生产经验）物化在制造活动中，并组成人-机合作系统，使得制造装备能进行感知、推理、决策和学习等智能活动，并通过不同机器系统间的信息通信、协作执行，形成以人为决策主体、人-机协同工作的智能制造系统。智能制造的智能化是在泛在感知、计算分析、优化决策、控制执行的闭环反馈中实现的。智能制造以大数据、物联网等新一代信息技术为支撑，以时-空域信息流全局监控为条件，以制造知识与监测信息的深度融合为基础，以复杂、不确定环境下制造装备和系统的自律运行为特征，是实现高效、优质、绿色生产的重要制造模式。

12.1.2　研究范围

制造技术由高精度、数字化向高性能、智能化发展需要突破一系列的基础理论和关键技术问题，如多能场耦合作用下高性能表面加工创成原理，多模态感知驱动的加工 - 监测 - 检测一体化集成技术，机械装配性能的时空域非线性演变机理及其稳定性保障理论等。当前，新的物理化学效应的发现，新材料、新结构和人工智能、数据科学等的发展赋予了高性能、智能化制造更多的内涵及发展空间，使其成为一个快速发展的研究领域，有待研究的内容十分丰富，需要解决的问题十分广泛。图 12.2 描述了高性能、智能制造领域当前在零件高性能精密加工、部件与整机高性能装配、制造装备与系统智能化运行方面的前瞻性、基础性优先发展方向及相互之间的关系。

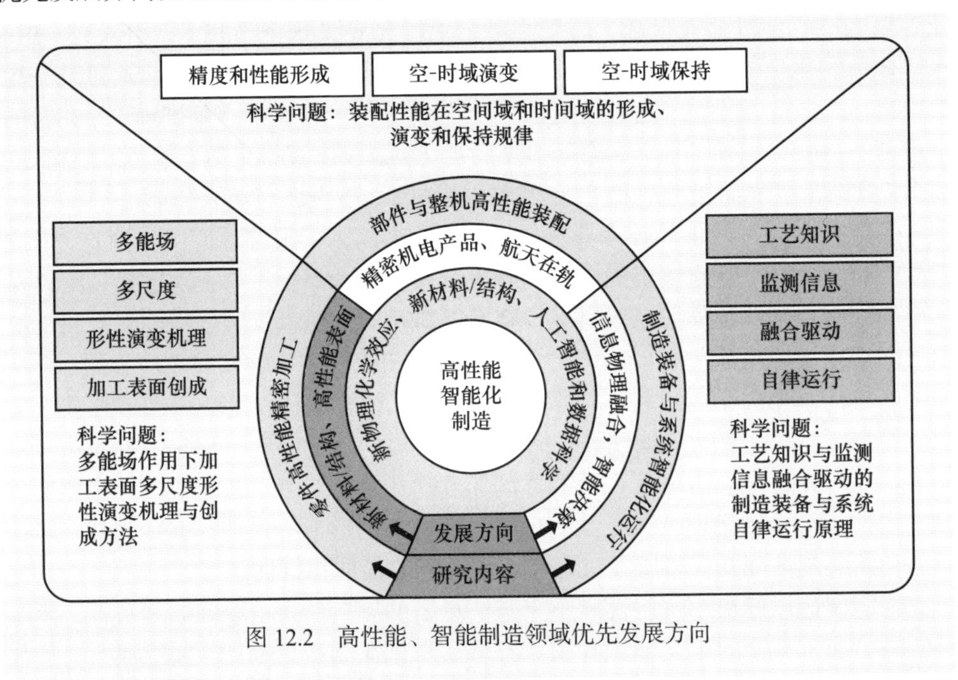

图 12.2　高性能、智能制造领域优先发展方向

1. 新结构、新材料高质高效切削磨削加工

以实现多面复杂结构件、多体多相材料、单晶与纯材料、新型结构与功能材料、增材制造零件等的高质高效智能加工为目标，研究新材料在力、热等多场协同自洽作用下的去除机理和特征加工表面的运动学、动力学与变形形成机制，加工表面层形成过程中的材料性能动态演化机理与服役过程中的性能衰减机制，以及加工表面材料与结构状态和完整性评价方法等内容，提出相应的切削磨削加工新原理与新方法，探索高质高效切削磨削加工的极限能效和新应用方向，赋予传统而又基础的切削磨削加工技术新的生命力。

2. 高性能表面与功能结构超精密加工

以实现高性能表面与功能结构零件超精密制造为目标，研究加工过程中物理、化学和机械能等多能场耦合作用机制以及材料变形断裂传递的基本规律，揭示超光滑无损伤表面的形成机理，发展多能场耦合创成理论与制造新工艺方法；研究超精密加工装备动态精度设计理论、误差传递规律、应力平衡装配方法等关键基础理论与方法；探索高性能表面多尺度超精密测量及使役性能表征新原理与新方法，建立超高精度高性能表面表征与性能评价体系，满足超精密制造中加工质量检测评价需求。

3. 高性能机械装配

以保障机械系统装配性能及服役过程性能长期稳定性为目标，研究机械装配精度和性能在空间域、时间域的形成、保持与演变机理及规律，性能驱动的装配连接界面与连接工艺设计方法，装配多元数据在线实时感知与检测技术，装配性能智能预测与控制技术，装配工艺智能规划技术，基于数字孪生的虚拟装配技术，装配产线动态可重构技术，人 - 机协同装配自动化执行装备与智能装配系统等。

4. 加工 - 测量一体化智能制造装备

以实现复杂零件高性能、高效率加工为目标，重点研究集加工状态监测、加工过程实时控制、加工质量在机测量与补偿等功能于一体的智能加工技术与装备。研究内容包括装备智能执行单元 / 功能部件的设计与控制，加工状态多模态感知与加工过程自适应控制，零件加工质量的原位测量与闭环控制，超大零件的多机协同移动加工新模式和新装备，以及大数据、人工智能驱动的工艺过程建模与监控理论和方法等。

5. 制造系统的智能决策与优化

以实现制造系统的敏捷响应、高质高效、个性定制、绿色健康、舒适人性为目标，将数据采集、过程监控、大数据以及人工智能等技术应用于制造系统的智能决策与优化，研究个性化定制下的智能制造新模式、制造全要素动态感知与智能互联、制造系统人 - 信息 - 物理融合与知识生成、制造过程智能决策与自学习、制造资源 / 能力共享与优化配置、制造服务供需匹配与可靠协作等，形成高度自动化、自学习与自优化的制造系统。

12.1.3 在国民经济、社会发展和学科发展中的重要意义

大国重器等高端装备处于价值链高端和产业链核心环节，是大国间经济和国防竞争的主战场和制高点，对高新技术发展有重要的引领作用。随着航空航天、国防、交通、能源、信息等领域高端装备功能向多样化、极端化和精准化方向发展，新材料与新结构不断获得应用，零部件和整机的精度与性能指标不断提升、趋于极致。例如，每架 C919 大型客机机身需要 200 余张大中型蒙皮，大部分蒙皮长 3m、宽 2m，壁厚仅 1.2±0.1mm，长厚比达 2500；微电子领域中，极紫外光刻所需的光学零件表面粗糙度要求优于 0.2nm，最先进的 5nm 芯片制造工艺所需的超精密加工技术仍在探索中；重型运载火箭燃料贮箱直径 9.5m，壁板厚度 2～5mm，其对接装配的相对精度要求为贮箱整体圆柱度误差小于 1mm/10000mm，对接面直线度误差小于 0.5mm/10000mm。这些极端尺度、极高精度、超常性能的零件、结构和装备的制造面临着突破现有制造极限的难题，其制造能力和水平体现了一个国家制造业的核心竞争力。开展高性能、智能化制造的基础科学探索和关键技术研究，将为我国高性能复杂机械装备核心加工与装配制造技术的突破和跨越性创新提供理论基础与技术源泉，对提升新一代国家战略需求装备的自主制造能力和整体技术水平，促进民生产品的绿色、高效、优质、高附加值生产，支撑中国制造在国际竞争制高点拥有更多的制胜产品具有重大意义。

另外，在极端性能要求下制造过程中产生的新现象、新规律研究也是当今制造科学研究领域的前沿，可望在以下两方面拓展传统的制造理论和技术领域，为制造科学发展开辟新的方向：

(1) 以挖掘物质与能量交互的深层机理为基本思路，引入光、电、热、声、磁、振动和化学等作用而形成多能场耦合的制造条件，通过探究多能场耦合作用下材料成形成性及其多尺度调控过程蕴含的新效应和新机理，发展极端功能产品的形性协同制造新原理和制造能场的高精度时 - 空调控方法，引领当代制造技术的全新突破。

(2) 以时 - 空域信息流全局监控为条件，以制造知识与监测信息的深度融合为基础，研究复杂、不确定环境下制造装备与系统的自律运行原理和方法，发展新一代信息技术（大数据、人工智能、工业互联网等）驱动的先进制造新模式、新装备和智能化产品，推动制造科学与信息科学的融合发展，在学科交叉点上取得突破。

12.2 研究现状与发展趋势分析

这里围绕高质高效切削磨削加工、高性能表面与功能结构超精密加工、高性

能机械装配、加工 - 测量一体化智能制造装备、制造系统的智能决策与优化五个优先资助方向分别进行介绍。

12.2.1　高质高效切削磨削加工

切削磨削加工是制造技术领域最传统但又不可或缺的基础工艺。随着所加工对象本身性能需求的不断提高以及对加工质量和效率要求的不断提升，切削磨削加工围绕高质高效智能的目标不断寻求着新的突破。当前，国内外的研究热点主要围绕新材料新结构的高质高效切削磨削加工新原理与新方法、切削磨削过程的数字化描述与动态仿真、切削磨削工具的智能化设计与制造三大方面，相互关系如图 12.3 所示。

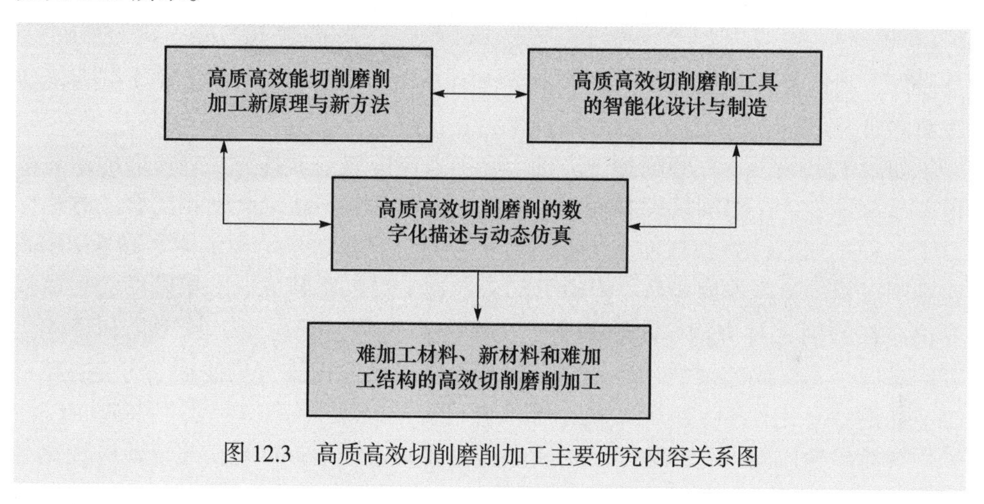

图 12.3　高质高效切削磨削加工主要研究内容关系图

如图 12.4 所示，在切削加工方面，近年来最主要的热点当属高质高效切削加工。针对典型难加工材料和难加工结构以及不断涌现的新材料和新结构，以高效切削、干切削、硬切削为代表的新型切削工艺已展现出优势，成为提高加工效率和质量、降低成本的主要途径。高质高效切削研究的理论问题首先是材料在切削过程中的变形以及加工表面层形成与服役过程中材料性能动态演化机理，其次包括高速 / 超高速切削材料的塑脆转变理论、能耗与切削热、萨洛蒙切削温度曲线及复合材料加工切削理论等。与此同时，传统切削工艺的界限不断被打破，出现了一些新的复合切削加工方法 [1]。各种复合机床及“一台机床或一次装夹完成全部加工”技术的发展进一步提升了切削加工的效率。切削刀具设计的核心问题是材质、形状及其组合效果。高速切削刀具材料及结构设计理论、刀具磨损机理以及刀具几何参数等的影响一直是切削刀具研究的热点问题。同时，随着工件材料难加工性的提高，涂层刀具得到长足的发展；另外，与智能制造相适应的智能刀

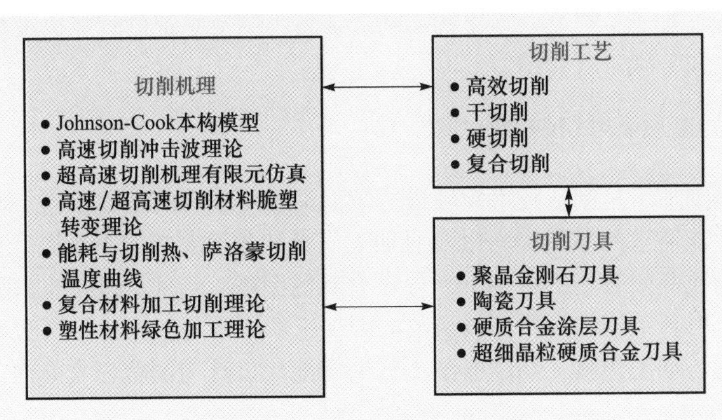

图 12.4　切削加工研究现状图

具设计、制造及其与数字孪生技术相结合的刀具设计新理论与制造新工艺逐渐成为新的研究热点。

如图 12.5 所示，在磨削加工方面，近年来在机理、工具与控制方面的研究取得了显著进步。在磨削机理方面，通过单颗磨粒磨削与砂轮磨削相结合的方法探索了多种难加工材料磨粒加工去除过程的物理本质，初步定性阐明了高速 / 超高速磨削过程的速度效应难题，明确了部分难加工材料磨削成屑的单颗磨粒切厚临界值。在磨削工具方面，砂轮等磨具逐渐向高速化、长寿命、数字化和智能化方向发展。下一代超硬磨粒砂轮制备将从二维有序向三维可控发展，构造磨粒三维空间的数字化模型，实现磨粒三维位置可控的新型数字化砂轮的制备。此外，采用智能砂轮监测砂轮状态，以判断是否需要修整或更换砂轮，并自适应优化磨削工艺，可显著提升磨削效果。在控制方面，综合采用砂轮工作面复型、数据矩

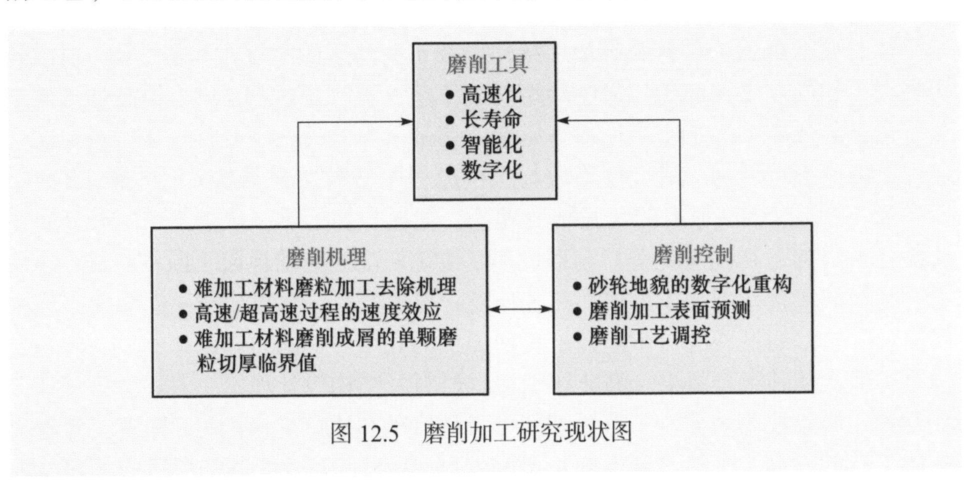

图 12.5　磨削加工研究现状图

阵变换与扩充等手段对砂轮地貌进行数字化重构，阐明了磨削过程砂轮地貌的演变规律，建立了包含砂轮不均匀地貌信息的单颗磨粒切厚分布模型，并进一步获得了磨削加工表面的预测模型，用于航空航天领域关键零部件的加工，提高了磨削效率和质量。

机床方面，近年来的发展主要体现在不断追求高精度、高速度、高可靠性、高质量（简称“四高”）以及面向智能化、网络化、复合化、绿色化。“四高”是机床行业永恒的主题，实现手段包括采用更高端配件、更先进的运动控制与补偿算法、更灵敏的传感检测装置以及更科学的机床本体与支撑结构等。人工智能技术的发展催生了以实现“自主感知与连接、自主学习与建模、自主优化与决策、自主控制与执行”为目标的智能机床概念[2]。机床网络化是实现资源整合优化、企业协同，提升综合竞争力的手段。机床复合化源自工艺复合化的需求。机床绿色化采用新材料、新结构、新工艺，以提高能效、实现绿色加工为目标[3]。此外，随着新型制造技术的发展，新型机床如各类增材制造机床、增减材混合机床不断出现。

鉴于仿真技术的欠成熟，切削磨削试验技术将在较长时期内决定着加工工艺参数优化的程度与水平，需要深入研究和发展难加工材料切削磨削试验的新原理、新方法、新器件、新系统，大力提升试验自动化程度与可靠性水平，为我国切削磨削数据库的建设和数控加工效率的提高提供先进的理论基础和实施途径。

未来切削磨削加工技术的发展趋势表现出极端化（切削、磨削加工的极限挑战）、全局化（零件加工过程中的工序衔接）、复合化（切削、磨削与其他加工方法复合过程中的新机理）和智能化（切削、磨削加工工艺、装备及控制的智能化），具体体现在以下几个方面：

(1) 高速加工正在向高质高效智能方向发展。

(2) 面向难加工材料大量使用和零件品种性能多样化的发展趋势，不断发展新的加工工艺以及高性能的加工机床和加工工具。

(3) 发展磨粒加工技术，持续提高加工精度和表面完整性，不断突破超精密加工极限。

(4) 切削和磨粒加工工具的数字化设计及其新型制备方法。

(5) 刀具和磨具磨损自动化检测以及切削磨削过程智能控制的新原理、新装置和系统。

(6) 切削磨削过程的数字化建模仿真及加工试验规划的新原理、新技术、新方法。

高质高效切削磨削加工方向未来 15 年的发展路线图如图 12.6 所示。

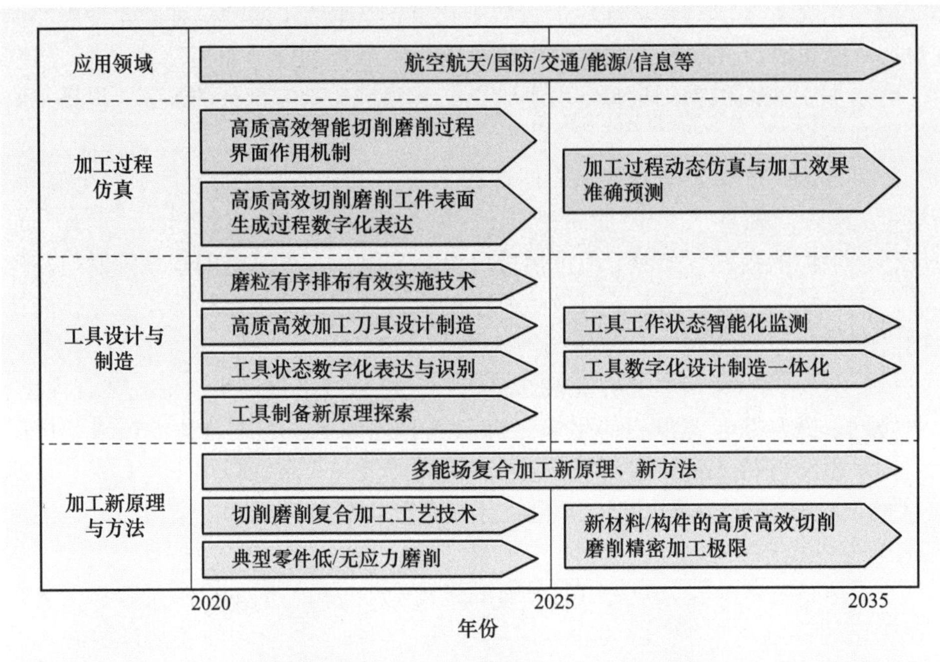

图 12.6　高质高效切削磨削加工发展路线图

12.2.2　高性能表面与功能结构超精密加工

超精密制造代表了迄今制造技术的最高发展阶段。高性能表面与功能结构的超精密制造技术正由亚微米级精度和 10nm 表面粗糙度朝着亚微米级形位精度、纳米级面形精度和表面粗糙度方向发展。除了具有极高的加工精度和质量，极端服役环境下的功能零件还必须具备很高的使役性能，才能满足工程需求。例如，在惯性约束激光核聚变领域，需要数以万计的大口径平面、非球面、离轴非球面等光学元件，这些元件不仅要求面形精度和表面粗糙度均达到纳米量级，还必须严格控制其在强激光服役条件下的波前频谱误差和抗激光损伤能力，才能满足聚变“点火”的基本需求。

军事和民用高端装备的重大需求，使得超高精度、高性能表面与功能结构零件的超精密制造成为各制造强国优先发展的重要战略性技术，国际上非常注重相关超精密加工基础理论、工艺装备、测量与表征方法等的研究，相互关系如图 12.7 所示。

超精密加工技术一般包括超精密切削加工技术（如超精密车削、镜面磨削和研磨等）和超精密特种加工技术（如化学机械抛光、磁流变抛光和激光束、电子

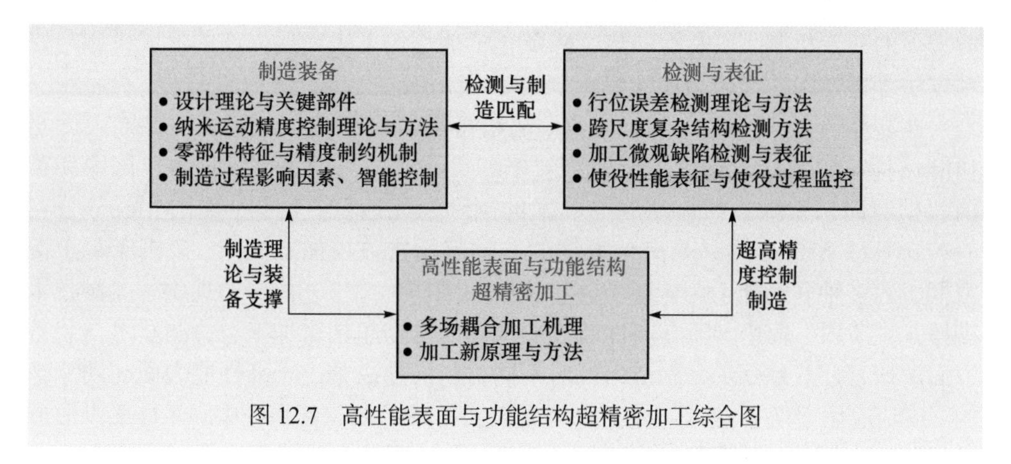

图 12.7　高性能表面与功能结构超精密加工综合图

束、离子束等高能束加工技术)。在超精密加工研究中，揭示加工机理是理解材料微量去除机制并获得超光滑表面的关键，当前研究大多集中于原位观测、大尺度分子动力学及有限元模拟等方面，以此探索高性能表面在超精密加工过程中的演变机理与创成方法 [4]。超高精度高性能表面加工技术研究也主要集中在提升加工表面质量、减小刀具磨损等方面，但由于超精密加工过程仅为数个原子层的去除，加工机理涉及尺寸效应、量子效应、多场耦合效应等复杂物理过程，目前超精密加工机理尚未得到全面诠释。近年来，光学、电子、航空航天和国防安全等领域的迅猛发展，对具有微纳结构和高性能表面的半导体硬脆材料、颗粒增强金属基复合材料等新型难加工材料提出了迫切需求，为实现其高精度与高质量的超精密制造，引入光场、电场、磁场、化学和振动等效应，进而形成多能场耦合作用的高效超精密制造新原理与新方法。多能场复合超精密加工使得力、热、磁、光等多能场耦合作用与化学反应机制、材料变形断裂机制共存于表面创成过程，通过耦合物理 / 化学和机械能作用，可改善待加工区材料切削加工性 (如脆塑性等) 和工具的切削性能 (如磁流变液的流变特性等), 同时也为超精密加工过程提供所需能量来超越原子间结合力，以去除零件表面原子间附着、结合或晶格变形，从而达到高效、超精密加工的目的。多能场的复杂耦合作用向揭示高性能表面与功能结构的超精密制造机理提出了新的挑战，正逐渐成为研究热点。

与此同时，高性能表面与功能微结构往往需要达到亚微米级面形精度、纳米级表面粗糙度且近零 (亚) 表面损伤。综合考虑效率、成本、精度、表面质量等因素，“超精密切 / 磨 - 抛光”的工艺链条是高性能表面与功能微结构超精密制造的主流工艺。然而，由于高性能表面与功能微结构零件的尺寸跨度大，并且形状复杂，很难兼顾加工表面的完整性和面形精度。现阶段，高性能表面与功能微结构超精密制造过程中材料纳米级高效去除机理，复杂结构纳米精度和亚纳米超光滑表面的演变机制，以及力、热、磁及化学能作用下表面层损伤的形成机制与控制方法等科学问题尚未全面诠释。

在超精密加工工艺与装备方面，超精密加工机床直接决定了高性能表面与功能结构零件的加工精度、质量、效率和可靠性。当前美国、日本、德国和英国占据着超精密数控机床研制与开发的国际领先地位。例如，美国 Moore 公司的 Nanotech 650FG 是最具有代表性的五轴超精密数控加工机床，该机床基于慢刀伺服的多轴联动能力为国际上多种新型超精密加工工艺的研发提供了关键技术支撑。现阶段，发达国家在高性能表面与功能结构超精密加工、检测技术与装备方面的研究已日臻成熟，制造出针对不同材料的超高精度、高性能表面与功能结构，成功应用于航空航天、导弹以及无人装备等武器装备系统中，并且逐步形成批量化生产能力，可为下一代卫星、战机、战略导弹等提供强有力的技术与装备支撑。

我国超精密加工机床研发起步较晚，经过近年来国家的大力投入虽有较大发展，但与西方国家相比仍有很大差距。例如，受限于超精密静压主轴、导轨、转台等关键部件研发水平及整机可靠性与动态误差补偿技术的不足，国内单点金刚石切削技术与国外相比存在较大差距。我国超精密加工零件的精度控制目前仍通过离线接触式测量和轮廓补偿来实现，严重制约了超精密加工机床在复杂多尺度功能结构零件的批量化制造中的应用。而美国、德国等发达国家已开始布局下一代加工 - 检测一体化智能超精密机床的研制，开发可集成于多轴超精密机床并进行多自由度三维轮廓位置检测的非接触式光学测量系统，以实现高品质、高效率并且精度可控的超精密加工 [5]。

在超精密纳米测量与表征方面，复杂高性能表面与功能结构零件的高精度形位误差和性能指标检测是实现其超精密加工的前提。美国、德国、日本等发达国家在复杂曲面光学元件超精密加工及检测技术方面已趋于成熟，形成了体系化的解决方案，并且已经制造出多种类型的复杂曲面光学系统，应用于航空航天、导弹等多类武器装备探测制导系统中，已达到六到七级的技术成熟度。而我国在光学复杂曲面检测技术方面与发达国家水平还有较大差距，超精密纳米测量与表征理论研究仍不够深入。目前我国超精密纳米测量与表征技术严重滞后，在测量与表征技术及仪器设备研发方面，高端、高附加值测量仪器设备几乎空白，国外已研制出了单独或者附加于机床的成熟在线测量系统，并已在工业中得到广泛应用，而国内在该方面尚处于跟踪研究状态，研制出的测量与表征产品整体性能与国外有很大差距。同时，国内对于新型测量与表征方法和技术的集成研究不足，超精密纳米测量与表征技术整体水平与超精密加工制造要求不相适应。

当前国际上高性能表面与功能结构超精密加工的发展趋势表现在以下几个

方面：

(1) 加工精度不断提升，要求 (亚) 表面无加工损伤和应力，由亚微米级精度和 10nm 表面粗糙度朝着亚微米级形位精度、纳米级面形精度和表面粗糙度，甚至是原子 / 近原子尺度制造方向发展。

(2) 被加工材料多元化、加工尺寸的极大 / 极小化、功能结构向尺度极小化和形状复杂化发展。比较典型的是微电子领域的碳化硅、氮化镓等硬脆材料，航天器和太赫兹器件中的复合材料，高能激光和空间光学系统中的石英、晶体、陶瓷等难加工材料。加工尺度分别向亚毫米级和米级甚至更大尺度发展。另外，加工表面向离轴非球面、高次非球面、自由曲面、三维特征曲面等复杂面形方向发展，对超精密加工和检测技术均提出严峻挑战。

(3) 研究高性能表面与功能结构多场复合超精密创成机理，揭示加工过程中光、电、磁、振动和化学反应等机制以及材料变形断裂传递基本规律，探索材料加工表面完整性和误差演变的影响规律，发展超高精度、高性能表面的创成理论与制造新工艺方法。

(4) 研究面向高性能表面与复杂功能微结构加工的超精密装备设计理论和关键功能部件制造技术，探究纳米级运动精度及其稳定性的控制理论与方法，揭示零部件特征与装备系统精度的相互制约关系，探索高性能表面超精密制造过程的影响因素与规律并实现智能控制。

(5) 研究高性能表面与复杂功能微结构超精密测量理论与方法，发展宏 / 微多尺度超精密纳米级精度测量技术，探索零件全频段误差、微观结构特征、亚表层损伤及使役性能表征的新原理与新方法，建立超高精度高性能表面与功能结构表征与性能评价理论体系。

高性能表面与功能结构超精密加工方向未来 15 年的发展路线图如图 12.8 所示。

12.2.3　高性能机械装配

装配技术对产品性能和质量具有极为重要甚至是决定性的影响，已成为近、现代制造技术发展过程中逐步形成的共识。先进制造技术强国一直非常重视装配基础理论与技术方法的研究，重点实现产品装配的高精度、高稳定性、高可靠性、高一致性和高合格率，高性能机械装配涉及的主要研究内容关系如图 12.9 所示。

在装配机理与理论层面，装配连接界面接触物理场的设计调控是提升装配质量、保障装配性能的关键技术，目前主要围绕宏观接触模型与微观接触模型两个方面开展研究。宏观接触主要应用有限元法、边界元法、有限差分法与相关接触理论相结合，微观接触由于其尺度效应，统计学法、分形方法、分子动力学法应

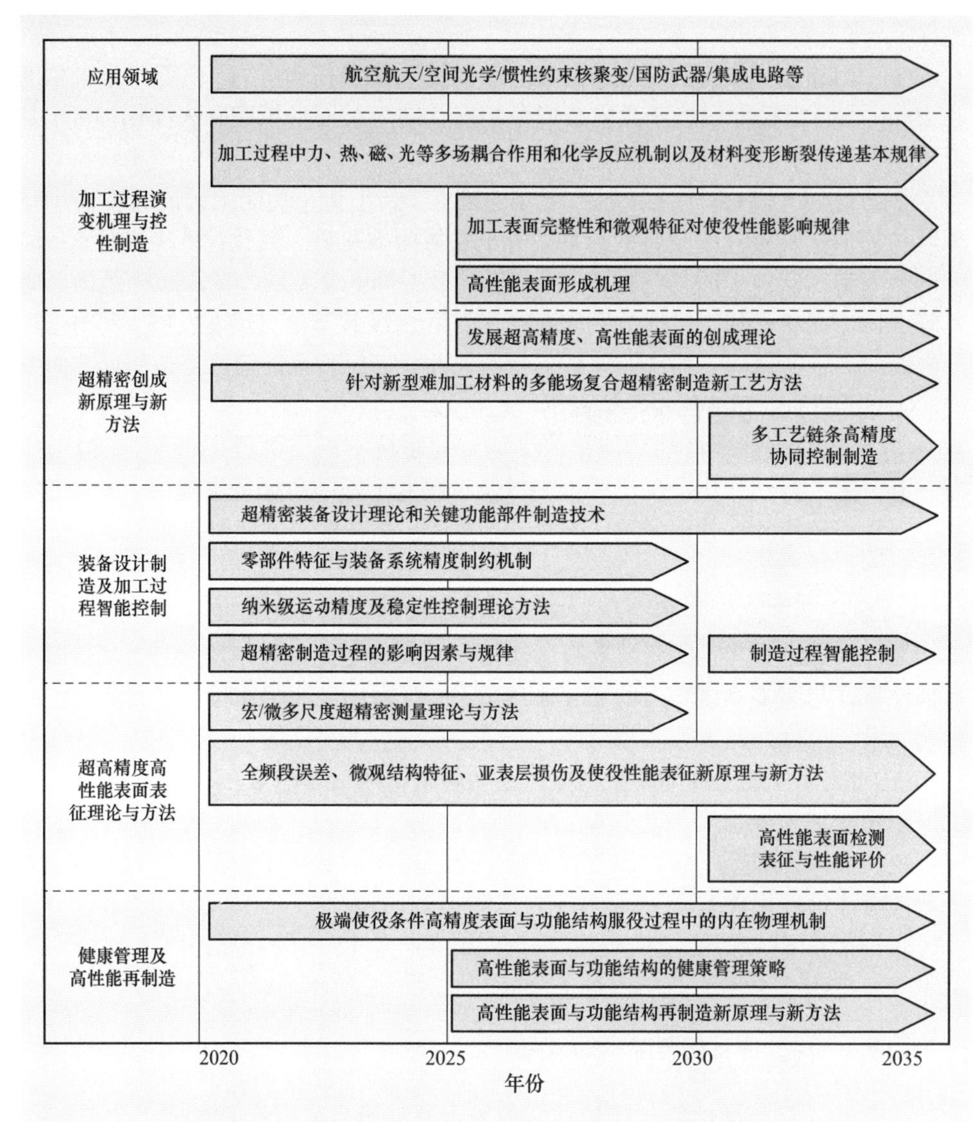

图 12.8　高性能表面与功能结构超精密加工发展路线图

用较多。在装配精度分析方面，围绕公差建模、装配偏差传递分析、公差优化与装配精度控制等方面取得了大量研究成果，装配精度分析中综合考虑零件表面形貌与受力变形以及数据与物理驱动的装配精度设计是当前的研究热点[6]。在装配技术与方法层面，将智能优化算法、计算机辅助设计、大数据与人工智能技术、分解与重构方法等融入面向装配的设计中，以解决装配过程中的装配序列最简

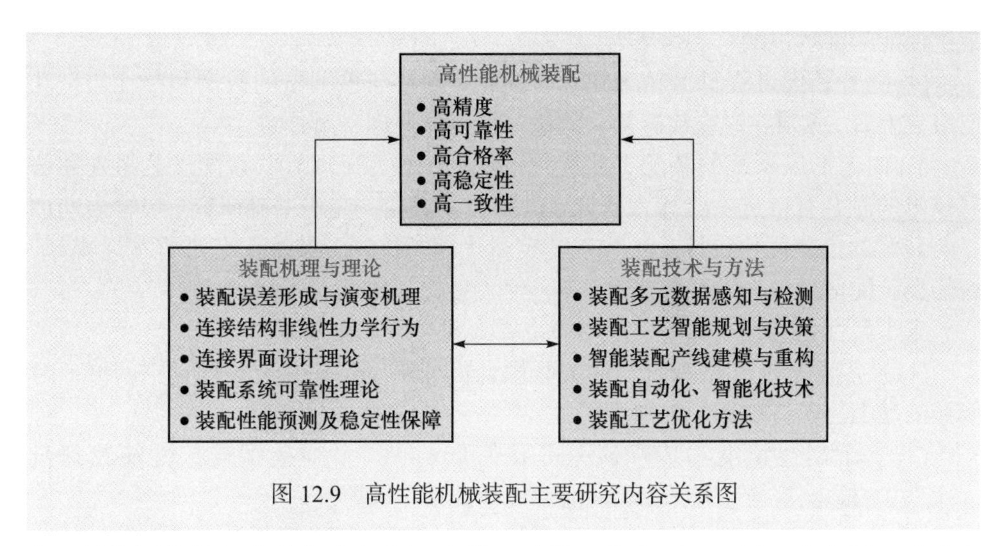

图 12.9　高性能机械装配主要研究内容关系图

化、结构评估精细化等优化问题。在装配连接工艺方面，运用理论分析、试验和有限元仿真等手段围绕螺纹连接、铆接等不同连接方式开展了大量研究工作。目前螺纹拧紧工艺的研究已经比较成熟，但螺栓连接的松动问题一直没有得到彻底解决，其松动机理尚未理清；铆接工艺的研究主要集中在铆接机理、工艺参数优化、结构疲劳寿命和先进铆接设备等方面，目前金属结构铆接研究已相对较为完善，但复合材料低应力铆接成形机理尚不清晰。在数字化装配方面，相关理论研究主要涉及计算机辅助装配工艺规划、数字化预装配与虚拟装配等。美国、德国学者将虚拟现实技术应用于装配工艺中。芬兰[7]、新西兰[8]等国家基于数字化技术和坐标转换控制方法研究了装配工艺自动规划。Genta 等[9]结合装配缺陷预测模型，在时、空域上划分装配子单元，降低了装配缺陷。在装配测量与检测方面，研究者主要围绕几何量测量、物理量检测、状态量检验三个方面的相关技术和工具开展研究工作；目前国内学者已将工业机器人技术和传统经纬仪测量技术相融合应用于装配过程测量；多元信息在线原位智能检测技术是未来装配检测的发展方向。近几年机械装配技术研究仍然存在以下问题：

(1) 装配误差的形成与迁移机理，特别是服役时间域上装配精度与性能的非线性演变和退化机制及精度保持技术等理论一直未取得突破。

(2) 多场耦合的复杂服役环境下，装配连接结构及界面材料物理机械行为的演化机制、对装配性能保持性的影响机理尚未明确。

(3) 以几何特征为基础的传统数字化装配技术难以满足复杂机电产品装配性能预测及控制要求，亟须建立包含几何结构、机械动力、外部载荷、材料本构、多物理场环境等系统因素的多场耦合装配性能预测模型，从而实现复杂机电产品装配性能的准确预测。

(4) 随着装配过程日益精细化和智能化，测量与检测量的数量和精度均呈几何级数上升，亟须实时在线感知、测量与检测新原理、新技术。

(5) 尚未形成系统的装配工艺优化设计理论体系，现有的装配工艺系统和信息技术的融合有待进一步深入研究，仍需要开展相关应用基础研究，包含面向加工与装配的公差优化设计、连接工艺定量优化与控制、装配工艺过程智能规划、智能型装配信息与知识系统技术。

未来高性能机械装配的发展趋势主要表现在以下几个方面：

(1) 从宏观精度和微观行为的关联耦合机理出发实现装配精度在空间域、时间域的动态可保持性和可控性。

(2) 基于制造精度和装配误差等几何量（“形”）对装配连接性能物理量（“性”）的影响规律，实现装配性能智能精准预测和控制。

(3) 基于装配连接界面物理机械特性和连接工艺的设计调控，建立有效的装配工艺参数设计与控制规范。

(4) 基于新型智能传感、测量、检测技术，实现装配连接界面和装配性能几何量、物理量等信息的实时化、高效化、精确化获取。

(5) 结合基于误差模型的虚拟建模与仿真、物理数字孪生和人工智能等技术，实现装配流程精准化、智能化，数据自主感知、大数据趋势分析，最优装配工艺决策和自主规划、工序智能编排等。

(6) 基于人工智能和机器人技术，开发各类人 - 机协同装配机器人，实现装配工艺各环节的自动化、智能化执行。

图 12.10 总结了复杂机械系统装配性能保障方向的主要发展历程、现状和展望。

12.2.4 加工 - 测量一体化智能制造装备

航空航天、能源动力、国防军工等领域高端装备关键件具有尺寸大、面形复杂、结构特征多样、精度和性能要求高等特点，其制造手段已由传统的多轴数控加工、单工序精度控制、离线测量与补偿，逐步向以多机 / 多主轴加工、多工序加工智能管控、加工 - 测量一体化为显著特色的智能加工方向发展，相关研究已成为国际学术热点。

多机加工以多机器人加工为典型代表，其研究主要包括三个方面：多机器人自律加工高效协作机制、机器人自主学习和自主编程、智能执行单元 / 功能部件设计。相比于数控机床，机器人具有运动灵活度高、工作空间大、并行协调能力强等优势。同时，机器人视觉伺服技术和力觉感知 / 反馈技术日臻成熟。以机器

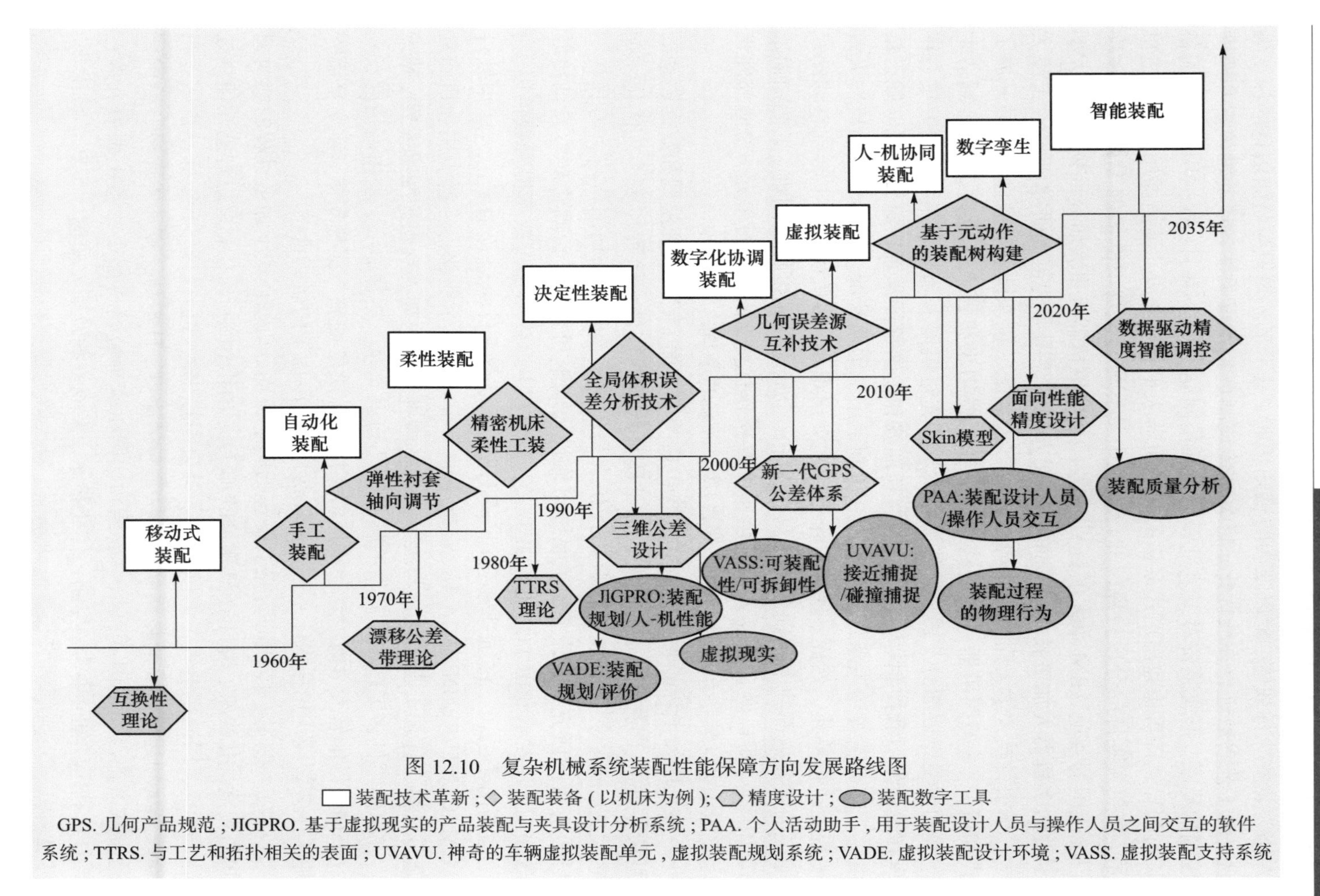

图 12.10　复杂机械系统装配性能保障方向发展路线图

□装配技术革新；◇装配装备（以机床为例）；⬡精度设计；⬭装配数字工具

GPS. 几何产品规范；JIGPRO. 基于虚拟现实的产品装配与夹具设计分析系统；PAA. 个人活动助手，用于装配设计人员与操作人员之间交互的软件系统；TTRS. 与工艺和拓扑相关的表面；UVAVU. 神奇的车辆虚拟装配单元，虚拟装配规划系统；VADE. 虚拟装配设计环境；VASS. 虚拟装配支持系统人作为装备执行载体，配以强大的感知功能，基于工艺知识与监测信息的深度融合，对工艺参数进行在线优化，将突破传统制造装备仅关注各运动轴位置和速度控制的局限，形成装备对工艺过程的主动控制能力[10]。并且，根据用户需要配备长行程导轨即可构建出形式多样的移动机器人平台，形成“即插即用”的制造单元，在超大零件的分段自寻位并行加工中具有显著优势。欧盟的MEGAROB项目、美国的4项ARM重大项目[11]和我国的共融机器人重大研究计划，均把大型零件的多机器人加工技术列为重要发展方向。德国弗朗霍夫研究所[12]、天津大学、华中科技大学无锡研究院等在多机器人装配、镜像铣削、磨抛等领域开展了长期研究；《美国机器人发展路线图》指出学习型机器人将成为2035年制造生产线的主要组成部分[13]，卡内基梅隆大学的先进机器人制造研究所将研究重点聚焦在模仿学习和控制等方向；欧盟、新加坡和中国等国学者在综合考虑空间、精度、工艺载荷等约束条件的基础上，研制了用于柔顺磨抛、铆接制孔的机器人末端智能执行单元。然而，现有工作仍存在突出难题：多机协同加工特别是移动式加工的装备内部约束和耦合关系复杂，外部全局定位精度保障困难；工艺知识形式化困难，难以融合机器人高精度重复性操作优势；智能执行单元/功能部件难以克服工艺-装备系统动力学非线性因素带来的干扰。

多工序加工智能管控的研究主要包括两个方面：结合机理模型和数据驱动的复杂零件多工序加工质量预测、加工质量约束的零件全流程加工工艺优化。加拿大Altintas等[14]开展了融合物理仿真与传感反馈信息的切削负荷、刀具状态自适应控制研究，提升了加工系统可靠性。瑞士利吉特公司围绕航空发动机叶盘加工，开发了专用TURBOSOFT工艺软件模块，使得加工效率提升数倍以上。德国西门子公司、法国达索公司分别开发了复杂零件全流程加工工艺规划软件TEAMCENTER、DELMIA等，在航空航天等领域的企业获得广泛应用。目前复杂零件多工序加工工艺优化与决策主要依赖部分高效加工规则和专家经验，缺少旨在保障零件多工序加工质量的核心工艺知识支撑。随着加工要求由高精度、高效率向高性能转变，揭示复杂零件多工序加工质量创成与演变规律，建立全流程加工工艺智能优化技术体系，正逐渐成为多工序加工的研究重点。

加工-测量一体化的研究主要包括两个方面：动态环境下加工过程的实时感知与智能优化决策、基于在机测量的加工质量闭环控制。在制造过程感知信息处理方面，美国通用电气、德国西门子等公司推出大数据处理平台，推动机床运行参数采集和建模，模拟并预测机床状态与健康度；日本马扎克和发那科、德国德马吉和海德汉、中国武汉华中数控和沈阳机床等公司将加工状态识别引入数控系统，利用感知-决策-控制一体化技术，集成负载及断刀监测、工艺参数优化、误差补偿、自适应控制等智能化功能，最大限度发挥机床工具能效。测量-加工一体化通过测量数据到工艺规划的反馈形成闭环加工，其关键是根据性能测量结果反算补偿加工余量 / 机床运动参数。我国学者在性能驱动的数字化加工 - 测量一体化制造技术方面取得了瞩目的成就。大型复杂薄壁零件加工变形控制是制造领域的经典难题。近期，在机测量 - 补偿加工技术展示出优异的效果，得到较为广泛的应用，特别是双五轴镜像铣机床集随动支撑、壁厚实时测量与闭环控制等功能于一体，代表了大型蒙皮 / 壁板加工的最新技术和发展趋势。

当前，加工 - 测量一体化智能制造技术与装备的发展趋势表现在以下几个方面：

(1) 超大零件机器人共形顺应与并行加工协同控制。研究复杂工况下多机器人 - 工件间的交互作用机理，建立工艺系统动态行为约束的多机器人拓扑重构模式，实现多机器人多工艺混流高效实时协调控制。

(2) 多工序加工质量创成与全流程工艺优化。采用机理模型和数据驱动相结合的方法，研究零件多工序加工质量创成机理、传递机制与演变规律，推动零件加工由高精度、高效率向高性能转变。

(3) 基于大数据和机器学习的智能加工技术。通过实时工况感知，结合大数据和工艺知识积累，对加工过程进行动态建模，通过自主学习、自主决策和反馈控制，实现高性能复杂零件的高质高效加工。

(4) 多自由度高动态力 - 位控制末端执行单元设计。创新设计执行单元 / 功能部件，研究“机器人 - 末端执行单元 - 工件”工艺系统交互动力学，建立多源耦合激励下工艺系统动态响应机制，实现机器人 - 工件的高灵巧性和顺应性交互。

(5) 多模态加工信息实时监测新装置的研制。利用新型传感器和新材料，研制新型实时监测装置，实现对加工过程中的物理量，如切削热、切削力和振动等的在线监测。

智能制造装备方向发展路线图如图 12.11 所示。

12.2.5　制造系统的智能决策与优化

目前制造系统的研究主要包括制造系统模式、建模与分析、运行与优化、使能技术等四个方面，主要研究内容如图 12.12 所示。

在制造系统模式的研究上，当前主要集中在服务型制造与社群化制造、智慧云制造、智能工厂与数字孪生车间等方向。

(1) 服务型制造与社群化制造是一种新型制造模式，采用专业化服务外包或众包，在社会化制造资源自组织配置与协作共享基础上构建而成。

(2) 智慧云制造是“互联网 +”时代的一种新业态，主要包括智慧制造资源 / 制造能力 / 产品、智慧制造云池、制造全生命周期智慧应用等三大部分，通过数

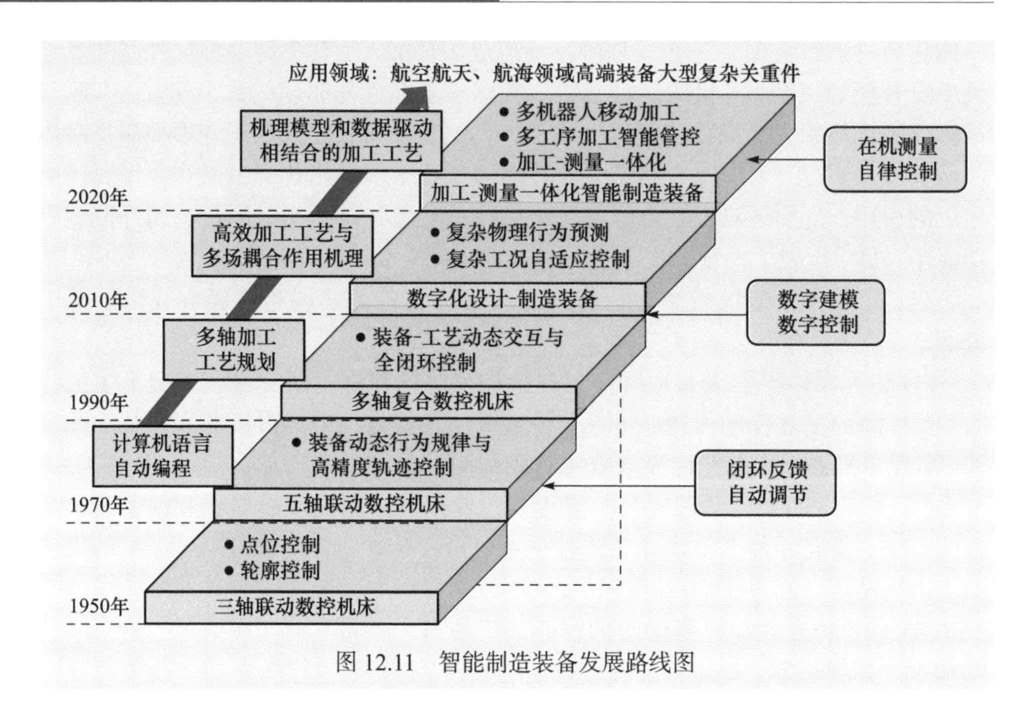

图 12.11　智能制造装备发展路线图

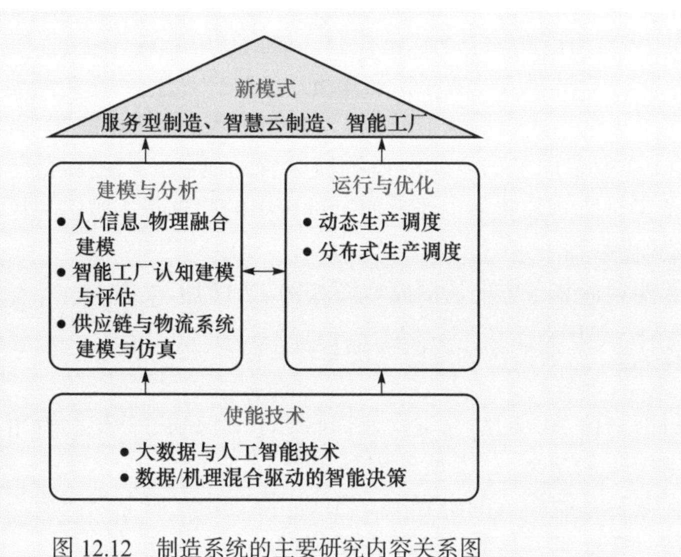

图 12.12　制造系统的主要研究内容关系图

字化、物联化、虚拟化、协同化和智能化等相关技术，实现全系统、全生命周期、全方位的制造智能化。

(3) 智能工厂和数字孪生车间是一种车间运行的新模式，是在新一代信息技术和制造技术的驱动下，通过物理车间与虚拟车间的双向真实映射与实时交互，实现物理车间和虚拟车间的全要素、全流程、全业务数据的集成和融合。

在制造系统建模与分析的研究上，当前主要集中在人 - 信息 - 物理融合建模、智能工厂的认知建模仿真与评估、供应链与物流系统建模与仿真、服务制造的建模与仿真等方向，尤其是面向新一代智能制造的人 - 信息 - 物理融合系统 (human-cyber-physical systems, HCPS)[15]。HCPS 是以实现一个或多个制造价值为目标，由相关的人、信息系统以及物理系统有机组成的综合智能系统。其中，物理系统是主体，是制造活动能量流与物质流的执行者；信息系统是主导，帮助人对物理系统进行必要的感知、认知、分析决策与控制；人是主宰，是物理系统和信息系统的创造者，也是物理系统和信息系统的使用者和管理者。从技术本质看，HCPS 将带来三个重大技术进步：一是解决问题的方法从“强调因果关系”的传统模式向“强调关联关系”的创新模式转变，从根本上提高制造系统的建模能力；二是信息系统拥有了学习与认知能力，具备了生成知识并更好运用知识的能力；三是形成人 - 机混合增强智能，使人类智慧与机器智能的各自优势得以充分发挥并相互启发地增长，极大提升制造业的创新能力。

在制造系统运行与优化的研究上，当前主要集中在动态生产调度和分布式生产调度等方向。目前关于生产调度的研究大多集中于以寻找较优解为目标的静态调度及其近似算法，如禁忌搜索算法等。然而，在现实的生产调度中，系统面临机器故障等多种动态因素[16]，静态调度模型过于理想化，难以有效处理各类动态事件。动态调度是指在不改变原有生产控制策略的前提下，通过对制造系统进行调控来提高生产性能，实现预期目标，并使系统能够及时响应动态变化的环境。分布式调度比传统的单工厂调度更为复杂，且更符合分布式制造的工程实际，这种情况下往往存在诸多跨区域异构工厂、多种机器及多类工件，需要满足复杂多样的工艺流程约束，统筹考虑工件在多个分布式车间以及各车间机器上的分配和排序。目前的研究主要包括：根据上下游车间作业模式，建立带有限缓冲区的生产计划模型；从批量生产、运输与调度的角度，研究多工厂生产计划与调度的协同优化；针对多车间分布的地理位置，建立适用于多品种、中小型生产批量的生产调度模型，采用面向服务的体系结构，以保证分布式生产系统的协同优化等。

在制造系统使能技术的研究上，当前主要集中在大数据与人工智能方法、数据与机理混合驱动的智能优化决策方法等方向。随着制造系统变得日益复杂，虽然基于数学模型的传统决策方法难以满足日趋复杂的生产决策问题，但数学模型所蕴藏的机理依然可以为人工智能模型提供有效的知识支撑。因此，想要获得更加高效准确的智能优化决策方法，需要结合现有的数学模型，研究数学模型的知识化抽象表达，使其为人工智能模型的建立、优化和部署提供先验知识，由数据或模型单核驱动变为数据和机理混合驱动。一方面，通过人工智能的学习有效弥补数学模型的不足；另一方面，利用数学模型的抽象知识表达为人工智能提供充足的先验知识，从而实现更加高效准确的智能决策。

智能制造系统目前研究主要存在以下问题：

(1) 研究多聚焦于制造模式与生产关系演变，对适应于智能制造的使能机制缺乏分析。

(2) 缺乏系统的数字孪生理论、技术和实施方案，导致在数字孪生的落地应用过程中，在数字孪生模型构建、信息物理数据融合、交互与协同等方面存在障碍。

(3) 面向新一代智能制造的人 - 信息 - 物理融合系统，需要解决各行业各种类产品全生命周期中的研发、生产、销售、服务、管理等所有环节系统集成的问题。

(4) 在动态调度的研究中，重点集中于调度算法的改进和规则的选择，适应性较差；考虑跨区域与跨尺度的分布式调度研究不足，难以解决实际问题。

(5) 缺乏机理和数据混动驱动的智能制造系统优化决策方法。

智能制造系统的发展趋势如下：

(1) 研究新型制造模式下智能化的生产自治与协同、服务创成与提供、系统基础与运作等。

(2) 发展与融合"互联网 +"相关技术，包括重视大数据技术、人工智能技术、新一代网络技术、在线仿真（嵌入仿真）技术等的融合。

(3) 制造系统中数据模型从多元数据融合向知识融合发展。

(4) 研究自进化与自决策的动态调度理论与方法，以及跨区域与跨尺度的分布式调度理论与方法。

(5) 研究数据与机理混合驱动的，具有预测、反馈、自学习、自优化的制造系统智能决策新架构及新方法。

12.3　未来 5～15 年研究前沿与重大科学问题

12.3.1　研究前沿

当前高性能、智能化制造领域的研究前沿与热点主要体现在以下几个方面。

1. 高质高效切削磨削加工机理与加工过程智能管控

随着对"上入深空、走向深蓝、下入深海"装备服役性能要求的不断提高，新一代装备所面临的核心指标对其结构的高效能和高可靠性要求越发极致，如航空航天领域的远程轰炸机 (2 倍以上航程、载弹量 20t、高隐身性、超声速巡航)、高超飞行器(马赫数大于 5、多空域飞行、可重复使用、1h 快速打击)、重型运载火箭(总长超过 90m、运输载荷超过 140t、500t 级推力发动机)等，这些装备更依赖复杂整体结构与新型材料，使得切削磨削加工面临如下挑战：更多难加工材料(如金属间化合物、增韧陶瓷基复合材料、碳纤维增强碳化硅陶瓷基复合材料等)、更复杂的结构特征(如翼身融合、更多复杂曲面构件、形状尺寸差异更大)、更苛刻的制造精度(复杂曲面精度小于 ±0.03mm、薄壁结构加工精度提高 1 倍以上)以及更高的可靠性要求(飞行器复杂空域变化、超长航程、大机动与高过载、快速低成本维护等)。因此，只有持续深入研究高质高效切削磨削加工新原理与加工过程智能管控新方法，才能应对国家重点行业的高速发展对新材料、新结构高性能加工技术的重大需求。切削磨削加工技术的前沿研究体现在以下两个方面。

1) 高质高效切削磨削加工机理

针对航空航天等高端装备结构轻量化、整体化、复杂化的发展趋势，切削/磨削力-热-结构强耦合作用问题更加复杂。同时，随着零部件抗疲劳、长寿命可靠安全服役需求增强，加工表面状态控制愈加重要。因此，重点开展新型难加工材料高质高效切削磨削加工技术研究，揭示难加工材料切削磨削加工过程中的材料去除机理、加工表面形成及评价机制、加工表面层形成与服役过程中材料性能动态演化机理；研究高质高效切削磨削加工技术与工具，实现加工质量和加工效率的完美统一，使难加工材料的切削加工效率提高，切削加工成本降低，显著改善加工表面质量，提高零件使役寿命。

2) 高质高效切削磨削加工过程智能管控

针对航空航天等高端装备关键零部件加工工序众多、过程复杂的特点，加工管控尤为重要。因此，重点开展典型高端装备零部件高质高效切削磨削加工过程的智能管控技术研究，研究典型高端装备零部件工艺分解与优化组合技术，建立工艺仿真模型，形成多物理量、多尺度、多概率的典型高端装备零部件制造全流程数字孪生模型；研发智能装备，探索加工全流程多源异构数据接入、集成与规范化处理技术，构建物理加工过程运行数据和虚拟加工过程仿真数据的虚实双向交互共融机制，实现关键零部件切削磨削加工过程的最优管控，提高加工质量、降低成本、提高性能稳定性。

2. 基于多能场复合的高性能表面与功能结构高效超精密制造

国民经济发展和国防建设需要大量高性能表面与功能结构零件。例如，激光武器已成为未来天、地、空间作战的重要打击武器，其激光反射镜的加工精度与表面质量会严重影响激光能量的吸收率，从而影响反射激光的能量密度，因此提高激光反射镜的面形加工精度和表面完整性，已经成为提升高能激光武器性能的核心所在；惯性约束激光核聚变系统需要包括平板玻璃、磷酸二氢钾晶体、方形透镜等数以万计的高精度与高表面质量光学元件，其特征是亚微米高精度面形和纳米量级超光滑低损伤表面，并且对超精密加工效率、全频段误差控制和亚表面质量都提出了极高的要求，其超精密制造能力与水平已成为激光核聚变系统研制的技术瓶颈。零件加工尺度的极端化、形状的复杂化、材料的多样化、生产的批量化以及服役环境的极端化等对多能场复合超精密制造技术提出了迫切需求和新的挑战，成为纳米精度制造科学的重要需求牵引。由于高性能表面与功能结构零件的超精密加工过程仅为数个原子层的去除，加工机理涉及尺寸效应、量子效应、多场耦合效应等复杂物理过程，传统的加工理论已无法指导此类零件在分子、原子层面的超精密加工创成。目前超精密加工基础理论研究仍很薄弱，尚未形成完善的超精密加工理论体系，尤其是多场耦合和化学作用下的超精密制造基础理论更为薄弱。

多能场复合超精密加工技术通过力、热、磁、光等多能场耦合作用与物理、化学反应机制，改善工件材料切削加工性和工具切削性能，同时为超精密加工过程提供能量以克服原子间的附着、结合或晶格变形，从而影响高性能表面与功能结构超精密加工时材料变形断裂机制和表面形成过程，成为当前纳米精度制造科学的重要发展方向和研究前沿。探究多能场复合作用下超高精度、近零损伤等高性能表面和功能结构的加工过程演变机理与表面创成机制，需要从微观机理出发，结合相关学科的最新成果开展深入研究，主要研究内容包括如下几个方面：

(1) 探究光、电、磁、振动和物理、化学反应等耦合作用机制以及材料变形断裂传递的基本规律，揭示基于多能场耦合的高性能超光滑表面获取机理，阐明材料加工表面完整性和误差演变的影响机制。

(2) 研究超精密装备设计理论和基础零部件制造技术，揭示零部件特征与装备系统精度的相互制约关系，探索超高精度和高性能表面形成的影响因素和规律。

(3) 研究基于多能场复合的超高精度、高性能表面的创成理论与制造新工艺、新方法，发展和完善超精密加工理论体系。

3. 超高精度高性能表面表征基础理论与使役性能再制造

高精度形位误差和性能指标检测是实现复杂高性能表面与功能结构超精密加工的前提。由于超精密加工零件形状的复杂化以及几何尺度往极大和极小两个方向延伸，零件几何精度和性能指标的精确测量也面临巨大挑战。在极大尺寸零件计量方面，激光跟踪仪、关节式坐标测量机和摄影测量技术等发展迅速。例如，德国联邦物理技术研究院和英国国家物理实验室联合研制的激光跟踪干涉仪，实现了大范围三坐标的高精度测量。在极小尺度计量方面，国际上提出了自上而下和自下而上两种溯源途径，德国联邦物理技术研究院、英国国家物理实验室和美国国家标准与技术研究院等机构都研制了计量型扫描探针显微镜，可实现原子级分辨的计量溯源；自下而上的溯源则利用扫描电子显微镜来解析纳米结构中的原子，具有 0.05nm 的分辨率，尺寸参数可通过原子间隔作为内在量尺而确定。此外，高性能表面与功能结构零件逐步向离轴非球面、高次非球面、自由曲面、三维特征曲面等复杂面形方向发展，由此产生了像差补偿波面干涉测量、倾斜波前干涉测量等可实现纳米精度面形误差测量的新技术与新方法。

另外，高性能表面与功能结构零件的性能与其加工精度和(亚)表面质量等呈非线性关系，其超精密制造必须以保持极端条件下的服役性能为前提。高性能表面与功能结构零件超精密制造过程中引入的微观物理结构和化学结构缺陷对其在高真空、强辐射、超低温等极端使役条件下的使用性能有重大威胁，目前超精密制造过程中零件表面完整性检测、表征及其与零件服役性能的关联关系的研究还较为匮乏。建立相应的测量原理和方法，并在零件服役过程中对其性能进行在线监测，进而开展面向性能修复的再制造技术研究，是该领域的崭新研究方向。

高性能表面与功能结构超精密加工技术的进一步提升必然需要超高精度高性能表面检测与表征基础理论作为重要保障，也是进一步提升元器件使役性能的关键。为此，需要重点解决以下问题：

(1) 研究高性能表面的宏 / 微多尺度超精密测量与表征理论和方法，探索高性能表面全频段误差、微观结构特征、亚表层损伤及使役性能表征的新原理与新方法，构建其性能与几何误差、亚表层损伤之间的映射关系，建立超高精度高性能表面检测、表征与性能评价理论体系。

(2) 研究高真空、强辐射、超低温等极端使役条件下超高精度表面与功能结构服役过程中性能演化内在机制，建立高性能表面与功能结构的健康管理体系，探索高性能表面与功能结构超精密再制造新原理与新方法。

4. 精密机电装备高性能机械装配基础理论

随着产品向复杂化、轻量化、精密化方向发展，服役环境也越来越恶劣化和极端化，尤其是现代精密机电装备不断追求高效率、高精度和高可靠性，系统内部各种物理过程的非线性、时变特征更为突出，过程之间耦合关系更为复杂，装调难度越来越大，装配环节对产品性能的保障作用正日益凸显。精密机电装备高性能机械装配不能局限于产品的初始装配性能，更应该考虑产品服役全生命周期的装配性能稳定性问题，这是我国机电产品(如航空发动机、高档数控机床等各类精密机电装备，以及导航制导仪表、光学仪器、各类通用传感器等军民用精密仪器仪表）相比于国外同类产品的主要差距所在。国内高精度机电陀螺仪表的精度比先进国家同类产品低一个数量级以上，稳定期仅为国外产品的20%～30%；国产航空发动机的使用寿命仅为国外同类先进产品的1/3左右，装配效率远低于国外；美国通用电气、英国罗尔斯·罗伊斯等企业的航空发动机装配技术具有近百年发展历史，在工艺技术上实现了精确建模仿真和性能预测、装配工艺参数定量优化与控制，且对于大型民用航空发动机装配技术对我国严密封锁。

高性能机械装配技术的突破需要掌握工艺过程及其参数对装配性能的影响机理和调控规律，具体来说需要解决面向加工与装配的组件尺寸和几何公差优化设计，多源非线性耦合作用下装配误差的传递、精确预测与控制，装配载荷的精确预测、评价与量化控制，装配位姿等参数的高精度检测，装配质量一致性等问题。与此相关的前沿科学技术问题包括如下几个方面：

(1) 装配误差在时间域、空间域的非线性特性建模与仿真，特别是服役时间域上装配精度和性能的演变规律。

(2) 多场耦合的复杂服役环境下装配结构连接性能形成的非线性力学行为、装配结构和连接界面材料物理特性建模仿真及其对产品装配性能的影响规律。

(3) 装配性能精确仿真、预测与控制技术。

(4) 装配多元信息在线实时感知与检测技术。

(5) 智能装配工艺规划与产线动态重构技术。

(6) 人-机协同装配自动化、智能化新装备与系统技术等。

精密机电装备高性能机械装配基础理论研究前沿方向部署如图12.13所示。

5. 大型/超大型空间结构在轨装配基础理论与技术

在侦察遥感、行星生命探测、深空探测等领域，世界各国未来对以大尺寸雷达天线、大口径光学镜面、大面积太阳电池阵等为典型代表的大型/超大型空间结构的需求越来越迫切。例如，在遥感侦察领域，迫切需要50m及以上口径的反射面天线、100m及以上的平面天线；在地外生命探测、光学成像方面，迫切需要10m及以上口径的高精度镜面；在深空探测、空间电站建造方面，迫切需要千平方米级乃至万平方米级的太阳电池阵。大型/超大型空间结构的发展需求迫切需要摒弃传统的地面装配技术，发展颠覆性的在轨装配技术，原因在于在轨装配具有如下优势：

(1) 可以突破火箭推力及整流罩包络限制，构建更大尺寸的结构。

(2) 模块化单元收拢、叠放规整，具有更小的包络尺寸。

(3) 装配接口可以加强固化，获得更高的结构整体刚度。

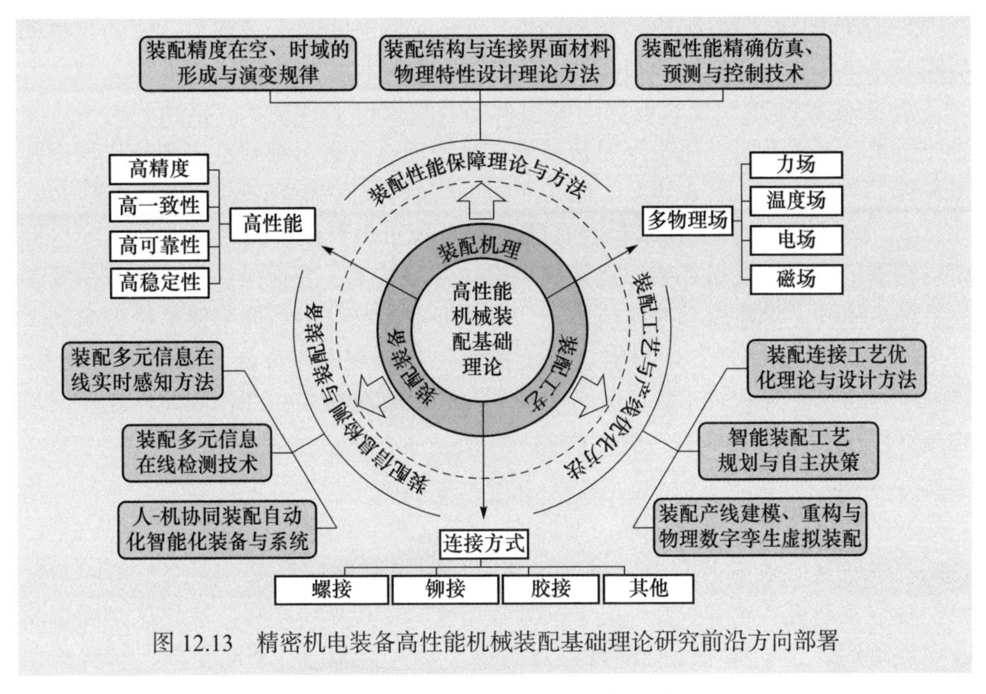

图 12.13　精密机电装备高性能机械装配基础理论研究前沿方向部署

(4) 装配过程可以闭环调节形面，实现更高的精度。

(5) 在轨装配技术的对象拓展性强，一旦成熟，经适应性改造后即可用于功能单元、抛物面、平面、桁架等不同对象的装配。

在轨装配技术发展了 40 多年，虽然提出了多种新概念技术，如美国的“蜘蛛网计划”“蜻蜓计划”等，20 世纪 80～90 年代国外也成功进行了多次在轨试验，但美国国家航空航天局曾称其技术方案在模块通用化、系统可靠性等方面存在严重缺陷，工程实用性差，因此未实现推广应用。直到现在，在轨装配技术仍然不成熟，提出的相关概念技术均不能在 5～10 年内实现百米级天线在轨装配的工程化应用，国外在轨装配技术的路径也不明晰。因此，大型 / 超大型空间结构在轨装配技术体现了高性能机械装配的研究前沿。

在轨装配的难度大、装配能力非常弱，专业的装配工程师无法介入，只能依靠有限的航天员或借助地面遥控，也无法像地面装配那样可以采用定制化的专用精密工装和多样化的专用装配工具，只能无工装或仅能依靠简单工装，装配工具仅限于机械臂，且难以修配、无法返工，因此在轨装配对可靠性要求极高。大型 / 超大型空间结构的在轨装配技术体系的研究内容主要包含结构模块化及单元设计技术、在轨装配远程操控技术、在轨装配平台类技术、在轨装配综合管理与信息系统技术等四大类技术。具体内容如下：

(1) 结构模块化及单元设计技术包含自适应标准装配接口技术、装调与承载结构一体化技术、网格划分与拓扑优化技术、通用模块优化设计技术等。

(2) 在轨装配操控技术包含小型化末端装配操作工具技术、移动装配一体化操控技术、多次发射在轨交汇对接技术、远距离高效搬运技术、协同操作与控制技术等。

(3) 在轨装配平台类技术包含在轨装配平台布局与设计技术、大视场多目标高精度测量技术、变拓扑装配挠性动力学与控制技术、装配操作过程变载荷变参数系统多体动力学建模与控制技术、分布式姿态控制与振动抑制技术等。

(4) 在轨装配综合管理与信息系统技术包含装配误差分析与精度控制技术、装配序列与路径规划技术、任务自主规划与仿真优化技术、在轨装配性能评估与监控管理技术等。

6. 大型复杂零件多机器人协同自律加工原理

航空航天、航海等领域大型复杂零件，如飞机复材蒙皮、火箭贮箱网格壁板、航空发动机叶轮等，直接关乎国家战略安全，其高品质制造被公认为高端制造痛点难题。这些典型复杂零件多具有尺寸超大、薄壁、型面复杂、材料难加工等特点，例如，C919 大型客机机身蒙皮长 6m、宽 2m、最薄 1.2mm、壁厚精度 ±0.1mm；某型航空发动机整体静子叶环，直径 ϕ1000mm、叶片进排气边缘角半径 0.4mm、精度要求 ±0.065mm。当前，该类零件仍主要采用“人工＋数控机床”的加工方式，效率低下，一致性和精度差，难以克服复杂零件拓扑结构多样与质量要求严苛之间的矛盾。机器人具有操作空间大、配置灵活、柔性高效、并行协同作业性能好等优点，适合大型、复杂、多品种小批量零件“即插即用”式加工，正逐渐成为大型复杂零件加工的重要执行装备。

大型复杂零件的大尺寸、多工序工艺特征，促使其制造模式在空间维度由“固定母机、移动零件”向“固定零件、移动母机”的架构转变，机器人加工的多模态感知与行为顺应将成为下一步研究的前沿与热点：

(1) 传统感知场景结构化、模态单一、感知空间有限，对超大尺寸零件测量精度受限，因此从空间上突破局部感知限制，发展全场景感知能力，增强机器人对大型复杂构件的“空间感”和“全局观”，可实现加工 - 测量一体化。

(2) 传统加工装置多属于独立单机模式，并行协作能力差、效率低下，因此从空间上突破独立单机模式的缺点，发展多机器人协同制造，可增强机器人对复杂构件的并行协同作业和行为顺应能力，提升加工效率。

大型复杂零件加工工序复杂、制造周期长、不确定性因素多，其制造手段需要在时间维度由“离线规划、依规执行”向“自主学习、适应调整”转变，由

“固化工艺、严格复现”向“知识迁移、迭代提升”转变，这决定了人 - 机混合智能增强与制造工艺知识进化将成为下一步研究的前沿与热点：

(1) 传统任务规划的同一性与加工对象的多样性存在突出矛盾，因此结合工匠智慧与机器人精细加工的双重优势，构建顺应性加工机器人学习加工范式，可以弥补机器学习和机器人在精度或智能化方面的短板，保障零件加工质量和效率。

(2) 常规固化工艺的局部最优性、封闭性难以兼顾制造全局特征，因此需研究适用于多工序协同加工的加工状态监测方法，提出影响加工质量的特征敏感度指标，建立数据驱动的工匠意图预测机制和经验抽象化描述方法，实现制造工艺知识的自主学习和迁移。

7. 数据与机理混合驱动的分布式制造系统运行优化理论和方法

分布式制造作为未来制造的发展方向，是一种以快速响应市场需求、提高企业集群竞争力、降低生产成本和风险为目标的先进制造模式，例如，航空航天产品的制造是典型的分布式制造模式。在全球化背景下，随着公司之间的合作生产日益普遍，以及制造资源和市场需求分布的全球性与广泛性，分布式制造显得日益常见和重要。分布式制造可充分利用多个企业 / 工厂 / 车间的资源，通过资源的合理配置、优化组合及共享，以合理的成本、高质量的生产标准，在有限时间内实现产品的快速稳定生产。分布式制造系统是以不同企业 / 工厂 / 车间之间合作生产等分布式制造为背景的制造系统，其运行优化与调度技术对系统效率有重要影响，亟须深入研究。

分布式车间调度是以分布式制造系统为对象，研究工件在企业 / 工厂 / 车间之间的分配和各企业 / 工厂 / 车间内的生产调度，以实现调度指标的最优化。由于分布式车间调度包含多个分散的企业 / 工厂 / 车间，除了具有传统车间调度的特征，还具有若干更复杂的特征：

(1) 多车间使得问题规模巨大，对建模与算法设计形成挑战。

(2) 多车间生产任务关联耦合，导致约束更为复杂，解的可行性极难保证。

(3) 多车间具有目标不一致性，在分布式制造系统中，调度目标除了传统调度追求的工期最小化，还必须考虑各个企业 / 工厂 / 车间工作负荷的均匀性以及总成本等指标。如何从多目标优化的角度研究分布式车间调度问题将更具现实意义。

(4) 多车间性能差异性、空间分散性使得生产系统更为复杂，制造环境也存在多变性，经常会出现若干不确定性因素，调度模型与方法必须考虑各车间之间的协调性与问题的不确定性，确保调度方案的鲁棒性。

针对上述挑战，需要重点研究分布式制造系统中调度模型的智能构建、数据与机理混合驱动的调度算法、多目标 / 众目标优化与决策方法、动态调度的自进化自决策方法等内容，实现分布式制造系统的整体协同优化，提高分布式制造系统对不确定内外环境动态变化的适应能力，进而提高整个分布式制造系统的运行效率。

8. 数字孪生使能的智能车间理论与方法

数字孪生是一种实现虚实之间双向映射、动态交互、实时连接的关键技术，可将物理实体和系统的属性、结构、状态、性能、功能和行为映射到虚拟世界，形成高保真的动态/多维/多尺度/多物理量模型，为认识、理解、控制和改造物理世界提供了一种有效手段。

数字孪生车间是在新一代信息技术和制造技术驱动下，实现车间生产和管控最优的一种车间运行新模式，它通过物理车间与虚拟车间的双向真实映射与实时交互，实现物理车间与虚拟车间的全要素/全流程/全业务数据的集成和融合，在孪生数据的驱动下，实现车间生产要素管理、生产活动计划、生产过程控制等在物理车间与虚拟车间的迭代运行，并满足特定目标和约束。数字孪生车间革新了传统制造车间的科学基础，是一个开放并快速发展的研究领域。

针对当前智能车间中存在的“数据不完整、模型不充分、运行过程仿真不精准、运行决策不智能”等问题，需要基于数字孪生车间先进理念，在新一代信息技术和制造技术驱动下，研究物理车间“人-机-物-环境”异构要素的智能感知与多模态数据融合；研究虚拟车间孪生模型构建、验证与融合方法；研究基于多物理域信息融合的动态生产环境自主感知理论与方法；研究孪生数据驱动的主动/被动自组织调度模型和“改进-学习”的自适应机制；研究基于数字孪生车间的智能生产与精准服务技术等，以最终实现车间生产和管控最优化。

12.3.2 重要科学问题

围绕上述研究前沿，高性能、智能化制造领域的重要科学问题可以归纳为以下三点。

1. 科学问题一：多能场作用下加工表面的多尺度形性演变机理与创成方法

新材料与结构的精密与超精密加工过程中，面临着复杂的不均匀多能场动态交互作用，同时发生着跨越多个尺度与维度的形性演化。因此，为实现高性能表面加工创成，必须研究精密与超精密加工过程中力、热、光、电、磁、振动和化学反应等多能场的耦合作用机理，建立涵盖原子尺度-晶粒尺度-连续介质尺度、空间-时间维度的材料多尺度、多维度形性演化模型，从加工过程中界面原子迁移、扩散等原子尺度作用机理出发，揭示复杂应力状态下材料去除过程中的位错、孪晶、相变等晶粒尺度演化机制，及其对材料宏观物理、力学性能的影响规律，发展多能场耦合作用获得高性能表面的控形控性制造新原理和新方法。

2. 科学问题二：装配性能在空间域、时间域的形成、保持和演变规律

高性能机械装配不仅需要保证产品的初始装配性能，更应该考虑产品服役全生命周期中装配性能的保持性。因此，需要研究揭示具有复杂材料行为的机械结构在力、热、电、磁等多场耦合的复杂服役环境下，装配性能在空间域、时间域的形成、保持和演变规律，为机械系统装配性能精准设计、预测和控制提供基础理论。具体内容包括：装配结构几何精度在空间域与时间域的衍生与演变机理，装配连接的物理行为及其对连接性能的影响规律，装配连接性能形成的多尺度行为和时变机理，装配连接工艺与装配界面反演设计理论等。

3. 科学问题三：工艺知识与监测信息融合驱动的制造装备与系统自律运行原理

智能制造装备与系统的智能化是在泛在感知、优化决策、控制执行的闭环反馈中实现的。因此，需要深入研究加工过程中“装备 - 工艺”的交互作用机理和制造系统中的信息流传递规律，为突破制造装备加工 - 监测 - 检测一体化、泛在网络下制造系统运行优化等关键技术，赋予制造装备和系统“智能感知与自律执行”的能力提供理论基础。具体内容包括：零件宏 / 微观几何特征 / 使役性能的在机测量与表征新原理，基于多模态感知的加工过程状态监测与自适应控制理论，感知 - 决策 - 控制一体化智能功能部件新原理和新技术，制造系统人 - 信息 - 物理融合模型，数据与机理混合驱动的制造系统智能决策方法，数字孪生制造系统运作优化技术等。

12.4　未来 5～15 年重点和优先发展领域

以国家战略需求及国际学科前沿为牵引，兼顾应用基础研究和基础研究的比重，建议“十四五”优先资助方向如下。

1. 新结构、新材料高质高效切削磨削加工新原理及其关键技术

为满足国家重大领域高端前沿装备的性能需求，亟须发展高质高效切削磨削加工新原理及其关键技术：深入研究高质高效切削磨削加工理论与技术、微细切

削磨削加工理论与装备、低损伤复合加工方法；研究高维切削动力学、加工过程耦合建模与仿真、磨粒加工过程动态建模与仿真技术；研究高质高效智能切削刀具设计制造理论、智能磨削工具制备新原理、磨粒加工工具的智能化设计与制造；研究高质高效多轴切削磨削加工新技术、低/无应力抗疲劳加工新技术。

2. 高性能表面的超精密加工演变机理、创成方法及控性制造

在高性能表面与功能结构的形成机理研究方面，揭示加工过程中光、电、磁、振动和化学反应等多能场耦合作用机制以及材料的变形、断裂基本规律，研究表面层损伤的形成机制及其对零件使役性能的影响规律，探究机械精度到光学精度的演变规律及多工艺链条的高精度协同控制方法。在超精密加工装备设计与系统集成方面，研究超精密加工装备动态精度设计理论、误差传递规律及新型工具制备技术，探究装备纳米级运动精度生成与稳定性保持理论方法，揭示零部件特征与装备系统精度的相互制约关系，探索高性能表面超精密加工过程的影响因素与规律并实现智能控制。在高性能表面宏/微多尺度超精密测量及使役性能表征方面，研究宏/微多尺度形位公差、表面轮廓误差等高精度检测基础理论与表征方法，探索表面完整性评价及使役性能表征的新原理与新方法，构建零件性能与几何误差、亚表层损伤之间的映射关系，建立高性能表面检测、表征与性能评价理论体系；研究高性能表面与功能结构在极端使役条件下的健康管理体系，探索其高使役性能的再制造新原理与新方法。

3. 高性能机械装配原理及其关键技术

研究面向精密、复杂机械系统装配的三维几何误差表征与建模原理、机制和方法，装配误差在空间域、时间域的形成、演化机理与规律，装配连接过程力学行为建模与设计理论，多场耦合作用下的装配系统非线性物理特性形成及其对精度和性能稳定性影响机理与演变规律，大型、重载、复合材料结构装配可靠性建模理论与工艺控制方法，运行环境下装配系统精确建模、预测理论与工艺优化方法，装配过程和装配体多源信息感知、检测与装配性能的映射机制及自适应控制技术，装配工艺智能规划与自主决策理论，智能装配产线建模和动态可重构技术，基于物理数字孪生的虚拟装配与检测技术，人-机协同自动化、智能化新装配系统与装备技术等。形成机械装配精度、性能及其稳定性保障理论体系。

4. 复杂零件加工-监测-检测一体化智能制造技术与装备

研究多机器人协同移动加工的自主学习、自主编程和自律跟踪技术，基于工

艺知识与系统可达空间动态规划的多机器人协调控制机制，实现超大复杂零件的多机自寻位并行加工；研究物理机理和数据驱动相融合的复杂零件多工序加工表面创成与演变模型，以及加工质量约束的复杂零件全流程工艺优化与智能决策方法，实现复杂零件多工序加工过程的最优管控；研究复杂现场环境下零件几何物理属性和工况信息的在位协同感知与信息融合技术、智能执行单元 / 功能部件的设计与控制方法、性能驱动的加工过程自适应控制方法等，支撑大型复杂零件高品质制造技术与装备的集成创新。

5. 智能制造系统的人 - 信息 - 物理融合与数据 / 机理混合驱动的决策方法

面向分布式、可持续、社群化的智能制造新模式，开展智能工厂制造全要素智能感知与互联互通、制造系统人 - 信息 - 物理融合建模、分布式 / 动态调度理论与方法、数据 / 机理混合驱动的智能制造系统优化决策方法、数字孪生使能的智能车间等研究，实现智能制造系统的整体协同优化与自进化调控，构建集预测、仿真、优化与自进化于一体的综合智能决策平台。

参考文献

[1] Yadav R N. Electro-chemical spark machining-based hybrid machining processes: Research trends and opportunities. Proceedings of the Institution of Mechanical Engineers, Part B: Journal of Engineering Manufacture, 2019, 233(4): 1037-1061.

[2] Cao H R, Zhang X W, Chen X F. The concept and progress of intelligent spindles: A review. International Journal of Machine Tools and Manufacture, 2017, (112): 21-52.

[3] Zhou L R, Li J F, Li F Y, et al. Energy consumption model and energy efficiency of machine tools: A comprehensive literature review. Journal of Cleaner Production, 2016, (112): 3721-3734.

[4] Schneider F, Das J, Kirsch B, et al. Sustainability in ultra precision and micro machining: A review. International Journal of Precision Engineering and Manufacturing-Green Technology, 2019, 6(3): 601-610.

[5] Gao W, Haitjema H, Fang F Z, et al. On-machine and in-process surface metrology for precision manufacturing. CIRP Annals, 2019, 68(2): 843-866.

[6] 刘检华，孙清超，程晖，等．产品装配技术的研究现状、技术内涵及发展趋势．机械工程学报，2018, 54(11): 2-28.

[7] Sierla S, Kyrki V, Aarnio P, et al. Automatic assembly planning based on digital product descriptions. Computers in Industry, 2018, (97): 34-46.

[8] Jayasekera R D M D, Xu X. Assembly validation in virtual reality—A demonstrative case.

The International Journal of Advanced Manufacturing Technology, 2019, 105(9): 3579-3592.

[9] Genta G, Galetto M, Franceschini F. Product complexity and design of inspection strategies for assembly manufacturing processes. International Journal of Production Research, 2018, 56(11): 4056-4066.

[10] Maeda M, Sakurai Y, Tamaki T, et al. Method for automatically recognizing various operation statuses of legacy machines. Procedia CIRP, 2017, (63): 418-423.

[11] House W. Strategy for American leadership in advanced manufacturing. Washington: Subcommittee on Advanced Manufacturing Committee on Technology, 2018.

[12] Fraunhofer Institute for Manufacturing Technology and Advanced Materials. Robot on demand: Mobile machining of aircraft components with high precision. https://www.ifam.fraunhofer.de/en/Press_Releases/robot_on_demand.html [2020-06-26].

[13] Robotics V O. A roadmap for US robotics: From internet to robotics. Robotics Virtual Organization, 2013, 23: 2015.

[14] Altintas Y, Aslan D. Integration of virtual and on-line machining process control and monitoring. CIRP Annals, 2017, 66(1): 349-352.

[15] Zhou J, Li P G, Zhou Y H, et al. Toward new-generation intelligent manufacturing. Engineering, 2018, 4(1): 11-20.

[16] Djurdjanovic D, Mears L, Niaki F A, et al. State of the art review on process, system, and operations control in modern manufacturing. Journal of Manufacturing Science and Engineering, Transactions of ASME, 2018, 140(6): 1087-1357.

本章在撰写过程中得到了以下专家的大力支持与帮助（按姓氏笔画排序）:

王福吉　江平宇　许剑锋　张　俊　张　洁　张之敬　张鑫泉　明新国

周天丰　赵　欢　夏焕雄　徐九华　黄诺帝　程　晖　程　健

第 13 章　机械测试理论与技术

Chapter 13　Mechanical Measurement Theory and Technology

机械制造创新是人类经济社会发展的主要动力，机械测试理论与技术作为机械系统与信息系统交互的关键界面，是获取机械物理信息的主要途径，是推动工业生产和制造技术进步的“倍增器”，在机械科学基础研究、制造技术装备研发、制造过程控制、产品质量保证、系统运行保障等全部流程环节中发挥着不可或缺的支撑作用，是衡量机械前沿基础科学研究能力及机械工程发展水平的重要标志之一。

当前，机械测试理论与技术研究已发展为以计量标准理论、测试理论方法、传感器技术与测试仪器研究为主体，综合机械、材料、控制、光电信息、高性能计算和网络通信等多学科领域最新成果，以主动服务于机械工程学科的先进测量原理技术研究、高性能仪器设备研制和应用模式创新为目标的前沿基础学科。特别是在物联网、云计算、大数据等新一代信息技术与制造技术快速融合，触发并推动着新一轮制造业跨越式发展的时代背景下，我国航空航天、高速轨道交通、新能源汽车、电子信息等高端制造业中的传感测试及仪器设备需求呈现出爆发式增长，如何提升机械测试自主创新能力以满足高端制造业发展的迫切需求已成为机械测试领域发展必须面对的重大现实挑战；同时，新一代量子技术、新型纳米材料、人工智能、5G 网络等前沿技术正在快速取得重大进展，给机械测试理论与技术研究带来深刻变革，如何把握历史机遇，引领未来方向，对本领域可持续发展具有深远战略意义。

为主动服务于机械科学研究，促进机械工程高水平发展，适应多学科技术交叉融合趋势，机械测试理论与技术研究发展应紧紧围绕领域前沿基础理论探索和支撑国家重大工程技术研发两方面展开，积极开展新一代量子基标准体系下的计量测试原理方法与溯源技术研究，探索智能制造环境状态感知等前沿问题，引领机械测试理论技术研究发展方向；同时，聚焦以高端数控、新一代集成电路、航空航天、高速轨道交通、大型科学装置为背景的重大装备发展需求，重点开展以复杂系统综合信息感知和微纳尺度形性多参数测量研究为代表的先进测试技术研发和高端仪器设备研制，全面支撑国家重大工程建设和社会民生需求。

13.1　内涵与研究范围

13.1.1　内涵

机械测试理论与技术面向机械工程学科共性测量问题，以新物理化学效应、新材料器件、信息处理技术为基础，开展机械物理量测试新原理、先进测量技术、新型传感器件、复杂系统综合集成、现场测量溯源等研究，解决机械科学研究和工程应用中不断出现的测量新需求。在智能制造全球化的背景下，机械测试理论与技术正逐步摒弃传统单一功能、辅助测试的工作模式，从被动为机械学科提供测试服务，转变为主动创新测量方法技术，积极丰富拓展机械学科领域内涵，与机械工程学科其他领域方向不断融合，推动学科快速发展。在原理方法基础层面，机械测试理论研究正向着极端尺度、极限精度、高动态性、多元参量、复杂综合对象、极端测试环境等方向发展；在测量技术及仪器设备层面，机械测试传感设备研制正向高性能、网络化、智能化方向发展，并与制造系统深度融合集成，积极促进传统工艺优化、先进工艺创新、产品性能提升。

在当前全球制造面临智能化升级、我国诸多核心机械装备存在“卡脖子”问题的背景下，国家从战略层面对机械工程学科未来5～15年的发展定位、趋势和内容提出了更新、更高的要求：瞄准国家需求，结合工程实际，深入挖掘基础功能部件新结构、新原理和新方法，为重大装备设计及制造提供支撑；瞄准国际前沿，以工程需求为牵引，缩短智能制造、微纳制造等领域与制造强国的差距；加强多学科交叉融合，提升我国自主创新能力[1]。“十四五”机械测试理论与技术领域的研究，应积极响应国家战略需求，切实主动服务机械工程学科研究及我国制造领域发展，以更聚焦的姿态探索研究机械测试前沿基础理论，研发国家重大工程中的“卡脖子”测量技术及装备，提升机械测试自主创新力，为机械科学基础研究、高端复杂工业产品设计、先进制造过程控制、高质量产品检测以及高可靠运行管理提供创新的测试方法、技术和仪器设备，为我国机械工程学科的高水平、可持续发展提供强有力的自主创新技术支撑。

为顺应机械工程学科及国家重大工程对机械测试领域的新需求定位，对机械测试领域“十三五”规划的“机械制造与运行参数测量”内涵和研究范围进行优化、聚焦和拓展，新规划研究内容重点关注：新一代量子基标准体系下的计量测试原理方法与溯源技术、智能制造环境状态感知、复杂系统综合信息感知、微纳尺度形性多参数测量、机械测试基础理论方法及制造过程多属性参数测量。在未来5～15年，将以基础前沿问题为导向，以国家重大工程为牵引，集中精力研究新一代量子基标准体系下的计量测试原理方法与溯源技术、智能制造环境状态感知、复杂系统综合信息感知、微纳尺度形性多参数测量的四个领域前沿方向，重点关注量子化精密测量及溯源理论与方法、复杂系统智能感知理论与方法及宏-微-纳跨尺度精密测量理论与方法三大科学问题。重点和优先发展量子化测量传感技术与器件、量子计量溯源方法及技术、高动态参量表征与测量、多源状态感知与智能传感器、复杂系统多参数综合测试、人工智能驱动的智能化测试、复杂纳米结构三维测量/缺陷检测、微区形态性能多参数精密测量八个重点方向（见图 13.1）。

13.1.2　研究范围

机械测试作为机械工程学科的重要领域之一，以解决机械工程学科发展过程中不断出现的测量新需求为目标导向，研究范围不断拓展，体系结构不断完善。上一轮规划中，明确了以新型传感器原理与仪器、计量与测试新原理新方法、系统运行参数检测与表征、制造参数高精度测量与误差理论为主要研究内容，重点关注机械制造与运行参数测量问题[2]。新一轮规划结合新形势特点对机械测试领域研究范围内容做适当优化调整和延伸拓展，突出前沿理论探索创新力度，聚焦国家重大工程的“卡脖子”问题，研究内容体系以基础前沿问题探索和国家重大工程牵引为主脉络。在基础理论前沿研究方面，主要关注新一代量子基标准体系下的计量测试原理方法与溯源技术、智能制造环境状态感知两类问题，创新测量原理方法和技术手段，支撑推动机械工程学科高水平可持续发展；在国家重大工程牵引的技术研究方面，重点关注复杂系统综合信息感知、微纳尺度形性多参数测量等工程需求，为智能制造、微纳制造等领域发展提供高性能测试技术及高端仪器设备。

1. 新一代量子基标准体系下的计量测试原理方法与溯源技术

2018 年第 26 届国际计量大会全票通过“修订国际单位制 (SI)” 1 号决议，国际单位制中的 6 个基本单位实现了基于量子物理和物理常数的定义[3]，从根本上保证了 SI 的长期稳定性和通用性，将对现有机械测试理论与技术产生深远影响，特别是以光频梳技术为代表的频率-长度溯源技术，已经为以几何量测试为代表的制造测量体系实现现场扁平化溯源奠定了坚实基础[4]。另外，量子光学、粒子物理、激光技术、低温技术等现代物理学和相关技术快速发展，利用物质能级、自旋、干涉等量子特性，能够将被测系统的各种宏观机械量直接关联到物质最小基本量特征，进而使体积、灵敏度、精度、稳定性等核心指标得到质的飞跃，为

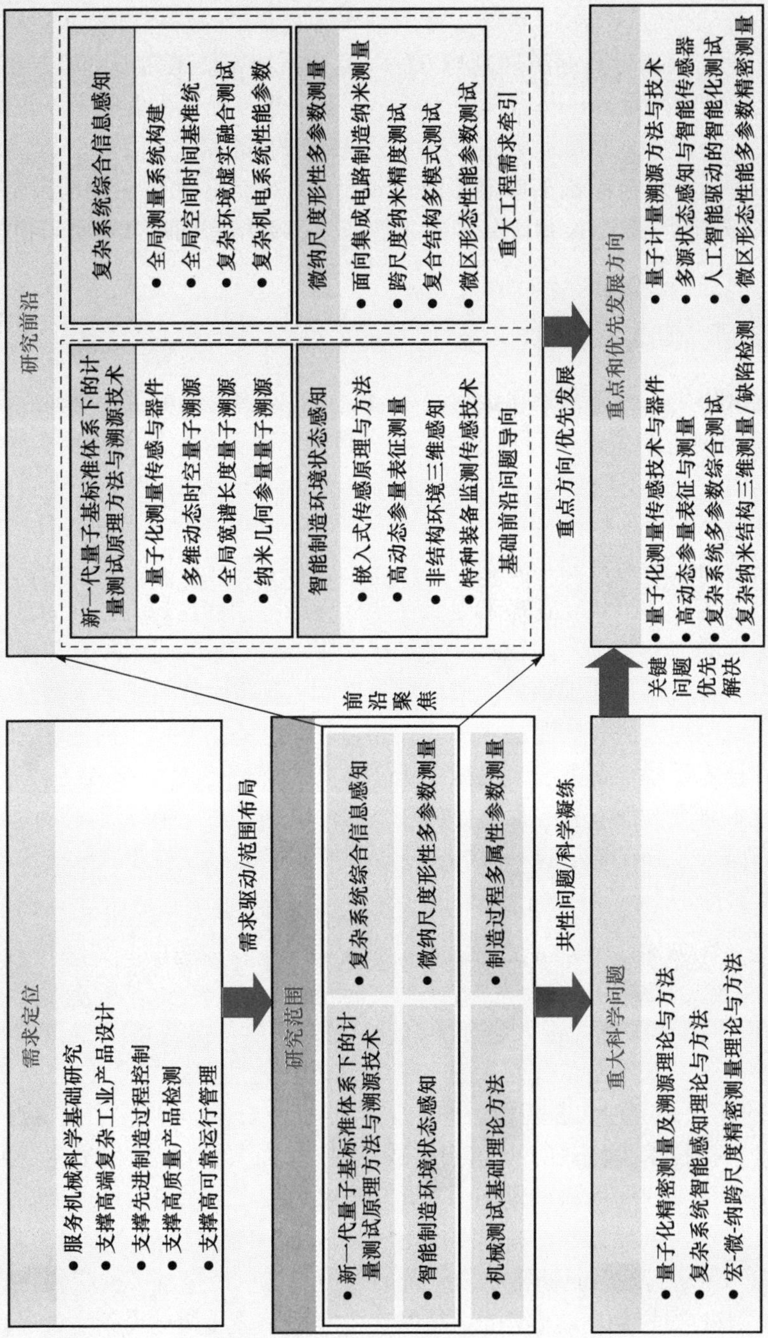

需求定位

- 服务机械科学基础研究
- 支撑高端复杂工业产品设计
- 支撑先进制造过程控制
- 支撑高质量产品检测
- 支撑高可靠运行管理

需求驱动/范围布局

研究范围

- 新一代量子基标准体系下的计量测试原理方法与溯源技术
- 复杂系统综合信息感知
- 智能制造环境状态感知
- 微纳尺度形性多参数测量
- 机械测试基础理论方法
- 制造过程多属性参数测量

前沿聚焦

研究前沿

新一代量子基标准体系下的计量测试原理方法与溯源技术

- 量子化测量传感与器件
- 多维动态时空量子溯源
- 全局宽谱长度量子溯源
- 纳米几何参量量子溯源

智能制造环境状态感知

- 嵌入式传感原理与方法
- 高动态参量表征测量
- 非结构环境三维感知
- 特种装备监测传感技术

基础前沿问题导向

复杂系统综合信息感知

- 全局测量系统构建
- 全局空间时间基准统一
- 复杂环境虚实融合测试
- 复杂机电系统性能参数

微纳尺度形性多参数测量

- 面向集成电路制造纳米测量
- 跨尺度纳米精度测试
- 复合结构多模式测试
- 微区形态性能参数测试

重大工程需求牵引

共性问题/科学凝练

重点方向/优先发展

重大科学问题

- 量子化精密测量及溯源理论与方法
- 复杂系统智能感知理论与方法
- 宏-微-纳跨尺度精密测量理论与方法

关键问题优先解决

重点和优先发展方向

- 量子化测量传感技术与器件
- 高动态参量表征与测量
- 复杂系统多参数综合测试
- 复杂纳米结构三维测量/缺陷检测
- 量子计量溯源方法与技术
- 多源状态感知与智能传感器
- 人工智能驱动的智能化测试
- 微区形态性能多参数精密测量

图 13.1　机械测试理论与技术领域内涵、研究范围及重大科学问题

突破传统机械量极限测量能力提供了可能。服务于机械工程学科，新一代量子基标准体系下的计量测试原理方法与溯源技术研究，在重点关注现场测量扁平化溯源理论体系等顶层设计问题的同时，还需要重点关注研究面向制造的量子计量溯源新方法及量子传感新原理等前沿技术问题，主要包括：基于光频梳的长度基准传递方法；多维度、高动态时空量子溯源方法及技术；全局宽谱量子基准长度溯源方法及技术；可直接溯源的计量型纳米测量仪器；面向纳米制造的纳米计量标准器的量子溯源方法；固态自旋结构的自旋态精确操控与被测物理量高精度参数测量方法；基于原子自旋效应的量子位移测量方法；基于 X 射线、探针、电子束等测量技术的原子晶格常数测量方法；基于集成化、小型化光频梳的精密测量技术。

2. 智能制造环境状态感知

随着智能制造推进，智能单元、智能车间、智慧工厂已逐步在航空航天、能源重工等工程领域开展了基础性、示范性应用[5]。发展复杂作业下环境状态感知技术，构建智能自主单元，提升智能装备在复杂现场环境中运行适应性、自律性、稳定性和可靠性，对推动智能制造技术深层次发展具有重大意义。伴随制造对象结构更加复杂、精度更加苛刻、尺寸更加极端、物化特性更加特殊及其作业场景内多物理场强耦合的发展趋势，亟须发展多模态场景感知、多维多参数实时测量、多源动态误差分析等理论与技术，提高智能制造装备在复杂场景下的作业能力。智能制造环境状态感知的研究将主要关注：面向智能制造新工艺领域多参数、多维度的嵌入式传感理论，解决特殊、极端条件下的复杂测量问题；面向智能执行机构的跨尺度动态跟踪测量及多模态集成感知理论，为多自由度执行机构的外环监测和在线校准提供有效的技术途径；面向智能自主单元的多源环境状态感知与预测方法，提高智能制造装备在复杂场景下的适应性和作业能力；面向特种装备复杂 / 极端环境下状态监测的传感原理方法，构建损伤模式及传感信号的关联模型，为严苛服役环境中的传感器性能衰退、误报和失效提供全面信息支持。

3. 复杂系统综合信息感知

面向汽车、航空航天、船舶等高端复杂产品的制造正经历从传统模拟量协调向数字量协调的技术变革，基于制造过程综合感知信息的数字化制造模式是提高质量效率、改善产品性能、延长服役寿命的必然选择，先进的高性能测量方法与技术设备已成为重大装备数字化制造系统中不可或缺的组成要件；另外，复杂机电产品的技术综合度、复杂度急剧增加，整机产品的功能和性能大幅提升，面向复杂机电产品的测量任务面临着比以往更为严苛复杂的测量要求、条件及环境。测量对象的巨大战略价值、现场条件的严峻挑战以及测试理论发展的广阔前景，使得复杂系统的综合信息感知问题一直是国内外的研究重点和热点。基于此背景，复杂系统综合信息感知的研究将主要关注：面向产品整体外形的跨尺度三维高分辨率测量新方法，复杂制造现场高精度全局信息系统架构、系统监控与健康维护机制，多站异构网络测量体制下的全局时间基准构建及精确同步方法，时间-运动信息-空间坐标集成融合的建模表达及动态补偿方法，复杂机电产品运动、应变、变形参数的非惯性、非介入自主动态测试方法，复杂/极端工况下机械系统服役行为的原位测试方法，面向系统设计、制造和安全保障的动态测试大数据挖掘、统计、分析方法，人工智能驱动的智能化测试。

4. 微纳尺度形性多参数测量

微纳特征尺寸功能构件结构复杂、界面效应强、内部缺陷分布呈新形态，微纳制造方式呈现出由传统单一场作用向包括力、热、电、磁等多场耦合作用转变的趋势，制造过程中材料和零部件的形态和性能可能会同时改变。因此，发展形状、性能参数的高分辨、高准确度、高效率的多物理场、多尺度复合测量技术是支撑微纳制造新方式的关键环节，亟待从理论、技术和实现方法上进行重点研究。基于此背景，微纳尺度形性多参数测量的研究将主要关注：基于极短波长的集成电路纳米结构三维形貌散射测量理论与方法，基于高分辨/超分辨显微成像技术的集成电路纳米结构缺陷检测理论与方法，跨尺度纳米精度测试理论与模型，多材料复合微结构三维全尺寸增强测量理论与技术，超高频皮米精度的微结构运动特性测试理论与技术，高空间分辨、高灵敏、高准确的纳米级微区形态性能参数探测方法。

13.1.3　在经济和社会发展、学科发展中的重要意义

制造业是国民经济的主体，也是我国经济“创新驱动、转型升级”的主战场，作为制造能力提升和产品性能质量保证的核心手段和关键环节，机械测试技术为我国制造业发展升级提供了强大的技术支撑。近 15 年来，美国、日本、德国等发达国家大力发展面向高端制造业的测试技术，旨在提升制造业整体能力水平，抢占高端制造市场。例如：美国于 2006 年颁布美国竞争力计划战略，将制造相关的测试计量技术作为 3 个重点投入领域之一，全力支持基础性计量标准和测试技术研究；日本于 2012 年制定了旨在打造坚实制造业基础的“知的基盘”计

划，将测试计量、标准等基础知识作为国家的公共财产，明确其对国家科技基础建设的支撑作用；德国于 2013 年开始实施的“工业 4.0”计划中将计量测试和标准作为核心战略。机械测试技术水平将是衡量我国制造业国际竞争力的重要因素，其重要性在全球新一轮高端制造业竞争中将愈加凸显。

机械测试正在与信息科学、材料科学等多学科高度交叉融合，新型测试技术手段不断出现，有力推动机械工程学科发展。一方面，因为制造对象结构更加复杂、精度更加苛刻、尺寸更加极端、物化特性更加特殊，创新的高精度、多模态、精细化、实时闭环的机械测试理论方法与技术是推动制造技术升级的源头动力；另一方面，新一代信息技术与智能制造业不断融合，传统意义上的机械测试功能定位已大大拓展，如何将测试与产品的设计、制造、运维整体融合，构建基于信息传感的数字孪生系统，通过深度学习等新一代人工智能技术实现正向性能预测和逆向性能归因已成为有价值的发展方向。

随着新一代信息技术与制造业进一步深度融合，在我国向智能制造转型升级过程中，机械测试的基础支撑乃至推动引领作用更加凸显。

1. 量子化测量溯源为未来制造注入新的发展动力

正如 1967 年时间单位“秒”的定义修订，有力推动了全球定位系统和互联网的发展，引领了信息及导航技术革命。基于物理常数定义的全新量子化基标准体系可在全尺度范围内保持相同不确定度，能够把长期稳定的最高测量精度直接赋予制造设备，从根本上解决未来制造高度柔性、定制化场景下复杂生产过程的测量结果有效性和一致性问题，全面释放智能制造的创新动力。在传感层面，通过对量子态精密操纵检测，可实现对电磁场、温度、压力等物理量的超高灵敏度芯片级测量，并有望突破经典测量极限，从而有力推动机械测试技术在精度、灵敏度和稳定性等方面实现突破[6,7]；在制造设备中嵌入芯片级量子计量基准和器件，可将制造过程中各参数测量直接溯源至物理常数，并通过实时反馈实现最佳控制，大幅提升制造精度；在溯源层面，航空航天、船舶制造及大型科学装置等重大工程测量对象，体积庞大、结构复杂，测量需求与各种工艺环节相互耦合，仪器现场误差因素不易控制，量值传递困难，缺乏统一校准评估基准，不同设备测量结果经常冲突，对最终质量控制造成严重干扰。基于量子基准构建网络化分布式溯源体系可有效缩短溯源链路，满足重大工程现场“系统计量”或“整体计量”需要，为跨企业、跨国家、全产业链协同的制造新模式提供测量数据基准。

由于完全脱离特定国家或机构持有的物理实物基准，新的计量体系将形成以部分国家为主体的多级全球中心或区域中心，掌握领先的量值溯源测量技术并建立基于 SI 的全球溯源基准将为我国产品争取价值链的最高端位置和相关领域话语权带来新机遇，是我国制造产业顺利实现转型升级的有力保证[8,9]。

2. 智能感知是实现制造智能化的信息保证

制造生产全过程信息流的实时获取及各个关键环节的“互联互通”已成为推动新一轮制造技术变革的核心要素，必须依赖具有智能感知能力的新一代智能制造工具予以实现。赋予智能制造单元感知能力的机械测试是实现制造工具智能化的先决条件，是推动传统制造领域转型升级的关键技术基础。依托多源感知能力的测量传感单元，以及智能感知制造流程中的磁、热、声、光、力、形等关键状态参数，才能实现对制造过程中物质、能量、信息的获取与分析，为制造过程工艺状态判断提供数据支撑，为驱动制造提供决策依据，实现真正意义的全流程制造智能化。

智能制造单元作为智能制造体系中的核心环节，将极大地影响加工质量、加工效率乃至系统整体生产能力，作业状态感知则是决定智能制造单元性能的关键。实现复杂环境状态多参量耦合作用下的高性能感知，构建针对智能制造单元运行状况的信息感知系统，形成智能装备数字化控制与无人化作业模式，满足复杂场景下智能单元的在线监测、场景感知和精准测量要求，提高智能制造装备在复杂场景下的适应性和作业能力，这对于提高我国装备制造水平、占领国际制造领域制高点、推动科技强国具有重要的科学意义和应用价值。

3. 综合测量能力是实现复杂系统性能的基础

复杂制造系统是面向汽车、航空航天、高速轨道交通等高端复杂工业产品制造的高难度系统工程，多加工过程、多模块结构、多材料特性、多环节作用是复杂制造系统的共同特点[10,11]。在工业制造领域，复杂制造系统以汽车流水线批量制造、航空航天产品脉动制造最为典型，随着以自动导引车、智能机器人为代表的可移动柔性平台被大量引入，复杂制造系统显现出高度动态、灵活可配置的发展趋势：多型号混流制造及个性化定制要求使得传统汽车生产逐步脱离流水线模式，向基于自动导引车物流的智能化、可动态配置方向快速发展；航空航天大型装备由单件产品独立装配向动态移动加工及带有明显节拍特征的高效脉动式自动化组装方向发展。面对未来高度复杂、灵活、自动化的制造新模式，发展具备多目标、多自由度、实时信息同步获取能力的复杂制造系统综合信息感知技术，构建反映制造全流程的完整数字镜像，为解耦各工序间相互作用，优化分配系统精度余量，有效预测异常工况提供综合信息支撑，对创新大型装备制造生产模式、升级工艺水平、提升生产效率有着重大工程价值。

此外，以航空航天装备、大型数控装备、高速运载装备、核电装备为代表的复杂机电系统，在服役高速运动状态下空间位姿、结构变形、应力应变等参数，与系统的气动外形特性、机械结构特性、机械材料特性以及服役过程中的安全性和可靠性密切相关，这些参数的动态实时测量一直是机械测试理论与方法的重要研究内容。通过发展具备多信息、多参数的复杂机电系统综合信息感知技术，以实施长期连续监测，实现性能测试、状态评估和故障预警，保障大型装备长期运行的稳定性和安全性。

4. 微纳尺度测量性能是提升超精密制造水平的关键

微纳结构零件、先进光学元件的超精密制造需要达到亚微米级面形精度与纳米级表面粗糙度，精良的制造工艺及加工精度与测量能力密切相关，微纳尺度超高精度测量数据为超精密制造过程控制提供了必备的信息支持。光学自由曲面是典型的超精密制造产品，测量需求已超越传统意义上的单纯“三维”测量能力，要求测量性能实现“全维度”提升，除去常规的三维信息，还包含空间约束和几何特征约束（如尺寸、角度、斜率等），以及多传感融合的测量数据质量评价等。对于微小尺寸的微纳结构零件，则需要构建具有狭小空间约束的专用测量系统，研究测量过程多源误差传递机制，建立多测量数据融合与多特征量同步解析模型，同时实现对测量系统与超精密制造质量的评定。

为解决高性能光学系统元件超精密制造过程中的面形精度、表面质量、位置精度同时控制难题，实现微纳尺度测量性能向“全维度”方向发展，需要通过研究多测量系统间的坐标统一和数据分离映射等关键问题，以实现各维度数据间的互联融合，满足各类元件在制造过程中对空间位姿、表面形貌、表面质量、使用性能等综合测量的需求，形成针对多元件系统成形的超精密制造体系。微纳尺度测量数据分析为超精密制造结果提供了切实的评价依据，为制造工艺优化、质量改进提供了不可或缺的反馈控制信息。微纳尺度测量性能的提升与深度挖掘应用，为超精密制造工艺和产品质量提升提供了有力支撑。

13.2　研究现状与发展趋势分析

经过近几十年发展，机械测试已从早期的单一尺度、单一几何量、简单测量对象、事后离线测量发展到跨尺度、多物理参量、复杂整体测量对象、在线实时测量新阶段。过去十年，机械测试研究方向取得了长足进步，特别是在跨尺度/

超大尺度的计量与测试原理研究、多尺度多参数测量 / 动静耦合误差理论技术攻关、加工过程建模 / 装备测试检定仪器研制上取得实质进展，研究成果在支撑机械工程学科发展，服务以“大型飞机”“高档数控机床”为代表的国家重大专项实施，推动以集成电路制造、汽车数字化制造为代表的制造技术进步方面产生了重大作用。在取得积极成果的同时，当前机械测试领域发展依然存在明显短板和发展问题，主要包括如下几个方面：

(1) 前沿基础理论研究布局不足。以量子化测量为代表，现有研究内容仍集中于原理探索，和国际领先水平存在较大差距，应对 SI 量子化变革的系统性布局缺乏，面向未来制造的新一代量子化机械测试理论体系有待建立。

(2) 实现高性能、高复杂度、高通用性的关键测试原理和方法探索不足。在超分辨率、超高精度、高动态测试原理研究积累不够，复杂机电系统综合测试、极端工况高性能测试研究基础薄弱。

(3) 对多仪器构成的复杂测量系统研究大都停留在功能组合集成层面，缺乏整体系统层面的深刻认知，高性能的综合测量系统研发缺乏理论支持。

(4) 吸收融合新技术不充分。机械制造数据具有海量化、多元化、共享网络化、社会化特点，但测试理论技术与云计算、大数据等新一代信息技术交叉融合薄弱，面向前沿应用需求的研究有待加强，测试数据科学有待发展。

(5) 核心技术、设备研发层面能力严重不足。关键核心部件研发能力薄弱，国产高端精密测量仪器长期滞后缺乏。

13.2.1 精密测量方法与计量溯源

1. 量子化测量传感技术与器件

量子化测量利用原子、光子等量子体系的量子特性及现象，通过对微观量子态进行精确调控及观测，建立多物理场量子体系与被测宏观物理状态的耦合关联模型，进而完成长度、角速度、磁、热等机械量的高灵敏传感测量[12,13]。近年来，光频梳的发明使光频通过频率链无缝连接到微波钟频率，可独立保证长度基准的准确可靠，对几何量测量具有重要意义。国内在光频梳脉冲对准测距、双光梳多外差测距、光谱编码测距等原理创新方面已接近世界先进水平，并且已经将光频梳测距系统应用于卫星、空间相机部组件等大型构件的测量，但在光频梳集成以及小型化、芯片化等方面和国外仍有较大差距，存在“卡脖子”隐患。固态量子体系物理量测量具有启动时间短、不需预热等显著优势，理论灵敏度可突破传统测量极限，依靠先进量子调控、微纳加工技术，固态量子体系器件芯片化前景广阔，发展潜力巨大。国际上，美国国防部高级研究计划局陆续支持开展新型量子传感导航系统及器件重大研发计划。欧盟于 2016 年发布《量子宣言（草案）》，呼吁建立 10 亿欧元的量子技术旗舰计划[14]，将量子化测量作为重要研究领域之一，在科学研究、产业推广、技术转化、人才培养等方面都将获得重要支持。我国在 2016 年的国家重点研发计划中设立了“量子调控与量子信息”重点专项，将量子调控与量子信息技术纳入国家发展战略，明确提出要在核心技术、材料、器件等方面突破瓶颈。

主要发展趋势集中在高精度物理参量测量的理论方法和器件集成化关键技术等方面，期望在物理量（如长度、磁场、温度、时间、电场、力等）量子化测量方面取得突破。未来，光频梳的集成化、小型化、芯片化也是必然的发展方向，将带来光频梳测量系统集成度和可靠性的提升，使其走向工业测量现场，解决精密零件和光学元件面形测量、精密加工过程中的尺寸测量、大型装备数字化制造装配过程中的多自由度参数及其他几何量精密测量问题。

2. 量子计量溯源方法及体系

2019 年 5 月 20 日（世界计量日）新修订后的国际单位制 (SI) 体系正式生效。在新的量子化 SI 体系下，计量溯源将呈现两个发展趋势[15,16]：一是计量溯源的扁平化，量子计量基准与信息技术相结合，使量值溯源链条更短、速度更快、测量结果更准更稳，将改变过去依靠实物基准逐级传递的计量模式，实现最佳测量，提升产品质量竞争力；二是从传统的实验室条件溯源转向在线实时校准，从过去终端产品的单点校准或测试转向研发设计、采购、生产、交付及应用全生命周期的计量技术服务。

在系统层面，现有计量体系仍为金字塔结构，依托各级计量实验室开展计量工作，基于实物的计量标准器具保存困难，量传过程影响因素多，精度损失大，效率低。在未来“工业 4.0”智能制造过程中，通过嵌入新 SI 体系下的各种量子计量基准，可将检定、校准直接溯源到最高计量基准，保证制造过程中各种参数准确可靠。在技术层面，作为机械测试研究最重要的基石，光频梳等新一代时间长度基准已经为几何量扁平化溯源提供了技术基础，但是面向制造现场坐标、位姿、形貌等高维时变几何量测量需求，可全局扁平化溯源的几何量测量体系尚未建立，如何将现有面向静态一维长度的量子化溯源拓展为时间 - 空间相关的时变多维度动态溯源，在车间级或跨车间级范围内实现多个制造单元基准统一传递等问题仍处于方案探讨和技术预研阶段。微纳尺度下，光学显微成像、高精度断层扫描等二维、三维高 / 超分辨测量校准问题日益凸显，面向微结构测量需求的微米、纳米量级位移感知与多维精度校准技术尚未成熟。

13.2.2 智能传感测量

1. 嵌入式传感

随着智能制造新工艺的不断涌现和快速发展，制造装备已演变成以信息流为基础的复杂机电系统，信息获取需依托具有精准、实时、全面感知能力的智能传感单元。嵌入式传感具有传输路径短、直接测量、集成度高等特点，可实现智能传感单元与制造装备系统的一体化设计集成，大大提高数据信息采集效率和精度。近年来，制造系统中长度、角度、速度、加速度、温度、压力等物理量的嵌入式传感原理与技术的发展，一定程度上推进了传感单元与制造系统功能部件的集成融合。嵌入式传感原理创新与发展主要体现在两个方面：① 传感单元从结构性嵌入发展为功能性嵌入。嵌入式传感不再是将独立的传感器单元小型化后安装到被测系统中，而是直接将被感知系统的驱动部件、传动部件、运动部件等作为传感单元的一部分，共同实现感知功能。② 嵌入式传感单元的功能由单参数、单维度发展为多参数、多维度的复合感知。多参数、多维度感知是嵌入式传感对现有传感原理方法的拓展，是对制造系统环境状态更全面的感知方式。对于嵌入式传感技术，在线的性能监测和精度维护已成为限制其应用发展的关键问题，亟须进一步发展面向智能制造新工艺的嵌入式传感新原理与新方法。

未来重点发展方向是研制可同步测量多参量的新型嵌入式传感单元，能够与被测对象深度融合，甚至可利用被测对象自身部件（驱动部件、传动部件、运动部件等）作为整体传感器的一部分，进而实现系统层面的感知测量功能，具备对传感单元工作状态进行实时监测和在线精度维护的功能，提升适应性和可靠性；进而研究传感单元间多源异构数据融合问题，组成具备多维度、多参数测量功能的传感测量网络，实现系统状态的在线监测。

2. 高动态多维参量表征与测量

以机器人、智能机床为代表的执行机构及制造单元是智能制造链条的基本组件，随着加工制造精度要求不断提高，智能单元误差补偿研究由机构误差和简单热变形误差向动态误差及复杂热变形误差补偿方向发展。然而，随着高精度复杂零件对加工柔性要求的日益提高，智能单元中多轴转动机构等新型柔性结构的引入，使传统机构误差修正补偿理论面临诸多难题，急需高精度、多维动态测量手段为理论分析提供源头数据。多类型物理量的高动态、多源、多维参量模型表征和精密测量是保障高效稳定加工过程、实现精准操控的基础。目前围绕智能执行机构的高动态参量表征与测量已有一定研究，但仍以几何量为主且动态能力特性尚不完善，如目前制造单元中使用最为广泛的激光跟踪仪具备跟踪能力，但不具备动态多目标测量能力。另外，传统单独关注几何量或物理量的传感测量模式已无法满足智能制造对智能执行机构、作业场景和作业状态的多模态动态监测需求，融合旋转磁场、涡流场、温度场等多源物理场与几何量的高动态参量测量将成为智能制造单元的核心技术。现有研究工作存在高动态参量表征不准确、测量模式单一、测量精度效率不足等问题，亟须对高动态测量技术进行进一步深入研究与拓展，提高高动态多维参量有效信息获取、精准表征的能力，实现智能执行机构高动态参量的表征与测量。

未来需重点关注智能自主单元多维多参量的动态测量新方法研究，以满足多维度参数获取及其时变规律分析的需要；探究高动态参量内在关联以及外部扰动因素作用机制，解决多参量耦合模型表征、全局高分辨动态监测和长时间连续跟踪测量难题；研制包括空间位姿、几何尺寸、材料光谱、力学特性和散射特性等参量的多模态测量感知集成系统；针对高速、重载、高温、高压、冲击、强振等极端工况，研究多维信息提取处理、动态参量实时解算和复合误差标定辨识方法，实现多模式工况下智能自主单元作业状态的快速捕获和精准调控。

3. 非结构环境精确三维感知

随着智能制造的推进，以智能化生产线、无人车间为代表的自由场景、欠约束、高柔性的非结构化现场制造模式已逐步在航空航天、能源重工等重大工程领域开展应用。非结构环境的精确感知测量是制造现场测量的基本问题之一，主要包含加工对象感知及三维场景感知。目前我国复杂现场加工对象几何量测量技术研究达到了国际先进水平，研发了突破表面高反射率限制的光学三维测量系统，并在航空整体结构件的制造过程中实现了应用，但面向三维场景的感知技术尚未成熟。三维场景感知元素具有实时变化及高度复杂性的特点，目前缺乏高效场景参量的语义表征模型，极大地限制了复杂场景的准确感知与认知。因此，亟须大力发展高性能的三维场景感知技术，为非结构化现场的精准检测与性能评估提供重要理论和技术基础。

未来针对非结构环境中的精确三维感知难题，需研究基于视觉图像信息的三维场景重构方法与技术，重点关注复杂环境背景干扰下低质图像分析与特征提取技术，构建基于知识的欠约束优化算法；深入研究光学成像特性与视觉三维重建性能间的关联机制，降低环境因素对精密光学三维感知测量能力的影响；研究三维场景的精细分类与目标提取方法，探究三维目标多尺度全局与局部特征的学习方法，建立顾及目标及其结构的语义理解机制，建立语义与结构正确映射的场景 - 目标 - 要素多级表达模型。

4. 在线感知与高性能传感器网络

航空航天、化工、核电、国防军工等重要领域的智能装备常服役于复杂/极端环境，环境因素对服役装备的影响具有强时变性、高突发性，极大地增加了装备运行状态实时精准调控决策的难度。此外，长期服役过程中装备常因零部件的内部微裂纹、外部损伤等因素产生无明显征兆的瞬时机械失效，极易引发安全事故，造成重大的经济损失和负面社会影响。近年来发展的实时状态感知技术可在线监测装备运行状态，为装备高鲁棒控制及运行状态预测提供数据基础，能有效减少因机械结构瞬时失效导致的安全事故。状态感知技术通过集成于系统结构内部或表面的传感器网络，实时获取与装备状态相关的特征参数(如形变/应力、模态、温度等)，为运行状态实时分析、循环反馈、智能调控提供数据，对结构不安全因素进行有效预警，控制并消除隐患。实时状态感知技术正由有线的传感监测网络向具有低成本、分布式和自组织特点的无线传感器网络发展，但仍需解决传感器灵敏度低、可靠性不足、传感节点同步组网难、多源扰动下测量精度不足等共性关键问题。

针对复杂服役环境下装备多源状态的高性能感知预测问题，需致力于开发具有高灵敏度和高可靠性的新型高性能传感器，构建分布式智能无线传感器网络并开发相应边缘算法；研究基于外部多参量耦合作用机理及各参量测量相互影响机制，研究涉及磁场、温度、应力应变、振动等外界不确定干扰的信息提取方法；研究恶劣工况下多源环境对传感器精度的影响规律及不同效应传感器间的干扰串扰机制，实现多源环境多传感器快速高精度的标定技术。

13.2.3 复杂系统整体综合测量

1. 复杂制造综合测量体系构建

多物理过程、多模块结构、多功能特性整体耦合是当前航空航天、汽车、船舶等复杂制造系统的共性特点。通过构建泛在的全局信息测量感知网络，获取贯穿于整个制造过程和产品运维过程的高精度、高动态、多模态、多尺度、多维度信息数据流，建立信息世界和物理世界映射界面，为复杂制造过程中各环节间相互耦合作用机理分析、制造精度协调传递规律探究、异常工况有效预测和故障预控制造过程全流程/全空间集成提供全局的多层次数据支持，已成为复杂制造系统研究的重要问题。

面向复杂制造工艺流程，鉴于产品结构复杂、多型号多工位误差综合的特点，外形尺寸精度控制仍是保障制造质量的基础环节，测量需求从以零件、部件层次的形位公差、坐标等局部区域离散几何特征向跨尺度高分辨率全局连续的多自由度、多类型参数测量方向发展。现有单一物理量的流水线在线测量或大型装备制造测量，在理论体系、技术手段等方面均已无法支撑上述发展需求，必须突破现有测量框架，构建可同时兼顾多源数据、跨尺度、高精度、高分辨率需求的全新测量新体系；结合产品数字模型等先验信息，开展数字化装配关键特征参量定义研究及基于模型的功能公差、物理特性分析评价方法研究，通过车间级或者厂区级别的综合信息感知分析，建立多源系统协同测量平台。在底层原理层面，保证现场各类测量资源系统在数据、硬件、界面、业务流程各个层面的系统整合，构建坐标、形貌、应力等多种装配关键特征参量的多系统最佳协同框架，实现设备、质量、流程数据的共享，为制造过程质量控制和产品状态监控提供信息服务与支持，提升现场测量效率、装配效率及产品质量。

2. 全局空间、时间基准统一

在以航空航天、汽车为代表的复杂产品制造领域，以自动导引车、智能机器人等可移动柔性平台作为基本单元部件，以多层次空间位姿信息为驱动约束，构造全局协同的智能制造系统是智能制造技术研究的重要发展方向。在未来多部件（多目标、多自由度）、大空间、实时协同（人-机和机-机协同）的智能制造背景下，在车间级、厂区级空间内能够实时同步获取位姿信息的动态测量能力，将成为测量定位技术深度融入制造系统、协调制造过程的必备条件，统一的全局空间、时间基准是实现上述测量模式的基础前提。

全局空间基准构建尚缺乏成熟的理论方法及标准规范，亟须大力发展全局空间基准实现、传递及维护方面的研究。需研究全局空间测量基准建立技术，探究金字塔跨尺度设计、分级布网控制策略及分布式节点数据融合方法，实现空间基准尺度一致性；研究局部基准与全局基准无缝连接技术，探究多级图结构抽象、全空间连接优化、局部节点传递、维度方向约束等方法，实现局部空间基准精密传递及不同方向精准控制；研究多级参考框架控制点建设与维护技术，探究拓扑网型变化检测及修复计算等方法，实现多级精度控制参考点的校准及修复。研究基于原子钟等高精度时钟源及基于IEEE-1588等网络化协议的现场授时方法，构建面向现场时间敏感测量需求的全局时间基准，为大空间全局统一测量提供灵活可扩展系统同步机制。

3. 复杂机电系统多参数综合性能测试方法

复杂机电系统以航空航天产品、高端数控装备、高速交通装备、核电装备等为代表，组件单元数量庞大，性能逼近理论极限，运行工况恶劣多变。单一参数或单类型参数无法全面衡量复杂机电系统的性能或状态，需要研究系统运行状态综合性能多参数测量方法。当前复杂系统综合测试难点集中于两方面：高速运动状态下，空间位姿、结构变形、应力应变等参数测试；极端工况下，面向材料力学行为和性能衰退机制的全周期服役性能综合原位测试。前者是航空航天类复杂系统测试面对的共性难题，可利用惯性导航与全球定位系统组合等方式实现测量，但在环境、时间漂移、观测高度、轨迹不确定性等诸多因素影响下，高速状态下整机的高精度定位定姿依然是难题。现有接触式电阻、分布式光纤等应力应变测量方式，均对被测载体产生直接接触或介入影响，高速运动服役状态下测量效果严重受限。目前，动态视觉测量是解决上述难题的有效途径，并呈现多光谱、高分辨、多信息融合发展趋势，但实现运动载体三维外形、位置和姿态的实时测量还需要解决高速跟踪、图像处理、模型反演等一系列问题。在复杂时变的多重极端工况下，原位测试是破解极端工况服役性能中重构难、再现难、认知难、测试难和验证难的有效方法。材料服役工况与性能衰退的多尺度模拟与原位表征，尤其是采用“由表及里”“由宏至微”的超快时、高分辨、无损穿透的多参量原位测试方法，可为超导材料等极端服役工况下的临界失效行为与预警决策等提供理论支撑与测试保障。复杂机电系统的综合服役性能测试需破解多层级、跨尺度、复杂时变多物理场的耦合干扰和时空干涉问题，也面临特征提取、数据冗杂、阈值判断和精确故障诊断等挑战，亟须研制满足多维尺度、多重耦合、多域时频响应测试需求的新型测试仪器。

此外，构建综合测试系统实现动态运行条件下多种类型参数整体测试，需要融合不同类型测试方法和技术手段，长期持续的动态测试监控必然形成大数据，对传统测试和数据处理方法提出新的挑战，多信息、多参数综合测试方法研究和大数据处理方法与技术也将成为本领域的研究重点。

13.2.4 微纳尺度测试

1. 面向 IC 制造的纳米测量和缺陷检测理论与技术

为了实现纳米制造工艺的可操纵性、可预测性、可重复性和可扩展性，在批量化纳米制造中对纳米结构三维形貌进行快速、低成本、非破坏性的在线精确测量具有十分重要的意义。近年来，IC 器件结构设计已从简单的平面纳米结构逐步转向复杂三维纳米结构，在 7nm 及以下技术节点的 IC 器件中，纳米结构关键尺寸更小、形貌参数更多、所用材料更新更复杂，对纳米测量提出了更高的要求和挑战[17]。在批量化纳米制造过程中，纳米结构三维形貌在线测量所采用的传统光学散射仪，在 CD 趋近于 7nm 时几乎完全失去了灵敏度。为此，国际上的一些重要研究机构如美国国家标准与技术研究院、德国联邦物理技术研究院均已开展了基于小角 X 射线散射仪的纳米结构关键尺寸测量研究 [18,19]，展示了小角 X 射线散射仪在复杂三维纳米结构测量中的优势，预示了未来光学散射测量技术的重要发展趋势。

IC 制造过程中出现的一些“杀手”缺陷直接影响 IC 器件的性能和产品良率，需要对其进行精确检测。随着纳米结构关键尺寸突破 22nm 节点，纳米结构缺陷引起的散射为米散射，微弱的散射信号叠加仪器噪声、纳米结构本身三维形貌引起的散射信息，使得基于传统光学显微镜的纳米结构缺陷检测技术面临着严峻的挑战。基于扫描电子显微镜的电子束检测方法对大多数纳米结构缺陷都具有非常高的灵敏度，但电子束检测方法检测速度慢、成本高、设备操作复杂，且对待测样品造成破坏。近年来发展的一些新的远场超分辨成像理论，如基于超振荡透镜和基于超表面的超分辨成像，一旦取得实质性突破，必将推动纳米结构缺陷检测技术的发展。此外，将传统显微成像技术的探测波段从可见光延伸至紫外甚至 X 射线波段，以提高显微成像技术的分辨率，也是一个值得关注的发展趋势 [20]。

2. *跨尺度纳米精度测试理论与技术*

大规模 IC 以及球面微透镜阵列、二维光栅等结构化曲面与自由曲面的迅速发展促使跨尺度纳米测试的对象从平面特征迈向复杂三维特征。纳米级高分辨率、高扫描效率，以及宏观器件复杂微小结构检测的良好适应性是跨尺度纳米精度测试技术的核心需求。纳米三坐标测量机作为解决此类复杂结构表面测量的关键手段，成为各国竞相研究的热点。国际范围内跨尺度纳米精度测试技术的研究集中于美国、英国、德国等国家计量研究院、顶尖高校与公司，以美国国家标准与技术研究院、英国国家物理实验室、德国联邦物理技术研究院以及德国卡尔蔡司公司为代表，目前所开发的纳米三坐标测量机已实现 100mm × 100mm × 100mm 范围内的纳米级分辨率测量。相比之下，国内相关研究多处于模块化单元研究阶段，有待形成足以支撑自主研制跨尺度纳米精度测试仪器的理论与技术体系。

在先进光学制造领域中，以天文望远镜镜片为代表的大口径光学元件，在数百毫米乃至米量级宏观尺度下，面形误差与粗糙度要达到微纳级别，制造装配过程对跨尺度纳米精度测试技术提出高精度、高效率、非接触和良好适应性的需求。干涉子孔径拼接、点扫描式三维形貌测量等新型测试方法和技术成为解决此类大尺寸高精度自由曲面测量的重要手段，也是跨尺度微纳精度测试技术研究的重要内容。此外，受光学显微仪器有限孔径及光波在物质中的传播吸收问题影响，现有科学仪器无法兼顾高分辨力和微结构内外形貌的测量。将声学探测等多种传感方式与光学探测相结合，实现超深、超分辨的跨尺度测量是未来微加工检测待突破的问题。

3. 微纳复合结构多模式测试理论与技术

微纳尺度呈现的新型物理性质成为构建微纳器件的基础，力、声、光、热、磁等多场耦合和调控都需要不同形式的复合结构来实现，异质异构和跨尺度是微纳复合结构的主要特征。现有的测量方法大多实现单一性质或者单一参量的测量，包括：用于膜厚测量的椭圆偏振技术、反射光谱技术，用于尺寸和形貌测量的扫描/透射电子显微技术、光学显微干涉技术、共聚焦显微技术、原子力显微镜技术，用于内部缺陷测量的 X 射线显微技术，用于应力测量的 X 射线衍射技术，用于表面成分测量的拉曼光谱技术、红外光谱技术，用于动态测试的激光多普勒技术、频闪测量技术。虽然这些测量方法和技术对于支撑多类型微纳制造技术的发展起着极其重要的支撑作用，但在探究微纳尺度多场耦合问题时存在诸多不足，直接影响到微纳制造技术研究的深度和发展，相关的科学问题有：多材质复合结构内部缺陷分布与形成机制、原子尺度结构相关的光电特性、异质堆叠结构表面界面特征、跨尺度多膜层结构光电特性、复合膜层射频机电耦合行为等。针对微纳复合结构多材质融合、多结构组合、多功能集成的特点，发展高分辨、高准确度和高效率的多物理场、多尺度测量方法和技术是带动微纳制造技术实现飞跃的关键环节。

微纳复合结构多模式测试方法的发展应瞄准微纳制造基础研究（原子/近原子制造）、关键制造技术研究（增材制造、3D 封装等）和新型器件研究（射频器件、微纳电子器件、微纳光电器件、量子器件等）的需求，集中力量从理论、技术和实现方法上开展多模式测量技术研究。特别是真空/大气/液体等多相环境下机械量等物化性质的可溯源测量，非破坏性、非接触、高空间分辨率的多材料复合结构三维增强测量（表面+亚表面+体结构），复杂形面和阵列单元一致性高精度测量，极端条件（高温、高压、高频）的精密测量，应力场动态交互模式下微纳复合结构力学特性测量。同时，加强新型微纳复合结构的多模式测试与制造加工集成技术，开拓和引领微纳尺度智能化制造领域新方向。

4. 微区形态性能多参数测试理论与技术

随着微纳制造尺度的不断减小及制造对象的日趋复杂化，制造方式呈现出由传统单一制造方式向多场耦合作用转变的趋势。制造过程中材料和零部件的形态及性能同时发生变化，需要能够实现形状、性能参数的高分辨、原位、实时测量的有效技术手段。目前，高精度的形状测量方法以原子力显微镜 / 共焦显微镜等显微技术、接触式高精度纳米三坐标测量机为主，测量分辨率高，但缺点明显。原子力显微镜测量范围小，纳米三坐标测量机有触测力且测量精度不足，且均为离线测量方法。以拉曼光谱、激光诱导击穿光谱、质谱为代表的谱分析技术已成为微区性能参数测量的主要技术途径，并在压力测试、微结构形貌测量、材料成分鉴定、弹性性能测量等领域得到应用。但也存在性能参数谱探测分辨率不足、无法与形状参数原位匹配的测量问题，且单一的分析技术不能全面分析材料的物性变化。如何实现样品微纳尺度微区形状、性能参数的高时空分辨、高灵敏度精确测量与表征是微纳测量领域亟待研究的重大问题。

13.3　未来 5～15 年研究前沿与重大科学问题

13.3.1　研究前沿

在未来 5～15 年内，机械测试理论与技术将以基础前沿问题为导向，以国家重大工程牵引为出发点，开展理论机理、技术方法、仪器设备、工程应用体系化研究。在基础前沿问题理论研究方面，主要关注新一代量子基标准体系下的计量测试原理方法与溯源技术、智能制造环境状态感知理论与方法；在国家重大工程牵引的技术研究方面，重点关注复杂系统综合信息感知方法与技术、微纳尺度形性多参数测量方法与技术。

1. 新一代量子基标准体系下的计量测试原理方法与溯源技术

量子精密测量是基于量子技术的一种高灵敏、高精度测量方法，需重点解决量子精密测量中精密谱获取、高精度调控与被测参量的物理作用机制。基于新一代国际量子计量标准并面向下一代基于“光钟”的时间长度基准，量子计量溯源方法和技术是一种高准确度、高稳定度、适合制造现场的溯源方法和技术，需重点解决面向宏观尺度制造需求的时空宽谱量子溯源问题和面向微观尺度器件制造的纳米几何特征参量量子溯源问题。量子精密测量及溯源技术是国际前沿和发展方向，对于发展我国高端仪器仪表乃至实现整个仪器仪表产业的转型升级具有重要意义，对国民经济建设和国防安全尤为重要。量子精密测量及溯源的主要研究范围包含量子化测量关键传感技术及器件，多维度、高动态时空量子溯源方法及技术，全局宽谱量子基准长度溯源方法及技术，纳米几何特征参量量子溯源方法及技术。

1) 量子化测量关键传感技术及器件

需研究基于量子化定义的测量原理方法，研制开发新型的量子计量标准装置和量子传感器，利用原子、电子、光子等可被精确控制和测量的优点，实现对物理量（如磁场、温度、时间、电场、力）的高精度量子传感和校准，突破经典力学极限的超高测量精度，形成量子高精度测量的理论方法和应用集成关键技术。光频梳在国际时间频率和长度量子基准传递体系中具有关键作用，将微波频率与光学频率高精度地连接起来，结合了微波与光频量子基准的优势。面向制造的量子计量溯源体系中，急需集成化、小型化的光频梳及芯片化的关键元件，解决噪声抑制及稳定性问题，为测量终端在线实时量子化溯源提供技术支撑和器件保障。

2) 多维度、高动态时空量子溯源方法及技术

智能化复杂制造系统需要深度融合空间测量定位技术，从而实现大空间、实时协同的智能制造能力。面向智能复杂制造现场空间测量定位的量子计量溯源方法，一方面，应具有多维度同步溯源能力，可灵活拓展长度测量溯源维度，解决大空间坐标测量定位的溯源问题；另一方面，应研究面向现场测量的时间频率量子基准与长度量子基准同步溯源的方法，实现时间 - 空间相统一的计量溯源方法，解决制造现场高动态测量溯源问题，形成面向智能化制造现场的多维度、高动态时空统一的量子溯源技术。

3) 全局宽谱量子基准长度溯源方法及技术

现代复杂制造现场的全局测量系统通常由多个测量环节构成，需从全局“测量场”角度出发，基于宽谱光梳量子基准信号构建全域长度溯源方法及技术，针对各环节测量设备的不同基准辐射谱线，利用光频梳传递的宽谱量子光学 - 微波频率基准，确定相应环节的量子长度溯源方法，缩短长度溯源链路，形成制造现场测量系统网络化分布式溯源结构，解决现有测量环节溯源与整体系统溯源脱节的问题，形成统一溯源至国际时间 - 长度量子计量基准的全局宽谱溯源技术。

4) 纳米几何特征参量量子溯源方法及技术

随着纳米制造技术工艺的逐渐提高，纳米器件几何特征参量不断减小，精度要求不断提升，建立直接溯源至国际量子计量基准的纳米量值溯源传递技术，是保证纳米器件制造质量水平的关键环节。一方面，针对可直接溯源的纳米几何量国家计量标准装置，探究超高精度激光干涉仪溯源至基于“原子光钟”量子长度基准的方法，提升国家级纳米计量能力。另一方面，聚焦直接溯源至量子长度基准的纳米计量标准器，面向纳米器件制造缩短溯源链，解决现有纳米量值溯源传递体系与纳米制造产业脱节的问题。

2. 智能制造环境状态感知

智能制造环境状态感知正朝着高精度、多模态、精细化等方向发展，并逐渐开始关注制造装备作业过程中产品、装备、仪器等复合作用下的智能自主单元环境状态感知问题；而感知精度、分辨能力与制造精密程度的融合协作趋势明显，这已成为智能制造单元状态感知技术发展的内在驱动力。智能制造环境状态感知的主要研究范围包含面向智能制造新工艺的嵌入式传感新原理、新方法，高动态参量表征测量技术，非结构环境精确三维感知新技术，以及面向特种装备监测的传感新技术。

1) 面向智能制造新工艺的嵌入式传感新原理、新方法

随着制造工艺过程中测量对象不断复杂、测量参数不断增加、测量指标不断提高、测量环境更加苛刻，简单地采用多个独立传感器组合测量，已无法满足智能制造过程中的新需求。为此开展面向智能制造新工艺的嵌入式传感原理与方法的研究，需重点研究感知单元与制造装备的双向融合机理及方法，探究嵌入式感知单元与制造系统各功能部件的深度融合机制，建立嵌入条件下传感单元自学习和在线自标定原理及实现方法，构建嵌入条件下感知单元的多参数、多维度复合传感机制，从而解决智能制造新工艺中特殊、极端条件下的复杂测量问题。

2) 高动态参量表征测量技术

运动量的高速精密测量是智能执行机构安全高效运行的重要保障，位姿特性、轨迹特性、速度特性等运动量描述是实现智能自主单元精准操控的核心内容。传统运动量表征与测量方法局限于结构化或类结构化环境，无法适应复杂度高、时变性强的应用场合。为此开展高动态参量表征测量技术的研究，需重点研究多维多参量精确表征模型及其多模态测量理论、误差分析模型及补偿方法，建立全周期连续跟踪测量、实时环境建模和动态适应调整方法，提升智能自主单元实际运行工况感知适应的能力。

3) 非结构环境精确三维感知新技术

精确三维感知是自由场景、欠约束、高柔性的非结构化环境制造的关键技术，是机械加工与运行过程中判断和决策的依据。非结构环境中三维感知元素具有实时变化且存在不确定性，目前缺乏高效场景参量的语义表征模型，极大地限制了复杂场景的准确感知与认知。为此开展非结构化现场精确三维感知技术的研究，需重点研究加工对象形面与复杂环境下精密光学三维测量原理与方法，揭示复杂形面对制造参量检测精度的影响机理；研究复杂三维动态场景中多态目标的准确定位、分类以及语义化模型，建立面向多维感知信息的动态三维场景中各类要素的特征描述、分类与建模方法。

4) 面向特种装备监测的传感新技术

现有特种装备大型化、结构复杂化、服役环境极端化等对在线监测技术提出了新的挑战和需求，研究面向特种装备状态监测的高性能传感器技术及其相关理论，可保证特种装备的可靠性和安全性，准确预测和评估机械结构的疲劳寿命，掌握设备的运行状态，在加强安全和减小经济损失方面具有重要意义。为此开展面向特种装备监测的传感新技术的研究，需重点研究复杂 / 极端环境下特种装备状态监测的传感新原理，挖掘复杂 / 极端环境下特种装备损伤模式及传感信号的关联规律，研制高性能、高可靠及高耐久性传感器，研发无线传感节点智能芯片并开发相应的边缘算法。

3. 复杂系统综合信息感知

设备投入巨大、零件结构复杂、工艺流程繁多、需要调动多个生产部门协同参与是当前复杂制造系统的共性特点，如何满足大型复杂产品外形结构精度不断提升的制造质量需求，是制造系统长期面临的关键问题和重要挑战。而体系结构庞大、运行性能逼近极限是复杂机电系统产品的工况特点。当前，高性能、先进的系统综合信息感知技术及设备，已成为复杂系统制造和运行均不可或缺的组成要件，是提高质量效率、改善产品性能、延长服役寿命的重要技术保障。复杂系统综合信息感知的主要研究范围包含全局测量系统构建技术、全局空间 - 时间基准统一、复杂作业环境虚实融合测试方法及复杂机电系统性能多参数测试方法。

1) 全局测量系统构建技术

复杂制造过程中的完整、实时、高精度全局测量信息是实现多工位 / 多工艺协同、优化制造资源、提高质量效率、提升系统安全的基础。为此，需重点研究高精度、高动态、多模态、多尺度、多维度的全局信息测量感知方法，建立面向大尺寸产品整体外形控制的跨尺度三维高分辨率测量新方法，构建覆盖复杂制造系统全部流程环节的全局测量系统。全局测量系统的构建需从整体架构设计入手，并遵循一定原则：统一的空间、时间基准，局部精度和整体精度相匹配，关键测量精度可设计，测量资源可配置，充分考虑测量现场环境因素等。

2) 全局空间 - 时间基准统一

统一的全局空间 - 时间基准是实现复杂系统综合信息感知的基础前提，为此，需重点发展空间基准统一构建、传递及维护方法，研究局部基准与全局基准无缝连接技术，探究多级参考框架控制点建设与维护技术，探究拓扑网型变化检测及修复计算等方法。借鉴现阶段金融、控制领域中基于光信号或电信号的大规模测控网络精密时钟同步方法，选取合适的时间粒度，面向大空间多点多自由度测量需求，研究基于高精度系统时钟的灵活可扩展系统同步机制，建立统一的全局时空基准，保证同一时空下的测量连续性、一致性，为原理研究和算法实现提供数据基础。

3) 复杂作业环境虚实融合测试方法

现有面向装配与检测制造现场的复杂作业模式，存在工作效率低、出错概率大、学习成本高等问题。现有设备测量结果的呈现方式并不适用于现场人工操作，在实际加工与调整过程中需要烦琐的数据分析过程，成为制约生产效率提高的瓶颈。基于虚实融合的工艺信息展示方法，能够大幅减少人员在工艺看板与操作工位间进行视角移动所耗费的时间。为此，需重点研究虚实融合的机械测试方法，基于视觉测量、惯性测量以及增强现实技术等，设计智能测量平台，结合多功能测靶，实现对工作人员所在局部装配信息、全局定位信息的实时精确采集及快速定位，实现现场状态与样机数字模型的精准匹配及过程实测重构；通过影像叠加实现虚实结合的现场检测结果显示及工作进程导引，实现“便携测量 - 指导装配 - 质量检测”一体化的制造现场复杂作业工作新模式。

4) 复杂机电系统性能多参数测试方法

复杂机电系统性能多参数测试方法是保障大型装备长期运行稳定性和安全性的重要技术，为此，需重点研究复杂机械系统或重要部件的多参数、多信息动态高精度获取新方法与技术，实现对复杂机械系统性能与状态的综合评估；研究航空发动机、高速列车、数控机床等国家战略需求中大型机械系统高速、大负荷等极端工况下服役状态系统性能测试新理论、方法与技术，提升这些重大装备的制造质量与运行可靠性；探究基于监测大数据与理论分析的复杂机械系统运行状态评估与故障预警方法及技术。

4. 微纳尺度形性多参数测量

针对集成电子、激光微纳制造等领域中存在的微纳尺度形状、性能多参数测试问题，开展结构三维形貌几何表征及力学、热学、光学等性能参量表征的测量研究，分析材料结构、物质组分、光与物质作用的物化特性，为新材料、新能源、激光制造等领域研究提供关键技术支撑。微纳尺度形性多参数测量的主要研究范围包含面向 IC 制造的纳米测量理论技术、跨尺度纳米精度测试理论技术、微纳复合结构多模式测试理论技术及微区形态性能多参数测试理论技术。

1) 面向 IC 制造的纳米测量理论技术

随着多重曝光、极紫外光刻、定向自组装等先进光刻工艺的不断发展，纳米结构关键尺寸已经突破至 7nm 技术节点。为保证在关键尺寸不断缩小的情况下 IC 器件依然保持优良性能，其结构设计已从简单平面纳米结构转向复杂三维纳米结构，其对应的关键尺寸更小、形貌参数更多、所用材料更新更复杂。在实际大批量纳米制造过程中，由于不可避免地存在各种工艺误差（如曝光剂量、刻蚀速率等），对纳米结构三维形貌进行精确测量及对一些“杀手”缺陷进行精确检测，是保证 IC 制造工艺一致性和纳米器件最终性能的关键技术。因此，需重点研究纳米结构三维形貌散射测量理论与方法，探究纳米结构缺陷检测技术与方法。

2) 跨尺度纳米精度测试理论技术

通过揭示测头与微纳结构间的测力耦合特性，综合考虑微观尺寸下的尺度效应，针对微纳结构的几何特征，建立纳米测头变刚度理论与多自由度机构解耦方法，发展基于光学自准直原理的高精度柔性机构多自由度形变测量方法，提升单一探头测量不同微纳结构的适应能力。探究基于碳纳米管、光学探针的新型纳米感知技术的跨尺度纳米测试方法，研究新型纳米探测原理并开发测头制作工艺，以期实现优于 1nm 的探测分辨率。为此，需重点研究微 - 纳跨尺度复杂表面测量理论和方法，建立跨尺度结构的一体化高效表征方法，构建支撑自主研制整机仪器的检测 - 表征 - 溯源体系。

3) 微纳复合结构多模式测试理论技术

复合微结构正成为功能器件设计的首选，但不同材质结构的表面界面结合特性、加工过程中材质间应力不匹配、多材质测试信号耦合与分离、结构静动态机械力学特性等问题给复合微结构的测量带来了巨大的挑战。发展三维全尺寸增强测量理论与技术具有普适意义，不仅推动复合微结构制造能力的快速成熟，更将从基础上助力我国基础制造能力的提升与领先。微纳结构的复合特征使多次振动谐波耦合成为常态，表现与宏观迥异，其动态特性关系到新型制造工艺的研发。当前以电学特性推演结构特性的方法导致诸多信息缺失，而微纳尺度射频级振动模态测试是解决该类问题的关键。为此，需重点研究多材料复合微结构三维全尺寸增强测量理论与技术，探究超高频皮米精度的微结构运动特性测试方法，解决高频率、极低振幅和振型复杂测试问题。

4) 微区形态性能多参数测试理论技术

微纳制造过程中材料的形态（尺寸、形状、温度等）和性能（应力、弹性、成分、密度等）参数同时变化并相互关联耦合，需同时测量材料的形态性能参数从而揭示微纳制造过程的内在规律和机理过程。在飞秒激光加工、离子束刻蚀、电子束加工等高端制造中，材料微区形态和性能参数的高分辨、实时、层析测量是目前亟待研究的重大测试问题，对于揭示和反映制造过程中物理性质、化学性质、尺度效应和界面效应的演变过程具有重要的科学意义和应用前景。为此，需重点研究高空间分辨、高灵敏、高准确的纳米级微区形态性能参数探测方法，实现微纳尺度力学、热学、光学等性能的多参数测量表征。

13.3.2 重大科学问题

1. 重大科学问题一：量子化精密测量及溯源理论与方法

研究机械量的量子化测量、多维度高动态溯源、时空相关溯源、全局宽谱溯源及现场扁平化溯源理论，探索基于量子体系与被测宏观状态耦合关联的机械量高灵敏传感测量新原理，研究高动态条件下的多维度量子基准相关关系，揭示时间 - 空间基准协同传递机理，探索全局宽谱量子基准的分布式溯源策略，研究时间 - 空间相关的多维度时变动态溯源技术，构建基于宽谱光梳量子基准的全局溯源网络，形成纳米几何参量高精度扁平化量子溯源链，建立面向制造的量子化测量及计量溯源与误差评定方法。

2. 重大科学问题二：复杂系统智能感知理论与方法

探究嵌入式感知单元与制造系统功能部件的深度融合机制，研究面向工艺过程的嵌入式传感新原理、新方法；研究复杂系统的多模态场景感知方法与技术，研究动态多维多参量精确表征及其测量方法，探索人 - 机 - 环境共融的智能测量新模式；挖掘复杂 / 极端环境下特种装备损伤模式及传感信号的关联规律，研究复杂极端环境中的高可靠性测量方法与技术，研制高性能、高可靠及高耐久性传感器；研究基于智能传感网络的全场感知技术、构建面向整机系统运行状况检测的综合感知系统。

3. 重大科学问题三：宏 - 微 - 纳跨尺度精密测量理论与方法

研究以复杂纳米结构及大尺寸复杂曲面等为对象的多参数跨尺度精密测量原理，建立光、力、热等多物理场与待测对象间的相互作用模型，探索界面效应、尺度效应等影响因素下被测对象多参数间的相互耦合机理与多参数解调途径，发展多参数多模式跨尺度测量技术，研究针对形态、性能极弱信息的高灵敏增强测量理论与方法，建立宏 - 微 - 纳跨尺度的误差评价体系。

13.4 未来 5～15 年重点和优先发展领域

基于本领域的研究现状和发展趋势，以前沿基础方向与重大工程应用涉及的核心理论、关键技术为重点，建议优先发展领域如下。

1. 量子化测量传感技术与器件

研究内容和关键科学问题包括：建立多物理场固态自旋系统与被测物理量的关联模型，完成磁、热、角速度等物理量的高灵敏测量；研究高时间分辨自旋态控制方法，完成自旋态高精度控制与读取；研究磁、光、热、电多噪声隔离抑制方法；探究离散或连续体系的量子态光与原子相互作用机理，研究精密谱获取、调控及与被测参量作用机制等基础问题。探究扫描探针、量子功能结构与被测体相互作用机理；研究原子力分辨、量子成像噪声抑制方法，建立高灵敏探针噪声模型；建立探针针尖的表面修饰与超分辨精密测量的关联关系。针对小型、集成化光频梳重频高、噪声大的问题，研究光脉冲采样方法，降低对电子器件频响的要求，研究噪声抑制方法；研究自适应补偿算法，实现测量信号的高精度反演重建。

可能取得突破进展的工作包括：基于离散、连续体系量子态相互作用的机械量测量新方法；基于无自旋交换弛豫原子自旋效应的量子传感技术；基于核磁共振原子自旋效应的惯性测量方法；量子增强探测原理和方法；芯片级高稳定激光频率参考源；基于集成化、小型化光频梳精密测量技术。

2. 量子计量溯源方法与技术

研究内容和关键科学问题包括：构建多维度、高动态时空统一的量子溯源新方法，基于多路光纤高精度光频基准传递，研究量子时空溯源空间维度拓展方法。构建统一溯源至国际时间 - 长度量子计量基准的全局宽谱溯源技术，研究光频梳宽谱光学 - 微波频率基准的传递方法，探究测量终端的网络化分布式溯源策略。研究无畸变、低噪声原子力显微技术的量子溯源方法，提升现有国家标准装置的计量能力；研究纳米几何特征参量计量标准器的溯源方法，完善基于硅原子晶格常数的自然标准器的溯源方法，研究激光汇聚铬原子沉积纳米光栅特征尺寸的溯源方法。

可能取得突破进展的工作包括：面向现场的多维度、高动态时空同步溯源方法与技术，基于宽谱光梳量子基准的全局长度溯源方法与技术，皮米级激光干涉仪量子长度基准溯源方法，面向纳米制造的纳米计量标准器的量子溯源方法。

3. 高动态参量表征与测量

研究内容和关键科学问题包括：建立融合机、电、液、光、磁、声等高动态物理过程的多维多参量精确表征模型，揭示智能自主单元在多模式工况下性能参数的变化规律；建立多源动态测量感知系统的误差溯源模型和不确定度评定方法，为智能自主单元的在线标定、现场校准以及全周期平稳运行提供有效的技术途径；针对高温、高速、重载、冲击等极端工况，研究建立智能自主单元的状态循环反馈、误差测量标定和高维数据处理方法，实现多模式工况下实时测量和误差补偿。

可能取得突破进展的工作包括：高动态多维参量的精确表征方法，高动态多维多参量测量方法，多模态跨尺度光学跟踪测量理论，多模式工况下实时测量和误差补偿方法，多模态集成感知理论与方法。

4. 多源状态感知与高性能智能传感器

研究内容和关键科学问题包括：探究多源环境因素引起的装备状态变化特性；分析装备运行性能预测的影响因素，研究提升感知预测精度与可靠性的方法；研发特种装备监测的高性能、高可靠性传感器，研究智能传感器网络；建立复杂/极端环境下装备损伤模式与传感信号关联模型，研究多源非线性扰动下的高可靠智能感知技术。

可能取得突破进展的工作包括：多源环境参量耦合机制分析及精准测量方法，多源环境多传感器快速高精的标定方法，高温、高压、重载、强振等复杂极端环境下状态感知传感原理与传感器技术，面向特种装备状态监测的高性能、高可靠及高耐久性传感器技术，基于边缘计算的传感节点智能芯片技术，分布式智能传感器网络构建方法，基于有限点传感的全场感知预测技术。

5. 复杂系统多参数综合测试

研究内容和关键科学问题包括：研究全局测量系统构建技术，构建覆盖复杂制造系统全部流程环节的全局测量系统；探究基于多观测量、冗余约束的“测量场”概念的全局整体测量方法，构建多站异构网络测量体制下的全局空间-时间统一基准；研究复杂机电系统性能多参数测试方法，探究高速、大负荷机械系统极端工况下服役状态系统性能测试新方法，构建基于监测大数据与理论分析的复杂机械系统运行状态评估与故障预警理论。

可能取得突破进展的工作包括：全局测量系统构建方法，全局空间-时间基准统一技术，宏-微-纳跨尺度产品复杂表面三维测量方法，高速运动状态下复杂系统空间位姿、结构变形、应力应变等多参数测试方法，极端工况下复杂系统全周期服役性能综合原位测试方法。

6. 人工智能驱动的智能化测试

研究内容和关键科学问题包括：研究基于物理实测和多源时空大数据建模相

结合的测试数据恢复 / 修复方法，解决数据缺失、污染及损坏问题；研究基于泛在信息感知的高可靠测量特征分析方法，基于制造过程中视觉、光谱、温度等多源异类泛在感知信息，建立自学习特征与分析要素的强相关映射关系；研究复杂作业环境虚实融合测试方法，建立复杂特征及环境状态的计算机语义表达，构建人 - 机 - 环境共融的测试新模式。

可能取得突破进展的工作包括：多源信息融合的数据恢复 / 修复技术，基于泛在信息感知的测量特征分析方法，人 - 机 - 环境共融的测量模式与技术，非结构环境三维场景感知技术，基于深度学习、强化学习、迁移学习等人工智能新技术的状态感知决策方法。

7. 复杂纳米结构三维形貌测量与缺陷检测

研究内容和关键科学问题包括：研究极短波长电磁波与纳米结构作用机理、散射测量误差分析与不确定度评估、散射测量条件优化配置与数据约简，建立基于极短波长的纳米结构三维形貌散射测量理论；探索微纳结构单元阵列测量方法，研究多自由度精密扫描定位平台设计理论，探究宏 - 微 - 纳运动耦合机理和跨尺度影响机制，建立跨尺度微纳结构纳米精度测量理论；研究基于新型远场高分辨 / 超分辨显微成像技术的纳米结构缺陷检测理论与方法，解决纳米结构缺陷快速准确甄别与分类问题。

可能取得突破进展的工作包括：基于表面界面多场耦合效应的多探针协同测量技术，基于新型纳米探针的跨尺度探测和感知方法，高精度柔性机构多自由度形变测量方法，基于极短波长电磁波的复杂纳米结构三维形貌的快速重构、识别与分类方法。

8. 微区形态性能多参数精密测量

研究内容和关键科学问题包括：研究基于瑞利光谱、拉曼光谱、布里渊光谱、激光诱导击穿光谱和质谱等探测原理的微区形态性能参数探测新机理与新方法，进一步突破激光共焦显微成像、近场光学显微成像和原子力显微成像等新原理，探索激光共焦显微成像、近场光学显微成像和原子力显微成像等在微区域形性测量面临的测试难题，探索上述纳米精度探测技术与多种物质谱高效联用的高空间分辨测量方法，实现先进制造中纳米级微区形态性能参数的高空间分辨、高灵敏、高准确探测。

可能取得突破进展的工作包括：基于多源聚焦激发的纳米级微区形态性能多参数测量方法，基于新型成像原理的微区形态性能多参数多模式测试技术，微区形态性能极弱信息的高灵敏增强测量理论与方法。

参考文献

[1] 国家制造强国建设战略咨询委员会 . 中国制造 2025 蓝皮书 (2018). 北京 : 电子工业出版社 , 2018.
[2] 国家自然科学基金委员会工程与材料科学部 . 机械工程学科发展战略报告 (2011～2020). 北京 : 科学出版社 , 2010.
[3] 段宇宁 , 吴金杰 . 国际计量开启新纪元 : 基本单位的量子化定义 . 自动化仪表 , 2019, 40(4): 1-4.
[4] National Science Foundation. Quantum Leap Challenge Institutes (QLCI). https://www.nsf.gov/pubs/2019/nsf19559/nsf19559.htm [2019-10-12].
[5] 张映锋 , 张党 , 任杉 . 智能制造及其关键技术研究现状与趋势综述 . 机械科学与技术 , 2019, 38(3): 329-338.
[6] Monroe C, Raymer M G, Taylor J. The U.S. National quantum initiative: From act to action. Science, 2019, 364(6439): 440-442.
[7] National Science and Technology Council. National strategic overview for quantum information science. https://www.quantum.gov/wp-content/uploads/2020/10/2018_NSTC_National_Strategic_Overview_QIS.pdf [2018-9-18].
[8] 唐川 , 房俊民 , 王立娜 , 等 . 量子信息技术发展态势与规划分析 . 世界科技研究与发展 , 2017, 39(5): 448-456.
[9] 中国信息通信研究院 . 量子信息技术发展与应用研究报告 (2019). 北京 : 中国信息通信研究院 , 2019.
[10] Luo Y, Duan Y, Li W, et al. Workshop networks integration using mobile intelligence in smart factories. IEEE Communications Magazine, 2018, 56(2): 68-75.
[11] Simeone A, Caggiano A, Boun L, et al. Intelligent cloud manufacturing platform for efficient resource sharing in smart manufacturing networks. Procedia CIRP, 2019, 79: 233-238.
[12] Boss J M, Cujia K, Zopes J, et al. Quantum sensing with arbitrary frequency resolution. Science, 2017, 356(6340): 837-840.
[13] Degen C L, Reinhard F, Cappellaro P. Quantum sensing. Reviews of Modern Physics, 2017, 89: 035002.
[14] Alexander H. 欧洲 10 亿欧元投注量子技术 . 科技纵览 , 2016, (7): 12-13.
[15] 梁益丰 , 许江宁 , 吴苗 , 等 . 光纤时频同步技术的研究进展 . 激光与光电子学进展 , 2020, 57(5): 45-58.

[16] 施玉书，张树，曹丛．“纳米几何特征参量计量标准器研究及应用示范”项目获“国家质量基础的共性技术研究与应用”重点专项支持．中国计量，2018, (12): 51-53.

[17] Orji N G, Badaroglu M, Barnes B M, et al. Metrology for the next generation of semiconductor devices. Nature Electronics, 2018, 1: 531-547.

[18] Sunday D F, List S, Chawla J S, et al. Determining the shape and periodicity of nanostructures using small-angle X-ray scattering. Journal of Applied Crystallography, 2015, 48: 1355-1363.

[19] Soltwisch V, Herrero A F, Pflüger M, et al. Reconstructing detailed line profiles of lamellar gratings from GISAXS patterns with a Maxwell solver. Journal of Applied Crystallography, 2019, 50: 1524-1532.

[20] Holler M, Odstrcil M, Guizar-Sicairos M, et al. Three-dimensional imaging of integrated circuits with macro- to nanoscale zoom. Nature Electronics, 2019, 2: 464-470.

本章在撰写过程中得到了以下专家的大力支持与帮助（按姓氏笔画排序）：
于连栋　尤　政　冯其波　刘　俊　何存富　张广军　张永振　赵宏伟
赵维谦　贾振元　蒋庄德　曾理江　裘进浩　谭久彬

第 14 章　微纳制造科学与技术

Chapter 14　Micro/Nano Manufacturing Science and Technology

微纳制造科学与技术是研究特征尺寸在微米、纳米范围，并具有特定的功能器件与系统设计与制造的一门综合性交叉学科，其研究涉及微纳器件与系统的设计、加工、测试、封装及其制造装备等，是微纳传感器、执行器、功能结构制造的重要科学基础。微纳制造的发展不仅将人类制造能力拓展到微纳米领域，也将传统制造学科与基础学科（如数学、物理、化学等）的前沿研究紧密地结合在一起，成为一门应用基础学科；此外，随着制造能力的提高与研究对象的拓展，微纳制造学科与其他工程学科的结合也日益密切，为其他工程学科提供了强有力的技术支撑，已成为引领工程学科发展的前沿领域。

近年来，微纳制造研究对象的尺度和维度不断延伸：结构尺度从纳米尺度向原子尺度拓展，纳米结构维度从一维纳米尺度逐渐向二维、三维纳米尺度拓展，微米结构由简单二维或准三维向三维复杂曲面方向发展；微纳制造技术由平坦硅基衬底拓展到非平面、可变形柔性衬底，加工材料由传统金属、无机材料向有机材料、复合材料发展。随着结构 / 器件尺寸从微米尺度向纳米尺度、从单一尺度向宏微纳跨尺度延伸，尺度效应已成为影响结构 / 器件性能的主要因素，微纳结构 / 材料的物理性质与宏观规律面临纳米效应的挑战。此外，复杂曲面表面微纳结构的共形制造，需要解决多材料 / 异质界面的多场调控与耦合、界面性能调控与融合等问题。微纳制造推动了制造技术的快速发展，促成了从微尺度和纳尺度认识和改造世界，为基础科学研究提供了理想的研究对象和令人振奋的工程应用背景。

微纳制造的快速发展不仅向基础研究提出了许多新的挑战，同时也推动着包括制造学科本身以及其他工程学科的快速发展，其技术水平已成为衡量一个国家制造业能力的重要标志，代表着制造科学发展的前沿。伴随着微纳制造技术应用的不断扩展以及与其他技术的紧密结合，出现了许多基于微纳制造技术的特有科学和技术问题，如超构微纳制造、柔性电子制造和光电子制造等，不断丰富微纳制造科学的内涵和研究内容。微纳制造技术具有体积小、重量轻、集成度高、可靠性高、智能化程度高等优点，在信息产业、生物医疗、航空航天、军事国防等领域正发挥着重要的作用。

14.1　内涵与研究范围

微纳制造科学与技术是研究特征尺度在微米、纳米并具有特定功能的器件与系统设计与制造的一门综合性交叉学科，研究内容涉及微纳器件与系统的原理、材料、设计、加工、装配、测试、封装及其制造装备等。微纳制造不仅将人类制造能力拓展到微纳米乃至原子尺度，也将促进制造学科与基础学科前沿紧密结合。微纳制造技术的广泛应用为制造业实现跨越式发展提供了机遇，催生出一批新兴产业。

14.1.1　内涵

微纳制造主要研究微米/纳米尺度功能性结构、器件与系统及其设计制造过程中涉及的科学与技术问题，内容涵盖微米制造、纳米制造、原子级制造等。跨尺度制造、功能集成与规模集成是微纳制造的主要特征和发展趋势：微纳制造特征尺寸可跨越米、毫米、微米、纳米乃至原子级尺度；功能集成要求不同功能结构与器件实现一体化集成与制造，形成系统；而规模集成将多个功能模块或系统一体化集成，形成高通量处理能力。

1. 微米制造

微米制造研究特征尺度在微米范围的功能性结构、器件与系统设计、制造、表征等涉及的科学与技术问题，包括制造方法、材料合成、结构设计、加工过程、元件装配、系统封装与装备制造等。微加工主要包括 MEMS 微加工和机械微加工。MEMS 微加工是源于微电子技术的批量微加工技术，加工材料以硅、金属、金属氧化物、聚合物等材料为主，易于与电子电路集成，主要分为硅基微加工技术和非硅基微加工技术，包括硅干法深刻蚀技术、硅表面微加工技术、硅湿法各向异性刻蚀技术、键合技术、X 光深刻精密电铸模造成形技术、紫外深刻精密电铸模造成形技术及其封装技术等二维、准三维及三维加工工艺。机械微加工是指采用机械加工、特种加工、成形技术等传统加工技术形成的微加工技术，主要包括微细磨削、微细车削、微细铣削、微细钻削、微冲压、微成形、微装配等。从加工对象的尺度来讲，机械微加工属于介观制造技术，但加工材料范围较 MEMS 微加工更宽。近年来，涌现出仿生组织再造技术、类神经元制造、柔性微米材料合成等新型微加工技术。

2. 纳米制造

纳米制造是设计构建一维、二维或三维纳米尺度结构、特征、器件和系统的制造科学与技术。纳米尺度下凸显的尺度效应、界面效应、量子效应、多场耦合特性等成为纳米器件与系统研究的重要内容。典型的纳米加工工艺包括纳米压印、纳米切削、离子束直写刻蚀、电子束直写刻蚀、自组装等“自上而下”和“自下而上”两类制造技术。

3. 原子级制造

原子级制造是指在原子级尺度精确构造功能性结构、器件、系统的制造科学与技术，涉及原子级器件 / 系统的原理方法、功能设计、结构加工、性能表征与装备制造等方面。加工方式可分为原子级刻蚀与原子级组装，其中原子级刻蚀以一种自我限制且有序的方式在原子尺度逐层去除材料，构造所需结构，能够实现定向或各向同性刻蚀，而原子级组装通过控制原子的行为使其组装为特定结构，实现目标功能。通过原子级组装开发出的三维材料 / 结构，强度更大、密度更小、更适应于极端环境，展现出极其优异的性能。此外，原子级制造面临衍射极限、量子效应、力学局域不可控等诸多基础科学挑战。

微纳器件 / 系统不仅在尺度上由原子级跨越至毫米级，同时也涉及多种材料异质制造、不同原理 / 功能器件集成制造等诸多科学与技术问题，形成了如图 14.1 所示的微纳制造科学与技术学科体系。在原理方面，跨尺度效应、量子效应、仿生组织再造等成为新器件 / 系统设计的基础；在材料方面，加工对象从硅基材料发展到金属、石英、玻璃、陶瓷、柔性聚合物以及蛋白质、DNA 等生物材料，由刚性材料向柔性材料、生物材料拓展，产生了多种新的设计与合成 / 加工方法，延伸至曲面加工以及多材料共形制造与复合材料制造等；在加工尺度方面，尺度由微米发展到纳米乃至原子级尺度，同时出现了跨尺度加工，主要包括自上而下和自下而上以及二者结合而成的复合型加工工艺。微纳器件 / 系统特征尺寸的拓展、加工材料的丰富、应用领域的扩大，跨尺度效应、界面表面效应、量子效应、多场耦合、生物兼容性等问题使得这一科学领域愈加复杂，微纳制造科学与技术的内涵与研究内容也有新的扩展。

14.1.2 研究范围

微纳制造科学与技术是指设计制造微米、纳米量级三维结构、器件和系统的科学技术，涉及微纳尺度 / 精度 / 跨尺度加工、集成、测量、传感、控制等，其主要研究范围包括微纳系统原理与设计、微纳加工、跨尺度制造、微纳功能集成制

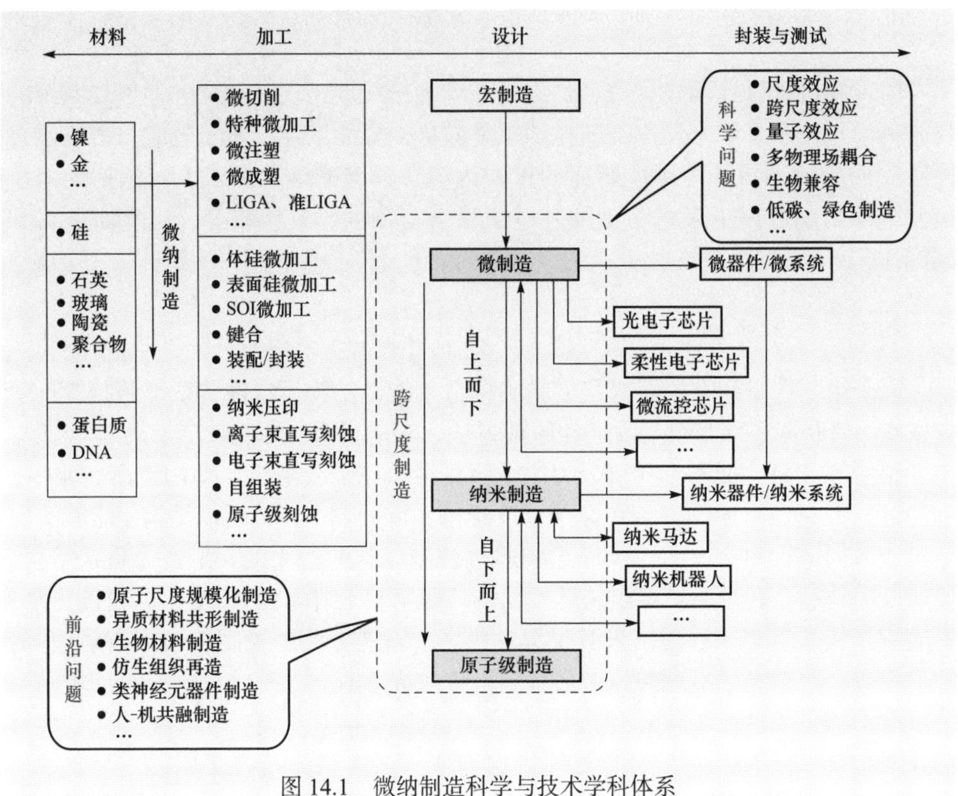

图 14.1 微纳制造科学与技术学科体系

LIGA. X 光深刻精密电铸模造成形；SOI. 绝缘体上硅

造与装配、微纳测试与表征、微纳制造装备等。

1) 微纳系统原理与设计

基于纳米尺度特殊效应以及机械、电磁、热、流体等多场耦合工况条件，研究微纳米结构 / 器件 / 系统的原理、设计、构筑和性能等。主要研究内容包括：微纳传动与致动，微纳传感与控制，微纳定位与装配，微纳能源系统，三维微纳系统构成的新原理、新方法及其性能表征；微纳制造过程、服役行为以及失效预测和产品回收的全生命周期建模、计算及仿真；微纳构件、器件或系统的性能与影响因素相关性和变化规律等。

2) 微纳加工

微纳加工技术指制造微机械结构和微电子电路等微米量级三维结构、器件和系统的技术，主要包括超精密加工、特种加工、硅微机械加工、X 光深刻精密电铸模造成形技术等。纳加工是指加工特征尺寸在 0.1～100nm、具有特定功能的结构、装置和系统的制造过程，主要包括“自上而下”和“自下而上”两类加工方法。除了上述传统微纳加工方法，还包括趋近物理极限的原子级制造技术等。

3) 跨尺度制造

跨尺度制造是把不同尺度的结构、器件和系统加工集成于一体的微纳制造技术，是实现高性能、多功能、高集成度微纳器件和系统不可缺少的关键技术。其研究内容包括：发展多维度、多模式跨尺度制造新理论、新方法，研究加工尺寸最大上限（米级）和最小下限（纳米级）的跨尺度融合制造方法，探索多学科交叉的跨尺度仿生 / 生物制造等。

4) 微纳功能集成制造与装配

微纳米操作、封装与装配是指通过施加外部能场实现对微纳米尺度结构与器件的推 / 拉、拾取 / 释放、定位、定向等操纵、装配与封装等作业，研究微纳米结构与器件操作、装配与封装相关的理论和方法。主要应用在微纳米结构与器件的操作、封装与装配，特别是细胞、基因、蛋白质等生物粒子的操纵等方面。主要研究内容包括：微纳机构作用机理与多场调控机制等基础理论，微纳系统高密度集成与三维微纳装配，高速、高精度、并行装配和基于尺度效应的装配，无机有机多层界面互连机理与跨尺度封装等新原理与新方法。

5) 微纳测试与表征

微纳测试与表征主要研究微纳尺度及亚纳米精度下尺度效应、表面界面效应及微纳结构与器件功能的测量理论与方法，是微纳结构与器件制造的前提和基础，也是实现微纳制造过程定性或定量评判、高精度操纵与调控以及微纳器件质量水平控制的重要支撑手段。主要研究内容包括：微纳机械构件材料特性、结构几何量、物理（电、力、磁、光、声等）参量测量理论和方法；微纳器件与系统的多域耦合效应与参量测量表征理论与方法；基于新纳米制造技术衍生出的新一代纳米计量、纳米检测相关理论、技术和设备等。

6) 微纳制造装备

微纳制造装备是制造微纳结构与系统的重要手段，实现对微纳结构与器件的加工、操作、装备、封装以及测试等。主要研究内容包括：面向产品和器件特定功能新要求，基于微纳米尺度 / 精度制造和跨尺度制造新技术发展相应的微纳加工、微纳操作、微纳封装与装配、微纳测试等微纳制造装备新原理。此外，微纳材料是微纳制造的基础，未来要面向微纳制造前沿应用需求及微纳制造手段创新发展微纳材料，研究其合成、性能评定及优化方法体系等。

展望未来，微纳制造学科将在以往研究基础之上，继续对接国家战略需求，深入前沿探索，特别注重在支撑 / 培育万亿级产业、民生健康、国防安全以及交叉科学前沿研究领域进行前瞻性布局，特别是着力发挥微纳制造的集成创新优势，努力使其在导航定位、智能蒙皮、极端工况传感、多功能集成机电系统等领域有所建树，为国防安全发展新型关键技术和核心装备；着力发挥微纳制造的技术前沿优势，努力使其在 IC 芯片、新型显示、5G/6G 通信产业等国民经济支柱产业有所突破，支撑和培育将来万亿级产业；着力发挥微纳制造的民生应用优势，努力使其在与人民健康息息相关的穿戴 / 植入式电子、MEMS 医疗器件等领域有所贡献，服务“健康中国”战略；着力发挥微纳制造的交叉融合优势，努力使其在量子 / 声子 / 光子感知、类生命体 / 人 - 机共融制造等领域提前布局，培育新时代前沿引领技术和颠覆创新技术。

14.1.3 在经济和社会发展、学科发展中的重要意义

微纳制造科学与技术是世界各国必争的科技前沿，对于发展国民经济、保障国民健康与国防安全、促进前沿科学进步等方面都有着重要的作用。

1) 微纳制造服务国民经济

大多数现代产业的发展都离不开微纳制造技术，微纳器件遍及汽车、石化、消费类电子等传统产业，以及人工智能、物联网、5G/6G 等新兴产业。微纳传感器在提升汽车安全性与舒适性、降低成本等方面具有重要意义。当前我国汽车产销量世界第一，而一辆汽车需要安装上百个微纳传感器，并且随着无人驾驶技术的推广，汽车中微纳传感器的数量与种类将进一步提升，汽车领域微纳传感器市场巨大。未来世界是一个智能制造、智能生活、万物互联的世界，微纳芯片与微纳传感器将遍布社会生活的方方面面。我国在 5G 技术方面引领世界，然而其核心集成电路芯片制造技术受制于人[1]。加大科研力度，提升高端微纳器件的国产率，在当前日益严峻的国际大环境中尤为重要。

2) 微纳制造惠及民生健康

微纳制造技术能够实现健康、医疗设备的小型化、自动化与低成本化，使其由台式机（医院）朝着便携式（家庭）与可穿戴 / 可植入（个人）发展，进入百姓家庭，保障国民健康，这在当前我国人口老龄化进程加剧的情况下尤为迫切。基于微纳制造技术的微流控芯片、芯片器官等能够对细胞进行精确操控与分析，模拟人体器官的工作模式；人体功能性组织可控生长与调控、人 - 机共融制造芯片等有望用于器官修复；压力芯片、心音芯片、超声芯片等能够对人体生理指标进行精确检测，为病理研究与疾病诊疗提供有效的技术手段[2]。例如，微电容超声波换能器能够为超声检测提供一种兼具成本与性能优势的技术手段，促进便携超声技术、三维成像技术和新型超声成像技术的革新发展。微流控芯片式液相色谱仪能够实现糖尿病标志物糖化血红蛋白的快速、自动化检测，为糖尿病检测提供一种低成本、高精度的技术手段，为我国 1.39 亿糖尿病患者（其中 60.7% 未得到诊疗）带来福音。

3) 微纳制造支撑国防安全

国防领域是微纳制造技术最重要的应用领域之一，能够有效推动仪器装备微小型化、轻量化、多功能化进程，推进我国国防安全建设 [3]。微型传感器、微型飞行器、微型机器人和小型精准打击武器能够提供准确、全面的情报搜集，使武器平台更灵敏、更准确、更具杀伤力。微型惯导系统、微纳能源器、生命体征监测芯片、水源包等微纳器件满足了单兵作战装备的微型化、轻量化、多功能需求，为士兵在执行特殊作战任务提供生命保障。另外，国防领域的传感器经常工作于极端环境 (大温差、大水深、振动、辐射、电磁干扰等), 对极端工况下传感器的微纳制造提出了科学和技术挑战，如工作温度达到 400℃的蓝宝石高温压力传感器、在 2000m 以下水深进行甚低频探测的水声传感器 / 湍流传感器、在液氢液氧温度下工作的浓硼扩散低温压力传感器等。

4) 微纳制造瞄准科学前沿

"后摩尔时代"微纳器件发展方向由等比例缩小转向功耗缩小、功能集成等，对微纳制造科学与技术提出了新的要求。相较于平面二极管，鳍式场效应晶体管 (FinFET) 能够在更低的工作电压下获取更优的工作性能与产生更低的功耗，目前已经发展到 5nm 节点，正在向 3nm 节点发展 [4], 导致传统的结构改进难以奏效，需要借助微纳制造技术开发性能优异的新材料。量子技术的经典理论推动了通信、计算、导航等技术的革新，其中，固态光量子芯片技术是推动量子技术工程化应用的核心驱动力。基于微纳制造的新型量子功能材料和结构开发、量子功能结构原位制造、功能单元可控制造技术开发等是实现量子传感器件全芯片化集成的关键。此外，微纳制造在类生命体制造、人 - 机交互接口等方面也有着重要的应用，从而实现微纳器件的生物相容性与人 - 机共融性。

微纳制造是一个集微观尺度科学研究和宏观系统设计及控制于一体的多学科集成科学和技术。"后摩尔时代"低能耗芯片、类生命体制造、人 - 机共融制造等先进微纳制造技术的发展将极大地促进我国新兴产业的发展，以及传统产业的升级换代，为我国国家中长期科技发展做出重要贡献。

14.2　研究现状与发展趋势分析

微纳制造科学与技术的发展是制造技术、材料科学以及微电子技术等多学科共同进步的结果，其发展趋势大致包括加工尺度、器件原理、结构维度和材料种类等四个方面，如图 14.2 所示。在加工尺度方面，以高性能 IC 和 5G/6G 通信网络为代表的先进电子迅猛发展，微纳制造在光刻、原子层沉积等微纳米尺度加

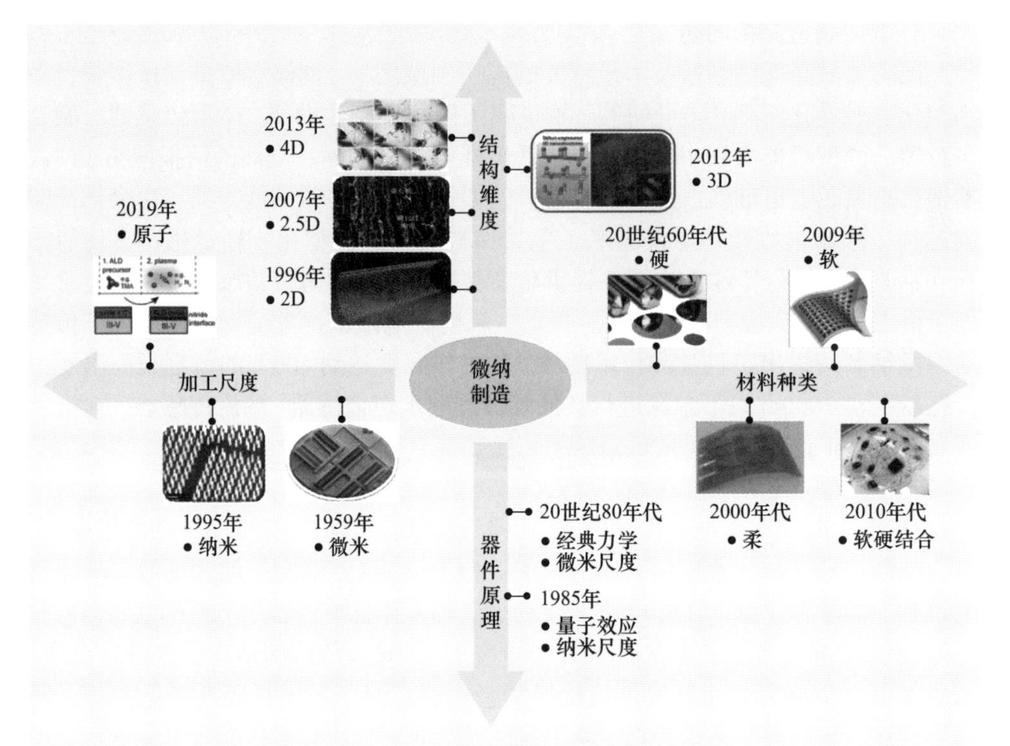

图 14.2 微纳制造科学与技术的发展趋势

工技术基础上，不断向原子级尺度深入；在器件原理方面，伴随着纳米尺度制造的不断深入，纳米尺度效应、表面界面效应以及量子效应凸显，成为影响器件性能的主要因素，使得在微尺度广泛使用的经典力学理论受到了极大的挑战，因此基于量子效应的量子器件得到了快速的发展；在结构维度方面，以机器人灵巧操作、飞行器智能蒙皮等为代表的创新电子需求不断增大，导致微纳结构的维度由二维 / 准二维、三维逐渐向随时间可重构的四维突破；在材料种类方面，为了满足穿戴 / 植入式电子、MEMS 医疗器件等新型应用领域需求，与之匹配的制造材料体系也由传统半导体硅基为主的材料，向柔性、非硅半导体材料、可拉伸性高分子有机材料以及软硬混合 / 复合材料相结合的方向发展[5]。未来，微纳制造技术将加快在新一代信息技术、民生健康、国防安全以及科学前沿技术四个主要领域的应用，在国民经济、社会发展以及国家安全建设中发挥更加重要的作用[6]。

14.2.1 新一代微纳电子信息技术研究现状与发展趋势

当前，世界正在进入以新一代信息产业为主导的新经济发展时期，高性能、新型显示和 5G/6G 通信网络为代表的先进电子信息制造业，成为发达国家重点布置的优先发展战略领域。

IC 产业在“摩尔时代”近数十年中取得了飞跃性的发展。台积电在 2019 IEEE 国际电子器件会议上宣告，其最新的互补金属氧化物半导体工艺晶体管特征尺寸已经可以达到 5nm。尽管芯片的特征尺寸可以继续朝着 3nm 方向推进，但是对于传统 3D 半导体材料，其微缩尺寸已经接近物理极限。异质集成是当前推动 IC 产业继续发展的另一条重要技术路线，以终端应用需求为导向，通过将电路、存储器、传感器等系统集成，达到类似“摩尔时代”集成电路需要的低成本、小面积、高性能。台积电在扇出封装和片上晶圆级封装等领域进行了大量专利布局，在高端集成和封装领域占据了优势地位。

在“后摩尔时代”，IC 产业突破有望得益于新材料、新工艺的发展。分子电子学领域的研究试图把晶体管尺寸缩小到分子尺度，从而集成尽可能高密度的电子器件。以色列魏茨曼科学研究院、美国哥伦比亚大学等在该领域开展了前瞻性的研究工作。在新材料领域，2D 材料由于处于原子尺度厚度且不存在短通道效应，能够无限制地缩小器件尺寸，被业内认为有望取代传统的 3D 半导体材料从而突破“摩尔定律”。未来的研究重点主要包括：发展原子及近原子尺度的加工理论和方法，研究异质器件集成过程中光、热、电、力等性能演变规律，研究三维封装中热 - 力 - 电耦合作用下异质微纳结构界面的缺陷形成、演化动力学及器件性能关联规律。

“万物显示”时代，全球显示产业规模超过千亿美元。柔性显示、OLED 显示、Micro-LED 等新型显示技术，正颠覆传统显示终端应用形态 [7]。通过利用 IC 制造工艺，硅基 OLED 在缩减器件尺寸的同时大幅提高了分辨率，在小尺寸显示领域已经逐渐取代液晶显示器。Micro-LED 技术的崛起成为显示领域的一个焦点，而巨量转移是实现 Micro-LED 芯片集成制造的关键，美国艾克斯 - 塞莱普林 (X-Celeprint) 公司研发出基于弹性图章的巨量转印设备，实现 Micro-LED 芯片的巨量转印。未来的研究重点主要包括：

(1) 探索硅 / 柔性 / 金属基等异质基底的微纳系统集成制造技术。

(2) 探索新材料的大规模微纳加工方法。

(3) 高效率、高可靠芯片转印的保证机制，以及超快响应执行系统多参数耦合机制及精确控制。

进入 5G/6G 时代，基站天线通道数量大幅增长，从现有 4G 的 4/8 通道逐步升级为 16/32/64/128 通道。由于每一通道都需要一套完整的射频器件对上、下行信号进行接收与发送，并由相应的滤波器进行信号频率的选择与处理，射频器件的需求量将大幅增加。此外，在移动终端方面，由于需要支持更多的频段、实现更复杂的功能，射频前端在通信系统中的地位进一步提升。为了应对 5G/6G 等高频通信的高损耗以及大规模多天线问题，射频器件需要进一步降低功耗和减小尺寸。美国康奈尔大学的研究团队将单层石墨烯与氮化硅 (Si_3N_4) 进行集成，获得的射频器件具有低功耗、低延时等优势，同时器件制备工艺与互补金属氧化物半导体工艺相兼容[8]。未来的研究重点主要包括：

(1) 多层异质 / 跨尺度结构的表面界面制造。

(2) 跨尺度构件表面材料 - 结构 - 功能相互影响机制。

(3) 多尺度、多物理域封装原理、界面分析、工艺模拟与设计，可靠性测试与快速评估。

14.2.2 微纳医疗电子研究现状与发展趋势

《"健康中国 2030"规划纲要》突出强调优化健康服务体系，强化早诊断、早治疗、早康复，实现精准医疗体系[9]。中国是亚洲乃至世界医疗器械生产大国，也是全球医疗器械十大新兴市场之一，到 2050 年成为世界一流的医疗器械制造强国，但国内高端医疗器械市场份额的 70% 被跨国公司占领，亟须在下一代医疗器械突破国外技术垄断和封锁，实现高端医疗器械的自主研发。微纳电子器件以其体积小、可靠性高以及智能化程度高等特点在移动医疗设备领域具有广泛的应用前景，主要分为穿戴式医疗器件和生物植入式医疗器件。

穿戴式医疗器件是指在生物体或人体表皮贴附生理信息传感器，采用非侵入式方法实现对诸多生理指标的长期测量。美国西北大学的研究团队研发的表皮生理电极能够测量人体心电、肌电、体温等生理信号，为医疗诊断提供完整、全面的信息[10]，同时还可通过表皮电极实现电刺激治疗。斯坦福大学研究团队[11]和中北大学研究团队[12]开展的超声换能器研究，应用于便携设备和新型超声设备，获得人体组织的连续监测数据，为病变机理研究提供依据。基于柔性电子技术的穿戴式医疗器件具有良好的便携性，为人体生理信号的长期实时监测提供了解决方案，为疾病的确诊和突发疾病的及时响应提供了新的方案。由于涉及长期同表皮保持共形贴合，穿戴式医疗器件需要在可拉伸性、可靠性以及生物相容性等方面具备优良性能，未来的研究重点主要包括：

(1) 开发生物相容性材料，满足多功能设计需求。

(2) 研究可穿戴器件高分辨率微纳结构的可控制造工艺及性能调控机理。

(3) 研究穿戴式柔性混合电子系统集成方案，突破现有可穿戴器件功能单一、集成密度低等限制。

(4) 研究异质界面三维曲面共形控制理论和方法。

生物植入式微纳器件是指植入在生物体或人体内的微型医疗器械，实现生物医学诊断、治疗、修复或替代器官功能，是微纳制造技术和生物医学工程相结合的产物。代表性研究工作包括：美国西北大学、哈佛大学等对柔性植入式脑 - 机接口、面向光遗传的脑 - 机接口、多功能植入心血管智能导丝等开创性研究，引领生物植入式微纳器件的发展；欧洲瑞士洛桑联邦理工学院、德国弗莱堡大学、Neuralink 公司等研制了高密度脑 - 机接口、柔性人工脊髓神经等，在超高密度脑 - 机接口器件和可延展植入式柔性器件方面形成优势。目前，生物植入式微纳器件朝着柔性化、高可靠性、高生物相容性、多功能方向发展，有望在以下方面取得突破：

(1) 基于可靠性的植入器件可制造性设计。

(2) 植入器件的微纳结构与界面动力学研究。

(3) 大变形 / 超小曲率植入器件的多场耦合。

(4) 超小曲率半径下柔性器件的曲面微纳加工新技术等。

14.2.3　高精尖国防微电子系统研究现状与发展趋势

现代国防以军事力量为核心，以科技力量为支撑，讲究先发制人，御敌于国门之外。微纳制造技术研究可加快推进超高精度导航定位系统、极端环境监测与传感以及柔性多功能集成机电系统等尖端技术的发展，推进我国国防安全建设，确保在现代战争及防御中赢得先机。

基于弹簧 - 质量 - 阻尼的微机械谐振器是构成微机械传感器的核心部件。近年来，微机械谐振器的设计与制造取得了长足的发展。为满足高灵敏度检测的需求，Middlemiss 等 [13] 设计实现了一种近零刚度的微机械谐振器，研制出可监测重力场变化的超高精度 MEMS 加速度计。Li 等 [14] 研制出世界上第一个模态局部化加速度计，将灵敏度提高了两个数量级以上，分辨率达到 15ng/Hz$^{1/2}$。未来，微机械谐振器仍将是高精度惯性传感器非常活跃的研究领域。微纳光机械器件是光学与微纳制造有机结合的产物，在成像、光通信、国防安全等领域具有广泛的应用前景。近十年来，微纳光机械器件的开发不再依赖亚波长尺度单元对光场的调制，超分辨成像器件可通过光刻、纳米压印等批量化工艺制备。利用多维光场信息调控的复合微纳器件，替代传统光学系统中体积庞大的折射式曲面结构，构建芯片级超分辨成像系统，有效推动仪器装备微小型化、轻量化、多功能化；结合新型二维功能材料，设计制造可在高温、高压、强酸、强碱等复杂极端环境下仍具有优越性能的微纳光学成像器件也是未来探索方向之一；面向人工智能时代大背景，开发基于微纳光学器件的环境影像、材料辨别、湿度、温度、振动等成像传感融合的片上智能交互式系统也是未来的发展趋势之一。微纳机械传感和成像器件的发展促进了超高精度导航定位系统的发展。甚低频、矢量性、微型化、低功耗的微纳水声传感器和湍流传感器为我国水下武器精准攻击和海底长期观测提供了核心部件。

在深空探测、载人航天、探月、透明海洋、大飞机、超声速飞行器、航空发动机和燃气轮机等国防领域和国家重大工程，极端微纳传感器有着广阔的应用前景[15]，主要包括极端环境下的温度/压力等物理量传感器、化学/生物等微纳生化传感器件以及微纳光电子器件等[16]。重点研究内容包括：极端环境下微纳器件的新机理/新效应/新方法/新工艺，提出跨尺度微纳结构设计理论和方法；突破硅基/非硅 MEMS 制造工艺以及混合集成加工技术，包括新材料和新器件的光刻、机械微加工、激光微加工、纳米压印等加工技术；发展极端环境下微纳器件的高可靠性封装和组装方法，确保微纳器件在极端环境下稳定工作。

单兵作战装备是士兵在执行特殊作战任务时的生命保障，微型化、轻量化、多功能是单兵作战装备的基本需求。基于摩擦纳米发电机的储能服、发电鞋等可以收集运动能量替代传统电源，实现作战装备的轻量化。基于摩擦纳米发电机的压力传感器、声源位置探测器等主动式传感器可以直接共形集成在头盔里，满足微型化和多功能的需求[17]。摩擦纳米发电机的发展需要解决器件的稳定性问题以提高对极端环境的适应力，研究通用的能量管理策略与一体化集成技术以加快实用化进程[18]。基于微流控技术开发的人体生命体征监测芯片、水源包等微纳器件在单兵作战装备中也具有重要的应用。微流控技术目前总体已经进入规模化生产阶段，欧洲、美国、日本都已进入规模化制造和应用领域，如欧洲的 Chip Shop、Micronit 等，已经形成了 50μm 以下的复杂结构微注塑量产技术。我国在微流控芯片规模制造方面取得了长足进展，但在规模化制造精度、可控性上与国外相比仍有一定差距，开发跨尺度/多功能/生物兼容的微流控芯片加工工艺非常重要。

小型精准打击武器（如 20kg 以下级别的微小型制导武器、小型无人机等）是局部战争、反恐突击、边境巡逻的重要打击力量。由于武器直径小、长度短，其控制与制导组件的设计与制造面临“安装空间受限、抗振性能差”等难题，对现有微纳系统集成制造技术带来了新的挑战。共形柔性集成机电系统是在大延伸率高密度柔性基板上集成/互连各种器件，实现任意卷曲、拉伸、折叠并完全共形贴装在小型武器内壁，有望满足小型精准打击武器高载量、高可靠、小型化的特殊需求，是未来小型精准打击武器控制微系统发展的重要方向之一。未来，针对共形柔性多功能集成机电系统在柔性电路设计、柔性高密度基板制造工艺以及高可靠三维集成等方面所面临的挑战，关键问题和研究内容主要包括：共形柔性多功能集成机电系统三维集成多物理场协同设计；微系统在大变形下的非线性动态响应机制；柔性电路延展性与信号完整性方法和技术；柔性微系统多物理场设计规范与高可靠集成方法等。

14.2.4　微纳制造科学研究前沿与发展趋势

微纳系统是由传感器件、控制器件、能源器件组成的智能系统，随着微纳制造技术的发展，其发展逐渐趋向于多功能、集成化、无线化和低功耗等。微纳能源器件是基于微纳制造或其他加工方法实现，具有能量收集、调理或存储等功能的器件，是微纳系统的动力源泉。由于环境微机械能来源广泛，能量形式多样，微机械能采集器已成为微纳能源领域重要的研究方向[19]。目前，研究者不断致力于不同机理的微机械能采集器研究，主要包括电磁、压电、静电、摩擦电等。微机械能采集器的新机制、新方法、新材料、新工艺不断涌现，并逐渐形成全球范围内竞争发展格局。我国在微机械能采集器领域的研究一直走在世界前列，许多研究都取得了重要突破，重点推进了高效微纳能源器件以及智能化自驱动微系统。需解决的关键问题包括：面向摩擦电、压电、电磁等微纳能源器件的力 - 电耦合机制，高性能换能材料的微纳制造技术，宽频带、高能量密度共形微纳能源器件，智能化能量管理技术，自驱动智能感知等。加快微纳能源器件和自驱动微系统的技术突破，促进微纳能源技术在物联网、智能装备、智慧海洋、环境监测、医疗健康、人 - 机交互等领域的应用。

量子技术的经典理论推动了通信、计算、导航等技术的革新，对量子传感与精密测量提出了新的机遇和挑战[20]。目前，基于量子技术的几何尺寸测量达到了 0.01nm, 温度测量达到 9mK, 力的测量达到 0.01nN, 正在不断刷新物理量测量精度极限。固态光量子芯片技术是推动量子技术工程化应用的核心驱动力，亟待解决的关键问题包括：量子功能结构的有序阵列化制造、量子功能材料的柔性化制造、量子传感器件的微纳芯片化制造等。为了最终实现量子传感器件的全芯片化集成，亟须开发新型量子功能材料和结构，实现量子功能结构原位制造、功能单元可控制造、多功能结构片上集成等，为量子芯片、量子器件、量子化测量仪器等高精尖装备技术的发展提供技术支撑，推动光量子传感器件逐步向芯片化、集成化、批量化方向发展。

生物体对外部信息的感知过程包括信息的获取和对象识别。针对复杂环境下高端装备与智能系统对功能单元服役状态的实时、在位感知需求，模拟生物体的感 - 知一体化功能，从微纳尺度出发，构建具有自感知、自驱动、自解构等功能的微纳结构，赋予功能单元与系统以“类生命”特征，突破传统外置传感、复杂安装等带来的精度一致性差、界面不匹配等本征瓶颈，支撑航空航天、高端装备、深海探测等战略领域发展[21]。针对人 - 机融合的发展趋势，开发具有高灵敏度、快速响应、生物相容的柔性压力传感器件，重点突破电极 - 人体组织界面传感原理，提出传感器活性层和电极层的新型微纳力学结构的设计与制造方法[22]；研究高精度、多材料的制造技术以及与之兼容的柔性导电材料和介电材料，构建多参数柔性传感、人工突触器件及信号传导转换电路的新结构，突破大形变条件、超软组织力学匹配、高通透性界面设计和柔性界面黏合等技术难点，发展极端条件下人体与器件的界面匹配和器件的大规模制造方法；借鉴生物神经网络的硬 / 软件结构，构建具有三维纳米网络结构、可随机互连重构的类神经元智能微纳米结构；研究柔性传感、人工突触和信号传导电路三个功能单元的柔性一体化集成方法，提出多学科交叉的结构 - 材料 - 信息 - 功能一体化制造的新原理、新方法、新技术，为未来类脑器件、智能网络结构、“类生命”特征的智能装备等前沿制造科学奠定理论和技术基础。

14.3　未来 5～15 年研究前沿与重大科学问题

随着微纳制造学科的快速发展，微纳器件在材料属性、加工尺度、结构维度和器件原理等四个方面不断拓展研究前沿，结构尺寸极端化、结构形貌复杂化、材料体系多样化已成为微纳制造领域未来的发展趋势，而以量子效应、类神经系统等新机制为代表的微纳器件新原理，有望突破传统经典力学限制，在微纳器件领域产生重要影响。本领域未来 5～15 年的研究前沿领域主要包括极端尺度纳米结构制造、复杂纳米结构制造、多材料体系异质 / 异构集成制造和微纳器件原理创新。亟待解决重大科学问题包括极端尺度纳米结构制造中的表面界面效应与精度创成、多维复杂微纳结构制造的形性调控机制与控制方法、多材料体系 / 跨尺度结构制造及其三维系统异质 / 异构集成方法和基于新型物理效应的微纳器件敏感机理与设计方法，如图 14.3 所示。

14.3.1　研究前沿

极端尺度纳米结构制造是先进制造突破精度极限的关键，是特征尺度为原子至纳米范围的功能结构、器件与系统的设计和制造基础。以高端芯片制造为例，在摩尔定律推动下，半导体制造电子器件特征尺寸不断减小，堆叠密度不断提升，器件实现高集成度、低功耗，其中原子级制程的精度成为关键技术挑战。纳米结构的制造尺度不断下探制造的物理极限，以集成电路制造为例，集成电路光刻线宽已进入 5nm 节点，未来 2nm 以下节点是否仍继续采用光学光刻方法难以预料，为此，从极端纳米结构制造的角度探索推动我国光刻技术水平的新方法，对提升我国未来集成电路发展水平具有重要的战略意义[23]。目前，传统“自上而下”的

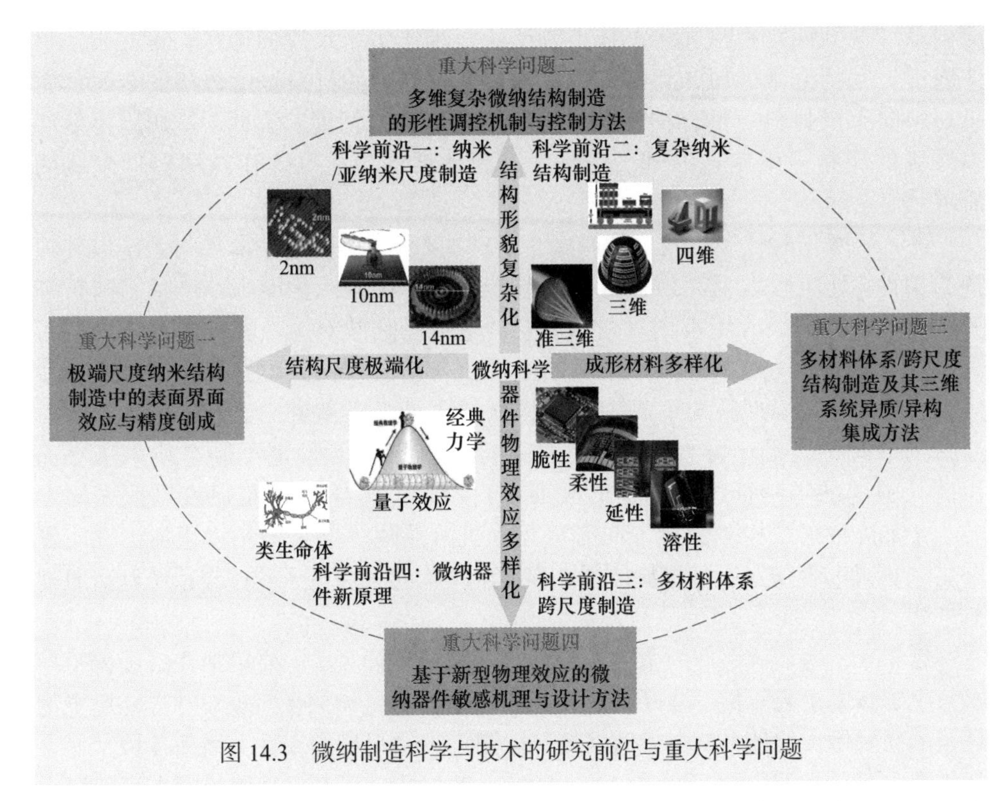

图 14.3　微纳制造科学与技术的研究前沿与重大科学问题

光刻技术面临分辨率的物理极限，需要发展新的制造方法。采用“自下而上”路线的制造技术具有纳米级精度和可控性等特点，在原子尺度制造中扮演着越来越重要的作用，尤其是开发应用于难刻蚀材料的选择性沉积工艺，对于纳米 / 亚纳米精度可控制造具有重要意义 [24]。然而，选择性沉积加工工艺具有力学不稳定性，如原子 / 分子黏附力与应力引起的局域不可控性、原子扩散引起的不稳定性，且受到纳米限域空间制造输运限制。由于纳米精度制造设备通常对真空度、振动和杂质控制等具有极高的要求，器件易遭受周期性变化和设备不稳定的困扰。另外，纳米器件在制造与服役过程中，受到温度、湿度等扰动易出现失效不稳定性。

为满足军事国防、生物医疗、智能制造等战略领域应用需求，微纳功能器件不断向多功能集成、小型化、轻量化等方向发展，为其设计、制造与控制提出许多新的挑战。多维复杂微纳结构具备特殊的电学、力学、光学等特性，支撑了智能结构超材料 [25]、微纳机器人 [26]、柔性电子器件 [27,28] 等为代表的结构功能一体化微纳器件发展，近年来已成为国际微纳技术领域研究的前沿与热点方向。多维复杂结构制造的复杂性在于微纳结构的维度从二维、准三维尺度逐渐向三维甚至四维尺度拓展，最小特征从微米、纳米尺度向原子尺度拓展，整体成形尺寸从毫米、厘米逐渐向米级拓展，被加工的材料也由传统的金属、无机材料向有机材料、复合材料、多材料体系等方向拓展。因此，迫切需要发展多维度的新型微纳制造原理与方法，以满足结构功能一体化微纳器件发展的需求。

在“后摩尔时代”以及“超越摩尔定律时代”，柔性电子器件与系统以其独特的柔性/延展性以及高效、低成本制造工艺，在显示、能源、传感、国防等领域蕴含着万亿级应用市场。全球主要制造大国陆续对柔性器件与系统进行研究布局与市场培育，争夺未来市场的主导权与话语权。以柔性化、大幅面、多信息感知、多功能/系统集成为主要特征的柔性电子器件与系统，对基于硬质基材与镀膜工艺的半导体制造方法提出了新挑战。柔性电子制造技术从小面积硅晶圆上纳米特征结构制造向大面积自由形态微纳结构跨尺度制造方向发展，从无机材料结构刻蚀加工向有机与无机溶液化、增减材一体化加工方向发展[29]。因此，亟须发展多材料体系、多层次结构的柔性电子器件与系统制造原理与方法。

近年来，基于新原理的微纳米器件与系统不断涌现，主要集中在量子传感技术与生物技术研究领域。量子传感是利用量子态演化和测量实现对外界环境中物理量的高灵敏度检测，具有灵敏度高、待测物理量与量子属性关系简单恒定等天然优势。量子传感器可以探测 400～700nm 波段的光子数，利用约瑟夫森效应设计的超导量子干涉器极敏感磁传感器，可用于探测 10～14T 的磁场，在 144km 的自由空间内实现了量子纠缠和量子密钥分发，以及百公里量级的自由空间量子隐形传态和纠缠分发[30]。

微纳制造在生物技术相关的前沿领域，也已开展了智能组织再生、类神经器件及人-机融合界面等代表性研究工作。在基于“材料基因组”的智能材料、基于神经元介导机制的神经突触可塑性、基于神经网络的神经形态计算及神经网络芯片等研究领域的前沿研究成果层出不穷，催生了诸如智能材料与结构、可重构人工突触器件、自学习类神经网络光/电芯片、脑-机操控、脑-脑操控等新兴研究。人体和微纳电子器件的融合有望大幅提高人体机能，并为人-机交互、人体健康医疗和体征监测提供了全新的解决方案。美国西北大学、斯坦福大学、哈佛大学引领了可与人体结合的柔性电子器件的研究，即电子器件可以贴附在人体表面，或者通过手术的方式植入人体，或通过注射的方式进入人体，实现对人体生理信号的监测或实现生物刺激，然而仍需进一步提高微纳米电子器件的类人体器官柔性和生物活性。

14.3.2　重大科学问题

1. 重大科学问题一：极端尺度纳米结构制造中的表面界面效应与精度创成

1) 极端尺度纳米结构制造及调控

纳米制造尺度不断接近制造的物理极限，需要重点发展极紫外、浸没式光刻技术，并积极探索组装、成形、扫描探针刻划等极端纳米结构制造的非光学光刻新原理和新方法。极端纳米结构制造的主要科学问题包括：分子尺度纳米结构组装成形的表面界面与控制方法，亚纳米尺度结构成形中分子运动规律与界面行为，纳米尺度下纳米材料的去除机制与微观形貌控制方法。

2) 融合“自下而上”和“自上而下”的纳米制造方法

对新兴材料的加工，发展“自上而下”的高能束减材制造、“自下而上”的单原子 / 分子自组装制造以及二者结合的复合制造方法。研究电、磁、热、湿度等外场引起的纳米材料失效不稳定性，通过单场调控或多场耦合调控，实现复合加工；揭示原子级特征尺度引发的尺度效应、表面界面效应和量子效应；突破原子级加工工具与方法的极限，如衍射极限、量子效应等，解决其面临的热力学与动力学等内禀驱动力问题，实现原子尺度加工。

3) 原子级精度制造装备原理与精度保持机制

大规模原子级精度制造受加工方法个性化与兼容性矛盾约束，以及多尺度、多场耦合复杂条件下的批量一致性与制造效率矛盾，需要开发并行化和自动化方法，实现连续化的微纳制造工艺过程，提升制造效率。为了满足高价值异构系统集成的需求，需要集成制造过程的前端设备和后端设备，突破跨尺度结构的逆向设计，实现制造约束的多目标优化。

2. 重大科学问题二：多维复杂微纳结构制造的形性调控机制与控制方法

1) 2.5 维微纳功能结构及超表面设计与制造

2.5 维高深宽比纳米结构、异型微纳结构是超表面功能的载体，特定材料的 2.5 维结构可使物体呈现出特异的光学、力学和界面特性，例如，超表面透镜由深宽比 10 以上的高折射率纳米图形构成，使光学零件表现出近零的厚度和超高的数值孔径，极大简化超高分辨率成像系统、光刻机光学镜头组的设计，颠覆传统光学透镜 (组) 的设计和制造方法；又如，固体表面对水、油、冰的超亲 / 疏特性，直接受固体表面微观结构的影响，通过设计和制造特殊的表面多级 / 异型微纳结构，可有效控制物体对水、油、冰的亲疏特性，是未来解决污水处理、海水淡化、飞行器 / 电缆 / 视窗表面除冰 / 霜 / 雾等重大工程问题的主要途径。2.5 维微纳功能结构及超表面设计与制造涉及的科学前沿包括：基于 2.5 维微纳结构的器件原理与功能生成机制；大尺寸超表面结构的巨量计算与设计方法；复杂异型微纳结构的大面积制造与形性调控。

2) 面向三维空间曲面的共形微纳结构制造

基础零部件和整机系统的智能化发展趋势，要求功能化微纳结构的制造必须突破二维平面衬底的限制，适应三维曲面衬底制造的新需求，例如，在飞行器三维结构表面共形制造感知 / 探测等微纳功能结构，形成薄膜式感知 / 探测系统，被认为是实现下一代飞行器智能化、超高机动性、超高声速发展的关键途径。面向国家重大需求和集成电路封装产业发展新趋势，需要发展三维曲面共形转印、三维曲面直接打印等制造方法，面临的科学前沿包括：复杂变形下二维 / 三维映射规律与共形器件设计方法，微纳结构三维曲面原位制造的界面结合性能调控方法，三维复杂结构的服役特性与系统封装方法。

3) 三维微纳系统垂直互连与集成制造

三维集成技术是把不同功能的芯片或结构，通过堆叠和通孔互连等微机械组装技术，使其在 Z 轴方向上形成立体集成和信号连通，实现圆片级、芯片级封装和可靠的微系统集成，是继片上系统、多芯片模块之后发展起来的系统级先进封装技术，是微系统创新的关键技术。在三维集成技术中，硅通孔互连通过穿透硅片实现垂直互连，是器件三维封装集成的核心工艺，能够提供芯片到芯片的更短互连距离和更高互连密度，有效提高芯片的集成度和运算速度，是“超越摩尔定律”的重要内容之一。三维微纳系统集成制造的科学与技术挑战包括：高密度硅通孔制孔及填充技术，电气互连稳定性设计及高密度集成方法，三维微系统的集成可靠性评估方法等。

4) 四维时变多源感知智能微纳结构设计制造及调控

空间可重构的微纳功能结构是构成软体系统的核心部件，在软体系统的驱动、传感、执行、变形行为中扮演着重要角色，极大丰富了软体系统的驱动、感知、执行能力。将感知结构与功能单元（多信息传感、传递、决策等）融入柔性器件的本体中，形成具有自感知、自决策、自驱动的柔性多源感知功能微纳结构，突破传统外置传感、复杂安装等带来的精度一致性差、界面不匹配等本征瓶颈，实现刚体系统不能实现的多自由度大变形、复杂非线性运动，支撑航空航天、高端制造、深海探测等战略领域的引领发展。面向空间可重构的四维多源感知微纳结构制造，其科学前沿包括：复杂四维微纳结构网络的设计理论与重构机制，传感 - 驱动一体化四维微纳结构的多能场协同约束制造理论与方法，四维微纳结构的多源异构信息交互与融合模型。

3. 重大科学问题三：多材料体系 / 跨尺度结构制造及其三维系统异质 / 异构集成方法

1) 柔性系统自由形态结构的设计与制造

柔性系统区别于半导体制造中的“刚性约束”特征，具有更为丰富的形态，从过去的固定曲面，到现在的可拉伸 / 可折叠，最终实现自由形态，不断扩大其应用范围，真正实现未来创新应用。以“柔性约束”为主要特征的柔性系统制造，与传统以“刚性材料”为特征的制造方法相比，亟须探索自由形态结构制造的新原理和新方法。柔性电子技术融合了“坚硬”电子学与“柔软”生物学，要求电子器件柔软、可延展且具有良好的生物相容性以贴合人体并随人体自然运动，使人成为跨时空尺度信息收集与处理的中心。

2) 柔性电子异质异构界面的精确调控与制造

在实现多功能特征的基础上兼顾“柔性”特征，柔性器件与系统需要突破传统制造方法材料单一、结构单一的瓶颈，攻克多材料体系、多层次结构、多界面匹配的核心技术，发展适应不同材料特征的异质异构界面调控与制造方法。其关键科学问题包括：异质表面界面效应、无机 / 有机界面精确调控、热力耦合等作用下的可靠性设计，异质异构特征的界面匹配与应力调控，软硬材料 / 异质界面电子系统的高密度集成与分布式融合，新型材料精确 3D/4D/5D 加工原理与方法。

3) 刚柔混合微系统多物理场协同设计与一体化集成

在大延伸率高密度柔性基板上集成 / 互连各种器件，完全共形贴装在人体皮肤表面、小型武器内壁的新型 3D 封装技术，有望解决现有微纳制造技术面临的“安装空间受限、抗振动性能差”等难题。为实现并保持柔性传感系统和曲面共形贴合，需要研究传感系统与曲面的接触力学行为，建立界面力学模型并提出共形贴合能力调控方案。针对共形柔性微系统高密度 3D 集成在柔性电路设计、柔性高密度基板制造工艺、高可靠 3D 集成等方面的挑战，需研究的前沿问题包括：柔性微系统多物理场协同设计方法，大变形状况下感知 - 驱动 - 控制的一体化制造方法，刚柔混合系统一体化集成技术等。

4. 重大科学问题四：基于新型物理效应的微纳器件敏感机理与设计方法

1) 基于量子效应的新型微纳传感器设计与制造

在固态量子功能材料制造方面，重点研究自旋结构的原位生长与控制、色心捕获自旋电子制造、晶格原子有序可控替代制造、多自旋结构可控分离制造和自旋空位精准制造等技术；在量子功能结构有序阵列化制造方面，亟须解决自旋结构原位制造、单纳米结构中自旋结构可控制造、自旋结构原位阵列化制造和阵列结构多自旋结构调控制造等难题；在材质从硬质拓展到软体方面，主要研究柔性材质表层瞬态改性制造、表层原子中自旋空位制造、自旋结构原位可控制造和自旋结构阵列化制造等；在量子感知微纳芯片集成制造方面，需要解决高稳定性、高导热性、抗冲击、抗电磁干扰的集成封装技术，以及有源器件、相变器件和光电探测器件的材料性能匹配及键合技术。

2) 类神经元智能微纳结构与器件制造

类神经元智能微纳结构及其功能部件的结构特征表现为纳米级尺度3D网络柔性结构，材料特征表现为多材料体系体相界面调控，信息特征表现为各单元服役信息的主动感知/传递/决策，功能特征表现为应对复杂环境的全生命周期功能自修整，亟须发展多学科交叉的结构-材料-信息-功能一体化制造的新原理、新方法、新技术，支撑我国高端制造与高端装备等领域的引领性发展。类神经元智能微纳结构及其功能部件的制造，需要突破如下科学问题：类神经元微纳结构网络的设计理论；类神经元结构的动态解构/重构原理；全生命周期的功能自修整原理与方法等。

3) 生医交叉与人-机融合微纳器件制造

人体组织的刚度一般在10～200kPa范围，是电子器件常用材料中塑料的千分之一，金属和半导体材料的十万分之一。电子材料和人体组织在力学性能上的巨大差异会导致二者难以融合，无法实现不低于人体组织的可拉伸性、在表皮良好的透气性、快速的自愈合性等性能。亟须开展以下研究：微纳电子器件-人体融合的新型传感原理，重点突破电极-人体组织界面传感原理、传感器活性层和电极层的新型微纳力学结构设计与制造方法；一体化软材料加工技术和柔性器件多功能集成，开发器件大规模制造工艺，提升传感器的集成度和与皮肤接触的共形性，器件密度达到1000个/cm^2;突破大形变条件、超软组织的力学匹配、高通透性界面的设计和柔性界面黏合等技术难点，界面韧度均达到200J/m^2以上。

14.4 未来5～15年重点和优先发展领域

微纳器件与系统不仅具有光、热、力、磁等多场耦合效应，还具有宏-微-纳多尺度相互作用特征，广泛应用于电子信息、生物医疗、军事国防等领域。从我国发展战略需求出发，结合纳米/亚纳米尺度制造、柔性器件制造、多维结构制造、微纳器件新原理等方面的研究前沿与重大科学问题，微纳制造科学与技术学科围绕产业支撑与培育、民生健康、国防安全、科学前沿等四个领域，拟重点和优先发展以下八个方向，如图14.4所示。

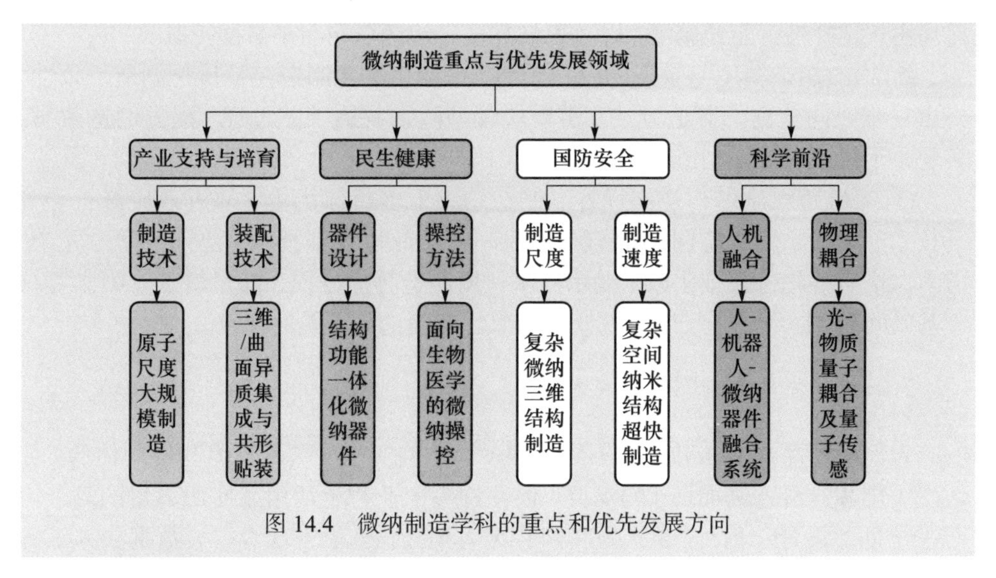

图 14.4　微纳制造学科的重点和优先发展方向

1. 大规模原子尺度制造

在摩尔定律推动下，集成电路芯片特征尺寸不断减小、堆叠密度不断提升，特征尺寸已达到纳米 / 亚纳米尺度，原子尺度制造已成为未来发展的必然趋势。原子尺度制造是先进制造突破精度极限的关键，是特征尺度为原子至亚纳米范围的功能结构、器件与系统设计与制造的基础，涉及机械、材料、电子等多学科交叉交汇[31]。原子尺度制造采用“自下而上”的工艺制程，需要解决原子精度定向定位制造理论、一致性制造工艺、高效制造装备等难题。

原子尺度制造在制造精度、稳定性与效率方面存在巨大挑战，主要表现在：

(1) 在制造精度方面。原子级加工工具与方法存在衍射极限、量子效应等限制，需解决极小尺度下原子、分子自组装与表面界面行为热力学与动力学问题。

(2) 在制造稳定性方面。存在原子、分子黏附力及应力引起的力学局域不可控，面临原子扩散引起的不稳定性，同时受纳米限域空间制造输运限制，制造稳定性难以控制。

(3) 在制造效率方面。面对高度复杂微纳结构的制造，受加工方法特殊性与适用性矛盾约束，存在跨尺度、多场耦合复杂条件下的批量一致性与制造效率矛盾。

为突破单原子精确操控到大批量控制的瓶颈，实现原子尺度大规模可控制造，重点研究内容包括：

(1) 研究微尺度表面界面生长动力学与热力学行为，通过外电场、离子束调控实现超高精度可控生长，应用原子级刻蚀方法实现非生长区域原位物质去除，提高生长选择性、定位精度，以及表面界面、边缘取向与平滑度控制。

(2) 面对制造精度与效率的内在矛盾，平衡个性化制造与批量化制造一致性，提出过程空间分离的制造方法，实现连续型微纳制造工艺过程，提升制造效率、实现原子尺度大规模制造。

(3) 突破跨尺度结构逆向设计、制造约束下多目标优化、邻近效应修正等关键技术，发展原子级空间分辨与飞秒时间分辨原位表征技术，协同电学、光学、力学、谱学等先进表征手段，揭示极小尺度制造物理过程、能量转变、力学等核心基础问题，提出原子尺度大规模制造原创性理论与颠覆性技术。

2. 三维 / 曲面异质集成与共形贴装

人们对产品性能极致追求（如高铁、航空航天器）以及审美和使用体验（如仿生纹理和光滑连续曲面）的需要，促使许多工业和生活用品使用大量的复杂表面进行创形设计。另外，5G/ 物联网、无人驾驶汽车 / 飞行器、大数据、人工智能等新兴技术，需要海量智能基础设施来支持其上层应用，包括柔性显示、智能皮肤、飞行器智能蒙皮以及软体智能系统等。例如，目前显示技术朝着超高分辨、可折叠和柔性化方向发展，虚拟现实 / 增强现实等近眼显示创新应用不断出现[32]。

小型精准打击武器（如 20kg 以下级别的微小型制导武器、小型无人机等），由于武器直径小、长度短、安装空间狭小，曲面电子将极大地解决其控制与制导组件设计与制造面临的“安装空间受限、抗振性能差”等难题，其关键技术是三维 / 曲面异质集成与共形贴装，将平面柔性 / 可变形智能结构、器件转移并贴附到目标曲面，或者直接在目标曲面上制造微纳功能结构。主要技术难点体现为：

(1) 传统微纳制造皆为平面制造，缺少非平面 / 立体微纳结构的有效制造方法。

(2) 需要发展多层异质 / 跨尺度结构设计与制造方法。

(3) 部分结构需要在动态环境中运行，共形表面智能系统存在动态化响应等问题。

该领域主要研究内容如下：

(1) 非平面 / 立体微纳结构制造。大曲率、尤其是局部大曲率表面的高保真共形制造新方法；从二维平面到三维复杂曲面，多重复合材料大变形的映射规律以及失效机制；高保真曲面制造、测量技术与装备；高保真曲面复杂纳米结构制造理论和方法。

(2) 多层异质 / 跨尺度结构的表面界面调控与制造。针对电极、半导体、介电层、功能层等多层异质结构制造，建立融合材料微观特性与构件微纳特征的制造过程分析模型；研究跨尺度构件表面材料 - 结构 - 功能相互影响机制，提出大面积构件与微纳结构制造新工艺，实现跨尺度构件表面微纳结构的形性协同制造。

(3) 动态大变形下智能多功能层与驱动系统集成。针对高度自主智能软体的多自由度大变形、复杂非线性运动需求，研究长期大变形状况下感知、驱动、控制一体化的紧密协作设计以及可靠性机理与表征技术；研究软体机械智能与 5G 物联网、人工智能的无缝结合方法，应用于柔性显示、智能皮肤、飞行器智能蒙皮以及软体智能系统等领域。

(4) 光电子器件高性能制造与封装技术。基于工艺容差和可制造性的光电子芯片设计；光电信息在异质界面的复杂传输行为与电磁耦合新现象；微纳尺度结构制造的微区能量精确调控与纳米精度实现。

3. 结构功能一体化微纳器件及性能调控

结构功能一体化微纳器件，是指特征结构尺寸为微纳米尺度，结构、材料与功能一体化设计，且功能高度集成的新型器件。结构功能一体化微纳器件以微纳机器人、可植入智能传感器、柔性电子器件等为典型代表，通过单一单元的多功能集成、单个系统多个单元的功能集成以及多个系统的功能集成，可在有限空间内实现多组数据的采集、分析、传输、反馈与控制。以微纳机器人为例，通过对其纳米尺度特征结构与材料的设计、制造，并结合机器视觉、人工智能等控制方法，可在磁场、声场、光场等外物理场的驱动控制下，实现微纳机器人在人体等复杂环境内的目标识别、路径规划、自主导航、载体释放、微纳操作等功能，在癌细胞体内智能识别与灭活、微纳手术操作等方面具有巨大的应用前景，将带来新一轮的医疗技术革命。又如，在生物智能传感领域，通过对功能器件复杂三维微纳结构的优化设计与有序构建，可实现医疗器械的柔性化、微型化与智能化，在可穿戴柔性传感器、疾病智能检测、微纳手术操作等方面具有重要的应用前景，是未来进一步提升医疗水平、延长人类寿命的关键技术之一。再如，在高温、高压、高过载、大水深等极端恶劣环境下，通过对功能敏感单元和微纳传感结构系统优化设计及防护，实现温、磁、声、湍流等物理信息在复杂环境下的有效采集，为国家重大工程、武器型号的定型和国防建设发挥关键作用。

结构功能一体化微纳器件的设计、制造与控制，采用“自下而上”的设计与制造理念，以实现产品最优功能为目标，通过材料与结构的不同组合，从材料、形状、尺寸、结构不同层次和角度进行设计、制造与调控。主要存在以下难题：

(1) 与传统功能器件设计思路不同，结构功能一体化微纳器件在设计阶段就需要充分考虑制造工艺、制造材料以及调控方法，进行结构 - 材料 - 功能的一体化设计制造。

(2) 微纳器件的制造从传统大规模批量制造转向小批量制造、个性化定制、免装配制造、多材料一体化制造以及功能集成制造。

(3) 新型结构功能一体化微纳器件采用多材料集成，亟待研发具有电、磁、光、声、热等响应特性的智能材料以及刚、柔等力学特性的专用材料。

(4) 结构功能一体化微纳器件不同于传统电驱动控制 MEMS 的调控思路，从宏观尺度调控微纳结构及其功能将是其主要调控方式，包括电、磁、光、声、热等多场耦合调控等。

该领域主要研究内容包括：

(1) 研究面向结构功能一体化微纳器件的结构 - 材料 - 功能一体化设计理论，提出传感、检测、分析、控制等多功能耦合复杂系统集成理论与多学科驱动创新设计方法。

(2) 研究面向结构功能一体化微纳器件制造的新材料、新方法、新工艺、新装备，提出多尺度、多材料、多进程、多工艺制造方法及其在结构功能一体化微纳器件制造中的应用策略。

(3) 研究结构功能一体化微纳器件电、磁、光、声、热等多场耦合调控机制，探索宏观尺度下对微观结构与器件精确调控的创新方法，提出高密度阵列器件的物理场产生与调控方法，以及探测对象的高分辨率成像方法。

(4) 研究结构功能一体化微纳器件多尺度、多物理场、多环境下的可靠性与稳定性，研究新型微纳机器人、可穿戴柔性传感器等器件与人体的生物相容性及力学匹配特性，及其应用方法与策略。

4. 面向生物医学的微纳操控

随着医疗技术的不断发展与进步，生物医学领域的操作层级已逐渐由传统的肢体、器官层面延伸至组织、细胞乃至基因序列层面，传统医疗操作方法已无法满足新兴生物医疗领域对组织、细胞的操作需求，亟须研究新的方法与手段以实现对生物组织、细胞、基因等不同层级的微纳操控。

在生物组织层级，再生组织操控技术是当前的研究热点。再生组织是用于诊断、治疗、修复、替换人体组织 / 器官或增进其功能的重要生物技术，结合生物再生材料的研发，可进一步丰富生物再生材料的种类，以满足临床应用需求。目前实现再生组织的临床应用，存在以下两个难题：

(1) 材料与细胞的相互作用机理不明确。

(2) 如何通过组织修复与再生材料的表面界面调控细胞迁移行为，实现活性物质传递及对细胞功能的调控。

在生物细胞层级，传统细胞操作方法仅适用于体外环境、无法满足复杂人体内的细胞操作需求，微纳操控系统通过声、光、磁、热等外物理场精确操作控制细胞，实现人体复杂环境内药物输送、微纳操作及传感检测，在癌症诊断与治疗等领域具有广阔的应用前景。然而，现有微纳操控技术仍停留在原理性验证阶段，其临床应用仍面临以下难题：

(1) 微纳操控系统环境敏感性强，在错综复杂的生物体内环境的驱动控制难度大。

(2) 体内环境复杂、屏障较多，难以实现对微纳操控系统运动的监测与检测。

(3) 单一微纳操控系统负载能力、任务适应性有限，需发展微纳操控系统集群技术实现生物医疗领域的复杂操作。

在基因序列层级，现有方法主要将碱基、蛋白质等分子信号转换为光信号、溶液 pH、电信号等放大处理与分析，存在检测速度慢、成本高、周期长等问题。新近提出的纳米孔测序则以相对低廉的成本对个体进行检测，具有便携性强、处理效率高、可即时分析结果等优点[33]。通过采集 DNA 碱基过孔时的堵塞离子电流信号和隧穿电流信号，可快速、即时分析出相应的 DNA 结构，目前已被广泛应用于病原体的快速检测、埃博拉病毒暴发情况监测、环境微生物监测等过程。然而，现有纳米孔测序在时间、空间分辨率方面仍存在以下难题：

(1) 碱基、蛋白质等分子直径方向尺寸为纳米级，纳米孔几何尺寸匹配困难、空间分辨率受限。

(2) 生物分子在电场驱动下速度极快、电流信号极弱，难以实现皮安级电流超高速采样。

该领域主要研究内容包括：

(1) 在生物组织层级，提出再生组织结构的跨尺度描述方法及设计理论，研究再生组织仿生机理与多尺度微纳制造方法，揭示材料与细胞之间相互作用机理，研究高活性载细胞墨水制备及成形中的耦合交联机制，提出基于再生组织表面界面调控的细胞迁移行为、活性物质传递及细胞功能化控制方法。

(2) 在生物细胞层级，提出低雷诺数环境下微纳操控系统的设计理论，研究外部能场与局域流体场的相互作用及能量传递转化机制，提出面向复杂生物体环境的微纳操控系统实时检测与高分辨率成像方法，开发具有环境识别、路径规划、构型转换及主动避障等集多功能于一体的微纳操控系统单体及集群体智能控制技术。

(3) 在基因序列层级，研究面向纳米孔测序的、满足碱基与蛋白质等生物分子探测空间分辨率需求的纳米孔道制造方法，研究原子力显微镜控制 DNA 过孔运动过程的精确运动控制与力检测反馈方法，揭示 DNA 过孔过程堵塞离子电流、隧穿电流、过孔速度、牵引力等参数与碱基类型间的内在联系，发展和探索高通量、高准确度和低成本的生物分子检测新技术。

5. 复杂三维/多层微纳结构制造

复杂三维/多层微纳结构具有特定微纳结构特征及其空间排列方式，具有纳米材料的尺寸、量子、表面等特异效应，通过空间几何形状调控电子、声子、光子、分子输运与耦合行为及整体结构力学性能，可大幅提升器件性能，获得远超平面微纳器件的灵敏性、强度/韧性和集成度等性能。例如，通过对智能结构超材料微纳尺度三维特征的有序设计与智能控制，实现战机多波段隐身、导弹智能防隔热、潜艇隐身降噪等先进功能，是未来军事国防领域重点发展的核心技术之一。

微纳结构在特征维度、最小结构、成形尺寸、被加工材料等方面分别呈现出“二维/准三维→三维/四维构型”“微米/纳米→原子级尺度”“毫米/亚毫米→厘米/米级幅面”“金属/无机材料→有机/复合材料/多材料”的发展趋势。新型微纳功能结构与器件的制造已经从传统的“自上而下”制造转变为“自下而上”或两种方法的结合制造，由装配优先转为免装配制造、多维度制造、多尺度制造及多材料协同制造，因此迫切需要发展多维度、多尺度、多材料、多工艺的一体化新型制造方法，同时满足微纳结构与器件小批量、个性化、快速化、灵活性等特殊需求。面向智能结构超材料、智能生物传感器件等复杂三维/多层微纳结构制造需求，将传统二维、准三维微纳制造与新型微纳制造方法相结合，并通过电子束、离子束等外场作用实现微纳结构的可控折叠、弯曲等操作，同时引入局域应力对微纳结构形貌调控原理，从而实现三维“可定制”的微纳复合制造方法。主要研究内容包括：

(1) 研究宏-微-纳跨尺度制造固化反应过程中材料流变、时变、相变行为规律，揭示固化过程微尺度光化学行为、流体动力学行为、相变热力学行为等对成形质量的影响机制。

(2) 揭示传统微纳制造方法下电子束、离子束、温度场、湿度场等外物理场对微纳结构卷曲、折叠等变形过程作用机理，研究不同材料、工艺下二维、准三维结构转变为三维结构的映射规律、失效机理并研究相关的测量方法。

(3) 探索基于传统二维、准三维微纳结构制造方法与微纳尺度制造等相结合的新型增/减/等材复合制造方法，研究多种方法复合的微纳结构多尺度制造原理与制造工艺，研究外部物理场作用下制造结构的变形、变性、重构机理与精准调控策略。

(4) 研究制造约束下的多功能高效集成逆向设计和拓扑优化方法，揭示超材料微纳制造工艺和装备中制约高效率、高精度制造的关键因素并提出解决方法，探索复杂三维微纳结构成形及转移工艺中误差的产生和传递机理及消除方法。

6. 复杂空间纳米结构高效制造

具有特定空间几何特征的纳米结构具有纳米材料的尺寸、量子、表面等特异效应，通过空间几何形状调控电子 / 声子 / 光子 / 分子输运与耦合行为及整体结构力学性能，获得远超平面纳米器件的更高灵敏性、强度 / 韧性和集成度等性能，在航空航天、电子信息等领域具有广阔的应用前景。例如，空间有序纳米功能结构应用于飞行器表面的高灵敏姿态传感器，实现飞行器高精度导航和控制；5G/6G 通信需要纳米级空间共形天线，满足高频率传输要求；空间有序钙钛矿纳米线阵列的图像传感器，具有可调禁带宽度及微米级载流子扩散长度，极大提升了图像对比度与分辨率[34]。上述应用需要直接在复杂三维表面上制造纳米器件，在不影响原结构构形和功能的前提下，高保真地将空间纳米结构共形地制造在特定三维曲面上。

空间纳米结构多采用聚焦离子束、双光子激光、电子束、压缩屈曲组装等工艺制造，其工艺流程可控性差、速度慢、效率低，严重制约了空间纳米器件的发展。基于增材制造的空间纳米结构制造技术利用液滴叠层累加构筑空间纳米结构，具有空间自由、制造高效等优势，但存在成形机理不明确等问题。在复杂三维曲面上实现空间纳米结构快速制造，面临的主要挑战如下：

(1) 液滴尺度限制影响，液滴多处于微米 / 亚微米尺度，并且液滴尺寸、沉积频率及方向往往受控于外加物理场，易造成不稳定的液滴叠加和液滴尺寸不均现象。

(2) 叠层沉积的阶梯效应影响，逐滴逐层累加构筑空间结构，不可避免地会出现空间纳米结构的物理层阶梯效应，影响空间纳米结构的表面精度和几何尺寸，进而影响空间纳米结构及纳米器件的性能。

(3) 大曲率变化表面的高保真共形制造，尤其是局部大曲率内凹曲面高保真共形制造难以实现，从二维到三维制造过程中复杂变形情况下的映射关系由于受材料、工艺的影响，其映射规律、失效机理以及相关测量方法亟须进一步探索。

该领域主要研究方向包括：

(1) 探索基于多场复合的空间纳米结构自下而上制造新方法，深入研究空间纳米流体的形成机理，探明多物理场因素对纳米流体行为、成形纳米结构尺寸 / 形状 / 形貌、空间纳米功能结构机械 / 力学 / 电学性质等方面的影响机制，实现纳米流体和空间纳米结构自下而上成形的高质高效调控。

(2) 围绕空间阵列互连纳米结构的动态电磁耦合效应、刚柔异质异构界面的变形非线性动态响应等关键问题，研究复杂空间纳米结构集成多物理场协同设计、在大变形下的非线性动态响应机制等难题，提出解决功能空间纳米结构的高性能保持性方法。

(3) 研究多场作用下微小 / 微纳器件及系统集成封装 / 组装稳定性影响机理及其变动规律，提出具有时变特性的动态物理数字孪生理论和建模方法，突破微小 / 微纳器件及系统集成过程在线实时检测、高精度超微量自动连接、微器件微米 / 亚微米级精度组装机器人等关键技术。

7. 人 - 机器人 - 微纳器件信息交互与融合原理

柔性可穿戴、可植入和表皮电子技术将各类异质功能器件集成于人体或机器人上，通过人体与柔性器件、人体与机器人、机器人与柔性器件界面融合，赋予功能单元与系统“类生命”特征和人体强化功能，实现人体多种生理与运动信号的监测，如脉搏、呼吸、心跳以及关节运动信号。当前主要研究热点包括：人 - 机器人 - 器件力学和生物学匹配的材料，不同体系力学界面的黏附，人 - 机器人 - 器件的功能交互，新型高性能传感器与驱动器的原理、设计与制造，多功能机器等[35]。针对人体组织 - 机器人 - 传感器与驱动器界面存在巨大的力学和生物学特性差异的重大难题，以及高性能柔性传感器原理、设计与微纳制造所面临的挑战，发展生物可黏附电子学、人体电子技术、大面积机器人触觉、柔性仿生智能假肢等前沿方向，具体包括：

(1) 研究与人体相融合的超高灵敏电子皮肤的设计制造方法及人 - 传感器界面调控，提出微纳电子器件 - 人体融合的新型传感原理，传感器活性层和电极层的新型微纳力学结构设计方法与制造方法；研究柔性电子器件和人体结合的界面材料和结构设计与加工方法，发展极端条件下人体与器件的界面匹配和器件的大规模制造方法；研究可拉伸、自黏附和各向异性导电材料的设计与制造方法。

(2) 面向有机融合人体 - 可穿戴机器人 - 柔性触觉传感 - 柔性驱动等对象，研究用于可拉伸微纳结构的设计方法与新型可拉伸表皮电极的制造技术，突破高压力分辨率和高空间分辨率柔性微纳传感器件和电子皮肤的制备技术，提出电子皮肤与假肢基体的界面匹配、触觉信号与人体交互、柔性假肢驱动等新原理、新方法。

(3) 针对机器人与传感器融合的传感器制造与集成，研究曲面共形电子皮肤设计和制造技术，发展大面积、高密度、多功能柔性传感器阵列的制备方法和多传感器的集成技术以及环境适应性技术；研究大变形状况下感知、驱动、控制与制造一体化的设计方法，开发协同柔性智能感知多功能层与驱动系统，提出新的逻辑实现方式、软体机械智能与人工智能融合方法。

8. 光与物质量子耦合效应及超高精度量子传感测量方法

光探测物质量子效应技术的不断突破，不断革新通信、计算、导航、测量等技术，量子技术成为当前国际前沿热点。目前，基于光腔力学及原子自旋磁共振等量子效应的测试方法逐步突破了经典物理量测量精度极限[36]，其中力学信号测量灵敏度已达到约10^{-15} N，磁场测量精度已达到约10^{-18} T，重力测量精度达到10^{-11}g，陀螺理论精度达到 10^{-10} (°)/h，时间测量稳定性达到 10^{-18}s，温度测量精度达到 10^{-6} K。自 2019 年 5 月 20 日世界计量日起，四个基本物理量计量单位正式采用量子力学常数定义，开启计量常数化和量子化时代。

量子精密测量已成为新型传感与先进测试技术领域的研究前沿，主要挑战表现在：

(1) 在传感检测方法方面。量子传感系统从实验室仪器平台到器件化集成过程中，量子态相干存在多物理场环境参数、自旋轨道、自旋与自旋耦合弛豫问题，微小尺度空间难以实现解耦。

(2) 在核心功能敏感单元加工方面。存在原子聚集、原子替位、电子迁移等粒子热运动，以及原子、分子表面界面行为热力学与动力学问题，敏感功能结构的微尺度制造及批量一致性难以控制。

(3) 在器件化集成方面。受到异质材料晶格失配、热失配约束，以及跨尺度、跨材料体系、多场耦合下的兼容性与一致性制造矛盾，多功能单元高密度异质集成十分困难。

该领域主要研究内容包括：

(1) 光子 - 声子 / 自旋耦合模型及其相干传感测量方法。建立多物理场调控下光子 - 声子、光子 - 自旋量子耦合模型，探索声子机械模态与光学模态的相干机制，解决微观尺度下光 - 声 / 自旋极化、弛豫、压缩及其传感结构优化设计等问题。

(2) 固态量子材料与功能结构微纳制造。构建晶体空位自旋功能开发分子动力学演化模型，解决自旋结构原位生长、自旋系综空间有序分布制造、自旋数量和位置精准制造等关键科学问题，探索微观尺度下光力功能结构精密成型、色散调控等微纳制造技术。

(3) 量子传感器件芯片化集成。解决光学元器件电磁干扰、异质材料器件折射率匹配 / 热匹配、微纳空间光耦合、片上 / 片间器件集成引入的界面 / 插入损耗等关键科学问题，突破光学功能结构任意曲面亚纳米精度加工、跨尺度集成、异质外延生长与键合等关键技术。

(4) 量子信息调控与解算。解决自旋/声子弛豫机制、超精细能级亚赫兹分辨、多脉冲超快时间高保真调控、机械谱解调与锁定、量子态调控累积误差、声子热噪声抑制、多物理场传感信息同步解算等关键科学问题。

参考文献

[1] 2018 年中国 IC 设计产值年增长近 23%. https://www.esmchina.com/news/4811.html [2019-2-21].

[2] Eduati F, Utharala R, Madhavan D, et al. A microfluidics platform for combinatorial drug screening on cancer biopsies. Nature Communications, 2018, 9 (1): 2434.

[3] Sun J, Guan Q, Liu Y, et al. Morphing aircraft based on smart materials and structures: A state-of-the-art review. Journal of Intelligent Material Systems and Structures, 2016, 27(17): 2289-2312.

[4] 黎明，黄如 . 后摩尔时代大规模集成电路器件与集成技术 . 中国科学：信息科学，2018, 48 (8): 963-977.

[5] Middlemiss R P, Samarelli A, Paul D J, et al. Measurement of the Earth tides with a MEMS gravimeter. Nature, 2016, 531 (7596): 614-617.

[6] 国家自然科学基金委员会工程与材料科学部 . 机械与制造科学 . 北京：科学出版社，2006.

[7] Geffroy B, Roy P L, Prat C. Organic light-emitting diode (OLED)technology: Materials, devices and display technologies. Polymer International, 2006, 55 (6): 572-582.

[8] Phare C T, Lee Y H D, Cardenas J, et al. Graphene electro-optic modulator with 30GHz bandwidth. Nature Photonics, 2015, 9(8): 511-514.

[9] 中共中央国务院 . “健康中国 2030” 规划纲要 .http://www.gov.cn/zhengce/2016-10/25/content_5124174.htm[2018-4-10].

[10] Xu B X, Akhtar A, Liu Y H, et al. An epidermal stimulation and sensing platform for sensorimotor prosthetic control, management of lower back exertion, and electrical muscle activation. Advanced Materials, 2016, 28(22): 4462-4471.

[11] Wygant I O, Zhuang X, Yeh D T, et al. Integration of 2D CMUT arrays with front-end electronics for volumetric ultrasound imaging. IEEE Transactions on Ultrasonics Ferroelectrics and Frequency Control. 2008, 55(2): 327-342.

[12] 何常德，张国军，王红亮，等 . 电容式微机械超声换能器技术概述 . 中国医学物理学杂志 . 2016, 33(12): 1249-1252.

[13] Middlemiss R P, Samarelli A, Paul D J, et al.Measurement of the Earth tides with a MEMS gravimeter. Nature, 2016, 531(7596): 614-617.

[14] Li E F, Li P , Shen, Q, Chang H L.High-accuracy silicon-on-insulator accelerometer with an increased yield rate. Nano & Micro Letters, 2015, 10(10): 477-482.

[15] 包为民 . 航天飞行器控制技术研究现状与发展趋势 . 自动化学报 , 2013, 39(6): 697-702.

[16] Cornia A, Seneor P. Spintronics: The molecular way. Nature Materials, 2017, 16(5): 505-506.

[17] Phare C T, Lee Y H D, Cardenas J, et al. Graphene electro-optic modulator with 30GHz bandwidth. Nature Photonics, 2015, 9(8): 511-514.

[18] 张弛 , 付贤鹏 , 王中林 . 摩擦纳米发电机在自驱动微系统研究中的现状与展望 . 机械工程学报 , 2019, 55 (7): 89-101.

[19] Gao W, Emaminejad S, Nyein H Y Y, et al. Fully integrated wearable sensor arrays for multiplexed in situ perspiration analysis. Nature, 2016, 529 (7587): 509-514.

[20] Degen C L, Reinhard F, Cappellaro P. Quantum sensing. Reviews of Modern Physics, 2017, 89 (3): 035002.

[21] Lu L, Gutruf P, Xia L, et al. Wireless optoelectronic photometers for monitoring neuronal dynamics in the deep brain. Proceedings of the National Academy of Sciences of the United States of America, 2018, 115 (7): E1374-E1383.

[22] Capogrosso M, Milekovic T, Borton D, et al. A brain-spine interface alleviating gait deficits after spinal cord injury in primates. Nature, 2016, 539 (7628): 284-288.

[23] International Roadmap for Devices and Systems(IRDS™)2018 Edition. https://irds.ieee.org/editions/2018[2021-2-18].

[24] Wagner C, Harned N. EUV lithography: Lithography gets extreme. Nature Photonics, 2016, 4(1): 24-26.

[25] Khorasaninejad M, Chen W T, Devlin R C, et al. Metalenses at visible wavelengths: Diffraction-limited focusing and subwavelength resolution imaging. Science, 2016, 352(6290): 1190-1194.

[26] Wani O M, Zeng H, Priimagi A. A light-driven artificial flytrap. Nature Communications, 2017, 8: 15546.

[27] Kim D H, Lu N S, Ma R, et al. Epidermal electronics. Science, 2011, 333(6044): 838-843.

[28] Anikeeva P, Koppes R A. Restoring the sense of touch. Science, 2015, 350(6258): 274-275.

[29] Lewis J A, Ahn B Y. Device fabrication: Three-dimensional printed electronics. Nature, 2015, 518(7537): 42-43.

[30] Humphreys P C, Kalb N, Morits J P, et al. Deterministic delivery of remote entanglement on a quantum network. Nature, 2018, 558: 268-273.

[31] Abelson A, Qian C, Salk T, et al. Collective topo-epitaxy in the self-assembly of a 3D quantum dot superlattice. Nature Materials, 2020, 19(1): 49-55.

[32] Morin S A, Shepherd R F, Kwok S W, et al. Camouflage and display for soft machines. Science, 2012, 337(6096): 828-832.

[33] Schneider G F, Dekker C. DNA sequencing with nanopores. Nature Biotechnology, 2012, 30(4): 326-328.

[34] Gu L, Tavakoli M M, Zhang D, et al. 3D arrays of 1024-pixel image sensors based on lead halide perovskite nanowires. Advanced Materials, 2016, 28(44): 9713-9721.

[35] Yuk H, Varela C E, Nabzdyk C S, et al. Dry double-sided tape for adhesion of wet tissues and devices. Nature, 2019, 575(7781): 169-174.

[36] Glenn D R, Bucher D B, Lee J, et al. High-resolution magnetic resonance spectroscopy using a solid-state spin sensor. Nature, 2018, 555(7696): 351-354.

本章在撰写过程中得到了以下专家的大力支持与帮助（按姓氏笔画排序）:
朱文辉　刘　俊　刘　胜　刘红忠　孙立宁　吴学忠　张建华　张海霞
陈云飞　苑伟政　居冰峰　段吉安　黄文浩　熊继军